科学技术部创新方法工作专项项目（2007FY140800-4[2]）资助

科学方法大系

"十二五"国家重点图书出版规划项目

地理学思想与方法丛书

地理信息科学方法论

齐清文 姜莉莉 张岸 陈燕 彭嵃 邹秀萍 等 著

科学出版社
北京

内 容 简 介

本书作为《地理学思想与方法》丛书专著系列中的一本，分地理信息思想和方法变革、地理信息本体论、地理信息的科学方法、地理信息的技术方法、地理信息科学方法和技术展望五个部分，深入研究和阐述了地理信息科学的方法论所涵盖的各个方面的内容；其核心部分是地理信息的六种科学方法（又分为19个子方法）、七种技术方法（又分为22种子方法），每种子方法都从定义和内涵、研究意义、原理、结构和过程、案例、优点和不足等几个方面层层深入地进行阐述。

本书可作为从事地理学、地图学、地理信息系统、遥感、全球定位系统等学科及其他相关领域的研究人员、高校学生的工具书。

图书在版编目(CIP)数据

地理信息科学方法论/齐清文等著. —北京：科学出版社，2016
（地理学思想与方法丛书）
"十二五"国家重点图书出版规划项目
ISBN 978-7-03-048449-9

I.①地… II.①齐… III.①地理信息系统 IV.①P208

中国版本图书馆 CIP 数据核字（2016）第 119701 号

责任编辑：李 敏 王 倩/责任校对：钟 洋
责任印制：徐晓晨/封面设计：黄华斌

科学出版社 出版
北京东黄城根北街16号
邮政编码：100717
http://www.sciencep.com

北京京华虎彩印刷有限公司 印刷
科学出版社发行 各地新华书店经销

*

2016年6月第 一 版　开本：720×1000 1/16
2017年2月第二次印刷　印张：34 3/4 插页：2
字数：700 000

定价：218.00元
（如有印装质量问题，我社负责调换）

《地理学思想与方法》丛书编委会

主　　编　蔡运龙
副 主 编（按姓氏笔画排序）
　　　　　　王　铮　　刘卫东　　齐清文　　许学工
　　　　　　李双成　　周尚意　　柴彦威

编　　委（按姓氏笔画排序）
　　　　　　马　丽　　王红亚　　王远飞　　叶　超
　　　　　　乐　群　　刘　筱　　刘云刚　　刘志林
　　　　　　刘林山　　刘鸿雁　　汤茂林　　李有利
　　　　　　李蕾蕾　　吴　静　　张　明　　张百平
　　　　　　张振克　　张晓平　　张景秋　　陈彦光
　　　　　　陈效逑　　赵昕奕　　保继刚　　姜莉莉
　　　　　　贺灿飞　　夏海斌　　徐建华　　郭大力
　　　　　　唐志鹏　　曹小曙　　彭　虓　　童　昕
　　　　　　蒙吉军　　阚维民　　潘玉君　　戴尔阜

《地理信息科学方法论》编写人员

齐清文	研究员	中国科学院地理科学与资源研究所
陈　燕	副教授	东华大学
彭　唬	副研究员	交通运输部交通科学研究院
邹秀萍	副研究员	中国科学院科技政策与管理研究所
徐　莉	副教授	山东泰山学院
姜莉莉	助理研究员	中国科学院地理科学与资源研究所
张　岸	助理研究员	中国科学院地理科学与资源研究所
程　锡	工程师	清华大学
郭瑛琦	硕士研究生	中国科学院地理科学与资源研究所
任建顺	硕士研究生	中国科学院地理科学与资源研究所
王晓山	硕士研究生	山东科技大学

总　　序

"工欲善其事，必先利其器"。科学思想和方法就是科学研究的"器"，是推动科学技术创新的武器。科学技术发展历程中的每一次重大突破，都肇始于新思想、新方法的创新及其应用。科学思想和科学方法上的创新意识和系统研究不足，已经制约了我国科技自主创新能力的提高。加强科学思维、科学方法和科学工具的研究和创新，是建立创新型国家的必然选择。因此，"推进学科体系、学术观点、科研方法创新"写入了党的十七大报告。

科学技术部（简称科技部）原拟从编制《科学方法大系》入手来贯彻和推进中央的这个精神，并拟先从《地球科学方法卷》开始，但后来的思路大为扩展。2007年5月29日《科技日报》发表地理学家刘燕华（时任科技部副部长）题为"大力开展创新方法工作，全面提升自主创新能力"的文章。2007年6月8日，我国著名科学家王大珩、叶笃正、刘东生联名向温家宝总理提出"关于加强创新方法工作的建议"。2007年7月3日，温总理就此意见批示："三位老科学家提出的'自主创新，方法先行'，创新方法是自主创新的根本之源，这一重要观点应高度重视"。遵照温总理的重要批示精神，科技部、国家发展和改革委员会（简称国家发改委）、教育部、中国科学技术协会（简称中国科协）于2007年10月向国务院呈报了《关于大力推进创新方法的报告》，中央有关领导人批转了这个报告。2008年4月，科技部联合国家发改委、教育部、中国科协发布了《关于加强创新方法工作的若干意见》（国科发财〔2008〕197号），明确了创新方法的指导思想、总体目标、工作任务、组织管理机构、保障措施。

《关于加强创新方法工作的若干意见》部署了一系列重点工作，并启动了"创新方法工作专项"。主要工作包括：加强科学思维培养，大力促进素质教育和创新精神培育；加强科学方法的研究、总结和应用；大力推进技术创新方法应用，切实增强企业创新能力；着力推进科学工具的自主创新，逐步摆脱我国科研受制于人的不利局面；推进创新方法宣传普及；积极开展国内外合作交流。其中，"加强科学方法的研究、总结和应用"旨在"着力推动科学思维和科学理念的传承,大力开展科学方法的总结和应用,积极推动一批学科科学方法的研究",这就是《科学方法大系》要做的事。

作为国家"创新方法工作专项"中首批启动的项目之一,我们承担了"地理学方法研究"重点项目。项目的总目标是"挖掘、梳理、凝练与集成古今中外地理学思想和方法之大成,促进地理学科技成果创新、科技教育创新、科技管理创新"。我们认为这是地理学创新的重要基础工作,也是提高地理学解决实际问题的能力,是更好地满足国家需求的必要之举。我们组织了科研和教学第一线的老、中、青地理学者参与该项目研究。经过四年的努力,做了大量工作,取得了丰富的成果,包括发表了一系列研究论文、凝聚了一支研究团队、锻炼了一批人才、举办了多次研讨会和培训班、开发了一批软件、建立了项目网站等;而最主要的成果就是呈现在读者面前的这套《地理学思想与方法》丛书,包括专著、译著和教材三大系列。

《地理学思想与方法》丛书专著系列包括《地理学方法论》、《地理学:科学地位与社会功能》、《理论地理学》、《自然地理学研究方法》、《自然地理学研究范式》、《经济地理学思维》、《城市地理学思想与方法》、《地理信息科学方法论》、《计算地理学》等。

《地理学思想与方法》丛书教材系列包括《地理科学导论》、《普通地理学》、《自然地理学方法》、《经济地理学中的数量方法》、《人文地理学野外方法》、《地理信息科学理论、方法与技术》、《地理建模方法》、《高等人文地理学》等。

《地理学思想与方法》丛书译著系列包括《当代地理学方法》、《地理学生必读》、《分形城市》、《科学、哲学和自然地理学》、《地理学科学研究方法导论》、《自然地理学的当代意义:从现象到原因》、《经济地理学指南》、《当代经济地理学导论》、《经济地理学中的政治与实践》、《理解正在变化的星球——地理科学的战略方向》、《空间行为的地理学》、《人文地理学方法》、《文化地理学手册》、《地球空间科学与技术手册》、《计量地理学》等。

"地理学方法研究"项目的成果还包括一批已出版的著作,当时未来得及列入《地理学思想与方法》丛书,但标注了"科技部创新方法工作资助"。它们有:*Recent Progress of Geography in China: A Perspective in the 21st Century*(Cai,2008)、《地理学思想经典解读》(蔡运龙,2011)、《基于 Excel 的地理数据分析》(陈彦光,2010)、《基于 Mathcad 的地理数据分析》(陈彦光,2010)、《地理数学方法：基础和应用》（陈彦光，2011）、《世界遗产视野中的历史街区——以绍兴古城历史街区为例》（阙维民，2010）、《地理学评论（第一辑）：第四届人文地理学沙龙纪实》（刘卫东等，2009）、《地理学评论（第二辑）：第五届人文地理学沙龙纪实》（周尚意等，2010）、《地理学评论（第三辑）：空间行为与规划》（柴彦威等，2011）、《我国低碳经济发展框架与科学基础》（刘卫东，2010）等。

科学思想和科学方法的不断总结对于推动地理学发展起到不可小视的作用。所以此类工作在西方地理学中历来颇受重视，每隔一段时期（5~10年）就会有总结思想和方法（或论述学科发展方向和战略）的研究成果问世。最近的一个例子是美国国家科学研究委员会2010年发布的《理解正在变化的星球——地理科学的战略方向》。中国地理学者历来重视引进此类著作，集中体现在商务印书馆出版的《当代地理科学译丛》和以前的一系列译著中（甚至可上溯到20世纪30年代出版的格拉夫的《地理哲学》）。但仅引进是不够的，我们需要自己的地理学思想和方法建设。有一批甘坐冷板凳的中国地理学者一直在思索此类问题，这套《地理学思想与方法》丛书实际上就是这批人多年研究成果的积累；不过以前没有条件总结和出版，这次得到"创新方法工作专项"的资助，才在四年之内如此喷薄而出。"创新方法工作专项"的设立功莫大焉。

学科思想和方法的建设是一个长期的工作，伴随学科本身自始至终，这套丛书的出版只是一个新起点。"路漫漫其修远兮，吾将上下而求索"。

蔡运龙
2010年12月

序

进入21世纪后,地理信息科学获得了极大的发展。它是以地理学的基本理论为基础,以信息论、控制论、系统论为支撑,研究地理信息的产生、传输与转换规律,并以地理信息系统为核心技术,研究用信息流来调控物质流、能量流、人口流的理论、方法和技术的学科;是自然科学、技术科学、思维科学、经济学、社会科学的交叉学科。近20年以来,地理信息科学作为地理学、测绘科学、地球科学共同的方法论和横断科学,其功能和作用已经得到了全社会的广泛认可。但对地理信息科学本身的方法论研究,目前在国内还极少见诸报道。方法论研究是科学认识和研究、探索工作中必不可少的主观手段,在科学研究中具有不可替代的、极其重要的地位和作用。它研究的是科学研究活动本身的一般规律及一般方法,以及人类认识客观事实的基本程序和一般方法。因此,地理信息科学的方法论研究工作,既对学科发展和方法、技术的创新有十分重要的意义,又难度很大。

我们可喜地看到,科技部在"推进学科体系、学术观点、科研方法创新"的方针指导下,于2007年设立了"创新方法工作专项",其中"地理学方法研究"是第一个启动的项目。以齐清文研究员为首的一批中青年地理信息科学研究人员迎难而上,承担了该项目的二级课题——"地理信息科学方法研究"的任务。作者以马克思主义辩证唯物主义和自然辩证法为哲学理论指导,查阅了国内外大量的学术著作、文献和工程项目报告,并结合研究团队多年来的基础理论研究、应用技术研发和工程项目实践积累,从中搜集、整理、梳理、集成了地理信息科学的理论、方法和技术,提出了"本体论-科学方法-技术方法"三位一体的地理信息科学方法论体系。该书就是该团队的研究成果的结晶。在回顾地理信息科学发展历程、阐释地理信息本体论的基础上,该书从定义、内涵、功能、结构、流程、案例、优缺点等方面详细分析和论述了地理信息科学的6种科学方法(19种子方法)和7种技术方法(22种子方法),最后,还对未来地理信息科学的方法和技术发展的前景做了展望。

该书是国内第一部以《地理信息科学方法论》冠名的学术专著，具有以下特点：一是很好地协调和处理了方法的前瞻性与成熟性之间，方法的哲学高度和可操作性、实用性之间，学科的完整性与突出重点之间，常规方法与创新方法之间，阐述知识与阐述方法之间的矛盾，并正确处理了地理学的不同分支学科之间的方法边界划分问题；二是将地图学、地理信息系统（GIS）、遥感（RS）、全球定位系统（GPS）、空间决策支持系统（SDSS）等分支学科的方法和技术进行了分解和重组，按方法论的功能结构和信息流程来分类，如将地图学的方法和技术分别归纳到"图形-图像思维方法"中的"地图思维方法"子方法和"地理信息表达技术方法"中的"地图表达技术"子方法内，把遥感方法分别归纳到"图形-图像思维方法"中的"遥感影像思维方法"子方法，以及"地理信息采集和监测方法"中的"基于遥感技术的动态监测"子方法内，等等，从而形成了地理信息科学整体的方法论体系结构；三是按主体、客体、目标、结果、动作、系统、流程、工具、环境状况等14个因子来详细剖析地理信息科学的方法论范式，让不同层次和类型的读者，根据不同的研究目标和研究客体，甄别不同数据来源、研究对象的特征，选择最佳的研究方法和技术，使其研究结果达到最优化；四是书中针对每一种子方法，分析和展示了大量的研究案例，向读者详细介绍了这些案例的研究过程、输入/输出、适用环境和场合，从而从感性和理性两个角度印证了书中所归纳的各种研究方法的优点、缺点、适用性，相信会给读者带来很多的启发。

总之，我非常乐意向广大读者推荐《地理信息科学方法论》这本专著。相信该书对于从事地理信息科学、地理学、林学、农学、测绘学乃至地球科学研究的专业人员和研究生、高校学生都有很好的理论、方法启迪和参考价值。同时，也预祝专著的作者在进一步深入研究中，不断提高和创新，产生更加完善和成熟的地理信息科学方法大系。

中国工程院院士

2011年1月28日

前　言

科学方法是科学研究的工具，是推动科学技术创新的武器。科学技术发展历程中的每一次重大突破，都肇始于新思想、新方法的创新及其应用。缺乏在科学思想和科学方法上的创新意识和系统研究，已经制约了我国科技自主创新能力的提高。加强科学思维、科学方法和科学工具的研究和创新，是建立创新型国家的必然选择。

本书是在国家"推进学科体系、学术观点、科研方法创新"的方针指导下，科技部于2007年设立的科技基础性工作专项"地理学方法研究"之二级课题"地理信息科学方法研究"的研究成果基础上编著而成。

作为"地理学方法研究"项目的二级课题之一，本课题的研究目的是以地理学、地球系统科学、地理信息科学为理论和思想基础，从国内外大量已有的论著及应用案例中总结和整理地理科学中地理信息的思想、理论和方法，并力求在挖掘新方法方面有所创新和突破，将现有思想和方法凝练与提升到地理信息科学的高度，为该领域的学者提供地理信息方法案头参考书，为地理学和地理信息系统专业的本科生、研究生提供地理信息方法方面的教材，从而为全面推动地理学学科建设添砖加瓦。

地理科学的信息与计算从地理学诞生起就以其研究手段和技术的面貌出现，并沿着测量-制图和计量地理两条路线从来没有停止过研究脚步。但进入20世纪90年代以来，该项研究的步伐出现减缓趋势。究其原因，一方面是由于在"以任务带学科"的导向下，科学研究的国家和社会需求驱动力似乎远远大于科学问题自身的内在逻辑动力，研究工作者沉浸在一个接一个的应用项目中，无暇顾及地图制图、地理信息系统和地理计算等领域的理论和方法创新；另一方面，当地球科学中的各分支学科出现一体化研究趋势时，部分研究者试图用现有的地理信息系统和计量地理的方法来研究地球圈层关系、全球变化、环境变迁等问题时，发现前者并不能包治百病，特别是在用数学模型来模拟地球客观实体复杂巨系统的时空格局和宏观-微观尺度转换时，显得办法不多，甚至举步维艰。因此，盲目乐观和畏难情绪两个极端的思潮在一定程度上阻碍了地理信息与计算领域的方法创新研究。

本课题的研究在以下三个方面推动地理学思想方法及地理信息方法自身的发展：

1）就整体与局部的关系而论，地理信息历来就是地理科学甚至地球科学的"横断学科"，因为后者的所有分支学科几乎毫无例外地存在着信息表达方法和手段上的共性（上述分支领域中几乎毫无例外地绘制和使用本领域内的专题地图），同时又在空间认知、空间关系概括和地学规律发现方面存在着共性；地理信息方法的作用正是通过信息流工具（地图、地理信息系统、遥感、全球定位系统、计量模型、数学模型等）来调控物质流、能量流和人口流动。因此，地理信息与计算方法的研究和创新作为"局部"成果，将会推动地理学"整体"的思想和方法的创新。

2）从本体与客体的关系来看，地理信息是本课题的"本体"，地理学科的研究对象则是"客体"，通过本课题研究过程中对地理信息机理、地理时空模型、地理图谱等的概念、关系、公理和实例等研究和界定，既能够总结、提升甚至创新地理信息领域本身的理论、思想和方法，更将为地理学思想和方法的研究提供借鉴。

3）从理论机理与应用功能的关系而言，进行地理信息思想与方法的研究，在对地理信息本身的关键科学问题得出更深刻理解和解决方案的同时，将会使地理学乃至地理信息科学解决实际问题的能力大大增强。

本课题的目标是从国内外大量已有的论著和应用案例中总结和整理地理科学中地理信息的思想、理论和方法，并力求在挖掘新方法方面有所创新和突破。研究内容一是西方地理信息思想与方法变革的案例剖析及启示；二是地理信息哲学与方法论的挖掘、梳理、凝练与集成，包括地理信息的本体论与认识论、地理信息的方法论、人文主义对地理信息的影响、结构主义对地理信息的影响等；三是地理信息思想与理论的挖掘、梳理、凝练与集成，包括地理信息基础理论、地理信息处理与表达理论、地理图形思维及形–数–理相结合的地学信息图谱理论和方法、地理信息互操作理论等；四是地理信息研究技术的挖掘、梳理、凝练与集成，包括地理信息的处理与管理技术、地理信息分析、地理信息表达技术、地理信息的应用技术、地理信息支撑技术等；五是地理信息方法前沿与展望，包括地

前 言

理信息方法前沿与发展趋势、推进地理信息方法创新的策略等。

在上述背景和原则的基础上，我们构建了地理信息科学方法论的基本框架：

地理信息科学（geographical information science）是以地球表层环境（地理环境）为舞台，以人/地关系为主题，以服务于全球变化与区域可持续发展为目标，研究地理信息的形成和传输机理，形成以卫星应用、遥感技术、地理信息系统、数字地图、多媒体与虚拟技术、互联信息网络为主体，能对人流、物质流、能量流进行时空分析与宏观调控的高速全息数字化的、集成化的科学体系。因此，地理信息科学是一门交叉学科，是地球系统科学、信息科学和信息技术等的交叉和融合。

按照科学哲学的理论，一门学科的方法论包括认识论、方法论和工具论三个层次。本课题的上级项目"地理学方法研究"确定从哲学与方法论、地理思想与理论、研究手段与工具三个层次进行研究，在精神实质上与上述三层次论是一脉相承的。由于地理信息科学既是地理学的一个分支，又具有很强的科学性、技术性、工程性和操作性，因此其方法论在上述两种体系的指导下，体现出学科继承性和独特性的特点。

根据上述理念，将地理信息科学的方法论分为地理信息本体论、地理信息的科学方法、地理信息技术方法三部分。具体说明如下：

1）地理信息本体论在总体上继承了科学哲学中自然观的思路，反映了地理信息的特征、本质、信息机理、功能等，同时又在认识论和方法论的指导下阐述了地理信息的认识论和方法论本质。

2）地理信息的科学方法是人类研究和探究地理客体和现象本质规律时采用的理念、方法、途径等，属于将物质世界变为精神世界的内容（即由作用于地理客观实体和现象的方法和途径总结、归纳和升华为理念和知识形式的科学方法）。根据地理信息科学的发展现状和趋势，本课题把地理信息的科学方法分为图形-图像思维方法、数学模型方法、地学信息图谱方法、智能分析与计算方法、模拟和仿真方法、综合集成方法六类。它们分别对应于地理信息科学中特有的地图、图形图表和遥感图像的识别与思维，结构化问题的数学模型建模与分析方法，中国科学家独创的形-数-理一体化的图谱方法，非结构化问题的知识推理与计算方法，以及数值模拟、虚拟仿真，各种方法的集成等研究方法。

3）地理信息技术方法是人类利用和改造地理客体和环境的工具、流程和工艺等，属于将精神世界变为物质世界的内容（即由知识性的技术方法物化为实物性的工具、平台、模型等实体）。归纳和整理地理信息技术的各种形式、功能、作用对象以及发展趋势，把地理信息技术方法分为地理信息采集和监测技术、地理信息管理技术、地理信息处理、分析和模拟技术、地理信息表达技术、地理信息服务技术、地理信息网格技术、地理信息"5S"集成技术7类。它们分别对应于地理信息科学领域内的信息获取与动态监测、信息管理、表达、服务、网格计算与服务、多种技术系统集成等技术方法。

除此之外，地理信息科学方法论还有研究地理信息思想和方法的变革（包括地理信息科学思想和理论的形成和发展、地理信息方法和技术变革）、地理信息科学方法论展望（包括理论和方法论前沿与展望、方法和技术前沿与展望、创新机制和策略）两个方面，依次从发展历史追溯和发展趋势展望两个方向覆盖地理信息科学的历史维度，使本课题的研究成果既体现历史的积淀，又具有时代感，还具有一定的时效性。

本书是集体智慧的结晶。具体执笔分工如下：第1章，齐清文；第2章，张岸；第3章和第4章，郭瑛琦；第5章，齐清文；第6章，姜莉莉；第7章，邹秀萍；第8章，陈燕；第9章，张岸；第10章和第11章，彭晓；第12章，齐清文；第13章和第14章，程锡；第15章，徐莉；第16章，姜莉莉；第17章，王晓山；第18章，张岸；第19章，任建顺；第20章，陈燕、齐清文。全书由齐清文总体构思和统稿。

本书在撰写过程中得到项目组负责人蔡运龙教授和课题第一负责人王铮教授的宝贵指导；支持和指导我们研究工作的领导、专家、学者和朋友还有很多，没有一一列出，在此一并表示衷心的感谢。

作 者

2010年12月于北京

目 录

总序
序
前言

第一篇　地理信息思想和方法变革

第1章　地理信息科学思想和理论的形成与发展 ········ 3
1.1　地理信息科学的形成 ········ 3
1.2　地理信息科学思想和理论的发展与演变 ········ 5
1.3　地理信息科学方法论的哲学观和实用观 ········ 12
1.4　地理信息科学与相关学科思想之间的互相影响 ········ 18

第2章　地理信息方法和技术变革 ········ 21
2.1　地理信息技术的发展阶段 ········ 21
2.2　地理观测与信息采集技术方法的变革 ········ 23
2.3　地理信息分析和计算方法的变革 ········ 28
2.4　地理信息整体研究技术方法的变革 ········ 31

第二篇　地理信息本体论

第3章　地理信息的本体论 ········ 37
3.1　地理信息本体 ········ 37
3.2　地理信息的本质特征 ········ 40
3.3　地理信息的机理和过程 ········ 45
3.4　地理信息的结构和功能 ········ 48

第4章　地理信息本体与认识论和方法论 ········ 51
4.1　地理信息本体的认识论和方法论内涵 ········ 51

4.2 地理信息本体与认识论 ····· 53
4.3 地理信息本体与方法论 ····· 58

第三篇　地理信息的科学方法

第5章　地理信息的科学方法概述 ····· 67
5.1 地理信息的科学方法概念和内涵 ····· 67
5.2 地理信息的科学方法体系 ····· 68
5.3 地理信息的科学方法范式 ····· 70
5.4 地理信息的科学方法综合评价 ····· 76

第6章　地理信息的图形–图像思维方法 ····· 78
6.1 图形–图像思维的一般方法 ····· 78
6.2 地图思维方法 ····· 86
6.3 遥感影像思维方法 ····· 100

第7章　地理信息的数学模型方法 ····· 110
7.1 地理信息的数学模型方法概要 ····· 110
7.2 空间分布与格局的数学模型方法 ····· 111
7.3 地理空间过程的数学模型方法 ····· 122
7.4 地理时空演化的数学模型方法 ····· 129
7.5 空间优化和决策的数学模型方法 ····· 134

第8章　地学信息图谱方法 ····· 143
8.1 地学信息图谱方法概要 ····· 143
8.2 地学信息图谱方法的定义和内涵 ····· 143
8.3 地学信息图谱方法在研究中的意义 ····· 146
8.4 地学信息图谱方法的原理、结构和过程 ····· 148
8.5 地学信息图谱方法的应用案例 ····· 153
8.6 地学信息图谱方法的优点和不足 ····· 174

第9章　地理信息的智能分析与计算方法 ····· 177
9.1 地理信息的智能分析与计算方法概要 ····· 177
9.2 地理信息的知识推理方法 ····· 178
9.3 地理空间决策方法 ····· 186
9.4 地理知识发现（空间数据挖掘）方法 ····· 193

| 9.5 | 神经网络空间分析方法 | 199 |

第 10 章　地理信息的模拟和仿真方法　209
10.1	地理信息的模拟和仿真方法概要	209
10.2	地理信息模拟方法	210
10.3	地理信息仿真方法	223
10.4	地理信息虚拟现实方法	230

第 11 章　地理信息的综合集成方法　243
11.1	地理信息的综合集成方法概要	243
11.2	还原与整体集成方法	244
11.3	定性与定量集成方法	253
11.4	归纳与演绎集成方法	261
11.5	逻辑思维与非逻辑思维集成方法	267
11.6	复杂性科学集成方法	275

第四篇　地理信息的技术方法

第 12 章　地理信息的技术方法论概述　287
12.1	地理信息的技术方法概念和内涵	287
12.2	地理信息的技术方法体系	287
12.3	地理信息的技术方法范式	290

第 13 章　地理信息采集和监测技术　295
13.1	地理信息采集和监测技术概要	295
13.2	基于 GNSS 的地理空间精确位置获取技术	298
13.3	基于遥感的地理对象动态监测技术	303

第 14 章　地理信息管理技术　312
14.1	地理信息管理技术概要	312
14.2	地理对象的数据库集中管理技术	316
14.3	海量地理数据的分布式管理技术	323

第 15 章　地理信息处理、分析和计算技术　333
15.1	地理信息处理、分析和计算技术概要	333
15.2	地理信息处理技术	334
15.3	LBS 技术	341
15.4	地理时空分析与计算技术	348

第 16 章	地理信息表达（可视化）技术	355
16.1	地理信息表达技术概要	355
16.2	地图表达技术——二维可视化	355
16.3	地理信息多维动态可视化技术	364
16.4	地理信息成果展示技术	375
第 17 章	地理信息服务技术	386
17.1	地理信息服务技术概要	386
17.2	地理数据服务技术	388
17.3	地理信息和知识服务	401
17.4	地图服务	410
17.5	地理信息辅助决策服务	422
第 18 章	地理信息网格技术	432
18.1	地理信息网格技术概要	432
18.2	地理信息网格的资源定位、绑定和调度技术	436
18.3	地理信息网格的空间信息在线分析处理技术	442
18.4	地理信息网格的智能化信息共享与服务技术	449
第 19 章	地理信息 "5S" 集成技术方法	458
19.1	地理信息 "5S" 集成技术方法概要	458
19.2	多源空间数据集成方法	459
19.3	跨平台的 GIS 系统集成方法	466
19.4	应用分析模型与 GIS 系统集成方法	471
19.5	分布式集成方法	478
19.6	GIS、RS、GPS、DSS、ES 之间系统集成方法	484

第五篇　地理信息科学方法和技术展望

第 20 章	地理信息科学方法和技术前沿与展望	505
20.1	地理信息科学方法展望	505
20.2	地理信息科学技术前沿展望	509
20.3	地理信息科学方法和技术创新机制和策略	516

参考文献 521

第一篇　地理信息思想和方法变革

- 地理信息科学思想和理论的形成与发展
- 地理信息方法和技术变革

第1章　地理信息科学思想和理论的形成与发展

1.1　地理信息科学的形成

地理信息科学的形成和发展背景有以下两个方面：

1）从学科与技术上来看，遥感（RS）、地理信息系统（GIS）、全球定位系统（GPS）组成的"3S"技术迅速发展并日益成熟，数字地图体系日臻完善，计算机通信网络、国家信息基础设施（NII）等一系列现代信息技术在全世界范围内迅猛发展。这些学科和技术上的发展迫切需要形成一门新的学科领域给予其理论上的支持和技术上的概括。它就是"地理信息科学"（geoinformatics）。

2）从社会经济发展来看，现代地球科学问题的研究需要多学科、多部门之间的攻关协作和"3S"的支持，全球变化和区域可持续发展研究需要信息科学和现代化技术手段的支持，其他具有区域性、时空多维性、复杂多变性特征的一系列生态环境问题和人口-经济问题呼唤学科融合和高新技术支持；以 GIS、GPS 和数字制图为核心的地理信息产业已经形成，它将在国民经济建设中起到越来越重要的作用；建设"信息社会"、迎接"信息时代"的到来，大力推动国家信息化建设和国民经济信息化的呼声日益高涨。这些都对地理信息科学的形成和发展产生了重要的推动作用。

引用陈述彭院士的论断（图1-1），地理信息科学的科学内涵可概括为："地理信息科学以地球为舞台（上至电离层，下至莫霍面），以人/地关系为主题，以服务于全球变化与区域可持续发展为目标，研究地球空间信息的形成和传输机理，形成以卫星应用、遥感技术、地理信息系统、计算机辅助设计与制图、多媒体与虚拟技术、互联信息网络为主体的高速全息数字化的集成化科学体系，形成能对人流、物质流、能量流进行时/空分析与宏观调控的战略技术系统"；地理信息科学是一门交叉学科，是地球系统科学、信息科学和信息技术等的交叉和融合。它的研究内容包括以下三个方面：

1）地球信息机理研究——通过对地球圈层间信息传输过程与物理机制的研究来揭示地球信息机理，是形成地理信息科学的重要理论支撑。

2）集成化技术体系研究和建设——即以对地观测系统（RS、GPS）、地理信息系统、电子地图与信息高速公路所构成的以地理信息系统为核心的集成化技术体系，实现对地球信息的获取、分析、共享与传播。

3）应用领域研究——全球变化与区域可持续发展是地理信息科学重要的核心应用领域；此外，在城市基础设施规划与管理、社会化信息服务等方面，地理信息科学将有非常广阔的前景。

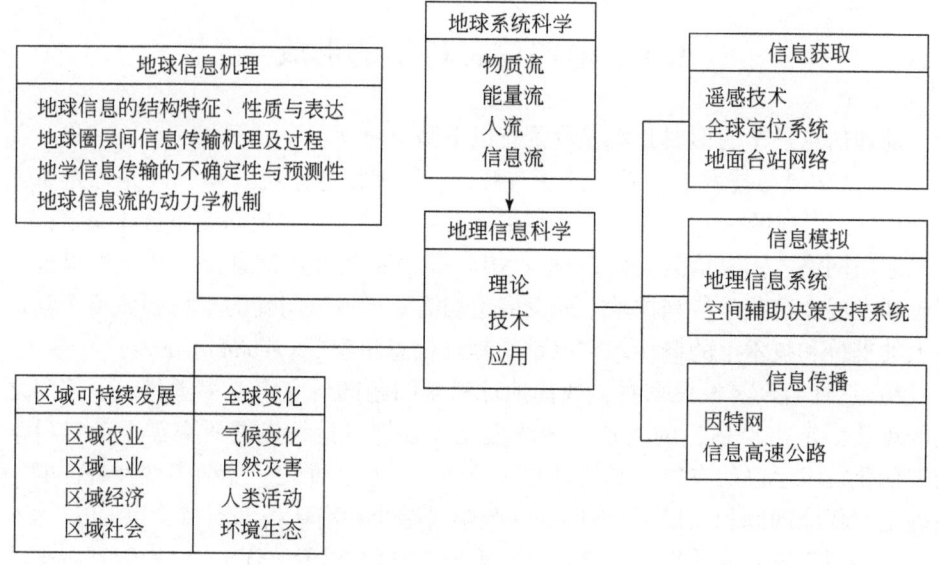

图 1-1　地理信息科学的科学体系

资料来源：陈述彭，1996

地理信息科学的提出与理论创建，来自于两个方面：第一，技术与应用驱动，这是一条从实践到认识，从感性到理论的思想路线；第二，科学融合与地理综合思潮的逻辑扩展，这是一条理论演绎的思想路线。两者相互交织，相互促动，共同推进地理学思想发展、范式演变和地理信息科学的产生（杨开忠和沈体雁，1998）。地理信息科学本质上是在两者的推动下地理学思想演变的结果，是新的技术平台、观察视点和认识模式下地理学的新范式，是信息时代的地理学。人类认识自己赖以生存的地球表层系统，经历了从经典地理学到地理信息科学的漫长历史时期。不同的历史阶段，人们以不同的技术平台，从不同的科学视角出发，就会得到关于地球表层不同的认知模型（闾国年，1998）（图1-2）。

"信息流"这一概念是陈述彭（1992）针对地图学在信息时代面临的挑战而提出的。他认为，地图学的第一难关是解决信息源的问题，地理信息科学的第一难关同样也是解决地理信息源的问题。在16世纪以前，人类曾经以最艰苦的探险，组织最庞大的队伍和采用当时最先进的技术装备去解决这个问题；到了

第 1 章 | 地理信息科学思想和理论的形成与发展

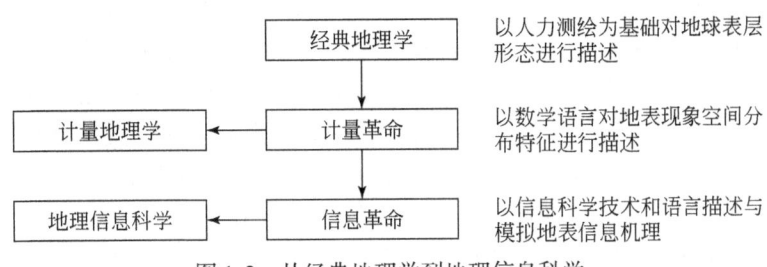

图 1-2 从经典地理学到地理信息科学

16～19 世纪，地理信息源主要来自大地测量及建立在三角测量基础上的地形测图；20 世纪前半叶，地理信息源主要来自航空摄影和多学科综合考察；20 世纪后半叶，地理信息源主要来自卫星遥感、航空遥感和全球定位系统；21 世纪，地图信息源将主要来自小卫星群。但是，一个明显的事实是，对于地理信息来说，无论信息源是什么，其信息流程都明显表现为：信息获取—存储检索—分析加工—最终视觉产品。特别是当今信息化、网络化时代，信息更不是静止的，而是动态的，表现在"信息获取—存储检索—分析加工—最终产品—提供服务"的整个过程中。

1.2 地理信息科学思想和理论的发展与演变

地理信息科学（geographic information science）是研究地理空间信息的产生、传输与转换规律，研究地理信息系统及其他与地理信息密切相关的其他学科和技术形成与发展的一门学科，是自然科学、技术科学、思维科学、经济学、社会科学的交叉学科，是在地图学、地理信息系统技术、遥感、全球定位系统和空间决策支持系统的基础上发展起来的。因此，研究地理信息科学思想和理论的发展与演变，必须对上述分支学科的发展做一简要总结。

1.2.1 地图和地图学：地理信息科学的核心基础和前身学科

地图，作为人们认识自然、改造自然，从事社会历史活动的必要工具，有着悠久的历史。它的起源远早于文字，因为在人类发明象形文字以前就有地图了。地图是地球科学领域研究对象的形象–符号–概括模型。地学中的模型是实际对象的代替物或模拟物，它们与被研究的对象之间存在某种程度的一致或相似的映射关系；借助这一模型所获得的结论和推论又可转用于实际对象上。地学中所采用的模型多种多样，如各种地图、航空和航天遥感图像、统计图表、样图、剖面图、数学和逻辑学公式、各种符号等。其中，地图是地学中使用最普遍，也是最重要的模型。它既是客观世界的形象模型，即对实际地物完整、清晰、直观的图形描绘和说明；又是客观世界的符号模型，即用专门的符号来表达地物的位置、质量和数量特征，是记录知识、发现知识，使知识定型化的强大工具；还是客观世界的概括模型，因为地图上存在信息的抽象、概括和内容提炼，即制图综合。单幅图是地物某一方面的模型，地图集是地理系统的模型。

我国著名的地图学家廖克研究员、喻沧先生和高俊教授等学者多年来一直认为，地图学是一门横断型学科，即地图学是包括自然科学、社会科学和思维科学在内的诸多学科的共同的方法论。这个结论对于地球科学领域尤为适用。虽然在国家的科学分类中地图学属于地理学的二级学科，但地图在整个地球科学领域中的应用都非常普遍，地图学的地位也是十分重要的。可以说，地图学是地球科学中永远年轻的横断型学科。这可从以下四个方面加以说明：

一是信息表达方法和手段的共性。地球科学的各个分支学科（如地质学、地球物理学、地理学、大气学科等），都离不开在空间位置、空间布局、空间关系等方面对其研究对象的二维或三维描述，都离不开在统一的数学基础（大地椭球体、坐标系、投影、经纬网）框架下，使用通用的或专门的地图符号和表达方法。因此，上述分支领域中几乎毫无例外地绘制和使用本领域内的专题地图：地质构造图、地质岩相图、储油构造图、地磁图、地球重力异常图、各种地理图、大气环流图、大气气压图、降水量分布图、台风路径图等。

二是空间认知、空间关系概括和地学规律发现的共性。在地球科学研究中，普遍存在着从对地球系统的空间特征的认知，到对客观实体之间空间关系（方向、位置、距离、范围、包含与相接等）的归纳，最后从中发现地学规律的过程。这实际上是一个从形象思维到抽象思维的过程。而地图本身就是运用图形－图像的形象化形式表达地物的抽象概念的模型，具有形象思维和抽象思维双重特征，因此它在地球科学的"空间认知→空间关系概括→地学规律发现"的过程中能够起到非常重要的作用。这也是地球科学区别于其他科学的重要特征之一。

三是以空间数据库为核心的现代计算机地图制图技术在地学中的通用性。地图学是一门既古老又年轻的学科，它总是随着现代科学技术的发展而不断发展和进步。发展到今天，地图学正在以地球系统科学、信息科学和系统论、控制论等为基础来完善自己的理论体系，以空间数据库为核心的计算机地图制作与地图分析为技术特征。后者在现代地球科学研究中具有通用性。目前不仅在地理学中，而且在地质学、大气科学等许多领域正在越来越多地使用地图空间数据库和计算机地图空间分析和模拟方法。可以预测，在不远的将来，地球科学将使用地学数据的多维可视化、虚拟显示、动态模拟等地图模拟技术进行本专业的研究。那将会是一幅生机勃勃的科学景观。

四是地球科学在全球空间数据基础框架下的一体化研究趋势。当前，一个全球性的信息科学热点就是以"数字地球"为旗号的全球空间数据基础框架。它实质上是遥感图像数据库和地图数据库在全球空间数据标准化框架下的全面拼接、扩展和无缝化的万维网联通。在这种多比例尺、多分辨率、多层面、真三维、动态显示和仿真的数字地球模型面前，地球科学的各分支学科不但都能找到自己的切入点，而且还可以用全新的视角和观念来整体地审视地球科学的共性问题，同时随着不同分支学科相互交流的日益方便和频繁，在不远的将来必将会出现地球科学的一体化研究方案。新的发现就会出现在各分支学科的交叉点上。这就是横断型学科的重要作用。

地图学是地理信息科学重要的、核心的基础。首先，地图学也属于空间信息科学的范畴，它的研究对象和目标与地理信息科学一致。其次，地图学的三大基础支柱（即地图投影、制图综合和符号系统）也是地理信息科学的基础原理和方法的组成部分，因为地球科学信息基础框架的构建离不开严密的数字地球数学基础（坐标系、地图投影、经纬网、比例尺等），也需要基于主比例尺的数据库的制图概括，其图形表达更离不开地图的符号系统。最后，从地球科学信息流的角度来看，在信息的"获取—存储—分析—表达—传输—应用"流动链中，地图功能的实现占据了重要的位置。因此，作为地理信息科学的重要组成部分，地图学理应为地理信息科学的发展做出应有的贡献。

1.2.2　地理信息系统：地理信息科学的核心技术支撑

地理信息系统（GIS）是一种由硬件、软件、数据和用户组成的，用以采集、存储、管理、分析和表达地理数据，满足人们特定需求，能够解决和回答用户一系列地学领域问题的计算机支持系统。GIS 具有以下特征：一是采集、管理、分析和输出多种地学空间信息的能力，具有空间性和动态性；二是以地学研究和地理决策为目的，以地学模型方法为手段，具有区域空间分析、多要素综合分析和动态预测能力，能够产生高层次高质量的地学派生信息；三是由计算机系统支持进行空间数据管理，并由计算机程序模拟常规的或专门的地学分析方法或模型，作用于空间数据，产生有用信息，快速、准确地提供科学决策依据。

从以上特点可以看出，GIS 的商业价值和社会价值是显而易见的。其价值一方面体现在对人的能力的增强和延伸，另一方面体现在它极大地提高了生产和管理的效率。它在全球范围内，可用于全球变化与监测的研究；在国家范围内，可用于全国范围的自然资源调查、环境研究、土地利用状况调查、森林管理、农作物生产、各种灾害预测和防治、国民经济调查和宏观决策分析等；在一个城市范围内，可用于土地管理、房地产经营、污染治理、环境保护、交通规划、上下管线管理、市政工程服务和城市规划等；在一个企业范围内可用于生产和经营管理。

因此，GIS是地球科学领域内的高层次工具和手段。

GIS的发展趋势有以下四点：一是网络化，即GIS正由单机或局域网络运行系统向广域网系统发展，数据的采集、管理、传输和信息发布均按分布式系统运行和管理，以达到数据的实时更新、安全可靠和一致性检查与保护，实现真正的信息的社会化共享。二是系统的综合集成，即GIS不再是单一的地理信息系统，而是将它自身与遥感（RS）和全球定位系统（GPS）融为一体，充分利用RS的动态监测和信息快速获取功能和GPS的空间精确定位功能，使GIS的功能大大扩展。三是系统功能向高级层次发展，即从侧重于数据获取、存储、数据管理检索等功能，向侧重于空间分析和模拟，以及预测预报和辅助决策方向发展。四是应用模式正发生变化，即由科学试验型，跨越项目研究型和部门应用型阶段，向着企业应用型发展。未来的发展趋势一定是社会化应用型。

1.2.3 遥感：地理信息科学的重要信息采集和监测手段

遥感是以从飞机、人造地球卫星等平台上拍摄或扫描得来的图像为基础，从中获取信息的技术，是地球科学的信息源泉和处理手段。经历了从20世纪70年代以来的发展，遥感技术已经改变了地理信息科学领域的"数据瓶颈"。随着卫星遥感和航空遥感技术的飞速发展，遥感影像空间分辨率和时间分辨率变得越来越高，数据获取越来越容易，使地理信息科学获得了海量的数据。未来随着高光谱、高时间分辨率遥感信息时空复合机理及传输、反演方法研究，包括高光谱、高时间分辨率遥感信息波谱特性、波段间和时段间信息融合和迭加算子研究，高光谱、高时间分辨率遥感信息的时空复合技术研究，高光谱、高时间分辨率遥感信息的传输机理和反演方法研究等，使人类不仅能够获得大量的直接信息，而且能够获取相当丰富的中间信息和推测信息。通过多角度、多极化遥感信息的形成机理和信息模型研究，包括多角度遥感（含侧视雷达遥感）的信息特征和信息模型、多级化遥感（含偏振光遥感和全息遥感）的信息内涵和信息模型、地球表层多维（含三维）遥感信息结构等的研究，使我们不但能成功地使用常规的可见遥感、红外遥感等技术，还将技术扩展到微波遥感、雷达遥感等，并将多种遥感手段集成为对地观测系统。此外，在遥感图像识别和自动分类算法中，已经加入了人工神经网络等智能化的手段。

1.2.4 全球定位系统和全球导航卫星系统：地理信息科学的重要精准定位技术

全球定位系统（global positioning system，GPS）是由美国、俄罗斯、英国等国家发射的 36 颗人造地球卫星组成的信息反射、传输和定位系统，能够精确地确定地球上任意一点的经度、纬度和海拔高度，已经被广泛用于地球表面的空间定位与跟踪、移动目标监测、导航等领域。

全球导航卫星系统（global navigation satellite system，GNSS），又称天基 PNT 系统，是全球规模的用于进行导航和空间定位的卫星系统，其关键作用是提供时间/空间基准和所有与位置有关的实时动态信息，已经成为国际上各国重大的空间和信息化基础设施。在 2020 年前，全球只有美国的 GPS、俄罗斯的 GLONASS、欧盟的 Galileo 和中国的 Compass（北斗）四个全球卫星导航系统。

因此，GPS 和 GNSS 是地球科学的空间定位与跟踪的强大技术手段。人们可能通过手持或车载的沿地面的运动来获得高精度的动态定位数据，它的发展趋势是：不断扩大覆盖范围，取消盲区；不断提高定位精确度；不断提高定位纠正能力；不断提高 GNSS 与 GIS 之间的集成应用能力，用 GPS 或 GNSS 采集 GIS 的属性数据，并通过生成元数据、坐标转换、批处理等方式将 GPS 或 GNSS 的数据迅速地导入到 GIS 中。

1.2.5 空间决策支持系统：地理信息科学的智能化决策技术和手段

空间决策支持系统（spatial decision support system，SDSS）是在 GIS 和时空运筹学的基础上发展起来的。GIS 的重点在于对大量数据的处理；时空运筹学的重点在于运用模型辅助决策，体现在单模型辅助决策上。SDSS 的出现使计算机能够自动组织和协调多模型的运行，对大量数据库中的数据存取和处理达到了更高层次的辅助决策能力。因此，SDSS 与 GIS 相比的不同特点是增加了模型库、知识库和模型库-知识库管理系统，把众多的模型（数学模型与数据处理模型以及更广泛的模型）和知识有效地组织和存储起来，并且建立了模型库、知识库与数据库的有机结合。与 GIS 的功能相比，它更突出地表现在解决半结构化和非结构化问题的能力上。

因此，空间决策支持系统是以空间信息为基础的智能化的决策技术和手段。未来的研究方向是空间信息决策支持系统的模式和信息机理、政府进行资源环境科学决策的理论支撑体系、区域社会经济可持续发展决策模型库和知识库，以及多模型和群决策的集成理论和方法等。

1.2.6　地理信息科学：上述分支学科集成和整合基础上的新学科

　　集成（integration）概念始于 1961 年的集成电路，其主要思路是降低各种组成部分连接的复杂性，提高设计和实现效率。集成是将基于信息技术的资源及应用（计算机硬件/软件、接口及机器）集聚成一个协同工作的整体，包括功能交互（FI）、信息共享（IS）、数据通信（DC）和协同工作。

　　在地理信息科学领域内，各分支学科技术的集成多种多样。按照内容分，有系统集成和信息集成两类，其中系统集成是将信息获取（包括 RS、GPS 和地面台站网络）、信息模拟（包括 GIS 和 SDSS）和信息传播（包括 Internet、信息高速公路）技术系统按需要进行集成，形成以信息获取和利用为核心的不同功能、不同层次、不同程度的集成系统；信息集成则又分为多源（RS、GPS、GIS、地面实测等）、多类（地理参考、精确解析、单项评价、综合分析、规划决策等）异质信息的融合，以及不同时空特征的同质信息的集成两种情况。按照集成的系统部件的物理位置格局不同，可分为同地集成和网络集成两种情况。

　　将地图学、GIS、RS、GPS、SDSS 等学科的不同技术进行集成的意义在于：首先，地球信息流本身具有不可分割性，只是由于人类认识的局限性，人们对地物的描述不能够同时获得时间、空间、属性三个方面的信息，只能固定一个因素而动态地研究另外两个因素，在信息描述上人为地采用可分的手段，即分为信息获取、信息处理和信息应用三个互不关联的方面。其中，GPS 侧重于空间定位特征的获取，RS 主要侧重于时间动态特征的获取，GIS 侧重于属性与空间、时间特性的联结和管理（而并非采集）。如果空间、时间和属性三个特征能够同时得到，就会大大提高精度。这正是 GIS、GPS 和 RS 集成化所追求的目标。其次，从现实情况来看，目前运行的企业化 GIS 的特点是信息源分布分散，信息获取种类繁多，信息容量巨大，对信息进行处理的模型众多，模型与数据的联系复杂，空间数据处理系统与管理信息系统、办公自动化系统、通信指挥系统等形成了多种多样的联结关系；此外，涉及单位的人员也较多。因此，迫切需要进行异种硬件、异种软件、异种网络环境、异种开发平台、异种组织和部门相集成的大型集成系统。

　　总之，广义地理信息科学的发展过程可分为（古代）地理文字阶段、（古代和近现代）地图阶段、现代的狭义地理信息系统阶段。发展到现在，地理信息科学已经包含了由地理信息机理、地理信息软硬件技术、地理信息数据模型和数据结构、地理信息空间分析、地理信息表达与模拟、地理信息传输-共享与应用等内容庞大而严密的科学体系。

1.2.7 地理信息科学的现代思想和理论体系

现代地理信息科学已经形成了从理论到技术再到产业的体系。根据闾国年等（1999）的解释，地理信息科学的分类有多种角度和方法，如按照地理信息运动过程为标准的划分，反映了从客观地理信息的获取、存储、传输到抽象、加工成主观信息，再由主观信息反馈到地理客体的应用等整个地理信息运动过程，进而形成客观地理信息、主观地理思维与技术工具三者相结合的各门类地理信息科学；按照地理客体本身的分类为标准，可以划分出与地理学分支相对应的地理信息科学应用对象分支，如自然地理信息学、水文信息学、经济地理信息学；以技术工具为标准，可将地理信息科学分为狭义地理信息科学、广义地理信息科学，以及二级的 GIS、RS、GPS、MIS（管理信息系统）、地理专家系统等；按照学科理论层次标准，又可将地理信息科学划分为基础理论、应用基础理论、应用三部分。

上述三部分中，广义地理信息系统是地理信息科学的方法和技术核心，包括作为客观地理信息的地理系统、主观地理信息的思维系统、信息转换中介的技术系统、主观返回客观的地理工程系统。其中，完成地理系统中的信息传递需要客观地理信息系统，技术系统中的地理信息则是技术信息系统；主观地理信息系统则经历了从自然信源（地理客体）到技术系统（自然信宿、人体信源）再到大脑系统（人体信宿），经过思维加工，最终完成能够承担主观思维功能的主观地理信息系统。随着现代技术的发展，人工智能和虚拟现实技术越来越多地被引入地理信息科学中，为人类能力的延伸提供了无限的技术可能性。

上述广义地理信息系统的各个环节研究中，都应该建筑在地理信息科学的基础理论之上。我们一方面需要研究中国古代整体观对地理信息整体认知的影响，另一方面则需要研究当代系统科学理论（如自组织、混沌理论、突变论等）对地理信息科学的作用和影响，同时还要研究中国古代整体论与现代系统论之间的关系，把爱因斯坦的相对论和时空转换思想与中国古代的天干地支的时空一体化思想进行有机结合。此外，我们还需要研究认识论与主客观信息转换之间的关系。

在地理信息科学的基础理论之上，是其应用基础理论，包括地理信息的获取基础理论（遥感的电磁波理论等）、地理信息的空间定位基础理论（GPS 技术理论等）、地理信息分析处理基础理论（对客观世界的抽象、分析、重组、管理、处理、传输等），以及地理信息的系统集成和实用系统建设的应用基础理论。

在基础理论、应用基础理论之上，是地理信息科学的应用理论，包括地理信息的产业理论（如地理信息经济学）、地理信息共享（地理信息符号学）、地理信息法律调整（地理信息法律学）等。

如果把地理信息科学放在哲学和世界观的角度来阐述，可以认为它整合了地理学、地球科学、计算机科学、认知科学和地图制图学，从而在整体的方法论角度成为一门崭新的、多学科的、关注空间表达概念和空间计算的交叉科学。从纯哲学的角度来看，它必须解释清楚"什么是现实世界？"的问题；从实体论的角度，需要阐述清楚"某尺度下物体是怎样的？"的问题；从认知论角度，则需要面对"如何对地理推测进行论证？"的问题。

由于地理信息科学处在经验观（通过经验获得对地理对象和现象的认识，地图占据重要位置）、实验观（通过实验方式来模拟和仿真地理对象和现象）、理论观（用严密的数学方式来解决和描述地理对象和现象）和社会观（从社会学观点和个人的主观视角来认知地理世界）四种不同的时空观的交叉点上，因此地理信息科学也被描述成为一个"时空观四面体"的学科框架（图1-3），即该四面体的四个顶点分别是经验观、实验观、理论观和社会观四种观点，而四面体的边和面代表地理信息科学独特的研究观点，四种观点的核心问题则通过四面体的内部来表述。图中优先的由经验观、理论观和实验观定义的基础三角形，它表示现实世界的地图观，批判地继承了实验观的时间意识和主观；"社会观"顶点在最上面，代表GIS领域从计算机辅助制图技术向能反映技术与社会、政治、文化、哲学间关联的多元化学科发展的趋势。

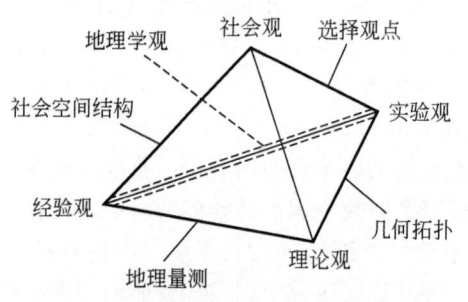

图1-3 地理信息科学的时空观四面体
资料来源：Longley et al., 2004

1.3 地理信息科学方法论的哲学观和实用观

1.3.1 学科方法论的层次演绎思维与反向归纳

学科的方法论从根本上来说都受到科学哲学中科学认识论、方法论和工具论

第 1 章 | 地理信息科学思想和理论的形成与发展

的指导。从哲学到一级学科，从一级学科到二级学科，逐级推演，运用的是演绎式的在理论和方法论上的指导思维，而下一级学科自身的方法论研究成果，又通过归纳和总结，丰富了上一级学科的方法论框架和内容。从科学哲学到地理学再到地理信息科学的方法论演绎式指导和从下往上的归纳式总结模式可从图 1-4 中表现出来。其中，地理信息科学的方法论研究，在接受科学哲学和地理学方法论研究指导的同时，一方面受到其学科形成和发展的背景和影响因素（分为学科外部因素和学科内在动力）的推动和制约，另一方面也从该领域大量的学术论著、

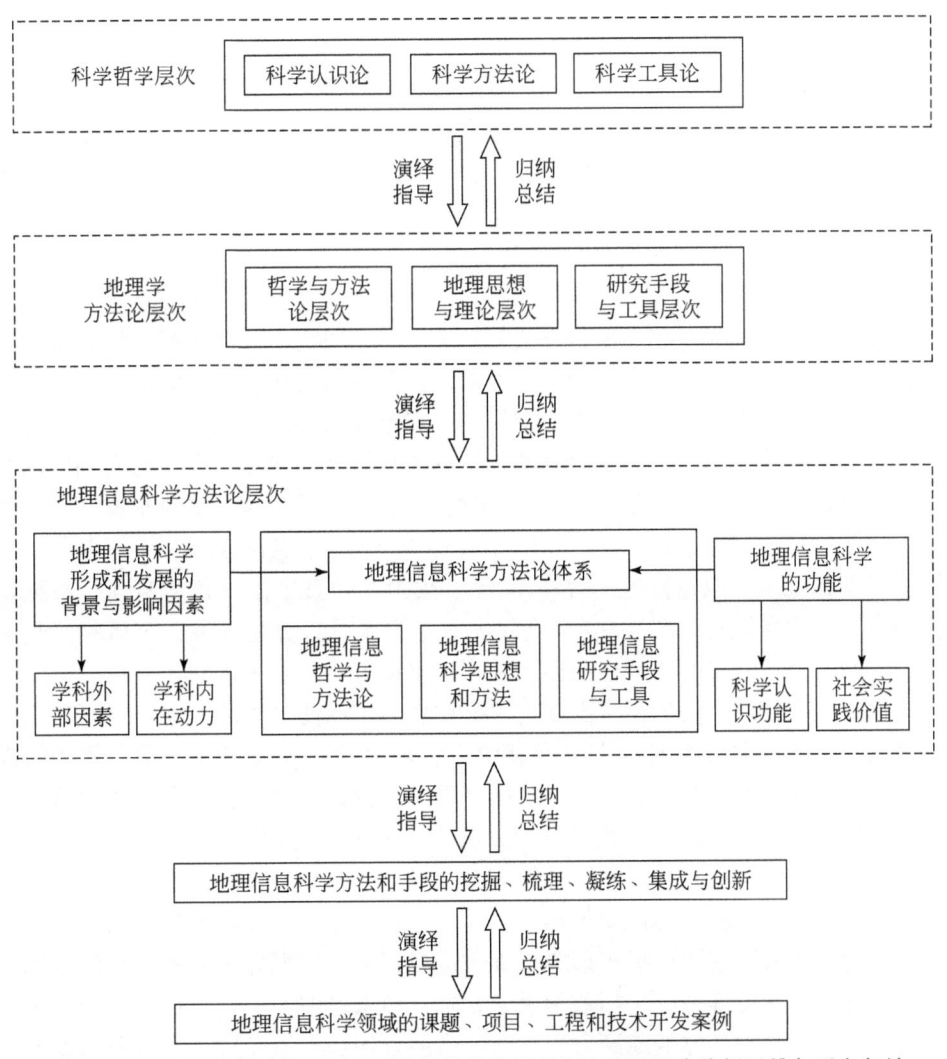

图 1-4 从哲学到地理学再到地理信息科学的学科方法论的层次演绎思维与反向归纳

课题和项目成果、工程和技术开发案例中总结、挖掘、凝练方法和技术手段，从而集成各种方法，实现方法和技术的创新。方法论的创新既提升了地理信息科学的科学认识功能，也增强了其社会实践价值。

1.3.2 需要协调和处理的六个关系

在研究、思索并形成地理信息科学方法论体系的过程中，我们认为必须协调和处理好以下六个关系：

一是理顺和协调方法、技术的前瞻性与成熟性之间的关系。进入21世纪后，地理信息方法和技术进展迅速。因此在梳理和选择时，到底是以成熟的、已有相当成功案例的方法和技术为主，还是注重技术的前瞻性，提出并阐述未来方法和技术？本书对此问题的处理原则是：二者兼顾，以前者为重。因为前者能给读者提供科学性强、可靠性强的方法和技术，并以其众多的成功案例让用户信服。科学技术成果统计表明，现今的大多数高校学者、学生，基层科研和生产单位人员，所采用的地理信息分析、处理和表达方法还是以成熟的方法和技术为主，如地图方法、遥感方法、数学模型方法等，至于虚拟现实、数据挖掘等较先进的技术，一方面由于条件所限，使用机会不多，另一方面也在于这些前沿性方法和技术由于适用条件不匹配，所产生的结果不一定令人满意。因此，我们在研究过程中应认真、细致地整理和归纳现有的成熟方法和技术，并以其成功的案例展示其方法功效。在注重成熟方法和技术的同时，我们也注意选择一些前景看好的前瞻性方法和技术，对其进行归纳、整理和集成，如地学信息图谱方法、智能分析与计算（知识推理、数据挖掘、智能体等）、模拟和仿真方法（虚拟现实、数据值模拟、动态仿真等），以及综合集成方法等，使本书的研究成果在今后相当长的一段时间内都不会过时，都会给读者和用户提供方法和技术帮助。

二是正确处理方法的哲学高度与可操作性、实用性之间的关系。在所见到的物理学、化学等学科的研究方法专著中，所阐述的方法大多都是站在哲学的高度，如观察和实验、归纳和演绎、分类和类比、分析和综合、还原方法和整体方法、隐喻方法等。在地理信息科学的方法论研究中，起初也提出要站得高一些，对现有和未来的方法和技术做出哲学高度的提炼、归纳和提升，如将地理信息科学的方法在哲学高度分为形象思维方法、理性思维方法、自在展现方法等，进而在二级的具体方法层次再提出形象思维方法包括地图目视分析方法、图像目视识别方法等，理性思维方法包括数学模型方法、知识推理方法等，在第三级操作层次的方法中再分为具体的地图方法、数学模型方法等。但经过一段调研和思考后感觉到，一方面太哲学化的方法不具有实用性，如果完全按照哲学高度的方法归

第 1 章 | 地理信息科学思想和理论的形成与发展

类为线索来研究，可能出版的方法论专著会没有多少人看；另一方面，如果太具体，所列举的方法和技术过于强调实用性和可操作性，本书的创新性就会打折扣。因此，本书所列举的科学方法，是哲学层次的方法和具体方法层次的结合。这样，既具有哲学的高度和研究的深度，也具有实用性和可操作性。

三是理顺和协调照顾学科的完整性与突出重点之间的关系。地理信息科学涵盖了地图学、地理信息系统、遥感、全球定位系统、决策支持系统（DSS）等诸多与地理信息相关的学科和技术。因此本书研究的方法论应该覆盖到上述各个学科；学科覆盖不完整，就不足以代表整个地理信息科学。这是课题确定研究内容时的一个基点。然而在顾及学科完整性的同时，也必须突出重点，即把能够代表地理信息科学研究特色、区别于地理学其他学科的方法和技术着重进行研究，如图形-图像思维方法、地学信息图谱方法、数学模型方法、空间分析和模拟技术、地理信息服务技术等。否则，面面俱到而没有侧重点，研究成果就会没有特色。

四是处理和协调和常规方法与创新方法之间的关系。按理说，本书的研究应该着重在方法和技术的创新上下工夫。然而每项方法和技术的发展都要经历其萌芽期、生长期、成熟期、衰落期等各个不同阶段，何况地理信息科学是一门非常讲求工程和技术的功效性和实用性的科学，因而在总结和归纳地理信息方法和技术过程中，既要努力研究新方法、新技术，又要尽量将处于生长期和成熟期的常规方法梳理和整理到方法和技术体系中来。常规方法是基础，是学科的积淀，没有它们，自古至今的地理信息方法和技术的发展就没有传承性。本研究的目标之一，就是梳理、归纳、整理前人已有的方法和技术，并加以发扬光大。创新方法则是课题的亮点，有了它们，研究成果才能体现出科学创新方法的强大生命力。我们应该把握创新方法的度，把真正具有创新意义、经过一定范围的学者和用户推敲和论证、有很好前景的方法纳入方法论体系中。应该避免概念炒作，用空泛的新名词来代替新方法和新技术。因此，本书把已有清楚认识的新方法和新技术，如地理信息网格技术、元胞自动机、智能体、地理模拟和仿真方法、地学信息图谱方法等，列为研究的内容，而将目前尚未认识清楚的方法和技术，放在本书的第 20 章中给予阐述，寄予期待。

五是解决好阐述知识与阐述方法之间的关系问题。目前，国内外已经出版了相当数量的地图学、地理信息系统、遥感、地理信息科学等方面的专著和学术论文。它们基本上是从阐述基本理论、基本知识和基本技术的角度展开。本书的任务是挖掘和整理地理信息科学的方法论，如果作为研究成果的专著和论文的面貌仍与上述专著和教材相类似，那么该项研究就没有完成任务，也就没有必要撰写和出版学术专著。换言之，我们的专著是以开创性的崭新面孔出现的，专注于

"地理信息方法论"成果结晶，是国内首创性的成果。它应该是以阐述地理信息科学的研究方法和技术为主要内容，大量的知识阐述和讲解应该不包含于其中。然而这也有个度的问题。阐述方法不能完全脱离阐述知识。究竟阐述知识和阐述方法的比例多大？这是个需要探讨的问题。本书认为，并不一定要给出硬性的方法与知识的比例指标，只要方法的阐述不影响读者理解（如读者可以在其他专著和教材中找到其知识讲解内容），此时知识的讲解就是多余的；但是如果涉及的方法很新，其基本知识也很少见诸报道，或者本方法所涉及的理论和知识在学界有争论，需要作者给出他们的阐述，以便于讲述方法和技术，此时的知识讲解就是必要的。

六是正确处理不同学科之间的方法、技术边界划分问题。这个问题在信息时代学科互相交叉、相互渗透的今天，显得尤其突出。自然地理学、经济地理学、人文地理学、城市地理学等分支学科都在使用地理信息系统、遥感等方法和技术，究竟哪些是地理信息科学独有的方法和技术？对于这个问题，本书的理解是：应该以地理信息本体论作为源头，以地理信息科学的本质结构、功能和特征为依据。凡是以"地理信息"这种地理环境的映射、镜像或替代物为研究对象，以地理信息发挥功能的流程的各个环节或链条本身的方法和技术，都是地理信息科学方法论体系中的内容。例如，地图模型方法，自然地理学也用它作为其方法，但阐述的是自然地理学的研究对象如何在地图上表达、展示，如何在地图上被发现；涉及地图信息本身的内容，如信息量、精度、相似性，以及从总体上阐述形象思维、理性思维，建模方法等内容，都不在其研究范围中，而是地理信息科学的研究内容。也就是说，地理信息科学的方法和技术作为地理学（甚至地球科学）各个分支普遍的横断性方法和技术，研究的是带有普遍规律性的方法和技术，在哲学上属于"一般"性的内容。而地理学各分支学科所涉及的（与地理信息有关的）方法和技术，则是地理信息科学方法应用的"个别"案例。正是这些众多的"个别"性方法和技术，丰富了地理信息科学的方法论，也会推动后者向更高、更深的层次总结和升华其理论、方法和技术。

1.3.3 地理信息科学的方法论体系

按照科学哲学的理论，任何一门学科的方法都包含三个方面的内容：一是该学科研究对象的本体研究；二是如何认识和解决问题的科学方法；三是如何利用和改造客观环境的工具和技术。因此，地理信息科学方法论的核心由三部分组成（图1-5），即地理信息本体论、地理信息的科学方法和地理信息的技术方法。其中，地理信息本体论在总体上继承了科学哲学中自然观的思路，反映地理信息的特征、本质、信息机理、功能等，同时又在认识论和方法论的指导下阐述了地理信息的认识论和方法论本质。地理信息的科学方法是人类研究和探究地理客体和现象本质规律时采用的理念、方法、途径等，属于将物质世界变为精神世界的内容（即由作用于地理客观实体和现象的方法和途径总结、归纳和升华为理念和知识形式的科学方法）。根据地理信息科学的发展现状和趋势，本书把地理信息的科学方法分为"图形–图像思维方法"、"数学模型方法"、"地学信息图谱方法"、"智能分析与计算方法"、"模拟和仿真方法"、"综合集成方法"六类。它们分别对应于地理信息科学中特有的地图、图形图表和遥感图像的识别与思维，结构化问题的数学模型建模与分析方法，中国科学家独创的形–数–理一体化的图谱方法，非结构化问题的知识推理与计算方法，以及数值模拟、虚拟仿真，各种方法的集成等研究方法。地理信息技术方法是人类利用和改造地理客体和环境的工具、流程和工艺等，属于将精神世界变为物质世界的内容（即由知识性的技术方法物化为实物性的工具、平台、模型等实体）。归纳和整理地理信息技术的各种形式、功能、作用对象以及发展趋势，把地理信息技术方法分为地理信息采集和监测技术，地理信息管理技术，地理信息处理、分析和模拟技术，地理信息表达技术，地理信息服务技术，地理信息网格技术，地理信息"5S"集成技术7类。它们分别对应于地理信息科学领域内的信息获取与动态监测、信息管理、表达、服务、网格计算与服务、多种技术系统集成等技术方法。

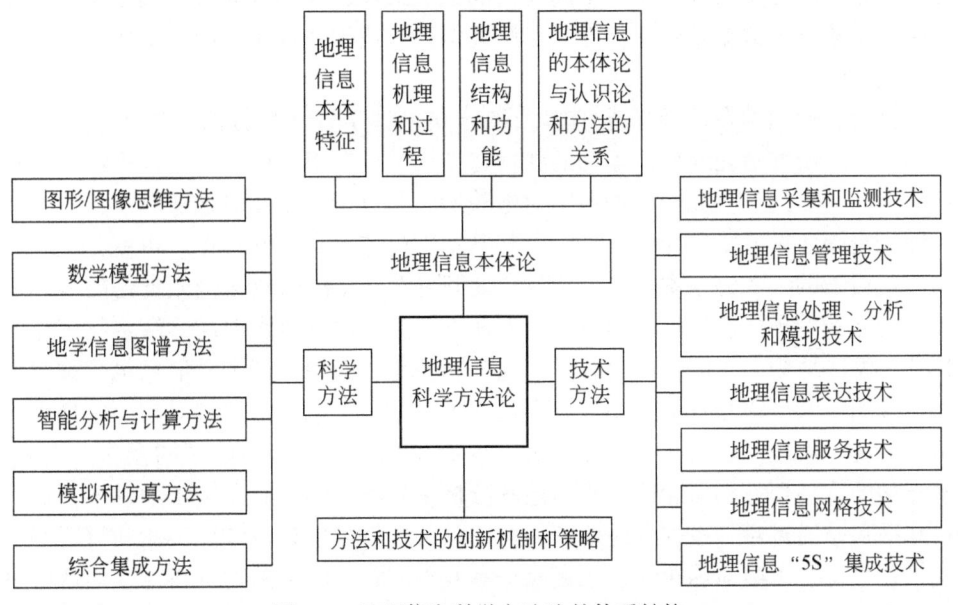

图1-5 地理信息科学方法论的体系结构

1.4 地理信息科学与相关学科思想之间的互相影响

地理信息科学与地理学、测绘学等之间是相互影响、互相促进的发展关系。

例如，作为地理信息科学核心支撑的地图学，不仅对于地学研究和国民经济建设起着非常重要的作用，它对地球科学的学科建设也起到了十分关键的作用。这体现在以下两个方面：

首先，地图学促进了地球学科与数学的结合。"地图学与数学是近亲"，这种说法是不为过的。因为地图的数学基础——地图投影的探求与研究，从来就是引人注目的数学课题。在这方面，17~18 世纪欧洲伟大的数学家桑逊、兰勃特、拉格朗日、德利里、底索、高斯等都付出了辛勤的劳动并做出了重要的贡献。正是由于地图本身在数学上的完善，多少延缓了数学方法向地理学的渗透。由于惯于观察精确的地图图形，所以长期以来地理学家没有感到需要使用其他数学模型。在 20 世纪中叶，数学开始频繁地引入自然科学和社会经济科学各个学科时，这才发现地图模型是引入数学方法的最好手段。所以"地球科学数学化经历了一条与其他学术部门（如生物学、心理学等）不同的道路，它的数学化在很大程度上是借助于地图完成的"（别尔良特，1991）。可以说，地图制图方法与数学方法的相互配合是研究地学与空间有关问题的最佳途径，因为数学模型要根据从地图上采集到的数据来建立，随后对照地图进行检验并校正，而在应用以后，又可转换成地图。

其次，地图学在发展新地学学派和建立地理学各学科方面发挥了杰出的作用。例如，研究地壳新构造运动的新构造地质学就在很大程度上是依据地图分析而产生的。这门学科完全根据地图对地貌所做的分析，以及对地势图、地质图和大地构造图所做的对比为依据来建立其基本理论体系和概念体系。也就是说，新构造地质学的学者将基本理论"蕴藏于地图中"，并根据地图验证自己的科学假设，确立新的规律。另一门学科——海洋学，主要研究海水温度、海水物理化学特性、海底地貌、洋流，以及海洋与大气圈的相互作用，其主要信息也是来自海洋地理图、天气图和其他地图。特别是这种研究需要把海水的状况与海底地貌联系在一起，而地图恐怕是唯一能够完整勾绘出海洋底部构造轮廓的模型。因此，海洋学的许多理论和概念的形成与地图分析是分不开的。对于医学地理学，该学科几乎只是通过对一系列专题地图的对比分析，就可以获得各种疾病和流行病与气候、水文、土壤地球化学、社会经济等各种因素之间关系的资料，进而从中推断出重要结论。以上所述的新构造地质学、海洋学和医学地理学，它们在研究对

第1章 | 地理信息科学思想和理论的形成与发展

象与专业需求上迥然不同，但在力求从地图上获取大量信息这一点上，它却有许多共同之处。这些学科的发展，在很大程度上取决于相应地图资料的完备程度与可靠性。它们根据图面的实际资料，深入研究一些最重要的理论概念并详细拟订出具体的研究计划和学科发展方案。

地图学属于地理学不可分割的一部分，这是自古以来就形成的观念。古典地理学与地图学在概念上是等同的，因为当时的地理学研究任务与绘制出地表形态和地物分布图是一致的。到了近代以后，随着地理学的发展，地理分支学科的增多，同时也由于测量和测图技术的迅速发展，一部分从事地图制图研究的人才从地理研究队伍中分化出来，专门从事地图学理论和技术研究，地图学也逐渐成为一支相对独立和完整的学科。然而地图学的发展从来也没有离开过地理学土壤的支持，因为地图学研究的首要内容，就是有关地理现实世界的空间关联信息或称"地理信息"的结构和分布，然后才谈得上对这些信息进行抽象和表达；同时，地理学家的研究工作从来也离不开地图工具，因为"任何地理研究，都是以编制地图和分析地图开始，而以成图告终"。即使到了遥感技术和GIS迅速发展的今天，地图也是地理信息表达（或称地理可视化）和地理分析不可缺少的工具。因此，地图学在地理科学中具有十分重要的作用。不仅如此，在国家科学技术委员会（简称国家科委）制定的学科体系中，地图学是地球科学的二级学科，与大地测量学、地球物理学、地质学、大气科学、自然地理学等相齐并列。进入20世纪90年代以来，地图学又与地理信息系统一起（联合名称）作为地球科学的二级学科。

GIS与地理学及其各分支学科的关系是十分紧密的。地理学为GIS提供了研究对象的基本认识和有关空间分析的基本观点与方法，是GIS的基础理论依托；GIS的发展也为现代地理学提供了全新的技术手段，并使地理学研究的数学传统得到充分的发挥。GIS的发展极大地促进了地理学的技术进步，表现在数据采集、整理、显示和分析技术方法的现代化，为地理学提供了强大的存储和管理地理数据的能力，以及为地理学各分支扩展了科学研究途径和手段。例如，地理图层叠加、地理仿真和模拟、地理决策分析等，都将地理学的研究能力提高了一大步。

计算机科学的发展对地理信息科学的发展有着深刻的影响。数据库管理系统（DBMS）的应用使信息系统具备了批量化的空间数据处理功能；计算机图形学的应用则大大提高了GIS工作效率；人工智能的引入使GIS进入了智能化、高可信度的时代；计算机网络技术的应用则使GIS由单机版转变为局域网（C/S模式）和广域网（B/S模式）的网络化、分布式地理信息服务和互操作技术时代。

总之，地理信息科学的研究宗旨是通过对地理对象的监测、分析、模拟和预测来研究地理空间的物质流、能量流、人口流和信息流，并以信息流来调控物质流、能量流、人口流。地理信息科学的形成和发展已使地理研究从定性分析发展到定量分析，从而推动了地理科学的研究迈上合成化和智能化的轨道。

第2章 地理信息方法和技术变革

地理信息方法和技术的产生、发展和变革，既是在地理信息科学理论指导下的产物，更是计算机、信息、数据库、网络、通信等一系列新技术影响和带动的结果，同时也要看到它在地理信息工程实践中不断受到质疑、磨炼、修正和优胜劣汰等的考验下，所产生的技术分化、进步和变革。因此，地理信息方法和技术的变革过程，是一个复杂的自我肯定与否定的过程，是一个在先进性与实用性之间不断得到平衡和博弈的过程，更是一个随着用户知识水平的不断提高，逐渐被人们接受、又反过来在用户提出更高要求驱动和刺激下而愈来愈成熟的过程。

2.1 地理信息技术的发展阶段

2.1.1 国际地理信息技术的发展阶段

从地理信息系统的发展来看，地理信息系统起源于20世纪60年代，由加拿大的Tomlinson在加拿大地理信息系统（CGIS）中提出并建立。纵观地理信息系统的发展，经历了四个时期（图2-1）：20世纪60年代的开拓期，研究的重点是注重空间数据的地学处理；20世纪70年代的巩固发展期，这一时期注重空间地理信息的管理；20世纪80年代的大发展时期，这一时期注重空间决策分析；20世纪90年代为地理信息系统的用户时期（陈述彭，2003）。Goodchild于1992年提出地球信息科学（geographic information science）的概念，GIS已经不单纯是一门技术的代名词，它也发展成一门学科体系。进入21世纪，GIS有了新的发展和含义，随着互联网的发展（Web 2.0）和公众的参与（PPGIS），可以说到了地理信息服务（geographic information service）阶段，地理信息服务将成为现代社会最基本的服务系统之一。

2.1.2 中国地理信息技术的发展阶段

中国地理信息系统的起步稍晚，但发展势头相当迅猛，大致可分为以下三个阶段：

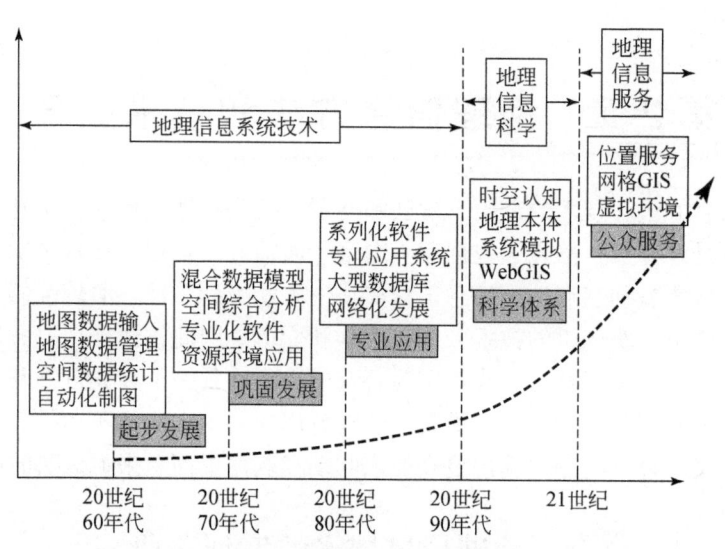

图 2-1　GIS 的发展阶段（据周成虎幻灯片绘制）

第一，起步阶段。20 世纪 70 年代初期，我国开始推广电子计算机在测量、制图和遥感领域中的应用。随着国际遥感技术的发展，我国在 1974 年开始引进美国地球资源卫星图像，开展了遥感图像处理和解译工作。1976 年召开了第一次遥感技术规划会议，形成了遥感技术试验和应用蓬勃发展的新局面，先后开展了京津唐地区红外遥感试验、新疆哈密地区航空遥感试验、天津渤海湾地区的环境遥感研究、天津地区的农业土地资源遥感清查工作。长期以来，国家测绘局（现国家测绘地理信息局）系统开展了一系列航空摄影测量和地形测图，为建立地理信息系统数据库打下了坚实的基础。解析和数字测图、机助制图、数字高程模型的研究和使用也同步进行。1977 年诞生了第一张由计算机输出的全要素地图。1978 年，国家计委（现国家发改委）在黄山召开了全国第一届数据库学术讨论会。所有这些为 GIS 的研制和应用做了技术上的准备。

第二，试验阶段。进入 20 世纪 80 年代之后，我国执行"六五"、"七五"计划，国民经济全面发展，很快对"信息革命"做出热烈响应。在大力开展遥感应用的同时，GIS 也全面进入试验阶段。在典型试验中主要研究数据规范和标准、空间数据库建设、数据处理和分析算法及应用软件的开发等。以农业为对象，研究有关质量评价和动态分析预报的模式与软件，并用于水库淹没损失、水资源估算、土地资源清查、环境质量评价与人口趋势分析等多项专题的试验研究。在专题试验和应用方面，在全国大地测量和数字地面模型建立的基础上，建成了全国 1∶100 万地理数据库系统和全国土地信息系统、1∶400 万全国资源和环境信息系统及 1∶250 万水土保持信息系统，并开展了黄土高原信息系统以及洪水灾情预报与分析系统等专题研究试验。用于辅助城市规划的各种小型信息系统在城市建设和规划部门也获得了认可。在学术交流和人才培养方面得到很大发展。在国内召开了多次关于 GIS 的国际学术讨论会。1985 年，中国科学院建立了"资源与环境信息系统国家重点实验室"，1988 年和 1990 年武汉测绘科技大学先后建立了"信息工程专业"和"测绘遥感信息工程国家重点实验室"。我国许多大学中开设了 GIS 方面的课程和不同层次的讲习班，已培养出了一大批从事 GIS 研究与应用的博士和硕士。

第三，GIS 全面发展阶段。20 世纪 80 年代末到 90 年代以来，我国的 GIS 随着社会主义市场经济的发展走上了全面发展阶段。国家测绘局正在全国范围内建立数字化测绘信息产业。1∶100 万地图数据库已公开发售，1∶25 万和 1∶5 万地图数据库也已相继完成建库；各省测绘局抓紧建立省级 1∶1 万基础地理信息系统。数字摄影测量和遥感应用从典型试验逐步走向运行系统，这样就可保证向 GIS 源源不断地提供地形和专题信息。进入 90 年代以来，沿海、沿江经济开发区的发展，土地的有偿使用和外资的引进，急需 GIS 为之服务，GIS 有力地促进了城市地理信息系统的发展。用于城市规划、土地管理、交通、电力及各种基础设施管理的城市信息系统在我国许多城市相继建立。在基础研究和软件开发方面，科技部在"九五"科技攻关计划中，将"遥感、地理信息系统和全球定位系统的综合应用"列入国家"九五"重中之重科技攻关项目，在该项目中投入相当大的研究经费支持武汉测绘科技大学、北京大学、中国地质大学、中国林业科学研究院和中国科学院地理科学与资源研究所等单位开发我国自主版权的地理信息系统基础软件。经过几年的努力，中国 GIS 基础软件与国外的差距迅速缩小，涌现出若干能参与市场竞争的地理信息系统软件，如 GeoStar、MapGIS、CityStar、SuperMap 等。在遥感方面，在该项目的支持下，已建立全国基于 IK4 遥感影像土地分类结果的土地动态监测信息系统。国家这一重大项目的实施，有力地促进了中国遥感和地理信息系统的发展。

2.2　地理观测与信息采集技术方法的变革

2.2.1　地理信息采集思想的变革路线

地球是人类的家园，地理科学就是一门研究人类的家园、研究人类活动与地理环境相互关系的学科。地理科学是一门既古老又年轻的学科。中国古代早在春秋战国时期就有《尚书·禹贡》、《管子·地员》，以后又有《山海经》和《徐霞客游记》等著名地理著作出版，其研究的内容和方法主要是以描述性记载地理知识为主。19世纪初至20世纪50年代，地理学步入了近代科学时期。德国地理学家 A. 冯·洪堡的《宇宙》和 C. 李特尔的《地学通论》的问世，被称作是近代科学地理学形成的标志，研究内容主要是以人为中心的人地关系。这一时期的地理学在自然地理学和人文地理学等领域均取得了空前的发展。20世纪60年代至今，则是地理科学的革新时期，其标志是地理数量方法和理论地理学的诞生，以及计算机地理制图、遥感和地理信息系统的出现，使地理学由定性向定量方面发展。随着科学技术的进步，世界各国各地区经济的不断开发和建设，以及环境管理和保护的需要，如今的地理科学已成为一门既有坚实的基本理论、应用理论的基础性学科，并且是一门与生产实践紧密联系的应用性学科。在许多研究领域中引进和运用了经济观点、社会观点和生态观点。

地理观测与信息采集思想的变革过程与人类认识自然、改造自然的过程息息相关。在距今2万~4万年的原始社会，就出现了用小块石头、树枝在地上摆成的缩小模型，表示居住周围的位置及通行路线。在距今1万~1.5万年出现在地上用线画或简单符号表示事物的原始地图。最初用简单记号表示事物，后来逐渐产生文字，而且符号与文字同时出现在地图上。3.5万年前，在 Lascaux 附近的洞穴墙壁上，法国的 Cro Magnon 猎人画下了他们所捕猎动物的图案。与这些动物图画相关的是一些描述迁移路线和轨迹的线条和符号。这些早期记录符合了现代地理信息系统的二元素结构：一个图形文件对应一个属性数据库。在人造卫星上天以前，人类已经开始通过各种手段观察、记录人类所处的客观世界。20世纪初，人类进入航空时代，我们开始慢慢地脱离地球表面，从天空中考察地球。到50年代，出现了空间技术和计算机，人类开始活动到外层空间，90年代，人类进入信息时代。可以说随着时代的进步，地理观测与信息采集的手段和方法在不断丰富和多样。

地理学最早可以说是几何学（geometry），由于尼罗河泛滥而产生，中国的勾股定律也是为农田水利服务而产生的几何学，几何学是地理学定量分析的最初形式。随着几何学的发展逐步形成了图形学，表明地理学开始注意到数量的空间关系。接着发展到 Geomatics，包括大地测量、航空摄影测量与制图。这时，地学对地表的描述已经达到了一个相当的高度（陈述彭，2007）。现代 Geomatics，还包括卫星测量、全球定位系统。地理学还在相当一个时期里面相当重视计量地理学。现在地理学研究进入第三个阶段，开始引入地理信息系统。

人类认识自己居住的星球是非常艰难的，经历了很长的过程。在50年前，人类观测地球基本上是二维的甚至一维的，以点和线的定位和定性观测为主。

第 2 章 | 地理信息方法和技术变革

近 50 年来，随着航天航空平台的建立，人类开始利用遥感、全球定位系统和地理信息系统从三维甚至多维的角度认识我们的地球表层，以点、线、面相结合，做到定位、定性、定量观测。到 21 世纪，对地观测将是多维、网络、动态的（表 2-1）。

表 2-1 人类认识地球的历史过程和观念转变

500 年前	50 年前	50 年来	21 世纪
一维	二维	三维	多维
点	点+线	点+线+面	网络
定位	定位+定性	定位+定性+定量	动态
天文、经纬测量	地理探险	RS、GIS、GPS	地球信息学
天圆地方	板块学说	地球动力学	全球变化
资源开发	经济、生态	环境保护	协调、持续发展

资料来源：陈述彭，2007

2.2.2 当代主要地理信息采集技术变革

地理信息一般包括空间信息和属性信息。属性信息的采集获取从一开始的访问调查为主，发展到统计、普查、抽样。记录方式从最初语言文字的纸笔记载，随着计算机的发展，发展到以电子形式记录的方式甚至出现多媒体信息记载。空间信息的获取：传统上以手工量测为主，并随着测绘仪器的发展不断变革，空间信息的采集方式实现了由单一功能光学设备到多功能数字化设备的跨越，全站仪、GPS 接收机、超站仪、数字航摄仪等数字化测量仪器逐步取代了传统的经纬仪、水准仪、测距仪、便携式电脑、PDA 等设备，广泛应用于野外地理信息数据采集，彻底改变了传统的数据获取手段。全球定位系统（包括以此为基础的现代测绘技术）和遥感是最主要的空间信息采集方式。

全球定位系统是美国从 20 世纪 70 年代开始研制，历时 20 余年，耗资 200 亿美元，于 1994 年全面建成具有海陆空全方位实时三维导航与定位能力的新一代卫星导航与定位系统。经过近 10 年我国测绘等部门的使用表明，全球定位系统以全天候、高精度、自动化、高效益等特点，成功地应用于大地测量、工程测量、航空摄影、运载工具导航和管制、地壳运动测量、工程变形测量、资源勘察、地球动力学等多种学科，取得了好的经济效益和社会效益。俄罗斯也有自己的全球卫星定位系统（global navigation satellite system），简称 GLONASS。随着冷战结束和全球经济的蓬勃发展，美国政府宣布 2000～2006 年，在保证美国国家安全不受威胁的前提下，取消 SA 政策，全球定位系统民用信号精度在全球范围内得到改善，利用 C/A 码进行单点定位的精度由 100m 提高到 10m。欧盟在 1999 年年初正式推出"伽利略"计划，部署新一代定位卫星。该方案由 27 颗运行卫星和 3 颗预备卫星组成，可以覆盖全球，位置精度达几米，亦可与美国的全球定位系统兼容，总投资为 35 亿欧元。另外，中国还独立研制了一个区域性的卫星定位系统——北斗导航系统。该系统的覆盖范围限于中国及周边地区，不能在全球范围提供服务，主要用于军事用途。

遥感是以航空摄影技术为基础，在 20 世纪 60 年代初发展起来的一门新兴技术。开始为航空遥感，自 1972 年美国发射了第一颗陆地卫星后，就标志着航天遥感时代的开始。经过几十年的迅速发展，目前遥感技术已广泛应用于资源环境、水文、气象、地质地理等领域，成为一门实用的、先进的地理信息采集技术。从 1960 年 4 月 1 日美国 TIROS-1 气象卫星发射至今，遥感技术已经发生了根本的变化。主要表现在遥感平台、遥感器、遥感的基础研究和应用领域等方面。目前，遥感技术发展有以下几个特点和趋势：

1）追求更高的空间分辨率（表 2-2）。随着社会经济的发展，特别是军事上的需要，人们对高空间分辨率卫星遥感数据的需求越来越强烈，空间分辨率已经从 20 世纪 70 年代的 80～100m 发展到 21 世纪的优于 1m 的水平。1972 年 7 月 23 日美国发射的第一颗资源卫星 Landsat-1（陆地卫星 1）的地面分辨率为 79m，1984 年 3 月发射的 Landsat-5（陆地卫星 5）的空间分辨率提高到了 30m；1986 年 2 月法国空间研究中心发射成功的 SPOT-1 号卫星地面分辨率全色波段为 10m。美国 Space Imaging 公司于 1999 年 9 月成功发射的第一颗高分辨率商业小卫星 IKONOS 卫星可以提供高清晰度且分辨率达 1m 的卫星影像。2001 年 10 月由美国 DigitalGlobe 公司发射的 QuickBird 卫星，是目前世界上最先提供亚米级分辨率的商业卫星，星下点分辨率达到 0.61m。此外，具有中等空间分辨率的卫星重新覆盖时间已经小于 1 天。

2）追求更精细的光谱分辨率（表 2-2）。光谱分辨率的提高是近年来遥感数据地理信息采集技术发展的另一趋势。光谱分辨率也已经由 20 世纪 70 年代的 50～100nm 提高到目前的 5～10nm。美国 1999 年发射了搭载具有 36 个波段的中分辨率成像光谱仪（MODIS）的 TERRA 卫星，随后又发射了超过 200 个波段的高光谱卫星 EO-1 卫星。

表 2-2 遥感卫星（民用）分辨率发展趋势

时间	空间分辨率	光谱分辨率 波长 λ_a	波段
20 世纪 70 年代	80～100m	$\lambda^{-1} \sim \lambda^{-2}$	<10 个
20 世纪 80 年代	10～30m	λ^{-2}	>10 个
20 世纪 90 年代	1～10m	λ^{-3}	10～100 个
21 世纪	优于 1m	λ^{-4}	>100 个

资料来源：陈述彭，2007

3）综合多种遥感器的遥感卫星平台。一颗卫星装备多种遥感器，既有高空间光谱分辨率、窄成像带的遥感器，适合于小范围详细研究，又有中低空间光谱分辨率、宽成像带的遥感器，适合宏观快速监测，二者综合，服务不同的需求目的。20 世纪 70 年代以来，美国机载传感器技术发生重要革命，相继推出航空传感器——成像光谱仪，成像光谱仪不但具有连续光谱（陆地卫星 MSS、TM，SPOT 卫星的光谱是离散的）成像的特性，而且还能描绘单个岩矿石的光谱曲线。它具有高空间分辨率和精细的光谱分辨率的特征，能满足广大地质工作者的要求，目前已广泛用于岩性、矿物填图。

4）多波段、多极化、多模式合成孔径雷达卫星。合成孔径雷达具有全天候和高空间分辨率等特点。目前，已有几颗卫星装备有单波段、单极化的合成孔径雷达。1995 年 11 月 4 日加拿大发射的 Radarsat（雷达卫星）就具有多模式的工作能力，能够改变空间分辨率、入射角、成像宽度和侧视方向等工作参数。1995 年美国航天飞机两次飞行试验了多波段、多极化合成孔径雷达。2000 年 2 月 11 日上午 11 时 44 分，美国"奋进"号航天飞机在佛罗里达州卡那维拉尔角的航天发射中心发射升空，"奋进"号上搭载的 SRTM 系统共计进行了 222h23min 的数据采集工作，获取 60°N～56°S，面积超过 1.19 亿 km^2 的 9.8 万亿字节的雷达影像数据，覆盖全球陆地表面的 80% 以上，该计划共耗资 3.64 亿美元，获取的雷达影像数据经过两年多的处理，制成了数字地形高程模型。

5）斜视、立体观测、干涉测量技术的发展。可见光斜视、立体观测可以用于卫星地形测绘，干涉测量技术是利用相邻两次的合成孔径雷达影像进行地形测量和微位移形变测量的技术。目前，法国的 SPOT 卫星已具备斜视立体观测能力，进行地形测绘的技术取得重大进展，但仍未完全实用化。干涉测量技术在欧洲空间局（简称欧空局）的 ERS-1 卫星 C 波段 SAR 计划中进行过实验。法国一个小组利用这项计划研究了火山爆发后火山锥的变化，但这项技术仍有待研究发展。干涉雷达遥感技术（INSAR）是一种用于测量高程、地面位移和地表变化的全新技术。

随着传感器技术、航空航天技术和数据通信技术的不断发展,现代遥感技术已经进入一个能动态、快速、多平台、多时相、高分辨率地提供对地观测数据的新阶段。总的来说,地理信息采集技术已经实现了采用点（站点观测）、线（考察路线）、面（遥感技术）三者结合的采集,并正在向网络化、自动化发展。

2.3 地理信息分析和计算方法的变革

2.3.1 地理信息分析、计算方法的变革路线

地理信息分析、计算方法的变革是随着计算机技术的发展而发展的（图2-2）。在电子计算机问世后,它所采用的基本电子元器件已经经历了电子管—晶体管—集成电路—大规模集成电路四个发展阶段,通常称为计算机的四代（邬伦等,2001）。20世纪70年代初,出现了微处理器,它是把计算机的运算器、控制器制作在一片大规模集成电路芯片上,从而可以把处理器和半导体存储器芯片以及外围接口电路芯片等组装在一起构成微型计算机。微型机体积小,价格便宜,灵活性大,使得计算机应用迅速发展,开始了个人用计算机的时代。

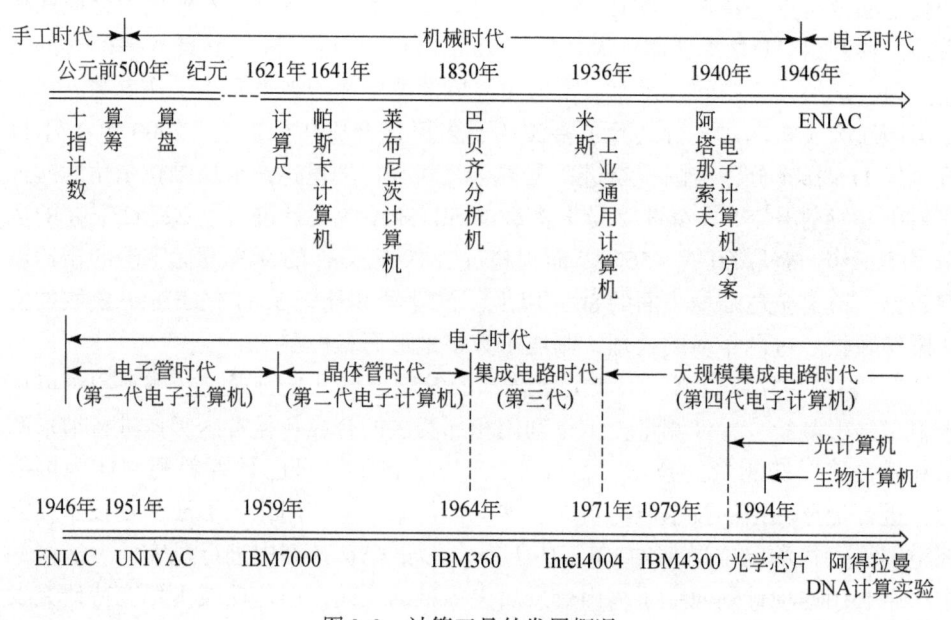

```
|←—手工时代—→|←————————机械时代————————→|←—电子时代
 公元前500年 纪元  1621年 1641年    1830年      1936年      1940年   1946年
                                                                    ENIAC
  十  算  算      计  帕      莱  巴      米  工      阿  电
  指  筹  盘      算  斯      布  贝      斯  业      塔  子
  计          尺  卡      尼  齐      通  那  计
  数              计      茨  分      用  索  算
                  算      计  析      计  夫  机
                  机      算  机      算  方
                          机          机  案
                          
          |←——————————————电子时代——————————————→|
          |←电子管时代→|←晶体管时代→|←集成电路时代→|←大规模集成电路时代—
          （第一代电子计算机）（第二代电子计算机）（第三代）（第四代电子计算机）
                                                              |←光计算机
                                                              |←生物计算机
  1946年 1951年    1959年          1964年      1971年 1979年  1994年
  ENIAC  UNIVAC    IBM7000         IBM360      Intel4004 IBM4300  光学芯片  阿得拉曼
                                                                         DNA计算实验
```

图2-2 计算工具的发展概况

第 2 章 | 地理信息方法和技术变革

随着计算机技术的飞速发展，地理信息分析、计算方法的发展，地理信息系统软件发展大致也可以分成 3 个阶段（方裕等，2001）。

第一阶段：20 世纪 60 年代中期到 80 年代的中后期，是 GIS 软件从无到有、从原型到产品的阶段。由于各种条件，包括自身理论和实现技术的不成熟和 IT 技术的限制，这一阶段 GIS 软件的基本技术特点为：①以图层作为处理的基础，利用计算机技术可以计算空间实体之间的拓扑关系，实现同一区域内各种专题数据的叠置、影响区域分析（缓冲）和线状实体的路径分析，但是各类查询与计算只能在同一图层中进行。②以系统为中心，当时的 GIS 软件空间数据各自有自己的数据格式，自成系统，不同的 GIS 系统基本上没有联系。③单机、单用户。④全封闭结构，支持二次开发能力非常弱。⑤在主要实现技术上，以文件系统来管理空间数据与属性数据。⑥应用领域基本上集中在资源与环境领域的管理类应用。

第二阶段：20 世纪 80 年代末到 90 年代中期，是 GIS 软件成熟和应用快速发展的时期。这一阶段，GIS 软件作为一种软件工具，理论与技术已经基本成熟。由于其具备空间数据操作能力，在应用中受到青睐，应用领域迅速扩展。这个时期，网络技术已经成熟并广泛应用，巨大的应用前景也对 GIS 软件提出了各种各样的要求，GIS 软件实现技术得到了迅速发展。但是，GIS 的基本技术体系仍然没有发生根本的变化，其技术特点为：①以图层作为处理基础，对属性数据的查询可以在数据库范围内进行，但对空间数据的操作仍然限制在同一图层之内。在 GIS 应用系统事先定义的应用功能以外，大量的应用问题求解只能采用人工的步进操作方式。②引入网络技术，多机、多用户由于这一阶段网络技术已经成熟，应用范围迅速扩大，GIS 软件也转向多用户和 Client/Server 结构。但是，Client 与 Server 的关系基本上属于空间数据文件下载和回送的关系，基本的空间数据处理功能在 Client 端实现。③以系统为中心，GIS 应用系统仍然是自成体系，不同系统之间空间数据的交换能力有所提高，并以数据转换为主要手段。④支持二次开发的能力有所增强。⑤以商用 DBMS 管理属性数据，但空间数据仍用文件系统管理。⑥应用领域开始有较大范围的扩展，但基本上是管理类应用。

第三阶段：20 世纪 90 年代中期开始到 21 世纪初。这一阶段 IT 技术的突出进步是网络技术，特别是 Internet 在全球的普及以及面向对象软件方法论和支撑技术的成熟，为 GIS 软件的技术进步注入了新的活力。GIS 逐渐渗透到人类生活的各个方面，迎来了 GIS 应用高速扩展的时期。大量的应用要求驱使 GIS 软件技术快速发展，开始具备作为应用集成平台的能力。其基本技术特点为：①仍然以图层为处理的基础，但面临不断演化。随着 GIS 应用的多样化，以图层处理为基础所带来应用上的不便与弊端为越来越多的人们所认识，新的处理模式正在酝酿与试探之中。②引入了 Internet 技术，开始向以数据为中心的方向过渡，实现了较低层次（浏览型或简单查询型）的 B/S 结构。③开放程度大幅度增加，组件化技术改造逐步完成。④逐渐重视元数据问题，空间数据共享、服务共享和 GIS 系统互联技术不断发展，GIS 软件的广泛应用，空间数据和 GIS 服务功能的共享提到了重要的议事日程。⑤实现空间数据与属性数据的一体化存储和初步的一体化查询，并将不断完善。⑥应用领域迅速扩大，应用深度不断提高，开始具有初步的分析决策能力。

2.3.2 地理信息分析、计算方法的发展趋势

目前，计算机技术正在继续向巨型、微型、网络和人工智能等几个方向发展（邬伦等，2001）：

1）为满足尖端科学研究的需要，还必须发展高速、大存储容量和强功能的巨型机。

2）计算机的另一个发展方向是要研制价格低廉、使用灵活方便的微型机，以适应各种应用领域。

3）计算机网络是计算机的又一发展方向，计算机网络提高了计算机系统资源，特别是信息资源的综合利用，把分布在许多地区的计算机系统，特别是分布在各地的信息资源联结在一起，组成一个规模更大、功能更强、可靠性更高的信息综合处理系统。

4）美国、日本等正在研制第五代"智能"计算机，它不是注重数学运算，而是注重于逻辑推理或模拟人的"智能"。

随着计算机技术的不断发展，以及 GIS 应用领域的不断拓展，现有的设计思想、体系结构和数据组织已经不适应应用发展的要求。第四代 GIS 软件方兴未艾（方裕等，2001），应该具备支持数字地球（区域、城市）的能力，成为 OS、DBMS 之上的主要应用集成平台，实现由二维处理向多维处理的转变；由面向地图处理向面向客观空间实体及其时空关系处理的转变；由以系统为中心向以数据为中心，实现空间数据共享与服务的转变；由管理型向分析决策型的转变。

GIS 的计算和分析能力进一步加强，并呈现以下六个发展趋势：①面向空间实体及其时空关系的数据组织与融合；②统一的海量存储、查询和分析处理；③有效的分布式空间数据管理和计算；④一定的三维和时序处理能力；⑤强大的应用集成能力；⑥灵活的操纵能力和一定的虚拟现实表达能力。

从系统形态上来看，WebGIS 已经成为地理信息系统的主流模式。相对于 C/S 结构而言，它具有部署方便、使用简单、对网络带宽要求低的特点，为地理

信息服务的发展奠定了基础。但早期的 WebGIS 功能较弱，主要用于电子地图的发布和简单的空间分析与数据编辑，难以实现较为复杂的图形交互应用（如 GIS 数据的修改和编辑、制图）和复杂的空间分析，还无法取代传统 C/S 结构的 GIS 应用，出现了 B/S 结构与 C/S 结构并存的局面，而 C/S 结构涉及客户端与服务器端之间大量的数据转输，无法在互联网平台实现复杂的、大规模的地理信息服务。随着电子政务和企业信息化（电子商务）的发展，构建由多个地理信息系统构成信息系统体系，跨越传统的单个地理信息系统边界，实现多个地理信息系统之间的资源（包括数据、软件、硬件和网络）共享、互操作和协同计算，构建空间信息网格（spatial information grid），成为 GIS 应用发展需要解决的关键技术问题。这要求将 GIS 的数据分析与处理的功能移到服务器端，通过多种类型的客户端（如 PC、移动终端）上 Web Browser 或桌面软件调用服务器端的功能，来实现传统 C/S 结构 GIS 所具有的功能，最终使 B/S 结构取代 C/S 结构的应用，通过 GIS 应用服务器之间的互操作和协同计算，构建空间信息网格。B/S 结构应用已经由浏览器/网络服务器/数据服务器（Browser/Web Server/Data Server）三层架构阶段进入到浏览器/网络服务器/应用服务器/数据服务器（Browser/Web Server/Application Server/Data Server）四层架构阶段。在新的四层架构中，网络服务器和应用服务器分离，并且其间还可以插入二次开发和扩展功能，其中的应用服务器一般为支持远程调用的组件式 GIS 平台，或由组件式 GIS 平台封装而成。将 GIS 复杂数据分析与处理功能（编辑、拓扑关系的构建、对象关系的自动维护、制图）移到 GIS 应用服务器上，使客户端与服务器端的数据传输减少到最少的程度，为在 Internet 上实现复杂、大规模的地理信息服务提供了可能。这一架构带来的巨大优势是使服务器端具有极强的扩展性，因此作为应用服务器的组件式 GIS 所具备的功能，都可以通过 B/S 结构实现，WebGIS 不再是只能满足地图浏览和查询的简单软件，而是一个体系先进，功能强大的服务器端 GIS（Server GIS）。新的服务器端 GIS 将是未来应用发展的主流。

2.4 地理信息整体研究技术方法的变革

区域性、综合性是地理学最鲜明的特征。地理学研究空间系统在于揭示各要素间的关系，以及认识其整体性。亚里士多德有一句名言："整体大于部分的总和"。现代系统论更科学地指出，系统的功能产生一种质变，这种质变是各部门机械相加所不及的。地理学的精髓、地理学的优势就在于它是从各个组成要素综合分析上认识地球表层及其各个区域的规律。靠地球信息科学某一个数据、某一个功能、某一个系统单打独斗，要认识复杂的客观地理世界是几乎不可能的。因此地理学家用整体研究思路，集成地理信息数据、集成地理信息功能、集成系统，来协同完成对地理信息客体的综合认知，力求对其完整全面。地理信息整体研究技术方法，包括地理信息数据的集成、地理信息功能的集成、地理信息系统的集成。

地理信息整体研究技术的最初模式是"3S"集成，即将全球定位系统（GPS）、遥感（RS）技术和地理信息系统（GIS）技术根据应用需要，有机地组合成一体化的、功能更强大的新型系统的技术和方法。具体来说包括以下几种形式。

RS 与 GIS 集成：遥感数据是 GIS 的重要信息来源，GIS 则可作为遥感图像解译强有力的辅助工具。GIS 作为图像处理工具，可以进行几何纠正和辐射纠正，图像分类和感兴趣区域的选取；遥感数据作为 GIS 的重要信息来源，可以进行线和其他地物要素的提取，DEM 数据的生成，以及土地利用变化和地图更新。

GIS 与 GPS 集成：定位（旅游、探险）、测量（土地管理、城市规划）、监控导航（车辆船只的动态监控）。

GPS+RS：几何校正、训练区选择以及分类验证，提供定位遥感信息查询。

GPS+GIS：定点查询专题信息，提供或更新空间点位。

GIS+RS：几何配准、辅助分类等，提供和更新区域信息。

"3S"集成的意义在于，结合应用，取长补短是自然的发展趋势，三者之间的相互作用形成了"一个大脑，两只眼睛"的框架，集合性地提供或更新区域信息以及空间定位，进行空间分析，以从提供的大量数据中提取有用信息，并进行综合集成，使之成为科学决策的依据。实际应用中，较为多见的是两两之间的结合。

数字地球，是美国副总统戈尔于 1998 年 1 月在加利福尼亚科学中心开幕典礼上发表的题为"数字地球——新世纪人类星球之认识"演说时，提出的一个与 GIS、网络、虚拟现实等高新技术密切相关的概念，数字地球可以说是地理信息整体研究技术的更高级模式。在戈尔的演说中，他将数字地球看成是"对地球的三维多分辨率表示，它能够放入大量的地理数据"。在接下来对数字地球的直观实例解释中可以发现，戈尔的数字地球学是关于整个地球、全方位的 GIS 与虚拟现实技术、网络技术相结合的产物。显然，面对如此一个浩大的工程，任何一个政府组织、企业或学术机构，都是无法独立完成的，它需要成千上万的个人、公司、研究机构和政府组织的共同努力。数字地球要解决的技术问题，包括计算机科学、海量数据存储、卫星遥感技术、宽带网络、互操作性、元数据等。可以预见，随着地球空间信息科学的发展，所建立起的数字地球，必将促进测绘事业的现代化，为测绘事业与整个国民经济建立更加紧密的联系，做出更大的贡献，在未来知识经济社会中产生巨大的经济效益和社会效益。

李德仁院士从近年来兴起的网格（grid）技术和信息网格（information grid）出发，研究地球空间信息（geo-spatial information）领域中如何在网格环境下实现从数据到信息再到知识的升华以及基于网格的空间信息服务，提出广义空间信息网格和狭义空间信息网格两个层次的概念。广义空间信息网格是指在网格技术支撑下空间数据获取、更新、传输、存储、处理、分析、信息提取、知识发现到应用的新一代空间信息系统。狭义空间信息网格则指在网格计算环境下的新一代地理信息系统，是广义空间信息网格的一个组成部分。空间信息网格，在不久的未来将实现地理信息数据的集成、地理信息功能的集成、地理信息系统的集成。

为了适应地理信息的整体研究技术方法，近年来出现了互操作地理信息系统。目前的地理信息系统大多是基于具体的、相互独立和封闭的平台开发的，它们采用不同的元数据格式，对地理数据的组织也有很大的差异。这使得在不同软件上开发的系统之间的数据交换存在困难，采用数据转换标准也只能部分地解决问题。另外，不同的应用部门对地理现象有不同的理解。对地理信息有不同的数据定义，这就阻碍了应用系统之间的数据共享，带来了领域间共同协作时信息共享和交流的障碍，限制了地理信息系统处理技术的发展。1996 年，美国成立了开放地理信息系统联合会（Open GIS Consortium，OGC），旨在利用其提出的开放地理数据互操作规范（OGIS）给出一个分布式访问地理数据和获得地理数据处理能力的软件框架，各软件开发商可以通过实现和使用规范所描述的公共接口模板进行互操作。OGIS 规范是互操作 GIS 研究中的重大进展，它在传统 GIS 软件和未来高带宽网络环境下的异构地学处理环境之间架起一座桥梁。目前，OGIS 规范初具规模，很多 GIS 软件开发商也先后声明支持该规范。国内一些具有战略眼光的 GIS 软件商也在密切关注 OGIS 规范，并已经着手开发遵循该规范的基础性 GIS 软件。

总的来说，地理信息整体研究技术方法经历了"3S"集成、数字地球、空间信息网格等变革，最终将通过互操作 GIS 来解决传统 GIS 开发方式带来的数据语义表达上不可调和的矛盾。这是一个新的 GIS 系统集成平台，它将实现在异构地学下多个 GIS 系统之间的互相通信和协作，以完成某一特定任务，满足地理数据的继承与共享、地理操作的分布与共享、GIS 的社会化和大众化等客观需求，并尽可能地降低采集、处理地理数据的成本，使完全的、高效率的地理数据共享和互操作成为可能。

第二篇　地理信息本体论

- 地理信息的本体论
- 地理信息本体与认识论和方法论

第3章 地理信息的本体论

3.1 地理信息本体

当下，本体是一个非常流行的概念，在很多研究领域，本体已成为一个非常热门的研究方向。然而纵观当前各领域对本体的研究，我们发现，虽然大家都在谈论本体，但谈论的往往不是同一个概念。为什么会出现这种现象？通过对本体进行追根溯源式的研究，我们发现，这种现象的出现绝不是偶然，而是必然。

"本体"一词源自于哲学，进而被引入信息科学，而后经由信息科学在各个学科领域被广泛应用，如地理信息科学。不过，在其最初的哲学源头上，本体就是一个充满歧义、意义模糊的概念；虽然它的历史很悠久，但是其概念却始终未能达成一般的确定性。换言之，哲学家在本体论上究竟研究什么问题，它的对象是什么以及它的概念如何界定等这样一些构成一门学科的基本规定的问题上，从来就没有达到过最起码的共识。在最初的哲学源头上尚且如此，那么本体被引入信息科学之后，其内涵同样不会清晰，所以，出现各学科领域对本体的概念定义不一的现象便也是必然的了。

本书将本体的概念分别从哲学层面和信息科学层面进行剖析与比较，明晰本体在不同层面的内涵，并在3.2~3.4节中着重从哲学层面探讨地理信息的本体，包括地理信息的本质特征、地理信息的机理和过程、地理信息的结构和功能。

3.1.1 哲学层面的本体

本体论（ontology）一词由"ont"加上表示"学问"的词缀"ology"构成，ont 源自于希腊文，相当于英文的 being，所以，从词源学上来讲，本体论是一门关于"being"的学问，哲学学者在这一点上达成了共识。但问题的关键是，这个"being"究竟是什么意思，对于"being"的内涵，哲学家争论颇多，其中最具有代表性的两种理解是"存在"和"是"。从表面上来看，这只是一个译名之争，然而从本质上来看，这两个译名之后却隐藏着不同哲学思维方式的巨大差异。

支持"存在"的哲学家认为："存在"是一个名词，是指与主观思维相对应的客观世界，所以，本体论关注的是世界在本质上有什么样的东西存在，即本体论是对客观世界任何领域内的真实存在所做的客观描述；支持"是"的哲学家认为："是"是一个系动词，即一种思维活动，本体论是研究在思维活动中的世界的学问，这里思维活动中的世界，即柏拉图所说的理念世界，是一个通过逻辑的方法构造出来的先验原理体系。两者的区别在于，前者认为，本体是本真存在的客观世界，它是可以为我们所真正把握的，归属客观唯物主义哲学；后者认为，本体是与客观世界相分离的理念世界，是一种思维逻辑体系，归属客观唯心主义哲学。

尽管在哲学领域内部对本体的内涵极具争议，然而这种争议并非是全部的，而是部分的，因为多数观点都赞同本体论追逐的是"还原实际"，只不过在能否成功"还原实际"以及"所还原的实际"是否是实际等哲学内部问题有所争议。所以，这种分歧对于哲学领域外部的理论构建来说是并无很大影响的，大多数领域的学者在提到哲学层面的本体时，都是本着"还原实际"的目标，通俗地认为哲学层面的本体即是试图对客观存在进行真实性的描述，提供关于世界的真理性的知识和解释。

3.2~3.4 节对于地理信息本体论的阐述将在总体上继承科学哲学中自然观的思路，从哲学层面对"地理信息"这个客观存在进行一个系统的解释和说明。

3.1.2 信息科学层面的本体

虽然本体论源自于哲学，但人工智能领域的学者发现，哲学层面的本体论与人工智能的逻辑理论构建具有相似之处，因为以逻辑概念为基础的智能系统必须列出所存在的事物，并构建一个本体描述我们的世界。受这种相似性所带来的启发，人工智能领域的学者将本体论的概念从哲学层面引入了信息科学层面，并在信息科学的层面上展开了一系列的本体论研究。所以信息科学层面的本体与哲学层面的本体有着千丝万缕的联系。

信息科学层面的本体研究主要是以知识的共享和重用为目的。20 世纪 60 年代，人工智能的发展陷入困境，原因在于不可能建立一个万能的逻辑推理系统来实现人工智能的目标。举个最简单的例子，同样是"黄河"，一个地理学家对它的解释可能是：中国第二长河、世界第五长河、世界上含沙量最多的河流；一个文学家对它的描述可能为：恰似一个巨大的"几"字，是中华民族的母亲河。由此可见，想建立一个万能的逻辑推理系统是极其困难的。然而，信息科学层面本体概念的出现，为解决这个问题提供了新的契机，因为本体使得人与人、人与机器、机器与机器之间的交流建立在对领域共识的基础之上。

第 3 章 | 地理信息的本体论

那么信息科学层面的本体到底是什么以及它到底是如何来解决上面的问题的？信息科学领域的学者基本达成了共识，认为本体是描述概念以及概念之间关系的概念模型，通过概念之间的关系来描述概念的语义，它提供了某个领域所需的基本词汇并说明它们之间的关系，不仅包含了领域中的知识，而且提供了对领域的一致理解。建立大型知识库的第一步就是设计相应的本体，这对整个知识库的组织至关重要。

信息科学层面的本体可以理解为工程上的人造物，其目标是确定某个领域内共同认可的词汇，并给出这些词汇和词汇之间相互关系的明确定义，从而获取相关领域的知识，提供对该领域知识的共同理解。它是同一领域内不同主体之间交流对话的一种语义基础，即这种信息科学层面的本体为交流主体提供了一种明确定义的共识。

本书对地理信息本体的探讨是基于哲学层面，信息科学层面的地理信息本体不是本书讨论的重点，所以在此不详细探讨。

3.1.3 哲学本体与信息科学本体的关系

从本体所探究的内容方面来讲，尽管哲学层面本体的内涵非常复杂，但哲学之外领域的学者在探讨哲学层面的本体时，一般认为哲学层面的本体侧重于反映现实，是对客观存在本质的一个系统的解释和说明；信息科学层面的本体是概念化的明确说明，侧重于概念的规范定义，侧重于制定规范。也就是说，哲学层面的本体关注世界在本质上有什么样的东西存在，或者世界上存在哪些类别的实体，所以，哲学层面的本体是对客观世界任何领域内的真实存在所做的客观描述；信息科学层面的本体更关注的是现实世界中的概念，主要包括概念的定义以及概念之间的相互关系。

从探究本体的难易程度上来讲，哲学层面本体的建立异常困难，因为人们很难知道客观世界在本质上到底有什么样的东西存在，即使知道了有什么样的东西存在，也很难去证实所得到的对本体的认识一定是正确的；信息层面的本体由于其关注的重心是概念，在更大程度上是一种约定和承诺，这种需要在人们之间达成共识的事情相对于了解世界的真实本质来讲相对容易，所以，建立信息科学层面的本体比探究哲学层面的本体难度要小得多。

从本体是否唯一方面来讲，哲学层面的本体是对客观世界的真实存在所做的客观描述，而客观世界是实实在在存在的并且只有一个，所以哲学本体理应也只有一个；信息科学层面上的本体则不然，信息本体是工程上的人造物，反映人们对客观事物的认识，这种认识必然要受到文化、语言以及学科领域等因素的影响，所以，信息科学层面上的本体往往可以建立多个，不同国家或民族往往具有不同的文化，处于不同文化背景中的人们对于客观世界的认识必然受其文化的影响，所以，由不同国家或民族的人们建立的信息本体自然会有差异，这种差异反映了他们对于客观世界认知的差异；同时，信息本体总是要用特定语言的术语和词汇来表达，不同的语言与不同的文化也是紧密相关的，它们的术语和词汇不能完全对应，所以基于特定语言表示的信息本体也与这种语言紧密相关。另外，不同学科领域的人对于相同的客观世界关注的重点往往是不一样的，其对客观世界的认识往往也有重大的差异，所以不同学科领域的人建立的信息本体难免会有差异。

本书对于地理信息本体的探讨是基于哲学层面，试图"还原实际"，从地理信息的本质特征、地理信息的机理和过程、地理信息的结构和功能三方面对"地理信息"这个客观存在进行一个系统的解释和说明。

3.2　地理信息的本质特征

3.2.1　间接存在的地理信息

既然我们要还原实际，那么必须探讨存在的本质。如图 3-1 所示，存在包含着客观存在和主观存在。可以理解为，客观存在是人脑之外的存在，而主观存在是人脑之内的存在。客观存在又包含着客观实在和客观不实在，客观实在可以简单地理解为：存在于人脑之外的可以被实实在在地感触到的事物，而客观不实在可以理解为：虽然它是客观存在的，但是它并不可以被触摸到，如"镜中的月亮"和"水中的花"都是客观不实在，因为它们仅是一种投影，虽存在，但却是不能够被触摸到的。同样，主观存在，即刚才所提到的位于人脑之内的存在，是一种主观的不实在，因为它是由认识主体所认识出来的新的存在，并非能实际感触到的。实在的存在便是物质，而不实在的存在便是信息，其中，不实在的存在包含着客观不实在和主观不实在，即客观间接存在和主观间接存在。从哲学层面来讲，信息是物质的存在方式，是物质的属性，是客观间接存在的标志，任何一个物质都以它的特定结构和状态显示着它本身的特质，可以认为，物质的周围散发着一个场，这个场就是信息；信息又分为直接描述客观世界的属性（即客观间接存在）和主观描述客观客观世界的属性（即主观间接存在）。

地球系统是一个复杂多变的巨系统，它是不以人的意志为转移的客观存在的系统，地理信息是指地球系统的信息流，或地球系统表层资源、环境、经济和社会的综合信息流。地理信息科学理论是以信息作为主线，以地球表层的资源、环境和社会经济现象及其相互关系等的基本规律、原理及机制作为研究对象，以系统科学和非线性科学的理论作为必要手段的综合性科学。

第 3 章 | 地理信息的本体论

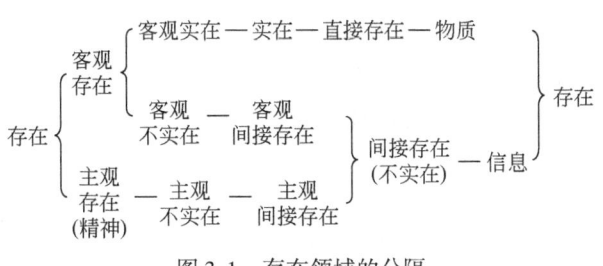

```
        ┌ 客观    ┌ 客观实在 ─ 实在 ─ 直接存在 ─ 物质  ┐
        │ 存在    │                                    │
        │        │ 客观      ─ 客观                   │ 存在
存在 ┤        └ 不实在        间接存在 ┐              │
        │                              │ 间接存在 ─ 信息 ┘
        │ 主观                         │ (不实在)
        │ 存在 ─ 主观    ─ 主观    ┘
        └ (精神)  不实在     间接存在
```

图 3-1　存在领域的分隔

3.2.2　地理信息区别于地理实体的特征

地理信息是关于地球系统表层的资源、环境、经济和社会等方面的综合信息。作为信息中的一种，地理信息有很多独特的特征使它区别于物质。

1. 对物质的依附性

信息是客体存在方式、运动状态和属性的反映，任何一个物质都以它的特定结构和状态显示着它本身的特质。换言之，信息对于物质是具有依附性的。我们要获得地理信息，就必须去研究地球系统表层资源、环境、经济和社会的综合状况，脱离了客观世界的存在，人们不可能接收到最初的信息；认识一定建立在物质的基础上，即地理信息流存在于地球复杂巨系统中，它不可能脱离了地球复杂巨系统而独立地存在。

2. 存在的普遍性

任何存在物质的地方必定存在着信息。地球系统是一个复杂的巨系统，由资源、环境、经济及社会因素构成，在其中处处存在着地理信息，如地理实体的属性信息、地理空间结构和格局信息等。世界上的任何一个角落，都有信息的存在，只要去认识和挖掘，就可以获得大量的地理信息，从而获得更多的地理规律。从主体的认识过程角度来讲，能够如实地反映客体存在特点的信息，便是具有真实性的信息；相反地，不符合事实的信息便没有如实地反映客体的特征。

3. 内容的抽象性

抽象性是指信息已经脱离客体本身，是客体的抽象或反映。作为客观信息，它可被表征为各种形式的信号；作为主观信息，它可被表征为各种形状、符号、数字、公式等所谓形、数、理。由于各种抽象的信息又是地理客体的真实反映，因此就可以通过这种抽象体来研究客观实体。这是可以通过信息流来研究物质流、人流、能量流的基本依据。这种方法的优点是可以摆脱或避免携带庞大物体的麻烦，而且绝大部分地理客体是不可移动也无法携带的；也正由于地理信息所具有的抽象性，使得我们可以对地理空间及其发展过程进行压缩，使广大区域乃至于全球同步研究成为可能；信息的抽象性又延伸出信息在社会属性上的共享性等特点，而信息的抽象性又须依靠信息的可存储性和可传输性来体现，因为信息离不开作为载体的物质，也离不开作为传输动力的能量。

4. 内容的可度量性

地理信息的抽象性决定了它的可度量性，可用各种形式、符号、数字、公式等对客观实体进行表征。其中，地理信息的量就是组成地理客体的各种物质组成、质量、能量及其空间分布、时间动态等特征参数的总和。严格来讲，对于地理信息的度量应该是在一个相对稳定的地理系统内进行，然而事实上，地理信息系统是一个复杂的、开放的动态平衡系统，某一信息的变化，必然会引起相关信息的变化和重构，所以地理信息的度量并非与客观实体完全一致，而是近似的。在度量的过程中，与客观实体之间必然存在一定的误差。

5. 内容的可存储性

信息的抽象性必须依靠信息的可存储性来体现，因为信息离不开作为载体的物质，借助于一定的载体可以对信息进行记录并可重现。例如，在用人工目视的方法去获取地理信息的过程中，认识主体首先要对对象信息进行直观识辨，但这仅是在人的大脑中形成了暂时的意象，并没有进行存储。如果主体在完成了对对象信息的主观识辨之后就停滞不前，那么人的认识的任何发展都是不可能的，也就是说，如果主体对对象的感觉和知觉得不到保持和再现，那么人的认识就永远停留在对对象的当下感知上，无法前进一步。事实上，主体的认识是不会停留在对对象的当下感知上的，因为认识的主体具有对其经验的信息进行识记、保持和通过再现形成表象的能力，即对其经验的信息进行记忆存储的能力。因此，总会有一部分经验信息被主体记忆储存，当然，也不可能是全部的经验信息都被主体记忆储存，总是存在被遗漏或遗忘的经验信息。正是由于认识的主体具有对其经验的信息进行记忆储存的能力，因此才使得其后的进一步的认识活动成为可能，也使得对这些经验信息的检验、修正和发展成为可能。当然，对于地理信息的存储并不仅仅是大脑，利用不同的工具均可实现对地理信息的存储，这便是下面要提到的载体的可替换性。

6. 载体的可替换性

信息的载体是信息赖以附载的物质基础，即用于记录、传输、积累和保存信的实体。它不仅仅包括上面提到的人脑，还包括以能源和介质为特征，运用声波、光波、电波传递信息的无形载体和以实物形态记录为特征，运用纸张、胶卷、胶片、磁带、磁盘传递和存储信息的有形载体。例如，在进行人工目视的过程中，人脑是载体，但也可以把存在于人脑的信息描绘于地图上，通过赋予符号，在地图上进行展现。在这个过程中，地图便成为地理信息的载体；同样，遥感图像也是一种地理信息的载体，它是指利用飞机、卫星或其他飞行器作为运载工具，以电磁能检测和量度目标性质的一种技术手段；利用遥感图像可以对地表主要的自然地物进行识别和判读，所以，遥感图像也是一种很好的地理信息存储的载体。

7. 内容的可耗散性

既然特定内容的信息是由载体的特定结构模式来载负的，那么，一个可以想见的情景便是，载体的特定结构模式的改变、损害或丧失将意味着与之对应的特定信息内容的改变、模糊或丧失，这就使特定信息的部分或全部耗散。正是存在着这种信息内容的可耗散性才造成了历史信息的模糊、丧失，如人类记忆中的遗忘等现象均属于信息的耗散性。另外，在信息传递的过程中，也必然会造成信息的损失，如通过遥感技术探测电磁能特征产生遥感图像的过程中，地理信息的载体由客观实体经过电磁探测到达遥感图像，会损失掉一部分的信息；再如，在绘制地图的过程中，由于制图人视野及观察能力的局限性，同样会造成信息内容的损失，这便是地理信息的可耗散性。

8. 内容的可复制性

信息不同于物质的一个很重要的方面是信息是可以复制的，而物质是难以复制的。信息的可复制性是由它的可存储性及载体的可替换性决定的，同时信息的可复制性也决定着信息的可共享性。例如，我们去一个地方进行地理考察，在离开这个地方之后，再要进行研究的时候不可能对这个地方的客观地理实体进行完全的复制重现，但是我们可以先通过地图的方法对其地理信息进行刻画和存储，或者利用遥感技术获得当地的遥感图像，将地图和图像进行复制，然后进行共享。如此类推，其他的人便可从图上提取到相关的地理信息，而无需将本来面目的地理信息进行还原复制，因为对物质的完全复制是不现实的也是不可能的，然而对于信息来讲，它的内容是具有可复制性的。

9. 内容的可创新性

可创新性是指主观地理信息在反映地理客体本质属性的思维过程中有一个不断深化、不断扩充的过程，其实质是信息在经人脑进行传递的过程中，思维的抽象逻辑推理过程，通过对信息进行更深层次的思维加工，可以获取更多的新信息。例如，运用知识推理的方法，可以弥补传统地理信息方法在决策支持方面的不足，而且能够使之解决更为复杂的问题，在更多的方面发挥其效能。知识推理方法从其字面我们就不难看出，它的思维方式是注重理性的抽象的逻辑推理方式，通过逻辑推理的方法从已挖掘的信息中获取到更多的再生地理信息，从而实现对自生地理信息的认识。对地理空间世界认识的主要目的并不是单纯地从地理数据库中通过"检索"和"查询"提取出相关的空间信息，而是利用逻辑思维的方式从中发现新的知识与信息。

10. 对内容理解的歧义性

对内容理解的歧义性是属于一个认识论的范畴，对同一对象的同一信息，不同的观察者可能会由于观察能力、理解方式、关注角度的不同，而形成不同的理解。这种理解上的歧义性是由人类认知过程中的内部认知模式信息与外部对象信息的复合匹配过程造成的，而有意义的信息内容的畸变对于地理信息的创意有重大的创新价值。

11. 内容的可共享性

信息的可存储性和可复制性决定了信息的可共享性，包括地理信息在内的所有信息资源，由于它具有可复制性，不同人对其利用，并不相互妨碍，也不会降低其本身的价值；同时信息的使用非但不会耗尽，且由于它具有可创新性，还可以不断进行更深层次的开发，所以使得信息具有可共享性。信息共享指不同层次、不同部门信息系统间，信息和信息产品的交流与共用，就是把信息这一种在互联网时代中重要性越趋明显的资源与其他人进行共同分享，以便更加合理地配置资源，节约社会成本，创造更多的财富。因此，地理信息的内容可共享性是提高信息资源利用率，避免在信息采集、存储和管理上重复浪费的一个重要手段。

3.2.3 地理信息区别于其他信息的特征

地理信息是指与所研究对象的空间地理分布有关的信息，它表示地表物体及环境固有的数量、质量、分布特征、联系和规律。从地理实体到地理数据，再到地理信息的发展，反映了人类认识的巨大飞跃。地理信息作为一种特殊的信息，它区别于其他类型信息的主要特征有属性的层次结构性、空间格局性、时间过程性、相互作用性、复杂非线性。

地理信息的层次结构性是指在同一位置上，具有多个专题和属性的信息结构。

例如，在同一个地面点位上，可以取得高度、噪声、污染、交通等多个专题的信息，同时层次结构性还指，不同空间尺度上的数据具有不同的空间信息特征。空间格局性是指地理信息是与位置有关的信息，任何地理信息一定具有位置的概念。时间过程性是指地理信息具有明显的时序特征，即动态变化的特征，这就要求我们对其及时采集和更新，并根据多时相的数据和信息来寻找随着时间变化的分布规律，进而对未来做出预测或预报。相互作用性指任何地理事物都是相关的，并且在空间上相距越近则相关性越大，空间距离越远则相关性越小，同时地理信息的相关性具有区域性特点。复杂非线性是指地球系统是一个极其复杂的巨系统，这是地球系统的核心特性，因为造成地表某一现象的原因极其复杂，包括自然因素以及社会人文等因素，某一现象的生成一定是整个系统中各要素相互作用的结果，很难线性地表达；同样，对于突然的事件，也很难完全准确地预测。

3.3 地理信息的机理和过程

机理是指为实现某一特定功能，一定的系统结构中各要素的内在工作方式以及诸要素在一定环境条件下相互联系、相互作用的运行规则和原理。地理信息的机理是指地理信息从产生到被感性的认知、理性的分析，以及多种方式的表达，再到综合应用的整个过程中的信息的流动原理。过程是指物质运动在时间上的持续性和空间上的广延性，是事物及其事物矛盾存在和发展的形式；地理信息的过程是指从地理信息的发生、获取、分析，再到反馈的整个系列运动之中所涉及的方法过程和技术过程（图3-2）。

信息源	获取过程	管理过程	处理过程				社会过程		
	采集和监测	管理	处理	分析	模拟	表达	服务	网络	"5S"集成
自在地理信息	自在地理信息	自为地理信息	再生地理信息				全息地理信息		
	空间定位	时空数据模型	坐标转换	数学模型	模拟仿真	地图表达	地图服务	资源定位绑定调度	多源数据集成
	对地观测		数据校正			概括派生	地理数据服务		跨平台GIS系统集成
	地图制作	空间数据库	属性转换	智能计算				空间信息在线处理	应用模型与GIS系统集成
	遥感图像		信息转换			多维动态	地理信息知识服务		基于分布式计算的集成
	统计数据	分布式管理	质量控制图像处理	综合分析	虚拟现实	成果展示	辅助决策服务	智能化信息共享	"5S"系统集成

图3-2 地理信息的机理和过程

3.3.1 地理信息的机理

1. 地理信息的发生机理

还未被主体认识的以原始形态存在的地理信息我们称之为"自在地理信息",它的发生机理正如前所述,它是客观间接存在的标志,任何一个物质都以它的特定结构和状态显示着它本身的特质,换言之,任何物质的周围都存在着一个信息场,展示着物质的属性。

2. 地理信息的获取机理

人在通过自身的活动同外界进行信息交换的过程中,人脑或人的神经系统能够将在交换过程中所报道的一部分"自在地理信息"转化为主体直观识辨的信息,使其脱离了自在的状态,上升为"自为地理信息",这就是通常所说的感知现象,可以通过形象思维的方法来实现感知的过程,如通过人工目视、地图方法、遥感图像的方法来获得自为地理信息。

3. 地理信息的分析机理

在完成对对象信息的主体直观识辨之后,信息认识就要进入更高的层级,因为它此时还只是对对象的直接的、生动的、个别的认识,需要以现在的认识为中介、条件和根据进一步形成关于对象的间接的、抽象的、普遍的认识,进而创造出新的信息,这种信息认识的第三个层次就是人的思维过程,是认识主体创造新信息的过程,所产生的信息可被称作"再生地理信息",如可以通过数学模型、知识推理等方法来实现再生地理信息的生成。

4. 地理信息的反馈机理

有种观点认为,再生地理信息一旦形成,整个信息认识过程就算完成了。其实不然,从"自在地理信息"到"自为地理信息"再到"再生地理信息",还仅仅是在信息认识之内的层级上升,还没有超出信息认识的范围,因而还没有真正完成信息认识的全部发展过程,因为在信息认识之内既无法完全实现信息认识的目的,也无法证实信息认识是否成立,更无法修正和发展信息认识。信息认识的目的和真正作用是为了指导实践。确证信息认识成立与否,就是通过实践去实际建立信息主体创造的新信息,看能否把这些新信息变为现实。修正和发展信息认识,就是通过用信息认识来指导实践,找出实践在哪一步上或哪一个环节上出现了问题或失误，来确定信息主体创造的新信息在哪一点上有缺陷，在哪一点上同信息认识的对象的实际不相一致，从而纠正这一点上的错误，使实践能继续进行下去，从而使信息认识得到发展。从"再生地理信息"到实践的过程构成了信息认识的第四个层次，即信息认识的最高层次，可被称为"全息地理信息"。

3.3.2 地理信息的过程

1. 地理信息的获取过程

地理信息的获取过程主要包括地理信息的采集和监测，是利用一定的采集和监测技术实现对目标源的"自在地理信息"的获取。

获取地理信息的方法有很多，如基于 GPS 的地理空间精确定位信息获取、基于遥感的地理对象动态监测技术、对地观测技术体系、陆地和海洋定位监测技术、社会经济数据统计技术等。当前的采集过程大致可以分为三类：第一类是通过实地测绘、调查访谈等获得原始的第一手资料，这是最重要、最客观的地理信息来源；第二类是借助空间科学、计算机科学和遥感技术，快速获取地理空间的卫星影像和航空影像，并及时地对其进行识别、转换、存储、传输和显示。第三类是通过各种媒介间接地获取人文经济要素信息，如各行业部门的综合信息、地图、图表、统计年鉴等。

2. 地理信息的管理过程

地理信息的存储过程包含着地理信息的管理，是利用一定的管理手段实现对"自为地理信息"的载体记忆。

管理地理信息的方法有很多，如地理对象时空数据模型、地理对象的数据库管理技术、海量地理数据的分布式管理技术。地理信息系统的数据模型经历了图形属性数据文件管理模型、图形属性数据混合管理模型和面向对象数据库系统的空间数据模型等几个发展阶段。当前的首要目标是将时态数据库与空间数据库相结合，建立基于时空数据模型的时空数据库，从而对地理信息进行更好的管理；其次是构建面向对象的数据库，以弥补传统关系数据库在空间数据的表示、存储、管理、检索上所存在的缺陷，并有效地支持复杂对象，如图形和图像；最后是建立分布式网络管理系统，使其利用网络平台的优点将管理功能分散到网络上，而不是将它们集中于单一的数据中心，管理员仍可以从一个位置运行管理系统，而由分布于网络上的管理机构收集信息并应答给管理系统。

3. 地理信息的处理过程

地理信息的处理过程实现了将"自为地理信息"转变为"再生地理信息"的过程，包含对地理信息的处理、分析、模拟和表达。

地理信息的处理包括质量控制、数据校正、图像处理、属性转换、坐标转换、信息转换；分析过程包括数学模型、智能计算、综合分析等；模拟过程包括模拟仿真和虚拟现实等；表达过程包括地图表达技术、地图及地理数据库概括和派生技术、地理信息多维动态可视化技术、地理信息研究成果展示技术等。基本的处理过程实现了对"自在地理信息"的优化，模拟过程实现了将"自为地理信息"进行抽象提取，从而形成"再生地理信息"，分析过程实现了更多新的"再生地理信息"的产生，而表达技术实现了"再生地理信息"进一步挖掘与可视，它们之间是基于思维深浅的程度逐渐递进的关系。

4. 地理信息的社会过程

地理信息的社会过程实现了"全息地理信息"的产生，地理信息的社会过程包含地理信息的服务、网络技术的应用及"5S"集成技术的应用。地理信息的服务包含地理数据服务、地理信息和知识服务、地图服务、辅助决策服务；地理信息的网络应用包含资源定位、绑定和调度、空间信息在线分析处理、智能化信息共享与服务；"5S"集成包括多源数据集成、跨平台 GIS 系统集成、应用模型与 GIS 系统集成、基于分布式计算的集成以及"5S"（GIS、RS、GPS、DSS、MIS）系统集成。地理信息的社会过程实现了地理信息的价值与应用的意义。

3.4 地理信息的结构和功能

3.4.1 地理信息的结构

要探讨地理信息的功能结构，首先需要从哲学层面明确到底什么是功能结构。结构决定着功能，然而功能并非结构的简单叠加，因为整体的系统并不是其中要素的简单加和，而是还包含了要素与要素之间的相互作用关系以及这种关系作用下所产生的整体的新功能。人们习惯于对结构范畴作一种较为直观性的理解，认为结构无非是系统中要素的秩序、要素的排列组合、要素的联系和作用方法等，但随着我们深入一步进行分析，便会看到事物的结构并不是仅仅针对系统的要素秩序而言的,它仍在整体上规定着系统的整体样态和性能。

明确一个系统的功能结构对于整个认识过程来讲都是极为重要的,正如我们探究地理信息,就必须要认识清楚,地理信息这个整体系统,到底是由哪些要素构成,这里的要素便是指我们所说的功能结构。更重要的一点是,对于每一种功能结构,我们必须认识清楚它们分别具有什么样的特点,如何来区分它们之间的不同,才会有针对性地利用相应的方法对该功能结构要素的信息进行提取,才有助于更好地、更有效地掌握和调控地理信息。

3.4.2 地理信息的功能

从功能结构来看,地理信息有以下几种基本类型:即地理对象的层次结构信息、地理空间结构和格局信息、地理对象和现象演化过程信息、地理相互作用信息、区域地理复合信息等,也就是地理属性信息、空间信息、时间信息、系统交换和互动信息,以及上述四种的复合。研究地理信息的本体特征、机理和功能结构,就是为了认清哪些地理信息或地理信息的哪些方面,能够被何种方法最有效地掌握和调控。

1. 地理对象的层次结构信息

地理对象的层次结构信息是指在同一位置上,地理对象具有多个专题和属性的信息结构。例如,在同一个地面点上,可以取得高度、噪声、污染、交通等多个专题的信息,同时层次结构性还指,不同空间尺度上的数据具有不同的空间信息特征。地理对象的层次结构信息使得地理对象的信息蕴含量是无比巨大的,对于同一个地区,可以进行多角度、多层级、多专题的研究,从而获得更多的为人类社会服务的信息。

2. 地理空间结构和格局信息

地理空间结构和格局信息是指与空间相互位置有关的信息,使得人们对于某一专题中不同空间位置之间的关系及某一专题的空间格局特征一目了然。地理实体或现象的空间分布与格局是最基本的一类地学问题,是指从总体的、全局的角度来描述地理实体或现象的几何形态;也是地学过程机理的空间体现,是内在地学规律的外在表现,同时又构成了新一轮地学过程的边界和初始条件。

3. 地理对象和现象演化过程信息

地理对象和现象演化过程信息是指地理信息动态变化的特征。这就要求我们及时地对地理信息进行采集和更新，并根据多时相的数据和信息来寻找随着时间变化的分布规律，进而对未来做出预测或预报。利用动态监测探寻到的同一地域的变化信息便是一种地理对象和现象演化过程信息；动态监测是指应用多平台、多时相、多波段和多源数据对地球资源与环境各要素时空变化进行的监视与探测。

4. 地理相互作用信息

地理相互作用信息指系统交换和互动的信息，其特征是在空间上相距越近则相关性越大，空间距离越远则相关性越小。发生在某一地区的任何具体问题、具体过程都不可能是独立发生的，必然与其他地理事物相关联，受系统内其他要素的影响或与其他要素发生着互动；对于某一个具体的事件或过程而言，哪怕是其初始条件的极其微小的变化，不论来自地球系统内部还是外部，都可能改变该事件或过程的运行轨迹，蝴蝶效应就是一个很好的例子。

5. 区域地理复合信息

区域地理复合信息是指包含以上所有信息的综合信息。地球系统是一个极其复杂的巨系统，是自然要素、社会要素和经济要素共同作用的综合体，这是地球系统的核心特性。造成某一现象的原因极其复杂，包括自然因素以及社会人文等因素，某一现象的生成一定是整个系统中各要素相互作用的结果，很难线性地表达；同样，对于突然的事件，也很难完全准确地预测。区域地理复合信息并非是以上四种信息的简单叠加，正如前面所说，一个系统并非其中要素的简单罗列，而是形成一个综合的系统，对外界产生一个总体的影响。

第4章 地理信息本体与认识论和方法论

在第3章中，我们探究了地理信息的本体，了解到地理信息的本来面目，那么作为"本来面目、客观存在"的地理信息是如何被人类认识，以及要达到这种认识需要什么样的程序和规则，便是认识论和方法论要解决的问题。认识论和方法论同样是哲学领域中的重要概念，只有把认识论和方法论本身的哲学内涵弄清楚，才有利于我们进一步探究如何应用相应的认识论去认识地理信息，以及通过何种方法论去实现对地理信息的认识。

4.1 地理信息本体的认识论和方法论内涵

4.1.1 认识论的内涵

客观存在必须经过人类认识，才能产生对人类有意义的结论，人类社会也会不断进步。对认识本身进行认识和研究，是作为哲学组成部分的认识论的任务，它是揭示认识的本质，揭示认识发生、发展的一般规律，力求使人们的认识符合客观实际，告诉人们如何去认识客观世界，以及什么样的认识结果才算是达到了与客观实际相符合的目的。因此，认识论必然与对认识方法的不同理解相联系，并且始终贯穿于整个认识当中，并由此产生不同的认识论结论。

自人类古典文明开创以来，多种认识论被提出，其中有很多只不过是其他哲学的变种。综合起来，可以归为主要的几类：经验主义、实证主义、人本主义、结构主义。经验主义认为人类通过经验来进行认识，可以理解为这是一种偏于感性的认识，即不需要经过验证，只要经验过，就证明达到了认识的目的。实证主义认为人类通过经验获得知识，但是这个经验必须要作为一致认可的可证实证据而稳固地确立，因而这种认识论可以理解为在感性的基础上进行理性的认识。它区分为感觉与思想这两种认识形式，认为通过感觉分辨的事物只能认识事物的表面，只有经过了思想才能达到真理。人本主义认为知识是在一种由个人创造的意识世界中主观地获取的；只能通过探究每个人的个人世界所获得的知识才算达到了真正的认识目的。它强调的是个别性和主观性而不是重复性和真理。结构主义认为直观观察不可能达到认识的目的，必须要通过思索、构建理论，并用这些理论对所观察到的东西能够进行一定的解释才算是达到了认识的目的。

在地理信息科学领域，有多种认识论影响着人们对地理信息本体的认识。例如，人们通过搜集资料或填充空白地图上的细部，并将信息展绘为事实，利用人工目视或地图的方法来达到完成认识的过程是经验主义的模式。对地理信息的认识论将在4.2节中做详细阐述。

4.1.2 方法论的内涵

对客观世界的整个认识过程需要一定的方法做指导，这里所说的方法并非指某一具体的方法，而是指方法的方法，即一系列的规则与程序；它从认识论的角度总结人类认识世界和改造世界的经验，探讨各种方法的性质和作用以及方法之间的相互联系，概括出关于方法的规律性的知识。这就是方法论。

不同的方法论对应于各自的认识论基础。经验主义认为通过经验就达到了认识的目的，它的方法论即为直接提出所经验的事实；实证主义认为经验要作为一致认可的证据，它的方法论即为对一种事实陈述的证实；人本主义认为知识是在主观意识中获取的，它的方法论即为研究人的个人世界；结构主义认为真理不能直接观察到，要通过思索才能得到，它的方法论即为构建理论，通过这些理论解释所观察到的东西。多种方法论均可以为地理信息科学的研究所借鉴和采用，例如，可以利用地图、遥感影像的形象思维来得到自为地理信息，从而达到陈述事实的目的；可以利用知识推理的逻辑思维来得到再生地理信息或者对某一事实陈述进行证实。

对于世界的认识以及认识世界的方法一定是与思维联系在一起的；思维可以认为是认识的过程和达到认识过程所需要的方法和工具。地理信息的思维与一般的思维一样，包括具体的形象思维、抽象的逻辑思维以及顿悟创新思维。在对世界的具体认识过程中，不同的思维起着不同的作用；当然，将不同的思维方式进行综合运用，会产生对世界进行认识的综合思维方法。在地理信息科学中，每一种思维方式都有哪些基本的方法，以及每一种方法的具体思维认识过程是怎样的，将在4.3节中进行详细解析。

4.1.3 本体与认识论和方法论的关系

本体论是指对客观存在进行真实的描述，提供关于世界的真理性的知识和解释；简言之，本体论是关于世界本来面目的理论。然而，世界的本来面目如果仅仅作为一种"存在"孤立地"矗立"于那里，那对人类社会的发展来讲是无太

第 4 章 | 地理信息本体与认识论和方法论

大意义的,人类必须尽其所能地去认识世界的本来面目,必须让这种客观存在与认识主体相关联,从而真正被认识主体所认识到才有意义。那么遵循什么样的原则去认识这个世界,达到什么样的标准就算认识了这个世界便是认识论要解决的问题。简言之,认识论是关于我们怎样才能知道"本体"以及达到什么标准就可以算作知道了"本体"的理论。当然,知道了"世界的本来面目"和"如何去认识世界的本来面目"依然不足以达到我们的目的,我们还必须知道需要采取什么样的方法才能辅助于认识本体的这个过程,从而真正地完成对本体的认识。我们此处说的方法不仅仅是要知道理论的方法,还要有相关的技术作支持才能真正地实现这种理论方法;这里所讲的方法,并不是具体到每一个事件时的具体方法,而是一套系统化了的规则,指导着人们在总方向上该如何一步一步地去实现每一个具体事件,也可以将方法论通俗地理解为一套模板,是一组具有一致性的规则与程序,指导人们如何获取知识的理论,它不是具体的方法,而是制定具体方法的方法。

本体论限定了什么是可知的,决定着研究的宏观方向,它是认识论和方法论的基础;认识论告诉人们如何去认识世界,它是方法论的基础;方法论是如何去进行研究的方法指引,它是在本体论与认识论指导下的分析框架,同时又是认识本体的工具。由此,我们可以得知,每一种学科的哲学一定既包含着某种认识论又包含某种本体论;它们共同限定着"我们能认识到什么"和"我们怎样才能算最终认识了它"的框架,同时,它们一起被用来限定着某种方法论,一套指示研究和争论将如何在学科内进行的规则和程序,即如何才能将信息组织和收集起来。因此,我们可以得出,本体论、认识论和方法论一定是同一原则,即有什么样的本体论就一定对应着什么样的认识论;对于世界的不同认识原则,一定有相应的方法去指导着这种认识,这里强调的是相应的而非其他的。

4.2 地理信息本体与认识论

在第 3 章中我们从地理信息的本质特征、地理信息的机理和过程以及地理信息的结构和功能方面探究了地理信息的本体论,那么下一步我们需要知道,我们是如何认识地理信息的,在认识的每一步过程中人的思维是如何起作用的,以及运用什么样的科学方法和技术方法,通过何种程序能够获得不同结构层次的地理信息。

4.2.1 信息本体与认识论

以往，人们从物质和能量交换的角度来认识客观物质世界；而今，信息科学揭示了信息也是一种重要的认识对象，它是一种客观间接存在，这是人类历史上对认识对象的重大突破。从本体论意义上来讲，信息是客观事物运动的状态和方式；从认识论意义上来讲，信息是认识主体所感受或者所表述的事物运动的状态和方式。人们要认识客观物质世界，就必须从客体获取自在信息，即将本体论意义上的信息转变为认识论意义上的第一层级信息：自为信息；随着进一步的认识，将第一层级信息转变为认识论意义上的第二层级信息：再生地理信息，进而将再生地理信息通过效应器官作用于外部世界，形成全息地理信息。这就是说，人们对信息的了解贯穿于认识世界和改造世界的全部过程之中。信息认识是以具有高级的感知、记忆能力的信息控制加工系统为其物质前提的；而只有人脑或人的神经系统才是具有高级的感知、记忆能力的信息控制加工系统，因此，也只有人才能产生信息认识。

从方法论角度来看，通过人工目视、地图方法、遥感图像的方法获得的是自为地理信息；通过数学模型、知识推理等方法生成的是再生地理信息；从信息主体创造的新信息到实践的过程构成了信息认识的第四个层次，产生"全息地理信息"。

4.2.2 中西方地理信息认识论的比较

中国和西方对地理信息本体的认识论是存在显著差异的，本书主要从理性与悟性方面加以阐述；当然，认识论无所谓好坏，对于人类来说，这两种文化应该互为补充才更有助于人类的进步与发展。

1. 西方讲究理性，中国讲究悟性

悟性人人不同，可以说是一个极其私人化的东西；理性则不然，它有一定的章法，人人可学，可通过一定的方法来积累知识和智慧。这也许就是为什么，在中国的古老历史长河中，常常会出现无数个基于个人技艺的绝活、零零散散的科技成就却没有形成过一套完整的科学体系的原因。

中西方这两种不同的思维同样影响着对地理信息的认识：西方人更讲究理性的实证，通过严密的逻辑推理来达到认识地理信息的目的，所以这种思维使得通过数学模型、知识推理等理性思维方式来对再生地理信息的获得更有帮助；然而对于需要利用形象思维方法，如人工目视、地图方法、遥感图像等方式获取的地理信息来说，西方思维在此方面可能并不如中国思维。

2. 西方讲究抽象思维，中国讲究形象思维

西方更讲究理性，其思维是以抽象的逻辑思维为主；中国更讲究悟性，其思维是以具体的形象思维为主。形象思维和抽象思维的不同之处在于，形象思维是以表象材料为基础进行思维的，而抽象思维则是以概念为基础进行思维的。所以，这便更加可以理解，为什么中国人更善于用目视、地图、遥感图像等形象思维的方式来获取地理信息，而西方人在数学模型、知识推理等方法的创新方面有着更多的建树。同样，就获取的地理信息内容来讲，中国人更擅长于发现宏观的空间格局信息，而西方人更擅长于发现细节的属性信息以及需要经过严密的逻辑推理才能够得出的再生信息。

思维方式是无好坏之分的，这两种思维方式各有各的特点和优势，但同时也都有各自的不足，需要将两者进行相互补充、相互联系，因为没有抽象思维的作用，形象思维缺乏目的性，并且是不严密的；同样，没有形象思维的作用，抽象思维是枯燥、贫乏和呆板的。实际上，两种思维方式总是以各种不同的方式相结合的，如在看地图的过程中，首先利用形象思维将整体的地图图像纳入脑中，而后，对于地图符号的解译过程便是一个抽象识别的过程。

3. 西方讲究形式逻辑，中国讲究辩证逻辑

西方讲究形式逻辑，形式逻辑可以理解为"非此即彼"，用数学公示表示为"非0则1"，没有中间状态，形式逻辑中主要分归纳逻辑和演绎逻辑两类；中国讲究辩证逻辑，辩证逻辑可以理解为"从此到彼"，用数学公式表示为"从0到1"，辩证逻辑必须有类别逻辑作为基础。

这两种不同的认识方式也同样导致了中西方对于地理信息认识的不同，西方侧重逻辑分析和推理，注重于对细节的认识，从而导致如上所述，西方人更重视实证；中国人讲究辩证逻辑，不重细节，注重从整体上把握对象，以直观综合的形象思维模式为主。

4. 西方讲究还原论，中国讲究整体论

西方主张把高级运动形式还原为低级运动形式的哲学观点，认为现实生活中的每一种现象都可看成是更低级、更基本的现象的集合体或组成物，因而可以用低级运动形式的规律代替高级运动形式的规律。还原论派生出来的方法论手段就是对研究对象不断进行分解，恢复其最原始的状态，化复杂为简单。还原论者看

到了事物不同层次间的联系，想从低级水平入手探索高级水平的规律，这种努力是可贵的。但是，低级水平与高级水平之间毕竟有质的区别，如果不考虑所研究对象的特点，简单地用低级运动形式规律代替高级运动形式规律，那就要犯机械论的错误。

例如，在认识地理信息时，还原论者通常是从地理信息的最低层次入手，如在研究自然地理信息时单纯地以自然地理发展规律来研究，在研究人文地理信息时单纯地是从人文地理的发展规律来研究，从小处着手，然后在研究完之后再进行集成，却忽略了一个整体的概念。与还原论相对应的方法论的局限性，是只钻研具体的细节，忽略了从整体的系统的角度来看待自然界。

整体思维在辩证逻辑中作为一种独立的思维方式，其特定的原则和规律可归纳为三：连续性原则，即当思维对象确定后，思维主体就要从许多纵的方面去反映客观整体，把整个客观整体视为一个有机延续而不间断的发展过程；立体性原则，即当思维对象确立之后，思维主体要从横的方面，也就是从客观事物自身包含的各种属性整体地考察它、反映它，使整体性事物内在诸因素之间的错综复杂关系的潜网清晰地展示出来；系统性原则，即是从纵横两方面来对客观事物进行分析和综合，并按客观事物本身所固有的层次和结构，组成认识之网，逻辑再现客观事物的全貌。

中国对地理信息的认识讲究整体论，从思维深浅的程度来讲偏向于感性思维，是从整体的角度来看待地理信息，这个系统中分为自然地理、人文地理、生态环境等不同的地理信息元素，每个元素之间有着相互的关系，但是中国的认识论不擅长从理性思维的角度进行认识，在客观地理信息映射到脑中之后，习惯通过自己的感知与形象思维来达到认识地理信息的目的，而不是运用严密的逻辑推理。

现代科学发展最明显的特点就是既高度分化，又高度综合。对任何复杂的科学，我们越是从整体角度对各个部分（元素）做出精确的理解和掌握，就越能正确地进行研究；科学要想迅速得到发展，不仅要重视理论研究，也要重视科学思维方法的研究。科学方法论的研究本身就是一个自我辩证否定的过程，因而整体思维的提出在这个过程中具有必然性。

4.2.3 人本主义对认识地理信息的影响

人本主义的基本特征是，它们关注的是有思想、有灵魂的人，而不是以机械方式对刺激做出反应的非人性者，后者在实证主义和结构主义的社会科学中或多或少地可以找到影子。人本主义强调对人的本来面目的研究，目标是认识人类活动的真实性质，这个目标以及为达到这个目标所设想的手段就代表了社会科学哲学的发展，而不是对为其他研究领域而发展的哲学采纳。

人本主义思潮影响着对地理信息的认识以及要达到认识的目的所需要的方法。从人本主义的角度来看，传统的地理信息方法如地图和遥感图像的目视识别和解译方法不足以达到认识的目的；要达到认识地理信息的目的，必须深入地了解人们内心的看法，通过深入调查的方式获取资料，探究个人世界。人本主义强调的是个别性和主观性，而非重复性和真理。

4.2.4 结构主义对认识地理信息的影响

结构主义认为，被领悟了的世界并不一定揭示机制世界，实际存在不可能被直接地观察到，只有通过思索才行，它的方法论是要进行理论构建，这些理论可以解释观察到的东西，但其真实性是不可检验的，因为得不到它们存在的直接证据；形成社会问题的原因非常复杂深刻，不能够通过归纳得出空间行为的普遍规律，而是要寻求确定人类行为过程的经济过程，并在特定的情形下去证明它，做出合理的解释并提出改革的方案。不可以像实证主义那样认为某种原因一定会产生某种效果，恰恰相反，结构主义认为人们选择哪一种方式不可能从理论中直接得到，而只能在实例研究中去理解。

在探究地理信息时，结构主义强调整体性的研究，反对孤立局部的研究，因为整体对它的部分在逻辑上有一定的重要性；反之孤立的部分本身显示不出其意义，只能在整体中得到它们的意义；强调认识地理信息的内部结构，如详细地剖析地理信息的结构功能，并对各种结构综合起来的区域地理复合信息进行研究。结构主义反对单纯地认识地理信息的外部现象；强调内部地理要素的研究，忽视或否定外部因素的研究；强调不以人的意志为转移的客观作用，忽视或否定人的主观能动性。

在结构主义看来，一切社会现象和文化现象的意义和性质都是由先验的结构所"命定"的，结构主义的认识论使得它对应了一定的方法论，对地理信息的认识倾向于整体的认识，而非孤立局部的研究，所以使得多种思维方法相结合的综合集成研究方法能够适合于它的认识论，而传统的形象思维方法如人工目视、地图、遥感图像等都不能很好地完成结构主义对地理信息的认识。

4.3 地理信息本体与方法论

4.3.1 地理信息方法的初步划分

通过何种方法能够认识到地理信息，以及每一种方法分别能够认识到地理信息结构中哪一部分的信息，对于在地理信息科学领域中涉及的具体研究极其重要。本章对地理信息科学的方法进行了层级归类，并且逐一详细地阐述了每一种方法的具体思维过程及对每一种方法所获取的信息类型进行比较。

在哲学高度上，将地理信息科学的方法分为具体的形象思维方法、抽象的逻辑思维方法、形象思维与抽象思维相结合的自在展现方法，以及多种思维方式相结合的综合思维方法。在具体的方法层次上，形象思维方法包括了人工目视方法、地图方法、遥感图像方法；逻辑思维方法包括了数学模型方法、知识推理方法；自在展现方法包括了模拟仿真方法；综合思维方法包括了形–数–理一体化的地学信息图谱方法和综合集成方法。当然，在具体的操作层次上还有许多的方法，如数学模型方法中有统计模型、分析模型、规划模型等，这些具体操作层次上的方法将在第7章中具体解释，本节只重点讨论哲学层面和具体方法层次上的方法的具体思维流程。

4.3.2 不同功能结构地理信息方法的比较

1. 具体的形象思维

（1）人工目视方法

人工目视的方法，是不借助于其他的媒介，而单纯利用人视觉器官来感知地理信息对象，进而对客观世界进行直接的认识。它的具体思维过程是，地理自生信息通过人的目视这一通道进入人的形象思维，人脑中便产生了客观世界的意象，是一个感性认识的过程。当然，这个意象是仁者见仁，智者见智的。之后，当人们再通过地图等其他形式将其表现出来时，更是仁者见仁，智者见智了。有人认为，人工目视的方法与遥感影像方法所获得的信息是完全一致的。其实不然，遥感影像在获取过程中，由于技术等的因素，会丢失更多的自在地理信息；人脑中的意象即存在于人脑的自为地理信息比存在于遥感影像上的自为地理信息更加丰富，人可以应用计算机制作出地理现象在人脑中的意象，并将地理现象的发展规律按照时序演示出来，这就是意象的外化。虚拟地理环境正是一种意象的外化。

人工目视的方法由于利用了人的感性的、具体的形象思维，容易获取更多的地理空间结构和格局信息，因为形象思维的空间能力非常强；其缺点是很难认识到地理相互作用的信息，因为后者需要借助理性的、抽象的思维来完成。

（2）地图方法

地图作为一种认识地理环境的工具和方法，比人工目视的过程要复杂得多。它的思维认识流程是，首先，制图者通过野外测量、考察和对其他数据源的收集、识别和认知，得出对客观世界的初步认知世界——地理自生信息；其次，进入制图者的形象思维存为自为地理信息；再次，对自为地理信息经过抽象思维、赋予符号，落实于图上，便产生了地图——再生地理信息；最后，读图者从图上获取和挖掘信息，进入了读图者的形象思维，并利用抽象思维对地图符号进行解译，还可采用逻辑推理方式，获得读图者所认知的世界——再生地理信息。

严格来讲，地图方法是形象思维和抽象思维相结合的方法，因为赋予符号和解译符号的过程是抽象思维的过程，然而其中形象思维在整个认识过程中占据着更重要的地位：读图者在看地图时，大脑中会形成一种可视化图像，使得空间格局信息被更好地获取。对于属性信息和地理过程演化信息的获取，由于制图过程和读图过程中的信息减损，加之地图对于动态信息表达能力的欠缺，地图的方法显然没有其他方法，如数学模型方法、模拟仿真方法获取的信息多。当然，对于地理相互作用信息和区域地理复合信息的获取，地图方法比人工目视方法更有效，因为它可以利用抽象思维，基于已有知识及理论，从地图上获得新的再生地理信息。

（3）遥感图像方法

遥感图像是按照一定比例缩小的地表景观的综合影像，真实、客观地记录了客观世界对象的多种特征。因此，从遥感图像中获取信息的方法必须采用形象思维和抽象思维相结合的方法，对图像进行识别、判读和分析，因此与从地图中获取信息的方法的思维流程有很多相似之处。这里的图像判读，主要是指根据人的经验和知识，按照应用目的解释图像所具有的意义，识别目标，并定性、定量地提取出目标的形态、构造、功能等有关信息，把它们汇总在底图上的过程。

遥感图像方法的优势是宏观性（视野范围宽广、尺度大）、多光谱特性（能够展示人眼不能直接感知的信息）和多时间的动态监测，对于资源环境对象和现象的多重复杂特征、动态演化信息及区域地理时空格局复合信息的识别、解译和反演特别有利，是现代地理信息科学中十分重要的方法和技术。与野外的实地观察和观测方法相比，遥感图像方法的局限性在于成像过程中的自然过滤和自然综合效应，造成地理信息的损失。

2. 抽象的逻辑思维

（1）数学模型方法

数学模型方法主要是运用了抽象的逻辑思维方法，它作为一种认识地理信息的方法对地理信息科学的发展有着巨大的推动作用，使得人们能够更加清晰和方便地获取自生地理信息。它的思维过程是针对或参照某种地理系统的特征或数量相依关系，利用抽象思维将其关系进行抽象提取，而后采用形式化的数学语言，概括地或近似地表述出来的一种数学结构，这种数学结构是借助数学概念和符号刻画出来的某种系统的纯关系型结构，已经扬弃了一切与关系无本质联系的属性后的系统。数学模型的方法对地理空间结构和格局信息、地理对象和现象的演化过程信息、地理相互作用信息都可以进行有效的统计、分析和计算。但与人工目视方法、地图方法和遥感图像方法相比，数学模型在图形方法的定量描述和分析方面相对较弱，因而对于地理对象和现象的时空格局的刻画和掌握不如前者直观和全面。

（2）知识推理方法

知识推理方法应用的是理性的、抽象的逻辑推理模式。它主要针对的是客观现象和对象中大量的非结构化的特征和信息，通过智能化的推理，从中获取更多的新信息和知识，即再生地理信息。它将人工智能领域中有关智能推理、分析的抽象逻辑思维方式引入地理信息科学领域，极大地方便了属性信息、空间格局信息、演化过程信息、地理相互作用信息、区域地理复合信息等的分析与挖掘，不仅能弥补传统地理信息方法在智能空间分析推理和决策支持等方面的不足，而且能够大大增强地理信息科学解决复杂问题的能力，特别是将其与数学模型方法相结合，更能发挥其大容量、高强度推理与计算的优势。

3. 形象思维与抽象思维相结合的自在展现

在本书中，形象与抽象相结合的自在展现方法主要是模拟仿真方法。模拟是以模型为基础的功能拟合，是利用物理的、数学的模型来类比模仿现实过程，以寻求过程规律的一种方法。仿真是以仿生学原理为基础的真实模仿，是对现实系统的某一层次抽象属性的模仿。仿真是一个相对概念，任何逼真的仿真都只能是对真实系统某些属性的逼近。以仿生学原理为基础的仿真方法利用了人的形象思维，通过感性的形象思维将仿生的成果无限地逼近现实世界；而模拟利用了人的抽象思维，将真实地理信息进行抽象，通过类比来模仿现实过程。模拟与仿真相结合的方法使得形象思维与抽象思维能够进行很好的结合，是一种很好的研究地理信息的方法。模拟仿真方法得以发展的主要原因是它带来了重大的社会和经济效益，其应用大致可分为：对已有系统进行分析时采用模拟仿真；对尚未有的系统进行设计时采用模拟仿真；在系统运行时，利用模拟仿真模型作为观测器，给用户提供有关系统过去的、现在的，甚至是未来的信息，以便用户实时做出正确的决策。

模拟仿真方法有着其他方法无法比拟的优势，它是一种将形象思维与抽象思维相结合的方法。它既可以从感性的视觉上对客观地理信息进行一定的认识，这一步类似于人工目视的方法，相当于人工目视意象的外化；同时又可以从理性的思维上对客观地理信息进行抽象与建模，所以它兼具形象思维方法和抽象思维方法的优势，能够对属性信息、空间格局信息、演化过程信息、地理相互作用信息、区域地理复合信息都进行更大程度的挖掘。

4. 多种思维方式相结合的综合思维

（1）地学信息图谱方法

地学信息图谱方法是一种集形象思维、数学思维、理性思维于一体的方法，我们称之为"形-数-理一体化"的科学研究方法。其思维过程是：利用形象思维，将客观存在以图形的形式进行表达，这种形象思维，可以使对复杂的地学的研究变得简单化；利用数学思维，使人们对世界的认识由模糊变得精确，由定性变得定量，使得很多难以展现的客观规律得以用量化的模型进行描述。"形"——形象直观，而"数"——抽象精确，数学模型可以克服单纯的形象思维在认识精确性上的局限。从传统的图谱、地学信息图谱与数学模型的关系来看，由于传统的图谱缺乏精确的数学意义，一般不能用数学模型来表达，因此，从某种意义上讲，地学信息图谱是传统图谱方法与数学模型方法的统一体。此外，地学信息图谱方法还融入了推理方法，以已有的知识为前提，运用专家的成熟经验和知识，通过推理机制，对地学问题进行评价和调控，达到对复杂地学问题进行评价和调控的目的。所以，地学信息图谱方法综合了三种思维方式，是由中国科学家首创的新的地理信息的方法论，一种新的思维模式，有助于更加直观、系统、严密地认识现实地理世界。

（2）综合集成方法

20世纪80年代初，著名科学家钱学森与其合作者王寿云提出了将科学理论、经验和专家判断相结合的半理论、半经验方法；80年代中期，钱学森亲自指导并参加了系统学讨论班，号召与会专家、学者在学术观点上能做到百家争鸣、各抒己见；在此基础上，他于1989年提出了开放的复杂巨系统及方法论，即从定性到定量综合集成法，其实质是将专家体系、统计数据和信息资料、计算机技术这三者结合起来，构成一个高度智能化的人机结合系统。

复杂巨系统是指系统的子系统数量非常庞大，且相互关联、相互制约，其相互作用关系很复杂并有层次结构，如生物系统、人体系统、人脑系统、地理系统、生态系统、社会系统、星系统等。由于世界观和方法论不同，对复杂系统的研究思路和解决方法也不同，同西方的研究相比，钱学森的思想具有相当的超前性，而且更强调包括人脑中知识在内的系统整体性。近年来，西方的专家学者对复杂系统问题的研究也较多，在生态系统、经济系统、人脑系统等方面都做了大量工作，在应用计算机研究复杂性科学方面取得了一定进展：英国人针对出现堆题，而又有不少系统工程方法论的情况，提出了系统总体干预方法论，提倡用创新的思想，先将系统看成某一熟悉的比喻，然后从一批系统工程方法论中挑选一个或若干个合适的方法论去分析处理堆题；日本人针对环境类复杂系统，提出一系列模型，要求使用数学模型，但同时又要求揉进人的直觉判断。

5. 不同功能结构的地理信息方法的综合比较

本书通过表4-1，总结和概括了不同功能结构的地理信息方法论的综合比较。这是一个二维的关系表。从纵的方向看，地理信息的功能结构分为层次结构信息（属性信息）、空间格局信息（空间信息）、演化过程信息（时间信息）、相互作用信息（物质和能量的互动和交流信息）、区域复合信息（上述四种信息的复合）。从横的方向看，地理信息的方法论分哲学思维层次的形象思维、抽象思维、自在展现和综合思维四大类；它们在具体的方法层次上又可做细分：形象思维分为人工目视方法、地图方法、遥感图像方法；抽象思维方法分为数学模型和知识推理两种；自在展现方法则主要指模拟仿真方法；综合思维方法包括地学信息图谱方法和综合集成方法两种。表格中心以打勾的方式说明各种方法在分析、表达和描述各类型的功能信息上的能力和优势：能力越强、优势越大，打勾的数量越多。因此可以看出形象思维类所包括的人工目视方法、地图方法、遥感图像方法在空间格局信息的识别和分析方面具有最强的能力，而对于演化过程和相互作用两类信息的研究能力则相对较弱；与此相反，数学模型方法则对于层次结构、演化过程和相互作用三类信息的研究能力最强，却在空间格局信息方面的研究能力相对最弱；地学信息图谱和综合集成两种方法由于集成了各单个方法的长处，因而在五种信息类型上的研究能力均最强，优势也最明显。

第 4 章 地理信息本体与认识论和方法论

表 4-1 不同功能结构地理信息方法论的比较

哲学思维层次 具体方法 功能结构	形象思维			抽象思维		自我展现	综合思维	
	人工目视	地图方法	遥感图像	数学模型	知识推理	模拟仿真	地学信息图谱	综合集成方法
层次结构信息	√√	√	√	√√	√√√	√√	√√	√√√
空间格局信息	√√√	√√√	√√√	√√	√	√√√	√√√	
演化过程信息	√√	√	√	√√√	√√	√√	√√√	√√√
相互作用信息		√	√	√√√	√√	√	√√	√√√
区域复合信息	√	√√	√√		√√	√	√√√	√√√

第三篇　地理信息的科学方法

- 地理信息的科学方法概述
- 地理信息的图形-图像思维方法
- 地理信息的数学模型方法
- 地学信息图谱方法
- 地理信息的智能分析与计算方法
- 地理信息的模拟和仿真方法
- 地理信息的综合集成方法

第 5 章 地理信息的科学方法概述

5.1 地理信息的科学方法概念和内涵

科学方法是一种认识方法，是从认识自然、探索未知的科学实践活动中总结概括出来，并为科学认识服务的方法。它提出了人们在科研活动中所遵循的原则、规范、程序和所使用的手段和方法，并以发现自然现象、自然过程和自然规律为己任。它注重定理、定律、原理和理论观点的提出，崇尚理性，力求全面、正确地把握客观对象，并能科学地说明和解释某研究领域的所有事实和现象，揭示客观事物的规律性。

地理信息的科学方法是以系统论、信息化、控制论、耗散结构论、协同论、超循环理论、分形与混沌理论、虚拟现实等信息系统科学理论为指导，在以地理信息为对象的研究活动中总结出来的信息系统整体思维方式。在这里，信息不仅是构成地理事物、客观世界的基本要素，而且是事物、世界之普遍联系、模式创生、历史印记、演变、生成与转化的基本活动方式、动力源泉以及复杂性运作的一般过程和机制；而系统则标志着由信息活动所导致的事物、世界之历时性和共时性的整体性。

地理信息的科学方法作为一种整体性的信息系统科学思维方式，体现了以下四个方面的整合：

第一，在研究对象及其联系上，实现了地理单元个体、地理系统连续整体、信息系统整体之间的共生、相互转化、嵌套与整合；

第二，在地理本体和媒体中介上，实现了地理对象之间的质量、能量和信息之间的共生、相互转化和整合；

第三，在地理历时性变化上，实现了量变、质变和序变等几种变化态之间的共生、相互转化和整合；

第四，在地理共时联系上，实现了单一地理对象和现象、多样化的地理对象和现象、多样统一的地理对象和现象之间的共存、相互转化、嵌套与整合。

总之，地理信息的科学方法可以进一步概括为：以地理对象和现象的质-能活动为载体依托，以地理信息活动为一般建构整体的过程、方式和媒介，以地理序变（地理信息模式转化与创新）为基本历时性标志的，系统性地认识地理对象复杂综合体的整体性的信息系统科学思维方式。

在表现形式上,地理信息的科学方法主要呈现为理性定理、定律、原理、原则、规范、程序及所使用的手段和方法。它既包括地理信息科学整体共用的研究方法,也指地图学、地理信息系统、遥感、全球定位系统、空间决策支持系统等分支学科所特有的研究方法;既有反映地理信息研究过程的理性思维特征的数学模型方法、地学信息图谱方法等,也有地理研究过程的形象思维和经验认识特性的图形–图像思维方法;还有总结专家知识和经验之后形成的知识推理和智能计算方法,以及以计算机为实验手段进行模拟和仿真等实验性质的研究方法。

5.2 地理信息的科学方法体系

地理信息的科学方法是人类研究和探究地理客体和现象本质规律时采用的理念、方法、途径等,属于将物质世界变为精神世界的内容(即由作用于地理客观实体和现象的方法和途径,总结、归纳和升华为理念和知识形式的科学方法)。

根据地理信息科学的发展现状和趋势,我们把地理信息的科学方法分为六大类,即"图形–图像思维方法"、"数学模型方法"、"地学信息图谱方法"、"智能分析与计算方法"、"模拟和仿真方法"、"综合集成方法"六类(图5-1)。这种分类是按照研究地理对象和现象的特征、解决问题的途径和手段两个方面相结合的角度来归类的。例如,图形–图像思维方法所面对的对象材料是地图、遥感图像、图表、图形等,采用的研究途径和手段是从目视的形象思维为主,渐进地发展到理性思辨,并将形象思维与理性思辨两者的成果相集成;又可细分为一般图形–图像思维、地图思维、遥感图像思维3个子方法。数学模型方法面对的是具体严密结构化数量特征的地理问题,所采用的途径和手段是数学符号、数学模式、数学模型等抽象的数学语言;又可细分为空间分布与格局、地理空间过程、地理时空演化、空间优化和决策4个数学模型子方法。地学信息图谱方法所面对的是图形–图像、数学模型和机理解释三兼备的地理对象和问题,采用的研究途径和手段是"系列化图形模式+数学模型+参数描述"等。智能分析与计算方法所面对的是半结构化和非结构化为主的地理对象、现象和问题,采用的研究途径和手段是知识推理、决策分析、知识挖掘等带有智能化特征的过程;又分为地理信息知识推理、地理空间决策、地理知识发现(空间数据挖掘)、神经网络空间分析4个子方法。模拟和仿真方法解决问题的思路是把人类的野外考察和实验等方式转移到计算机中来,用计算机模拟、仿真和虚拟现象的手段来研究地理对象、现象及其过程,又分为地理信息模拟、地理信息仿真和地理信息虚拟现实3个子方法。综合集成方法面对的是地理复杂对象和现象(又称复杂系统),用一种方法难以解决，因此需要综合集成各种方法的长处，达到对问题的最优化解决方案，包括还原与整体集成、定性与定量集成、归纳与演绎集成、逻辑思维与非逻辑思维集成、复杂性科学集成 5 个子方法。总之，地理信息的科学方法共分为六大类、19 个子方法。

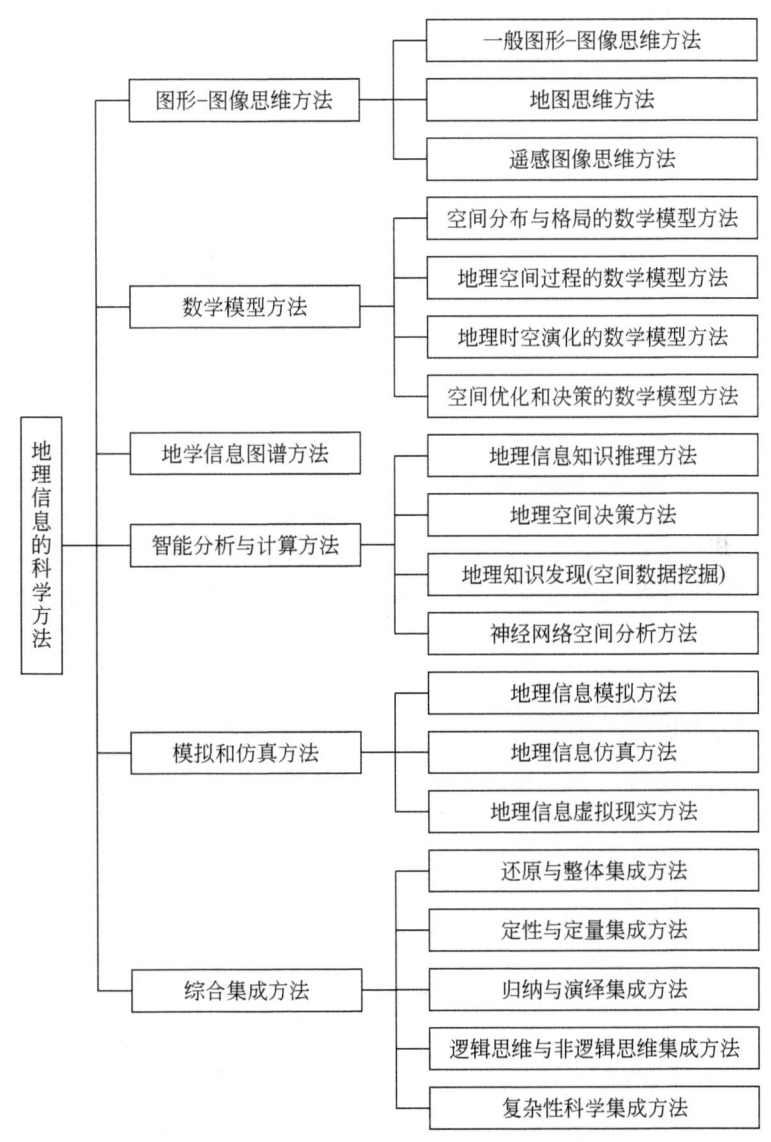

图 5-1　地理信息的科学方法体系结构

进一步展开来看，地理信息的科学方法与技术方法不同，其重点在于从地理学时空观本源和地理信息的不同特征与功能的角度来阐述地理学的科学研究模式和规律，既要从自然地理学的实证主义方法角度进行图形-图像思维和客观的数学模型计算，也要结合人文地理学的批判主义视角，在地理模拟和仿真、用户化数据模型和时空分析建模中融入人类的主观思考，从认识论的角度反映人类的感知、行为、语言和认知，用多种模式进行可视化表达，用数据挖掘方法从海量数据中提取地理对象和现象的知识与规律，用人工智能方法来模拟人的知识推理和决策能力等。因此，地理信息的科学方法在地理信息方法论体系中位于方法的原理、模式、规范和观念层面。

5.3 地理信息的科学方法范式

地理信息的科学方法研究范式可由图 5-2 反映。其主体组成部件是主体、客体、目标、动作、系统和结果 6 部分。另外还有 9 个辅助要素，即与动作相联系的流程、工具、途径、状态（包括时间、地点、程度），以及与系统相关的输入、输出和环境状况。其中，"主体"是科学研究的实施者；"客体"是被研究的地理对象和现象；"目标"是研究方法和过程所要达到的目的；"结果"是研究过程和方法所得出的结论和成果；"动作"是研究方法所要完成的识别、分析、计算、发现等操作；"系统"是整个研究方法体系所构成的系统和体系；

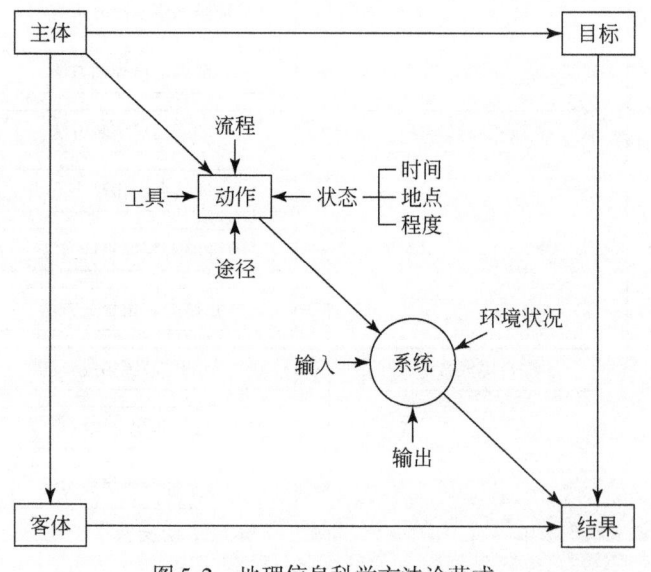

图 5-2　地理信息科学方法论范式

第5章 地理信息的科学方法概述

"途径"是研究方法所经过的技术路线和方式;"工具"是研究方法和过程所采用的软硬件工具和平台;"时间"是指研究方法和过程的起始和终结的时间;"地点"是研究方法所适用的地点(室内、野外等);"程度"是研究方法所要达到的深度和广度;"环境状况"是指研究方法和过程所必须具备的环境和条件;"输入"是指研究方法和过程所必须得到的输入数据、参数和边界等,以及某个方法的启动必须以其他方法的结果作为输入条件的约定;"输出"是执行某个方法后的输出(数据、图形、结论、决策方案等)。只要仔细分析、对比、解析这14个要素,就会对地理信息的科学方法范式得出清晰的认识。因此,本书又将这14个要素与6种科学方法组成关系表,详细剖析每种科学方法的研究范式(表5-1)。

从表5-1可以清楚地看出,地理信息的各种科学方法在目标和结果上差别并不很明显,无非都是以找出地理客观对象和现象的规律(表观的或内在的)和联系为研究目标,服务于地理研究、规划、设计等科学活动,以实现研究过程的阶段性目标和最终目标为结果。其主要差异表现在动作、流程、工具、途径、环境状况等几个方面,如图形–图像思维方法的动作主要是"观察、阅读、对比、描述;归纳、提炼、抽象和概括;建立概念;编制图件",与数学模型方法的"抽象、建模、计算和解释"的动作就有很大差别,两者所采用的工具和研究途径的区别也较明显;地学信息图谱方法则可看作是图形–图像思维方法与数学模型方法两者的结合,因为它既包括形象思维–理性思维等图形思维过程,又需要借助数学模型才能发挥作用;智能分析与计算方法和数学模型方法之间的最大区别在于前者研究的是知识和知识推理,主要针对非结构化和半结构化的研究对象和问题,后者则以高度抽象的理性面貌出现,解决的是结构化的问题,因而其动作及流程、工具、环境状况等均不相同;模拟和仿真方法则是把原本在大自然的实验室搬进了计算机,用计算机方法来模拟和仿真自然现象的结构和过程,挖掘其机理,因而它从本质上讲是一种实验性质的研究方法,从建模到做出规划、设计等,都需要不断地对比、观察、实验,才能得到满意的结果;综合集成方法则是综合和集成了各种方法的优点,主要解决用某单一方法难以解决的复杂性科学问题或边缘、交叉领域的问题。因此,研究目标和结果的相对一致,与研究过程、工具、途径的较大差别,正体现了多种方法之间的"殊途同归",即科学研究所达到的目标和要得到的结果都是相对一致的,之所以采用不同的方法,是由研究对象和问题的特殊性、研究的环境状况、研究的程度等的差异性造成的。

表 5-1 地理信息的科学方法范式剖析

方法论要素	图形-图像思维方法	数学模型方法	地学信息图谱方法	智能分析与计算方法	模拟和仿真方法	综合集成方法
主体 (who)	研究人员/读者/用图者	研究人员/计算人员	研究人员/总体设计人员/规划人员	分析人员/决策者/专家	研究人员/实验人员/设计人员	研究人员/总体设计者/规划人员
目标 (objective)	从图形和图像中发现形态特征,找出地理规律	通过数学模型的设计、建立和计算,得出有关地理对象和现象问题的答案	从图形和图像中发现形态特征,建立图谱关系,通过外在图形特征找出其内在的地理规律	通过建立计算机能够掌握的知识和科学习能力,使之在地理研究过程中完成知识发现、知识推理、决策分析等智能化过程,达到对地理规律的发现和再创造	用计算机软硬件作为实验环境,进行地理对象和现象的模拟和仿真实验,掌握对象结构和过程机理,实现规划、设计	集成各种现有的研究方法,充分发挥各种方法的优势,完成单一方法不能实现的研究任务
动作 (action)	观察、阅读、对比、描述;归纳、提炼、抽象和概括;建立图件、概念;编制图件	抽象、建模、计算和解释	观察、对比、描述;归纳、提炼、抽象;基于谱系和模型的分析和虚拟重组;建立新概念、编制新图谱	知识推理、知识发现、决策分析	模拟、仿真、观察、实验、对比、抽象、建模、再现	观察、对比、归纳、对象、抽象、建模、推理、编制图件、提出结论

第5章 地理信息的科学方法概述

续表

方法论要素	图形-图像思维方法	数学模型方法	地学信息图谱方法	智能分析与计算方法	模拟和仿真方法	综合集成方法
客体（whom）	地理对象和现象的表观和内在机理	地理对象和现象的内在联系和本质规律	地理对象和现象的从表观到内在机理再到本质规律	地理对象和现象的知识和规则；自动化功能	地理对象和现象的三维立体场景和动态变化过程，以及内在的机理	地理对象和现象的外在表象、内在联系、内在规律和规则
流程（how）	①选择图形/图像；②分析和解析；③综合和合成；④形地验证；⑤实地验证；⑥编制新图形/图像	①问题的抽象；②建模；③参数和边界确定；④计算和分析；⑤结果的解释和判定	①选择图形/图像；②分析和解析；③建立图形谱系；④建立数学模型；⑤虚拟重组；⑥机理解释；⑦编制新图形/图谱	①建立知识；②建立学习机制；③完成推理机理和时空决策；④完成推理和时空决策；⑤推理结论或决策方案的修改和完善	①研究区数据建立；②模拟分析；③仿真实验；④虚拟环境设计和规划；⑤结论和方案的修改和完善	①分析对象；②选择所需要素的方法；③建立集成化新方法；④运行新方法的集成方法；⑤结论的解释和修改；⑥方法修改和完善
途径（through）	目视分析；工具辅助；全自动	从问题的分析到数学模型的建立，再到使用模型解决问题的过程	形-数-理一体化的研究途径；目视分析，数学模型；工具辅助；全自动	计算机发现、学习和掌握知识，运用知识进行推理和决策的过程	数值模拟、数学模型模拟、软件模拟和仿真	各种方法的优势互补
工具（tools）	简单工具；GIS软件；遥感软件；自编软件；硬件平台	自定义数学模型；已有数学模型；计算尺等简单工具；计算机等高级辅助工具	简单工具；GIS软件；遥感软件；数学模型；自编软件；硬件平台	已有的智能分析-计算工具；新建立的智能分析-计算平台	计算机软硬件环境	简单工具；数学模型；知识库；GIS软件；遥感软件；自编软件；硬件平台

续表

方法论要素	图形-图像思维方法	数学模型方法	地学信息图谱方法	智能分析与计算方法	模拟和仿真方法	综合集成方法
时间(when)	从地理研究的开始到结束,贯穿始终	从数据处理到分析、计算的整个过程都存在数学模型方法	从数据处理到建立图谱、建立模型,再到分析出结论的过程	从提出问题到建立知识、建立推理机制,再到推出结论和方案的过程中,都存在智能分析和计算	从建立和进入虚拟仿真实验环境开始,到做出规划、设计方案,最终,都存在模拟和仿真	从方法的集成开始,到集成方法的运行结果评估为止
地点(where)	野外和室内;在地图、图像和图形上	室内为主	野外、室内结合	室内为主	室内为主、室外为辅(增强现实将实景与虚拟景观结合)	室内外结合
程度(extent)	从形象思维到理性思维再到形-数-理一体化,从浅到深的各种层次都存在	高度抽象的理性分析	形-数-理一体化	抽象化的知识和理性分析	形象思维与抽象思维的结合	研究的各个深度都有可能
环境状况(environment, contexture)	在不得图形/图像,且只有图形/图像数据的状况下(缺少数据、计算模型、知识法则等)	当地理对象和现象的研究问题属于半结构化,能够被高度抽象为函数、公式、模型、算法时	当问题既有图形/图像的表观信息来源,又需要建立数学模型进行深入的抽象分析,还需要以图形图像系的形式说明研究结果时	当地理对象和现象的研究问题属于半结构化或非结构化,需要用一系列知识推理来完成分析计算时	当需要对人类无法达到或无法进行研究的区域进行场景再现式研究时	适用于所有地理研究对象和现象,特别适合于复杂性科学问题的研究

74

第 5 章 | 地理信息的科学方法概述

续表

方法论要素	图形-图像思维方法	数学模型方法	地学信息图谱方法	智能分析与计算方法	模拟和仿真方法	综合集成方法
输入（input）	研究区图形/图像；研究区域的基本情况；研究目标；需要发现的问题；问题的限定参数	研究对象的数据；研究目标；需要发现的问题；参数和边界	研究区图形/图像；研究区域的基本情况；研究目标；需要发现的问题；问题的限定参数	研究对象的数据；现有的知识；研究目标；需要发现的问题；知识类型和边界	研究区二维、三维数据；研究区域的基本情况；研究目标；需要发现的问题；建模参数和元件	研究区数据；研究区域的基本情况；研究目标；需要发现的问题；现有的单一方法；集成方法的限定；问题的限定参数
输出（output）	发现的新图形/图像；发现的表观规律；发现的内在机理和规律；新的结论性图件	计算的结果数据；结论	图形谱系；结论	推理结论；决策方案	对象结构和过程机理；规划和设计方案	研究结果和结论，特别是复杂科学问题的研究结论
结果（result）	阶段性成果；最终成果；成果的可靠性和可用性等	新建立的数学模型；研究成果；成果的可靠性和可用性等	建立的图谱；新建立的数学模型；研究成果；成果的可靠性和可用性等	阶段性成果；最终成果；成果的可靠性和可用性等	阶段性成果；最终成果；成果的可靠性和可用性等	阶段性成果；最终成果；成果的可靠性和可用性等

5.4 地理信息的科学方法综合评价

地理信息的科学方法从本质上讲，是针对客观现实（原型）的模型——信息及其信息模型，所进行的信息分析和研究，得到规划、设计和决策方案。它可从图 5-3 所示的三个维度立方体上来评价其功能、效率和结果。这三个维度分别是精度和科学性（横轴）、创意性（纵轴）以及抽象度和智能性（立体轴）。其中，精度和科学性维度（横轴）从名义尺度到顺序尺度再到分级尺度、比率尺度，由定性转化为定量，精度越来越高；创意性维度（纵轴）从实地图分析到半虚拟规划和设计再到全虚拟规划和设计，创意性越来越强；抽象度和智能性维度（立体轴）则从数据支撑到信息分析再到知识推理和决策，抽象度和智能性越来越高。从中我们看到三个研究阶段：从客观现象（原型）经过信息建模实现对客观世界的初级映射；由顺序尺度–信息分析–半虚拟规划和设计构成的中等立方体的顶端，实现的是虚拟的、半精确的信息分析和研究；由分级和比率尺度–知识推理和决策–全虚拟规划和设计构成的最大体积的立方体的顶端，实现的是全创意的、高度精确的决策支持系统。

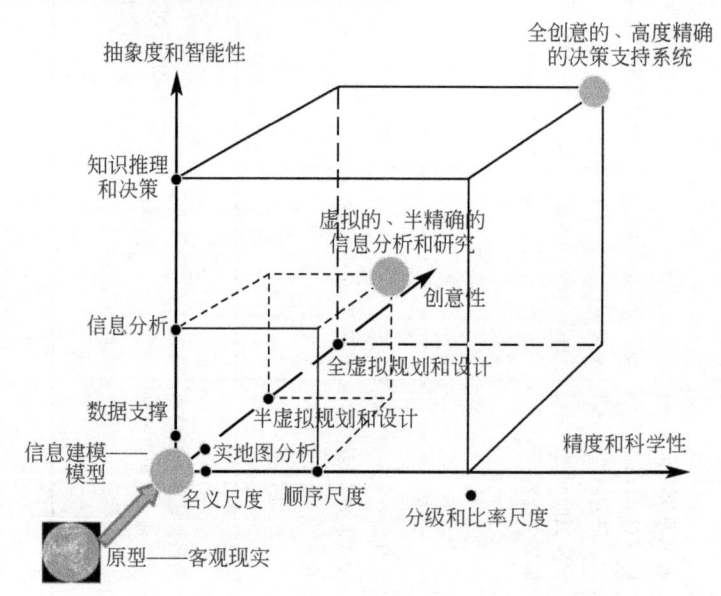

图 5-3　地理信息的科学方法综合评价三维结构

在图 5-3 的细节上，我们还可以得到以下评价：
1) 在抽象度和智能性维度上，抽象度和智能性由低到高，有如下几种评价指标的变化序列：

大比例尺信息→中等比例尺信息→小比例尺信息；

分析型信息→组合型信息→复合型地图；

数据→信息→知识→决策方案；

显性信息 → 隐性信息。

2）在创意性维度上，创意性由低到高可以有如下评价状况的变化序列：

实体信息→半虚拟信息→ 全虚拟信息；

地形图信息 → 专题地图信息；

客观信息 → 客观-主观相结合信息 → 主观信息；

非艺术性地图信息 →半艺术性成分的地图信息→ 全艺术性地图信息；

普通地图信息 → 地图与图表相结合的地图信息 → 涂鸦图。

3）在精度和科学性维度上，由低到高有以下几种研究状况的变化序列：

定性地理信息→定性与定量相结合的地理信息→定量地理信息；

名义尺度信息→顺序尺度信息→ 分级尺度信息→ 比率尺度信息；

低精度地理信息→ 中等精度地理信息 → 高精度地理信息。

4）在"抽象度-智能性+创意性"平面上，由低到高可出现以下研究细节的变化序列：

基础地理信息→派生地理信息→科学信息→科学与艺术相结合的地图信息；

原始文化地图信息→前科学环境地图信息→前现代地图信息→现代地图。

5）在"抽象度-智能性+精度-科学性"平面上，由低到高可有如下评价指标：

客观世界的映射信息→ 模型化的地理信息；

来自正确地图的信息 → 来自扭曲地图（或拓扑地图）的信息。

6）在"抽象度-智能性+精度-科学性+创意性"立方体中，可产生如下状况：

符合社会规则或技术规则之一的地图信息 → 同时符合社会规划和技术规划的地图信息；

形式或内容两者之一好的地图信息→形式和内容都好的地图信息；

在三维立体的一个轴上好的地图信息→在三维立体的两个轴上好的地图信息→在三维立体的三个轴上都好的地图信息。

第6章 地理信息的图形–图像思维方法

人类的智慧不仅在于能将复杂的事物用文字解释清楚，同时也在于将复杂的文字用简单的图形表达出来。"认清形势从而减少复杂性"是我们采用图形–图像的一个有价值的目的；图形–图像思考的优点是："清晰的思维管理、高效的协作沟通、简练的表达格式、鸟瞰全局的功能"，通过我们在感知世界时在大脑中形成一种对事件的"可视化图像"来解析和挖掘我们想要的信息。

在地理学中，大量存在着客观实在地物和现象的映射、镜像和反映，如遥感图像、地图、风景照片、实景摄像等，它们就是"地理信息"的一种类型，是地理客观实体和现象的"痕迹"的储存和编码。因此，地理研究对象就是"地理实体和现象"与"地理信息"的统一。借助"地理信息"来研究"地理实体和现象"是现代地理学的重要方法。图形–图像在地理研究中的重要作用主要体现在它将枯燥的语言文字用形象的图形–图像来表达，刺激读者的视觉感官，从而引起更强烈和更深远的思考。地理信息的图形–图像思维方法就是充分利用地理学中的图形–图像语言，既引导我们全盘观察图形–图像，有效地引发讨论、衍生想法和思考，从而最终解决地理问题，又形象、生动地总结、归纳和表达地理对象和现象。

6.1 图形–图像思维的一般方法

6.1.1 图形–图像思维方法的定义和内涵

"图形"是人类最早的文明体现。它和文字、声音等一样，是承载信息进行交流的重要媒体；不仅如此，由于在文字、图形、数字等视觉表现形式中，人对图形的感觉最为敏锐，因而图形–图像的思维方法是人类最早和最直接使用的方法和工具，是一切设计工作的核心内容之一。当今文化正在脱离"以语言为中心的理性主义形态"，转向"以图形–图像为中心的感性主义形态"，"不但标志着一种文化形态的转变和形成，而且意味着人类思维范式的一种转换"，正说明图形–图像思维方式和工具的重要性。

地理学是研究地球表面对象和现象空间关系的最主要的学科，因此图形–图像思维方法在地理学中占有非常突出的位置，在地理学诞生至今的发展历程中是至关重要的研究手段。

地球信息科学中的图形-图像思维，是指根据地球客观实体、现象和过程的实际图形（风景照片）、监测图像（遥感图像）、人工模拟图形（地图或其他示意图）等，对地物图形及其过程进行认识、归纳、提炼、抽象、概括、建模、虚拟再现与规划仿真等一系列环节中的思维过程的统称。

从内容和结构上看，图形-图像思维包括"形象思维—理性思维—形-数-理一体化的图形更高层次形象思维"等各个阶段。广义概念是指所有的图形-图像都是思维的信息源，除了我们一般认识的地图、影像外，还包括人工绘制的过程曲线、分析图表、结构图、流程图等；狭义概念只指根据实际地图的二维、三维空间图形、图像进行的图形-图像思维。

不同阶段的图形-图像思维的内容和功能不同。形象思维阶段是观察、阅读、对比和描述地物的个体形态和群体形态；理性思维阶段则对地物形态类型（点、线、面、体）、地物空间的距离和密度对比以及空间拓扑关系乃至时空格局进行归纳、提炼、抽象和概括；到形-数-理一体化的图形思维阶段，则是对地学对象和现象进行计算、虚拟重组和规划仿真，并产生科学概念和理念，生成新的专题地图和地学信息图谱。

图形-图像思维有三个境界：对地物形象的个性识别和描述，是在"形似"境界；对地物形象共性和本质规划识别和描述，则达到"神似境界"；如果按照意愿对地物图形进行创意式扭曲、对象重组、仿真，就进入了"浪漫境界"。

图形-图像思维可通过三种手段来实现，一是人工目视方法，二是在数字地图系统、地理信息系统和遥感等工具辅助下完成，三是全自动技术。目前只能实现前两种技术手段。

图形-图像思维有三种产品，一是较为简单、随意但带有强烈个人创意的图形作品，如草图、涂鸦图、流程图和图表等；二是通过一定的集成化编辑，具有一定的定位精度、概括和抽象，用人工符号表达的兼有科学性和艺术性的地图产品；三是形-数-理一体化的地学信息图谱，属于高级地学信息产品。

6.1.2 图形-图像思维方法的研究意义

地理信息科学中图形-图像方法的意义表现在以下几方面。
（1）认知功能
从对自然界各种形态的感性认识到形成经验，再到以视觉符号的形式加以固定，图形-图像思维方法经历了感知、映像、图形再现等过程，以比文字更容易解析的特征，能够极大地帮助人们从复杂的地表现象中发现简单的真理，即"从低级的复杂到高级的简单"。这种认知功能对地理信息科学而言十分重要，因为人们面临的地理对象和现象越来越复杂，越来越具有资源–环境–生态–人文–社会等因素相复合的特征，任何一种可以帮助我们简化形势，在无序、反复无常以及非过程的形势下分辨影响关系、因果关系以及控制关系的工具都受到欢迎；图形恰好可以减少复杂度，从而使澄清事实成为可能。

(2) 空间联想功能

古人云"一图值千字"，其根本原因在于图形最大限度地使用了"大脑技巧"：色彩、外形、线条、维度、质地、视觉节奏，从而激发起空间联想，即用图形的方式将地理对象和现象中的各种因子和子集之间的相互关系展现出来。这里的图形所表现的相互关系既指地理对象和现象空间实际存在的空间格局特征，更指非空间性质的属性特征，如地物属性意义上的亲疏、远近、交叉、包含、叠加等关系。因此，空间联想功能，也是图形–图像思维方法带给人类的又一重大工具，不但有助于我们发现大量的地理对象中的空间性质和非空间性质的关联和关系，更有助于借用这种空间联想思维来构建地理关联和关系。

(3) 形象化建模功能

图形可以说是一种观念，一种思想的视觉化，即通过对图形的分析理解、演化、重构，揭示客观世界的本质及内在的联系，从而构成了视觉上的独特语言。这就是图形–图像思维的形象化建模功能，即从真实地理对象和现象中发掘形象的"先验模型"，进而依据经验对所要建立的模型进行设计定义（定义、分类、度量），最后建立地理概念。大卫·哈维所说的"没有地理概念就没有地理学的理解，而没有图像就不可能有概念，图像是我们解释一切认识之性质的中枢"就是这个道理。

(4) 辅助创意思维的功能

图形–图像又是一种有效的思考方法。借助于图形–图像，对于个体而言更易于抓住问题的实质；对于群体来说，可以让双方围绕图形讨论，刺激对方的头脑并唤起想象力，使整个团队有深入参与、共同理解、思考、增强共识的能力。因此，图形–图像思维给地理信息科学带来的辅助创意功能，就是依据现有图形和绘制新图形过程中的问题识别、问题定义、创意浮现和发挥等功能。笛卡儿早就说过："没有图形就没有思考"。斯蒂恩也说："如果一个特定的问题可以转化为一个图像，那么就整体地把握了问题，并且能创造性地思索问题的解法。"

(5) 简捷性与丰富性相统一的表达和传播功能

图形–图像既是地理信息的思维载体和工具，更是地理信息表达和传播的手段。用图形和图像来表达地理研究成果，表面来看具有简捷性，但其图形和图像中所蕴含的信息则是非常丰富和多层面的，不仅其包含的直接信息会随着读图过程的不断深入而越来越多地被读图者感知，而且还多层面、多角度地反映人的思想和情感，并在不同知识层次的读者头脑中产生多层面的间接信息联想和挖掘。图形-图像，可以跨越语言、民族、教育程度的限制，让地理信息的沟通得以顺利进行，因此它是地理信息科学中共通的表达、沟通和信息传播的语言。

6.1.3 图形-图像思维方法的原理、结构和过程

图形-图像思维方法在流程上，第一是地理特征的识别，包括地物的类型特征、图形结构特征和地理空间格局特征等；第二是地理概念和理论的建立过程，包括地理现象和过程概念的建立、区域概念的建立、区域发展概念的建立等；第三是地理图形-图像实验和实证分析，包括地理空间分析、地理过程格局分析、地理特征和过程的虚拟仿真、地理概念和理论的修正，以及地理图形-图像信息产品的编制。

图形-图像思维方法的第一个过程是地理特征的识别。人类借助生动丰富的图形-图像来思考，是从原始社会就开始了。这个过程首先是将地理对象和现象的图形-图像特征在头脑中形成一定的形象（图和图形），进而将其绘制成自己理解的图形（渐渐演化成图腾），再进一步归纳和简化成图形符号。用图形、图像和符号来绘制和反映地理现实世界的地物的类型特征、图形结构和地理空间格局特征等，是人类对地理特征识别结果的直接体现。

图形-图像思维方法的第二个过程是地理概念和理论的建立。原始人类用画在洞穴壁上的图形表达其打猎的过程和空间关系；现代人在道路上用简略的图形和符号反映与道路交通相关的地理对象和现象之间的空间关系和逻辑关系，以及对突发问题的描述和警告。这是因为图本身具有"自我组织化"，可以表现出新的关系与问题，或是像箭头记号般显现出问题的解决办法。在这里地理现象和过程的建立、区域概念的建立、区域发展概念的建立，无不依赖于从地理图形和图像中提炼地理知识、理清思路，建立地理时空概念，再引入地理环境与地理主体之间的关系图形思考，建立地理区域概念；再到用现代技术下的动画模拟、三维立体多维动态可视化方法反映地理现象的预测、预报、预警和发展规划等，均以图形-图像思维为主，结合地理模型和理论分析的产物。

图形-图像思维方法的第三个过程是地理图形-图像实验和实证分析。这是对前一个过程中所建立的地理概念和理论的图形化验证，反映了"源于图形-图像，回归于图形-图像"的思维逻辑。具体来说，就是在地理信息系统中，采用各种地理空间分析、地理过程格局分析的模型和工具来分析和验证地理概念，看

它所产生的地理图形-图像场景与地理空间分析模型计算出来的结果图形是否一致，偏差在哪里。如果吻合，就可以做出定论；倘若有偏差，就需要再回到前面的过程进行地理概念和理论的修正和完善。最后，编制出正确的地理图形-图像信息产品——地图、图表、地学信息图谱等，来反映整个地理信息的图形-图像思维过程的成果。

6.1.4 图形-图像思维方法的案例

案例1："纵向岭谷"与"通道-阻隔效应"的发现和理论建立

何大明等（2005）通过对滇西北、云南高原乃至澜沧江-湄公河次区域的山脉和水系格局的地图和卫星遥感图像的目视感知和认识分析，发现自西向东展布的高黎贡山、怒山-碧罗雪山、云岭和哈巴雪山四条南北向山脉之间，夹着怒江-萨尔温江、澜沧江-湄公河和金沙江三条南北向的河流，从而创立了中国西南地区的"纵向岭谷区"的概念；通过进一步的深入研究，又发现在同一河谷内形成自北向南的水汽通道，造成其上下游的植被、土壤、生物物种和地理综合体均有一致性的特征，而相邻两个河谷由于其中夹着巨大山系，造成东西向水汽阻隔，因而不同河谷的生态环境大不相同。自此，又发展了"通道-阻隔效应"的理论（图6-1）。该团队成功申请到顺利完成国家"973"项目"中国西南纵向岭谷区生态系统变化与跨境生态安全"（2003CB415100），与其出色地应用图形-图像思维方法有密切关系。

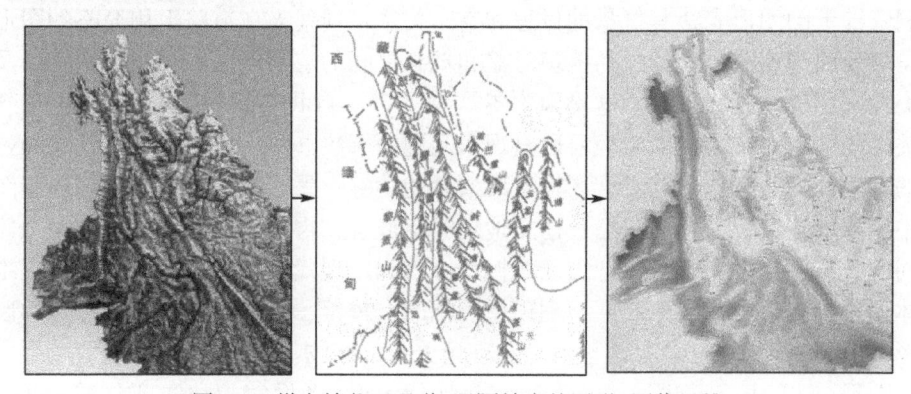

图6-1 纵向岭谷区通道-阻隔效应的图形-图像思维
从遥感影像到山脉-水系宏观格局到"纵向岭谷"概念再到"通道-阻隔效应"理论

第 6 章 | 地理信息的图形-图像思维方法

案例2：北部湾（广西）经济区"M型战略"的建立

谭纵波、王有强、齐清文等在承担"北部湾（广西）经济区规划"项目的过程中，通过对该区域及其背景区域地图的认真审视，提出了"M型战略"的构想（图6-2）。该战略有基本内核和全局扩展两个层次。在基本内核层面，"M"型的中间立足轴是由南宁-北海-钦州-防城港组成的经济区，西边的一翼伸向崇左地区，东边一翼则伸向玉林地区，展示了北部湾（广西）经济区的区内和区外联系格局；在全局扩展层面，"M"型的中间立足轴则指以北部湾（广西）经济区为核心的广西、广东、云南三省（自治区）交汇的区域，西边一翼为澜沧江-湄公河次区域和中南半岛，东边一翼则为广东湛江-海南岛和珠江三角洲乃至东南亚，体现了北部湾（广西）经济区与湄公河委员会成员国、港-澳等形成的环北部湾经济合作区。更进一步，沿用"M"的字面含义，将"M型战略"扩展到海上（Marine）经济合作、陆上（Mainland）经济合作和湄公河（Mekong）流域合作，从而构成中国-东盟M型合作战略。另外，从战略实施层面，又提出"M+m=W"的实施理念，即三个M型经济合作，必须有三个m作支撑和保障，即management（管理）、mechanism（机制）和mobility（流通），最终目标是两个W（M形状的翻转也即实现），即Welfare（福利）和Well-being（福祉）。上述"M型战略"的提出，没有深厚的图形-图像思维功底是难以完成的。

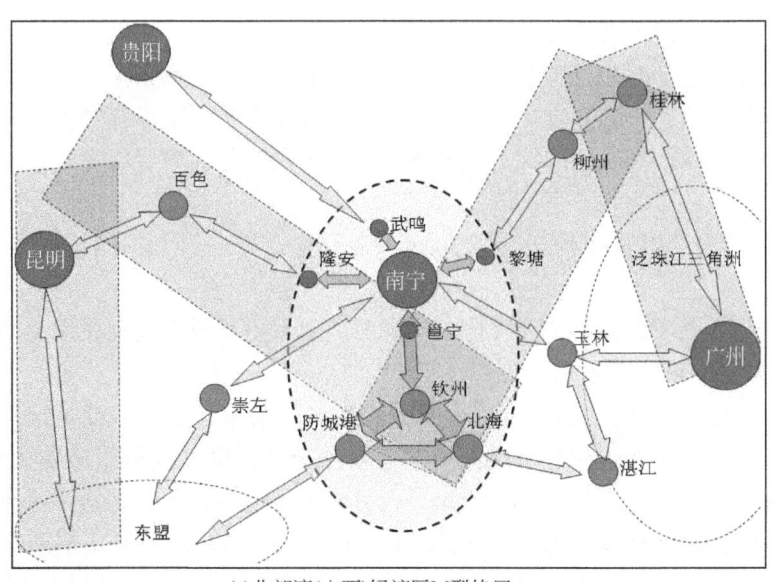

(a)北部湾(广西)经济区M型格局

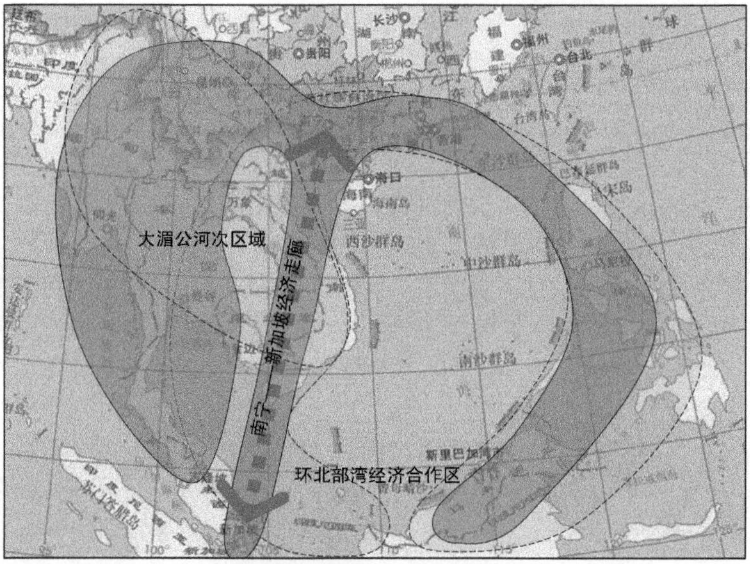

(b) 泛北部湾区域M型格局

图 6-2 "M型战略"图形–图像思维

案例3：拿破仑东征军事分析信息图表

1861年，描述拿破仑东征（征俄罗斯）的信息图表代表了开放性信息制图的出现，该图的设计者 Charles Joseph Minard 提取出了东征过程中4个导致完全失败的关键变量，并通过图形的形式在一张图表中传达这些信息：军队的人员变化、行军的路线、气温的变化、时间等。从图 6-3 中我们可以轻易地看出法国士兵在严寒、疾病、伤病的困扰下，导致战斗力不断下降，最后以失败收场。

6.1.5 图形–图像思维方法的优点和不足

任何一个方法在拥有其独特优点的同时，也有不足或不适宜使用的场合。

（1）图形–图像方法的优点

第一，一目了然。图形–图像本身有连接各种情报信息，并使情况简单明了的功能。我们常会遇到一种情况：早知道就画个图，也不至于兜这么大一圈子。例如，对于第一次去的某个地方，知情人可能会告诉你，在某某地方搭乘地铁到某某站，在某某站换乘某某线到某某站，在北出口出站，再乘某某路车到某某站，下车过马路左拐，步行300m即是。是不是听起来很晕？这时候如果有一张

第 6 章 | 地理信息的图形–图像思维方法

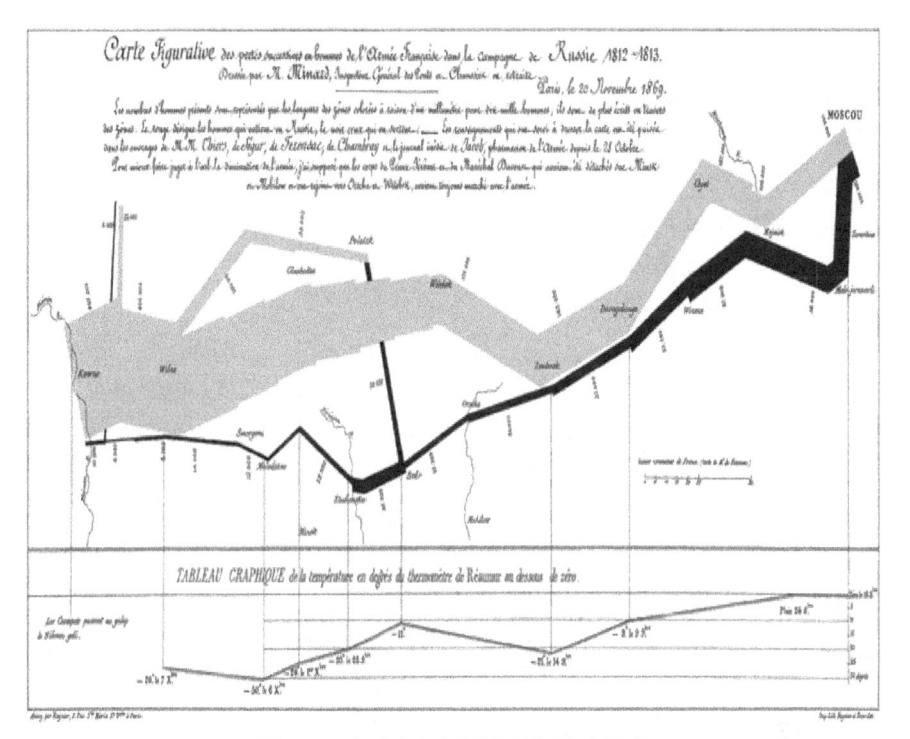

图 6-3　拿破仑东征军事分析信息图表

地图在手边，是不是问题就简单多了？

第二，使思考更具体。即便是我们的双手触碰不到，或眼睛看不到的事物，只要有相互关系的部分，都可以绘制成图形。一旦将大脑中思考的抽象部分转化成图形，即可以转化为具体性的思考。借由整体构造图，可以让我们客观地看清楚状况，这就是图形本身所具有的功用。

第三，脱离文章思考模式。与文章思考模式的依靠脉络、细节复杂、难懂、对读者的理解水平有相当的依赖等特点相比，图形–图像思维方法能够自我引发问题，使人能够迅速进入图形–图像所传达的信息环境中，达到理解、认知和达意的目的。

第四，能够瞬间掌握整体形貌。对于一篇描述地理对象和现象的文章，即使使用浅显易懂或幽默有趣的文字，也无法将内容表达得一目了然，瞬间捕捉全文所述内容的全貌。但只要将其绘制成图，文中所述的各种地理对象之间的空间关系、属性关系、时序关系、强弱关系等均尽收眼底。此外，使用图形，由于经过了信息的提炼和概括，所表达的内容还可做到详略得当、结构清晰、重点突出。

例如，各种不同的示意图、流程图、结构图（方框图）等，图中信息都经过了编码和科学、有机的组织和形象化的表达，从而具备了直观性、形象性、丰富性、整体性、多变性和动态性。

提升沟通能力的工具。首先图形-图像思维有助于理解力的提升。这个理解，通常分为三个阶段：第一个阶段是对各个部分知识的"个别了解"阶段；第二个阶段是"了解整体体系阶段"；第三个阶段，则是使用自己的方法"能够表现"阶段。我们可以借由图形-图像沟通的实行，在"理解、思考、传达"等沟通的能力上，获得快速的提升。

创新思维的工具。绘图可以帮助我们看见大方向，有时则会出其不意地帮助我们发现问题中崭新的关系，联结成强而有力的进展。图形-图像思维是一种将思考构造化之后，再加以注视的方法。它类似一种经验，好比我们在视野不佳的杂草丛林中，攀登上小山丘后，视野突然变得一片辽阔。所以得先将繁琐的细节项目搁置一旁，获得本质之后，再以大胆创造的态度投入其中。不仅止于所谓的"理论"，甚至包括"想象"、"感性"等，也将获得自由的解放，借此我们的思考能力才能得以更高的提升。因此，不需要经由记忆，或是在脑中费力地描绘，便可能轻松地延伸想象力。另外，借由图形的绘制，也可以客观检视自己的想法。

（2）图形-图像方法的不足

第一，当对所研究对象的理解有偏差时，便不能抓住对象或者现象的本质，使得所采用的图形-图像不能很好地表达出研究对象的实质，从而使读者产生误解；

第二，如果图形设计不合理，会误导读者；

第三，用图形和图像表达地理对象和现象时，不同读者对同一事物在理解上会存在差异，这主要缘于不同读者的知识水平和思维水平的差异；

第四，当制图专业人士与地理研究人员之间缺乏有效的沟通时，往往不能很好地完成对被研究对象、它们的变化和其他内容的表达。

6.2　地图思维方法

地图具有直观一览性、地理方位性、抽象概括性、几何精确性等特点，以及信息传输、信息载负、图形模拟、图形认识等基本功能。地图不仅是地理学调查研究成果的很好表达形式，而且是地理学研究的重要手段，是地理学的"第二语言"；利用地图方法可以分析地理分布规律，进行综合评价、预测预报、规划设计、指挥管理等。因此，地图思维方法已成为地理学研究的主要方法之一。

6.2.1　地图思维方法的定义和内涵

地图思维方法，是地理信息科学中的图形-图像思维方法中的一种。它以地图为信息源，从中认识、归纳、提炼、抽象、概括地球客观实体、现象和过程的空间和时间规律，结果又用地图的方式加以展示和表达。

地图是地球客观对象和现象的形象的、概括的和符号的模型；正如物理学中用模型来代替实体进行实验一样，地图长期以来被用作地球客观实体和现象的替代模型进行意向、概念和时空规律的研究，从形象思维和理性思维两者相结合的过程中建立对地理研究对象的正确认识。正是"空间意象思维"使得地理学者把他们的地理思维从纯粹感知世界中解脱出来，使地理思维成为"描述性思维"与"形象化思维"的结合；也正是由于基于空间意象思维基础之上所产生的地理概念思维，使得人类有能力认知纷繁复杂的现实世界的地理规律和规则，才使得人类能够建立起地理世界从宏观到具体、从模糊到精确、从定性到定量的地理概念计算模型。可以说，地图思维方法是兼具形象化思维和定量计算两种特质的研究手段，因而将永远是人类感知、分析、量算、传递地球表层资源与环境信息的一种直观的、经济的、国际化的科学语言。

地图诞生在古老年代，但成为严格意义上的自然科学产物，成为可靠的实用工具的历史却只有几百年时间。这一变化过程中则充满了趣味、古怪、跌宕和戏剧性。在远古时代，尽管也夹杂有揭示世界真相的动机，但地图承载着的主要还是人类的情感和臆想。面对把大地绘成莲花状的古印度地图，面对把自己的国家置于世界中心的古中国地图，人们读到的当然不是客观的真实，而是某种信念、某些爱好……正因如此，地图的内涵较之人们想象的要丰富得多，古代地图学家的成就体现了对多种人类知识——诸如神话、宗教、美学、信仰、自我中心式的世界观的杂糅。地图的历史浓缩了人类对世界的误会、想象、信念以及认知力的交互与混合，证实了我们对生存环境的正确认识既缓慢又曲折，而且不乏可笑。

在距今 2 万~4 万年的原始社会，出现用小块石头、树枝在地上摆成的缩小模型，表示居住周围的位置及通行路线；在距今 1 万~1.5 万年出现在地上用线划或简单符号表示事物的原始地图。最初用简单记号表示事物，后来逐渐产生文字，而且符号与文字同时出现在地图上。可以说，地图的产生和发展是人类生产和生活的需要。今天保存下来最古老的地图是距今约 4700 年的苏美尔人绘制的地图。距今约 4500 年的古代巴比伦地图，是制作在黏土陶片上的，绘有山脉、四个城镇和流入海洋的河道，代表着人们对当时自然环境的认识。从近代发现的太平洋海岛原始部落用木柱制作的海岛图，用柳条、贝壳编缀的海道图等，证明原始地图仅起确定位置、辨别方向的作用，可能都是些示意性的模型地图。

地图真正成为现代意义上的地理对象的形象-符号-概括模型，是近代以来的地理学和地图学发展的产物。它在现代地理信息科学研究中起着核心作用，既是研究自然现象和社会现象的理论图式和解释方案，又是一种思想体系和思维方式。

地图作为一种形象-符号-概括模型，在对地球客观存在的特征和变化规律进行科学抽象的过程中通常采用两种方法：一是采用专门的地图符号和图形，按一定形式组合起来描述客观存在（地图符号化）；二是运用思维能力对客观存在进行简化和概括（地图模型化）。它们都包含着制图者的主观因素，包含着制图者对环境的认识程度和研究深度。概括目的和程度不同，其功能和结构也就各不相同。例如，反映地理对象和现象的状态模型，如政区图、地形图等，反映了行政区域界线、居民区（和居民点）、交通线等区域社会组织状况，以及各种地形类型等状况，表达其质量、数量和定量信息；也有反映地理过程的模型，如各类经济联系图、资源分布图、气候图，反映经济、资源和天气等要素的分布、流动过程和联系路线、方向、发展过程等。

6.2.2 地图思维方法在研究中的意义

地图既是一种研究方法和手段，又是研究成果的表达和展示。研究地图思维方法在地理信息科学中占有十分重要的地位。它在研究中的方法论意义体现在以下几个方面。

（1）地图思维方法是地理信息科学研究的重要手段

通过地图思维方法，能够有效地研究如下内容。

1）各种地理对象和现象的分布规律：包括制图现象的分布范围（分散或集中程度、固定范围或迁移变动）、质量特征（形态结构及其成因规律）、数量特征（在空间和时间上的差异与变化规律）和动态变化（范围、强度、趋势及形成原因）等方面的分布特征和规律。在分析中，对制图现象轮廓界线的形状结构应予以注意，因为轮廓界线是制图对象及其不同类型不同区划的分界，分析其形状结构能够揭示制图现象本身的内在机制和外界条件的综合影响，揭示制图现象形成的原因与发展趋势。

2）各种要素或现象之间的相互联系：一方面，利用地图思维方法可以发现各要素之间和现象之间的相互联系，如把植被图、土壤图与气候图、地形图作对比分析，可以了解到植被和土壤的水平地带分布与气候的关系、垂直地带变化与地形的关系；另一方面，通过图解分析与相关系数的计算，可以确定各要素和现象之间相互联系的程度，如通过分析地震和地质构造图，发现强烈地震多发生在活动断裂带的曲折最突出部位、中断部位、汇而不交的部位，与大地构造体系密切相关，在一定的气候条件下形成稳定的植被和土壤类型，某种特殊的"指示植物"同某种矿藏有关等。

3）各种现象的动态变化：一是利用地图上所表示的同一现象不同时期的分布范围和界线，或者采用运动符号法、等变量线、等位移线所表示的制图现象的动态变化进行分析研究，如利用运动符号法的地图可直观地分析台风路径、动物迁移、疾病流行、货运流通、军队行动等动态变化；二是利用不同时期测制或编制的地图进行比较，研究空间信息在位置、形状、范围、面积等方面的变化，如研究水系的变迁，河流、湖泊、海洋岸线的变化，沟谷的发育，森林、草地、耕地、沙地、盐碱地面积的消长，土地利用与土地覆盖的整体变化情况，居民点数量、类型、规模的变化，交通网数量与质量的变化，工业布局与结构的变化，农作物分布于种植结构的变化等。

4）综合评价：根据一定的实用目的对各种因素进行综合分析，然后按一定标准，综合考虑主导因素和次要因素，采用数学模型或参数法，对地图上一定单元（自然景观单元、土地单元、网格单元等）内的地理对象和现象进行等级划分和质量评定，如土地质量评价、环境质量评价、农业自然条件综合评价，进而编制综合评价地图。

5）地理预测预报：根据地理现象的发生发展规律，依据一定的经验和模式，或采用数学模型方法，预测预报其时空分布规律和未来的发展趋势与变化，如中长期天气预报、气候预测、水文预报、环境污染预报，以及大规模改造自然工程对环境影响的预测等，进而编制预测预报地图。地图既是预测预报的工具和手段，同时又是预测预报研究成果的表现形式。

6）区划和规划：在明确区划目的和范围的框架下，在分析研究区域差异的基础上，确定区划的质量和数量指标以及等级系统，然后将有关要素的类型图、等值线图叠置比较，勾绘区划界线，确定主导因素和次要因素约束下的各区划和规划单元的质量和等级属性，进而编制区划和规划地图。从事区划和规划研究是地图思维方法在地理科学中的高层次应用。

7）工程建设中的蓝图设计：在国土整治、资源开发利用、环境保护与治理、区域开发等工作中，往往需要应用制图方法进行工程建设方案的设计，编制工程设计图的过程既是蓝图设计过程，也是确定工程放样、放线方案的过程。利用地图进行工程蓝图研究和设计，不但可以减少大量的野外考察和统计工作，更能够发挥地图的宏观性和形象建模特征。

8）辅助军事作战：从古到今，在中国乃至世界范围内，地图都是军事作战中不可或缺的工具。古今中外的大多军事家都非常重视地图。管子著有《地图篇》，指出"凡兵主者，必先审知地图"，系统阐明了地图在军事上的作用和使用地图的方法。近现代军事作战中，把地图称作"指挥员的眼睛"。

(2) 地图思维方法是地理信息科学研究成果的表达和再现

地图思维既是思考的过程，更是研究的最终成果。地图记录着具体地物或现象的位置和空间关系，不仅能直观地提供各种现象分布的知识，还能从中找出分布的规律性，是一种反映与揭示自然界事物和现象空间分布、时空结构特征及变化规律的图形成果，是区域性学科调查研究成果的很好的表达形式。正因为地图传达和承载了地理研究和思考的成果，因而它也是教育宣传的形象直观工具；它以其丰富的、形象生动的图形画卷将地球表面全部或局部的缩影展现在学生面前，帮助学生形象直观地了解地理事物和现象的分布规律、彼此联系、区域特征、动态变化等，能够培养学生运用地图去分析研究各种内容的基本技能，提高他们的分析、综合、判断、对比和逻辑推理的能力。此外，地图还是国家疆域版图的划定成果的表达。自古至今，地图代表了王权，代表了国家主权范围内的国土、资源、人口和环境。

6.2.3 地图思维方法的原理、结构和过程

英国博德在《作为模型的地图》一文中指出："地图是现实世界表象的模型"，这是比较容易理解的，但重要的是地图也是一个概念模型。这个模型包含了有关现实世界的概括化了的精髓。在这种情况下，地图总是作为分析思维的工具，研究者在新的见解下来观察世界。

地图思维方法贯穿于从编制地图到分析应用地图的三个阶段中，具体如下。

(1) 地图的概念建模和地图制图素材组织

这是地图思维和地图编制的第一个环节，即首先根据地图设计的要求，建立拟编制的地图概念模型，进而从各种途径收集可用于地图编制的数据、图件、文字和已有地图，从中提炼出编制地图所需的数据素材。该过程的核心是地图概括（又称制图综合），即随着地图比例尺的缩小进行的从概念性抽象与建模到图形概括，采用人工方法、数学模型、知识推理等技术手段，经过取舍、类型简化、等级归并、图形简化等一系列抽象、概括和模型化操作，突出主要要素和内容，舍去次要和细节内容，从原较大比例尺地图或地图数据库中提取较小比例尺的地图或地图数据库。这是地图学乃至地理信息科学领域长期以来的核心研究内容。在该环节中，采用的地图思维方法是以地图概念建模为核心，围绕拟编制地图的内容目标来构建地理系统的图形–概括模型，组织用于编制的内容素材。

(2) 地图的可视化建模

地图内容的可视化建模是在地图概念建模和数据收集提取完成之后，对地图的数据内容进行符号性的设计与处理，采用多维动态可视化的方法，构建所编制地图的形象化模型，建立符合本图内容和需求的图中各种符号、颜色和表示方法，进而制作地图成品的过程。本环节实质上是地图编制中概念建模与形象化、可视化建模相结合的过程。其中多维动态可视化技术方法，以及地图内容与表现模型的自适应、自组织与自导航的"三自系统"是目前地图学领域的核心研究内容。具体而言，在专题地图编制过程中，为了能够科学地表达专题统计内容，需要采用专题要素分级、分类数学模型，对数据进行分级、分类处理，以适应本图的编制要求；之后，还要应用地图符号建模模型、色彩模型等对地图内容进行可视化表达，使复杂的地图数据变成形象、生动的地图符号和表示方法。地图产品的制作是在地图内容可视化建模之后，在地图总体设计方案的指导下，通过制图者原图、编绘原图到印刷原图、出版原图等过程，制作印刷地图（纸质地图为主）、电子地图（光盘载体地图、互联网地图、手机导航地图）、立体沙盘地图与地球仪等各种形式的地图产品。

(3) 地图信息的共享与分析应用

地图信息的共享和分析应用是地图编制和应用的最后一个环节。首先通过印刷地图的销售、网络地图的发布等渠道，向用户发布地图产品及其信息；其次用户获得地图产品和地图信息（数据）后，采用多种方法和手段对图上内容进行识别、感知、分析、计算等各种应用，从中得到所需要的关于地理对象和现象的知识和信息（图6-4）。它包括地图阅读、地图分析、地图量算等过程。其中，地图阅读最重要的方式是目视阅读和分析方法，是用图者视觉感受与思维活动相结合的分析方法，可以获得对制图对象空间结构特征和时间序列变化的认识，包括分布范围、分布规律、区域差异、形状结构、质量特征和数量差异。地图分析可通过比较分析和推理分析，找出各要素或各种现象之间的相互联系；更进一步，可通过图解分析和复合分析手段，获取地理对象和现象的质、量和动态信息。在上述几种方法中，地图图解思维分析法是地图思维方法中十分有特色的方法，是利用地图制作各种图形、图表（如剖面图、断面图、块状断面图、过程线、柱状图和玫瑰图等），图形化、定量化地分析和获得地理规律和特征。例如，剖面图采用直观的图形显示各制图对象的主体分布与垂直结构，对认识制图对象各要素和现象的垂直变化及其相互联系很有帮助；块状断面图不仅可以表示地下部位的地质构造与地层变化，而且能反映地貌的形成变化与地质构造及岩性的关系；过程线能较好地显示各自然现象周期变化的过程与幅度；玫瑰图能较好地表示风向的或然率。地图量算法则是通过地图上的量测和计算，得到地图上各要素数量特征和形态示量的定量分析方法；地图数理统计思维法是使用数理统计模型对地图上表示的现象进行数量特征的统计、回归和分析，研究它们在空间分布或一定时间范围内存在的变异，研究某种制图对象与其他对象之间的因果制约关系，说明多种制图现象中存在的主要要素及其组合的主因子，反映制图现象亲疏关系、分类分级的聚类关系等。

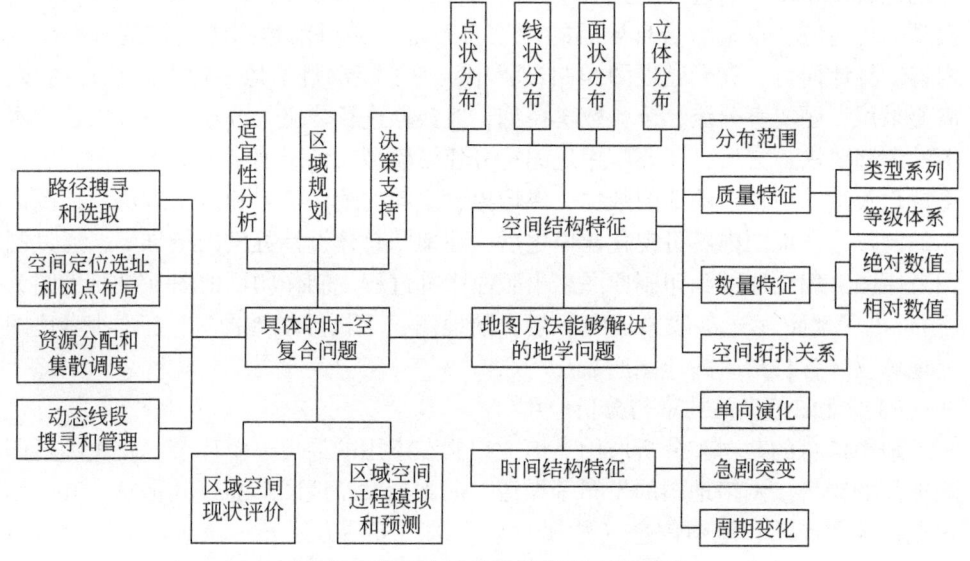

图 6-4 地图方法能够解决的地学问题

总之，上述地图思维方法的过程是与地理科学研究和制图的全过程紧密相伴的；其中，第一个环节（地图的概念建模和地图制图素材组织）与第三个环节（地图信息共享与分析应用）之间是首尾相接的，即每一次地图编制过程都是在收集、阅读和分析前人的制图成果（印刷地图、地图数据库、电子地图等）的基础上开始的；每一个地理科学研究阶段的成果（地图等）又是下一阶段研究和编制地图不可缺少的素材。这就形成了地理信息科学研究的螺旋式上升的循环往复运动过程。

6.2.4 地图思维方法的案例

案例1：根据霍乱病人的分布散点图推断并发现霍乱起因

这是一个应用地图思维的神奇的案例：

第6章 地理信息的图形-图像思维方法

1854年8~9月英国伦敦霍乱流行时，当局始终找不到发病的原因。后来医生约翰·斯诺（John Snow）参与调查，他在绘有霍乱流行地区所有道路、房屋、饮用水机井等内容的1∶6500比例尺地图上，标出了每个霍乱病死者的居住位置，得到了霍乱病死者居住分布图（图6-5）。斯诺分析了这张分布图，马上想到霍乱病源之所在——死者住家都集中于饮用"布洛多斯托"井水的地方及周围。根据斯诺的分析和请示，当局于9月8日摘下了这个水井的泵，禁止使用该水泵吸水。从这天以后，新的霍乱病患者就再也没有出现了。在这个例子中，患者的居住地与饮用水井之间的空间位置关系提示了霍乱病的发病根源。借助于地图目视分析法，发现了病患者居住地集中分布的规律，找到了疾病与饮用水井之间的联系，从而揭示了霍乱的发病根源。

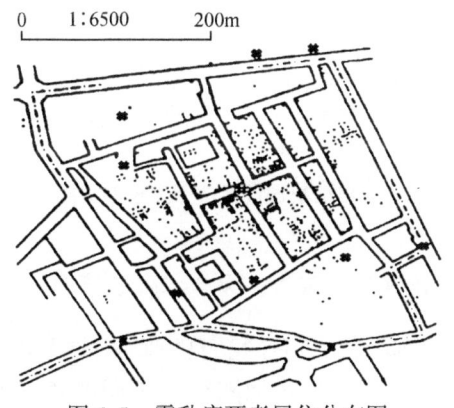

图6-5 霍乱病死者居住分布图
资料来源：金泽敬和尹贡白，1986

案例2：从世界地图上发现大陆漂移学说

这是一个世界地学史上传为佳话的应用地图形象思维的不朽的案例：

1911年秋季，德国气象学家魏格纳有一次在他阅读世界地图时发现，地球上各大洲的海岸线有种吻合的现象。魏格纳被自己的发现深深地吸引住了，经过一段时间的考虑，他产生了大陆不是固定的，而是漂移的想法。他把他的这一假想告诉了他的老师柯彭教授，提出各大洲海岸线的吻合不可能是偶然的巧合，并进一步认为，在很早以前，美洲和非洲、欧洲可能是连在一起的，后来因为发生了大陆漂移才分开。随后，魏格纳根据地球上各大陆的轮廓以及地层和古生物学方面的资料，提出了大陆漂移的理论，认为从石炭纪末到三叠纪这一相当长的时间段里，至少现在主要位于南半球的非洲、南美洲、澳大利亚、南极大陆以及印度次大陆这几个大陆块曾经是一个整体（图 6-6）。他把这个整块的大陆称为冈瓦纳古大陆。从侏罗纪开始，这个冈瓦纳古大陆解体并逐渐漂移，最终到达了现在各自的位置上。大陆漂移的想法始于地图图形思维，最后又在一系列地质地图和板块构造地图上得到证实。

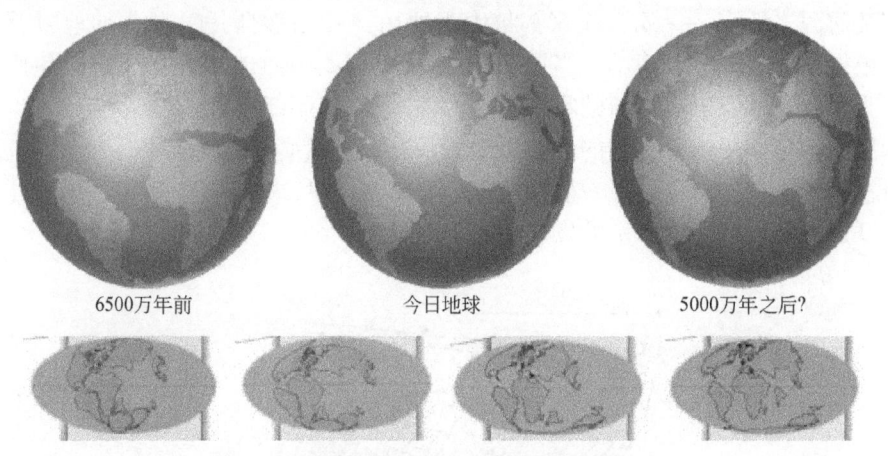

图 6-6　魏格纳根据世界地图发现的大陆漂移

案例3："似地图"反映世界降水、火电和采矿情况

据国外媒体报道，全球形势如何？我们总要不时地关注一下，以便掌握世界的整体情况。而今出版的《真实世界地图》从不同的角度揭示了我们生活在其中的这一真实世界。此书包含一套世界地图，不过与其他世界地图不同的是，其国家大小会根据其分享的不同资源比例或其对人类社会的贡献大小而不断变化，如全球降水量情况、全球火力发电情况、全球矿石开采情况、全球肉类消费情况、全球疟疾感染情况、全球人们患病的情况、全球物种灭绝情况、全球科研情况和2002年全球网络用户情况。这类地图我们称其为"似地图"或"拓扑地图"。这是人类聪明智慧应用于地图思维中的又一例证。具体举例来说：

（1）全球降水量空间分布地图

从图 6-7 可看出：每个板块的大小表明各地降水量在全球所占的比例。降水量最多的国家是巴西，但因其有广袤的土地而均分值自然就小了。

（2）全球火力发电空间分布地图

每个板块的大小显示各地火力发电在全球所占比例的情况，北美版图的火力发电是整个版图中其他地区的 3 倍（图 6-8）。然而，人均火力发电量最高的国家是澳大利亚，该国有较大领土但人口稀少。

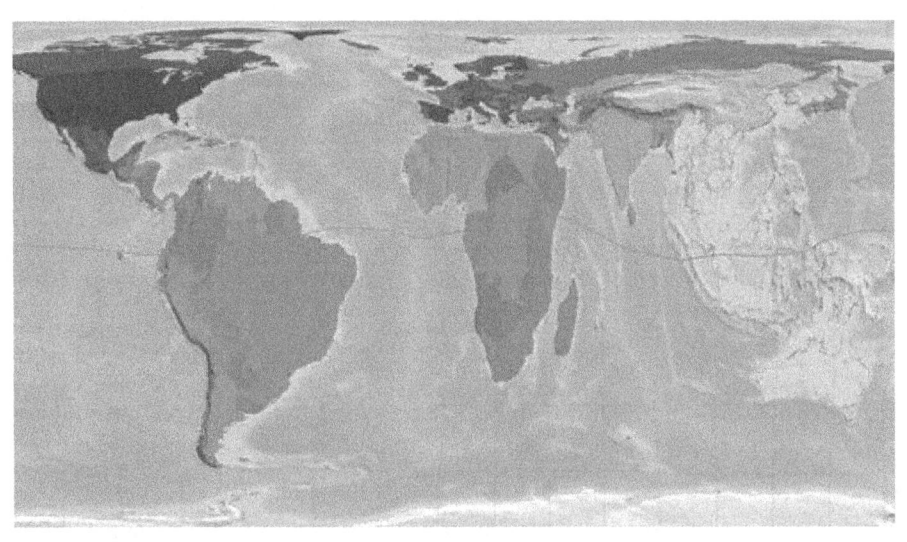

第 6 章 地理信息的图形–图像思维方法

图 6-7　全球降水量空间分布（似）地图

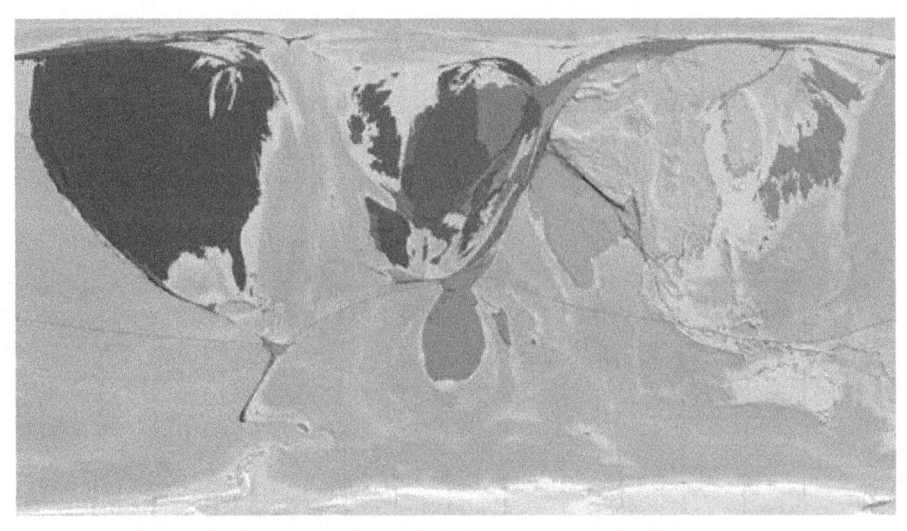

图 6-8　全球火力发电空间分布（似）地图

（3）全球矿石开采空间分布地图

每个板块的大小显示各地一年开采矿石在全球所占比例的情况（图 6-9）。矿石开采被认为是未来潜在收入减少的一个行业，因为矿石储备量目前正在锐减。而此地图上的小块版图可能没有矿石可开采了，或者说已经用完了这些值钱的矿石。

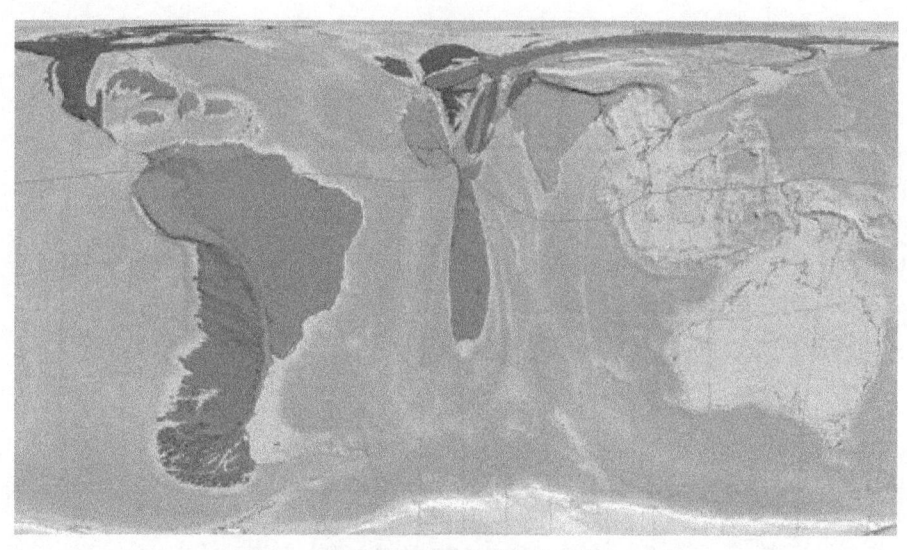

图6-9 全球矿石开采空间分布（似）地图

案例4：基于系列地图谱系的城市 PM$_{2.5}$ 对人群的暴露-反应时空关系研究

北京市的空气质量，特别是 PM$_{2.5}$ 对人类健康的影响，越来越受到公众的关注。张岸、齐清文、周芳、姜莉莉、王劲峰等研究人员，首先采用了2012年秋季北京市环境保护局首次公布的来自35个站点37天的 PM$_{2.5}$ 实时监测数据通过空间插值和叠加分析，参照最新的空气质量指数国家标准，得到了北京市区秋季日均 PM$_{2.5}$ 浓度超标情况的时空分布地图谱系。结果显示 PM$_{2.5}$ 日均浓度变化呈现以星期（每星期7天）为单位的时间周期特征（高浓度集中于每周三、四、五），空间上则存在若干暴露热点区域，同时参考同期天气情况发现其空间扩散和集聚呈现一定的方向特征（图6-10）。其次，采用北京市2010年第六次人口普查数据，以街道为分析单元，采用面积权重法，估算了2012年北京市区秋季长期暴露于超标 PM$_{2.5}$ 浓度下的人口暴露情况。结果表明在这37天中37.14%的北京市区人口暴露在超标浓度下，并呈现空间分布差异特征。无论是短期的高浓度暴露还是长期的低浓度暴露，PM$_{2.5}$ 对于人类健康都存在一定的危害（图6-11，图6-12）。最后，以北京市天坛医院同期病历数据为样本，在对其进行网格空间化的基础上，依次分析了距天坛医院15min、30min、60min 交通可达圈范围内，24h、48h和72h时段内的 PM$_{2.5}$ 浓度与发病率的时空关系，得出结论：当 PM$_{2.5}$ 浓度大于115μm/m^{3}时，急性呼吸道疾病易于当天暴发；当 PM$_{2.5}$ 浓度在35~115μm/m^{3}时，急性呼吸道疾病会产生累积效应，累积效应至少为3天（图6-13）。本研究的结果可以为有关 PM$_{2.5}$ 的长期和短期暴露对人类健康影响的研究提供有利的支撑。

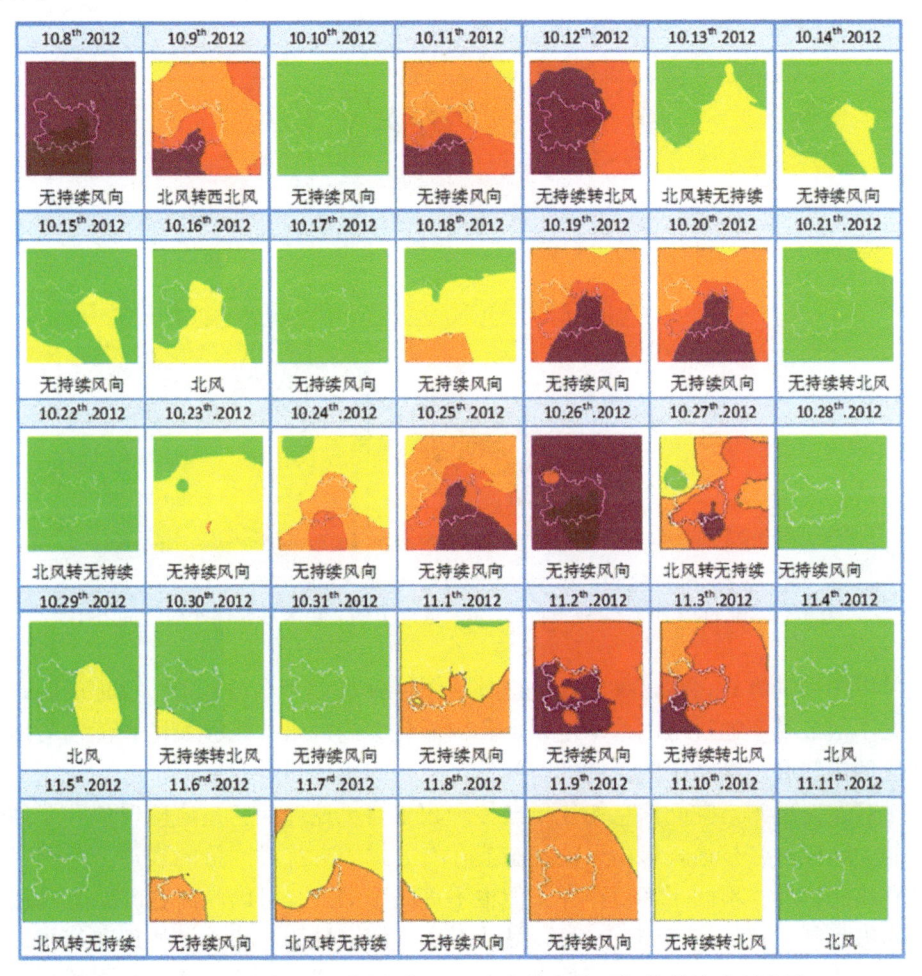

图 6-10 北京市 2012 年秋季 PM$_{2.5}$ 浓度分布按星期排列的系列地图

6.2.5 地图思维方法的优点和不足

(1) 地图思维方法的优点

首先,地图是最适合人类感知和传达地理对象-现象规律的媒介。地图产生和发展的历史证明,人的大脑可以保存周围地理环境的清晰和深刻的印象,可以将这种印象描述给别人,使其在头脑中也建立一个多少有些相似的环境图像,之

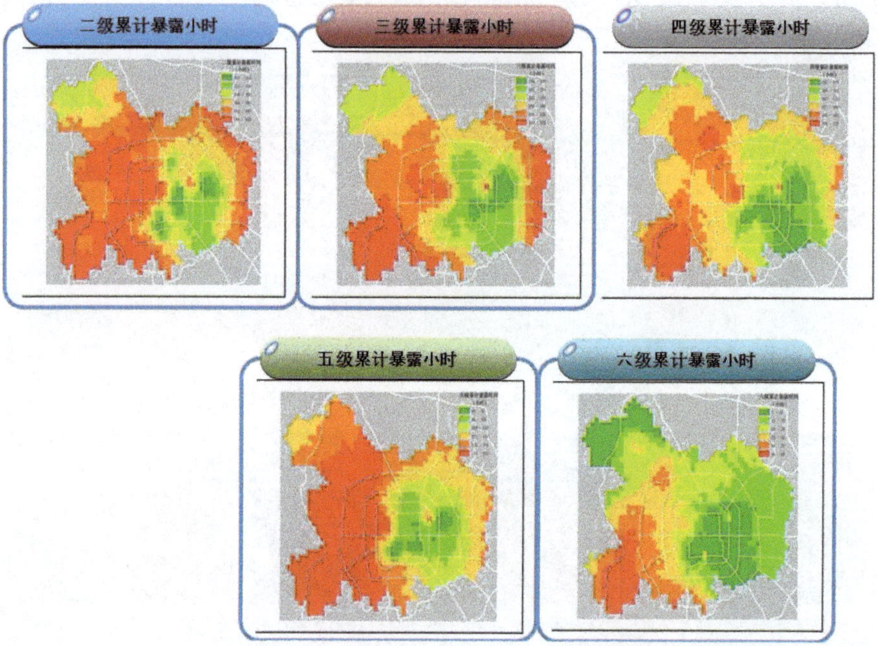

图 6-11　北京市 2012 年秋季各级 PM$_{2.5}$ 浓度下的人口累积暴露小时空间分图

后可以用某种方式再现这种印象，这种地图可称之为"意境地图"（mentalmap）。人类不但最易于通过地图感知地理形象，而且又创造出了能够表达和传输对地理环境的认知和思维结果的最优的空间信息符号和整体视觉变量。

其次，地图是空间信息的优质载体和积累器。地理信息是地理现象和地理知识的中间媒介，是地表事物运动状态或存在方式的直接或间接的表述。地图正好具有这些特性，不同于客观存在，但也不等同于知识，可以脱离它的原有物质载体而被复制、传递、存储，也可以被读者所理解、量测、感受、处理和利用。在地图上浓缩和存储了大量有关地点、状况、内部关系、自然和社会经济的动态现象，也就集聚了大量空间信息。地图作为信息积累器，能容纳海量的信息量；如果考虑到目前地图的激光缩微技术，其容量就更加可观。同时，地图不但携带了大量的直观信息，还存在着无可限量的潜在信息；随着地理科学的研究不断向深度和广度发展，其研究成果的载体——专题地图，从解析型地图到合成型地图，再到知识地图、决策方案地图，所积累信息的深度也会越来越大，层次也越来越高。

最后，地图是客观世界的有效研究工具和模型。人们直观地认识地面和环境，不可能超出视野的范围之外，因而必须借助各种比例尺的地图。地图能使人

第6章 | 地理信息的图形-图像思维方法

图 6-12　北京市 2012 年秋季 35 天日暴露量时空序列图

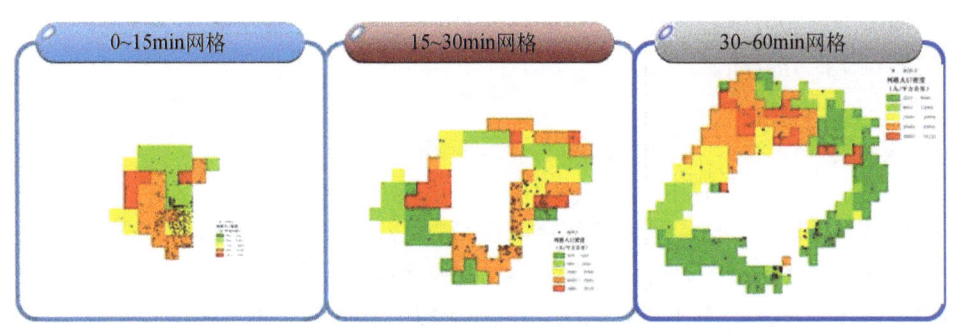

图 6-13　北京市天坛医院 2012 年秋季三种可达时圈内的病历与 $PM_{2.5}$ 暴露量之间的关系

们扩大直观的视野，了解到更加广阔的空间关系，而且还可以充当地面模拟实验的工具，又可以作为规划建设的工具来制定发展和建设方案。地图除了具有上述物质模型的特征之外，还是一种概念模型。地图实际是客观存在的特征和文化规律的一种科学抽象，是人们通过地图制图过程对环境认识的一种抽象方法，帮助研究者在新的见解下来观察世界。地图作为概念模型，兼具形象模型、符号模型和数学模型的三重特征。其中，形象模型是运用思维能力对客观存在进行简化和概括；符号模型则是借助于专门的符号和图形，按一定的形式组合起来去描述客观存在；数学模型则用于对空间物体进行定向、定位、量算，以及模拟和预测其发展变化趋势。地图思维方法既体现在地理科学研究的起点上（新研究和信息挖掘的基础），又贯穿于研究过程的各个环节，还体现在阶段性研究的终点上（成果整理和表达）。

（2）地图思维方法的不足

地图思维方法的不足有以下两点：

一是对于地学对象的空间格局和分布关系无法像数学模型方法那样进行深入而复杂的计算和分析，而是以地图图形思维为主，只能进行有限的计算和分析；

二是对于地理对象和现象的随时间变化的分析和表达的手段和能力有限，在分析方面只能借用有限的数学模型进行趋势推断，在表达上则主要采用静态帧的组合和链接方法而显示动态，缺乏算法上的动态模拟。

6.3 遥感影像思维方法

遥感影像是从一定的遥感平台（卫星、飞机、气球、云台）上，通过各种传感器（可见光、红外、微波、多光谱等）获取的关于地表景观的综合影像，它真实、客观地记录了地理对象和现象的空间和时间变化特征，是地理信息科学进行图像思维的最可靠信息支撑。遥感影像思维方法就是基于遥感影像而产生和发展的科学研究方法。

6.3.1 遥感影像思维方法的定义和内涵

遥感影像思维方法，是地理信息图形-图像思维方法中的一种。它以遥感影像为信息源，通过图像分析、图像判读、比较分析、图像模式识别等手段，结合人的经验和知识，采用演绎和归纳法，从图像上获取地理对象和现象的空间位置、形态、质量、数量、构造、功能，以及不同对象之间的空间格局和动态变化格局，达到对地物进行定性、定量分析和动态监测的目的。

遥感影像思维方法的原理，是图像记录和图像解译两个相反过程的紧密结合。前者通过各种传感设备对地物所反射、发射和散射的电磁波信息的探测和记录，是从地物原型到光谱映射模型的过程；后者则是人通过目视或计算手段，基于对各种地物反射、发射和散射电磁波机理的掌握和理解，从图像中提取光谱信

第6章 地理信息的图形-图像思维方法

息的过程。

正因为遥感影像是对地物对象和现象的真实、客观的记录，所以通过遥感影像思维方法，可以辨别和提取出大量的地物信息，既有人眼可见的水体、植被、土地、沙漠、地形、城市等形态特征及其细节，更有人眼看不见的紫外线、红外线、微波等多个波段的信息，从而大大延伸了人的感知能力。因此，遥感影像已经成为地球科学、地理信息科学中非常重要的信息源；遥感影像思维方法也已在与地学相关的近30个领域、行业中，如陆地水资源调查、土地资源调查、植被资源调查、地质调查、城市遥感调查、海洋资源调查、测绘、考古调查、环境监测和规划管理等，得到了飞速的发展和成功的应用。

进入21世纪以来，遥感影像思维方法产生了新的科学思维特征：它不再是简单的形象思维方法，而是地理抽象思维与形象思维的结合，从而向着地理模拟思维、地理创新思维方向渗透。具体来说，可分为以下两点：

其一，遥感影像思维已经成为地理抽象思维与形象思维相结合的科学研究方法。地理科学在遥感与地理信息系统的支持下有了飞速的发展，特别是遥感影像的图像处理，提供了许多可视的原本是属于形象思维内容的信息。图形图像与数字符号联系起来，使得形象思维的内容可视化了。"只可意会"的内容变成"可以视传"了。在遥感信息模型的建立中，可以突出地看到抽象逻辑思维与形象思维的结合。数字形态下遥感图像的可视体现了形象思维的过程；但图像具有是二维、三维、多维（时间维与属性维）的特征，因而为地理抽象思维提供了条件。在地理抽象逻辑思维中，图像是与计算机中另外两类形式化的语言和符号——数学符号和地图图形——相并列的第三类计算机形式化符号和语言。应用计算机进行遥感影像的处理，除了采用光谱分析和模式识别方法外，还要结合地理科学逻辑上的演绎、归纳和类比方法，从而从形式逻辑出发，经过推演达到了确定性与不确定性问题的辩证统一，并向地理创造性思维迈进。

其二，遥感影像思维又迈入了地理模拟方向。当前出现的虚拟地理环境（virtual geographical reality），就是将地理三维建模与遥感图像处理技术紧密结合的成果，前者是虚拟创造的设计与模拟，后者则是实景印证（地表真实纹理），从而实现了"虚"与"实"的有机结合，为地理科学的创造性思维提供了极好的条件。虚拟地理环境能够实现三种虚拟：首先是虚拟"真实"，即在地理信息模型的基础上，用信息化的模拟方法来描述、表达和展示真实存在的地理时空对象，来替代物质能量的真地理时空；其次是虚拟"可能"，即用假设的地理信息模型来模拟可能存在的地理时空，穷尽所有的条件，创造地球上过去的或未来的各种场景——优越的地理环境、极端恶劣的地理环境等；最后是虚拟"不可能"，如假定地球由东向西自转、寒带生长的热带雨林、高山顶上的水稻田、沙漠中的森林等，从这些不可能中发现新问题，产生创造性。总之，地理信息的图像思维不是简单的地理信息的罗列，而是包括了分析和推理的科学再现。在对很多自然现象（天气、交通、灾害等）和人文现象的原理和过程进行充分了解之后，实现了对其的实景模拟，并进行合理的预测预报。这种基于分析和推理的地理现象和过程的再现就是自然景观模型。

6.3.2 遥感影像思维方法在研究中的意义

遥感影像思维方法的宏观性、动态性、多光谱性和全天候性等特点，决定了它能被广泛地应用于地理、地质、测绘、气象、海洋、农林、水电、交通、军事等国民经济各个领域，并产生巨大的社会和经济效益。

（1）遥感影像思维方法是地球科学重要的动态监测手段

遥感技术为人类提供了认识和了解地球资源和环境状况及动态变化，分析人类活动对地球环境的影响以及保障国家和社会安全的工具。通过航空、航天、近地面等的遥感，人们不断观测地球，把握地球特别是地球表面从宏观到微观的状况和变化。因此，遥感影像思维方法是地球科学重要的动态监测手段，让我们能够从全方位的角度来回答所探测的物体和目标是什么、在什么地方、有多少、是什么时间发生的，即定位、定量和定时（3定）地，全天候、全天时和全球观测（3全）地，高空间分辨率、高光谱分辨率和高时间分辨率（3高）地，大–小平台综合、航空–航天遥感综合、技术发展–应用发展综合（3综合）地监测地球表面对象和现象的性质、格局、动态等信息。

（2）遥感影像思维方法是地理信息科学重要的信息来源

遥感影像既是地理科学研究最重要的信息来源之一，更是 GIS 数据库中一种重要的数据源。也就是说，应用遥感影像思维方法，既可以获取不同专题数据，也可以用于更新 GIS 数据库中的地学专题地图；而且，这种信息来源提供的价格越来越低廉。利用遥感影像获取地理信息科学领域地学信息的过程是：由分析遥感影像解译过程和认知机制入手，弄清遥感影像解译机理，总结遥感影像解译方法，实现遥感数字图像地学专题解译知识的表示，建立地学遥感图像解译知识库。在此基础上，采用模型识别方法对遥感数字图像与预分类图像叠合，抽取每个区域内部的纹理特征；进一步，综合运用遥感影像光谱特征、形态与纹理特征，以及空间关系等特征作为识别信息，运用模式识别与专家系统相结合的方法，指导遥感图像的特征匹配与地物识别，实现典型地区遥感数字图像的地学专题信息的获取；最后，将这些获取的地学专题信息与 GIS 数据库中原来存储的专题信息相比较，进而实现地理数据库的更新。

(3) 遥感影像思维方法是地理信息科学重要的研究手段

遥感影像思维既是地球科学重要的动态监测手段和信息来源，也是地理信息科学重要的研究手段。该方法能够综合集成遥感信息、地理信息、地学知识，应用遥感图像处理技术降低空间数据间的冗余度，挖掘更深层次的隐含空间知识。因为遥感应用的本质就是通过对遥感信息进行综合分析，建立与分析目标相应的信息流映射关系模型，从而导出地物的生物、物理属性，或进行目标识别和空间分布划分。因此，遥感影像思维作为地理信息科学重要的研究手段，其基础是根据地学目的来建立一定的遥感信息的处理和分析模型。这些分析处理模型是在传统地学分析方法和数理统计、神经计算、演化计算等人工智能理论与计算技术支持下，综合集成了地学知识模型和地学优化模型。应用这些综合分析模型，我们不但能够从影像上提取地物的动态信息，还能够直接统计和分析地理对象的时空分布格局，反演地球表层系统区域分异和时相变化规律。

6.3.3 遥感影像思维方法的原理、结构和过程

从原理和过程来看，遥感影像思维方法分为从原型到模型、由模型回到原型，以及原型与模型之间的互相验证和印证三个阶段。

（1）掌握从原型到模型的过程机理：遥感影像成像原理的理解

遥感影像是地物电磁波谱特征的实时记录。要从影像上获得地物信息，必须对遥感影像成像过程的原理有深入的理解，即掌握从原型（地物）到模型（影像）的过程机理，了解每张影像是怎样生成的；不同的遥感传感器是如何描述景观特征的，它采用了何种电磁波谱段，具有多大的分辨率，用什么方式记录影像，以及这些因素是如何影响遥感影像的，怎样从影像中得到有用的信息等。因此，我们首先应该了解遥感影像与电视影像等之间的区别，即前者是顶视影像，后者是透视影像；前者既包含可见光波段信息，还可以有紫外、红外、微波等人眼看不到的信息。其次要掌握地物在遥感影像上的光谱特征、空间特征、时间特征等，来推断地物的电磁波谱性质。因此，掌握从原型到模型的过程机理，就应该具备一定的遥感系统知识、专业知识和地理区域知识。

（2）建立原型与模型之间的对应关系：遥感影像解译标志设定

在理解地物原型到遥感影像的成像过程机理之后，需要建立地物原型与遥感影像模型之间的对应关系，即设定遥感影像的解译标志，它是解译遥感信息的钥匙。遥感影像可从以下 8 个要素中获取影像特征，即色调或颜色、阴影、大小（尺寸）、形状、纹理、图案、位置、组合图案。其中，色调或颜色既指影像的亮度，又指影像的颜色，是地物反射、散射、发射电磁波强度和峰值波长的反

映，也是地物内在特征的表现。阴影是因为太阳光倾斜照射，地物自身遮挡光线而造成的影像上的暗色调，反映了地物的空间结构特征，不仅利于增强立体感，而且其形状和轮廓显示了地物的高度和侧面形状，有助于地物的识别。大小（尺寸）是指地物的长度、面积、体积等在图像上的记录，是地物识别的重要标志，直观地反映了地物相对于其他目标的大小，是从地物本身的尺寸通过比例尺缩小而映射到遥感影像的重要认知参数。形状是地物目标的外形、轮廓，是识别地物顶部形状的重要标志。纹理指遥感图像上色调变化的频率，是图像的细部结构，反映了地物表面的质感（平滑、粗糙、细腻等）。图案是图像上个体目标重复排列的空间形式，反映了空间分布特征。位置反映了地物所处的地点与环境，地物与周边的空间关系。组合图案则是指一群个体目标在空间上的组合关系，反映了其在空间上的排列方式、间隔、密度对比等。建立遥感影像的解译标志，就是确定哪种地物类型在遥感影像上呈现怎样的影像特征，是上述8种影像特征要素的组合。直接解译标志往往建立了地物类型与图像特征之间的一一对应关系；间接标志则是根据直接标志，结合地学知识而进行的依存关系推断。

（3）从模型回到原型：遥感影像的判读和信息提取

遥感影像的解译过程，可以说是遥感影像成像过程的逆过程，即从遥感对地面实况的模型影像中提取遥感信息、反演地物原型的过程，包括影像识别、影像量测等内容。遥感影像的判读和信息提取过程主要有两个途径，一是目视解译；二是计算机的数字图像处理。前者主要依靠解译者的知识和经验，在解译标志的帮助下，通过直接观察或借助辅助判读仪器，在遥感图像上获取特定目标地物信息，但难以实现对海量空间信息的定量化分析；后者主要是对遥感影像数据的计算机处理，速度快，数据处理方式灵活多样，但因其综合了运用模式识别技术与人工智能技术，结合专家知识库中目标地物的解译经验和成像规律等知识进行分析和推理处理，目前还没能完全达到人脑的思维深度，因而该过程多以人机交互方式实现，且解译精度和准确度也随影像质量、地物类型的不同而各不相同。理想的方式是将目视解译与计算机自动识别相结合。

（4）模型与原型的互相验证：地理推理与地学综合分析

遥感影像反映的是某一地区特定地理环境的综合体，是由相互依存、相互制约的各种自然–人文景观、地理要素构成，包含了地球各圈层间的能量、物质交换，反映了地球系统各要素之间的相互作用和相互关联。因此，通过上述三个阶段的遥感影像思维，只能在一定程度上解决对地理对象和现象进行识别和信息提取的问题，但面对地球复合体的复杂性，仍显得无能为力，还需要综合应用地学知识进行相关分析。这实质上是遥感影像模型与地物原型再一次相互验证、相互印证的过程。遥感地学相关分析，就是充分认识地物之间以及地物与遥感信息之间的相关性，在遥感影像上寻找目标识别的相关因子，通过图像处理与分析，提取这些相关因素，从而推断和识别目标本身。在遥感地学相关分析中，首先要考虑与目标信息关系最密切的主导因子；当主导因子在遥感影像上反映不明显，或一时还难以判断时，则可以进一步寻找与目标有关的其他相关因子。但不管如何，选择的因子必须具备以下条件：一是与目标的相关性明显；二是在图像上有明显的显示或通过图像分析处理可以提取和识别。

6.3.4 遥感影像思维方法的案例

案例1：应用雷达图像监测南极附近区域的火山变化

图 6-14 反映的是用 InSAR 影像监测安第斯山区域的火山演变，从中可以发现在我们生存的地球上到处到有预测不到的演化过程。该 InSAR 影像是在 ERS-1/2 拍摄的。在影像上看到安第斯山区域（位于秘鲁和智利两国的西海岸）有四个火山，分别是 Hualca 火山（依次是 1996 年 11 月 12 日和 2001 年 6 月 23 日的两幅影像）、Ulturuncu 火山、Lazufre 火山（拍摄于 1995 年 7 月 30 日）和 Cerro Blanco 火山。它们虽然都是死火山，但即在快速地变形。图上每一个颜色圈都代表了 5km 的变形。前面的三个火山在膨胀，而 Robledo 附近的 Cerro Blanco 火山则在变小（Pritchard and Simons，2002）。

案例2：应用 QuickBird 多光谱影像监测洪水淹没范围

图 6-15 反映的是采用 QuickBird 多光谱遥感影像监测洪水淹没范围的案例。左上和右上两幅影像分别是平水期和洪水期的区域遥感影像。在影像中，水体表现为黑色。在平水期河床宽度及其弯曲形状反映得非常清晰；在洪水期则看出是"一片汪洋"。为了显示平水期和洪水期的水体范围叠加效果，在下面的两幅图中，分别把平水期和洪水期的水体进行色调调整，从而避免了区域被洪水淹没期间无法区分出河床的状况。这就是通过 QuickBird 多光谱数据运用邻近规则来恢复洪前河床轮廓的案例。

6.3.5 遥感影像思维方法的优势和不足

遥感技术具有宏观性、动态性、多光谱性和全天候性优势，因而遥感影像思维方法在地理信息科学研究中也具有上述四方面的优势。

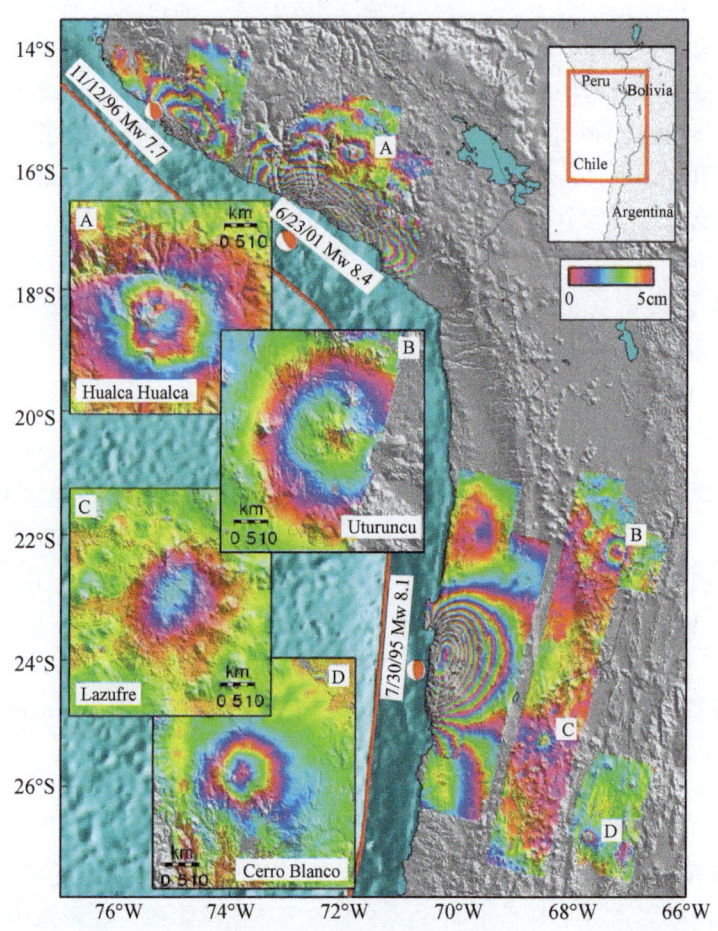

图 6-14 通过 InSAR 雷达图像监测安第斯山的火山演变

1. 遥感影像思维方法的优势

（1）宏观性优势

遥感传感器从太空站、轨道卫星、航天飞机、航空飞机、高塔、遥感车等不同高度和类型的遥感平台上获取来自地物的电磁波信息，构成了从宏观视野对地球表面进行观测的立体观测系统。应用上述丰富多样的遥感影像对地面进行识别、监测和分析，其优越性首先体现在宏观性，既代表了遥感影像思维过程对地物对象和现象的一览性、全局性把握，也代表了对地表特征的瞬间和快速的感知，更反映了对大范围地物和空间格局的视觉概括和抽象建模。例如，一景 MSS 多光谱陆地资源卫星影像所覆盖的范围是 179km×179km，一景 TM 陆地资源卫星

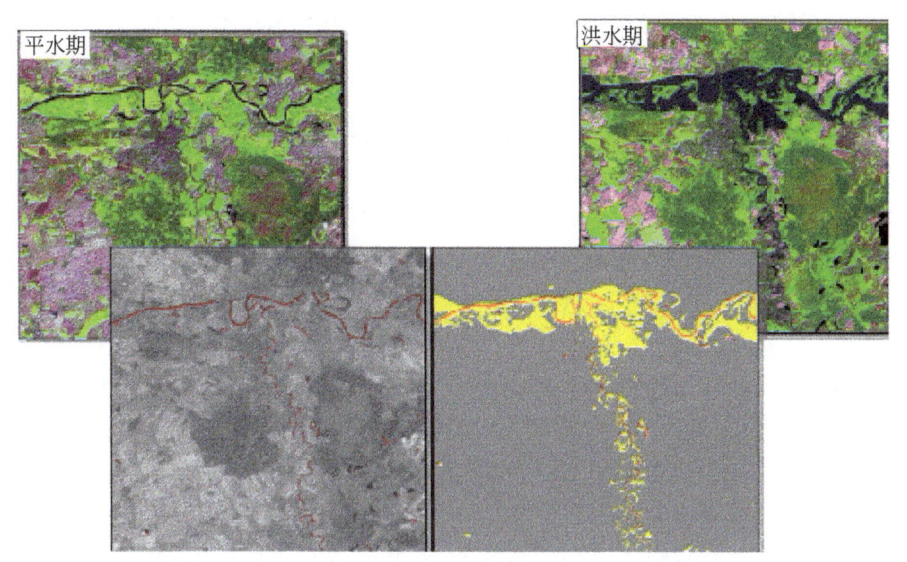

图 6-15 应用 QuickBird 多光谱影像监测洪水淹没范围

影像所覆盖的范围是 179km×179km，不仅能够反映数万平方公里范围内的宏观地理面貌，还能够从图像上很方便地提取大的流域、地理单元的宏观空间格局，如黄土高原的树枝状水系、云贵高原喀斯特地貌的花生壳状图案，内蒙古高原和新疆塔里木盆地的新月形沙丘链图案等；同时也便于对大范围内专题要素（如土地利用、土壤侵蚀、城镇体系、水系网络等）进行快速普查和信息集成。

（2）动态性优势

对于航空遥感系统来说，由于飞行器（卫星、空间站等）周期性地围绕地球飞行，对不同地面有一定的回归周期；加之传感器对地面的倾斜观测能力，使得在回归周期之外还能够观测到某一地面地物，因而航天遥感影像都具有较高的时间分辨率，如 Landsat-4，5 为 16 天，SPOT 为 1~4 天，NOAA 为若干小时，静止气象卫星为几十分钟。至于航空遥感、高塔近地面遥感的时间，则可按应用需求进行人为控制。因此，遥感影像思维方法带来的第二个优越性是动态性，既能够对同一地物进行周期性的重复观测，也能够快速捕捉地面发生的突发性灾害信息。这种动态性可分为：①长周期的动态监测，即以年为单位的变化，如湖泊消长、河道迁徙、海岸进退、城市扩张、灾情调查、资源变化等；②中周期的动态监测，即以月、旬、日为单位的变化，如植被和作物的季相节律、作物估产与动态监测、农林牧等再生资源的调查、旱涝灾害监测、气象监测、海洋潮汐及海洋动力学监测等；③短周期动态监测，即以小时为单位的变化，如大气海洋物理变化的动态监测、突发性灾害（地震、火山、森林火灾）等的动态监测等。

（3）多光谱性优势

遥感系统将从紫外线到可见光、红外线，再到微波的整个电磁波谱分为几个、几十个到上百个传感波段，波段取样间隔为几纳米到几微米，从而充分利用了地物在不同波段光谱响应特征的差别。通过对同一地区不同光谱段数个影像之间的数学运算，就可以识别和提取不同地物的微小信息差别。这就是遥感影像思维的第三个优越性：多光谱性。它突破了人眼的视觉极限，大大增强了人对自然界的感知和探测能力。例如，应用 Landsat/TM 的 7 个波段影像，通过地物在蓝绿、黄绿、黄红、红、反射红外、近红外、中红外等不同波段的反射、散射、发射特征，就能很好地区分出水体、城市、植被、裸土、道路等各类地物，并能够细分出地物亚类；应用航空可见光-红外成像光谱仪 AVIRIS 的 224 个波段（0.4～2.45μm，波段间隔近 10nm）的遥感影像，能够捕捉到地物之间更细微的差异。因此，光谱分辨率越高，专题研究的针对性越强，对物体的识别精度越高，遥感影像思维的分析应用效果也越好。

（4）全天候性优势

除了光学遥感传感器外，还发展了成像雷达技术。从航天飞机成像雷达的单波段、单极化、单入射角的 SIR-A，到多波段、多极化、多入射角的 SIR-C/X-SAR，再到加拿大雷达卫星，以及干涉雷达等，利用雷达波（微波）的主动遥感特性，能够穿透云层和冰雪，不受天气变化、昼夜更替的影响，从而实现全天候地对地物监测和信息获取。因此，遥感影像思维的全天候性特征从另一个角度扩展了人的感知和监测地物特征和变化信息的能力，使人类能够利用遥感影像在任一时间、任何天气状态下对任何地表物体和现象进行识别、建模和分析处理。

2. 遥感影像思维方法的不足

遥感虽然广泛应用于许多方面，并在资源调查、灾害监测、海洋渔业、地质找矿等领域取得明显的经济效益。但是总的看来，由于遥感技术本身的局限性和人们认识上的局限性，导致遥感影像思维方法的使用还不能充分满足用户的要求。遥感技术本身的局限性主要如下。

1）遥感数据定标的局限：遥感仪器所输出的任何遥感系统的空间分辨率是有限的，它所获取的遥感数据，多数是以混合像元的方式表达，限制了遥感定量化的精度。

2）遥感数据处理方法的局限：如大气纠正中，大气参数的随机性难以测定与反演，限制了大气纠正的精度和遥感定量化水平。

3）遥感数据的空间分辨率和时间分辨率的限制：虽然近年来国际、国内的高分辨率遥感技术已经有突出的发展，但其空间分辨率和时间分辨率仍然不能满足实际应用的需求，特别是在智慧城市动态监测、精准农业等对时-空分辨率要求很高的领域，目前的技术水平还是限制了遥感影像的图形-图像思维方法的应用深度和广度。

4）遥感解译的不确性与精度问题：包括遥感影像数据的不确定性、分类体系中的不确定性、分类过程中的不确定性和处理过程中的各种误差。

第 7 章 地理信息的数学模型方法

一门科学只有成功地运用数学时，才算达到了完善的地步。

——马克思

7.1 地理信息的数学模型方法概要

数学模型作为非实物型的符号模型中最重要的一种，是现代科学中用模型来简化、替代、模拟和计算原型的最系统、最严密、最具逻辑性的研究工具，对地理科学的发展与实践起到了极大的促进作用。地理信息科学是地理科学中技术性最强、数学方法运用最早的一门学科；早在 19 世纪创立计量地理学以来，地理学家就将数学方法和模型融入地图编制和分析中，以解决大量的与地理时空过程、地理对象交互关系等相关的实际问题。现代地理信息科学不但包括统一的地图投影系统、地理网格坐标系、统一的地理编码系统，更重要的是应用大量的专业用户数学模型。

地理信息的数学模型方法就是基于多种地理空间数据，针对或参照地理客观对象和现象中某种问题（事件或系统）的特征和数量相依关系，通过抽象、归纳、演绎、类比、模拟、移植等逻辑思维过程，运用数学符号、数学公式、程序等数学的语言和抽象模拟的数学形式，建立地物和现象的对应模型，来近似地刻画和模拟地理事物的客观本质属性及其内在联系规律，并根据各种目的进行推理的方法。它既面对地理对象和事物的结构化特征进行定量分析，也对地理现象的发展态势和过程进行模拟运算和预测，还可据其做出地理系统的决策、规划及优化设计。

地理信息的数学模型方法在思维方式、运用的工具、结果的表达等方面与其他地理信息方法有显著的差异。这是因为地理信息的数学模型最擅长刻画地理对象和现象的纯关系结构，其严密的抽象思维特征使诸多复杂的地理问题迎刃而解。从体系结构上看，主要包括以下 4 种类型：①空间描述，包括制图、数据平滑、聚集探测等；②空间解释，包括位置、空间关系、距离、梯度、格局等；③空间预报，包括空间差值等；④空间调控和决策，包括优化运筹和制定空间策略等。刘湘南等（2008）将地球系统中各种地学空间问题通过归纳和抽象，可以划分为空间分布和格局、资源配置与规划、空间关系与影响、空间动态与过程 4

类基本地理空间问题。王劲峰等（2006）则对空间分析进行了更加系统地总结。

综合以上数学模型方法体系，基于对地理信息时空问题的一般数学建模过程，本书将地理信息数学模型方法分为以下四类模型方法：

一是用于解决空间分布与格局问题的数学模型方法，包括分布性分析，即对地理要素的分布特征及规律进行定量分析；趋势面分析，即用数学的方法计算一个空间曲面，并以该曲面去拟合地理要素分布的空间形态，展示其空间分布规律；类型研究，即对地理事物的类型和各种地理区域进行定量划分；相互关系分析，即对定量要素、定量事物之间的相互关系进行定量分析。

二是用于解决地理空间过程问题的数学模型方法，包括空间相互作用模型，即定量分析各种"地理流"在不同区域之间流动的方向和强度；空间扩散研究，即定量揭示各种地理现象在地理空间的扩散规律；网络分析，即对水系、交通网络、行政区划、经济区域等的空间结构进行定量分析。

三是用于解决地理时空演化问题的数学模型方法，即用数学模型来记录时间与空间交互作用的复杂现象，将时间、空间和属性三者的不可分割性完整地模拟出来，从而揭示地理系统的空间格局的演化规律，通过地理时空演化的数学模型对空间格局的过程进行模拟与预测，实现对"格局的过程"和"过程的格局"两者的统一认识。

四是用于解决地理系统优化和决策的数学模型方法，包括地理系统优化调控研究，即运用系统控制论的有关原理与方法，研究人地相互作用的地理系统的优化调控问题；地理系统的复杂性研究，即利用包括数学方法在内的多种方法研究地理系统的复杂性问题；空间行为研究，即对人类活动的空间行为决策进行定量研究。

7.2 空间分布与格局的数学模型方法

7.2.1 空间分布与格局的数学模型方法的定义和内涵

地理实体或现象的空间分布与格局是最基本的一类地学问题，因为一切地理现象、地理事件、地理效应和地理过程，都发生在地理空间背景之上。简而言之，是指从总体的、全局的或局部的角度来描述地理实体或现象的空间分布、形式、结构等几何特性；深究下去，既涉及地理学中宏观的地带性规律和非地带性规律在空间框架中的映射，也体现在中观上的地理区位、地理空间填充、地理空间结构体系等，更需要关注微观意义下的点、线、面等地理对象的空间形态、相互之间的空间距离、空间拓扑关系、空间密度对比等。总之，它是内在地学规律的外在表现，同时又构成了新一轮地学过程的边界和初始条件。

地理空间分布与格局的数学模型方法就是通过建立数学模型，对地学要素的空间分布与格局进行描述、识别和统计。该类模型包括空间分布分析模型（空间聚类）、空间形态模拟模型（曲面建模）、空间关系分析模型（最短路径问题）的分析等。其中，空间聚类分析是将空间数据集中的对象划分成相似对象组成的类，使同类中的对象间达到高度的相似度，而类间的差异性达到最大，属于非监督型的学习方法；空间形态模拟模型方法则是采用一定的空间形态模型（如同曲面模型、趋势面模型）来描述和模拟地理对象的空间形态；空间关系分析模型则较为复杂，既有空间拓扑关系模型，也有空间方向关系模型，还有空间密度关系模型，以及空间格局模型。不同的模型适用于不同的地理空间对象和不同特质的地理现象。

7.2.2 空间分布与格局的数学模型方法在（地理）研究中的意义

空间分布与格局的数学模型方法在地理学和地理信息科学中具有独特而重要的意义。这是因为"地理位置、要素结构和地域结构是地理事物或地理客体所具有的本质特征"，只有针对这三个本质特征进行研究，才能充分地优化进而"解决人地关系地域系统的控制共生和协调共生问题"；而在地理空间问题中，空间"分布实况"和空间"分布格局"分别位于地理学"空间秩序"的初级和中级两个阶段，只有在这两个阶段的研究基础之上，才可迈向空间"分布规律"的高级目标；同时，对空间分布实况、分布格局和分布规律问题的充分研究，也奠定了对某地区"今后的空间秩序"——区域发展的空间战略和空间规划、某地区"既有的空间秩序"的"分布格局"——地理区划（包括地理各要素的区域和综合区划）的研究基础（潘玉君和武友德，2009）。

从方法论角度来看，在自然语言、地图等地理空间语言、数学语言三种工具中，人类所探索的最理想的解决方法是采用数学模型来解决空间分布和空间格局问题。因此，本章的目标就是探索如何用数学模型来反映、刻画地理客体和现象的空间集聚规模、集聚形态、分布格局，来解决地理学研究中这一基本视角、中心议题和难点。如能融代数方程、图论、拓扑学等多种模型的优点于一体，精确地、普适性地、高效地解决上述地理空间分布和格局问题，将是地理信息科学对地理学的一大贡献。

7.2.3 空间分布与格局的数学模型方法的原理、结构和过程

在研究思路上，地理空间分布与格局的数学模型方法采用演绎、归纳、类比三种模式并用的逻辑展开研究，即首先遵从自然地带性分异规律、克里斯泰勒的中心地理论、点-轴系统等地理学规律和理论，作为所研究区域对象的宏观指导，在空间分布与格局的数学模型中嵌入上述地理学规律的数学模式或模型；其次，在具体研究中，按照"先分布、再格局"的顺序，针对某个地理客体个体的和特殊的分布特征建立数学模型，进而从相当数量"样本"的个体分布状态的描述模型和参数中归纳出空间格局模型；同时，也可以借鉴已有的与本地区或本对象相类似的其他地区或其他对象的模型，类比到本研究中。

1. 空间分布模式识别的数学模型

（1）空间点模式分布的类型

地理现象有的是以分离的实体点状形式存在，如矿点、城镇、油井或者乡村等离散现象。点状地理现象的空间分布类型可能是集中的（凝聚型）、随机的，也有可能是均匀的（图7-1）。均匀型的分布，每个点与其他各最近邻点间的距离大致相等；凝聚型的分布，则有一组或一组以上的点群，每个点与其最近邻各点的距离很少；随机型分布，其中有些点比较集中，有些点比较分散。

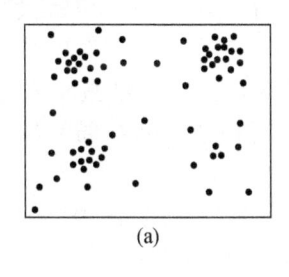

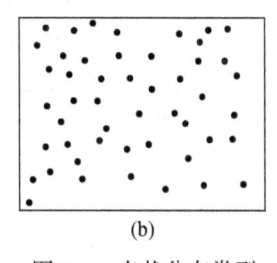

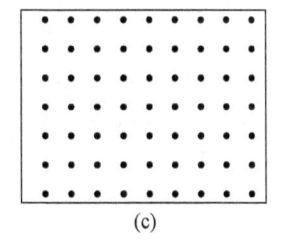

图 7-1　点状分布类型

（2）空间点模式分析模型

点状事件空间格局可以用样方内点数均值变差、点间最近距离均值、点密度距离函数，或点密度距离分形维数来度量，其实际观察值与均匀空间分布条件下的理论值比较，判断实际观察格局的归属：均匀、聚集，还是随机？或有分形特征？或者评估所考察的分布模式与由随机、聚集或分散过程形成的分布模式的相似程度。

常用的点要素空间分布格局探测的方法包括样方分析（quadrat analysis，QA）、最邻近距离指数（nearest neighbor indicator，NNI）、K 函数分析和空间分形维数等。其中，样方分析是指样方内点数均值变差方法。随机分布的机制是 Poisson 过程，此时离散方差等于均值。因此，当事件在空间上随机分布时，我们期望其方差–均值比接近 1。偏离 1 将指示非随机分布。如果样方内点数相同（情形 1），格局显示出格与格之间频数的不变性，完美离散。相反，如果考察的样方集每个格内点数差异很大（情形 2），格频度变差将是大的，格局显示出聚集安排。情形 3，格频度变差适中，点格局反映了随机或随机空间安排。最邻近距离法是采用点间最近距离均值方法，思路是检验每个点所占据的面积，即通过比较计算最邻近点对的平均距离与随机分布模式中最邻近点对的平均距离，用其比值（NNI）判断其与随机分布的偏离。判断点要素的分布格局是集聚还是扩散分布。K 函数分析的思路是：点要素的分布模式可能随着尺度的变化而改变：在小尺度下可能呈现集群分布，而在大尺度下有可能为随机分布或均匀分布，Ripley's K 函数可以分析任意尺度的空间分布格局，成为分析点要素分布格局最常用的方法。它是采用点密度距离函数方法，以每个点为圆心，给定某个距离，统计该距离内的点数，被全部研究区域点密度除，画出该值随给定距离增加的函数曲线。实际观测所得该曲线与空间均匀分布条件下的理论曲线（理论上是一条水平直线）可以判断实际观测点空间格局是空间聚集、空间发散，还是空间随机分布。空间分形维数的思路则是：当前观测到的事件的空间分布格局，有可能是在某种机制的持续作用下，一个初始状态不断自我复制发展并在空间上衍生出来的。某种机制或者其作用强度对应某个特征参数，称作分形维数，当机制变化或者作用强度变化，分形维数将发生变化。据此，可以根据观察到的分形维数的空间变化，窥探该空间格局发生机制的空间差异。

上述几种点状现象/事件的空间分布与格局探测与建模有各自适用范围：样方分析法利用空间抽样框架来判断某一点模式与随机模式是否相似；最邻近分析法将某一点集中对最近邻点之间距离的平均值与某一理论模式（多采用随机模式）进行比较；空间自相关系数法用来测定相邻点之间某一属性的相似或相异性；K 函数分析法用于识别和评估点对象在不同空间尺度上或不同空间范围内的聚集情况。

（3）空间线状模式分析模型

空间上线状地物的分布模式主要是网络分析，是依据网络拓扑关系（线性实体之间、线性实体与结点之间、结点与结点之间的连结、连通关系），并通过考察网络元素的空间、属性数据，对网络的性能特征进行多方面的分析计算。它针对地理网络（如交通网络）、城市基础设施网络（如各种网线、电力线、电话线、供排水管线等）进行地理分析和模型化，是地理信息系统中网络分析功能的主要目的。以交通网的数学模型为例，可表达为：$D = (S, V, A, C)$，D 为交通网；S 为网上站点的集合；V 为路径方向上结点的集合；A 为路径集合；C 为与交通有关的因素集合（网络流）。影响交通体系中网络流的因素有：①路况（材质、坡度等）；②运输工具类型（轮式、履带式）；③天气情况（晴、雨）；④抗毁程度（是否有迂回路，是否为复线，是否有桥梁、涵洞、隧道等）。交通网络是由路径、结点、站点等组成的一个封闭的全连通的流量运动体系。在实际交通网络中，对于网络流要求如下：①每一个路径的流量不能超过该弧段的最大通过能力（即容量）；②在一定的时间内，结点的流入量与流出量相等，即净流量为零。

网络分析模型的重要功能是路径分析，包括静态求最佳路径，即在给定每条链上的属性后，求最佳路径；N 条最佳路径分析，即确定起点或终点，求代价最小的 N 条路径，因为在实践中最佳路径的选择只是理想情况，由于种种因素而要选择近似最优路径；最短路径或最低耗费路径，即确定起点、终点和要经过的中间点、中间连线，求最短路径或最小耗费路径；动态最佳路径分析，即实际网络中权值是随权值关系式变化的，可能还会临时出现一些障碍点，需要动态地计算最佳路径。

（4）面状要素空间模式分析模型

面状要素空间模式分析模型是用空间统计量来描述和测度由一组多边形按照某一空间模式的特征或属性来表示的空间模式，并将这些空间模式与其他空间模式进行比较。一般来说，空间模式可以划分为聚集模式（clustered pattern）、分散模式（dispersed pattern）和随机模式（random pattern）三类。分散模式表现了相邻单元之间互斥的空间关系，在特定的情况下，分散模式也可以理解为均匀模式。随机模式说明可能不存在控制这些多边形分布方式的系统性结构或机制/过程。不过在大部分地理问题中，通常无法明确地指出某种模式是集聚的、分散的还是随机的。真实世界中的大部分模式都介于随机与分散模式或随机与聚集模式之间，一般就需要判断某一给定的空间模式与这三种模式中的哪一种更加接近，进而分析这种接近到底是由偶然因素还是由系统过程造成的。

在建立面状要素的空间分布模型时，需要地理客体的空间依赖性加以讨论。空间依赖性，就是对给定区域内任一相邻多边形或多个多边形从相似度上进行的空间自相关程度或者说空间依赖程度的测度。空间自相关（spatial autocorrelation）是指属性值在空间上相关，或者说属性值的相关性是由对象或要素的地理次序或地理位置造成的。分析的属性数据既可以是定类数据，也可以是定距和定比数据。其中，二元定类数据之间的空间自相关性可以用连接数统计量（joint count statistics）来测度。而定距和定比数据之间的空间自相关性可以用 Moran's I 指数、Geary's C 比率和广义 G 统计量来测度。这些指标被认为是全局指数（global measure），其假设整个研究区内的空间自相关水平合理稳定，且整个区域空间自相关的变化相对稳定。但实际上，整个区域空间自相关的变化不一定是稳定的，因此，需要用局部指数（local measure）来描述空间自相关的空间变异。连接数统计量，可以简单快速地定量描述一组连续多边形的聚集或分散程度。这种方法只适用于多边形的属性是二元定类数据的情况。若用黑和白来表示二元属性值，则多边形可按黑或白来进行分类。若将两个多边形之间的共享边界视为一个连接，则所有的共享边界便可归类为代表两个相邻多边形属性值的黑-黑（BB）、白-白（WW）或黑-白（BW）连接。若白色多边形集聚在一定的区域，黑色多边形聚集在另外的区域，那么得到的 WW 和 BB 连接之和将比 WB 连接多。

2. 空间趋势模拟的数学模型

空间趋势模拟的数学模型能够把地理要素时空分布的实测数据点之间的不足部分内插或预测出来，从而从整体趋势面上模拟地理空间分布。

广泛运用的模型还包括反距离加权模型（IDW）、不规则三角网模型（TIN）、Kriging 模型和样条插值模型（Spline）。IDW 利用反距离加权函数决定任意给定点在模拟区域的内插值，它可用来对每个独立变量进行单独的空间分析，当模拟系统的所有变量都有类似的权重时 IDW 是一种很好的差值方法。TIN 是近 20 多年来在 GIS 领域被广泛使用的曲面建模方法，它的要素包括结点、边、三角形、外壳和拓扑关系，它是模拟数字地面的基本模型之一。Kriging 模型是一种广义的线性回归方法，主要用于解决内插的系统误差问题，由于后来一些案例研究的估计误差期望值为零，所以人们称之为最佳线性无偏估计。Spline 是一种基于样条的方法，其特定类型包括均匀非比例基础样条（uniform non-rational basis-spline）、非均匀非比例基础样条（non-uniform non-rational basis-spline）和非均匀成比例基础样条（non-uniform rational basis-spline）。在这些基于样条的方法中，样条曲线由一组给定的控制点确定，通过对这些控制点的各种操作，样条曲线被定义、修改和变换。Spline 可通过三维空间的大量点生成一个曲面，曲面的局部区域可通过变动某一控制点或改变控制点的权重给予修改。目前，大多数三维 CAD 系统曲面的数学定义都基于 Spline。

在地理空间分析中，趋势面分析是最重要的解决面状地物和现象的空间分布与格局的方法，常常被用来模拟资源、环境、人口及经济要素在空间上的分布规律。其原理是利用数学曲面模拟地理系统要素在空间上的分布及变化趋势，它实质上是通过回归分析原理，运用最小二乘法拟合一个二维非线性函数，模拟地理要素在空间上的分布规律，展示地理要素在地域空间上的变化趋势。岳天祥和杜正平（2005）所建立的基于 Gauss 方程的高精度曲面建模方法（HPSM）是趋势面分析模式中的一种。

趋势面分析模型之所以对地理信息科学而言十分重要，是因为趋势面作为一种抽象的数学曲面，它抽象并过滤掉了一些局域随机因素的影响，使地理要素的空间分布规律明显化。通常把实际的地理曲面分解为趋势面和剩余图两部分，前者反映地理要素的宏观分布规律，属于确定性因素作用的结果；而后者则对应于微观局域，是随机因素影响的结果。趋势面分析的一个基本要求，就是所选择的趋势面三七开应该是剩余值最小，而趋势值最大，这样拟合度的精度才能达到足够的准确性。空间趋势面分析，正是从地理要素分布的实际数据中分解出趋势值和剩余值，从而揭示地理要素空间分布的趋势与规律。地理要素的空间分布曲面大多都是非线性的，寻找这些非线性曲面的数学方程式比较困难，通常可采取多项式的形式进行拟合。

用来计算趋势面的数学方程式有多项式函数和傅里叶级数，其中最常用的是多项式函数形式。因为任何一个函数都可以在一个适当的范围内用多项式来逼近，而且调整多项式的次数，可使所求的回归方程适合实际问题的需要。

需要注意的是，在实际应用中，往往用次数低的趋势面逼近变化比较小的地理要素数据，用次数高的趋势面逼近起伏变化比较复杂的地理要素数据。次数低的趋势面使用起来比较方便，但具体到某点拟合较差；次数较高的趋势面只在观测点附近效果较好，而在外推和内插时则效果较差。

3. 空间关系分析数学模型

空间关系分析是对地理要素或地理事物之间的相互关系进行定量分析。构建多个变量空间依存性测度指标的数学模型还处于不断地发展之中。

在地理空间关系和空间关联性分析中，通常是针对格数据（又称面状数据）进行研究。它是具有格网形态的空间属性，代表具有格状统计分析单元的数据。分为规则边界的遥感信息数据和 GIS 环境下的多边形形态的自然环境、社会、经济等统计数据。格数据空间相关性的存在，一般是由于以下两个方面：其一是空间溢出和系统测量误差，即格数据的获取，往往是对某个空间连续的格状区域的数据进行分析，因此对于这些连续的区域所获取的数据，经常存在的一个问题是无法明确划分其空间单元。这种空间溢出效应是导致空间相关性存在的原因之一。其二是空间事物之间内在的关联性。区域科学与地理学的核心是空间存在的地理事物之间的位置、距离等关系，以及由此引起的时间空间交互作用。研究对象之间的空间交互作用、集聚和扩散效应以及事物本身的空间层次结构等，往往会引起空间事物之间的关联性，俗语"物以类聚"即是描述事物的空间关联性。

最早做空间相关性定量分析的是 Moran 和 Geary，他们通过二值矩阵来描述空间单元的邻近问题，也就是说，当两个空间单元具有共同边界且其长度大于零时，则认为这两个单元是空间相邻的，矩阵元素取值为1；否则，矩阵元素取值为0。这种空间邻接的表示，其前提为空间单元存在于一个可视的地图上，单元间的公共边界可以明晰地分辨出来，当空间单元为不规则网格或者点时，这种邻接矩阵的表示方法就不再适用了。例如，两个空间单元仅共享一个顶点时，其共同边界长度为零，然而这两个单元的确可以产生相互的作用。

另外，通过空间单元的共享边界来产生空间邻接矩阵，还要考虑空间单元的方向性，如果是规则的空间单元分布，则有直向、斜向以及两者结合等方式来寻找空间邻接区域或点单元。如果空间单元为地理信息系统软件中的多边形数据，则可以通过寻找左右多边形来生成空间邻接矩阵。当然，空间上单元间的相互作用，不仅仅局限于两个单元的相邻，实际上，对于一个空间单元可通过其余相邻单元设定空间相邻阶数来表达空间相互作用。即直接分析相邻两个空间对象的乘积，来判断对象的属性取值是否存在空间上的聚集和分散，即事物属性分布的空间相关性，因此其适用于空间对象的属性值为正值的情况。

全局的空间相关性分析一般侧重于研究区域空间对象某一属性取值的空间分布状态，而格数据分析的另一个重点在于分析空间对象属性取值在某些局域位置的空间相关性，即局域空间对象的属性取值对全部分析对象的影响。其发展是由全局空间相关性分析向局域或者单个空间研究对象分解而来，目的在于分析某一空间对象取值的邻近空间聚类关系、空间不稳定性及空间结构框架，特别是当全局相关性分析不能检测区域内部的空间分布模式时，空间局域相关性分析能够有效检测由于空间相关性引起的空间差异，判断空间对象属性取值的空间热点区域或高发区域等，从而弥补全局空间相关性分析的不足。

7.2.4 空间分布与格局的数学模型方法的案例

案例1：点空间分布与格局

图 7-2 显示了乡、村级居民点分布。

根据最近邻点指数计算式对于图 7-2，$R = 2 \times 1.45 \times \sqrt{\dfrac{16}{60}} = 1.5$。

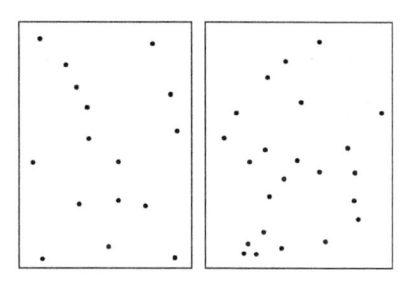

图 7-2 某区域村庄分布片段

有了精确的统计量 $R=1.5$，表示该地区村庄的"分散"程度及分布类型接近均匀型分布的程度。从地理学上解释该区无大河及铁路、重要公路分布，交通条件均衡，气候相同，即各种地理条件大致相似的条件下，居民点分布几乎呈均匀型。从该图看，整个地区居民点分布似乎还比较均匀，但某些地方有凝聚趋势，局部区域 $R=1.1$，说明是由随机因素引起，近似于随机分布，地理条件解释与该图不同的是，交通条件不同，有铁路线通过并设有车站。

邻点的选择是任意的，为了简单起见，这里只选一个最近的邻点，当然也可以选择两个或更多的最近邻点，并由此得到与取一个最近邻点完全不同的结果。

本案例的地理解释为，一种现象的分布情况，在很大程度上影响到另一种现象的分布类型，但是要明确区别，一个随机型的分布并不说明随机分布的地理现象一定是随机产生的，它受其他各种因素的制约。因此最近邻点分析可以用来证明，某一分布显然是非随机型分布，但不能用来证明某一分布肯定是随机型分布。这种分析表明了统计意义上的随机性。

案例 2：趋势面分析实例

本案例源自徐建华（2006）。

某流域 1 月降水量与各观测点的坐标位置数据见表 7-1。以降水量为因变量 z，地理位置的横坐标和纵坐标分别为自变量 x、y，进行趋势面分析，并对趋势面方程进行适度 F 检验（图 7-3，图 7-4）。

表 7-1　流域降水量及观测点的地理位置数据

序号	降水量 z/mm	横坐标 x/万 m	纵坐标 y/万 m
1	27.6	0	2.95
2	38.4	1.1	1
3	24	1.8	0.6
4	24.7	0	0

续表

序号	降水量 z/mm	横坐标 x/万 m	纵坐标 y/万 m
5	32	3.4	0.2
6	55.5	1.8	1.7
7	40.4	0.7	1.3
8	37.5	0.2	2
9	31	0.85	3.35
10	31.7	1.65	3.15
11	53	2.65	3.1
12	44.9	3.65	2.55

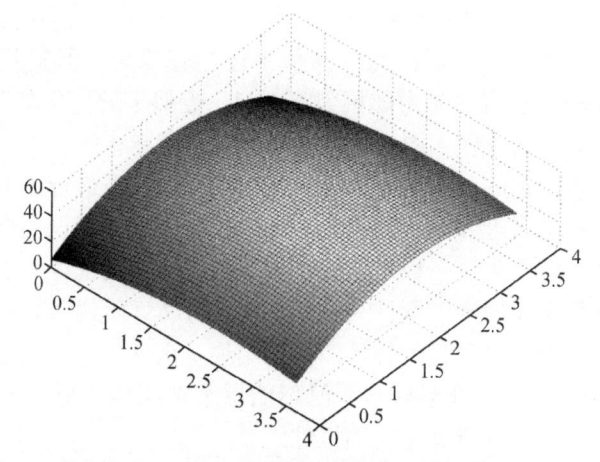

图 7-3　某流域降水量的二次多项式趋势面

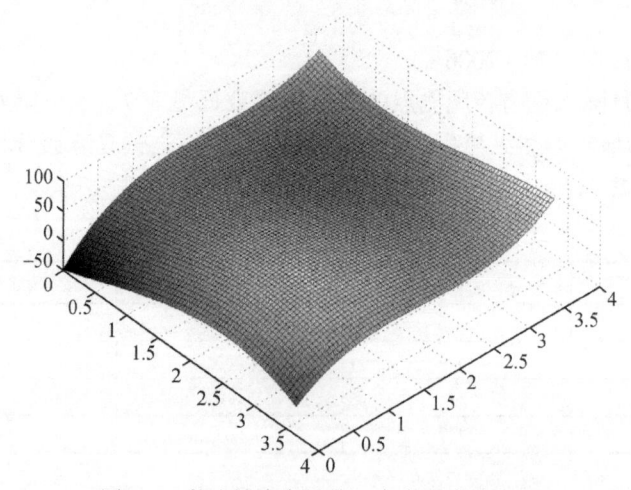

图 7-4　某流域降水量的三次多项式趋势面

分析步骤：
（1）建立趋势面模型
首先采用二次多项式进行趋势面拟合，用最小二乘法求得拟合方程为
$$z = 5.998 + 17.438x + 29.787y - 3.558x^2 + 0.357xy - 8.070y^2$$
$$R^2 = 0.839, F = 6.236$$
再采用三次趋势面进行拟合，用最小二乘法求得拟合方程为

$$z = -48.810 + 37.557x + 130.130y + 8.389x^2 - 33.166xy - 62.740y^2$$
$$- 4.133x^3 + 6.138x^2y + 2.566xy^2 + 9.785y^3y$$
$$R^2 = 0.965, F = 6.054$$

（2）模型检验

1）趋势面拟合适度的 R^2 检验：根据 R^2 检验方法计算，结果表明，二次趋势面的判定系数为 $R_2^2 = 0.839$，三次趋势面的判定系数为 $R_3^2 = 0.965$，可见二次趋势面回归模型和三次趋势面回归模型的显著性都较高，而且三次趋势面较二次趋势面具有更高的拟合程度。

2）趋势面适度的显著性 F 检验：根据 F 检验方法计算，结果表明，二次趋势面和三次趋势面的 F 值分别为 $F_2 = 6.236$ 和 $F_3 = 6.054$。在置信水平 $\alpha = 0.05$ 下，查 F 分布表得 $F_{2\alpha} = F_{0.05}(5, 6) = 4.53$，$F_{3\alpha} = F_{0.05}(9, 2) = 19.4$。显然 $F_2 > F_{2\alpha}$，$F_3 < F_{3\alpha}$，故二次趋势面的回归方程显著而三次趋势面不显著。因此，F 检验的结果表明，用二次趋势面进行拟合比较合理。

（3）趋势面适度的逐次检验

趋势面比较：在二次和三次趋势面检验中，对两个阶次趋势面模型的适度进行比较，相应的方差分析计算结果见表7-2。

表7-2　二次和三次趋势面回归模型的逐次检验方差分析表

离差来源	平方和	自由度	均方差	F 检验
三次回归	1129.789	9	125.532	
三次剩余	41.474	12-9-1*	20.737	6.054
二次回归	982.244	5	196.449	
二次剩余	189.018	12-5-1*	31.503	6.236
由二次增高至三次的回归	147.545	4	36.886	1.779

＊自由度之差

由表7-2可知，从二次趋势面增加到三次趋势面，$F_{3\to 2} = 1.779$。在置信度水

平 $\alpha=0.05$ 下，查 F 分布表得 $F_{0.05}$ (4, 2) = 6.94，由于 $F_{3\to2} < F_{0.05}$ (4, 2) = 6.94，故将趋势面拟合次数由二次增高至三次，对回归方程并无新贡献，因而选取二次趋势面比较合适。这也进一步验证了趋势面拟合适度的显著性 F 检验的结论。

7.2.5 空间分布与格局的数学模型方法的优点和不足

空间分布与格局的数学模型方法的优点如下：

1) 充分体现了数学语言的严密性、高精确性和可操作性。该类方法融代数方程、图论、拓扑学等多种模型的优点于一体，能够精确地、普适性地、高效地解决上述地理空间分布和空间自相关问题。

2) 最大限度地利用了空间单元（点和面）之间的距离信息，能够提供较为全面的空间尺度信息，是真正意义上的空间格局分析。

3) 不仅可以测定地理信息的空间分布，也可以分析任意尺度上地理信息要素格局和要素间的关系，同时还能够给空间的最大聚集强度及其对应尺度的分析与计算提供方便。

空间分布与格局的数学模型方法的不足如下：

与自然语言和地图方法相比，解决空间格局问题并不是数学语言最擅长的方向，特别是面对资源环境复杂系统的横向格局（同一等级地物所组成的空间分布图形及其空间距离、分布密度对比和拓扑关系）问题，数学模型方法不如图形-图像思维方法（见第6章）和地学信息图谱方法（见第8章）直接而有效。

7.3 地理空间过程的数学模型方法

7.3.1 地理空间过程的数学模型方法的定义和内涵

空间动态与过程是地理学研究的主题之一。任何一种地理要素或现象，都伴随着复杂的空间过程，如景观空间格局演变、河道洪水、地震、森林生长动态、林火蔓延等都是典型的地表空间过程。人们常常需要在对地理实体及其空间关系的简化和抽象基础上，利用专业模型对地理对象的行为过程进行模拟，分析其驱动机制，重建其发展过程，并预测其发展变化趋势。空间动态模型就是对空间现象从一个分布状态到另一个分布状态变化的抽象和概括，可以看作是现实世界中地球表面特定位置上的属性或状态随其驱动的时间变化而变化的数学表达。空间动态模型可进一步细化为 5 个要素：①动态输入状态集；②初始状态集；③动态过程序列；④输出状态集；⑤时间控制。

空间过程的数学模型方法主要针对四种类型：传播过程、交换过程、相互作用过程和扩散过程。其中，传播过程主要是某些属性如信息、谣言在确定群体中的传播，群体的特征对此种空间过程的影响巨大；交换过程主要是指经济活动中的商品交换和资金流动，由此导致城市和区域的经济的空间结构的变化；相互作用过程主要是指空间上不同区域或不同点之间因发生资源、环境、经济、社会等的联系，从而形成的各种流动的过程，因此在某种程度上来说交换过程也是相互作用过程中的一种；扩散过程与传播过程的区别在于扩散是研究对象本身如人口的扩散。

在上述四种类型的空间过程中，扩散过程最为复杂，又可分为三种子类型，即膨胀扩散、移位扩散、组合扩散。其中，膨胀扩散的重要特点是扩散的现象本身在原来的位置并不消失（并且常常是得到某种加强），随着时间的推移，在新的位置此种现象也会发生，如新技术的应用、某种传染性疾病等，又分为两种情况：一是传染性传播，主要特点是一般信赖于直接接触进行传播，其本质隐含着连续空间的概念，因此距离往往是影响该种类型扩散的最主要因素，一些传染性疾病是其最典型的代表；二是层次传播，主要特征是特定现象的扩散按照某种等级或顺序在空间上的传播，如新技术的采用往往从特大城市到一般城市，再到乡村。移位扩散是指特定空间对象的位置随着空间过程的演化在不同时间也随之改变，如泥石流等。组合扩散是一种更复杂的情况，是上述两种扩散模式综合作用的结果。考虑到地理事物的复杂性，此种组合扩散模式在现实中更为常见。

从数学描述来说，可以将空间过程分为随机的和确定性的空间过程。其中，微观尺度的现象如社会经济活动中个体单位的经济活动，流行病过程中具体病例的接触史等，一般表现为一种随机过程的形式。而宏观尺度空间过程，则一般表现出确定性的特征。

7.3.2　地理空间过程的数学模型方法在研究中的意义

地理信息科学所研究的地理对象和现象的最重要的特征是"空间上的广延性"和"时间连续性"，这两个维度既平行又耦合。长期以来的地理学主要强调静态的地理空间，有时认为"地理学就是研究地理空间及其格局"的学科，因此对于过程、动态的研究程度远不及静态、结构、分布、格局等的研究深，呈现出非对称的形态。任何一个地理对象和现象的空间分布、结构和格局都是随时间而发生变化的，具有相对性。因此，建立研究空间过程的数学模型，在地理信息科学中就显得格外重要。我们所要建立的空间过程数学模型,不但应该能够描述地理空间的自然节律性和振荡性,还要精确地反映和模拟地理空间中信息扩散和传播的随机过程,更要能够刻画出地理空间的演进规律,如周期性循环、单向演进、突变等。

7.3.3 地理空间过程的数学模型方法的原理、结构和过程

随着 GIS 在资源与环境等领域中的广泛应用,空间分析功能得到了迅速发展。20 世纪 90 年代各种空间过程是地学与环境研究的主题,因此,从 90 年代中期开始,如何在 GIS 框架内建立空间过程数学模型成为 GIS 研究的一个重点。

空间过程是各种地学与环境领域研究的核心。过程模拟是空间过程研究的主要手段。地学空间过程模拟模型基本上分为三类,它们对应以下三种过程研究模式。

1. 空间相互作用模型

空间相互作用模型的作用是定量分析各种"地理流"在不同区域之间流动的方向和强度。地理网络中不断进行着物质和能量的流动,形成各种各样的流。人流、物质流和能量流等在网络中的流动是有方向的,由流入点进入网络的流量和最终到达流出点的流量是相等的,且这些资源的流量不能超过网络的最大流量。流分析就是根据网络元素的性质选择将目标经输送系统由一个地点运送到另一个地点的优化方案,网络元素的性质决定了优化的规则。

多区域之间存在人流、物质流、信息流、资金流等,其产生有源地和汇地两种影响因素,并受源汇两地分隔远近影响。因此,建立空间相互模型,就是要效仿物理学牛顿万有引力公式形式来表达多区域之间的流,并根据具体问题差异作必要的变形,然后用已经观测到的数据集对方程进行拟合,获得参数,最后用此模型进行分析预报。所采用的一般模型中,除了考虑流量估计值(如人、物品、资金、信息等)、源地因子、汇地因子,还要考虑空间分离因子,并依据数据类型的不同,将模型细化为双约束模型、源约束模型、汇约束模型和无约束模型四个子模型。

2. 随机过程模拟模型

过程研究的随机过程方法一般用于事先并不知道过程运动规律的那些过程,如土地利用变化等。为此,研究必须首先在不同的过程时间断面上进行状态观测,获得多时相的过程断面数据,然后,利用统计学与随机过程理论建立随机过

程模拟模型。随机过程模拟模型一般是不同时刻状态变量的联合分布函数，而且常常针对每个空间单元进行。计算模型控制参数所需数据集与模型操作数据集一般是相同的，模型输出数据是基于条件分布或其他统计分析方法产生的新的时间断面上的状态数据。这类模拟模型的操作单元常常是具有明确语义的区域（area of region），如土地利用类型或土地性质或非语义的空间单元。

最常用的随机过程模拟模型是马尔科夫链模型。马尔科夫链是一种随机时间序列，是利用某一变量的现在状态和动向去预测该变量未来的状态及其动向的一种分析手段，它在将来取什么值，只与它现在的取值有关而与过去取什么值无关。它通过对不同状态的初始概率以及状态之间转变概率的研究，来确定状态的变化趋势，从而达到预测未来的目的。

3. 系统动力学过程模拟模型

过程研究的动力学方法假设系统运动的物理规律已知。根据过程物理规律，可以建立过程模拟的数学模型，即动力学过程模拟模型。这些模型常常是在系统运动初始条件与边界条件约束下的一组偏微分方程组。动力学过程模拟模型的建立与解算一般是在非语义空间单元上进行（网格单元或不规则三角形单元）。模型的输入数据一部分作为模型操作数据直接操作，另一部分则用于计算模型控制参数。这些数据的时间分辨率一般要求不高，只有当这些数据的变化已经达到使过程模拟模型不能较好地代表系统行为时才需要更新，即重新计算控制参数并输入当前时刻的系统状态实测数据。但模型计算产生的数据集则常常是时间分辨率（计算步长）较高的数据层序列。

目前，系统动力学与 GIS 的集成是面向具体问题并以数据相互利用为基础的松散式集成方式，模型模拟产生的动态信息作为空间数据的属性或空间分析调用的数据，用来预期空间数据的将来变化而产生动态地图。选择合适的空间概念，构建含有空间概念的系统动力学模型，产生动态仿真信息数据，用来预期空间数据的变化趋势，制作研究对象未来的空间分布趋势图。

7.3.4　地理空间过程的数学模型方法的案例

案例1：空间动力学模型——基于 SD&GIS 模型的兰州市住宅价格时空模拟研究

罗平等构建了兰州市 SD&GIS 城市住宅价格时空仿真模型。其建模过程如下：

首先，对城市住宅市场价格系统进行分析并建立其系统动力学模型。将城市住宅市场价格系统划分为 5 个子块：土地价值子块、房产价值子块、市场需求子块、市场供给子块和城市人口子块。系统所选择的主要变量有 20 多个，主要因果关系见模型总体反馈回路图（图 7-5）。图中有 4 个主要反馈环，用实线表示，虚线表示主要影响因素，不构成反馈环。其中，正反馈环 3 个，负反馈环 1 个。

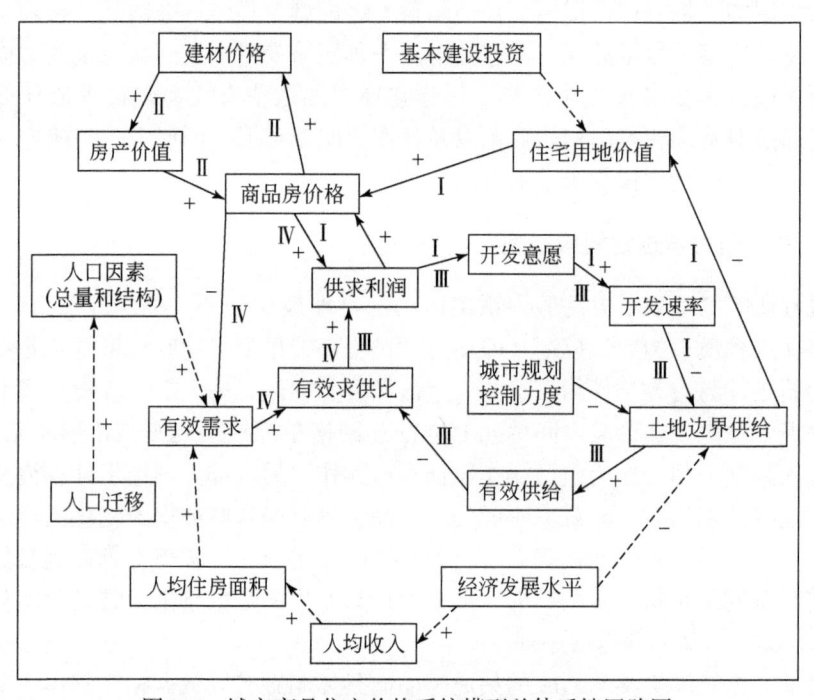

图 7-5 城市商品住宅价格系统模型总体反馈回路图

其次，建立空间变量与价格变量的函数关系。系统模型中有土地价值、住房满意度、小区容积率等多项空间变量，城市土地价值与土地区位具有内在的规律性联系，而城市土地定级估价工作一般会对土地区位级别有个比较明确的边界，在兰州市住宅市场价格系统动力学模型中对于土地价值描述如下：运用数学统计方法构造不同土地小区空间位置与土地级别的函数关系 $d = f(x, y)$，d 为土地级别，x，y 为地球坐标，f 为土地级别与小区空间位置的函数关系；土地价值与土地级别的函数关系用 $P = g(d)$ 描述，P 为土地价值，g 为土地价值与土地级别的函数关系。

最后，利用 1990~1999 年的各类统计资料，确定各类参数合理的范围，初始值数据均采用 1996 年统计调查数据，对模型进行调试，最后再结合 GIS 软件工具制作空间模拟地图（图7-6，图7-7）。

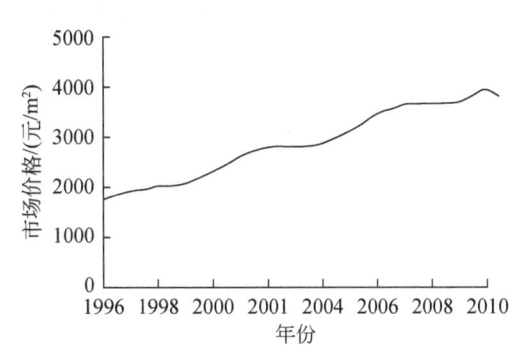

图7-6　1996~2010年兰州市住宅市场价格仿真图

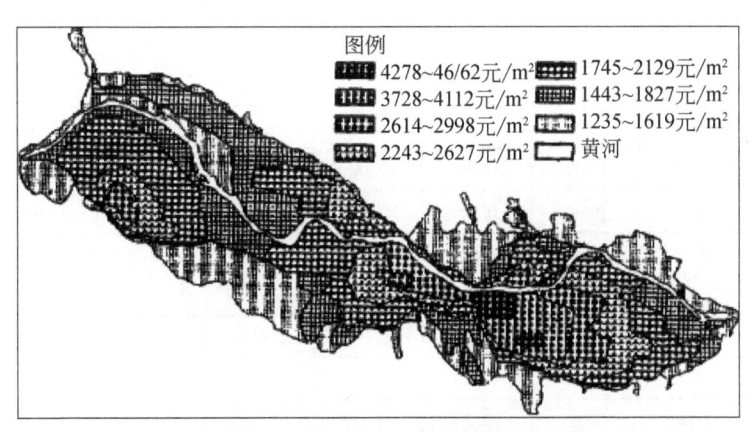

图7-7　兰州市住宅市场价格空间分布图

借助于SD&GIS的时空动态模拟模型可以更全面地描述、解析和模拟具有复杂结构、时空因素的系统，有助于解决一些系统的时空模拟问题。其技术核心是在遵循传统动力学模型强调结构分析的基础上，注重模型结构中空间因素的度量、空间概念的选取以及空间系统在时间序列上的变化模拟。

案例2：马尔科夫模型——在预测土地利用结构中的应用

张琳琳等（2010）在对济南市1996~2004年土地利用数据分析的基础上，对未来土地利用变化的趋进行了预测。建立马尔科夫预测模型的过程为：首先，确定事件的初始状态，即1996年的8种土地利用类型作为预测事件的初始状态向量；然后，同时将不同土地类型面积的变化作为城市用地变化预测的标志，确定1996~2004年即8年为一个步长，1996~2004年的平均转移概率矩阵作为马尔科夫预测过程中的转移概率矩阵（表7-3）；再根据1996年的初始土地利用类型面积，用P表示从土地类型i经过n阶转变后为地类j的概率，即对P进行相应的阶运算得出不同预测年份相对于1996年的转移概率，最后得出不同年份的预测结果，济南市城市用地变化预测结果见表7-4。其中，R代表居民地，I代表工业用地，T代表交通用地，G代表草地，A代表农业用地，W代表水体，O代表其他用地。

表7-3　1996~2004年土地利用变化转移概率矩阵（$n=1$）

项目	R	I	P	T	G	A	W	O
R	0.97	0.01	0.01	0.00	0.01	0.00	0.00	0.00
I	0.01	0.97	0.01	0.00	0.00	0.00	0.00	0.00
P	0.02	0.01	0.96	0.00	0.00	0.00	0.00	0.00
T	0.00	0.00	0.00	1.00	0.00	0.00	0.00	0.00
G	0.01	0.00	0.00	0.00	0.98	0.00	0.00	0.00
A	0.04	0.02	0.03	0.03	0.01	0.86	0.00	0.01
W	0.00	0.00	0.00	0.00	0.00	0.00	1.00	0.00
O	0.02	0.01	0.03	0.01	0.01	0.00	0.00	0.92

表7-4　济南市土地利用变化预测结果

年份	R	I	P	T	G	A	W	O
1996	104.25	38.71	42.14	21.42	120.07	179.75	11.07	20.70
2004	111.43	43.88	48.74	27.01	119.84	154.75	11.75	20.71
2012	117.52	48.44	54.43	32.00	119.54	133.26	12.33	20.59
2020	122.69	52.47	59.34	36.47	119.17	114.79	12.82	20.37
2028	127.06	56.04	63.57	40.49	118.75	98.91	13.23	20.07
2036	130.74	59.22	67.21	44.12	118.29	85.26	13.57	19.71
⋮	⋮	⋮	⋮	⋮	⋮	⋮	⋮	⋮
稳定状态	141.77	70.67	79.10	58.08	115.72	40.92	14.57	17.50

城市格局变化是一个复杂的过程，受自然和人为因素等众多因素的影响。由于土地利用变化驱动因子的复杂性使得不同土地利用类型之间的转移概率会发生一定的变化，因而致使马尔科夫模型的预测精度也存在一定的局限性。

针对以上研究存在的问题，需要对城市空间扩展的影响因子进行相关分析以及择优选择，同时对马尔科夫模型中的转换概率通过反复实验后确定，从而提高其预测的精度，这些不足和问题的解决将是今后研究的重点。

7.3.5 地理空间过程的数学模型方法的优点和不足

系统动力学（system dynamics，SD）在时间尺度上可以很好地模拟系统的动态行为。但是基于差分方程的系统动力学模型不能考虑许多空间因素，也不能处理大量的空间数据，更不能模拟系统的空间要素及其状态。因此，GIS 技术和 SD 技术的结合可以极大地丰富扩展两种分析技术的现有功能，在时间序列上考虑空间因素，对空间数据进行动态模拟，二者理论上结合形成 SD-GIS 概念模型。

动力学模拟模型的计算结果是微观的分布式的非语义数据，只有通过分析与解释环节这些数据才能成为关于相应过程的有意义的信息。不仅需要对过程模拟数据本身进行分类、聚集、综合、统计等分析，还要结合相应空间区域内其他种类的数据进行综合分析。对于随机过程模拟模型，如果其建模与计算模式是针对非语义的空间单元的，那么其数据处理结果（内插或预测）也与动力学模型一样需要进一步分析与解释；即使其建模与计算模式是针对有意义的空间单元的，常常也需要结合其他数据进行分析以便找出引起相应结果的可能原因。此外，无论对于动力学模型还是随机过程模型，它们模拟的都是空间过程，形成的都是过程数据或时空分布数据，具有时间、空间单元集合和过程特征值的基本结构。

应用马尔科夫模型应该注意的问题如下：

第一，在远期预测中，部门用地需求和相关规划还不确定及土地利用变化速度相对平稳的情况下，用马尔科夫链预测土地利用需求和结构不失为一种有效的方法，可以为土地利用规划、管理和决策提供一种研究方法。

第二，由于影响未来土地利用状况的因素众多，土地利用变化具有一定的复杂性，根据预测时段前期资料所确定的转移概率矩阵不一定能完全反映将来的土地利用变化。因此，在预测时，我们可以根据将来可能发生的重大项目对转移概率矩阵进行一定的调整，这样，将使预测的数据更加准确，所作的规划更符合实际。

7.4 地理时空演化的数学模型方法

7.4.1 地理时空演化的数学模型方法的定义和内涵

时间和空间是所有地理现象发生的背景，是所有数据资料所依赖的环境。时空数据是空间数据在一段时间内发生变化的一组记录，它的主要目的是记录时间与空间交互作用的复杂现象。

时空演化分析不同于一般的空间统计，其特殊性在于过程模型明显表示和处理时间变量，从而要求 GIS 的数据模型必须能有效表达时间变量和时空拓扑，并同时支持多时相数据分析建模。

本节的地理时空演化数学模型方法，集中解决地理时间与空间交互与耦合问题，即用数学模型来记录时间与空间交互作用的复杂现象，模拟时间、空间和属性三者的不可分割性，从而揭示地理系统的空间格局的演化规律。该类数学模型针对的是"格局的过程"和"过程的格局"两种情况，以及两种的结合。前者是先研究空间格局，再研究空间格局的演化过程；后者相反，先研究某一现象的演化过程，再将诸多个体的演化过程组合成空间的格局。

本节是对数学模型方法能力的极大考验。

7.4.2　地理时空演化的数学模型方法在研究中的意义

地球表层是一个自然、社会、经济复合的、开放的复杂巨系统。许多地理现象都具有非平衡性、多尺度性、不确定性、自相似性、层次性、随机性和交互性等复杂性现象的特征。研究复杂的地理现象需要应用复杂系统的理论，结合地理学的本质，采用适当的研究方法，建立时空复杂系统的数学模型。

一般的空间分析模型能够较好地描述地理实体和地理现象的空间分布关系，但这种描述是静态的，不能完整地表示地理实体的时态信息和时空关系，时空分析能力很弱。而传统的地理时空过程模拟模型，如系统动力学模型、社会物理学模型等通常从宏观动态性出发又缺乏对空间的表达。这两种方法均忽略了时空的不可分割原则。时间、空间和属性是地理实体的 3 个基本特征。如何建立有效的时空数据模型来分析、模拟地理实体的时空特性以及如何发展面向应用的时空演化的模拟方法是目前 GIS 及其相关领域研究的热点。

7.4.3　地理时空演化的数学模型方法的原理、结构和过程

目前，构建时空演化模型的一个主要方法是将 GIS 空间分析模型与系统动态过程模拟模型集成。例如，建立基于微观动态模拟理论基础上的一些微观离散模拟方法如 CA、神经元网络和分形模型等。元胞自动机（cellular automata，CA）作为研究空间复杂性现象的一个方法工具，受到地理学界的普遍重视。CA 模型是定义在一个由离散、有限状态的元胞组成的元胞空间上，按照一定的局部规

则，在离散时间维上演化的动力学系统（Geoffery and Foi，1996）。由于 CA 模型"自下而上"的研究思路、强大的复杂计算功能、固有的并行计算能力和鲜明的时空耦合特征使得它特别适合于地理空间系统的动态模拟研究。

元胞自动机（又称细胞自动机、分子自动机或者点格自动机），是一种时间、空间、状态都离散，空间相互作用和时间因果关系皆局部的网格动力学模型，可以将它简单地描述为：CA 的基本构成单元是"元胞"，这些元胞被规则地排列在元胞空间所确定的格网上，每个元胞的状态取有限状态集中的一个，并且随着时间而变化，元胞的状态取决于上一时刻该元胞的状态以及该元胞所有邻居的状态，元胞空间内的元胞按照这样的局部规则进行同步状态更新，整个元胞空间表现为离散的时间维上的变化。CA 系统的时间是离散时间，它不具有物理意义。

CA 虽然是产生于并行计算机结构的一种理论模型，但它还可用来描述具有很大自由度的离散系统，可视为偏微分方程离散化的理想形式。CA 模型可用来模拟研究很多的现象，包括信息传递、计算、构造、生长、复制、竞争与进化等，同时，它为动力学系统理论中有关秩序、紊动、混沌、非对称、分形等系统整体行为与现象的研究提供了一个有效的模型工具。

CA 模型具有很强的灵活性和开放性，它不是一个简单的数理方程，而更像是一种方法论。各领域专家可对模型的各个组成部分进行灵活的扩展，建立适合模拟各种专题现象的扩展模型，这是 CA 广泛应用于社会、经济、环境、地学、生物等领域的原因。尤其需要说明的是，当 CA 在二维空间上时，元胞空间结构与栅格 GIS 数据结构高度相容，因此使用栅格 GIS 结合 CA 模型，可以用于离散时间和离散空间框架下对复杂时空动态过程进行模拟。

7.4.4　地理时空演化的数学模型方法的案例

案例：基于 CA 模型的湿地景观时空演化模拟

那晓东等（2009）基于多期土地利用数据及其他地理辅助数据，运用 CA 模型对三江平原典型内陆淡水湿地景观变化过程进行了模拟（图 7-8）。模型的建立过程如下：

首先，基于研究区 1995 年、2000 年、2006 年土地利用数据，从 1995 年、2000 年两期土地利用数据中获取转换规则，并用 2006 年数据对模型进行验证；然后，通过对研究区内土壤、地貌、地形、区位条件等专题数据的综合分析以获取多种地理条件影响下的元胞转化规则；进一步通过约束性、随机性、时间等多方面因素分析，确立转换规则，在软件 Microsoft Visual Studio 2008 下编程实现模拟过程；最后采用目视判别以及点对点对比法完成模拟效果和精度评价。

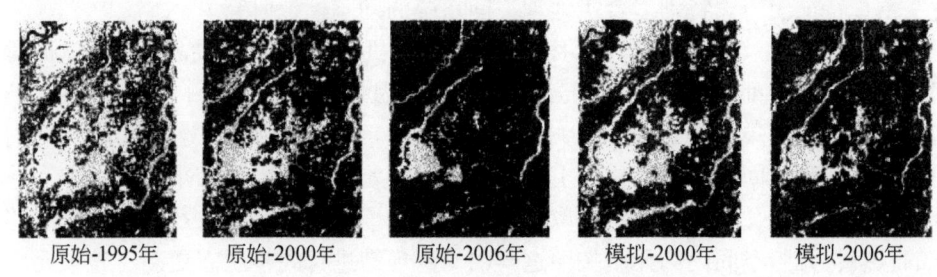

原始-1995年　　原始-2000年　　原始-2006年　　模拟-2000年　　模拟-2006年

图 7-8　三江平原湿地景观 CA 模型模拟结果

虽然 CA 模型在湿地景观时空演化模拟及预测中取得了较为满意的效果，但模拟结果表现出湿地斑块分布集中、聚集程度较高，并且没有体现实际情况中零散分布的小斑块等现象。另外，针对本应迅速递减的湿地区域，由于模拟结果中斑块面积仍然较大而与实际情况出现较大差异，个别区域原本应该转变的土地利用类型因受河流阻断作用影响而没有发生转变，需要进一步改进 CA 技术以改善模拟效果。

7.4.5　地理时空演化的数学模型方法的优点和不足

CA 作为天然的空间离散动力学模型，相对于基于非线性微分方程的空间动力学模型而言，模型的结构和表达简洁、自然，具有动态模拟、可视化等特点，充分反映了复杂性科学的理论。因此，基于 CA 的空间模拟在过去 10 年已成为复杂科学理论探索土地利用空间变化问题的理想切入点之一。

CA 模型以其框架的简单、开放和可以模拟十分复杂的系统行为而具有很强的生命力，它具有以下特点：

1) 模型采用"自下而上"的构模方式，而且没有一个既定的数学方程，只是一个建模原则，因此具有很好的开放性和灵活性。这和运用微分方程或物理模型从宏观上描述空间现象的传统方法是对立的，前者更符合人们认识复杂事物的思维方式。

2) 模型是一个基于微观个体相互作用的时空动态模拟模型，将地理实体的空间和时间特性统一在模型中，通过划分研究对象的细胞空间和研究初始状态及状态转换规则，CA 模型就可以自行迭代运算，模拟系统演化过程，而 GIS 则不具备迭代运算的能力。

3）模型将空间和时间离散化，适合于建立计算机模型和并行计算特征，因为计算机对客观世界的表示是离散的。

4）模型具有不依赖比例尺的概念，细胞只是提供了一个行为空间，本身不受细胞空间测度和时间测度的影响，时空测度的影响通过转换规则体现。

因此，CA 模型可以用来模拟局部的、区域的或大陆级的演化过程。从数据模型的角度看，CA 模型中的细胞和基于栅格 GIS 中的栅格一样，所以 CA 模型易于和 GIS、遥感数据处理等系统集成。由上述可知，CA 模型较适合空间信息的时空动态分析，尤其是时空动态过程的模拟为 GIS 中时空动态分析提供了一个框架思路和建模方法。但是由于地理系统的复杂性，标准的 CA 模型需要扩展和改进，才能满足地理时空模拟的需要，更加真实地模拟地理实体的演化进程。

用 CA 模型来模拟地理对象的时空动态演化过程也面临以下问题和挑战：

1）空间尺度的划分问题。不同的空间尺度下，由于模型的表现效果以及影响模型的各种外在因素作用程度的差异，系统单元表现的规律也不相同，因此，根据研究的需要，如何确定合适的空间分辨率是一个需要考虑的问题。

2）CA 转换规则体系的建立问题。建立合理的转换规则是 CA 模型取得成效的关键，在 CA 模型中，转换规则反映了地理单元间的局部相互作用。这个局部规则与传统的宏观规律，既有联系，又存在较大的差别。它的产生有时靠的是直觉和经验，而且找到一个确切规则的难度是比较大的，这也是 CA 模型应用于模拟土壤侵蚀过程能否成功的重要因素。

3）模型的时间校准问题。标准 CA 模型的时间是一个抽象的概念，那么它的模拟结果如何与实际的时间尺度如年、月、日相对应，是 CA 模型面临的一个难题。一般可以利用已有的历史数据来校准模型的时间概念，即用某时段观测到的土壤侵蚀结果数据与现有 CA 模型计算运行的结果相拟合，得到一个时间对应关系。但这种方法的局限性在于一般只适用于有关测站点的地区或流域，并且已经积累了大量的野外观测历史数据。

4）模型与 GIS 集成的问题。GIS 系统的支撑已经成为地理系统建模的必要条件。虽然 CA 模型与栅格模型 GIS 在空间数据结构上存在较大的相似性，然而 CA 模型是一个时空动态模型。传统的 GIS 并不能完整地表示地理实体的时态信息和时空关系，时空分析能力很弱。如何将二者动态地紧密集成，也是阻碍 CA 模型在模拟土壤侵蚀动态演化过程中的一个障碍。由以上 CA 模型在具体应用中存在的问题可以看出，如何建立 CA 模型的转换规则及校准 CA 模型的时间直接关系到模型模拟结果的真实性和准确性，所以是模拟土壤侵蚀时空演化过程所必须解决的核心与关键问题。

7.5 空间优化和决策的数学模型方法

7.5.1 空间优化和决策的数学模型方法的定义和内涵

地理决策是将广义优化理论应用于地理研究中的一种方法，是为求取地理区域空间或地理过程中的最优、最大、最小、最安全、最经济等一类极值问题为目标的过程。可以划分为一般性决策和风险性决策两类，前者主要解决最优化的极值求取问题，后者则主要解决最大可能的安全临界值问题。

与地理决策紧密相关的是地理空间管理问题，包括空间区划、空间运筹、空间要素评价、空间要素配置、区域与城市规划。其中，地理空间区划是根据区域空间的差异性进行区域的划分，以揭示地理现象在区域内的共同性和区域之间的差异性，为研究区域与区域之间的不同特征和发展条件，综合论证和决策区域发展的方向和途径提供依据。地理时空运筹则是建立在地理区位、地理空间过程、地理空间格局研究基础之上的，以综合协调地理空间秩序与时间格局为目标的活动。要素配置则是在资源总量不足的背景条件下，将优先的资源重新进行时空分配，使稀缺资源的功效最大化，从而保证社会经济和生态效益最优化。例如，水资源时空配置、污染物排放时空优化、城市发展规划以及社会经济活动中诸如消防站点的分布、学校选址、商业服务设施分布、管网系统的布局、垃圾收集站点分布等许多问题都涉及对资源的配置和规划。定位-配置分析包括自由选址和布局模型，其中自由选址包括单设施选址和多设施选址；布局模型包括基于福利的选址（P-重心模型）和基于覆盖的选址（p-中心模型），它们可分别用于解决不同情况下的定位-配置问题。

7.5.2 空间优化和决策的数学模型方法在研究中的意义

空间优化和决策是地理研究的最高境界，是人类利用和改造自然界最高价值的体现。用数学模型方法解决空间优化和决策问题，有相当的难度，不但要使单个要素的时空配置达到最优，还要协调资源、环境、生态与经济发展、社会文明等各个方面，达到地理系统工程的目标。目前具有表现形式多样性、求解过程综合性的特点，且各种解决方法之间并没有严格的界限。将多种规则与算法有效地结合起来形成综合集成的算法是目前空间优化和决策数学模型建立的主要途径。目前，复杂空间决策问题常采用的是带性能约束的数学优化模型，它虽然表达复杂空间决策问题的综合能力较差，但简单和实用。

7.5.3 空间优化和决策的数学模型方法的原理、结构和过程

空间优化和决策的数学模型方法分为空间模式优化、资源最佳利用策略、地理系统优化调控三种类型。

1. 空间模式优化的数学模型

空间模式优化用于解决位置-分配问题。位置-分配问题，是在规划重要公共设施的位置及其附属区域时产生的（公共设施，如医院、幼儿园、游戏场所、养老院、学校、警察局、消防队、急救站、管理设施等，即属于国家预算范围内的基础设施）。

一个位置-分配问题一般可表述如下：

设有一定数量的居民集中点，这些点被称为需求点（或消费点、居民点），求一定数量的供给点（某种公共设施）以及（或）供给点的需求分配，以完成某个规划目的。

如果已设需求点，求供给点，则涉及位置或定位问题（location）。

如果已设供给点，求分配点，则涉及分配或配置问题（allocation）。

如果同时求供给和分配，则涉及位置-分配或定位-配置问题（location-allocation）。

通过需求点和供给点之间的分配，供给点的附属区域也就确定了。

优化模式基本结构由一系列边界条件和一个（或几个，但少见）目标函数组成。在这些边界条件下，求目标函数的极大值或极小值。边界条件代表了规划目标所必须满足的规划条件，它们代表了对于目标规划区域功能的基本评价；而优化目标函数（即求目标函数的极值）则代表了一个最大限度可能达到的规划目标。因此，在边界条件中体现出来的相关目标函数的规划条件具有首要意义，与优化目标函数相应的规划目标的重要性则稍差一些，引入目标函数的极大、极小化意义，在于得到一个定位-配置问题的明确答案（指在一定边界条件下，目标函数有数个可行答案的情况下）。

针对静态和离散空间的优化问题，其模式可采用线性规划方法。这一问题是在规划重要公共设施的位置及其附属区域时出现的，须考虑很多潜在的供给点，并且位置和附属区域的确定将在长时间内处于不变的状态。在空间优化过程中，如果目标函数和边界条件都是线性的，则采用的数学工具是线性规划，即在一组线性的等式和不等式的约束下，求一个线性函数的最大值和最小值的问题。

2. 资源最佳利用策略的模型

可更新资源主要是指生物资源和某些动态非生物资源。农业生产所利用的资源大部分属于可更新资源，如农作物、森林、牧草、野生动物、牲畜、淡水和海洋水产品（鱼类、虾等）以及水资源、土壤、人力资源等。可更新资源可借助于自然生长、繁殖不断地进行自我更新和维持一定数值。如果对这些资源进行科学管理和合理开发利用，将会取之不尽，用之不竭；反之，管理和使用不当，将会使这些资源受到损害，甚至完全枯竭，从而给人类的经济活动带来巨大的损失。从一定意义上讲，可更新资源枯竭的危险性比非可更新资源更大。这是因为所有可更新资源都要受到自然更新能力的限制，如果人们的生产经营活动不够得当，就可能超出这种限制从而导致资源枯竭，甚至会导致不可逆转的永久性枯竭和灭绝。

如果研究单一种类可更新资源的管理利用问题，则这一问题就是一维系统的优化调控问题。这里，我们取资源的储备量 $x = x(t)$ 为系统的状态变量，资源收获量 $u = u(t)$ 为控制变量。如果该种可更新资源的自然增长率函数为 $F(x)$，则该系统的动态描述为

$$\begin{cases} \dfrac{\mathrm{d}x}{\mathrm{d}t} = F(x) - u(t) \\ x(0) = x_0 \end{cases} \tag{7-1}$$

在资源利用过程中，一个最基本的要求如下：

$$x(t) > 0 \tag{7-2}$$

为了维护资源的再生能力，应该对资源的收获量提出如下约束：

$$u_{\min} \leqslant u(t) \leqslant u_{\max} \tag{7-3}$$

如果资源的单位收获量价格为 p，成本为 $c(x)$，那么持续的经济收益为

$$J_0 = \int_0^{+\infty} [p - c(x)] u(t) \mathrm{d}t \tag{7-4}$$

若货币贴现率为 $\delta(\delta > 0)$，那么，上述收益折算成现值如下：

$$J(u) = \int_0^{+\infty} \mathrm{e}^{-\delta t} [p - c(x)] u(t) \mathrm{d}t \tag{7-5}$$

可更新资源利用的目标就是在维持生态平衡的前提下获得持续的最佳经济收益。该问题的实质就是在约束条件式（7-1）~式（7-3）下求目标泛函式（7-5）的极大值。这就意味着确定一个允许的收获量 $u^*(t)$，使资源储量稳定在某个水平上面获得最佳收益。利用最大值原理可知最优状态水平 x^* 应满足如下方程：

$$\frac{\mathrm{d}\eta(x)}{\mathrm{d}x} = \delta[p - c(x)] \tag{7-6}$$

在式（7-6）中，$\eta(x) = F(x)[p - c(x)]$ 表示资源储量为 x 时的持续经济利润。

若式（7-6）有唯一的解 x^*，那么资源的最佳利用策略为

$$u^*(t) = \begin{cases} u_{\max} & x > x^* \\ F(x^*) & x = x^* \\ u_{\min} & x < x^* \end{cases} \quad (7\text{-}7)$$

如果在种群水平上探讨可更新资源（如森林资源、鱼类资源、草场资源等生物资源）的管理利用问题，则状态变量 $x = x(t)$ 就代表在 t 时刻资源（林木、鱼类、牧草等）的种群水平，而控制变量 $u = u(t)$ 则代表森林的采伐速率、鱼的捕获速率、牧草的采食速度等。对于这类生物资源，其种群自然增长过程可以用逻辑斯蒂（Logistic）方程描述，即自然增长率函数为

$$F(x) = rx\left(1 - \frac{x}{k}\right) \quad (7\text{-}8)$$

式中，r 为资源种类的内禀增长率；k 为环境容量。

如果认为收获成本与种群水平成反比，则可以假设

$$c(x) = \frac{c}{x} \quad (7\text{-}9)$$

式中，c 为常数。

将式（7-8）与（7-9）代入式（7-6）可以求得一正数解：

$$x^* = \frac{4}{k}\left\{\left(\frac{c}{pk} + 1 - \frac{\delta}{r}\right) + \left[\left(\frac{c}{pk} + 1 - \frac{\delta}{r}\right)^2 + \frac{8\delta c}{pkr}\right]^{\frac{1}{2}}\right\}$$

此时，资源的最佳利用策略为

$$u^*(t) = \begin{cases} u_{\min} & x < x^* \\ rx^*\left(1 - \dfrac{x^*}{k}\right) & x = x^* \\ u_{\max} & x > x^* \end{cases} \quad (7\text{-}10)$$

3. 地理系统优化调控的数学模型

地理系统调控的根本目的就是希望通过采取科学的调控方法和手段，使人类活动与地理环境之间相互适应、相互协调，从而使人类活动与地理环境相互作用的地理系统朝着良性有序的方向发展。最佳调控策略是地理系统调控所追求的理想目标。本节将运用现代控制论方法，探讨地理系统优化调控的数学模型。

假设某地理系统有 n 个状态变量及 m 个控制或输入变量，那么，从理论上

讲,它的运动规律就可以用一组状态方程描述:

$$\frac{\mathrm{d}x_i}{\mathrm{d}t} = f_i(x_1, x_2, \cdots, x_n, u_1, u_2, \cdots, u_m) \qquad i = 1, 2, \cdots, n; t_0 \leqslant t \leqslant T \tag{7-11}$$

式中,$x_i(i=1, 2, \cdots, n)$ 为状态变量;$u_j(j=1, 2, \cdots, m)$ 为控制或输入变量。

式 (7-11) 也可以改写成向量形式:

$$\frac{\mathrm{d}X}{\mathrm{d}t} = F(X, U) \qquad t_0 \leqslant t \leqslant T \tag{7-12}$$

式中,$X = [x_1, x_2, \cdots, x_n]$;$T$ 为 R^n 空间中的向量,$U = [u_1, u_2, \cdots, u_m]$;$T$ 为 R^m 空间中的向量;$F(X, U) = [f_1(x, u), f_2(x, u), \cdots, f_n(x, u)]$;$T$ 为 n 维向量函数。

由于理论的需要,一般地,假设对状态空间的每一个点 X,以及 R^m 空间中的每一个点 U,$F_i(x, u)(i = 1, 2, \cdots, n)$ 是有定义的,而且对于 x_i,$u_j(i = 1, 2, \cdots, n; j = 1, 2, \cdots, m)$ 是连续的,对于 $x_i(i = 1, 2, \cdots, n)$ 是连续可微的。

在系统控制问题中,一般对控制函数 $U(t) = [u_1(t), u_2(t), \cdots, u_m(t)]$,$T$ 都要加一定的限制,如要求诸控制函数 $u_j(t)(j = 1, 2, \cdots, m)$ 在时间区间 $[t_0, T]$ 内分段连续,并且满足若干约束条件:

$$\varphi_i(X, U) \leqslant 0 \qquad i = 1, 2, \cdots, l(l \leqslant m) \tag{7-13}$$

从而保证控制域在 R^m 空间中的某一个有界闭集 U_t 内取值,即

$$U(t) \in U_t \tag{7-14}$$

这样的控制 $U(t)$ 称为允许控制。

初值条件:

$$X(t_0) = X^{(0)} \tag{7-15}$$

也是系统控制必不可少的条件。另外,在一些系统的控制问题中还可以加入终端条件:

$$\psi_i(X(t), T) = 0 \qquad i = 1, 2, \cdots, k(k \leqslant n) \tag{7-16}$$

这里 T 可以是固定的,也可以是不固定的。

在 R^n 空间中,所有满足式 (7-16) 的点 $X(T) = [x_1(T), x_2(T), \cdots, x_n(T)]^T$ 组成的集合

$$\Omega = \{X(T) | \psi_i(X(T), T) = 0, X(T) \in R^n\} \tag{7-17}$$

称为目标集。具有终端约束式 (7-16) 的问题,叫作可变右端问题。如果目标集 Ω 蜕化成一个点,即 $X(T) = X_T$ (X_T 是给定的),则称为固定右端问题。称没有终

端约束的问题为自由端问题。

给定允许控制 $U(t) \in U_t$，只要它满足终端条件式（7-16），那么对于任何可能的系统初始状态 $X(t_0) = X^{(0)} \notin \Omega$，都能唯一地确定受控对象的运动规律，使系统式（7-17）自 $X^{(0)}$ 出发，在 $t = T$ 时刻到达目标集 Ω，而且使

$$\max(\min)J[U(t)] = \max(\min)\{G[X(T), T] + \int_0^T f_0[X(t), U(t)]dt\}$$
$$= J[U^*(t)]$$

这样的控制 $U^*(t)$ 称为最优控制，与这个控制相应的控制轨迹 $X^*(t)$ 称为最优控制轨迹；$J[U(T)]$ 叫作评价系统质量优劣的目标泛函或性能指标（也叫质量指标）；$G[X(t), T]$ 称为终端指标。

7.5.4 空间优化和决策的数学模型方法的案例

案例1：网络分析模型在河流水污染追踪中的应用

彭盛华等运用网络分析模型对河流污染源及其影响范围进行了分析，其分析步骤如下：

首先，建立数字化河系网络模型，按河系中水流的实际流向，定义河系网络中各河段的相互关系和各弧段所对应河段的流向；然后，建立河流水环境数据库并与上述河系网络模型集成；最后对河流污染物来源和污染影响范围进行追踪。

污染物来源追踪方法与步骤如下：

1）若发现河流中某一断面（点）上某一或几个水质参数异常；

2）以异常断面（点）为起点，以起点与上游最近的一个正常断面（点）之间的距离为追踪距离范围，利用网络分析模块找出向异常断面（点）汇流的所有河段；

3）利用空间分析功能找出位于这些河段附近的所有污染源；

4）根据水质异常参数对检索出的污染源进行筛选；

5）对筛选出的污染源排污负荷进行分析，对其产生突发性污染的可能性进行排序；

6）对可能性大的污染源进行实地调查与处理。

在大江大河中，点源通常在排污口附近的下游形成岸边污染带。大江大河的水质监测断面通常分左、右岸两点或左、中、右岸三点采样。大型水厂的取水口监测点通常也分布在岸边。由于在点源数据文件中包含各点源所在的岸别信息，

当某一岸别的这些采样点监测数据指示出现水质污染情况时，仍可利用网络分析技术，搜寻到同岸上游的潜在污染源。

污染影响范围追踪方法与步骤如下：

1）若河流上某一位置发生突发性污染事故时，管理部门即得到污染物种类、排放量、排放方式等方面的情况汇报；

2）采用合适的河流系统水质管理模型模拟下游河段受影响的范围和过程；

3）根据水质模拟结果，采用 GIS 的网络分析功能找出受影响的下游所有河段；

4）用 GIS 的空间分析功能找出位于这些河段上的所有用水户；

5）根据水流流经各河段所需的时间，采用 GIS 的网络分析功能分析在不同的时段，污染锋面的位置和受影响的用水户；

6）根据分析结果，及时通知下游用水户采取应急措施，防止污染造成的不利影响扩大化。

作者按上述方法，以 ArcView GIS 为平台建立了汉江流域河系网络模型，以及包括污染源、取水口、水质监测站等众多信息的水环境数据库，实现河流污染物来源和去向追踪功能。图7-9 所显示的结果是以水质监测异常断面为起点，向上游追踪 100km 范围内污染源时的情况。先利用 GIS 的网络分析功能确定上游 100km 以内向起点汇流的所有河段，然后利用 GIS 的空间分析功能确定这些河段附近的所有污染源。在此基础上，再根据水质异常指标，利用 GIS 的复合查询功能可从上述选定的所有污染源中进一步筛选可能超标排污的污染源。图7-10 中所显示的结果是以污染事故发生地为起点，向下游追踪 100 km 范围内污染影响对象的情况。先利用 GIS 的网络分析功能确定事故点下游 100km 范围以内的河段，然后利用 GIS 的空间分析功能确定这些河段附近的所有用水户。

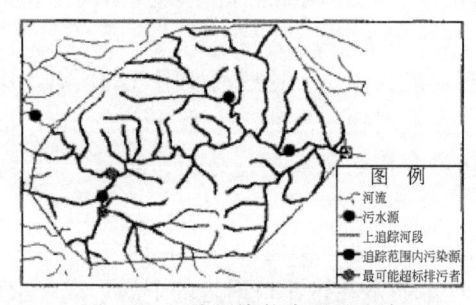

图7-9 河流污染物来源示追踪

图 7-10　河流污染影响追踪

案例 2：基于土壤水分分布的土地利用空间优化方法

肖庆文等基于 GIS 和多个数学模型构建了土地利用空间优化模型，并对黄土高原杏子河流域的土地利用进行了优化研究。该模型是由累积土壤水分补给量模型、土壤侵蚀模型和多目标优化模型与 GIS 集成。GIS 的空间分析结合建立的累积土壤水分补给量模型和土壤侵蚀模型，为优化模型提供各空间单元上的经济产出系数、水土流失模数，以及各类型用地的面积约束。多目标优化模型则是在现有约束条件下，寻求目标函数的最优解以确定在不同的经济目标、生态目标以及区域发展政策下各种用地的最优分配。

由于土地利用优化结构的目标是区域的环境效益和经济效益协调最佳，因此，在确定目标函数时需要综合考虑这两个方面。经济目标以农业人均总收入最大化来表示，环境目标以流域年水土流失模数最小化来表示。优化中还考虑了社会发展目标，主要通过各种约束方程来表示。由于经济目标和环境目标之间存在冲突，不可能同时实现最优化，因此构造了一个综合目标函数来反映这两个分目标实现最优化的程度，从而实现经济目标和环境目标的整体最优化。综合目标函数如下：

$$\min\left\{ mx\left[\left(\sum_{j=1}^{9} a_{ij}x_{ij} - A\right)/A\right]^2 + nx\left[\left(\sum_{j=1}^{9} b_{ij}x_{ij} - B\right)/B\right]\right\} \quad (7\text{-}18)$$

式中，m，n 为经济目标和生态目标的权重；A 为经济单目标达到最优的值；B 为生态单目标达到最优的值。综合目标函数反映了经济目标和生态目标趋向各自最优化状态的程度，同时考虑了经济效益和生态效益。

模型构建的具体过程为：①在 DEM 的基础上建立基于栅格系统的水流模型，并结合美国农业部水土保持局（Soil Conservation Service，SCS）的径流模型，根据土壤水分平衡原理建立累积土壤水分补给量模型，以分析流域内作物可利用水资源的空间分布；②由 DEM 图、土地利用图、土壤分布图以及流域多年的气象水文资料，以通用水土流失方程为基础建立土壤侵蚀模型，分析流域内的土壤侵蚀情况；③基于 GIS 的栅格模型将土壤水分模型、土壤侵蚀模型和多目标优化模型结合起来，依据区域治理规划建立黄土丘陵沟壑区的土地利用空间优化模型，得出土地利用空间数量结构；④根据土地利用现状和生态学原理，将优化结果落实到具体区域。

土地利用结构的优化过程是以地块为最小单元进行的。地块的划分基于土地利用现状，对于较大的同一土地利用类型的地块按不同自然条件（主要是土地可获取水资源量）进行划分。获得优化结果以后，主要考虑到土地利用现状和生态学的基本原理进行土地利用结构的调整。针对研究区域的特点，确定调整时基本的规则是：梯田分布在沿河道两岸水资源丰富地区；经济林分布在水分条件中等的地区；水土保持林分布在水分条件较差、易发生水土流失地区，这些地区坡度也相对较大；草地和林地交错分布，且这些地区坡度中等，这样不易因放牧导致草地破坏。

7.5.5 空间优化和决策的数学模型方法的优点和不足

目前有关空间优化决策的方法较多，其中 Simplex、Gauss-Newton 和 Levenberg-Marquart 等方法属于局部优化，容易陷入局部最优，且结果受初始值影响较大。模拟退火算法（SA）、遗传算法（GA）等属于全局优化，其中，GA 采用进化原理中的自然选择来自动地寻找最佳方案，其采用的群体搜索使 GA 得以突破邻域搜索的限制，从而实现了整个解空间上的分布式信息探索、采集和继承。此外，遗传算子仅仅利用适应度函数值作为运算指标进行染色体的随机操作，从而降低了搜索过程对人机交互的依赖，使 GA 获得了更大的全局最优解搜索能力，并且具有问题域的独立性、信息处理的隐并行性、应用的鲁棒性、操作的简明性等特点，因其具有求解复杂组合优化问题的能力已经被应用于科学和工程中的许多领域。

传统的土地利用优化方法多以经济效益最大化为目标，借助数学模型对各种用地类型的数量结构进行优化。这种方法只能给出一个优化的数量结果，而不能将优化结果落实到具体的空间位置；由于在优化模型中参数采取区域平均的处理方法，不能有效表达参数在复杂地形上的变化，也会影响模型优化结果；另外，对生态目标考虑不足，往往是在确定生态目标的前提下，对经济目标进行最大化，而不能使二者同时达到最优化。

第8章 地学信息图谱方法

8.1 地学信息图谱方法概要

地学信息图谱是进入20世纪90年代以来由中国科学家首创的一种新概念和新方法。它的诞生既是地图学、地球信息科学、"3S"等学科和技术发展的内在动力驱使的结果，也受地球科学中日益增长的对形象思维与抽象思维结合方法的需求的影响，更受相邻学科（如生物学、生命科学、医学、物理学、化学等）的图谱的启发。

实际上，图谱古已有之，中医学有穴位图，京剧有脸谱，物理学中有光谱、色谱、电磁波谱与物理图谱等。地学中也已有地学图谱的雏形。但正式提出"地学信息图谱"的概念，是陈述彭院士于1996年受到马俊如院士的启发后完成。当时马俊如院士提出：生命科学成功地研究"基因图谱"，化学也早已有"元素周期表"，但地理学中只有地图，却不曾听说有图谱，地理科学为什么只定位在"复杂的、开放巨系统的层次上，能不能也给复杂的地学问题提出简单的表达？应该研究一下地学领域的图谱问题。"

因此，"地学信息图谱"是中国科学家的首创，是中国古代的整体性的"天人合一"哲学思想、历史悠久的形象思维与现代高精度理性分析相结合的产物，即它继承了传统地学图谱图形思维方法，同时在遥感图像与地理信息系统基础上，实现全数字化定量分析，通过动态仿真与虚拟分析等技术的集成，来提高数据挖掘与知识发现的科学水平，从而为地球系统科学提供了一种运用于空间时代、信息社会的地球信息科学的新方法；也为设计深加工的地学信息新产品，适应信息高速公路、网络全球化的社会需求，提供高层次的信息产品。

从应用角度来看，地学信息图谱是地球信息科学和数字地球更高度的综合集成形式，也是数字地球应用的重要手段。地学信息图谱的研究，最终是以解决人口、资源与环境问题，实现国家或地区的可持续发展为目标。

8.2 地学信息图谱方法的定义和内涵

"谱"是按照对象的类别或系统，采取表格或其他比较整齐的形式，编辑起来供人们参考的书，如年谱、食谱等；或用来指导练习的格式或图形，如画谱、棋谱、乐谱等。因此"谱"的作用有两个：一是用于直观表达，供演示和说明；二是用于指导人们的行为。"谱"有三大特点：一是分门别类，按照一定的规律排列；二是总有一个自变量，一个（或两个）因变量，按照变量之间的相关或组合而变化（如元素周期谱、光谱、原子谱）；三是一个谱是一个规范化的框架，它能够涵盖所有的特例。即每个个体都能够在这个谱系中找到自己的位置。

地学图谱是图谱在地学研究中的应用与发展，是指按照一定指标递变规律排列的一组能够反映地学空间分布规律的地图、图标、曲线或图像。它的特点是：①具有图谱的一般特征；②除具有具体图形外，还可有其抽象图形，即每个具体实例对应于一个它的抽象映像图；③与地图、地图集或系列地图的区别在于它反映的是共性，即概括了所有个体特例后抽出的一般共性，具有通用性；而地图（集）是建立在与地物相似原理的基础之上，反映的是某一特定区域地球科学现象的质量、数量和结构特征。

地球上的地物或地理现象的空间分布往往具有一定的规律，可以表现为或概括成一些具有一定程度的空间结构特征的图形，表达出地物的形象特征或地理现象的空间分布格局或趋势。例如，地理现象的空间分布可划分为点状分布、线状分布、离散面状分布、连续面状分布四种类型，这四种分布类型原则上各自又可以分为随机型分布、集群型分布和均匀型分布；点状均匀型分布是指每个点与其他各个最邻近点的距离大致相等，典型结构模式可以用规则的格网结构表示出来，如棋盘格状或者正六边形。点状集群型分布是指有一组或一组以上的点群，每个点与其最邻近各点的距离很小，而另外的很大区域上则没有点，典型结构模式是斑块状结构。面状分布的结构模式一般是斑块状、棋盘状等，其中斑块状结构最为常见。又可以根据其形态进一步区分为团块状结构、阵列状结构和散列式结构等。例如，北京市的街区具有明显的棋盘格状特点。

因为线状要素具有延展性，随机型分布、集群型分布和均匀型分布这种区分并没有多大意义。根据线状分布的形态结构特点，常见的结构模式为孤立型分布、成组型分布、树状分布（如水系）、网络型分布（如道路网）和嵌套型分布（如等值线）。其中，树状分布不存在回路，网络型分布则有回路。例如，水系是典型的树状结构，可进一步区分为树枝状、向心状、离心状、羽状、格状等（图8-1）；道路通常为网络型分布，又可以进一步细分为放射状、棋盘格状、不规则状等（图8-2）。利用图形思维方法经过对地物或地理现象的特征进行简化或者概括后可得到相应地物或地理现象的地学图谱。

"地学信息图谱"是按照一定指标递变规律或分类规律排列的一组能够反映地球科学时空信息规律的数字形式的地图、图表、曲线或图像。

第 8 章 | 地学信息图谱方法

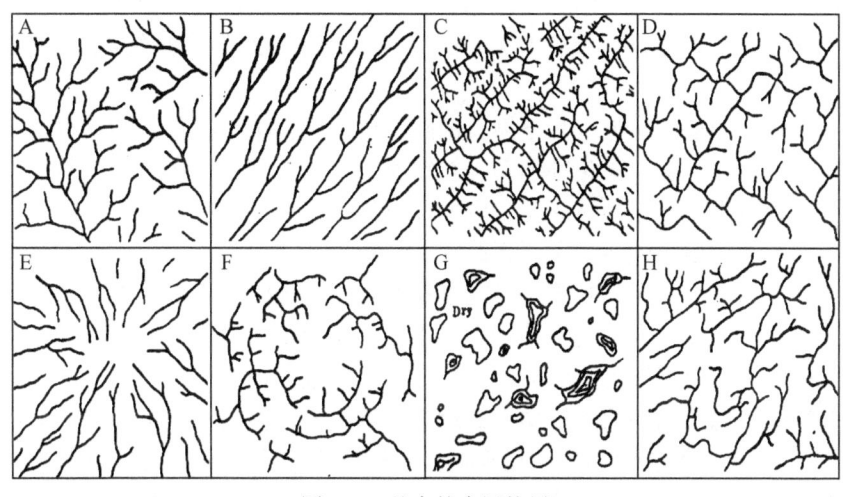

图 8-1 基本的水网格局

A. 树枝型；B. 平行型；C. 格状型；D. 矩形型；E. 放射型；F. 环状型；G. 复合盆地型；H. 扭曲型

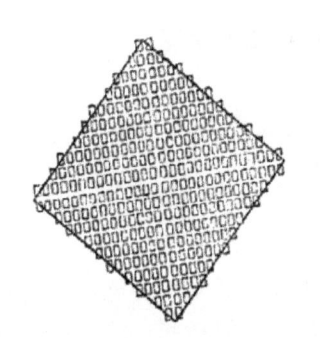

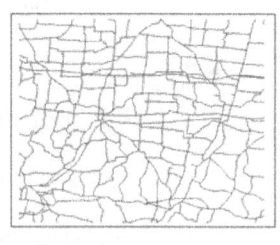

图 8-2 道路基本类型图

地学信息图谱的特点主要有：①采用图形思维中的抽象概括方法和信息分析中的数据挖掘方法，对大量的地球科学信息进行分析加工的成果结晶；地学信息图谱突破了传统的思维方式，采用了多学科、多领域的先进分析方法，着眼于本质规律性研究，建立客观、整体和多指标的综合评价体系。②与经典"地学图谱"的区别是：首先，它是建立在现代空间技术、信息科学的基础上，因此信息量极为丰富；其次，它建立在地球系统科学与 GIS 的基础上，图谱的生成过程智能化和自动化；最后，它建立在"赛博空间"和"虚拟现实"基础之上，既能够再现过去，也能够提供预测未来的多种设想和可能方案，供决策者做出判断。③对于一个区域来说，地学信息图谱就是一个规范化的框架。每种个体现象，只要形成了图，总能够在图谱中找到其抽象映像图。④地球信息图谱具备"谱"的所有功能，即地球科学领域内空间信息的演示说明功能、分类定位功能和规划指导功能。

地学信息图谱的研究过程中需要注意三个方面：①地学信息图谱可能是人文与自然要素兼收并容。无论地形图、航空相片、卫星图像，还是地理信息系统等提供的各种数据，都是地球表层景观的综合反映，也是地球系统科学客观认知的基础。研究地学信息图谱，需要系统的综合集成的观念。②地学信息图谱可能具有时空转换的多维显示的功能。经纬度作为地球上的时空坐标体系，曾经孕育了大地测量学和地图投影学的繁荣。它仍将是构建地学信息图谱的框架。在三维平面上描述三维乃至多维的自然与人文现象，曾经成为地学界长期困惑的问题，也许可在地学信息图谱中得到解决。③地学信息图谱可能具有高度的尺度效应。通过运用分形分维的艺术法则，图形叠加与景观单元分析，四叉树与三角链等方法。经过量化的综合集成，合理利用，预期将会发现一些全新的地学规律。实时空间和时态数据库的图形压缩和可视化技术将会有所突破。

8.3 地学信息图谱方法在研究中的意义

地学信息图谱的研究对地学、地球信息科学及其分支学科（如地图学）的发展将产生极大的推动作用，也会有很好的地学应用价值。

1. 对地学科学发展的意义

首先，地学信息图谱的研究能够大大深化对地学规律的总结、提炼、表达和应用。地学信息图谱以各种不拘形式的图形，简练而深刻地概括和反映了地理客体的时空分布规律，如"山"字形、"歹"字形勾画出我国几种地质构造的空间结构，"三纵四横"的图形描绘了我国铁路网络分布格局，树枝状、格状、放射状、向心状等反映了河流水网空间分布格局，杜能环、克里斯泰勒六边形等描述了城市与城市之间或城市内部中心市场与其他离散点之间的空间格局关系，等等。对它的研究，不但能够深化人们对于地理客体和现象的认识和理解，而且由于它以图形（地图、曲线、影像纹理等）特征为主来反映地物特征，可摆脱长期以来人们只用文字或复杂的数学公式描述地理环境规律时的艰难和无奈的状况。其次，地理信息图谱能够以时间、专题、空间范围、数量指标、空间维数等各种指标为"谱"的横坐标，以空间分布格局、强度（如遥感信息谱）、征兆、自然–社会–经济评价诊断结论和预测预报方案为纵坐标，建立起多尺度、多分辨率、多专题、多时间序列、多维、多种用途的"信息多重表达"。这不仅是为全方位地表达地理现象，更重要的是为指导国民经济的空间布局和区域规划行为提供了重要的科学依据，因此它是高层次上的地理信息表达和研究手段。

2. 对地球信息科学发展的意义

在地球科学和地球信息科学中，解决和反映时空信息问题主要采用的方法有三种：一是数学模型方法，即用连续数学方程和离散数学方程等数学模型进行地学分析；二是地图模型方法，即使用地图这一地学的形象-符号模型进行时空分析；三是知识推理方法，即运用专家的成熟经验和知识，通过推理机制，对地学问题进行评价和调控。这三种方法都有各自的局限性，特别是对于资源环境复杂系统的时空格局问题，更显得手段贫乏。具体来看：

1）资源环境复杂系统的特征呼唤新的解决问题的方法和手段。我们面对的资源环境复杂系统至少有以下三大特征：一是空间多尺度特征，它使我们必须从全球、大洲和国家、区域、城市、社区等各个不同的空间尺度上研究和考虑资源环境问题，而且还要综合研究上述不同空间尺度区域组成的"空间层次系列谱"或称"空间等级-分辨率圆锥"；二是多层面特征，即上有大气，中有生物圈和水、土层，下有矿藏资源，而且相互之间构成复杂的叠加与复合关系；三是时间上的复杂序列谱特征。

资源环境复杂系统上述特征最直观的外在表象就是"时空格局"。它分为空间格局、时间格局和时空复合格局三个方面。空间格局是纵向层次结构和横向格局两种的统称。纵向层次结构是指地域分异造成的空间区域层次-等级关系，在多比例尺 GIS 数据库中用"空间等级-分辨率圆锥"来描述或反映。横向格局则是同一等级的地块组成的空间分布格局。如果说，受地域分异格局控制的与空间尺度相联系的空间等级单元，尚属有规律可循；那么，横向空间格局问题则显得十分复杂，规律性不强，因为它既包含地图上点、线、面状地物所组成的空间分布图形（如岛状、斑状、扇状、环状、带状、层状、交叉状等），也指它们在空间上的距离远近对比、分布密度对比等，还包括地物间的拓扑关系（点、线、面三类地物相互间的相交、相切、相割、相邻、包含等关系）。

时间格局，是指由一个或多个地理事件的一系列时间记录组成的复杂时间序列谱，它覆盖了每个事件的时间跨度，各事件之间的间隔疏密对比。掌握时间格局，对于了解历史脉络、确定地理现象发展的规律并准确地预测未来，是非常重要的。

在时空格局中，最复杂的问题是时间-空间分布格局的复合，也就是时空复合格局：怎样的空间图形格局和拓扑关系，随着怎样的时间序列，发生怎样的格局变化？

无论对空间格局，还是时间格局，亦或时空复合格局，采用数学模型或知识法则来描述和计算都是十分困难的。因此，需要我们探索新的方法论和手段来解决上述问题。

2）地图模型在通过时空格局表象揭示地球科学内在规律时存在着明显的局限性。地图作为客观实体的形象–符号模型，长期以来一直是地球科学各分支学科共同的信息表达、空间认知、知识发现和研究推理等的工具和研究结果，对于上述各学科以及国民经济的发展起到了十分重要的作用。地图模型发挥作用的实质是通过对地物的外在表象（即时空格局）的描述和研究来揭示其内在的规律和机理。然而，由于地图毕竟是在相似图形原理的基础上来描述地物及其发展规律，缺乏对地物规律的高度抽象和提炼，因而也是较低层次的信息产品，它在通过地物时空格局揭示地物内在规律方面的作用也是有限的。

综上所述，数学模型、知识推理和地图模型方法在解决时空格局问题时，都有局限性。因此，地球科学中需要寻找一种新的更有效的方法来处理上述问题。地球信息图谱正是一种从全新的角度、站在更高的层次上来思考和解决地球科学中时空格局问题的一种方法，也是比地图模型高一层次的地学信息产品，是图形思维和信息思维高度升华的结晶。地球信息图谱以图形思维为基础，并对图形加以数学参数描述和知识规则描述，达到形（图形）–数（数学模型）–理（知识规则）的结合。因此，地球信息图谱理论与方法的形成和发展，能够为地球科学和地球信息科学提供一种全新的信息思维理论和方法论。

3. 对其他学科的意义

地学信息图谱作为一种方法论和信息产品，除了对地图学、地球信息科学及地学相关学科具有重要意义外，还对农业、林业、水利、地质矿产、城市规划等各个学科提供具有重要参考价值的信息，同时也为各学科的研究方法提供一种很好的思路。例如，一个地区的地貌信息图谱可以为农业规划、土地利用方式、水土流失治理模式和措施、林木种植的适宜条件等提供参考依据，更好地实现生态农业和农业基地的可持续发展；再如，参考图谱方法，先用图形方式勾画提炼出宏观地质构造时空分布格局，各种地质构造的空间分布及组合特点一目了然，为找矿提供了一种快捷便利的方法；又如，制定出典型灾害时空分布图谱可以及早制定各种预测预报方案和减灾防灾措施，尽量减少各种损失。

8.4 地学信息图谱方法的原理、结构和过程

地学信息图谱的标准样式是一系列连续显示的表格，类似于数据库中的表

(图8-3)。

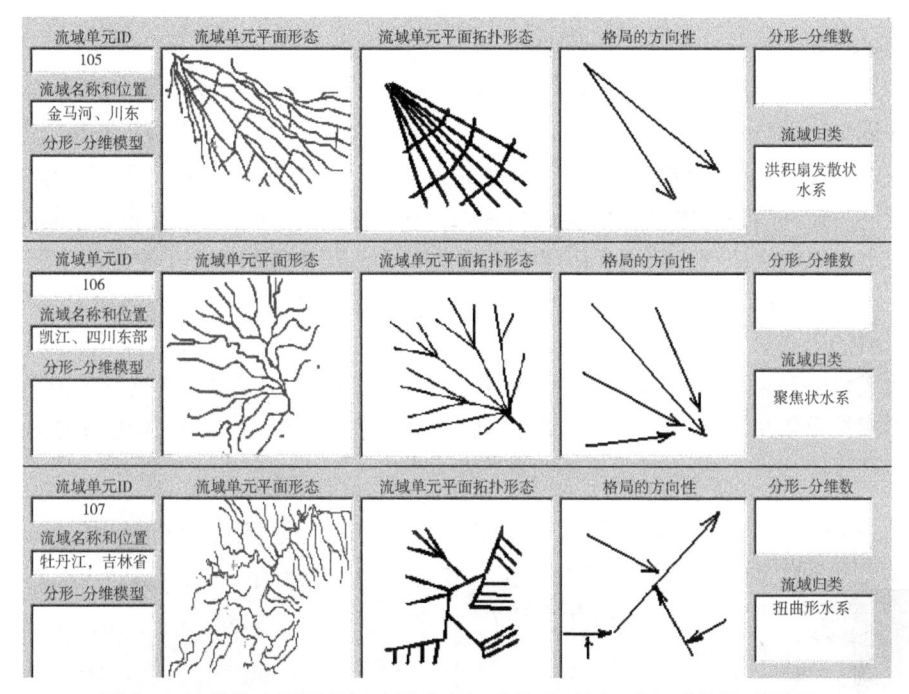

图8-3 地学信息图谱的标准样式和组成结构示例：中国水网信息图谱

与一般表格不同的是，图谱表格不但有文字说明、数字，更主要的是OLE文件格式的图像对象。这些图形对象以映射或超链接的方式与GIS图形库中的某一地物相连接，图谱表中有成千上万条记录，各条记录的格式均相同，每一条记录对应于实地中一个地物单元的实例，可按照记录索引号随意查询任何一个记录，并在点击后跳转到GIS图形库。可以说，地学信息图谱就是以GIS数据库为基础并从中提取出的一系列图形、文字、数字、模型的组合。图谱表中的内容可以随图谱的类型、主题和名称的不同而不同，但一般应该由四种成分组成，即图形系列和特殊符号、描述性参数、数学模型、信息重组和虚拟模式或方案。这里以中国水网信息图谱为例，分别说明如下：

1) 图形系列和特殊符号。图形系列包括地学对象的正射投影（水平）轮廓（此处为"流域单元平面形态"）、正射投影（水平）抽象图形（此处为"流域单元平面拓扑形态"和"格局的方向性"两项）、垂直剖面轮廓（可选）、垂直剖面抽象图形（可选）。特殊符号则反映的是一些不能表示其具体形态的地学对象的符号。

2）描述性参数。主要反映地学对象之间的相互关系，如一级河流为1，二级河流为2，三级河流为3，等等；内流河流为11，外流河流为12，等等；以及反映地学对象空间格局特征的参数，如分形分维数等。

3）数学模型。由各种反映地学对象时间-空间分布格局的模型组成，如分形-分维模型（包括反映沟谷、水系分布规律的"线分维"和反映沟谷下垫面地貌形态分布规律的"面分维"），反映水系的平均坡度、沟谷密度和平均下切深度之间关系的回归和趋势面模型，反映流域水系的聚集强度、分布和聚集面积、聚集范围、空间周期性、个体间相互作用的度量、格局的方向性等内容的模型等。

4）信息重组和虚拟模式或方案（图8-4）。反映水系流域个体或组合体形体重组后的形态效果、重组后的生态效应等虚拟模式或方案。在图8-4中，用户可以从大量的流域单元中选取几个（此处为4个），按照一定的规则进行虚拟重组，得到虚拟重组后的平面形态图、虚拟重组后的拓扑形态图、虚拟重组后的集水-侵蚀聚集强度图，进而得出虚拟重组归类描述。

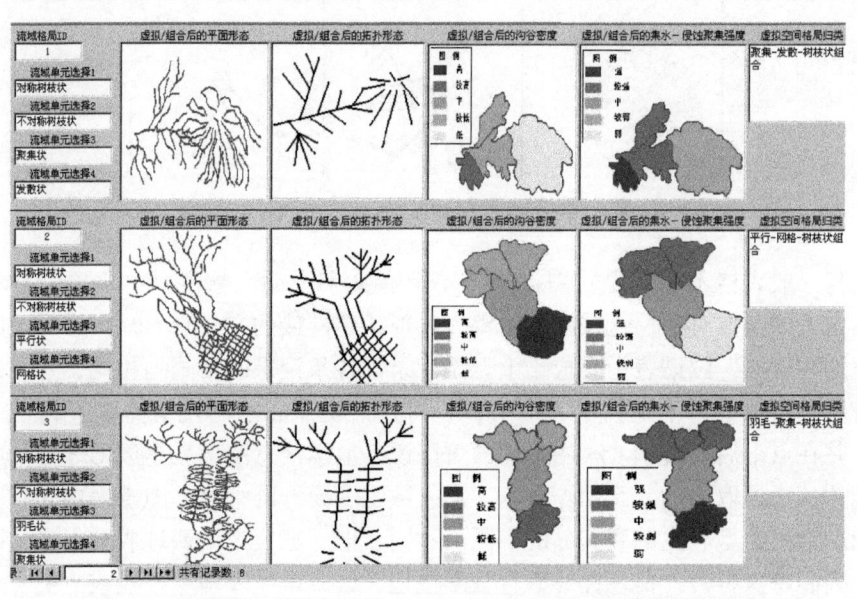

图8-4 地学信息图谱标准样式和组成结构示例：流域虚拟组合表

地学信息图谱的分类可以从多种不同角度和指标来划分，主要如下：

1）按信息图谱尺度分类。地学信息图谱涉及从全球到较小的区域，尺度相差很大，从而所反映的时空分布规律差异很大。因此，有必要划分地学宏观信息图谱（大尺度）、中观信息图谱（中尺度）和微观信息图谱（小尺度）。

2）按信息图谱的应用功能分类，可划分为征兆图谱、诊断图谱、实施图谱

（陈述彭等，2000）。征兆图谱反映事物和现象的状况及异常变化或存在的问题，为进一步分析与推理提供基础信息与格式化数据；诊断图谱针对征兆图谱所反映的问题与征兆，借助于各种定量化分析模型与工具，找出问题的症疾，并进行分类处理。即是把过去对某一区域现象的认识，通过图形综合分析，实现区域诊断。

3）按地学对象进行归类，可分为反映地理形态（如海岸线、黄土高原地貌形态、水系形态、城市内部结构等）的信息图谱；反映地理过程（如周期性过程、突发性过程、演进过程等的地理过程特征）的信息图谱；反映地理行为（如空间选址、人口迁移、防灾减灾措施等）的信息图谱，以及综合上述三种类型的复合特征的综合图谱。

4）按照资源环境的应用对象，可分为基本资源环境条件信息图谱、地理区位信息图谱、资源环境演变信息图谱、资源环境对策信息图谱、地区间经济联系信息图谱等。

地学信息图谱的提炼模式如下。

1）单要素信息图谱的提炼模式：这是一种相对容易的信息图谱的提炼。一般模式是根据该要素的 GIS 图形，按照一定的分类体系，穷举其图形实例，进而对其进行归类，然后加以数学参数描述，并确定数学模型，最后产生虚拟/重组谱系。这里单要素的图形穷举和归类是两个关键环节。

2）多要素和多指标信息图谱的提炼模式：这是一种相对复杂的信息图谱的提炼。有两种模式，一是先按单要素和单指标进行信息图谱提炼，然后对多种要素或多个指标加以组合或复合。该方法的难点在于单项图谱之间的可比性和可组合性/可复合性较小，操作难度较大。二是直接按多要素和多指标进行图形的穷举，进而完成归类、参数描述、模型确定以及虚拟/重组等步骤。该方法的难点在于根据多要素和多指标所进行的图形的穷举和归类。

3）综合信息图谱提炼模式：这种图谱的图形思维难度大，即综合的图形或影像系列如何形式化，如何用数学参数进行描述等。一般模式是从遥感图像上提取综合景观或综合图形信息，也应尽量穷举实例。至于数学参数的描述，一般需要采用模式识别的方法，或将地物综合景观转化为地物波谱。

4）地面无形的地物现象（即抽象现象）的信息图谱提炼模式：这是对抽象现象和概念进行信息图谱的提炼，比地面有形的地物或现象的信息图谱提炼难度大得多。一般是将无形化为有形，即采用趋势面、曲线等来反映抽象概念，将数字形式或等级形式的属性值表示为第三维（立体）数据，进而穷举各个趋势面、曲面或曲线。其他步骤与其他类型相似。

地学信息图谱的建模标准如下。

1）地学信息图谱的描述性参数的模式和标准：描述性参数一般是数字形式

的，依信息图谱的对象和类型不同而有所不同。应该对不同类型的地学信息图谱制定不同的描述性参数标准和指标。

2）地学信息图谱的数学模型的模式和标准：一般采用空间统计学模型，如分形–分维模型、多元回归模型、空间采样模型等。具体采用何种模型，也应视研究对象的不同而不同。应分步建立不同的空间数学模型标准。

地学信息图谱的归纳和提炼方法一般需要以下几个步骤：①收集有关研究对象（地学要素、地学现象、地理区域）的详细资料，对其进行透彻的研究，掌握其时空格局和规律；②根据研究目的的不同，结合研究对象的特点，确定划分出基本的地学信息图谱单元，抽象出这些图谱单元的形态特征并逐个描绘这些单元的不同的形态并尽量穷举，形成系列谱；③对系列图形谱按照一定的标准进行归类，归纳和提炼出图谱的抽象映象图（即模式图）和标准类型及等级；④对系列图形进行数学参数描述，使其具有可量化和可形式化表达的功能；⑤进行图谱的建模工作，使图谱具有计算机模式识别和虚拟现实的功能；⑥针对该图谱的实际应用目标进行地学信息图谱单元的重组、虚拟，以建立资源环境问题的调控方案，并虚拟预测调控结果。具体流程可用图 8-5 来表示。

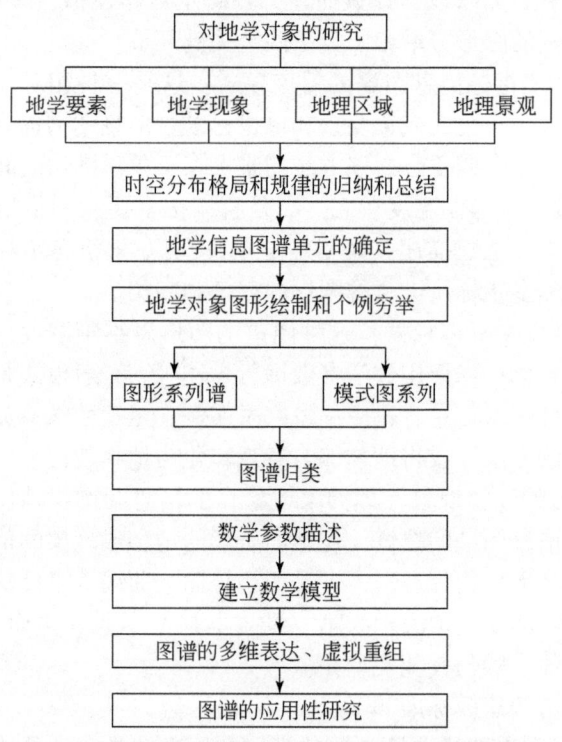

图 8-5 地学信息图谱归纳和提炼的一般步骤

第 8 章 地学信息图谱方法

地学信息图谱的提炼方法就是研究地学信息图谱单元识别和提取的过程。地学信息图谱单元识别和提取的研究历史可分为图谱单元特征人工识别、图谱单元人机交互识别、图谱单元机器自动识别3个阶段。相应的地学信息图谱归纳和提炼方法是：人工目视归纳和提炼方法、GIS/RS 工具辅助归纳和提炼方法、自动化归纳和提炼方法。

人工目视归纳和提炼方法是地学信息图谱研究初期阶段的主要归纳和提炼方法，它充分发挥研究人员的地学知识和感性-理性一体化的思维方式，从大量的地学对象图形中寻找和发现存在于其中的反映根本性规律的信息图谱。

GIS/RS 工具辅助归纳和提炼方法是地学信息图谱进一步发展的必经之路。采用 GIS 和 RS 工具辅助归纳信息图谱，就是利用 GIS 对矢量数据的强大的空间分析功能，以及遥感图像处理系统对栅格图像数据的强大的处理手段，从现有的 GIS 数据库和遥感图像中归纳和提炼出地学对象的信息图谱。目前有望成为辅助归纳和提炼工具的 GIS 和遥感分析方法有空间聚类法、邻域分析法、地图代数法等，它们可以帮助研究人员进行地学对象的区域划分和景观单元的划分，并帮助提炼出标准形态的地学信息图谱单元。

半自动/全自动化归纳和提炼方法是地学信息图谱走向高级发展阶段的必由之路。这种方法通常是利用数学形态学等方法处理图像，采用计算机模式识别和数据挖掘手段，从 GIS 数据库和遥感图像中自动化地归纳和提炼地学信息图谱。使用该方法的前提有两个，一是主观上人类已将人工目视方法和 GIS/RS 工具辅助方法中的所有知识、模型、参数以专家系统、模式识别工具的方式输入计算机；二是客观上计算机人工智能技术高度发达，计算机已经完全掌握了人工归纳和提炼信息图谱的思维过程。

8.5 地学信息图谱方法的应用案例

案例1：黄土高原地貌形态信息图谱

本案例完成者是齐清文团队 1998~2004 年的博士生、硕士生陈燕、纪翠玲、梁雅娟、杨志平等（陈燕等，2004，2006a，2006b，2006c；纪翠玲等，2005；梁雅娟等，2005；杨志平等，2003）。黄土高原地貌形态图谱是以遥感图像和 DEM 为主要信息源，以黄土高原为典型样区，运用数学形态学方法实现半自动归纳和提炼的系列地貌形态信息图谱，包括沟间地个体形态表、沟间地组合单元形态表、沟间地空间分布格局表、沟谷个体形态表、沟谷空间格局表、沟间地单元与沟谷之间的空间格局表、地貌形态个体/组合体的重组表、地貌形态的演化序列及其格局表、时空格局表九种表。

图 8-6 是黄土高原沟间地个体形态表中的峁表，表中依次反映了各个典型峁的编号、所处位置（经纬度）、水平形态轮廓、水平抽象轮廓、垂直剖面形态、垂直剖面抽象形态、三维立体形态、三维立体抽象形态、描述参数（地层关系等）和归类（平缓峁、浑圆峁、拐峁等）的信息。

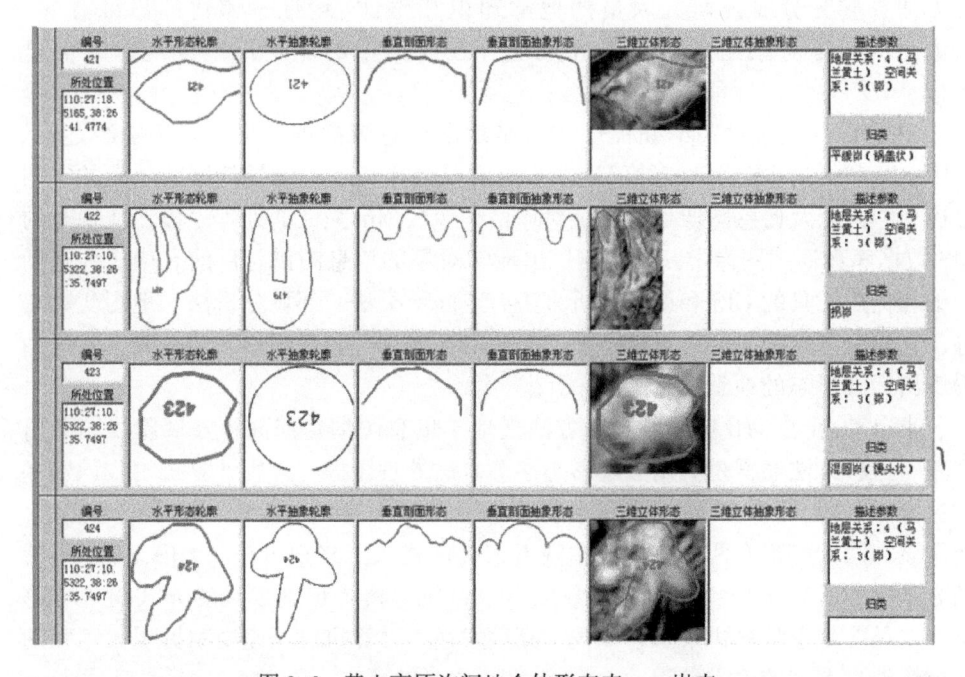

图 8-6 黄土高原沟间地个体形态表——峁表

图 8-7 是黄土高原沟间地个体形态表中的梁表，与峁表相似，表中也是依次反映了各个典型峁的编号、所处位置（经纬度）、水平形态轮廓、水平抽象轮廓、垂直剖面形态、垂直剖面抽象形态、三维立体形态、三维立体抽象形态、描述参数（地层关系等）和归类（宽梁、羽毛梁、肋条梁、缓梁等）的信息。

图 8-8 是黄土高原沟谷形态表，表中依次反映了各个典型沟谷的编号、所处位置（经纬度）、流域单元平面形态、流域单元平面拓扑形态、格局的方向性、沟谷密度、下切深度和归类（树状流域、向心状流域等）的信息。

第 8 章 | 地学信息图谱方法

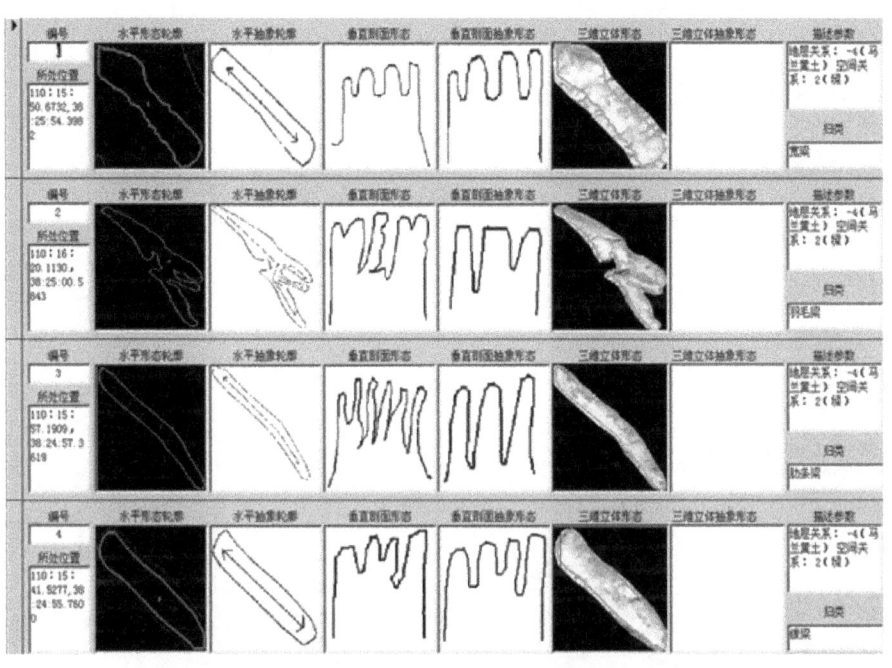

图 8-7 黄土高原沟间地个体形态表——梁表

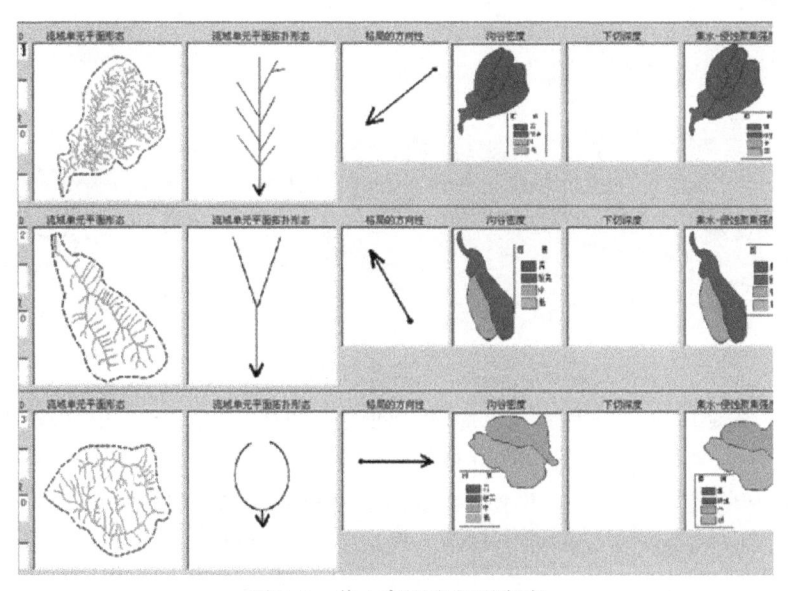

图 8-8 黄土高原沟谷形态表

图8-9是黄土高原大尺度地貌形态的空间格局表，表中依次反映了各个典型格局的编号、所处位置（经纬度）、格局图形、格局的抽象拓扑形态、格局的方向性和归类（大尺度条带–树枝状格局结构等）的信息。

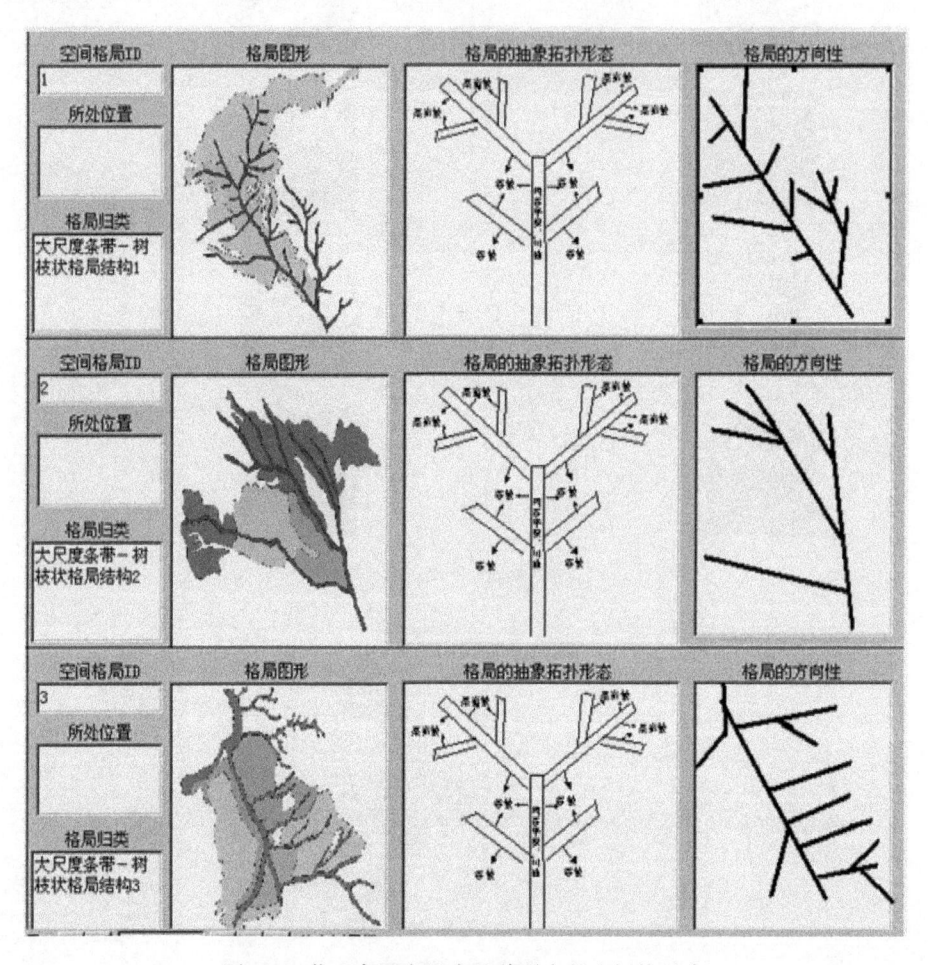

图8-9 黄土高原大尺度地貌形态的空间格局表

图8-10是黄土高原黄土峁与沟谷之间的空间格局表，表中依次反映了各个典型格局的编号、所处位置（经纬度）、格局图形、格局的抽象拓扑形态、格局的方向性和归类（同一水系多个源头发源于峁的汇聚地、同一水系一侧源穿插于峁之间、多个水系的源均发源于峁的汇聚地等）的信息。

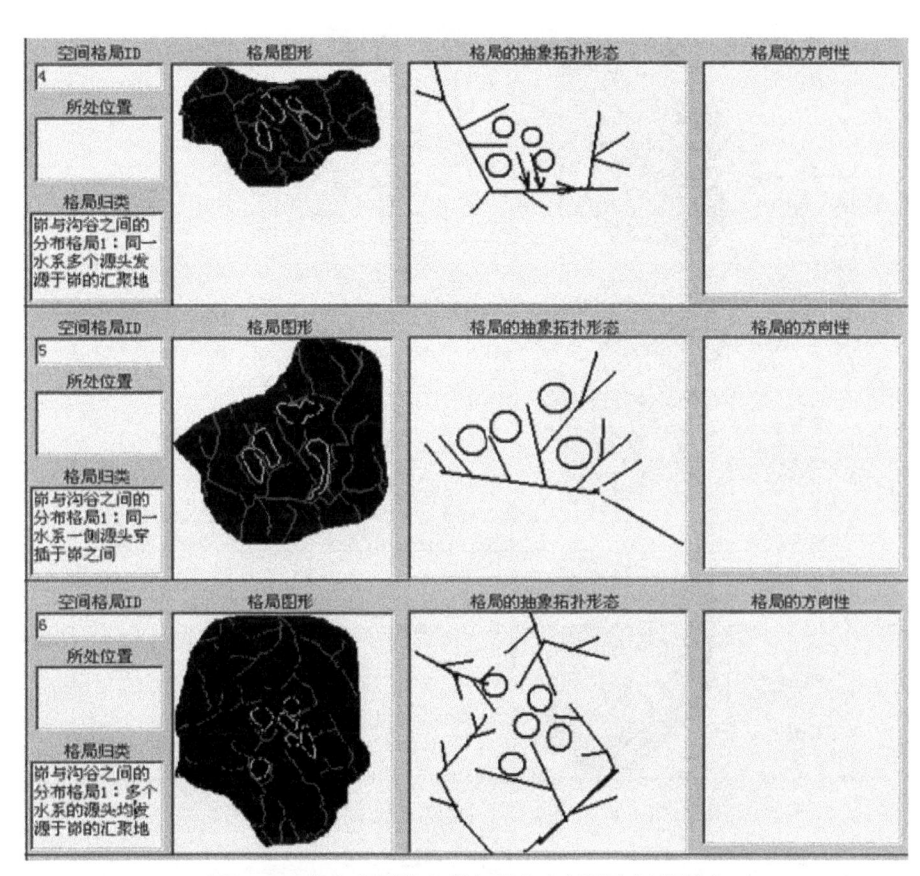

图 8-10　黄土高原黄土峁与沟谷之间的空间格局表

图 8-11 是黄土高原黄土梁与沟谷之间的空间格局表，表中依次反映了各个典型格局的编号、所处位置（经纬度）、格局图形、格局的抽象拓扑形态、格局的方向性和归类（复合发散梁与沟谷交错分布、多个梁与沟谷相间排列、树枝状复合梁与沟谷交错分布等）的信息。

图 8-12 是黄土高原小尺度垂直阶梯状地貌形态空间格局表，表中依次反映了各个典型格局的编号、所处位置（经纬度）、格局图形、格局的抽象拓扑形态、格局的方向性和归类（两侧从谷底川地到梁峁盖呈对称阶梯状、两侧从谷底川地到梁峁盖呈对称阶梯状等）的信息。

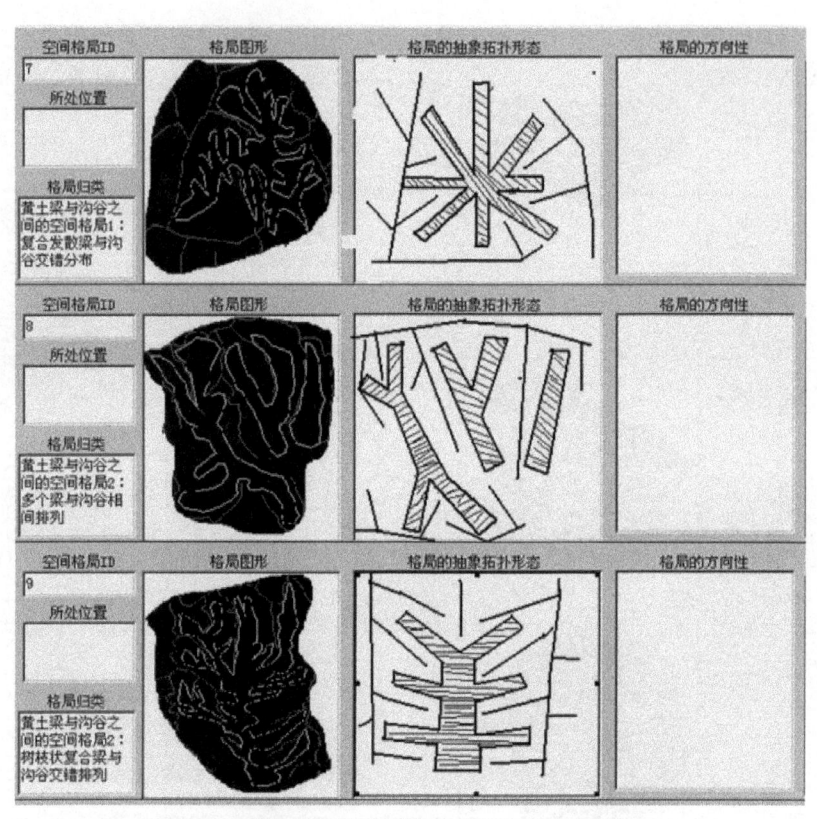

图 8-11 黄土高原黄土梁与沟谷之间的空间格局表

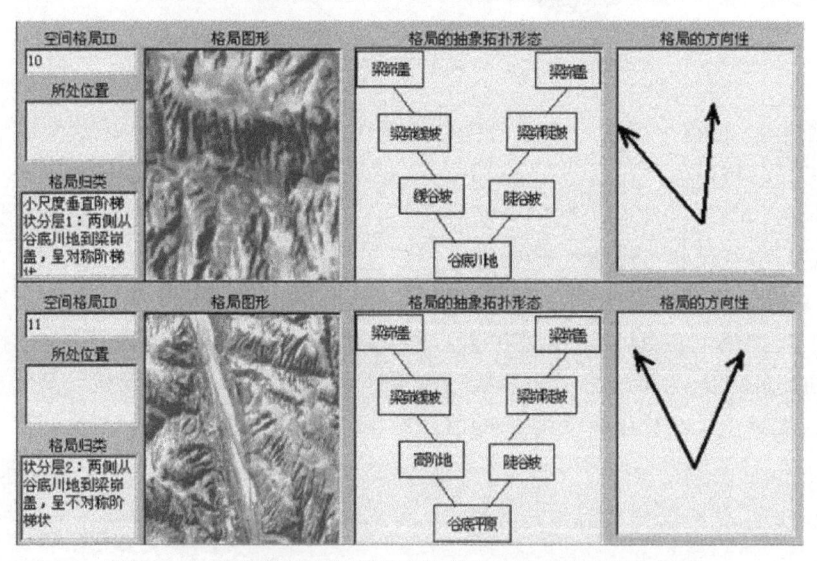

图 8-12 黄土高原小尺度垂直阶梯状地貌形态空间格局表

图 8-13 是黄土高原地貌形态虚拟重组表，表中依次反映了各个典型重组体的编号、每个组合个体（塬、梁、峁、谷地）的编号和名称、所处位置（经纬度）、虚拟重组后的水平虚拟形态、虚拟重组后的垂直虚拟形态、虚拟重组后的立体虚拟形态等信息。

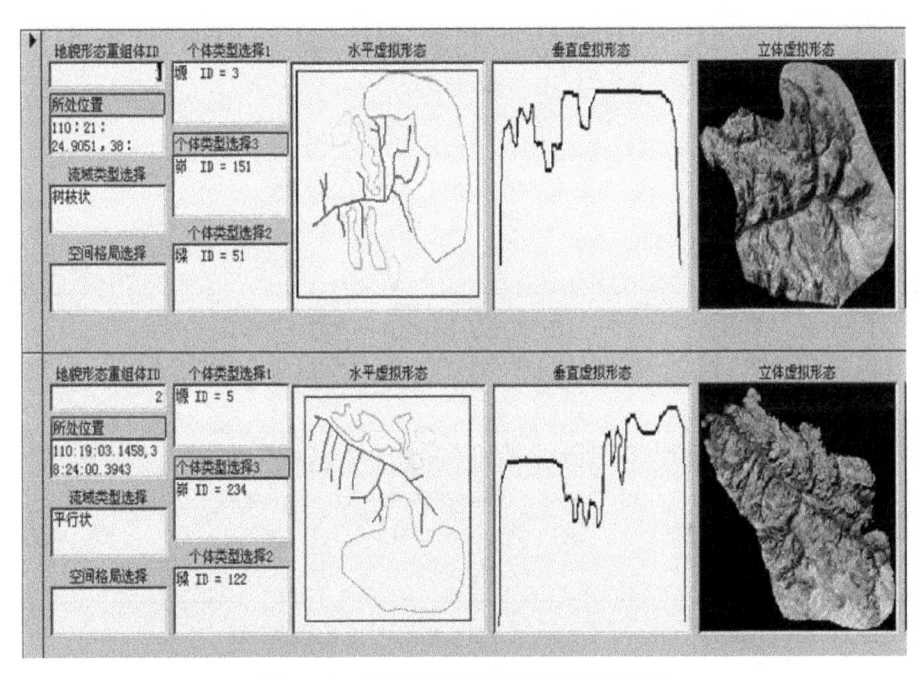

图 8-13　黄土高原地貌形态虚拟重组表

案例 2：中国城市形态信息图谱

本案例完成者是齐清文团队的硕士生郭瑛琦（郭瑛琦等，2011）。本案例归纳了中国 222 个地级城市的数字地图，并首先按照多种指标建立了中国城市分类数据库，分类指标有地貌环境（平原、丘陵、山地）、水网密度（发达、一般、稀疏）、面积规模（大、中、小）、经济水平（富裕、一般、贫困）、人口规模（多、中、少）、路网形态（网格、放射、自由）、行政特征（古都、省会、普通）和城市功能（港口、资源、商业、文化等）。

其次，归纳和建立了中国城市静态形态的征兆图谱（图 8-14），将中国地级城市的形态归纳为集中型（如酒泉）、带状型（如荆州）、放射型（如石家庄）、双城型（如宁波）、带群型（如兰州）、块群型（如北京）等类型，每种类型都有其特有图谱形态、图形描述规则、每种类型所包含的城市数量等信息。

类别	代码	图谱	规则	典型案例库	总计
集中型	OZ-1		单用地，多向伸展轴，轴均较短，与城市半径比值<1，紧凑度大于0.4，分维数小于1.25，1个中心	酒泉	69
带状型	OZ-2	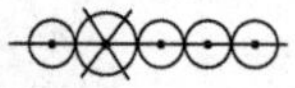	单用地，1条主要伸展轴，轴超长，与城市半径比值>1.6，紧凑度小于0.2，分维数大于1.25，多中心	荆州	57
放射型	OZ-3	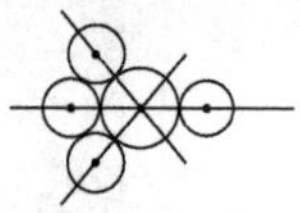	单用地，3条或3条以上超长伸展轴，紧凑度在0.2~0.4，分维数在1.15~1.25，多中心	石家庄	16
双城型	OZ-4	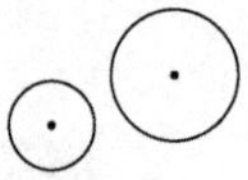	两块分离用地，沿1条主要伸展轴发展，紧凑度小于0.2，分维数大于1.25，2个主要中心，中间空地多	宁波	6
带群型	OZ-5	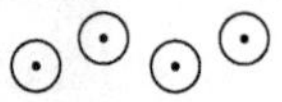	两块以上分离用地，沿1条主要伸展轴发展，沿直线或曲线呈带状分布，紧凑度小于0.2，分维数大于1.25，多于2个中心，空隙多	兰州	39
块群型	OZ-6	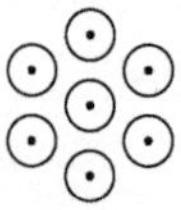	两块以上分离用地，由主要伸展轴和次要伸展轴形成网络，一个区域中围绕一个主要城市呈团状密集分布，紧凑度在0.2~0.4，分维数大于1.25，多于2个中心，空隙地多	北京	35
总计			取222个城市为样本库		222

图 8-14 中国城市形态征兆图谱

再次，研究和归纳了中国若干地级城市的形态演化规律，特别举出了上海、芜湖、沈阳三个城市从明代到2004年的城市形态所发生的变化图谱（图8-15），进而建立了中国典型城市的形态演化图谱（图8-16），将中国城市形态的演变归纳为同心圆扩展、放射状扩展、跳跃式扩展、低密度扩展等几种类型，展示了每种扩展类型的图谱形态，并描述了其特征、优势和劣势。

第 8 章 | 地学信息图谱方法

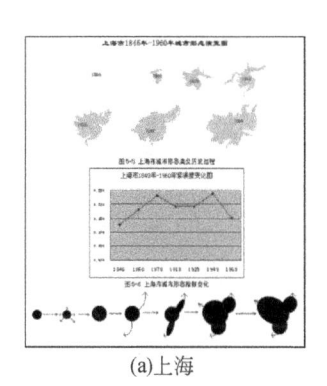

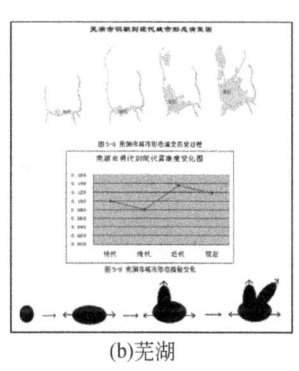

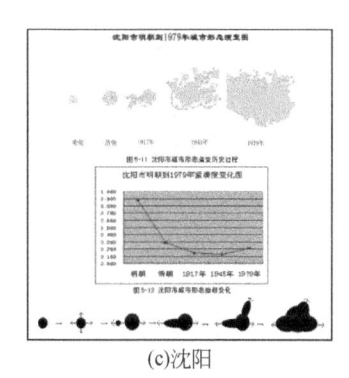

(a)上海　　　　　　　　　(b)芜湖　　　　　　　　　(c)沈阳

图 8-15　中国三个典型城市的形态演化图谱

类别	代码	图谱	特征	优势	劣势
同心圆扩展	US-1		推进速度缓慢,形成的城市紧凑度大于0.4,分维数小于1.15	土地利用率高 城市稳定性强	中心负担过重,交通恶化,城市拥堵
放射状扩展	US-2		沿着不同方向的轴线向不同的方向扩展,紧凑度在0.2~0.4,分维数大于1.25	缓解交通压力,提高经济效益	城市边缘土地利用率不高,下一步的发展应该以填充为主
跳跃式扩展	US-3		紧凑度小于0.2,分维数大于1.25	减轻中心城区压力	城市较分散,经济效益不高
低密度扩展	US-4		紧凑度大于0.4,分维数大于1.25	缓解城市中心的压力	无秩序、无计划、城市土地利用率不高,应该以填充为主
总计			取 222 个城市为样本库		

图 8-16　中国城市形态演化图谱

最后,制定了中国不同类型城市的形态发展规划约束规则图谱(图 8-17),从发展规模、影响因子、发展机制、未来形态的发展规划的预警约束等几个方面,说明了研究城市静态形态图谱和形态演化图谱在城市规划中的应用价值。

类别	图谱	规模	因子	机制	规划
集中型	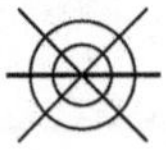	小规模 (0~400)	常规型 (NL-3) (IR-3) (NG-1)	多为水路网不发达、地形平坦的小城市，有多向伸展轴，沿轴蔓延	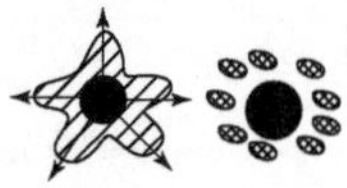
带状型	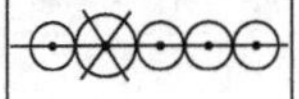	小规模 (0~400)	水网型 (NL-1) (NL-2) 高地型 (NG-2) (NG-3)	多为水网发达型，尤其是有条主要河流，多为规模较小的城市，处于发展壮大中，有一条沿河主轴，几条次轴，适合沿轴沿次轴同时发展	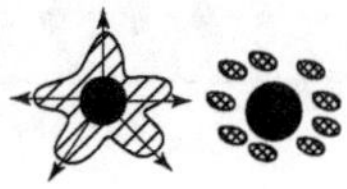
放射型	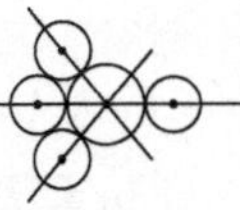	中规模 (400~1 000)	路网型 (IR-1) (IR-2)	多为平原城市，城市发展到一定规模的中型城市，有几条放射主轴，适合沿轴继续扩展	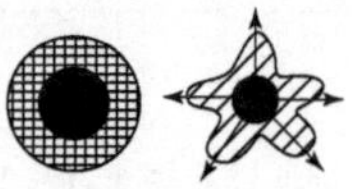
双城型	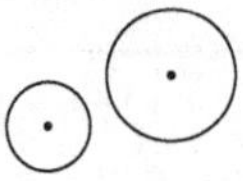	中规模 (400~1 000)	路网型 (IR-1) (IR-2)	城市多为发展到一定规模的中型城市，两城之间多有发达交通链接而成，适合沿交通线内部填充，逐渐发展壮大	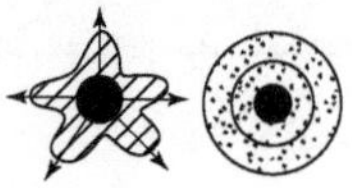
带群型	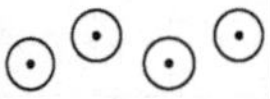	大规模 (1 000~17 000)	水网型 (NL-1) (NL-2) 高地型 (NG-2) (NG-3)	多为发展到一定规模的大城市，主导的影响因子一般为水系或地形，城市下一步适合沿着带群沿线内部填充	
块群型	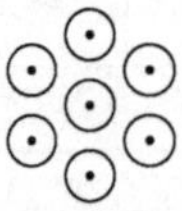	大规模 (1 000~17 000)	常规型 (NL-3) (IR-3) (NG-1)	多为发展到较大规模的平原地区的大城市，城市以发展了多组团，适合沿着多中心连成的轴线进行内部土地填充	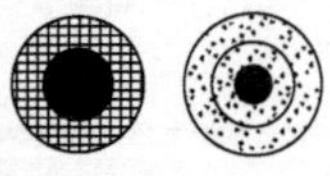

图 8-17　中国城市形态演化图谱对未来城市规划的约束与指导作用

案例 3：中国近–现代城镇体系演化信息图谱

本案例完成者是齐清文团队的硕士生龚泽仪和博士生夏小琳（龚泽仪等，

第 8 章 | 地学信息图谱方法

2014)。根据所收集到的中国明、清、民国、新中国等各个时期的地图,按照中心城市、城市群、城镇体系三个层级的逻辑,依次建立了中国全国中心城市(以现在的各省会城市为中心城市)空间分布格局演化图谱,中国东、中部城市群(以上述中心城市为核心)的空间分布格局演化图谱,以及"京–津–冀"城镇体系空间格局演化图谱。

首先,依据明朝末期的《舆地总图》、清朝的《皇朝一统舆地全图》(1832年)、《大清帝国全图》(1910年)、《中华民国新地图》(1934年)、《中华人民共和国地图》(1956年)和《中华人民共和国地图》(2014年电子版)六幅地图,从中点绘出中国 30 多个中心城市的空间分布格局的演化格局图谱(图 8-18)。

根据上述研究,可归纳出中心城市空间格局演化的图谱模式(图 8-19),从图中可看出,中国中心城市空间分布的演化是沿着东北–西南与西北–东南的倾斜格状分布,到"两横两点",再到"两横一竖"、"两横两竖",最后到"三横三竖"的演化脉络。

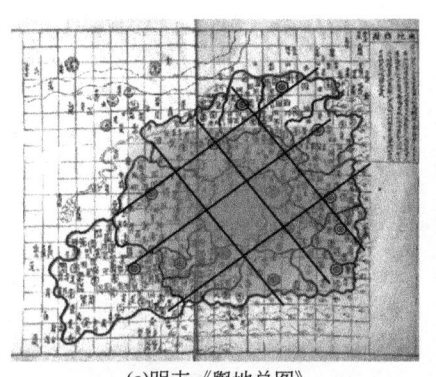

(a) 明末《舆地总图》

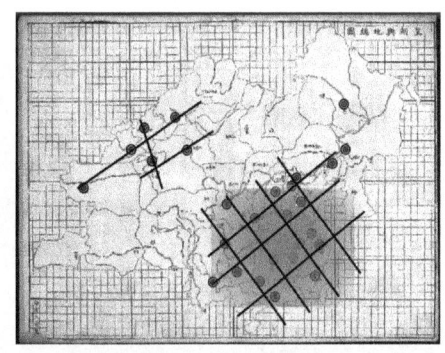

(b) 清代《皇朝一统舆地全图》(1832年)

(c)《大清帝国全图》(1910年)

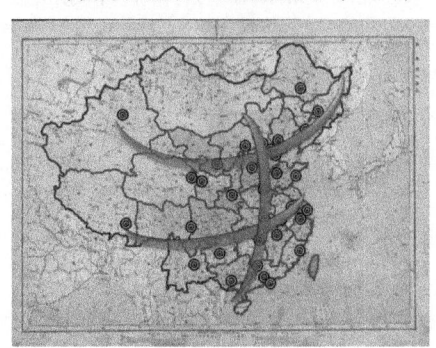

(d)《中华民国新地图》(1934年)

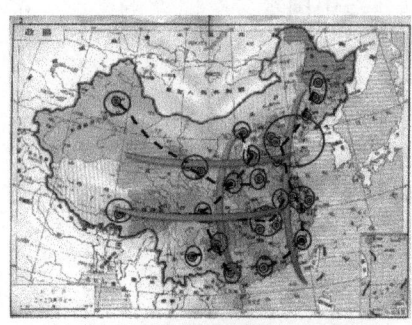

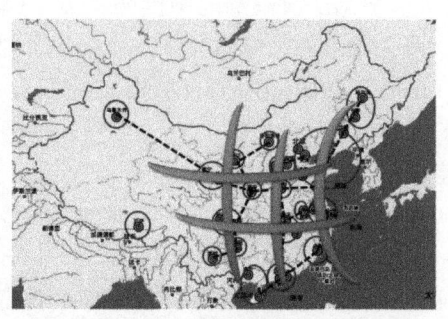

(e)《中华人民共和国地图》(1956年)　　(f)《中华人民共和国地图》(2014年电子版)

图 8-18　中国近−现代中心城市空间分布格局演化图谱

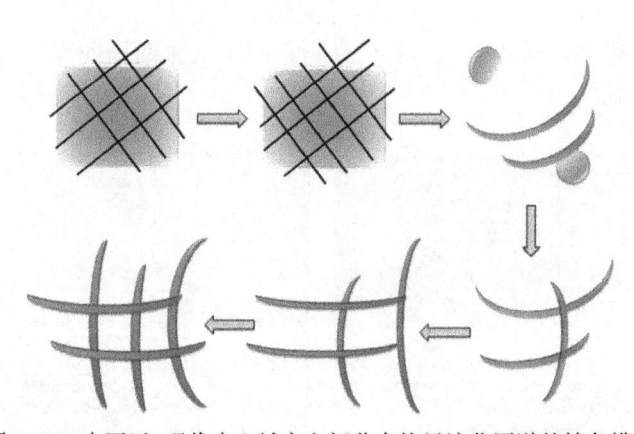

图 8-19　中国近−现代中心城市空间分布格局演化图谱的抽象模式

其次，仍然采用上述六个时期的地图为信息源，归纳出以中国东、中部中心城市为核心的城市群的空间格局演化图谱。图 8-20 反映的是以北京城市群为案例的放射型空间分布格局演化图谱，说明北京作为一个从复杂结构到简单结构转变的城市群，其演化具有其特殊性，因为北京的扩大，不断吸收周边其他城镇，最后将昌平、通州都划进了北京的郊区，是一个中心城市聚集扩散的典型例子。

图 8-21 反映的是上海−苏州城市群从线型到环型再到网型的空间分布格局演化图谱案例，说明上海是清朝时期才作为通商口岸逐步兴起壮大的城市。在上海兴起前，这一区域的中心城市是苏州，并以苏州为中心向南北两个方向发散延伸。民国时期，上海取代了苏州中心城市的位置，并将该区域的城市群形态连成了环状。随着交通不断的发展，最终形成了网状的发散结构。

图 8-22 用抽象的图形模式反映了中国东、中部城市群的空间分布格局演化模式。

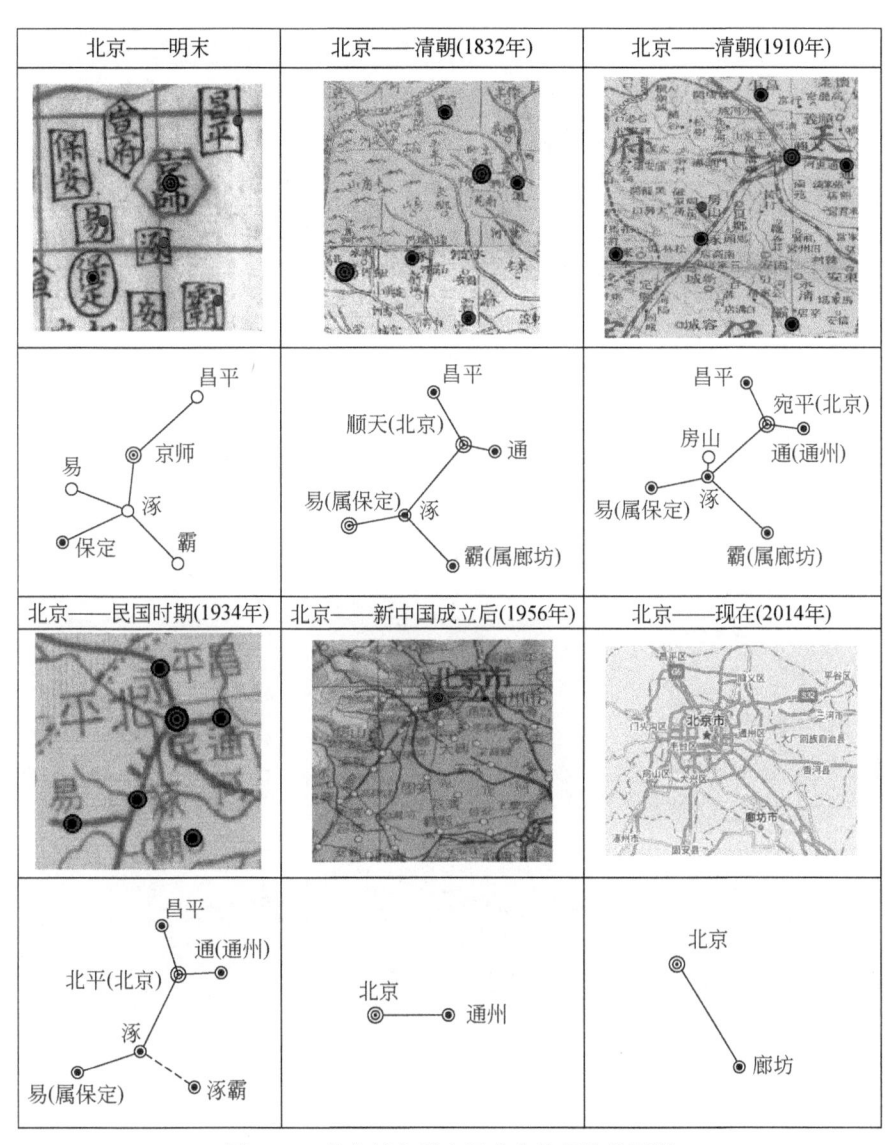

图 8-20 北京城市群空间分布格局演化图谱

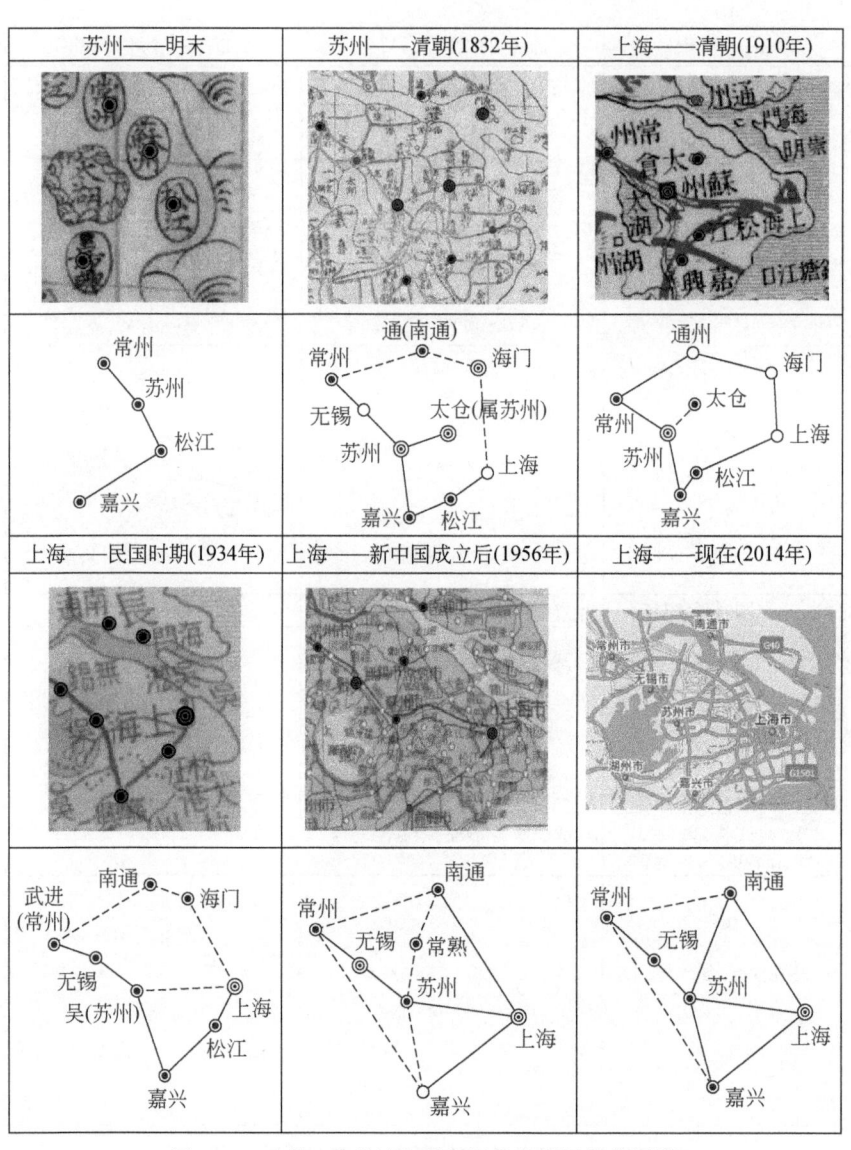

图 8-21　上海−苏州城市群空间分布格局演化图谱

第 8 章 | 地学信息图谱方法

(a)线型结构　　(b)环型结构　　(c)放射型结构　　(d)网型结构

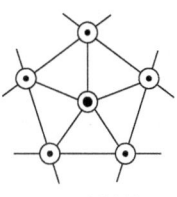

图 8-22　中国城市群空间格局分类图形模式

表 8-1 是中国东、中部城市群的空间分布格局演化图谱说明。

表 8-1　中国城市群空间分布格局演化图谱表

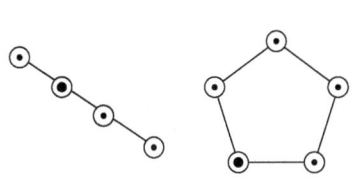

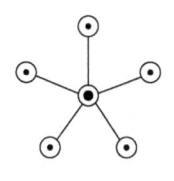

城市	明朝	清朝（1832 年）	清朝（1910 年）	民国（1934 年）	新中国成立后（1956 年）	现在（2014 年）
上海	线型	环型	环型	网型	网型	网型
南京	线型	线型	线型	线型	线型	线型
杭州	线型	线型	线型	线型	线型	线型
长沙	线型	线型	线型	线型	环型	环型
合肥	环型	环型	环型	环型	放射型	放射型
武汉	放射型	放射型	线型	线型	线型	线型
郑州	环型	环型	环型	网型	网型	网型
济南	放射型	放射型	放射型	放射型	放射型	放射型
青岛	无	无	线型	线型	线型	线型
太原	线型	线型	放射型	放射型	放射型	放射型
南昌	线型	线型	环型	环型	网型	网型
北京	放射型	放射型	放射型	放射型	放射型	线型
天津	无	线型	线型	线型	线型	线型
石家庄	环型	环型	环型	环型	环型	环型

最后，仍然采用上述六个时期的地图为信息源，归纳出京-津-冀地区的城镇体系空间格局演化图谱（图 8-23）。再以各城市和城镇的人口数量作为辅助信息，我们归纳出未来京津冀的发展是：北京、天津和保定将逐步发展为区域"三核"中心，即"京津保"三角核心区。其中，北京将积极疏散主城、着力发展新城，缓解城区人口密度过大的压力，天津将重点培育塘沽、大港、汉沽等滨海地区，走滨海新区崛起的城镇发展道路，保定作为京津冀的畿辅节点城市——

"圆心"，利用地缘优势，谋划建设，集中承接首都行政事业等功能疏解的服务区。唐山、石家庄、张家口为区域发展的副中心城市，承德继续担任特色旅游胜地的角色，张家口—北京—廊坊—天津为区域发展的城镇密集轴，北京至天津的经济联系功能可以进一步强化，区域城镇化的龙头引导作用更加凸显；秦皇岛—唐山—天津—保定—石家庄将成长为京津冀区域的中部城镇发展带，曹妃甸—滨海新区—黄骅港为京津冀区域的沿海城镇发展带。

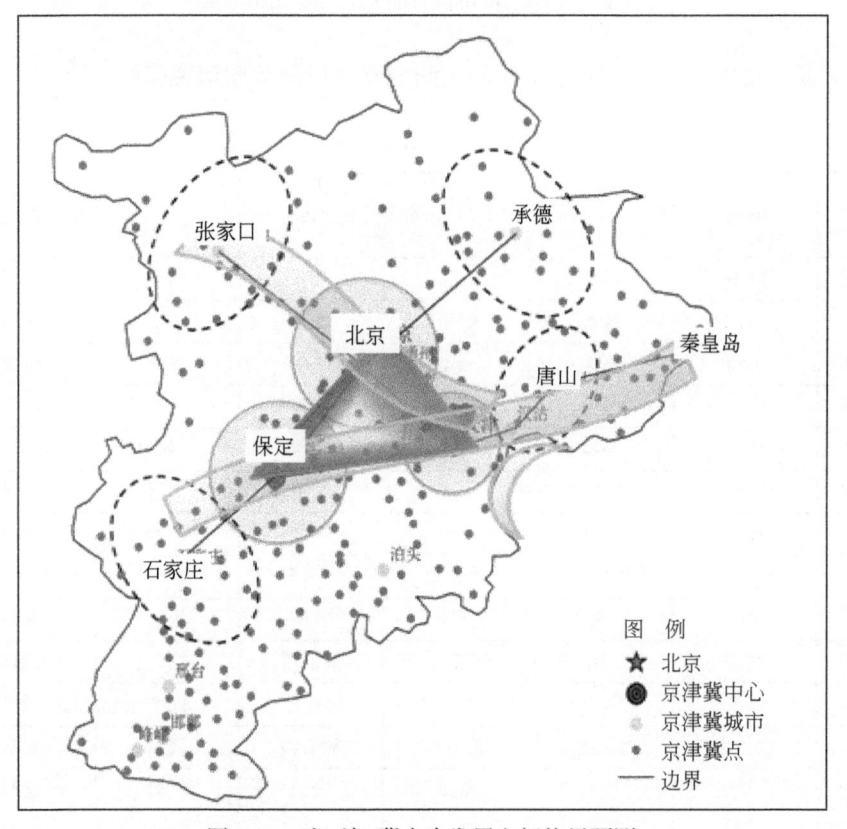

图 8-23　京-津-冀未来发展空间格局预测

案例 4：PM$_{2.5}$ 对城市人群的暴露-反应信息图谱

本案例完成者是齐清文团队的硕士生周芳、助理研究员姜莉莉和张岸等。研究工作选择 2011 年秋季北京市对外发布的 PM$_{2.5}$ 的 35 个站点自 2012 年 10 月 8 日至 11 月 13 日每小时的监测数据，经过对数据进行插值处理，得到北京市 1km 网格内的 53 个×48 个点的 PM$_{2.5}$ 浓度值（图 8-24）。将每天的平均浓度值图按每周

第 8 章 | 地学信息图谱方法

从周日到周六的排列（图 8-25），可看到这一阶段每周三、四、五 3 天的 $PM_{2.5}$ 在北京城内区很集中，其中的主要原因可能是这一时期北京按机动车尾号限行时每天上路的机动车数量较多所致。

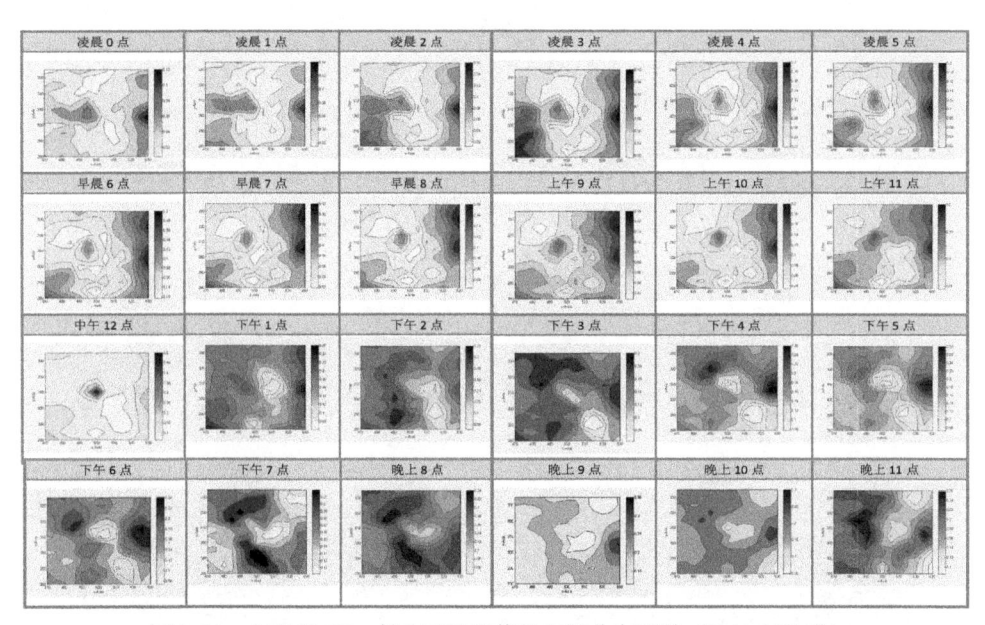

图 8-24　北京市 $PM_{2.5}$ 每小时浓度值的空间分布图谱（2012 年秋季）

接着，我们将北京市按街道办事处统计的居住人口数，以及城区内不同商务楼内的日均工作人数的统计值，做出这一时段每天的北京市白天、夜间的 1km 网格密度系列图。

将上述 $PM_{2.5}$ 的每日平均浓度分布图与当日的人口密度图相叠加，可得出每日的 $PM_{2.5}$ 对城市人群的暴露量的空间分布格局图谱（图 8-26）。

再按照国家公布的大气污染物浓度的分级标准，编制出北京市该时期 $PM_{2.5}$ 的不同等级的暴露小时序列图（图 8-27）。

我们通过特殊的渠道获取了同时期北京市某三甲医院呼吸道疾病的 1000 个门诊病历，得到这些病人的居住地、工作地、年龄、性别、发病时间、发病程度等数据。

为了排除单点医院对于周边辐射范围的区域影响因素，我们划定了以该医院为中心的 0~15min、15~30min、30~60min 三种交通可达圈内的病历数和 $PM_{2.5}$ 暴露量图（图 8-28）。

计算每天每个病例患病前 24h、48h 和 72h 内昼夜活动网格的平均浓度以及

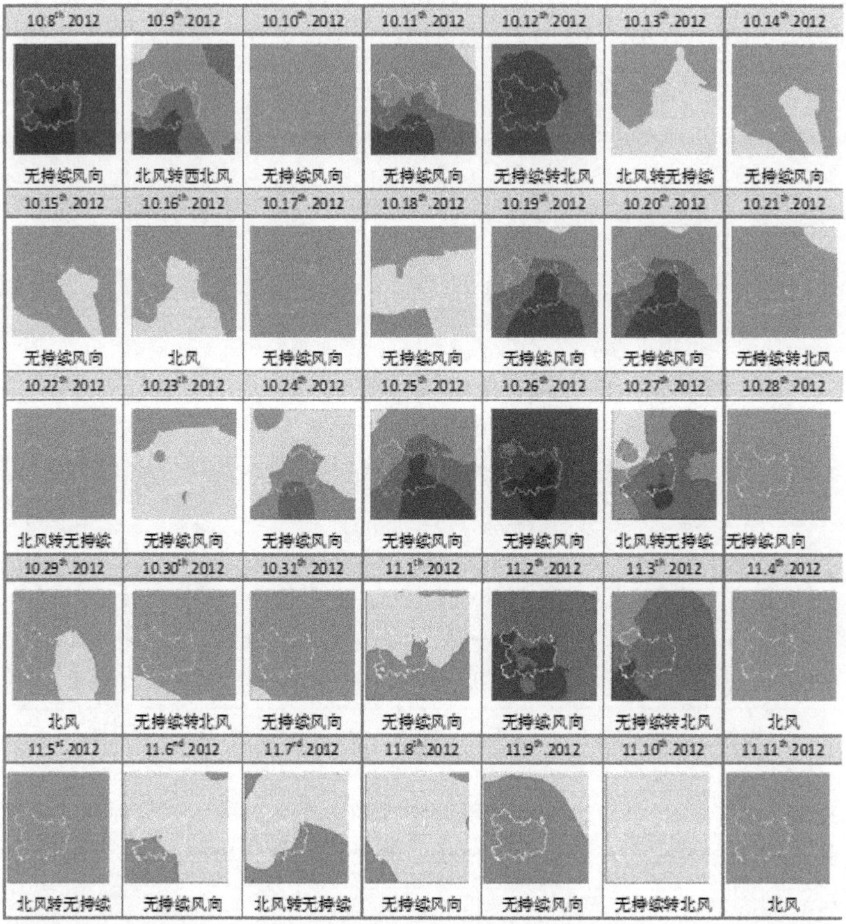

图 8-25　北京市 PM$_{2.5}$ 日平均浓度值按周排列的空间分布图谱（2012 年秋季）

各级别的日均暴露量，分别对应每天所在时间圈所有网格 24h 内、48h 内以及 72h 内的平均浓度和各级别的人均暴露量，将两者进行时空关系分析。挖掘这两者之间的时空关系，就是挖掘个体暴露水平和群体暴露水平之间的差异。以 0~15min 圈中的 PM$_{2.5}$ 浓度比较为例，如图 8-29 所示，个体暴露浓度和群体暴露浓度相比较发现，病例的个体暴露浓度和个体暴露量似乎总是高于所在时间圈的群体暴露水平。

将个体暴露浓度堆积相对群体暴露浓度堆积的比例作图，得到图 8-30。由图中可发现，折线的取值始终大于 1。也就是说，每日病例昼夜活动网格滑动 1~3 天内平均浓度均大于网格圈昼夜平均浓度。实验结果表明，个体 PM$_{2.5}$ 暴露浓度

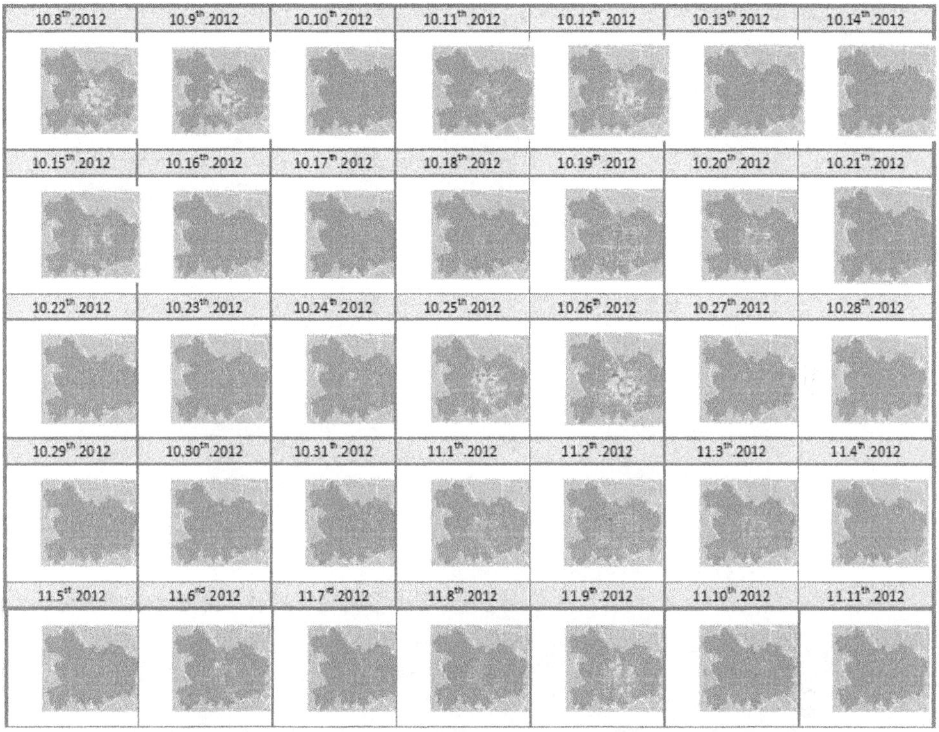

图 8-26　北京市 $PM_{2.5}$ 对人群的日均暴露量的空间分布图谱（2012 年秋季）

高于群体 $PM_{2.5}$ 暴露浓度对是否得病有指示作用。病例与人群的差异性体现在其每日昼夜活动区域的 $PM_{2.5}$ 浓度较群体高。

依次得到 15~30min 圈 1~3 天内个体暴露浓度和群体平均暴露浓度的堆积比、30~60min 圈 1~3 天内个体暴露浓度和群体平均暴露浓度的堆积比，可发现这样的规律仍然存在（图 8-30）。个体 $PM_{2.5}$ 暴露量高于群体 $PM_{2.5}$ 暴露量对是否得病有指示作用。病例与人群的差异性体现在其每日昼夜活动区域的 $PM_{2.5}$ 暴露量较同等就医条件的群体高（图 8-31）。

可推得，当 $PM_{2.5}$ 的浓度大于 $115\mu g/m^3$ 时，急性呼吸道疾病易于在当天暴发，当 $PM_{2.5}$ 的浓度多日连续大于 $35\mu g/m^3$ 或 $75\mu g/m^3$ 时，急性呼吸道疾病会产生累积效应，累积效应至少为 3 天。

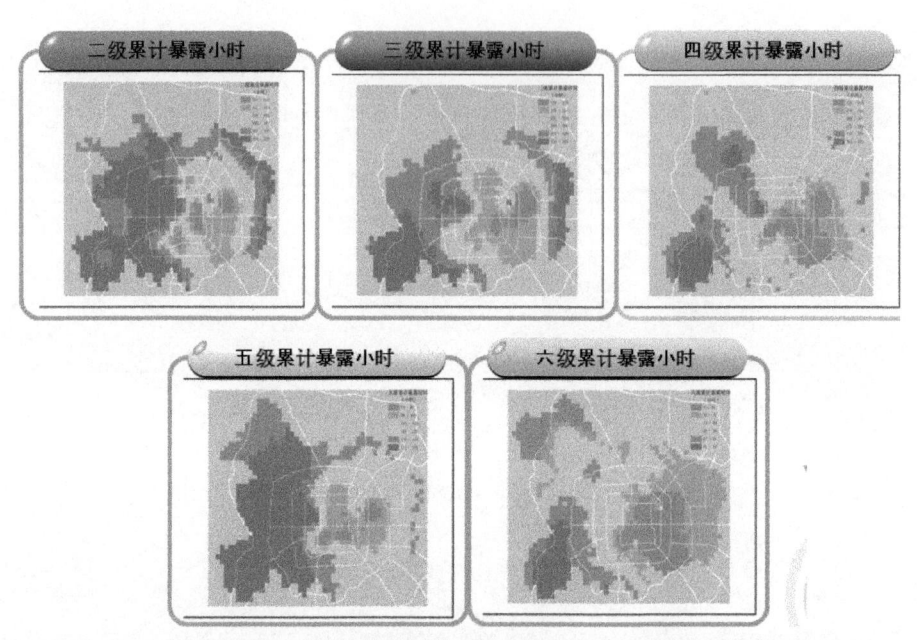

图 8-27　北京市 PM$_{2.5}$ 对人群的累计暴露等级的空间分布图谱（2012 年秋季）

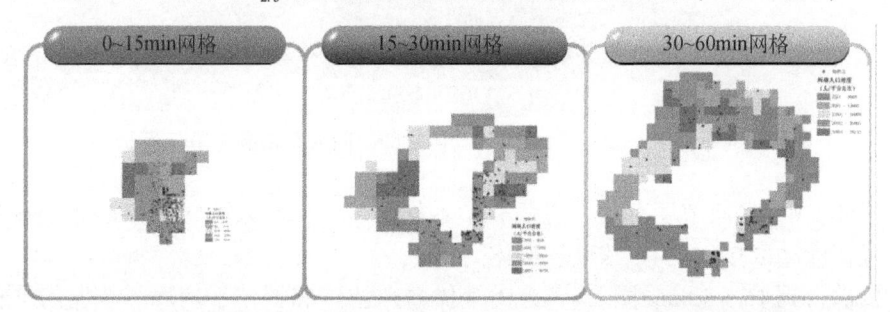

图 8-28　北京市某医院对周边的三种网格可达圈及 PM$_{2.5}$ 对人群的网络暴露量

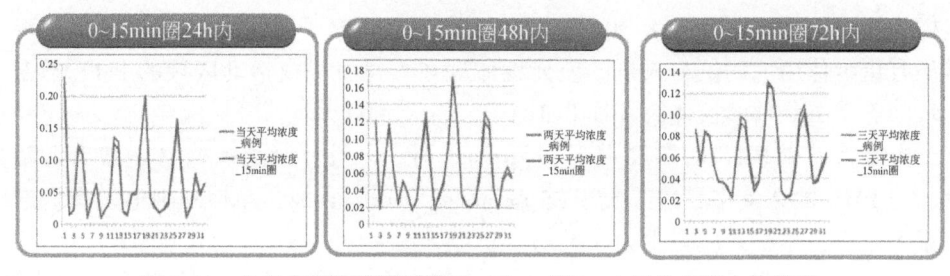

图 8-29　北京市某医院同时期 0~15min 圈 1~3 天的病例个体暴露
浓度与网格内平均暴露量的比较

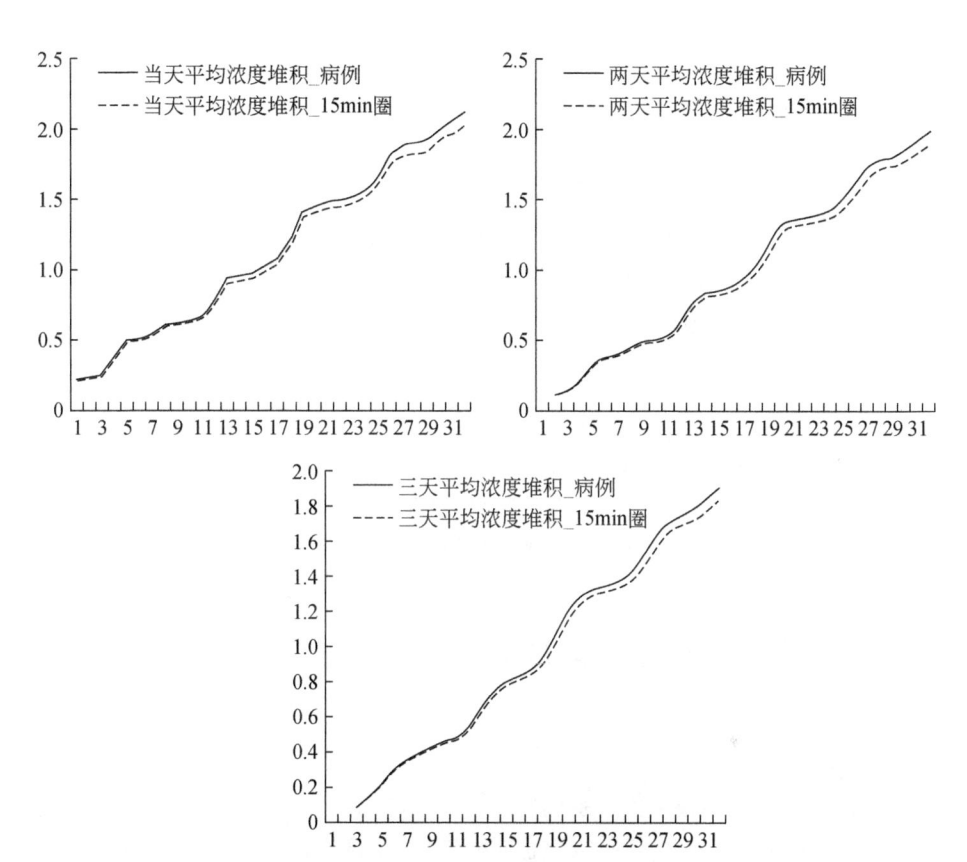

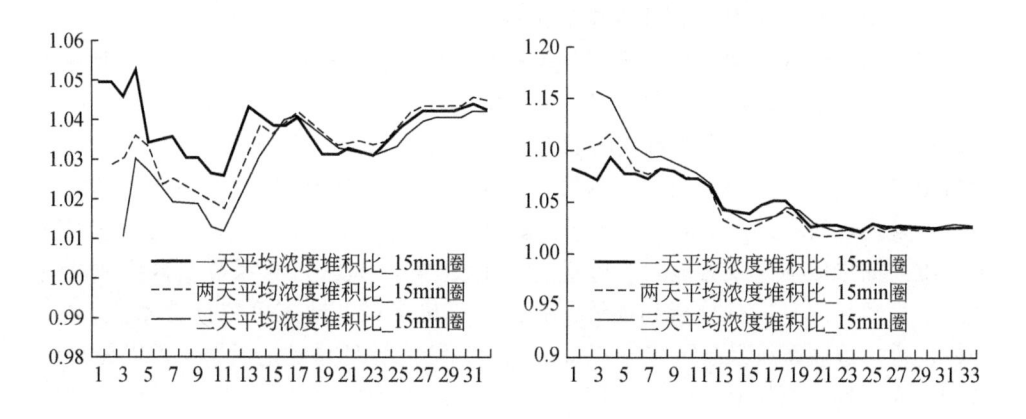

图 8-30 北京市某医院同时期 0~15min 圈 1~3 天的病例的个体 PM2.5
暴露浓度与网格内累积暴露量浓度的比较

(图中横坐标是时间，表示该时期第 1 天至第 31 天；纵坐标是 PM2.5
的个体暴露浓度的累积值与群体暴露浓度累积值之比值)

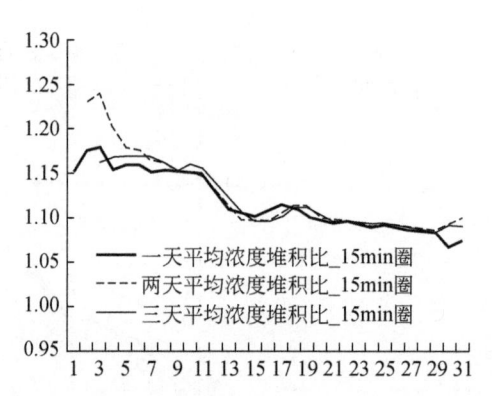

图 8-31　北京市某医院同时期 1-3 天内的 0~15min、15~30min、30~60min 三种可达圈内的病例的个体 PM2.5 暴露浓度与网格内累积暴露量浓度的比较

（图中横坐标是时间，表示该时期第 1 天至第 31 天；纵坐标是 PM2.5 的个体暴露浓度的累积值与群体暴露浓度累积值之比值）

8.6　地学信息图谱方法的优点和不足

1. 优点

地学信息图谱是用数字化、系列化的图形图像揭示客观事物和现象空间结构征与时空变化规律的一种方法与手段，它能够将复杂问题的本质属性给予简洁、直观可视化的表达，而且具有图形多维化、时空动态化等特点。可以把自然现象与过程、土地利用、城市景观格局和生态环境变化谱系化、动态化，发挥图谱模型数据挖掘、知识发现的长处，深化各种过程内在规律的挖掘与多维表达。为探索研究各种过程与变化成因、过程，预测未来发展变化趋势及环境影响提供科学依据。

（1）在自然现象与过程研究中的优点

传统的自然现象和过程的研究存在一些不足，表现在：虽具有图形思维的功能，但缺乏数字化特征和表现手段；多停留于区域尺度的不完整认识，缺乏对更大区域（全国/全球）带谱的全面而系统的分析；缺乏高效的数据集成、管理、分析工具，制约了深层次地学规律的发现等。地学信息图谱是一种融合现代信息技术实现地理研究的图形思维模式、全数字化及动态模拟分析的方法论。它以图形思维与抽象概括方式对地图、遥感、空间数据库、地理信息系统及数字地球负载的大量数字信息进行分析和提炼，并以计算机多维、动态可视化技术，表达、分析、模拟地球系统及各要素和现象空间形态结构与时空变化规律，可以使传统地理研究得到全面提升。

第 8 章 | 地学信息图谱方法

（2）在人地关系研究中的优点

城市景观信息图谱方法：以多源遥感影像为主要信息源，运用空间统计、地统计学、景观生态学的基本理论与方法以及若干空间分析模型，借助于大量遥感图像、空间数据等数字化信息，建立多维可视化的城市景观信息图谱，能够在不同的空间尺度上，分析研究城市各种景观斑块、景观类型以及植被、热环境等景观因子所表现出来的景观空间自相关、自相似、复杂性、多样性等时空分布特征。不同的景观信息图谱序列动态模拟各种城市景观生长、集聚与扩散的过程，对城市景观格局的时空演变过程进行仿真和模拟实验，揭示城市环境与景观变化规律，为城市规划、城市发展提供决策依据。

土地利用信息图谱的优点：传统的土地利用空间格局及变化研究大多局限于对土地利用类型的转化和土地质量变化的统计分析以及对空间格局的静态解释。土地利用变化信息图谱将土地利用变化过程谱系化、动态化，发挥信息图谱数据挖掘、知识发现的特长，进一步深化土地利用变化内在规律的挖掘与多维表达。为探索研究区土地利用变化成因、过程，预测未来趋势及环境影响提供科学依据。土地利用信息图谱既包含了土地利用状况的空间差异性信息，又包含了地理过程时序变化的信息，它能够将时空变化研究复合为一体，是"空间与过程集成研究"的有效途径。

（3）在生态环境研究中的优点

仅利用景观生态学定量的研究方法来分析景观格局的变化，既不直观，又存在表达不精确的问题。首先，应用地学信息图谱研究生态环境动态变化，能够以图形思维的方式，将自然状况与人文、生态等因素进行综合考虑，可以直观地反映生态系统要素的时空变化特征、时空演变规律。其次，应用地学信息图谱的方法研究生态环境景观类型，将大大提高和加强生态景观制图的水平和能力。最后，能够揭示过去，虚拟和预测未来。地学信息图谱研究的一个重要目的，就是通过图谱建立来反演时空变化，从而认识客观世界，揭示和再现过去，提供预测未来的多种设想和可能方案。探讨生态环境演变机理，进而提出生态环境综合整治对策，为研究区恢复和建设良好的生态环境，实现生态系统良性循环和区域可持续发展提供技术保障，同时也为区域生态环境保护和建设规划的编制及实施提供可靠依据。

2. 不足

根据地学信息图谱要义，地理单元对象的标准化、数字化和（相对）完备性是传统研究上升到地学信息图谱的三个必要条件。标准化是指要为地理单元对象赋予一个标准的定义及其内涵。数字化旨在实现地理单元对象的信息化存储和表达，由于数字化的对象是地理实体，故还应实现地理实体的空间定位及可视化，在数据、图形及空间位置间建立信息联结。信息的完备性则是"谱"的根本性质，是"图集"向"图谱"跃进的关键。

目前，大多地学信息图谱研究的数据不够充分；大范围带谱变化规律难以完整概括；缺乏各类地学信息图谱的标准规范和分类级别体系；数字化程度不够；属性数据和地理位置缺少直接的联系；对已有的各类数据缺乏有效而快速的管理和查询工具；对数据分析利用的深度不够。此外，地学信息图谱可以反演和模拟时空变化，如何有效集成各类模型实现科学预测与决策方案的虚拟，也是当前需要解决的关键问题。

第 9 章 地理信息的智能分析与计算方法

在地理信息的科学方法分类中，智能分析与计算方法面对的是半结构化或非结构化对象，既难以用图形-图像的思维方法来解决问题，更难以用逻辑严密的数学模型方法来处理，因而需要采用知识推理、判断思维方法化解矛盾，使我们所面对的资源环境的复杂对象和现象得以"降解"、"降维"，从而逐渐逼近问题的解。从思维类型来看，智能推理与图形-图像思维方法相似，都比较接近人类的思维习惯，即采用描述性的、模糊的、整体性的判断来代替定量分析与计算，应该是人类在掌握数学的严密方法之前普遍采用的方法；同时，现代科学中的智能分析又与人类朴素的推理、判断不同，是人类控制计算机来完成智能分析与计算，其中加入了智能机器、数据挖掘等现代智能分析手段。

9.1 地理信息的智能分析与计算方法概要

智能最早指的是一个人的智慧和能力，但是随着计算机的发展，智能指具有人的某些智慧和能力的特质。目前，智能分析主要是指计算机环境下的人工智能（artificial intelligence），它是研究、开发用于模拟、延伸和扩展人的智能的理论、方法、技术及应用系统的一门新的技术科学。人工智能是计算机科学的一个分支，它企图了解智能的实质，并生产出一种新的能以人类智能相似的方式做出反应的智能机器，该领域的研究包括机器人、语言识别、图像识别、自然语言处理和专家系统等。

著名的美国斯坦福大学人工智能研究中心尼尔逊教授对人工智能下了这样一个定义："人工智能是关于知识的学科——怎样表示知识以及怎样获得知识并使用知识的科学。"而另一个美国麻省理工学院的温斯顿教授认为："人工智能就是研究如何使计算机去做过去只有人才能做的智能工作。"这些说法反映了人工智能学科的基本思想和基本内容。即人工智能是研究人类智能活动的规律，构造具有一定智能的人工系统，研究如何让计算机去完成以往需要人的智力才能胜任的工作，也就是研究如何应用计算机的软硬件来模拟人类某些智能行为的基本理论、方法和技术。

面对海量的地理信息，众多学者试图用计算机的方法来模拟人的智慧和能力来认识地理现象、发现地理问题以及进行空间决策。出现了一系列地理信息的智能分析与计算方法，包括地理信息的知识推理方法、地理空间决策方法、地理知识发现方法（空间数据挖掘）和神经网络空间分析方法等。

9.2 地理信息的知识推理方法

9.2.1 地理信息知识推理方法的定义和内涵

专家系统也称为基于知识的系统，是一种运用推理能力得出结论的人工智能系统。它非常适用于诊断性问题和指令性问题。诊断性问题是指那些需要回答"发生了什么问题？"的问题，相当于决策的情报分析阶段，而指令性问题则是指那些需要回答"该做什么？"的问题，相当于决策的选择阶段。这里所指的地理信息的知识推理方法主要指的是地理信息专家系统中诊断性问题所采用的方法，即由一个或几个已知的判断（前提），推导出一个未知的结论的思维过程。其作用是从已知的知识得到未知的知识，特别是可以得到不可能通过感觉经验掌握的未知知识。推理主要有演绎推理和归纳推理。演绎推理是从一般规律出发，运用逻辑证明或数学运算，得出特殊事实应遵循的规律，即从一般到特殊。

9.2.2 地理信息知识推理方法的研究意义

关于知识推理的研究最早可以追溯到古希腊哲学家，但对其进行形式化的逻辑分析则是现代以后的事情。20世纪60年代，在哲学界对于知识的性质及用于刻画知识的公理体系的讨论得到了广泛的开展。此后，其他一些学科的研究工作者，如经济学家、对策论专家、语言学家、人工智能专家加入了知识推理的研究与理论计算中。

地理信息由于其复杂性特征和非结构化，常常要解决多层次、多因素、时变型和具有非线性变化的地学问题，因而需要采用创造性智能化劳动来解决所面对的问题。这里，专家经验和知识起着重要的作用。另外，使用GIS的新用户以及某一特殊科学领域的非GIS专家，都不可能准确地知道如何按GIS要求阐述它们的需要，能做这种工作的专家还不多，因此也有必要把专家的知识综合起来，存入计算机系统中，将有关学科的专家知识和经验以及所需的各种信息存储起来，形成一个系统，供其他GIS用户使用。目前，专家系统正广泛应用于地学分析、地质勘探、疾病诊断和军事领域（张超，1995）。

区划分析、土地利用规划、城镇区域发展规划、设施位置选择、资源开发和分配、环境管理等都是有关空间行为决策的问题。这些问题的解决方案是由决策者或问题领域的专家在专业领域知识和经验的启发下，在分析了大量地理信息的基础之上得到的。以设施位置的选择为例，领域专家已经有一组有关位置适宜性的判别规则，这些规则是一组以描述性方式表达的知识，简称"描述性知识"（declarative knowledge）。设施位置的选择是建立在有关社会经济、地质条件、环境质量等信息分析基础之上的在判别规则启发下的推理过程，而有关社会经济、地质条件、环境质量等信息则来源于专业领域的"程式性知识"（procedural knowledge），这些程式性知识则是以方程或模型的方式进行表达。例如，在环境质量中有关水文质量的信息是通过求解地表水质量模型、表层水质模型得到的。对于结构化良好的问题，程式性知识在问题的定义、定量分析、预测等方面是有效的。但是，它不利于表达人类的直觉、评价和判断。而描述性知识则有益于表达具有松散结构的人类经验和专家意见，它有益于概念、意见和价值取向的表达，因此它有利于半结构化，甚至非结构化问题的解决（陈述彭 a，1999）。

9.2.3 地理信息知识推理方法的原理、结构和过程

地学专家系统是研究模拟有关专家的推理思维过程，将有关领域专家的知识和经验，以知识库的形式存入计算机。系统可以根据这些知识对输入的原始事实进行复杂的推理，并做出判断和决策，从而起到专门领域专家的作用。具有这种功能的系统就称为专家系统（expert system）。将专家系统技术应用于地理信息系统领域具有重要的意义。

专家系统的主要原理是：对某个领域有透彻了解和丰富知识的专家，将他们的知识以某种方式输入计算机——知识获取阶段。获取的知识被转换成一系列规则，存储在知识库中，用这些规则去识别或描述知识库中的实体。同时，用户对知识库进行访问，达到咨询和调用的目的。最初，知识以形态逻辑语句的形式编码。后来，当人们面对各种需要解决的问题时，采用了"模拟"等更为复杂的方法。现代人工智能的发展趋向于能获取更多人类思维过程的系统公式化的研究。

用户想从知识库中取出信息时，通过一种称为"推理模块"的程序输入他的问题，这一模块的任务是把用户的要求转换成公式化的询问模型，并用这些模型从知识库中获取知识并进行处理。推理模块程序也包括解释功能，即告诉用户它为什么要搜索特定类型的实体（张超，1995）。

推理是形式逻辑，是研究人们思维形式及其规律和一些简单的逻辑方法的科学。思维形式是人们进行思维活动时对特定对象进行反映的基本方式，即概念、

判断、推理。思维的基本规律是指思维形式自身各个组成部分的相互关系的规律，即用概念组成判断，用判断组成推理的规律。包含如下四条规律：即同一律、矛盾律、排中律和充足理由律。简单的逻辑方法是指，在认识事物的简单性质和关系的过程中，运用思维形式有关的一些逻辑方法，通过这些方法去形成明确的概念，做出恰当的判断和进行合乎逻辑的推理。

学习形式逻辑知识，可以指导我们正确地进行思维，准确、有条理地表达思想；可以帮助我们运用语言，提高听、说、读、写的能力；可以用来检查和发现逻辑错误，辨别是非。同时，学习形式逻辑还有利于掌握各科知识，有助于将来从事各项工作。

推理是指依据一定的规则从已有的事实推出结论的过程。专家能够高效地求解复杂的问题，除了他们拥有大量的专门知识外，更重要的是他们能合理选择及有效运用知识。基于知识的推理所要解决的问题是如何在问题求解过程中，选择和运用知识，完成问题求解。知识的运用模式称为推理方式，知识的选择称之为推理控制，它直接决定着推理的效果和推理的效率。推理控制的核心是推理控制策略。

从推理方式来看，传统的形式化推理技术是以经典逻辑为基础的。谓词逻辑中由一组已知事实，根据公理系统推出某些结构的演绎过程，称为演绎推理方式。演绎是人类思维的一种主要表现形式，但由于人工智能研究的特点，严格的演绎方式不能够处理所有的问题，各种非经典逻辑推理方式的研究已成为专家系统和人工智能各个领域研究的重要内容之一。需要注意的是：如果不能考察某类事物的全部对象，而只根据部分对象做出的推理，不一定完全可靠。推理是由一个或几个已知的判断推出一个新的判断的思维形式。例如，"客观规律总是不以人们的意志为转移的，经济规律是客观规律，所以，经济规律是不以人们的意志为转移的"，这段话就是一个推理。其中，"客观规律总是不以人们的意志为转移的"，"经济规律是客观规律"是两个已知的判断，从这两个判断推出"经济规律是不以人们的意志为转移的"这样一个新的判断。任何一个推理却包含已知判断、新的判断和一定的推理形式。作为推理的已知判断叫前提，根据前提推出新的判断叫结论。前提与结论的关系是理由与推断，原因与结果的关系。

推理按推理过程的思维方向划分，主要有演绎推理、归纳推理和类比推理。其中，演绎推理是由普遍性的前提推出特殊性结论和推理，有三段论、假言推理和选言推理等形式；归纳推理是由特殊的前提推出普遍性结论的推理；类比推理是从特殊性前提推出特殊性结论的一种推理，也就是从一个对象的属性推出另一对象也可能具有这属性。

推理是否正确，取决于它是否同时具备了两个条件，即推理的前提真实、推理的形式有效。而推理是否符合逻辑，要看它是否符合普通逻辑的基本规律和推理规则。符合，则推理形式有效，推理有逻辑性；相反，若不符合，则推理形式非有效，推理没有逻辑性。即一个推理是否有逻辑性，只涉及推理的逻辑形式是否有效，而与其前提内容的真假无关。

由于专家的大部分决策都是在知识不确定的情况下做出的，因此，在决策模型的实际应用过程中，经常使用可信度（certainty factor，CF）来表示事实和规则的确信程度。造成事实不确定性的因素有含糊性、不完全性、不精确性、随机性和模糊性。实际问题中，专家的规则大多是经验性的，不是精确的。精确规则主要是公式、公理以及定律、定理。经验性规则具有不确定性，其不确定性用可信度 CF 值表示。

地理信息科学的知识推理，都是采用编制计算机推理程序的途径完成推理。在规则的前提条件和后续结果中都可以调用函数。它采用前向推理（数据驱动）和后向推理（目标驱动）等方式实现地理信息的知识推理。

基于模糊逻辑的规则推理方法如下：

Rule：IF distance to city center (X) is short (A)

THEN rent (Y) is high (B)(CF1)

Fact：Distance to city center (X) polygon K is very short (A) (CF2)

Approximate conclusion：Rent (Y) in polygon K is very high (B1)(CF2)

这里，规则和事实都包含了语义模糊变量"distance"(X) 和"rent"(Y)，它们的取值可以是 short、high、very short，这些取值分别定义为模糊子集 A、B、A1。按照模糊逻辑，可以由"距离"事实的"very short"推理出一个近似的结论："租金"的"very high"。按照模糊逻辑，结论的近似取值 B1 按如下方法求得：

B1 = A1°(A→B)

CF3 = CF1 * CF2

其中，A→B 表示 A 与 B 之间的模糊推理关系；°表示组织规则；*表示模糊运算符。

9.2.4 地理信息知识推理方法的案例

地理空间决策方法的案例为洪水灾害模型与决策（陈述彭，1999a）。

在自然灾害中，洪水灾害是发生频率高、对人民的生命财产具有很大危害程度的一种灾害类型。而洪水灾害模拟及其损失评估是空间决策模型中的一类典型应用，因此，我们以洪水灾害评估分析的空间决策模型为例来说明空间决策模型的建立和决策推理过程。

对于和洪水灾害模拟及其损失评估有关的空间决策分析涉及空间数据、模型知识（如水利学中的模型、侵蚀模型、传输模型等）和经验知识的共同使用。洪水灾害模拟及其损失评估步骤如下（图9-1）。

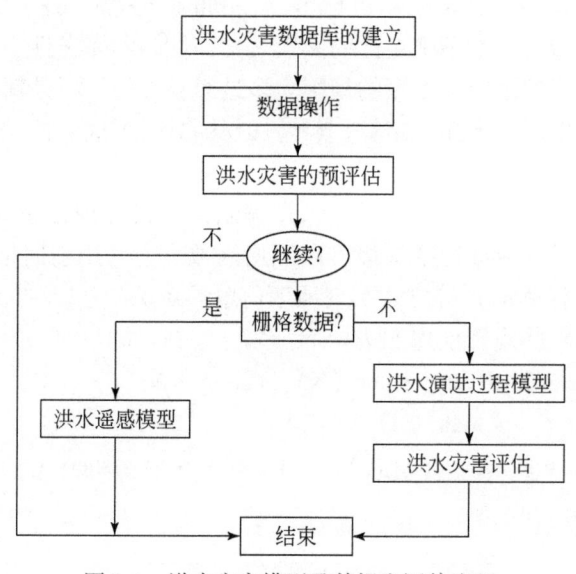

图 9-1 洪水灾害模型及其损失评估流程

从洪水灾害数据库的建立到数据操作是数据准备阶段，它是洪水灾害模拟及其损失评估的基本前提。数据库中的数据充足与否，是能否进行洪水灾害模拟及其损失评估的必要条件。数据操作直接为规则推理和模型分析做准备，它主要包括三种类型的操作：DEM 分析、河流网络分析和矢量数据栅格化。

洪水灾害的预评估是对于某流域在暴雨后，洪水发生程度的初步分析。预评估是在以 IF-THEN 规则集表达的专家经验基础上进行的，规则集中的规则以相对高程（relative elevation，RE）、暴雨周期（storm return period，SRP）和地表类型（land type）为前提条件，通过逆向推理，求出洪水泛滥的深度分布。预评估确定了流域发生洪水的可能性，并由此选择和调用对洪水灾害进行深入分析的模型分析方法。

表 9-1 是对于洪水灾害预评估 IF-THEN 规则模型中有关模糊类型、对象和推理目标的定义。洪水灾害预评估采用 IF-THEN 规则的后向推理模型（图 9-2）。模型首先从规则 r1～r4 开始，以相对高程 RE 为前提条件，确定地表类型（Geom-

Type）；规则 r5～r8 则以 Geom-Type 为前提条件，确定风险类型（Risk）；最后，规则 r9～rh 则以 Risk 和暴雨周期 SRP 为前提条件，确定洪水淹没程度（Inundation）。

表 9-1　洪水灾害预评估 IF-THEN 规则模型

模型类型定义
degree（Degree of Inundation）：Deep Shallow Zero
risk（Risk of flooding）：High Medium Low
对象定义
Ceom-Type：（Output，batch）
Geomorphologic Type
Single-Valued：Low-Plain High-Plain Terraces Mountain
Inundation：（Output，batch）
Degree of Inundation
Fuzzy Type：degree
KB-Next：（Output，interactive）
Next Knowledge base
Single-Valued：Modelling Remote Sensing None
RE：（Input，batch）
Relative Elevation（from database）
Numeric Type：0～2000
Risk：Risk of Flooding
Fuzzy Type：risk
RS-Data：（Input，interactive）
Is RS Data available?
Yes-No Type
SRP：（Input，interactive）
Storm Return Period
Numeric Type：0～200
推理目标
Geom-Type，Inundation，KB-Next

经过预评估，当确定流域可能发生洪水，需要对流域洪水灾害进行深入分析时，可以应用基于规则的模型推理方法来对洪水灾害进行模拟和评估分析（图9-3）。

当获得有关洪水灾害区域的遥感数据时，决策者可以利用遥感技术来做洪水淹没的深入分析，经过洪泛区（由遥感图像获得）、洪水深（由 DEM 获得）和土地利用的叠置分析，可以计算洪水淹没的程度；但是，遥感技术方法的使用所获得的结果，其精度较差，并且是对于洪水淹没后期的评估，对于洪水演进过程缺乏描述。

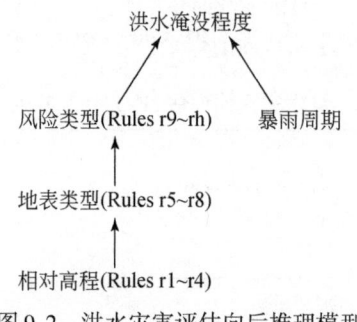

图 9-2　洪水灾害评估向后推理模型

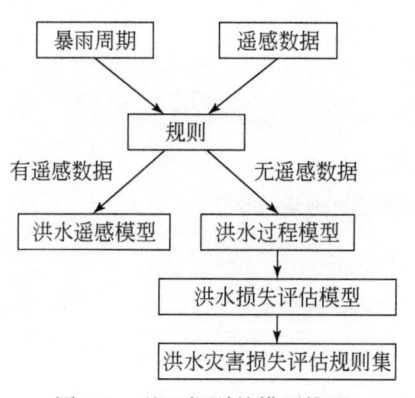

图 9-3　基于规则的模型推理

当没有遥感数据时，决策者可以应用洪水数学模型来对洪水演进过程进行深入分析，洪水数学模型包括水流模型、侵蚀-沉积模型、洪水评价模型。这些模型是基于空间栅格单元的，能够对于降雨的任一时刻计算出水深、流速和冲力等水文指标。进一步地，可以利用洪水评价模型和规则来对灾害损失程度进行计算和评估。最后，以全流域洪水灾害损失的统计分析为基础，应用损失评估的 IF-THEN 规则集对洪水灾害的损失进行分类。

9.2.5　地理信息知识推理方法的优点和不足

地理信息知识推理方法具有如下的优点：

1）通过知识的归纳，可以总结出一些地理规律，拥有专家级的知识。通过训练、阅读、实践等方式，可以获得广泛的、结构化的规则的地理相关的专门领域的知识，并转换到计算机的专家系统中，供非专家使用。它能促进各领域的发展，使各领域专家的专业知识和经验得到总结和精炼，进而广泛而有力地传播专家的知识、经验和能力。

2）可以模拟专家的思维推理，进行专家级水平的科学决策。按照知识推理的办法可以帮助没有或者缺乏相关学科的专家知识和经验的非特殊领域的GIS用户也能在专家系统的支持下，对地学现象进行分析，并辅助决策。可以使专家的专长不受时间空间的限制，以便推广珍贵和稀缺的专家知识与经验。同时，能够汇集和集成多领域专家的知识和经验以及他们协作解决重大问题的能力，使其拥有更渊博的知识、更丰富的经验和更强的工作能力。

3）解决实际问题时不受周围环境的影响，也不可能忘记或遗漏。知识推理方法一旦确定，专家系统能够高效率、准确、周到、迅速和不知疲倦地进行工作。

当然，目前的知识推理方法也有它的局限性，主要表现如下：

1）用于推理的知识表达还不完整。地理学问题由于其综合性、复杂性，一些简单的规则往往难以表达完整的地理现象，也就难以解决地理问题。由于专家有时不能清楚地表达他们是如何解决问题的，他们经常说不清自己解决问题的整个推理过程，因为他们解决问题往往是凭经验和直觉，所以在将专家的领域知识传递给专家系统时就会出现困难。

2）知识的推理过程还不完备。即使专家能够解释整个推理过程，但将推理过程完全自动化有时也是不可能的。推理过程可能非常复杂，需要大量的规则，或者推理过程太模糊并且存在不精确的地方。在使用专家系统时，记住它只能解决那些设计好的问题，而不能处理不一致的或新出现的问题状况。专家系统无法从以前的经验中进行学习并且无法像人类一样将以前获取的经验应用到新的问题中。

3）专家系统的知识推断不同于数学模型的精确处理，存在不确定性和模糊性。归纳推理由于它的结论超越了前提的范围，因此它概括出的一般情况的结论，只有在前提具有代表性时才可靠，而对将来的推测通常只是一种可能而不是必然的。演绎推理由于结论不超越前提的范围，只要所有前提及其形式正确，它的结论也应该是正确的。

近年来，随着网络资源共享程度的提高，基于事例推理（case-based reasoning，CBR）作为基于知识的专家系统的一个分支，受到越来越多的关注，是人工智能研究中一种迅速发展的有效的推理方法。针对知识推理的不确定性和模糊性，与一般基于规则的专家系统相比，贝叶斯网络专家系统利用先验概率分布，可以使推理在输入数据不完备的基础上进行；以网络的拓扑结构表达定性知识，以网络节点的概率分布表达知识的不确定性，从而使不确定性知识的表达直观、明确；利用贝叶斯法则的基本原理，可以实现"由因到果"及"由果到因"的双向推理。

9.3 地理空间决策方法

9.3.1 地理空间决策方法的定义和内涵

决策一般是对事件（问题状态）、对策和效果的总称。因此，解决某种事件采取何种对策，其效果如何，是决策问题的实质。通常，我们把事件（A）、对策（Y）和效果（P）构成的三维空间称为决策空间，记为

$$\text{Udm} = \{A, Y, P\} \tag{9-1}$$

式中，A 为事件集；Y 为对策集；P 为效果集。

例如，农业上挑选优良粮种以应付不同的气候条件，使粮食高产；工业上安排生产计划以适应不同的市场需求情况，以使企业效益最好等，这些都是决策问题。

如果事件集 A 具有地理空间效应，即由于地表结构的差异和空间格局的变化导致事件集 A 中的物质、能量和信息发生再分配现象和传输过程的改变；如果对策集 Y 是地理空间上的行为对策，即对策集 Y 受到决策者对于地理环境的感知认识的影响，那么，式（9-1）就表示了地理空间行为决策问题。

决策支持系统是综合利用各种数据、信息、知识、人工智能和模型技术，辅助高级决策解决半结构化或非结构化决策问题。它是以计算机处理为基础的人机交互信息系统。在这种系统中，充分应用了管理学、数学、数据库和计算机等学科的最新成果。空间决策支持系统中最主要的行为是空间决策支持。而空间决策支持是应用空间分析的各种手段对空间数据进行处理变换，以提取出隐含于空间数据中的某些事实与关系，并以图形和文字的形式直接地加以表达，为现实世界中的各种应用提供科学、合理的决策支持。由于空间分析的手段直接融合了数据的空间定位能力，并能充分利用数据的现势性特点，因此，其提供的决策支持将更加符合客观现实，因而更具有合理性。空间决策支持系统是由空间决策支持、空间数据库等相互依存、相互作用的若干元素构成，并完成对空间数据进行处理、分析和决策的有机整体。它是在常规决策支持系统和地理信息系统相结合的基础上，发展起来的新型信息系统。

9.3.2 地理空间决策方法的研究意义

空间决策支持系统在国家社会、经济生活中的应用十分广泛，如应用于城市用地选址、最佳路径选取、定位分析、资源分配和机场净空分析等经常与空间数据发生关系的领域。

有时决策支持系统虽然与专家系统结合使用，但专家系统与决策支持系统有着根本区别。运用决策支持系统时，用户必须对所处理的问题具有相当的专业知识和专业技能。正如 9.3.1 节所讲述的，决策支持系统是辅助用户进行决策。这意味着用户必须知道如何对问题进行推理、应该提出哪些问题、如何得到答案以及如何进行下一步骤。然而，使用专家系统则不同，专家系统自身就具有这些功能。用户只需向专家系统提供需要解决问题的事实和征候。用以实际解决问题的技术或专业知识是由某领域内的专家提供的。具有专业知识意味着什么呢？当某人具有既定问题的专业知识时，他不仅知道关于此类问题的许多事实，还可以应用专业知识来分析判断并解决相关问题。这正是专家系统需要获取的人类的专业知识。

9.3.3 地理空间决策方法的原理、结构和过程

空间决策支持系统是在地理信息系统和时空运筹学的基础上发展起来的。地理信息系统的重点在于对大量数据的处理；时空运筹学的重点在于运用模型辅助决策，体现在单模型辅助决策上。空间决策支持系统的出现使计算机能够自动组织和协调多模型的运行，对大量数据库中的数据存取和处理达到了更高层次的辅助决策能力。因此，空间决策支持系统与地理信息系统相比的不同特点是增加了模型库、知识库和模型库–知识库管理系统，把众多的模型（数学模型与数据处理模型以及更广泛的模型）和知识有效地组织和存储起来，并且建立了模型库、知识库与数据库的有机结合。与地理信息系统的功能相比，它更突出地表现在解决半结构化和非结构化问题的能力上。

因此，空间决策支持系统是以空间信息为基础的智能化的决策技术和手段。未来的研究方向是空间决策支持系统的模式和信息机理、政府进行资源环境科学决策的理论支撑体系、区域社会经济可持续发展决策模型库和知识库，以及多模型和群决策的集成理论和方法等。空间行为决策是决策者在一定地理环境条件下为取得某种空间行为的决策方案而进行的思维活动。图9-4表示了空间行为决策过程的一般图像，该图表达了人在决策过程中的认知方式。从该

图中可见，空间行为问题确定以后，在解决方案的寻找过程中，既需要有关空间行为问题的空间信息，又需要已有的关于空间行为经验的启发和各种约束条件以及心理因素的限制；当得到多种解决方案以后，还需要对这些方案进行评价以得到最优方案。

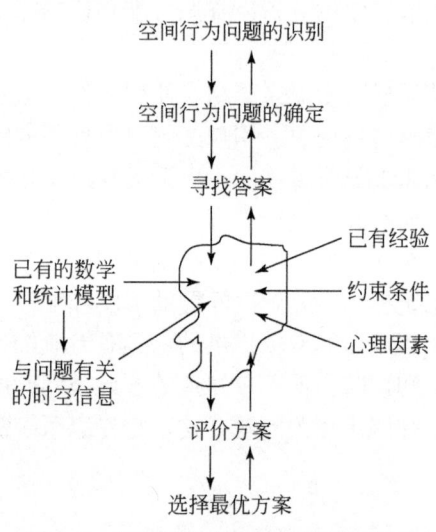

图 9-4 空间行为决策过程的认知方式

在方案的寻找过程中，已有经验、各种约束条件和心理因素的限制属于描述性知识，已有的数学和统计模型属于程式性知识。描述性知识和程式性知识按照问题领域专业知识的逻辑推理方式的运行机制进行组织，就构造了空间行为决策模型。对于空间行为决策模型来说，无论使用哪种知识，与问题有关的空间信息是寻找方案的基础。与空间行为决策问题有关的空间信息是通过求解空间数学模型和空间统计模型得到的。空间数学模型是对地理空间关系的定量描述，它包括地理叠置分析模型、地理邻域分析模型、距离衰减模型、地理网络分析模型等；空间统计模型是对于地理空间分布的定量描述，它包括地理多元统计分析模型、周期过程分析模型、马尔科夫（链）过程模型、地理空间自相关分析模型、趋势面分析模型和主成分分析模型等。空间数学模型和空间统计模型统称为空间信息模型。

空间信息模型描述了空间行为决策过程中各种类型信息流的相互作用关系；空间行为决策模型则描述了空间行为决策过程中的知识流——各专业领域知识的逻辑推理方式的运行机制。但是，空间行为的决策分析只有通过空间决策模型和相关的地理信息模型的结合使用才能够完成。图 9-5 表示了空间行为的决策模式。如图所示,细线箭头表示了空间信息分析圈层,它以地理信息系统为输入和输出界面,可以独立完成空间信息的分析;粗线箭头表示了空间行为分析圈层,它以空间决策系统为输入和输出界面,通过联合地理信息模型来完成空间行为的决策分析。

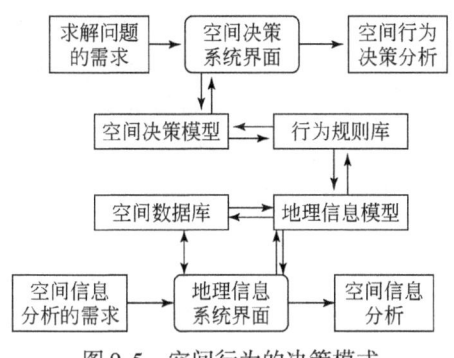

图 9-5　空间行为的决策模式

空间决策的方法主要包括效用理论、决策树、贝叶斯决策。其中,效用理论是决策分析的基础。决策树是空间决策方法的核心。如图 9-6 所示为典型的决策树。图中长方形小框表示由人选择的决策点。把需要作决策的问题过程画成示意图,由图的最左边出发,在作决策之前先作试验。决策树的方法是顺着树的各个分枝进行分析,并计算各种可能情况的概率大小,最后计算在这些条件下最终出现的后果的效用,将各种效用加以比较,从中选取最佳效用所对应的试验与决策作为应取的决策。图 9-6 中展示的是 L 和 d 的两级决策,每级决策均由一个或几个机会节点,自右至左地形成决策结论,即从 x 和 P 的分枝判断到 S 和 P 分枝判断,做出第一次 d 决策;之后又经过 O 和 P 的分枝判断,做出第二次 L 决策。贝叶斯决策则主要用于对事件发生的概率作先验估计。

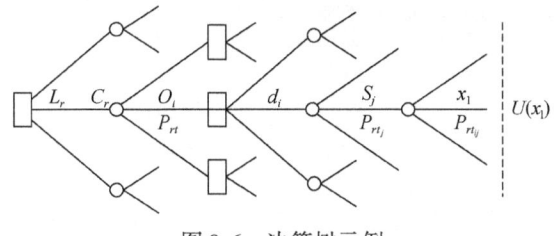

图 9-6　决策树示例

9.3.4　地理空间决策方法的案例

本节介绍的地理空间决策方法的案例,是来自王劲峰研究员推荐的"基于

COM 的灾害保险定价空间决策支持系统"。该案例将空间数据分析与 GIS 相结合，在专家系统外壳的帮助下，建立起一个能够完成空间决策分析、评估等功能的灾害定价与损失评估信息平台（图 9-7）。从图中可知，该系统的数据基础是地学时空数据及关系数据库，与其相连接的是一系列资源库和工具库，包括 GIS 组件库、空间统计库、Matlab 数学引擎、经典统计库、知识库、风险分析及保险定价专业库等。用户可以通过人机交互界面提取与灾害相关的知识规则，用于风险分析和保险定价，其中的推理引擎将起到操作工具的作用。通过系统的运行，可以分析出区域灾害的危害性、承灾体、风险、损失、随机优化、费率确定等参数和结论。图中 CLIPS 是 C 语言集成化产生式系统的编号。

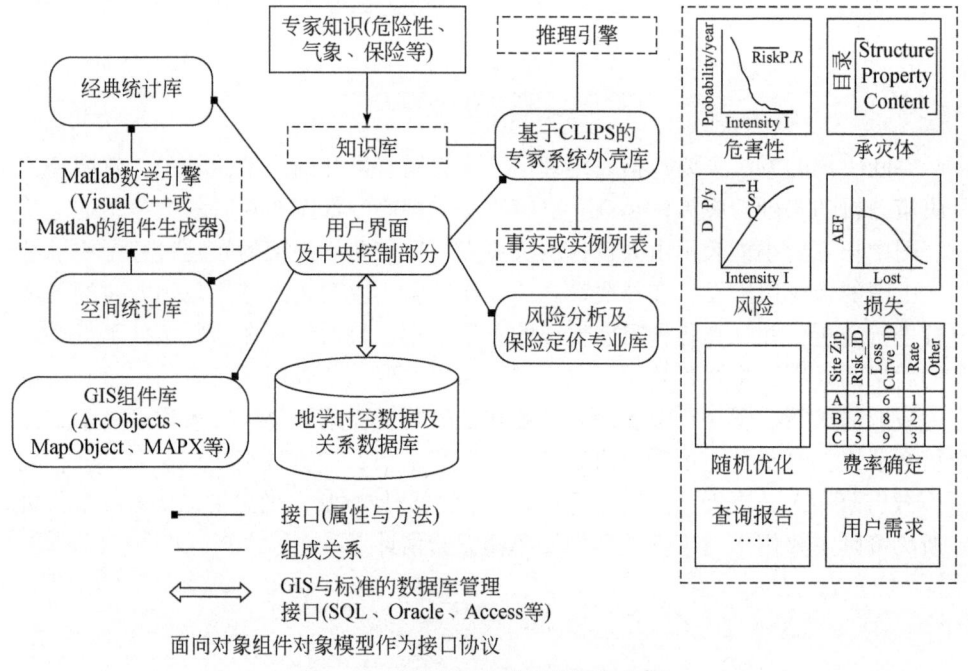

图 9-7 地理空间决策系统框架案例
资料来源：王劲峰等，2006

本系统的一个核心推理是决策树（图 9-8）。它在区域水平基础上对每一种典型的受保护财产拟订其保险费率，采用专家系统来实现保险应答服务，通过决策树的推理结构对不同小区内的各种建筑物、运动车辆、公共设施等物体的受灾风险、保险费率等做出决策方案。

系统需要完成的另一个任务是对区域整体做出灾害风险评估和损失分析（图 9-9）。图中清晰地反映出中国东南沿海区域受台风灾害影响的受灾率。

第 9 章 | 地理信息的智能分析与计算方法

图 9-8 区域防灾保险定价决策树案例

(a) 查询台风保险定价的推理树

(b) 查询输入示范

资料来源：王劲峰等，2006

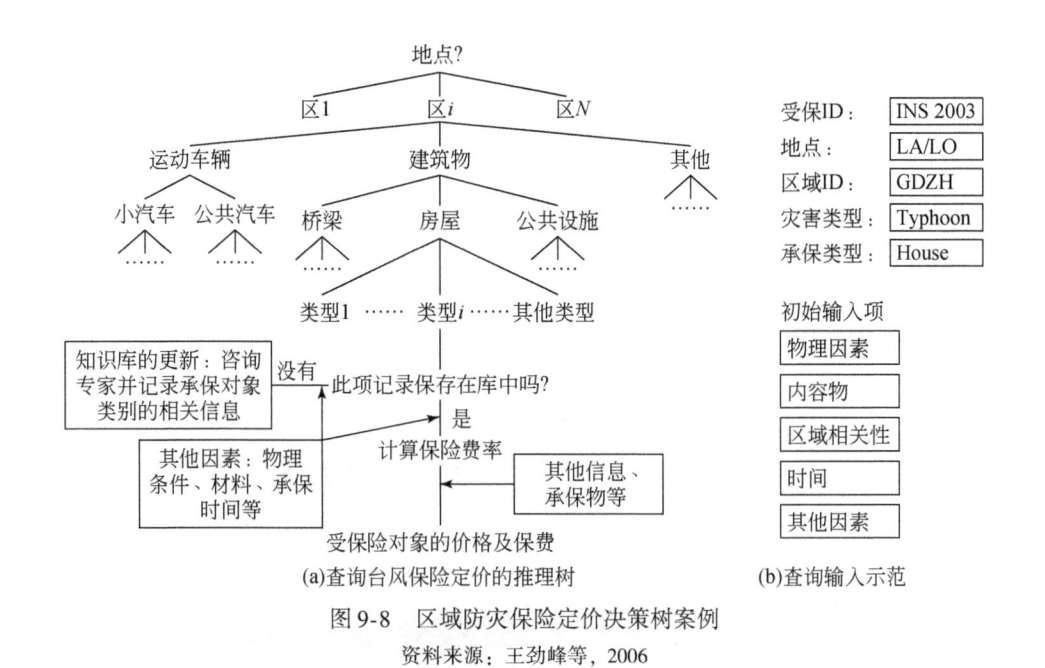

将上述保险费率与灾害风险评估资料进行有机合成，就可得出区域的损失曲线与保险定价之间的关系（图 9-10）。

9.3.5 地理空间决策方法的优点和不足

地理信息系统为决策支持提供了强大的数据输入、存储、检索、显示的工具，但是在分析、模拟和推理方面的功能比较弱，本质上是一个数据丰富但理论贫乏的系统，在解决复杂空间决策问题上缺乏智能推理功能。所以，为解决复杂的空间决策问题，需要在地理信息系统的基础上开发智能决策支持系统，用于数据获取、输入、存储、分析、输出；用于知识表现和推理；用于自动学习、系统集成、人机交互。所用的新技术包括人工智能技术，知识获取、表现、推理等知识工程技术，以及集成数据库、模型、非结构化知识及智能用户界面的软件工程技术（邬伦等，2001）。

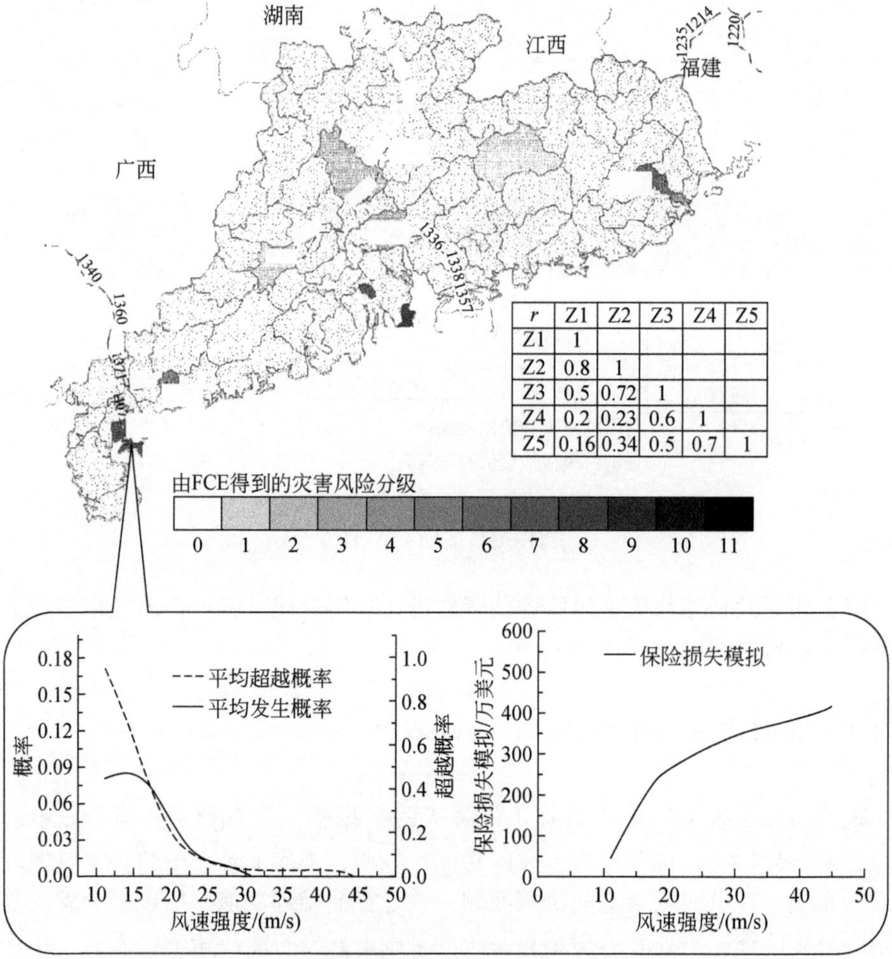

r	Z1	Z2	Z3	Z4	Z5
Z1	1				
Z2	0.8	1			
Z3	0.5	0.72	1		
Z4	0.2	0.23	0.6	1	
Z5	0.16	0.34	0.5	0.7	1

图 9-9　基于空间决策系统的灾害风险评估与损失分析案例

资料来源：王劲峰等，2006

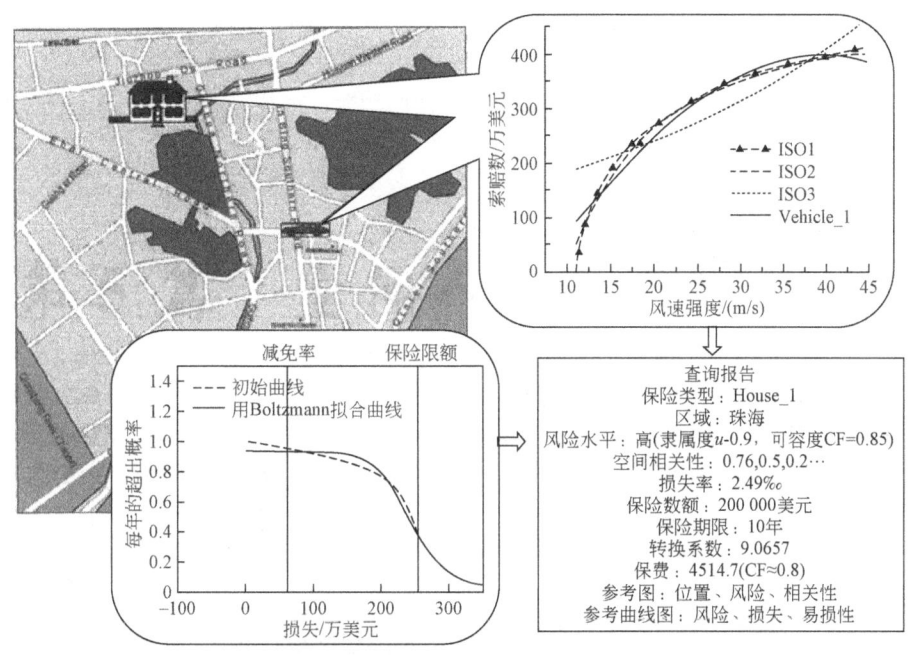

图 9-10　基于空间决策系统的损失曲线与保险定价查询案例
资料来源：王劲峰等，2006

9.4　地理知识发现（空间数据挖掘）方法

9.4.1　地理知识发现方法的定义和内涵

空间数据挖掘（spatial data mining，SDM），也称基于空间数据库的数据挖掘和知识发现（spatial data mining and knowledge discovery，SDMKD），也有人称地理知识发现，是指从空间数据库中提取用户感兴趣的空间模式与特征、空间与非空间数据的普遍关系及其一些隐含在数据库中的普遍的数据特征。它是数据挖掘（data mining，DM）的一个新的分支，但 SDM 不同于一般的 DM，有别于常规事务性数据库的数据挖掘，比一般数据库的发现状态空间理论增加了空间尺度维（scale）。

9.4.2　地理知识发现方法的研究意义

SDMKD 主要研究从空间数据中提取非显式存在的知识、空间关系或其他有意义的模式等。在已建立的 GIS 数据库中，隐藏着大量的可供分析、分类用的知识，这些知识中有些属于"浅层知识"。例如，某一地区有无河流、道路的最大和最小宽度等，这些知识一般通过 GIS 的查询功能就能提取出来。还有一些知识属于"深层知识"，如空间位置分布规律、空间关联规则、形态特征区分规则等，它们并没有直接存储于空间数据库中，必须通过运算和学习才能挖掘出来。

1994 年在加拿大渥太华举行的 GIS 国际会议上，李德仁院士首次提出了从 GIS 数据库中发现知识——KDG（knowledge discovery from GIS）的概念。他系统分析了空间知识发现的特点和方法，认为从 GIS 数据库中可以发现包括几何特征、空间关系和面向对象的多种知识，KDG 能够把 GIS 有限的数据变成无限的知识，可以精练和更新 GIS 数据，使 GIS 成为智能化的信息系统，并第一次从 GIS 空间数据中发现了用于指导 GIS 空间分析的知识。

空间数据挖掘的意义在于：随着海量的来自遥感、GIS、计算机制图、环境评价和规划等各种领域的空间数据的不断累积，虽然已经建立了大量的大规模的数据库，但仅对数据库进行查询和检索，并不能帮助用户从数据中提取带有结论性的有用信息，因而数据库中蕴藏的丰富知识得不到充分的发掘和利用，形成了"数据丰富而知识贫乏"的现象。另外，从人工智能应用来看，专家系统的研究虽然取得了一定的进展。但是，知识获取仍然是专家系统研究中的瓶颈。知识工程师从领域专家处获取知识是非常复杂的个人到个人之间的交互过程，具有很强的个性，没有统一的办法。因此，只有研发智能化的空间数据自动挖掘算法和工具，从数据库中发现新的知识，才能不断地发现和提取有用的信息和知识，剔除多余数据。

9.4.3 地理知识发现方法的原理、结构和过程

数据库知识发现或数据挖掘被定义为从数据中提取隐含的、先前不知道的和潜在有用的知识的过程。它集成了机器学习、数据库系统、数据可视化、统计和信息理论等多领域的最新技术，有着广泛的应用前景。

数据挖掘主要分为以下四个步骤：一是数据选取，即从数据仓库中提取"有用的"数据；二是数据转换，即对选取的数据进行必要的变换，如将定名量转换为定序量，以便于人工神经网络运算，对已有的属性进行数学或逻辑运算，以创建新的属性等，使得数据可以被进一步的操作使用；三是数据挖掘，即采用分类、回归分析等算法，对数据进行挖掘，得到期望的信息和知识；四是结果解释，即按照用户的决策支持目的，对挖掘的信息进行分析和解释，将结论表现给决策者；结果的输出不仅包含可视化的过程，而且要经过过滤，以去掉决策者不

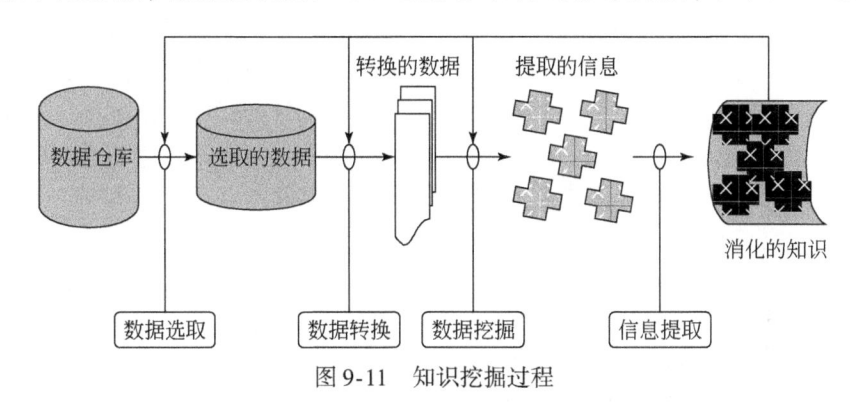

第 9 章 | 地理信息的智能分析与计算方法

关心的内容。当执行完一个挖掘过程后，有时可能需要重新修改挖掘过程，还可能增加其他数据，数据挖掘过程可以通过适当的反馈反复进行，如图 9-11 所示。

图 9-11 知识挖掘过程

数据挖掘涉及的学科领域和方法很多，有多种分类法。根据知识发现任务，可分为分类或预测模型发现、数据总结、聚类、关联规则发现、序列模式发现、依赖关系或依赖模型发现、异常和趋势发现等；根据知识发现对象，可分为关系数据库、面向对象数据库、空间数据库、时间数据库、文本数据源、多媒体数据库、异质数据库、Web 数据库；根据知识发现方法，可粗分为机器学习方法、统计方法、神经网络方法和数据库方法。机器学习中，可细分为归纳学习方法（决策树、规则归纳等）、基于范例学习、遗传算法等。统计方法中，可细分为回归分析（多元回归、自回归等）、判别分析（贝叶斯判别、费歇尔判别、非参数判别等）、聚类分析（系统聚类、动态聚类等）、探索性分析（主元分析法、相关分析法等）等。神经网络方法中，可细分为前向神经网络（BP 算法等）、自组织神经网络（自组织特征映射、竞争学习等）等。数据库方法主要是多维数据分析或在线事务处理方法，另外还有面向属性的归纳方法。

空间数据挖掘是多学科和多种技术交叉融合的新领域，汇集了人工智能、机器学习、数据库技术、模式识别、统计学、GIS、基于知识的系统、可视化等领域的相关理论、方法和技术。

9.4.4 地理知识发现方法的案例

地理知识发现方法的案例为中国科学院地理科学与资源研究所裴韬研究员所做的空间点过程数据异常模式挖掘（Pei et al., 2010）。

点过程数据是空间数据的重要数据类型，这不仅是因为地学领域的很多过程可以用点过程数据进行表达，如地震、滑坡等，而且点过程数据还是构成其他数据类型（如线、多边形等）的基本单元。因此，针对空间点过程数据的研究不仅可应用于解决诸多地学点过程问题，而且还具有非常重要的理论意义。

在针对地学点过程问题的研究中，其核心内容之一便是发掘点过程数据所蕴藏的空间分布模式。经过十几年的研究，裴韬领导的研究组建立了点过程数据异常模式的挖掘理论，提出了从任意复杂点集中提取异常模式的理论方法，真正实现了"点集数据的傅里叶变换"。该理论着重解决了时空异常的存在性判断、异常和噪声的智能化分解、多成分空间点异常模式提取、点过程数据的"领地"的提取、时空点异常模式的提取等一系列难题。

将点集中的噪声和异常视为不同密度的空间点过程，通过 K 邻近变换将空间二维点集数据转化为一维的 K 邻近距离的混合概率密度直方图，再通过 Expectation-Maximization（EM）算法将噪声和特征点进行智能化的分解。该方法已经在地震前震异常的发现等方面得到了应用（图 9-12）。

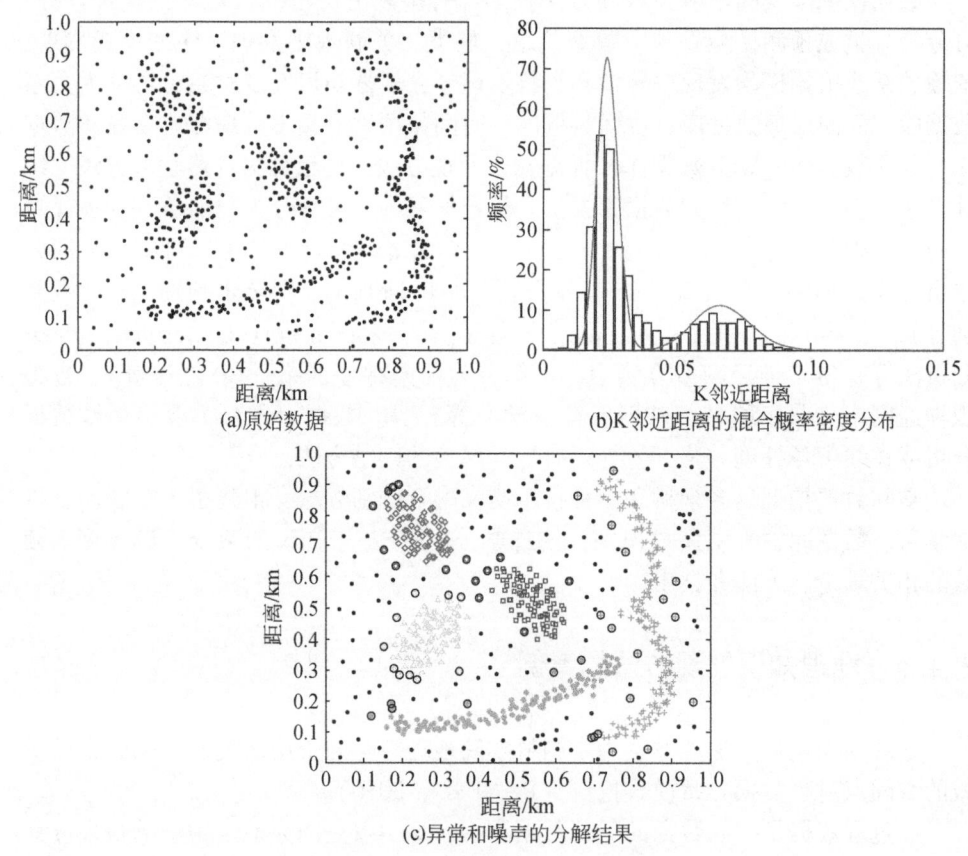

(a)原始数据

(b)K邻近距离的混合概率密度分布

(c)异常和噪声的分解结果

图 9-12　点集异常和噪声的表达及其 EM 分解

第 9 章 | 地理信息的智能分析与计算方法

当点过程数据包含多个不同密度的点过程时，可采用 K 邻近距离变换将点集转化为包含多个成分的混合密度函数［图 9-13（b）中图例用不同颜色线］表示不同成分，然后再采用 Markov Chain Monte Carlo（MCMC）方法将其进行分解。该方法的实现奠定了点集数据"傅里叶变换"的基础（图 9-13）。

(a)原始数据

(b)K邻近距离的混合概率分布

(c)不同密度异常和噪声的分解结果

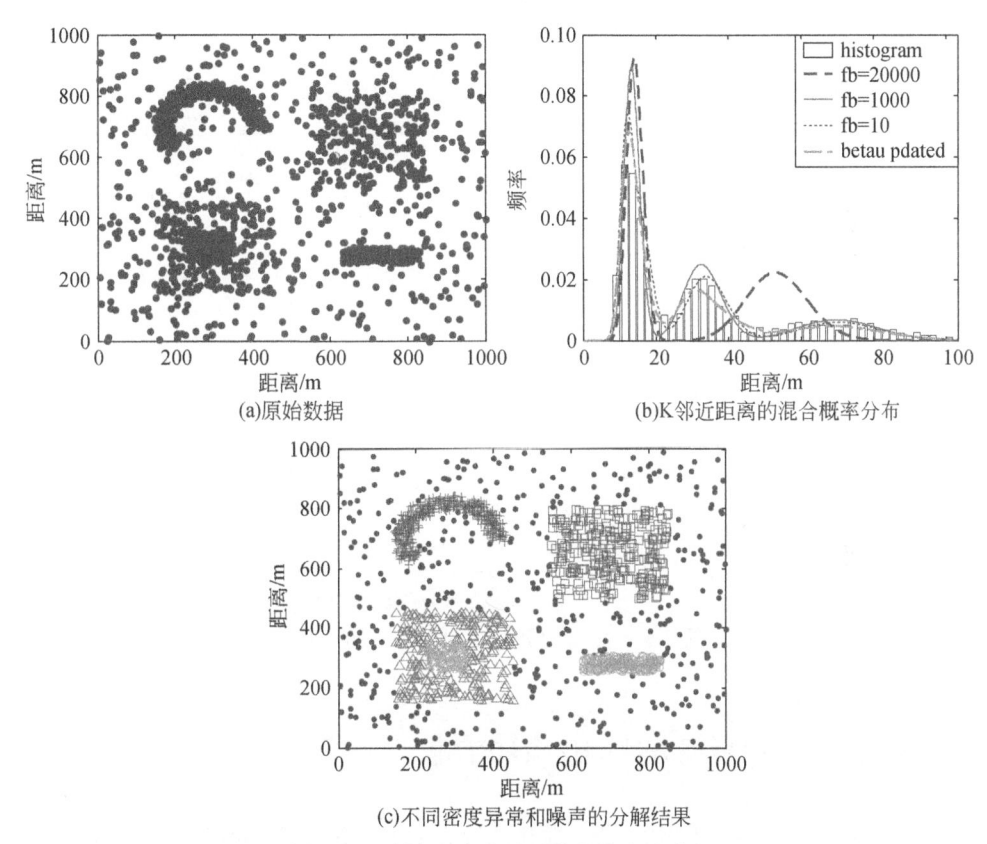

图 9-13　多个混合点过程数据的密度分解

点过程数据在空间上具有一定的范围，本研究发现了空间几何点与空间事件点在 K 邻近距离密度函数上的一致性，并提出了通过混合密度函数的分解提取异常的空间支撑域（即"领地"）。该思路可以应用于自然灾害的危险区域提取，并在地震和滑坡危险区提取的实践中得到验证（图 9-14）。

当空间点过程数据包含时间属性时，则该数据变为三维空间中的点集，我们建立的 Windowed Nearest Neighbour 方法可针对时空点过程数据中的特征模式进行提取，并成功地应用于地震三维前震的异常模式提取（图 9-15）。

(a)原始数据

(b)几何点K邻近距离的混合概率分布

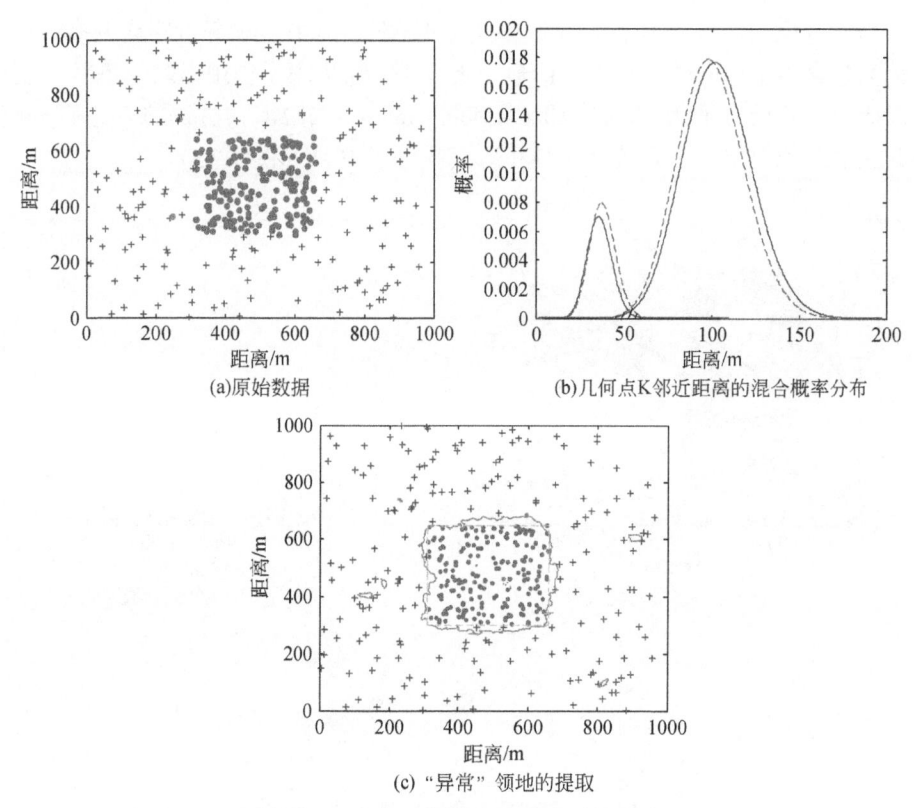

(c)"异常"领地的提取

图 9-14　点集异常模式"领地"的提取

9.4.5　地理知识发现方法的优点和不足

SDMKD 具有广泛的应用前景和潜在的综合效益，随着空间数据量的增加及软硬件技术的发展，其应用正日益渗透到人们认识和改造空间世界的各个学科，如地理信息系统、信息融合、遥感、图像数据库、医疗图像处理、导航、机器人等使用空间数据的领域。SDMKD 发现的知识将会促进这些学科的自动化和智能化。

但是，SDMKD 毕竟是空间信息科学的新兴领域，目前只是取得了一定的初步成果，仍有大量的理论与方法需要深入研究。其中，主要包括多源空间数据的清理、基于空间不确定性（位置、属性、时间等）的数据挖掘、递增式数据挖掘、栅格矢量一体化数据挖掘、多分辨率及多层次数据挖掘、并行数据挖掘、新算法和高效率算法的研究、空间数据挖掘查询语言、遥感图像数据库的数据挖掘、多媒体空间数据库的知识发现、网络空间数据的挖掘等方向。开发实现 SDMKD 理论和方

第 9 章 | 地理信息的智能分析与计算方法

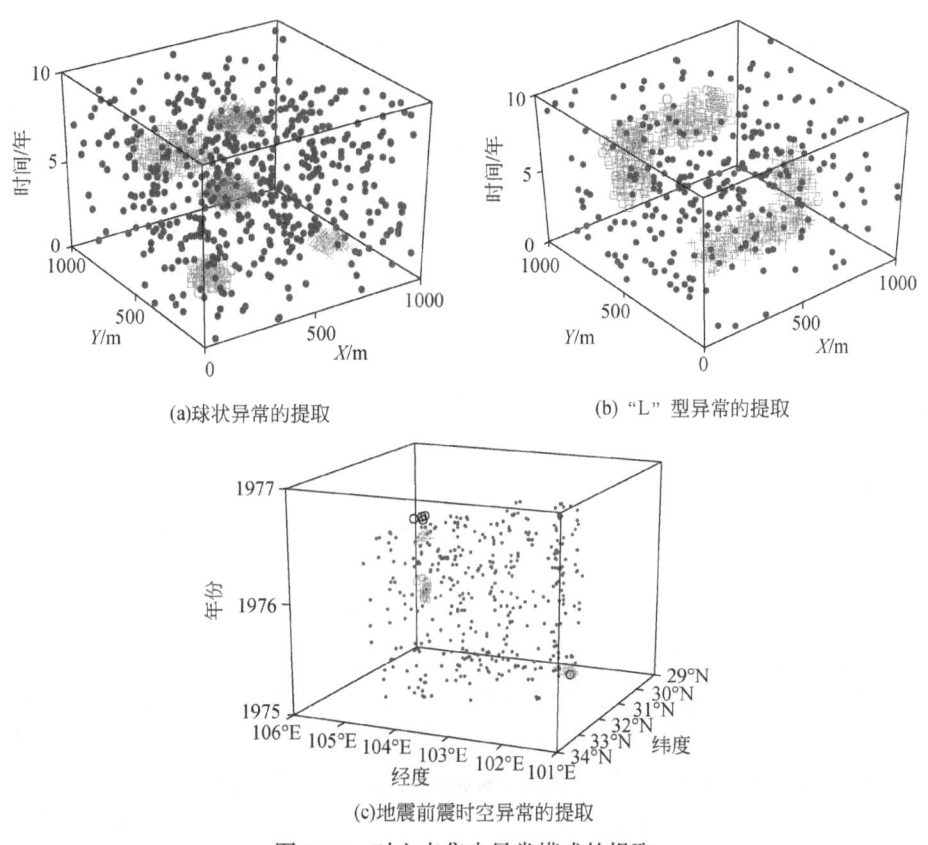

(a) 球状异常的提取

(b) "L" 型异常的提取

(c) 地震前震时空异常的提取

图 9-15 时空点集中异常模式的提取

法的计算机软件系统时，还要研究多源空间数据的集成、多算法的集成、存储空间和计算效率的降低、人机交互技术、可视化技术、SDMKD 系统与地理信息系统、空间数据仓库、空间决策支持系统和遥感解译专家系统的集成等问题。

此外，SDMKD 除了发展和完善自己的理论和方法，也要充分借鉴和汲取数据挖掘和知识发现、数据库、机器学习、人工智能、数理统计、可视化、地理信息系统、遥感、图形图像学、医疗、分子生物学等学科领域的成熟的理论和方法。

9.5 神经网络空间分析方法

9.5.1 神经网络空间分析方法的定义和内涵

人工神经网络（artificial neural networks，ANN）是一种模仿动物神经网络行为特征，进行分布式并行信息处理的算法数学模型。这种网络依靠系统的复杂程度，通过调整内部大量节点之间相互连接的关系，从而达到处理信息的目的。人工神经网络具有自学习和自适应的能力，可以通过预先提供的一批相互对应的输入-输出数据，分析掌握两者之间潜在的规律，最终根据这些规律，用新的输入数据来推算输出结果，这种学习分析的过程被称为"训练"。

人工神经网络是由大量处理单元互连组成的非线性、自适应信息处理系统。它是在现代神经科学研究成果的基础上提出的，试图通过模拟大脑神经网络处理、记忆信息的方式进行信息处理。

9.5.2 神经网络空间分析方法的研究意义

人可以很容易地识别他人的脸孔，而计算机则很难做到这一点。这是因为脸孔的识别不能用一个精确的数学模型加以描述，而计算机工作则必须有对模型进行各种运算的指令才行，得不到精确的模型，程序也就无法编制。而大脑是由生物神经元构成的巨型网络，它在本质上不同于计算机，是一种大规模的并行处理系统，它具有学习、联想、记忆、综合等能力，并有巧妙的信息处理方法。人工神经网络是由大量的、功能比较简单的形式神经元互相连接而构成的复杂网络系统，用它可以模拟大脑的许多基本功能和简单的思维方式。尽管它还不是大脑的完美无缺的模型，但它可以通过学习来获取外部的知识并存储在网络内，可以解决计算机不易处理的难题。

9.5.3 神经网络空间分析方法的原理、结构和过程

1943 年，心理学家 W. S. McCulloch 和数理逻辑学家 W. Pitts 建立了神经网络和数学模型，称为 MP 模型。他们通过 MP 模型提出了神经元的形式化数学描述和网络结构方法，证明了单个神经元能执行逻辑功能，从而开创了人工神经网络研究的时代。1949 年，心理学家提出了突触联系强度可变的设想。20 世纪 60 年代，人工神经网络得到了进一步发展，更完善的神经网络模型被提出，其中包括感知器和自适应线性元件等。M. Minsky 等仔细分析了以感知器为代表的神经网络系统的功能及局限后，于 1969 年出版了 *Perceptron* 一书，指出感知器不能解决高阶谓词问题。他们的论点极大地影响了神经网络的研究，加之当时串行计算机和人工智能所取得的成就，掩盖了发展新型计算机和人工智能新途径的必要性和迫切性，使人工神经网络的研究处于低潮。在此期间，一些人工神经网络的研究者仍然致力于这一研究，提出了适应谐振理论（ART 网）、自组织映射、认知机

网络，同时进行了神经网络数学理论的研究。以上研究为神经网络的研究和发展奠定了基础。1982 年，美国加州理工学院物理学家 J. J. Hopfield 提出了 Hopfield 神经网格模型，引入了"计算能量"的概念，给出了网络稳定性判断。1984 年，他又提出了连续时间 Hopfield 神经网络模型，为神经计算机的研究做了开拓性的工作，开创了神经网络用于联想记忆和优化计算的新途径，有力地推动了神经网络的研究，1985 年，又有学者提出了玻尔兹曼模型，在学习中采用统计热力学模拟退火技术，保证整个系统趋于全局稳定点。1986 年进行认知微观结构的研究，提出了并行分布处理的理论。人工神经网络的研究受到了各个发达国家的重视，美国国会通过决议将 1990 年 1 月 5 日开始的十年定为"脑的十年"，国际研究组织号召它的成员国将"脑的十年"变为全球行为。在日本的"真实世界计算"（RWC）项目中，人工智能的研究成为一个重要的组成部分。

人工神经网络具有以下四个基本特征：

1）非线性。非线性关系是自然界的普遍特性。大脑的智慧就是一种非线性现象。人工神经元处于激活或抑制两种不同的状态，这种行为在数学上表现为一种非线性关系。具有阈值的神经元构成的网络具有更好的性能，可以提高容错性和存储容量。

2）非局限性。一个神经网络通常由多个神经元广泛连接而成。一个系统的整体行为不仅取决于单个神经元的特征，而且可能主要由单元之间的相互作用、相互连接所决定。通过单元之间的大量连接模拟大脑的非局限性。联想记忆是非局限性的典型例子。

3）非常定性。人工神经网络具有自适应、自组织、自学习能力。神经网络不但处理的信息可以有各种变化，而且在处理信息的同时，非线性动力系统本身也在不断变化。经常采用迭代过程描写动力系统的演化过程。

4）非凸性。一个系统的演化方向，在一定条件下将取决于某个特定的状态函数，如能量函数，它的极值对应于系统比较稳定的状态。非凸性是指这种函数有多个极值，故系统具有多个较稳定的平衡态，这将导致系统演化的多样性。

神经网络（neural network）是由大量神经元通过极其丰富和完善的连接而构成的自适应非线性动态系统，并具有分布存储、联想记忆、大规模并行处理、自学习、自组织、自适应等功能。神经网络由输入层、中间层和输出层组成。分层前向神经网络，结构图如图 9-16 所示。

大量神经元集体通过训练来学习待分析数据中的模式，形成描述复杂非线性系统的非线性函数，适于从环境信息复杂、背景知识模糊、推理规则不明确的非线性空间系统中挖掘分类知识。神经网络对计算机科学、人工智能、认知科学以及信息技术等都产生了重要而深远的影响，在空间数据挖掘中可用来进行分类、

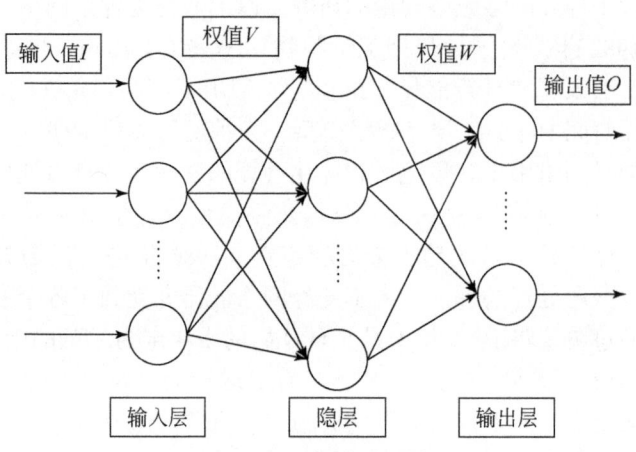

图 9-16　BP 神经网络结构图

聚类、特征挖掘等操作。以 MP 和 Hebb 学习规则为基础，存在的神经网络可分为三类：用于预测、模式识别等的前馈式网络，如感知机（perceptron）、反向传播模型、函数型网络和模糊神经网络等；用于联想记忆和优化计算的反馈式网络，如 Hopfield 的离散模型和连续模型等；用于聚类的自组织网络，如 ART 模型和 Koholen 模型等。Lee 在空间统计学中用模糊神经网络估计了处理空间分布异常的规则。此外，神经网络与遗传算法结合，也能优化网络连接强度和网络参数。神经网络具有鲜明的"具体问题具体分析"特点，其收敛性、稳定性、局部最小值以及参数调整等问题尚待更深入的研究，尤其对于输入变量多、系统复杂且非线性程度大等情况。

9.5.4　神经网络空间分析方法的案例

神经网络空间分析方法的案例为中山大学黎夏教授所做的基于神经网络的元胞自动机 CA 及真实和优化的城市模拟研究。

黎夏提出了一种基于神经网络的元胞自动机（CA）。CA 已被越来越多地应用在城市及其他地理现象的模拟中。CA 模拟所遇到的最大问题是如何确定模型的结构和参数。模拟真实的城市涉及使用许多空间变量和参数。当模型较复杂时，很难确定模型的参数值。基于神经网络的 CA 模型的结构较简单，模型的参数能通过对神经网络的训练自动获取。分析表明，所提出的方法能获得更高的模拟精度，并能大大缩短寻找参数所需要的时间。通过筛选训练数据，该模型还可以进行优化的城市模拟，为城市规划提供参考依据。

第 9 章 | 地理信息的智能分析与计算方法

黎夏和叶嘉安（2002）试图利用 BP 神经网络来解决 CA 模拟所遇到的这些问题。ANN-CA 模型分为两部分：模型校正和模拟（图9-17）。神经网络的输入层接收每个模拟单元（cell）的空间变量（属性），它们决定了该单元的状态转换。可以利用神经网络来模拟出这种复杂的属性-状态的对应关系。由输出层计算出从非城市用地向城市用地的转变概率。神经网络中有许多参数需要确定，但通过对神经网络训练可以方便地确定这些参数值。可以利用多时相卫星遥感图像分类来获取城市发展的历史数据。将这些历史数据用来对神经网络进行训练（校正）。该训练通过不断调整神经网络的参数，使得神经网络的计算值与实际值（历史数据）接近。整个过程是由 BP 神经网络的后向传递程序（back-propagation）自动完成。获得模型参数后，就可以利用对城市的动态过程进行模拟和预测。

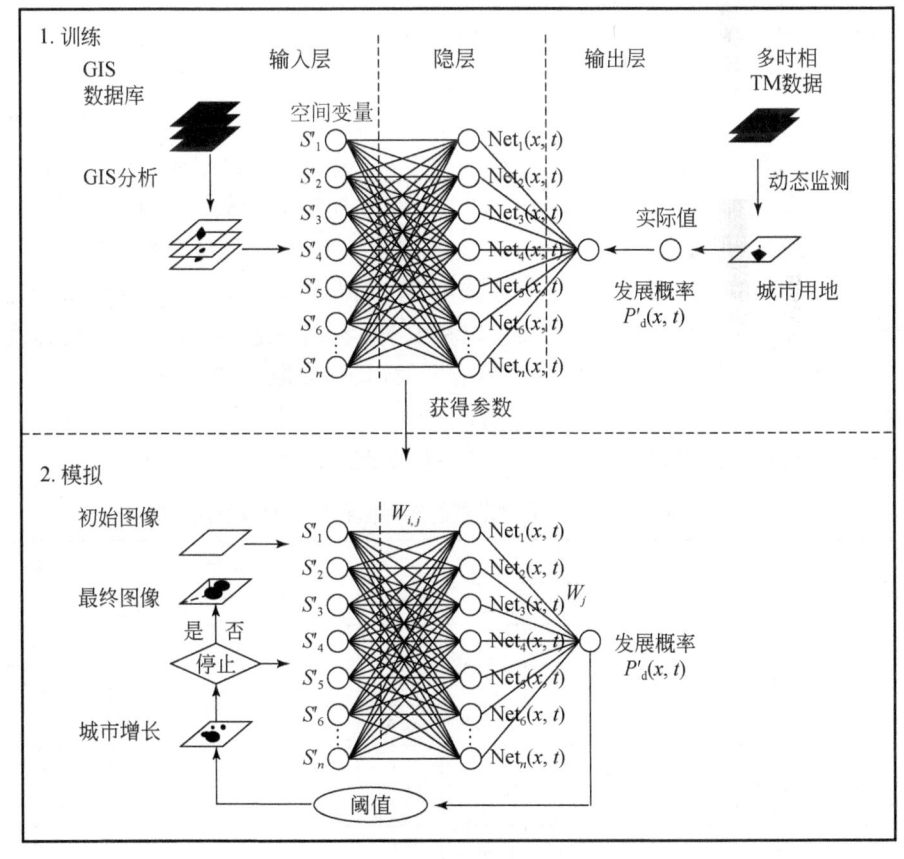

图 9-17 基于神经网络的 CA 模型

本模型是利用 ArcInfo AML 宏语言编写而成。其特点是能在模拟中直接读取

GIS 的空间数据和利用其所提供的空间运算功能，如窗口统计和距离计算等算法。模型的校正部分独立于模型之外进行。利用专门的神经网络软件（Think Pro）来对本模型进行校正，从而获取合适的参数值。该软件通过后向传递程序对神经网络进行有效的训练。读取这些参数值后，模型就可进行真实的城市模拟。所选择的试验地区是珠江三角洲城市发展最快的东莞市。首先利用 1988 年和 1993 年的 TM 卫星遥感图像来获取城市发展的历史资料，以对模型进行校正。将在该时期发生城市转变的像元编码为 1，其他没有发生城市转变的像元编码为 0。城市 CA 模拟是假设这种变化可以由一系列空间变量来预测。表 9-2 中的变量 S_1、S_2、S_3、S_4、S_5、S_6、S_7 依次为距市中心的距离、距镇中心的距离、距公路的距离、距高速公路的距离、距铁路的距离、邻近范围内已经城市化的单元数（7km×7km 窗口）、农业适宜性。

利用随机采样来获取关于 1988~1993 年城市发展及空间变量的训练数据。随机采样可以有效地减少数据量，并消除空间变量的相关性。首先根据分层采样方法来产生随机点的空间坐标，并利用 ARC/INFO 的 sample 功能来读取这些采样点对应的城市发展和空间变量的数据。然后将这些训练数据输入到 Think Pro 神经网络软件对神经网络进行训练，以自动获取模型的参数。表 9-2 是由 Think Pro 训练的部分结果。该软件通过后向传递算法，自动地不断调整模型参数，使得计算值趋近实际值，从而找到模型的最佳参数。输出层神经元的计算值反映转变为城市用地的概率。获得参数值后，就可以利用本模型对该地区的城市扩张过程进行模拟。初始的城市用地是根据 1988 年的卫星 TM 图像获取［图 9-18（a）］。首先要模拟出 1993 年的城市用地。图 9-18（b）是由 TM 图像获得的实际城市用地图。对城市发展进行模拟，可以为城市规划工作者提供有用信息。

表 9-2 单元的属性、城市发展的实际值和神经网络的估计值

| 空间变量 ||||||| 实际值 | 输出神经元 |
S_1	S_2	S_3	S_4	S_5	S_6	S_7	（转变为 1；不转变为 0）	计算值
201	10	0	18	256	14	0.4	0	0.079
82	8	1	38	152	21	0.2	1	0.815
82	38	3	8	169	19	0.6	1	0.606
173	5	1	172	64	31	0.6	0	0.135
170	2	0	199	33	20	0.6	0	0.069
169	1	1	199	33	21	0.6	0	0.074
99	25	16	38	190	14	0.2	1	0.512
166	3	2	196	31	10	0.2	0	0.082

续表

空间变量							实际值 (转变为1；不转变为0)	输出神经元 计算值
S_1	S_2	S_3	S_4	S_5	S_6	S_7		
139	3	1	33	222	26	0.4	0	0.455
105	20	0	14	192	26	0.6	1	0.608
169	3	1	209	3	23	0.6	0	0.089
96	24	3	23	169	20	0.2	1	0.746
94	30	1	9	180	17	0.6	1	0.493
91	8	3	147	2	21	0.2	1	0.693
154	27	1	38	231	4	0.6	0	0.049
140	19	1	29	227	26	0.6	0	0.304
69	3	1	10	161	19	0.2	1	0.864
69	34	0	117	40	20	0.6	1	0.560

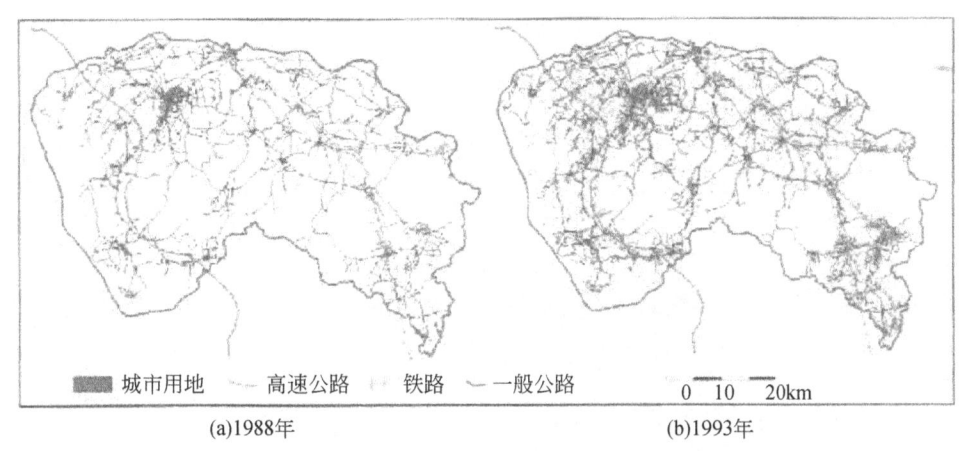

(a)1988年　　　　　　　　　　　　　(b)1993年

图 9-18　由 TM 图像获得的 1988 年和 1993 年东莞城市用地

图 9-19（a）是利用本模型模拟出 1993 年城市用地的结果。其整体布局与实际情况很接近。由于城市系统受许多复杂和不确定性因素影响，完全准确地模拟出城市的发展是不可能的。如果假设将来的发展趋势不变，还可以模拟出将来城市的可能发展布局。Wu 和 Webster（1998）提出了利用 Logistic 回归方法对 CA 模型进行校正。我们利用了同样的数据对比本模型与 Logistic 回归模型的模拟效果。分别逐点比较由这两种方法获得的模拟结果与实际情况的差别。表 9-3 是利用本模型所获得的结果与实际情况的混淆矩阵，其总精度为 0.79。表 9-4 是利用

Logistic 模型的结果，其总精度为 0.73。这表明本模型要比使用 Logistic 模型有更好的校正精度。这是因为神经网络能更好地模拟非线性特征。除能模拟真实城市之外，该神经网络还能通过适当的训练，方便地模拟出优化的城市形态。可以根据不同的规划目的，形成相应的准则对原始数据进行修改。对原始训练数据进行修改，产生新的训练数据，利用这些新的数据对神经网络进行训练，获得新的模型参数。由这些新的参数就能模拟出优化的城市形态。在原始数据中，有很多城市开发用地是不合理的。例如，有一些点落在生态保护区或远离城市中心，可以对这些训练点的实际值进行修改（纠正）。在理想情况下，这些点不应该转变为城市用地，其值应该为 0（没有发生转变），而不是 1（发生转变）。

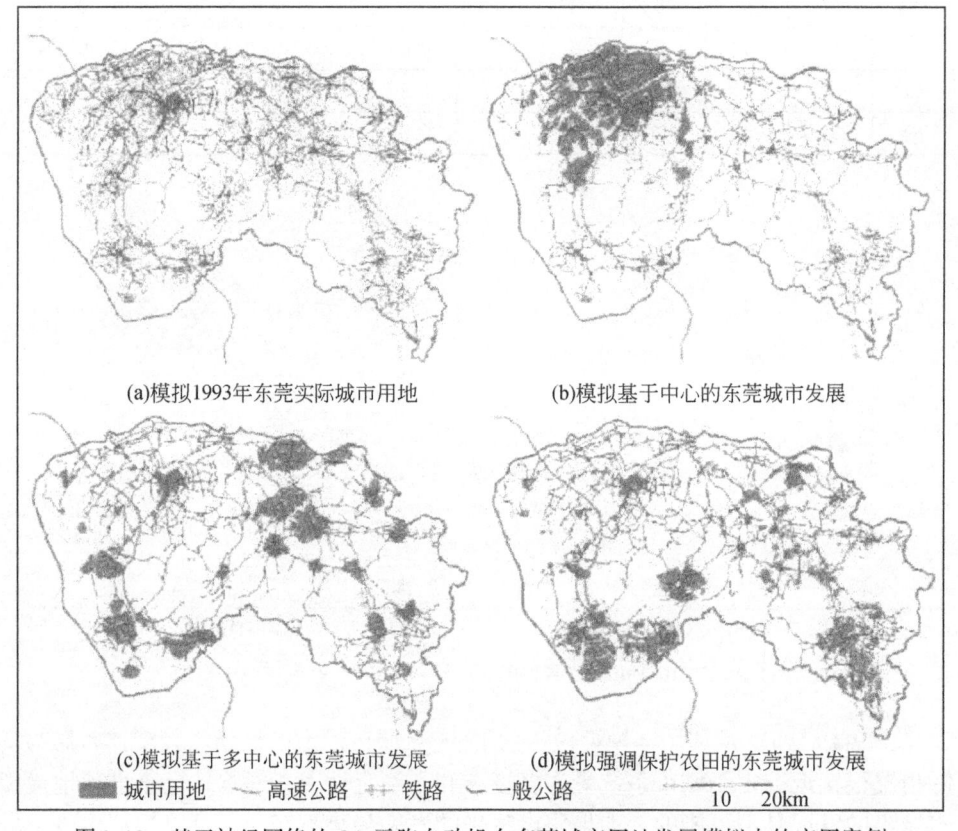

(a)模拟1993年东莞实际城市用地　　(b)模拟基于中心的东莞城市发展

(c)模拟基于多中心的东莞城市发展　　(d)模拟强调保护农田的东莞城市发展

图 9-19　基于神经网络的 CA 元胞自动机在东莞城市用地发展模拟中的应用案例

第 9 章 | 地理信息的智能分析与计算方法

表 9-3　ANN-CA 方法的模拟精度

实际	模拟		
	不变化	变为城市用地	正确百分比
不变化	99	30	0.77
变为城市用地	24	102	0.81
总精度			0.79

表 9-4　Logistic 回归方法的模拟精度

实际	模拟		
	不变化	变为城市用地	正确百分比
不变化	134	22	0.86
变为城市用地	48	60	0.56
总精度			0.73

利用这些纠正过的训练数据对神经网络进行训练，使得神经网络去掉不合理的因素，由此获得优化的模拟结果。根据不同的规划方案，可以有不同的准则来判断是否对某些点进行修改。表 9-5 提供了 3 种可能的规划方案及其对应的修改准则，由此对原始数据进行修改，获得新的训练数据。利用新的参数值，就可以模拟出优化的城市形态。这与模拟真实的城市形态所使用的参数是不一样的。通过训练神经网络，可以很方便地获得这些参数。利用常规的方法很难进行类似的模拟。

表 9-5　训练数据的修改及优化模拟

规划方案	修改准则
基于市中心的发展	对所有 $S_1>200$ 的点（单元），将其实际值改为 0（去掉远离市中心的原始训练点）
基于多中心的发展	对所有 $S_2>30$ 的点（单元），将其实际值改为 0（去掉远离镇中心的原始训练点）
强调保护优质农田的发展	对所有 $S_7>0.8$ 的点（单元），将其实际值改为 0（去掉落在肥沃农田上的原始训练点）

图 9-19（b）是对应规划方案 1（基于市中心的发展）的模拟，城市主要围绕原来市中心发展；图 9-19（c）是对应规划方案 2（基于多中心的发展）的模拟，城市呈多中心式的分散发展；图 9-19（d）是对应规划方案 3（强调保护优

质农田的发展）的模拟，使得城市的发展能很好地考虑保护优质农田。可以看到，通过修改训练数据，能使得神经网络可以模拟出不同的城市发展形态，为城市规划提供有用的参考方案。

9.5.5　神经网络空间分析方法的优点和不足

人工神经网络是 20 世纪科学技术所取得的重大成果之一，是人类认识自然道路上的又一座里程碑。任何一门影响巨大、意义深远的科学技术，其发展过程必然揭示了科学技术发展的基本规律以及影响其发展的主要因素。概括来说，神经网络空间分析方法具有如下的优点：

1）打开了认识论的新领域；
2）人工神经网络的推动力来源于实践、理论和问题的相互作用；
3）人工神经网络发展的另一推动力来源于相关学科的贡献及不同学科专家的竞争与协作。

当然，神经网络空间分析方法也有着它的局限性，主要表现如下：

神经网络空间分析模型基本属于黑箱结构，用户不能清晰地知道模型运行的机制，对模型参数的具体物理意义很难理解。另外，对于如何选择神经网络模型结构，至今没有统一的结论。

第 10 章 地理信息的模拟和仿真方法

10.1 地理信息的模拟和仿真方法概要

概括来说，地理信息的模拟和仿真方法包括三大类别，分别是地理信息的模拟、仿真方法和虚拟现实方法（又称虚拟地理环境方法）。本章所研究的地理信息科学方法在地理信息方法论中占用重要的位置，也是现代地理学最为流行的科学方法之一。从发展历程和工作原理来看，虚拟地理环境方法是地理信息的模拟与仿真方法的升级，其中后两者发展到今天，很多情况下可以通用，但二者仍然有些不同。地理信息模拟和仿真方法是与计算机技术结合最为紧密的方法，对于革新地理信息的研究方法具有重要的意义。

从方法论上来说，模拟是以模型为基础的功能拟合，仿真是以仿生学原理为基础的真实模仿，虚拟是镜像虚实参照的模拟和仿真。根据国际标准化组织（ISO）标准中《数据处理词汇》部分的名词解释，"模拟"（simulation）与"仿真"（emulation）两词的含义分别为："模拟"即选取一个物理的或抽象的系统的某些行为特征，用另一系统来表示它们的过程。"仿真"即用另一数据处理系统，主要是用硬件来全部或部分地模仿某一处理系统，以至于模仿的系统能像被模仿的系统一样接收同样的数据，执行同样的程序，获得同样的结果。目前，"模拟"和"仿真"两者都用"simulation"一词来代表。

"模拟"的基本意思是模仿、仿效。它是我国军队及航空等部门一直使用和习惯使用的一个词，如模拟器、模拟训练、模拟飞行、计算机模拟、作战模拟系统等。在《辞源》中，"模拟"一词早在三国时期就已经有人使用了。在《高级汉语大词典》中，"模拟"的解释是：模仿，仿效。在国家军用标准《飞行模拟器术语》（GJB 1849—93）中，"模拟"一词是这样描述的："模拟（仿真）simulation 用一个系统模仿另一个真实系统的过程。它通过操作人员与模拟系统和工作环境等的相互配合，复现出真实系统的各种特性。例如，把某一系统的操纵装置、控制开关与计算机相连接，利用计算机解算真实系统的数学模型，并将解算结果输给显示系统等。"

"仿真"的基本意思也是模仿、仿效，对应的英文词也是"simulation"。这个词出现得比较晚，20 世纪 70 年代以后，我国航空及军队等部门才逐渐也使用了这个词，但直至现在，仍旧以使用"模拟"为多。在比较多的专著中，"仿真"的解释基本上都是"建立相应物理系统的数学模型在计算机上解算的过程。"

在《现代英汉综合大词典》中，"simulation"一词的解释是："假装，模拟；装病，装疯；仿真"，如 computer simulation 计算机模拟；digital simulation 数字仿真；dynamic simulation 动态仿真。从模仿的涵义来说，"模拟"与"仿真"只是汉语中两种不同的表达方法，它们在绝大多数情况下是可以互换使用的。

虚拟现实（virtual reality）是近年来十分活跃的技术研究领域。它依托于计算机科学、数学、力学、声学、光学、机械学、生物学乃至美学和社会学等多种学科，是一系列高新技术的汇集，包括计算机图形学、图像处理与模式识别、智能接口技术、人工智能、多传感器技术以及高度并行的实时计算技术，还包括人的行为学研究等多项关键技术。目前，其应用已广泛涉及军事、教育培训、工程设计、商业、医学、影视、艺术、娱乐等众多领域，并带来了巨大的经济效益。

10.2 地理信息模拟方法

10.2.1 地理信息模拟方法的定义和内涵

模拟方法历史悠久，使用范围广泛，早在几千年前，我国古人就实现了模拟思维的实际应用。例如，象棋就是对作战的模拟，它模拟的是古代战争，模拟规则是古代兵、将、马、炮、车等动态行动规律。在现代生产管理和决策过程中，模拟实验成为一项重要的方法和手段。例如，采用"生产纪实"的方法对生产过程中各种各样的活动进行动态性地记录，并对记录下的信息加以分析研究，再根据对信息的认识程度，提出改进的技术和措施。

地理信息模拟就是利用物理或者数学模型来模仿现实地表物体、地理现象和地理过程，以寻求自然过程和人文过程规律的一种方法，地理信息模拟方法注重过程的模拟。相似现象是地理信息模拟的物质基础，相似性实质上也是模拟的物质基础，相似性是一个含义比较广的概念，既有几何形状的相似，结构的相似、功能的相似，还有机理和思维的相似性。地理信息模拟可以分为三种类型。

1. 地理信息实体模拟

顾名思义，就是对客观存在的地理事物、地理现象和地理过程进行模拟。实体模拟是人类认识和改造自然界的主要手段，地理信息的实体模拟具有直观、形象的优点，早期的地理信息模拟大都是实体模拟。地球仪就是对地球的一个模拟，在当今社会，仍然有很多地理认识和地理实验采用实体模拟的方法。例如，美国死亡谷石头移动原因识别就采用了实体模拟方法，科学家根据死亡谷的地理环境在实验室进行模拟，对石头移动过程进行实验模仿，再综合各种自然因素作用，最终得出死亡谷石头移动的自然原因。再如，现代建筑、汽车、船舶等产业仍旧在应用实体模拟进行实验研究。

地理信息的实体模拟虽然具有一目了然的特色，但是要构造一套实体模型并非易事，尤其相对比较复杂的系统，将需要大量的资金投入和时间投入，实验周期长。另外，在实体模型上做试验，几乎无法修改系统的系数，改变系统结构也比较困难，以实现不同参数下系统的变化情况，至于复杂的社会、经济系统和生态系统就更无法用实物来做试验了。

2. 地理信息数学模拟

地理信息数学模拟就是采用数学方法去近似地刻画实际地理现象和地理过程，数学模拟最典型的特征是实现地理事物与数学模型之间的映射，这种映射实质上就是数学关系式，地理信息数学模拟把研究对象（地理现象和地理过程）的主要特征抽象出来，作为数学关系式的输入部分和输出部分，这样就可以对数学关系式进行分析，研究地理信息的变化规律。牛顿的运动定律就是对客观现象的数学模拟，流域演变过程模拟是水文学比较典型的数学模拟。

数学模型是实施地理信息数学模拟的核心组成部分，数学模拟与数学科学发展密不可分，并随之发展而不断发展，现代计算机技术的出现，为地理信息数学模拟开辟了新的篇章。数学模型包括如下几大类：①解析模型（用公式、方程反映系统过程）；②统计模型（蒙特－卡罗方法）；③图表演练模型（图解模拟方法，演练）。

地理信息数学模拟方法为人类认识客观世界提供了一个行之有效的途径，但是数学模拟也不是万能的，数学模拟也存在一定的缺陷。例如，由于地理现象或者地理过程的复杂性，无法找到能够刻画实际的数学关系式；或者由于数学关系式虽然能很好地表达地理对象，但由于方程式过于复杂而无法求解；或者抽象的数学关系式由于过于简化而没有真正反映实际，导致输出结果误导人们等。

3. 地理信息混合模拟

地理信息混合模拟兼顾实体模拟和数学模拟的功能，是二者联合在一起进行实验的一种方法。在地理信息混合模拟过程中，需要把物理模型和数学模型以及实物联合在一起进行试验。例如，利用少量实验与演习配合以数理统计模型演练来进行研究分析，混合模拟结合起来往往可以获得较好的效果，先进行数学模拟获得初步分析结果，然后通过专门的实验来检验和分析数学模拟的结果，最后再进行比较准确的数学模拟和分析。

计算机出现以后，上述三种模拟方法发生了很大变化，配以计算机进行上述地理信息模拟，能够充分实现对研究对象的结构、功能和行为以及人的思维过程和行为进行静态的和动态的模仿。使用计算机方法来研究地理现象和地理过程成为科学发展的新方向。计算机为模拟模型的建立和实验提供了强大的灵活性和方便，求解数学模型变得更加方便、快捷和精确，能解决问题的领域大大扩展了，获取地理信息和应用地理信息的精度显著增长，人类认识地理事物的能力也大大提高。计算机模拟特别适合于解决那些规模大、难以解析化以及不确定的系统，计算机不仅可以帮助我们求出已经建立的数学模型的最后结果，还可以帮助我们选择合理的模型、定量地评价模型、改进现有的模型。基于计算机的地理信息模拟技术还有以下几个方面的特点：

1）模拟时间的可伸缩性。使用模拟技术可以把几个月甚至几年的地理过程和地理活动在几分钟甚至几秒钟内模拟出来。而且，也可以对真实地理事物或者地理过程中的细微情节进行扩大时间研究。

2）模拟运行的可控性。在模拟模型运行过程中，可以根据需要随时暂停模型的运行，并得到暂停运行时的各项统计数据，以取得系统发展中任一阶段的有关信息，并且不会影响最终的实验结果。

3）模拟实验的优化性。模拟可以在不同条件下多次重复一项实验。在运行当中，除了确定的某一种模拟实验外，还可多设计几种实验方案，从而可以根据多种实验结果来选择最优化的模拟实验方案。

10.2.2　地理信息模拟方法的研究意义

早期的地理学方法仅限于直观的地理比较，即通过地理考察搜集大量第一手资料，直接进行或采用地图方法进行地理要素之间或区域地理特征之间的分析对比，形成对地理环境的认识。随着科学技术的进步，地理学研究方法不断发展变化。抽象概括和数量表达等明显具有数学方法特征的因素引入到地理学后，地理学方法发生了里程碑式的转变，数学方法的使用促使地理学由纯粹的定性研究逐步走向定性与定量相结合，由静态研究走向动态研究，由单纯的资料累积走向机制探讨，乃至趋势分析，使地理学步入现代科学的行列。但采用数学方法并不意味着可以轻视传统方法，两者是互为补充、相辅相成的。

像众多的地理学方法一样，模拟方法也经历过早期的实体模拟到现代的辅助于计算机的各种模拟方法，地理信息模拟方法能够条理化、简化、概括所研究的地理事物和地理过程，以深入探明其本质和活动规律。在地理学中已经建立了很多基于模拟方法的研究，如自然综合体、城市、土地利用、人口分布、交通等。运用计算机进行地理信息模拟更深一层的意义是通过其对现实数据的模拟和实证数据的验证，增进对系统的理解。特别是针对复杂地理系统的分析，计算机模拟具有特别的优势。因为复杂地理系统中存在非线性交互作用和复杂的反馈机制，通常不同层次之间是难以还原的，即了解宏观的复杂表现，并不能推出微观主体的行为规则，因此很难直接得到定量的数学公式。而计算机模拟的位置处于完全的定性分析与数学分析之间，它比纯粹用语言文字表述的定性分析更加精确和量化，又比严格的数学公式更加灵活，更具扩展性，更贴近复杂现实。

地理信息模拟是人类理解和认识复杂性地理事物的一种有效方法，地理信息模拟方法在认识客观世界中的重要意义体现在：首先，地理信息模拟揭示了地理现象或者地理过程潜因素的重要性，在对地理现象或者地理过程相关变量的相互作用关系模拟的基础上，能够揭示该地理现象或地理过程各种潜因素的重要功能，实现对研究对象构成要素的分解，进而获取表面变量背后的深层次关系，即潜因素之间的相互关系。其次，地理信息模拟可以揭示地理现象或者地理过程的复杂性和层级性，模拟过程中能够揭示各种有关变量的作用强度和作用函数，相互作用函数的复杂程度体现了地理现象或者地理过程的复杂性，作用强度体现了各有关变量的等级排队。

10.2.3 地理信息模拟方法的原理、结构和过程

1. 地理信息模拟方法的基本原理与流程

地理信息模拟方法可以概括为"建模—实验—分析"三个基本步骤，首先观察分析的主体，通过对研究对象的感性认识，熟知研究对象的基本特征，包括几何特征、功能特征以及与其他相关地理事物的关联关系特征；然后，在大脑首先形成对研究对象的基本架构（实际上这就是研究主体的建模过程）；最后，根据前两步的认识，构建形成研究对象的模拟，并对模拟结果进行分析，以此揭示研究对象的特征和规律。计算机技术应用到地理信息模拟后，上述三个步骤的界限变得更为清晰，而且操作更为便捷。模拟不是单纯对模型的实验，而且包括从建模到实验再到分析的全过程。进行一次完整的地理信息模拟应包括以下步骤（图10-1）：

1) 确定模拟对象（地理信息），根据模拟的目的确定所研究对象的规模、数量，以及以什么样的精度来模拟。模拟系统什么样的行为，系统所处的边界及约束条件，系统的变量特征等。

2）构建数学模型。建立什么样的数学模型与研究的目的有密切的关系。如果仅仅要求了解系统的输入/输出行为，则要设法建立一个描述地理信息行为的黑箱模型，如果不仅要了解系统的输入/输出行为，还要求了解地理信息内部的活动规律，就要设法建立一个描述系统输入集合、状态集合及输出集合之间关系的模型，称为系统内部状态模型。构建模型是进行地理信息模拟的重要一步，构建模型完成后还需要对模型的各参数进行校验，来评价模型建立是否正确，以及模型的灵敏性和稳定性等。

3）评价和分析。首先要确定评价标准，然后反复进行模拟，对各次模拟的数据进行分析、整理，从代替方案中选出最优的模拟系统或找出系统运用的最优值。

计算机模拟过程中，第二步中构建数学模型还需要把其转换成计算机可以接收的形式，并进行计算机程序编写，在计算机中实现对模拟模型的构建和第三步地理信息模拟的分析与评价。

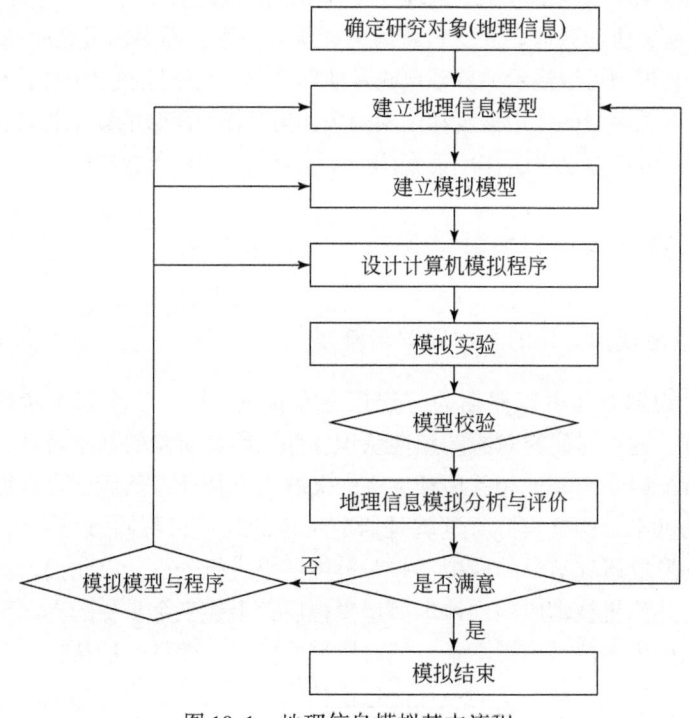

图 10-1 地理信息模拟基本流程

从上述地理信息模拟流程可以看出：研究对象（地理信息）、模型和模拟结果是实现模拟的三个基本要素,以上三个阶段把地理信息模拟的三要素联系在一起,它们之间的关系如图 10-2 所示。辅助计算机模拟中,建模技术、算法技术、软件技术合起来,就组成一个完整的计算机模拟技术。

图 10-2 地理信息模拟三要素之间的关系

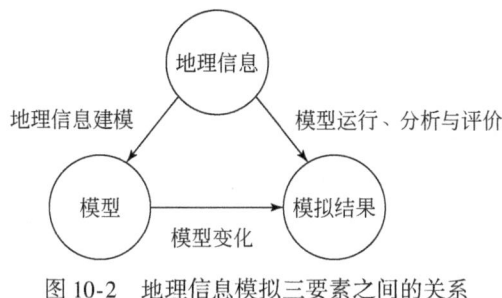

2. 地理信息模拟方法建模

模型是地理信息模拟方法的重要组成部分,也是核心部分,模型建立的好与坏,直接影响到模拟分析和评价结果。从方法论上来讲,模型是对客观地理现象或者地理过程相关结构信息和行为的某种形式的描述。它是对应真实地理事物和真实地理关系中那些有用的和令人感兴趣的特性的抽象化与简化,它以各种可用的形式提供被研究地理信息的基本特征。模型所表达的数学描述或者物理描述与所模拟的地理信息具有相似性,这种相似性既是建模的基础,也是进行模拟的基础。

一般来说,模型反映地理信息的部分属性,仅强调地理信息的某些侧面;只有一些模型能反映简单系统的全部属性。地理信息模型的建立不是对客观地理事物的重复,而是按研究目的的实际需要和侧重点,寻找一个便于进行地理信息研究的"替代者",但是不同的研究侧重点,对地理事物描述的模型也有所不同。例如,一块原始森林,画家描述的是一片郁郁葱葱的树林,地理学家则反映的是森林的数量、结构、分布范围和自然特征等。再如,对地理事物研究尺度有所不同,构建的模型也将有所不同,如大比例尺的城市展现的是城市内部结构,而小比例尺的城市反映的是地理位置和空间关系等。

从信息论的观点来看,模型可以定义为一个信息的整体,在不同的模型中,信息的含义各不相同,总的来说,模型通常具有以下几个特点:①是地理信息的抽象;②由与被分析问题有关的因素构成;③体现相关因素之间的联系。

为了构造一个客观系统的模型,首先必须对所研究的系统进行观察,获得概念,形成认识。然后再将这种认识抽象出来,并用某种形式的信息表达出来。模型的一般构造过程如图 10-3 所示。

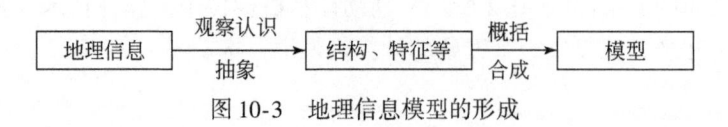

图 10-3　地理信息模型的形成

模型建立的任务是要确定模型的结构和参数。建立模型有以下三种途径：

1）对内部结构和特性清楚的研究对象（地理信息或者系统），可以利用已知的一些基本定律，经过分析和演绎导出系统模型；

2）对那些内部结构和特性不清楚或不很清楚的系统，如果允许直接进行实验性观测，则可假设模型并通过实验验证和修正；

3）对那些内部结构和特性不清楚或不很清楚但又不允许直接实验观测的系统，则采用数据收集和统计归纳的方法来假设模型。

将数学模型转换成计算机模拟模型通常有三种途径。第一种是直接编程即可求解，如代数方程、差分方程、概率分布等。第二种是对数学模型进行某种数学处理后再编程由计算机来求解，如微分方程。第三种是在对数学模型所作描述的基础上，给予一定的约束条件或者规则，建立模型后由计算机求解。

3. 典型地理信息模拟方法基本原理

从数学角度来说，可以将地理信息模拟方法分为三种主要类型，统计实验模拟、离散地理信息模拟和连续地理信息模拟。下面对三类模拟的基本原理进行阐述。

（1）统计实验模拟

利用统计实验法进行系统模拟，一般有以下四个阶段：

1）总体设计阶段。需要完成的工作为：提出问题，明确目的，确定目标（效率指标）；研究模拟环境条件，系统可行方案；收集基础数据、信息；准备数据（信息处理、分类、加工等）；行动准则，模拟终止条件。

2）建模编程阶段。需要完成的工作为：建立数学模型，绘制逻辑框图和选择数学公式；明确目标函数、约束条件；要素分析与量化；编制计算程序，包括输入输出及人机对话设计等；模型程序静态检查。

3）运行分析阶段。需要完成的工作为模拟计算。

4）模拟总结阶段。计算机调试（动态检查）、模型检验与修改、实验结果分析。统计实验法模拟检验与其他模拟方法检验相同，一般有理论分析检验法、经验、实例检验法、实验检验法、参数灵敏度分析检验法以及混合检验法。

（2）离散地理信息模拟

离散地理信息是指地理事物的状态变化是在离散的点或者区间上发生，类似这样的地理事物就是离散地理信息，这样的模型称之为离散事件模型，对应的系统称为离散事件系统，简称离散系统。客观现实中，这样的地理信息是大量存在的，如居民点、人口、山峰等。

离散地理信息的模型只在一些离散点上由事件改变其状态，因此离散模型是由事件驱动的。驱动某一模型的所有事件按其发生的时间构成了一个序列，离散地理信息模拟的关键是如何按时间顺序确定这一序列，并按时间先后顺序处理事件。在离散地理信息模拟中一般采用事先策划事件的方式，即在处理任何事件之前该事件必须已被策划。策划的主要工作是确定事件的类型与发生时间。策划好的事件存放在事件表中，当时钟到达时事件启动。

对离散地理信息进行模拟时，通常要将地理信息中具有各自特性的元素及各元素之间的有机联系表达为描述地理信息动态过程的一种方程式。离散地理信息多属随机系统或有控随机系统。离散地理信息模拟注重结果，即地理信息处于稳态时的系统映象。离散地理信息模拟的基本方法有三种，分别是事件调度法、活动扫描法和进程交互法。

a. 事件调度法

事件调度法与时间之间具有强关联性，通过定义事件及每个事件发生引起系统状态的变化，按时间顺序确定并执行每个事件发生时有关的逻辑关系。事件调度法是将所有事件均放在事件表中，模型中设有一个时间控制成分，该成分从事件表中选择具有最早发生时间的事件，并将模拟时钟修改到该事件发生的时间，再调用与该事件相应的事件处理模块，该事件处理完后返回时间控制成分。这样，事件的选择与处理不断地进行，直到模拟终止的条件满足为止。

事件调度法建模灵活，可应用范围广泛，但一般要求用户用通用的高级语言编写事件处理子例程，建模工作量大。

b. 活动扫描法

当地理信息除了与时间有关外，还有其他的限制条件对其产生作用时，由于这类地理信息活动时间的不确定性，或者说无法准确确定时间时，就无法采用事件调度法，活动扫描法就可以派上用场。活动扫描法的基本原理是：地理信息由若干成分组成，成分包含着活动，这些活动的发生必须满足某些条件，当然，时间仍然是第一条件，因此也具备事件调度法的基本功能。

活动扫描法对于各成分相关性很强的地理信息来说模型执行效率高。但是，用户建模时，除了要对各成分的活动进行建模外，模拟执行程序结构比较复杂，因此要非常注意流程控制。

c. 进程交互法

某个地理信息包括若干进程，而每一个进程又是由若干个有序事件和有序活动组成，当进行模拟时，一个成分一旦进入进程，它将完成该进程的全部活动。进程交互法既可预定事件，又可对条件求值，因而它兼有事件调度法及活动扫描法两者的特点，而采用的方法，其模型表示接近实际地理信息，特别适用于活动可以预测、顺序比较确定的系统，但是其流程控制复杂，建模灵活性不如事件调度法。

（3）连续地理信息模拟

连续地理信息是指其构成要素均可以用随时间变化的变量进行描述，对于那些状态变量随着时间变量呈连续变化的模拟，我们称之为连续性模拟。在连续地理信息模型中，有两个主要的参量，即自变量和参变量，自变量一般指时间变量，模拟时间可以是连续的也可以是离散的。连续地理信息模拟具有两个重要的特征：

1）建立一组反映被模拟系统行为特征的由状态变量组成的状态方程。这些方程描述了各项状态变量与主要自变量的关系。

2）按照一定的作业规划将模拟时间一步一步地向前推移，对状态方程组进行求解与评价，计算和记录各个状态变量在各个时间点的具体数值，如河流中某种矿物质变化态势图。

连续系统模拟过程可分为以下三个阶段：

1）建立数学模型。连续地理信息的动态模拟模型，一般是以常微分方程或传递函数来描述，因此要根据系统的实际背景、目标、边界、约束条件等建立常微分方程组或建立传递函数。

2）离散化转换，即把连续性的模型转换成离散模型，便于操作，尤其是对于计算机模拟，利用积分方法或者差分方法，转化成近似模型，便于程序化设计和操作。

3）实施模拟，对于计算机模拟需要进行程序设计，上机运行并检验和调整参数。

10.2.4 地理信息模拟方法的案例

案例1：地表能量与水平衡参数遥感反演与模拟研究

本案例均来自中国科学院地理科学与资源研究所江东研究员领导的团队（江东等，2001，2011）。

时空完备的能量与水分参数数据产品，是生态环境监测、流域水资源演化过程和水资源利用效率评价等研究工作的重要输入因子，辐射、地表温度、蒸散

第 10 章 | 地理信息的模拟和仿真方法

（ET）等是其中的关键参数。该研究团队以多种时空分辨率的卫星数据为信息源，以黄河、海河流域为研究区，以 SPAC 能量流动与物质转换的机理为指导，建立了地表能量与水平衡参数反演的技术体系和软件系统，获取了蒸散及相关陆地水循环、能流转换的关键参数；发展了 S-G 滤波方法、非线性滤波等数据重构方法，提高了遥感反演的生态参数数据质量及其可信度。

案例 2：地表能量参数遥感反演

以高时间分辨率的静止气象卫星可见光、热红外数据为输入，利用辐射传输模型进行大气校正并提取地表反射率、地表温度等参数，建立了瞬时/逐日的总辐射、净辐射等能量参数的估算模型，并根据云覆盖信息，研发了非晴空时段的辐射值修订算法，大大提高了非晴空时段辐射的估算精度（图 10-4）。

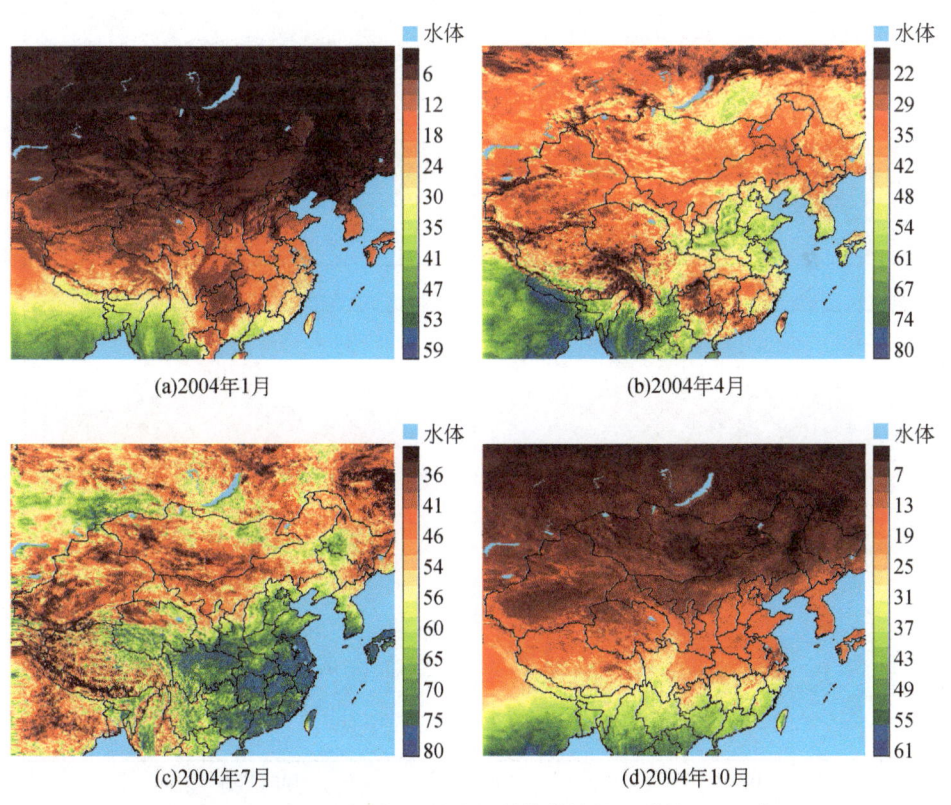

(a)2004年1月　　(b)2004年4月

(c)2004年7月　　(d)2004年10月

图 10-4　经过云覆盖校正的净辐射估算结果（单位：kJ/m^2）

案例3：多尺度蒸散遥感反演算法与校验

以静止气象卫星、MODIS、资源卫星等多种时空分辨率的遥感数据为输入，估算显热通量、潜热通量和土壤热通量等参数，建立瞬时/逐日的蒸散反演模型；利用大孔径闪烁仪（LAS）地面观测资料和分布式水文模型的模拟结果，对蒸散反演算法进行了校验（图10-5）。

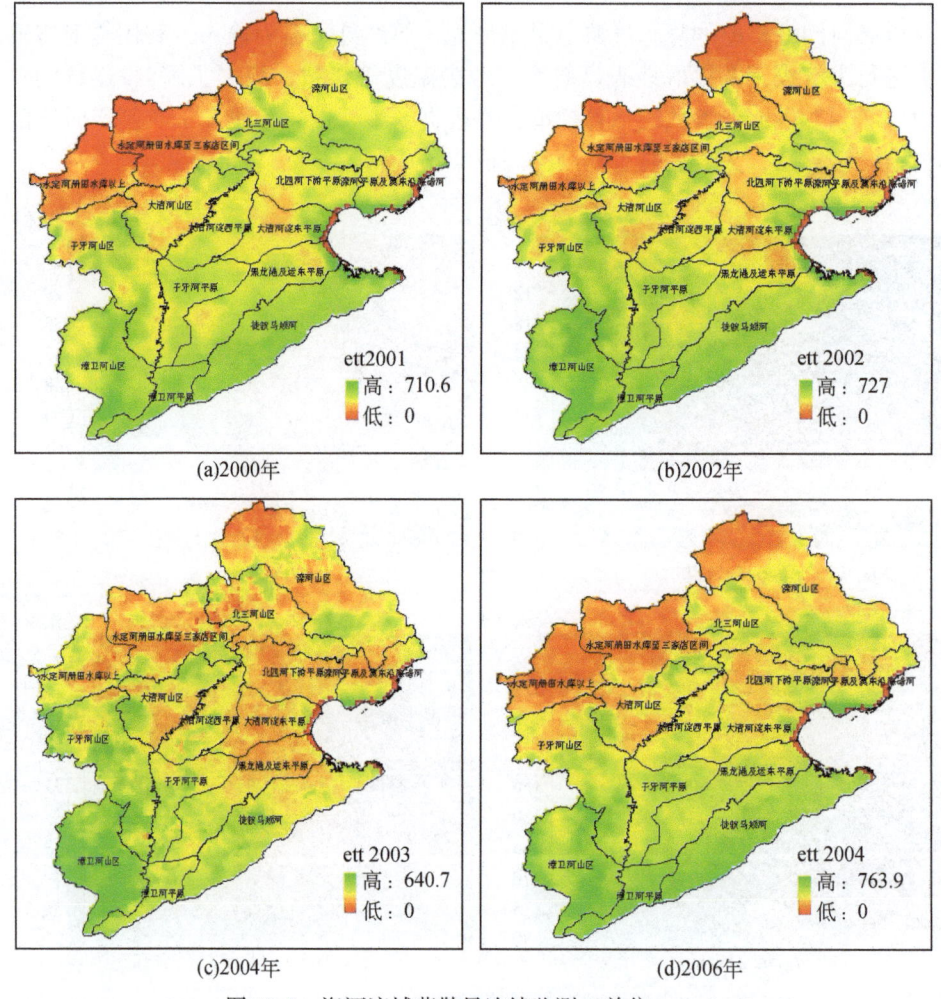

(a) 2000年
(b) 2002年
(c) 2004年
(d) 2006年

图10-5 海河流域蒸散量连续监测（单位：mm）

案例4：短周期生态参数的时间序列数据重构

遥感为生态环境等研究提供了大范围、多时相的参数数据，但由于云覆盖、大气效应等影响使得遥感反演的参数在时空上不连续，是后续应用中产生误差的一个重要原因。本案例采用S-G滤波方法、非线性滤波等方法，对植被指数、地表温度、蒸散等多种参数数据进行时间序列的重构，从而提高数据质量及其可信度。通过重构前后数据对比发现，重构后的EVI数据在空间上更加一致，在时间维度上数据年间变化更加稳定（图10-6）。

(a)重构前的EVI数据　　　　　(b)重构后的EVI数据

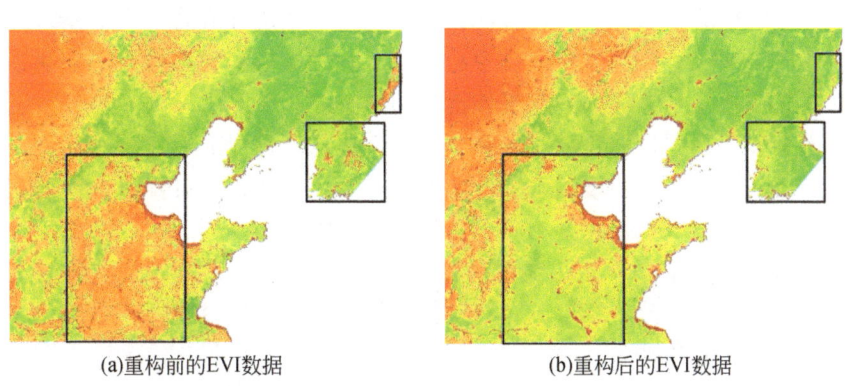

图10-6　基于S-G滤波的EVI数据重构

10.2.5　地理信息模拟方法的优点和不足

纯粹的定性分析，虽指出了问题的宏观方向，却难免缺乏微观依据以及操作的可行性。地理信息模拟方法作为分析方法的一种，为传统的定性分析和统计分析提供了一定的补充。通过对现实复杂地理现象和地理过程的抽象与真实数据的拟合，促进了对复杂系统演化规则的探索和理解。尤其是地理信息的计算机模拟方法，更是增加了人类对复杂地理信息的认识和应用，概括来说，模拟方法具有如下的优点。

1. 优点

（1）掌握未来特征

在现实世界中有许多问题无法以付诸实施来解决，如预测问题就属于此范畴。假若要预测未来20年的河流演变情况，我们不可能让河流提前运行一段时间以取得相关的特征数据。但我们可以通过地理信息模拟，去预测未来各种变化指标，从而模拟出未来河流演变情况。

(2) 方案比选

当某个计划的执行存在多种方案时，如要修一条水渠，由于选线和动力供应变化，会存在大量的备选方案，若想把全部方案都计算出来进行比较选优，其工作量之大是难以想象的，但是我们可以利用地理信息模拟，对比各种方案的优劣，从而获得比较合理的方案。

(3) 节约人力物力

有一些复杂系统，如交通系统等，其运行情况和使用效果难以用一般的理论分析或数学解析的方法来进行。为此，可以把整个系统分成若干个子系统并形成模型，然后将这些子模型装配成一个总模型，利用模拟实验来检验和判明系统的内部性能和内在联系，作为系统最佳运行的依据。

对于大型工程项目的建设，如新建一条铁路，一旦建成后发现有问题，想再改建或重建，需要花费大量的人力、物力和财力。为此，在设计时如何确定设计参数，安排施工进度和步骤，预测和估计交通设施的运行情况，以及完工后对其他方面的影响等，都要求事先给出答案。显然，把要设计的交通系统构造成模型，利用历史数据的分析结果，对将要新建的交通设施反复进行模拟实验，为我们提供有关的实验数据。

(4) 降低危险

通过对某些自然灾害的模拟，情景预测未来自然灾害可能发生的时间和强度，对于这样一类问题，要事先进行各方面的调研和分析，依据各种因素的逻辑关系构造模拟模型，并且设法变换有关的数据进行模拟实验，然后制定出对策。

2. 不足

当然，模拟方法也有它的局限性，主要表现如下：

1) 模拟不是最优化技术，它只是针对各个不同的具体决策，通过反复实验比较得出一个较好的结论，但不能保证是最优的。

2) 模拟仅仅是一种评价性的技术，不能自己产生决策和方案。

3) 在模拟实验运行中，通常要使用大量的随机数，这些随机抽样也会造成模拟的误差，这种误差在其他定量分析技术中一般是不存在的。

第 10 章 地理信息的模拟和仿真方法

10.3 地理信息仿真方法

10.3.1 地理信息仿真方法的定义和内涵

从方法论上来说，仿真是以仿生学原理为基础的真实模仿。根据国际标准化组织（ISO）标准中《数据处理词汇》部分的名词解释，"仿真"即用另一数据处理系统，主要是用硬件来全部或部分地模仿某一处理系统，以至于模仿的系统能像被模仿的系统一样接收同样的数据，执行同样的程序，获得同样的结果。1961 年，摩根扎特首次对"仿真"进行了技术性定义，即"仿真意指在实际系统尚不存在的情况下对于系统或活动本质的实现"。另一个典型的对"仿真"进行技术性定义的是科恩。他在 1978 年的著作《连续系统仿真》中将仿真定义为："用能代表所研究的系统的模型做实验"。1982 年，斯普瑞特进一步将仿真的内涵加以扩充，定义为："所有支持模型建立与模型分析的活动即为仿真活动"。1984 年，奥伦在给出了仿真的基本概念框架"建模–实验–分桥"的基础上，提出了"仿真是一种基于模型的活动"的定义，被认为是现代仿真技术的一个重要概念。实际上，随着科学技术的进步，特别是信息技术的迅速发展，"仿真"的技术含义不断地得以发展和完善，从艾伦和普里茨克撰写的《仿真定义汇编》中，我们可以清楚地观察到这种演变过程。无论哪种定义，仿真基于模型这一基本观点是共同的。

地理信息仿真方法是对客观地理事物的某一层次抽象属性的模仿。人们利用这样的模型进行试验，从中得到所需的信息，然后帮助人们对地理现象的某一层次的问题做出决策。地理信息仿真是一个相对概念，任何逼真的仿真都只能是对客观地理事物某些属性的逼近。仿真是有层次的，既要针对所欲处理的客观系统的问题，又要针对提出处理者的需求层次。地理信息仿真与地理信息模拟方法的依据相同，也是相似原理。许多不同地理事物的行为与特性之间存在着相似关系，即特殊性当中的普遍性，个性当中的共性。地理信息仿真中主要的相似关系如下：

1) 几何比例相似。按比例缩小的地图仪。
2) 特性比例相似。如两个系统，一个是土壤系统，另一个是生态系统，其运动的物理本质完全不一样，但运动所遵循的微分方程相似，并且参数一一对应，我们称这两个系统是特性比例相似。
3) 感觉相似。主要是视觉、听觉、触觉和运动感觉相似，是人在回路中的仿真，特别适合作为用各类模拟器对操作人员进行训练的依据。

4) 逻辑思维方法相似。对获取的信息进行分析、归纳、综合、判断、决策直至操作控制的方式相似，是体系对抗仿真中计算机兵力生成的依据。

5) 计算方法相似。是数字仿真的基础。

地理信息仿真方法是一个迭代过程，即针对地理现象或者地理过程某一层次的特性（过程），抽象出一个模型，然后假设输入，进行试验，由试验者判读输出结果和验证模型，根据判断的情况来修改模型和有关的参数。如此迭代地进行，直到认为这个模型已满足试验者对客观系统某一层次的仿真目的为止。针对计算机数字仿真，这些定义从以下一些方面描述了"仿真"的概念。

对象：仿真针对的对象是客观地理事物（系统），包括客观存在的系统与设计中的系统。有的定义将过程与系统并列为仿真的对象，但实际上过程总是属于系统的过程。

目的：获得系统的动态行为。这是仿真的直接目的。由此而分析系统、设计系统或进行决策是仿真活动的间接目的。早期仿真更关注的是仿真的直接目的，而后则逐渐转向间接目的。实现间接目的需要对仿真获得的行为进行分析，以友好的方式提交给用户。

方法：通过展开系统的模型来获得系统的行为或特性。使用模型是仿真活动的一个重要特征：这表明获得系统的行为不是直接对系统进行操作，而是对系统的模型进行操作。为此首先要建立系统的模型。

方法的实现：应用数值计算的方法来展开模型，获得模型在一定输入下的输出。这是仿真与其他基于模型分析方法的主要区别。

设施：数值计算是在计算机上进行的。

方式：一些定义提到使用模型来获得系统的行为是通过实验的方式来进行的。这类定义强调了仿真的实验特征。仿真实验是一系列有目的、有计划的数值计算。也就是说，展开模型是在一定的方案控制下进行的。

综合起来，可以归纳为：计算机（数字）仿真是在计算机上，建立形式化的数学模型，然后按一定的实验方案，通过数值计算的方法展开系统的模型来获得系统的（动态）行为，从而研究系统的过程。因此可以看出，早期对计算机仿真的认识是将其视为一种研究系统的活动，与系统的性质密切相关，因而仿真研究注重过程。这种活动将研究的注意力集中在对系统性质的研究上。系统特性的研究主要是由各学科的知识支撑的，所以早期的仿真研究多依附于各个学科。

地理信息仿真技术得以发展的主要原因是它带来了重大的社会和经济效益。系统仿真的应用大致可分为：对已有地理信息进行分析时采用仿真技术；对尚未有的地理信息进行设计时采用仿真技术；在系统运行时，利用仿真模型作为观测器，给用户提供有关系统过去的、现在的，甚至是未来的信息，以便用户实时做出正确的决策。

10.3.2 地理信息仿真方法的研究意义

现代地理信息仿真方法是利用计算机科学和技术的成果建立被仿真的地理事物的模型，并在某些实验条件下对模型进行动态实验的一门综合性技术。它具有高效、安全、受环境条件的约束较少、可改变时间比例尺等优点，已成为分析、设计、运行、评价、培训系统（尤其是复杂系统）的重要工具。地理信息仿真方法具有如下五个方面的重要意义。

（1）优化系统设计

对于复杂地理事物的研究，一般要求达到最优化，为此必须对系统的结构和参数反复进行修改和调整。这只有借助计算机仿真方法才能方便、快捷地实现。

（2）降低实验成本

对于复杂的工程系统，如果直接进行实物实验，则费用会很高。而用计算机仿真手段则可大大降低相关费用。

（3）减少失败风险

对于一些难度高、危险大的复杂工程系统，若直接实验，一旦失败则无论在经济上还是在政治上都是难以承受的。为了减少风险，必须先进行计算机仿真实验，以提高成功率。

（4）提高预测能力

对于各种非工程复杂系统，如经济、社会和灾害等系统，几乎不可能进行直接实验研究，因而也很难准确预测其发展趋势。但借助于计算机，地理信息仿真实验却可以在给定的边界条件下，推演出此类系统的变化趋势，从而为人们制定对策提供可靠的依据。

（5）结果形象直观

地理信息仿真的结果易于通过图形图像来形象直观地表现。把仿真模型、计算机系统和物理模型及实际地理事物联结在一起的实物仿真（有些还同时是实时仿真），形象十分直观，状态也很逼真。

10.3.3 地理信息仿真方法的原理、结构和过程

通常认为，地理信息仿真是用能代表所研究系统的模型，结合环境（实际的或模拟的）条件进行研究、分析和实验的方法。它作为一种研究方法和实验技

术,直接应用于系统研究,是一种利用相似和类比的关系间接研究事物的方法。为了建立一个有效的仿真系统,一般都要经历建立模型、仿真实验、数据处理、分析验证等步骤。为了构成一个实用的较大规模的仿真系统,除仿真机外,还需配有控制和显示设备。

建立模型是地理信息仿真的第一步,也是十分重要的一步。传统仿真技术中,一个仿真系统要首先建立起系统的数学模型——一次仿真模型,然后再改写成适合计算机处理的形式——仿真模型。仿真模型可以说是系统二次近似模型。建立起仿真模型后,才能书写相应的程序。模型对地理信息某一层次特性的抽象描述包括:地理信息的组成;各组成部分之间的静态、动态、逻辑关系;在某些输入条件下系统的输出响应等。

实践中,多数地理信息仿真系统的主要目的是将被仿真的地理信息输出作为时间的函数。根据地理信息模型状态变量变化的特征之一,又可把系统模型分为:连续系统仿真——状态变量是连续变化的,对地理信息的观测点则定义在相同间隔的时间序列上;离散(事件)系统仿真——状态变化在离散时间点(一般是不确定的)上发生变化,对地理信息的观测点仅仅是在系统发生特定变化的那些时刻;混合型是上述两种的混合。这一点与地理信息模拟方法相类似,这里将不再赘述。

地理信息仿真是基于模型的活动(图 10-7),第一步要针对实际地理事物建立其模型。建模与形式化的任务是:根据研究和分析的目的,确定模型的边界。因为任何一个模型都只能反映实际系统的某一部分或某一方面,也就是说,一个模型只是实际系统的有限映象。另外,为了使模型具备可信度,必须具备对系统的先验知识及必要的试验数据。特别地,还必须对模型进行形式化处理,以得到计算机仿真所要求的数学描述。这里一个核心问题是决策者与分析者提供问题性质的清楚描述。接下来要明确仿真目标,它是指仿真需要回答的问题,完整的项目计划包括:系统方案的说明、方案的准则、研究计划的约束(人员、经费、各阶段的要求和时间等)。

第二步是进行仿真建模,主要任务是:根据系统的特点和仿真的要求选择合适的算法。当采用该算法建立仿真模型时,其计算的稳定性、计算精度、计算速度应能满足仿真的需要。仿真模型反映了系统模型(简化模型)同仿真器或计算机之间的关系,它应能为仿真器或计算机所接受,并能进行运行。例如,计算机仿真模型,就是对系统的数学模型进行一定的算法处理,使其在变成合适的形式(如将数值积分变为迭代运算模型)之后,能在计算机上进行数字仿真的"可计算模型"。显然,由于采用的算法引进了一定的误差,所以仿真模型对实际系统来讲是一个二次简化模型。模型建立是通过对实际系统的观测或检测,在

第 10 章 | 地理信息的模拟和仿真方法

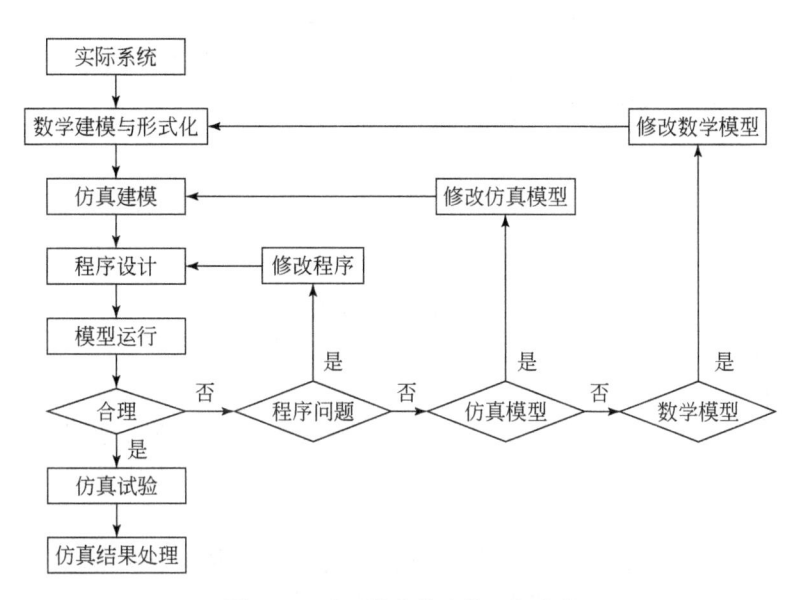

图 10-7　地理信息仿真的一般流程

忽略次要因素及不可检测变量的基础上，用物理或数学的方法进行描述，从而获得实际系统的简化近似模型。这里应该注意模型的实验性质，即模型同实际系统的功能与参数之间应具有某种相似性和对应性，这一点应尽可能不被数学演算过程所掩盖。

第三步是程序设计，即将仿真模型用计算机能执行的程序来描述。程序中还要包括仿真实验的要求，如仿真运行参数、控制参数、输出要求等。早期的仿真往往采用通用的高级程序语言编程，随着仿真技术的发展，一大批适用不同需要的仿真语言被研制出来，大大减轻了程序设计的工作量。

第四步是模型运行，分析模型运行结果是否合适，如不合适，从前几步查找问题所在，并进行修改，直到结果满意。

第五步是进行仿真实验、处理仿真结果和输出分析。仿真实验是指对模型的运行。例如，计算机仿真，就是将系统的仿真模型置于计算机上运行的过程。仿真是通过实验部件，从而实现部分的替代等。输出分析在仿真活动中占有十分重要的地位，特别是对离散事件系统来说，其输出分析甚至决定着仿真的有效性。输出分析既是模型数据的处理（以便对系统性能做出评价），同时也是对模型的可信性进行检验。在实际仿真时，上述每一个步骤往往需要多次反复和迭代。

可见，计算机仿真方法中的仿真程序，不同于一般的科学计算程序（仅完成简单的数值计算），而是在人的参与下反复修改和运行的一个搜索过程。因此，计算机仿真要求具有友好的人机界面，这个支持仿真研究的计算机环境对计算机的硬件体系和软件系统都有它特殊的要求。

10.3.4 地理信息仿真方法的案例

地理信息模拟方法的案例是由中国科学院地理科学与资源研究所谢传节领导的团队完成的（谷风云等，2004）"面向 Web 的地球信息可视化与仿真"系统。

当前随着"Google Earth"、World Wind 等三维信息系统的广泛应用，面向 Web 的三维地理信息可视化应用取得了很大的进展，但这些三维信息可视化系统主要注重地表信息在三维环境下的集成，距离面向 Web 的虚拟地理环境还有很大的距离。为此，本案例通过开发面向 Web 的地球信息可视化系统，在大尺度上实现区域范围内虚拟地理环境的仿真。

该系统首先能够实现三维环境下不同类型、不同比例尺三维空间信息的无缝集成和可视化，包括不同分辨率、不同传感器遥感影像、不同比例尺的 DEM 数据和不同比例尺的地形数据的可视化和仿真（图 10-8）。

在近地大尺度时，系统能够实时合成具有真实感的地表纹理：根据土地覆盖类型和不同类型的代表性纹理，采用纹理合成的方法，实时地生成不同比例尺的地表纹理；同时也可以实现地表植被分布的实时仿真：根据局部区域内植物类型的分布特点，以及代表性植物的纹理图、三维图等，仿真具有真实感的森林、灌木等景观（图 10-9）。

图 10-8　DEM 和地形数据可视化与仿真

图 10-9　森林与灌木三维表达及仿真

10.3.5　地理信息仿真方法的优点和不足

由前述对地理信息仿真方法的有关论述，从方法本身来说，地理信息仿真方法具有如下显著的优点。

（1）模型参数任意调整

模型参数可根据要求通过计算机程序随时进行调整、修改或补充，使人们能掌握各种可能的仿真结果，为进一步完善研究方案提供了极大的方便。这正是计算机仿真被称为"计算机实验"的原因。这种"实验"与通常的实物实验比，具有运行费用低、无风险以及方便灵活等优点。

(2) 系统模型快速求解

借助于先进的计算机系统，人们在较短时间内就能知道仿真运算的结果（数据或图像），从而为人类的实践活动提供强有力的指导。这是通常的数学模型方法所无法实现的。

(3) 运算结果准确可靠

只要系统模型、仿真模型和仿真程序是科学合理的，那么计算机的运算结果一定是准确无误的（除非机器有故障）。因此，人们可毫无顾虑地应用计算机仿真的结果。

从实际应用来说，地理信息仿真方法具有如下显著的优点。

(1) 减少对地理事物的直接破坏

直接用真实的地理事物进行实验通常会破坏或扰乱系统的正常操作和运转。例如，对一个森林生态系统进行实验分析，需要多次停车调整有关参数，必定会扰乱该生产线的正常运转从而造成重大经济损失。

(2) 节约大量的时间和财力

直接用真实系统进行实验的效益-成本比例一般都较低。例如，直接对一个大型的交通网络系统进行实验以确定其最佳系统参数，通常成本代价昂贵。相反，利用计算机模型进行模拟实验通常是经济合算的。在实际中，人们往往只是对分析系统某一方面的问题感兴趣，采用仿真模型可以把问题抽象地集中在感兴趣的方面，从而大大节省建模时间，提高效率。

(3) 实现无法操作的认知

直接用真实系统进行实验的做法有时根本不可能。例如，地震灾害对周边自然生态系统和城市系统的破坏和影响。

当然，地理信息仿真方法也有它的局限性，这种局限性与地理信息模拟方法基本相同，仿真也不是最优化技术，仿真方法也是通过反复实验比较得出一个较好的结论，但不能保证是最优的；模拟仅仅是一种评价性的技术，不能自己产生决策和方案。

10.4　地理信息虚拟现实方法

10.4.1　地理信息虚拟现实方法的定义和内涵

当前计算机科学发展了一种计算机的虚拟技术，为地理科学的创造性思维提供了极好的条件。虚拟是对现实而言的，虚拟的时空与现实的时空是有区别的。

第 10 章 | 地理信息的模拟和仿真方法

虚拟具有三重意义。首先是虚拟现实，在地理信息模型的基础上，虚拟现实是用信息化的虚地理时空，来替代物质能量的真地理时空。其次是虚拟可能，可以穷尽所有的条件，假设可能的地理信息模型虚拟可能的地理时空，创造地球上过去的或未来的，特别优越的或者是特别恶劣的或者是中间任意一种过渡状态的地理时空条件。最后是虚拟不可能，如假定地球由东向西自转、寒带生长的热带雨林、高山顶上的水稻田、沙漠中的森林等，在这些不可能中发现新问题，产生创造性。我们把地理虚拟创造思维的符号看作是第三类符号。虚拟技术的应用将在地理工程中发挥重要的作用。

虚拟现实（virtual reality，VR），是一种基于可计算信息的沉浸式交互环境，具体地说，就是采用以计算机技术为核心的现代高科技生成逼真的视、听、触觉一体化的特定范围的虚拟环境，用户借助必要的设备以自然的方式与虚拟环境中的对象进行交互作用、相互影响，从而产生亲临等同真实环境的感受和体验。虚拟现实技术是 20 世纪末才兴起的一门崭新的综合性信息技术，是由计算机硬件、软件以及各种传感器构成的三维信息的人工环境——虚拟环境，用户投入这种环境中，就可与之交互作用、相互影响。它融合了数字图像处理、计算机图形学、多媒体技术、传感器技术等多个信息技术分支，从而也大大推进了计算机技术的发展。目前，虚拟现实技术已在建筑、军事和可视化等方面获得了应用，渐已成为 21 世纪广泛应用的一种新技术。

虚拟现实思想的起源可追溯到 1965 年 Ivan Sutherland 在 IFIP 会议上的《终极的显示》报告，揭开了虚拟现实技术发展的序幕。虚拟现实系统在若干领域的成功应用，导致了它在 20 世纪 90 年代的兴起。虚拟现实是高度发展的计算机技术在各种领域应用过程中的结晶和反映，不仅包括图形学、图像处理、模式识别、网络技术、并行处理技术、人工智能等高性能计算技术，而且涉及数学、物理、通信，甚至与气象、地理、美学、心理学和社会学等相关。

从本质上讲，地理信息虚拟现实就是一种先进的计算机用户接口，它将人和地理事物隔离开来，通过给用户同时提供诸如视觉、听觉和触觉等各种直观、自然的实时感知交互手段，从而能够更逼真地观察所研究的地理事物，更自然、更真实地与所研究的地理事物进行交互。地理信息虚拟现实方法具有如下主要特征。

（1）沉浸感（immersion）

观察者作为认识的主体存在于虚拟环境中，通过多维方式与计算机所创建的虚拟环境进行交互，产生身临其境的感觉，与虚拟环境融为一体。

（2）交互性（interaction）

观察者从虚拟环境获得反馈的自然程度和对虚拟对象的可操作性。计算机应能够响应输入并实时改变虚拟场景的状态,否则用户会产生不舒适感和对虚拟环境的排斥感。

(3) 想象力 (imagination)

观察者沉浸在多维信息空间中,依靠自己的感知和认知能力全方位地获取知识,发挥主观能动性,寻求解答,形成新的概念。

(4) 多感知性 (multi-perceives)

多感知性也称为全息性,即虚拟现实系统能提供的感觉通道和获取信息的广度和深度。虚拟现实旨在提供多维感觉通道和类似现实世界的全面信息,使用户达到身临其境的感受。多感知性无疑是人们全身心沉浸最基本的前提条件和技术基础。

(5) 自主性 (independence)

虚拟环境中的对象除了具有几何信息,还应该包含物理、运动等信息,使之依据其内在的属性产生自主的运动。

从虚拟现实的定义可知,虚拟现实系统的功能由创建虚拟世界和人与虚拟世界之间的人机交互操作所组成,因此一般的虚拟现实系统主要由专业图形处理计算机、应用软件系统、输入设备和演示设备等组成。

(1) 硬件平台

由于虚拟世界本身的复杂性(如大面积城区规划的立体显示等)及计算实时性的要求,产生虚拟环境所需的计算量极为巨大,这对中心计算机的配置提出了极高的要求。目前,国外的虚拟现实系统一般配备有 SGI 或 SUN 工作站。大型的虚拟现实系统,采用的是计算机并行处理系统。

(2) 软件系统

虚拟现实的软件系统是实现虚拟现实技术应用的关键。虚拟现实技术在国外的应用比国内早,在军事领域战场模拟、飞行仿真以及飞机、汽车制造等工程需求的支持下,培育出一些大型的虚拟现实开发及演示软件,如 MultiGen Creator 和 VEGA 等。

(3) 输入和输出设备

虚拟现实技术的特征之一就是人机之间的交互性,为了实现人机之间充分交换信息,必须设计特殊输入工具和演示设备,以识别人的各种输入命令,且提供相应反馈信息,实现真正的仿真效果。不同的项目可以根据实际的应用有选择地使用这些工具,主要包括:头盔式显示器和跟踪器、数据传感手套、大屏幕立体显示系统和三维虚拟立体声音生成装置(图10-10)。

根据建模和绘制方法的不同,可以将虚拟现实技术划分为基于图像的虚拟现实技术和基于图形的虚拟现实技术,二者互有短长。基于图形的虚拟现实技术首

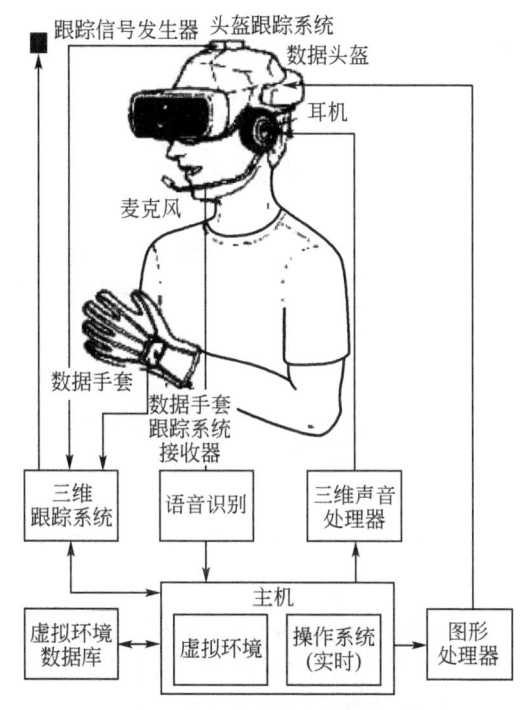

第 10 章 地理信息的模拟和仿真方法

图 10-10　虚拟现实系统构成

先对真实世界进行抽象，在功能强大的建模软件中建立三维几何模型，通过文件的直接输出或格式转换，创建虚拟场景，并使用纹理贴图等增强虚拟场景的真实感。基于图像的虚拟现实技术利用采集的离散图形和视频获取图片序列，将图片序列拼接成为一幅连续的全景图像，然后通过合适的空间模型把多幅全景图像组织成为虚拟全景空间。用户从存储介质中调出全景图，就可在虚拟全景空中环视和沿固定路径漫游。

比较而言，基于图形的虚拟现实技术应用更为广泛。其主要优点是观察的位置和方向不受限制，可以随意改变，并可以通过数据手套等传感设备与虚拟场景中的对象进行自然的交互。但是建模复杂，绘制速度慢，对硬件要求较高。

10.4.2　地理信息虚拟现实方法的研究意义

随着虚拟现实技术在理论上的突破，以及硬件设备性价比的逐渐提高，越来越多的机构研究人员能够接触到虚拟现实，使得虚拟现实技术得到了前所未有的发展。虚拟现实技术在军事、科学可视化、工程设计和自然、历史遗产保护等领域已经展现了非凡的魅力。

第一，地理信息虚拟现实方法可以对实际地理环境进行仿真模拟，不消耗现实资源和能量，所进行的过程完全是虚拟过程。

第二，地理信息虚拟现实方法可以将数据转换为图形或图像显示出来，并通过交互处理的理论、方法和技术，实现可视化技术，我们可以更为直观地看到参数变化对整体的影响，为优化和决策提供依据。虚拟现实则将可视化的"可视"境界提高到一个新的层次，使研究人员更为自然、更为直观地观察和分析数据。

第三，地理信息虚拟现实方法可以在室内就完成野外地理考察，近距离接触地理事物，观察地理过程变化规则，因此可以节约大量的人力、物力和财力。

第四，通过地理信息虚拟现实方法，可以提高专业人员培养的进程和培养质量，使一些必须进行野外考察，或者无法到达的地点得以实现，并且学员还可以辅助模拟或者仿真方法，进行"身临其境"的地理实验。

10.4.3 地理信息虚拟现实方法的原理、结构和过程

地理信息虚拟现实方法是地理信息模拟方法和仿真方法的升级，其涉及的技术包括视觉、听觉和触觉技术，三维建模技术，实时处理和显示技术，以及人机交互技术等。接下来将对地理信息虚拟现实方法的工作原理进行介绍。

1. 视觉、听觉、触觉等技术方法

三种技术都是通过硬件设施，再加上每一种感觉的产生机理，最终实现视觉、听觉和触觉的。以视觉为例，立体视觉是观察者感觉方位立体感的前提条件，立体视觉是通过深度信息的回复来实现的，对同一场景分别绘制出两幅图像，它们具有一定视差，从而保存深度立体信息。

2. 三维建模技术

地理信息虚拟现实方法的一个重要方面是虚拟现实系统中的虚拟环境建模。开发一个虚拟现实应用系统，首先需要进行必要的任务分析，明确任务的目的与性能指标；然后给系统分配合适的硬件资源，如配上合适的显示装备与输入设备，选择适当性价比的虚拟现实引擎等；最后便是建立虚拟环境数据库，对虚拟图像与虚拟场景加以各种物理特征、运动约束以及音频与交互特征等，也就是图10-11所示的几何建模、物理建模、运动建模、音频建模、交互映射等。

对象运动建模一般按 Newtonian 法则或更复杂的法则进行。音频建模可以响应用户或对象行为，生成交互声音。虚拟现实工具被"映射"为不同的交互手

第 10 章 | 地理信息的模拟和仿真方法

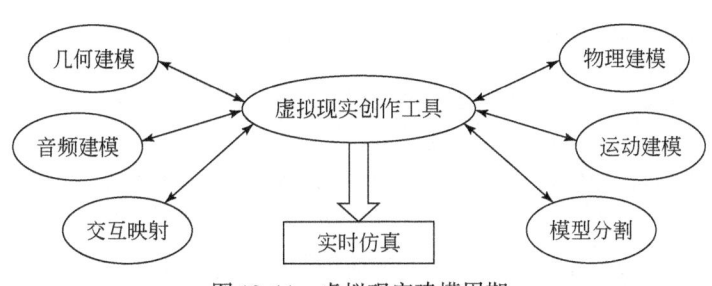

图 10-11　虚拟现实建模周期

段,如一个传感手套控制一个虚拟手,或一个跟踪器被映射为仿真视角等。虚拟现实工具映射要求对用户行为进行校核,虚拟环境建模所涉及的数学基础过程,具体包括几何、运动、物理和行为建模及其数学基础,以及模型管理技术。

3. 实时处理和显示技术

为了产生实时图像,一般需要使用以下三种类型的数据库遍历:

1)应用。例如,为可视化仿真应用作必要的预处理,包括从控制设备中读输入数据,仿真运动物体的动态性能,更新视觉数据库,与其他联网的仿真工作站交互。

2)裁剪。遍历场景数据库,以决定其中哪一部分是可见的,对具有多种表示的模型进行细节层次选择,为显示平台建立有序的优化显示列表。

3)绘制。执行绘制遍历,绘制列表和几何图形。当几何绘制后,渲染阶段填充需要具有曲向颜色或材质感的物体(如光照、阴暗、透明、半透明)。通常,渲染被认为是绘制阶段的一部分。

4. 虚拟环境中的自然交互技术

虚拟现实技术的研究目标是消除人所处的环境和计算机系统之间的界限,即在计算机系统提供的虚拟空间中,人可以使用眼睛、耳朵、皮肤、手势和语言等各种感觉器官直接与之发生交互。这就是虚拟环境下的自然交互技术。目前,与虚拟现实中的其他部分相比,这种自然交互技术仍然要落后一些。

为了进一步提高人在虚拟环境中的自然交互程度,一方面改进现有硬件,特别是软件的性能;另一方面则是将其他相关领域的技术成果引入虚拟现实系统中,从而扩展全新的人机交互方式。目前,在虚拟现实领域中较为常用的交互技术主要有手势识别、面部表情的传达以及眼动识别等。

5. 仿真过程中的碰撞检测

虚拟现实技术的主要目标之一是使得用户以尽可能自然的方式与虚拟世界物体直接交互。若要实现自然、精确的人机交互，就必须解决碰撞问题。碰撞检测是虚拟现实中动态物体与静态物体之间或动态物体与动态物体之间实现交互的一种主要的基础性手段，一切动作的触发都离不开碰撞检测。仿真过程中，决定两个物体何时发生交互作用的过程称为碰撞检测技术，其中主要分为运动物体与静止物体（环境）的碰撞及运动物体与运动物体间的碰撞。

碰撞检测主要进行如下的工作：一是检测是否发生碰撞；二是计算出碰撞的位置。Vega 软件将碰撞检测封装成一个类，该类使用指定的方法完成一个目标物体与一个指定空间范围之间的碰撞测试，当使用该类时，至少需要一个目标物体，一个指定范围及相应的碰撞检测掩码，其使用非常灵活，能满足用户定制的各种需要。

假设在渲染仿真程序中的一帧时，已知某一运动物体的位置，同时也可计算出在渲染下一帧时该物体在无障碍时所能运动到的位置。由于两帧之间的间隔通常非常短暂，可以将物体在两帧之间视为直线运动，因此，环境碰撞检测问题通常简化为边界体沿线段的延伸与环境中某一部分的求交问题。

目前已有多种碰撞检测方法，可分为两大类：一种碰撞检测方法是距离跟踪法，当一对物体间的距离小于某个阈值，那么认为物体相互碰撞了。另一种碰撞检测方法是包围盒法，用近似边界区域覆盖测试来迅速减少不相关的许多物体。

在基于视线的碰撞检测算法中，核心的运算是求交。当视点与物体的距离大大超过线段的长度时，只需判断出它们可不可能相交。此时多使用包围盒检测，包围盒的各线段与坐标轴平行，包围盒即包围虚拟物体的最小长方体。该算法的基本思路是用一个简单的包围盒将复杂的几何形体围住，当对两个物体碰撞检测时，首先检查两者的包围盒是否相交，若不相交，则说明两个物体未相交，否则再进一步对两个物体作检测，因为求包围盒的相交比求物体的相交简单得多，所以可以快速排除很多不相交的物体，从而加快了运算速度。

采用包围盒进行碰撞检测的最大好处是可以实现快速碰撞检测，但在很多虚拟现实应用系统中，要想做到自然交互，光靠包围盒进行碰撞检测是不够的。当要证明两个物体并不相交时，利用包围盒是非常有效的。

10.4.4 地理信息虚拟现实方法的案例

地理信息虚拟现实方法案例：基于虚拟现实的三维 GIS 可视化技术研究。

第10章 | 地理信息的模拟和仿真方法

本节案例是由中国科学院地理科学与资源研究所庄大方领导的团队完成（王占刚等，2007）。

案例1：三维实体构建

采用实体几何法（constructive solid geometry，CSG）来构造三维实体。将复杂的实体简单化，将简单的实体集合化。对简单实体（如长方体、圆柱体、圆锥体、圆台体、环、球等），通过直接拉伸、角度拉伸、弧度拉伸、球体拉伸等实现复杂三维实体的构建（图10-12）。

图10-12 三维地理物体建模

案例2：图形绘制与存储模型

图形绘制的实时性用帧速来衡量，采用多种方法如基于图像的图形绘制算法、快速可见计算方法、层次细节模型以及视景分块调度算法等来提高帧速，并采用层次结构的四叉树进行存储（图10-13）。

案例3：基于虚拟现实的三维 GIS 可视化信息系统研发

根据不同行业模型对象的特点分别构建不同的三维实体，结合不同业务流程，定义不同的接口集，采用开放集成的方式、插件式的组织构建了基于虚拟现实的三维 GIS 可视化信息系统（图10-14）。

图 10-13　三维图形绘制

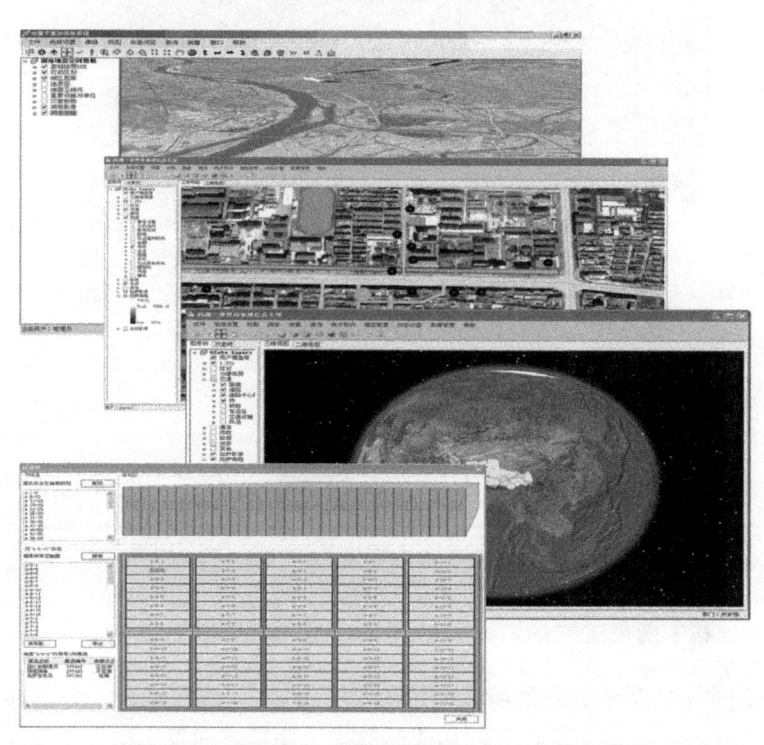

图 10-14　基于虚拟现实的三维 GIS 可视化信息系统

第10章 | 地理信息的模拟和仿真方法

案例 4：基于虚拟现实的三维 GIS 可视化信息系统应用与示范

（1）中国地震三维展示系统

中国地震三维展示系统是一个上连国务院突发事件应急指挥中心和国家地震局突发地震事件应急指挥中心，下连各省市自治区地震局、各级各类地震机构，实现对突发地震事件监测、预测和辅助决策的三维可视化系统（图10-15）。

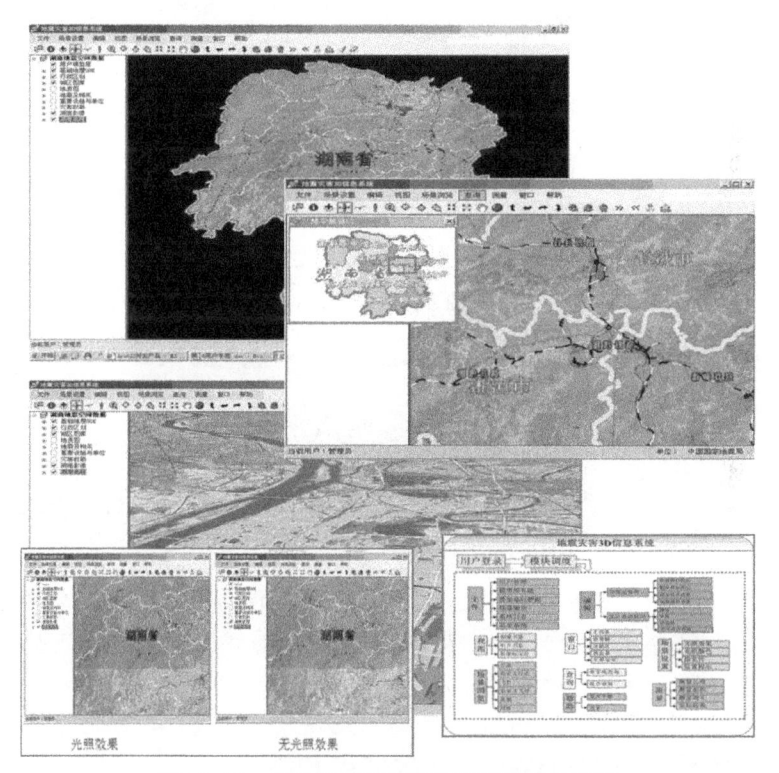

图 10-15　基于虚拟现实的三维地震信息系统

（2）中国地质博物馆数字展示系统

中国地质博物馆数字展示系统是为政府进行地质资源保护和配置提供有效决策，促进中国地质博物馆事业实现跨越式发展，而构建的中国地质博物馆的数字化管理平台和信息服务系统（图10-16）。

（3）西藏自治区三维警用地理信息系统

西藏自治区三维警用地理信息系统（图10-17）是将各类警用专题信息和业务数据在地理场景中展示与应用的可视化系统，通过遥感影像、电子地图与公安业务信息相结合的方式，全面、直观、准确地反映公安五要素信息的现状、分

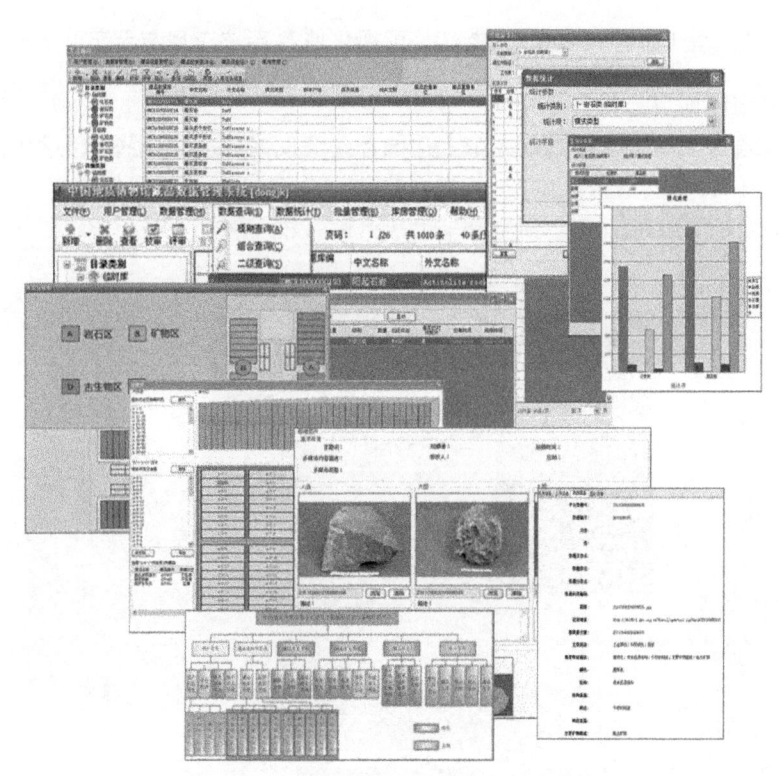

图 10-16　基于虚拟现实的数字展示系统

布、技术特征以及动态警力分布，最大限度地实现信息资源共享，为各级指战员与办案民警指挥决策提供参考依据和辅助决策支持。它是西藏自治区公安厅获取信息、实施计划、组织管理和指挥调控的重要工具。

10.4.5　地理信息虚拟现实方法的优点和不足

传统的系统仿真技术很少研究人的感知模型的仿真，因而无法模拟人对外界环境的感知（听觉、视觉、触觉）。随着多媒体技术、计算机动画、传感技术的发展，计算机模拟外界环境对人的感官刺激开始成为可能。事实证明，人类对于图像、声音等感官信息的理解能力远远大于数字和文字等抽象信息的理解能力。将仿真技术与虚拟现实技术相结合，利用虚拟现实技术进行仿真模型的建立和实验的模拟，使仿真的过程和结果可以实现图像化、可视化，使仿真的系统具有三维、实时交互、属性提取等特征，极大地促进了仿真技术的发展，同时也使虚拟现实技术更加具有生命力。

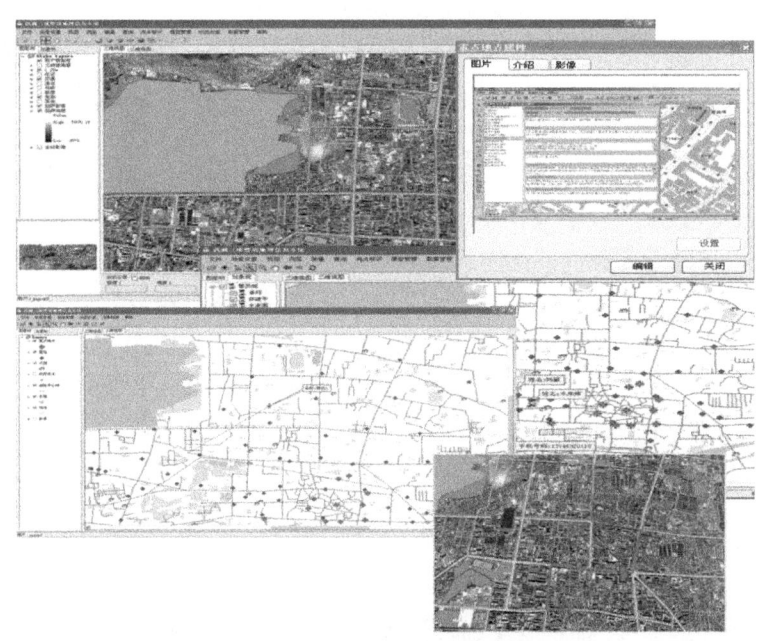

第 10 章 | 地理信息的模拟和仿真方法

图 10-17　基于虚拟现实的警用地理信息系统

　　虽然虚拟现实技术目前在很多领域中的实际应用已有很大进展，如虚拟现实技术已经广泛地应用于军事、医学和商业等领域，但还没有涉及教育系统、如何帮助残疾人克服其现有环境障碍等方面的领域。它在实际应用领域仍然处于初级阶段，仍然是一种刚开始研究如何实际使用的技术，还存在很多尚未解决的理论问题和尚未克服的技术障碍。

　　客观而论，目前虚拟现实技术所取得的成就，绝大部分还仅仅局限于扩展了计算机的接口能力，仅仅是刚刚开始涉及人的感知系统和肌肉系统与计算机的交互作用问题，还根本未涉及"人在实践中所得到的感觉信息是怎样在人的大脑中存储和加工处理成为人对客观世界的认识"的过程。只有当真正开始涉及并开始找到对这些问题的技术实现途径时，人和信息处理系统之间的隔阂才有可能被彻底地消除。只有到那时，信息处理系统就再也不只是一个只能处理数字的计算机装置或信息处理装置了，它将成为人类对他们已有的概念进行深化和获得新概念的有力工具。

　　制约虚拟现实发展的更重要的因素来自于软件水平，包括各种算法上需要取得突破。例如，20 世纪 90 年代中期提出的基于图像的渲染技术便对促进虚拟现实技术的发展有很大的影响。虚拟现实技术的发展过程中遇到的类似问题还很多，我们把它们归结为三大问题：

第一，来源于虚拟现实设备的高额价格。构建一个高质量的虚拟现实系统，首先需要昂贵的外部设备，无论是高分辨率的头盔显示器，还是立体投影显示器，无论是空间定位器，还是高精度的数据手套，均价格不菲。其次，如完成复杂场景实时渲染，还需要同性能的图形工作站以及相应的软件。高额的使用成本对于普通的信息系统网来说，可能会望而却步。

第二，来源于繁琐的三维建模。基于图形的虚拟环境首先要解决的问题便是三维造型，真实世界的几何是极端复杂的，繁琐的三维建模同样需要大量的财力才能够实现，因此三维建模也是制约虚拟现实发展的严重障碍。

第三，来源于大数据量，虚拟现实要想得到很大的发展，需要与互联网相结合，这恐怕是个不争的事实，虚拟现实应用的数据量仍然惊人。在现有网络整体速度较慢的情况下，需要花费大量等待较长时间，这往往令人难以忍受。因此，虚拟现实系统中必须要有超强的数据压缩功能，随着应用的深入，这是一个不可回避的问题。

解决三大问题的技术路线很多，也不可能有一种技术路线便能解决所有的问题。但"虚实结合"，即把基于图形渲染与基于图像渲染相结合，把计算机图形技术与计算机视觉技术相结合，是虚拟现实技术的一个必然发展趋势。

第 11 章 地理信息的综合集成方法

11.1 地理信息的综合集成方法概要

集成（integration）是指通过结合分散的部分形成一个有机整体，地理信息集成的说法很多，根据其侧重点可分为如下几类：地理信息系统功能观点认为数据集成是地理信息系统的基本功能，主要指由原数据层经过缓冲、叠加、获取、添加等操作获得新数据集的过程；简单组织转化观点认为数据集成是数据层的简单再组织，即在同一软件环境中栅格和矢量数据之间的内部转化或在同一简单系统中把不同来源的地理数据（如地图、摄影测量数据、实地勘测数据、遥感数据等）组织到一起；过程观点认为地理空间数据集成是在一致的拓扑空间框架中地球表面描述的建立或使同一个地理信息系统中的不同数据集彼此之间兼容的过程；关联观点认为数据集成是属性数据和空间数据的关联，如 ESRI 认为数据集成是在数据表达或模型中空间和属性数据的内部关联；数据集成不是简单地把不同来源的地理空间数据合并到一起，还应该包括普通数据集的重建模过程，以提高集成的理论价值。

从形式上，地理信息集成是指不同来源、格式、特点性质的地理空间数据逻辑上或物理上的有机集中，有机是指数据集成时充分考虑了数据的属性、时间、空间特征、数据自身及其表达的地理特征和过程的准确性。

信息集成的目标可以简单地表达为建立无缝数据集（库）。数据集（库）无缝表现在数据的空间、时间和属性上的无间断连续性。空间无缝指地理特征在不同数据集中的空间范围连续性；时间无缝指地学过程允许范围内的时间不间断；属性无缝指属性类别、层次的不间断特征。数据尺度已作为地理空间数据更根本的一个属性融合到了数据的空间、时间和属性中。数据集成即是寻找数据集之间连续性的表达方式，它表现为两个方面：不同尺度数据之间的集成和相同尺度数据之间的集成。不同尺度同种要素数据反映的是该地学要素过程在不同大小空间上表现的规律，其集成是使数据集之间不间断并能自然过渡，即形成全尺度的地理空间数据（或部分连续尺度）；在相同尺度之间则主要是确定该尺度上表达某地学过程详细程度的标准，然后使在空间上邻接的地学特征能在物理上或逻辑上连接起来，对数据使用者而言不出现间断。

地理信息集成方法主要包括还原与整体集成方法（也可以称为分析与综合集成方法）、定性与定量集成方法、归纳与演绎集成方法、逻辑思维与非逻辑思维集成方法和复杂性科学集成方法。集成方法的出现是认识发展阶段的产物，集成方法克服了单方面分析方法的弊端，避免了片面性，对于解决复杂的地理问题，认识复杂地理信息，掌握复杂地理信息本质特征和规律具有重要意义。集成方法不是一成不变的，也将随着认识能力的提高逐步完善，并产生新的集成方法。

11.2 还原与整体集成方法

11.2.1 还原与整体集成方法的定义和内涵

还原方法和整体方法是科学认识地理信息的两种重要方法，还原方法又可以称为微观分析方法，整体方法又可以称为宏观综合方法；相应地，还原与整体集成方法也就可以称为分析与综合集成方法。

从哲学上讲，还原论是一种基于还原方法所形成的哲学思想，认为复杂系统可以通过它各个组成部分的行为及其相互作用来加以解释。还原方法作为一种科学方法，是人类认识世界和改造世界的重要方法之一，其核心思想就是将研究对象分解为部分或者更低层次的组分加以研究（图11-1），即首先把对象从环境中分离出来，使对象孤立，与环境相隔离；然后把对象分解为部分，由高层次的复杂问题还原为较低层次问题直到还原为可以解决的简单问题；最后，用自下而上各层次问题的逐步解决替代对高层次复杂问题的解答。这一方法已成为现代科学思维的基本特征，创造了近现代科学400多年发展的巨大成功。

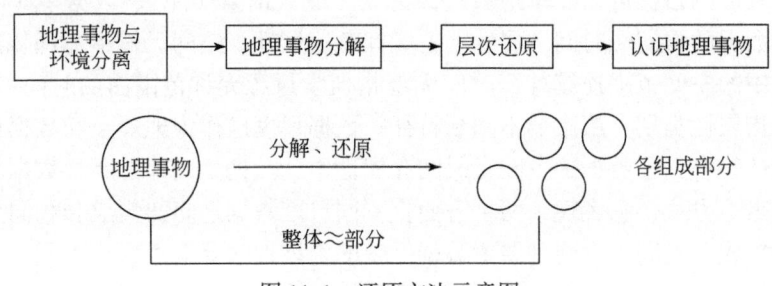

图11-1 还原方法示意图

结合还原方法的基本思想，地理信息还原方法可以概括为：把复杂的地理现象或者地理过程（系统）层层分解为其组成部分，通过组成部分认识整体的科

第 11 章 | 地理信息的综合集成方法

学方法。人们习惯于以"静止的、孤立的"观点考察地理现象或者地理过程组成系统诸要素的行为和性质，然后将这些性质"重构"起来形成对整个系统的描述。例如，为了观察森林生态系统，我们首先考察动物系统、植物系统、土壤和水环境等各个部分的功能和作用，在考察这些系统时我们又要了解组成它们的各个组成部分，要了解动物系统又必须考察各种动物，直到最后是动物生活习性、动物活动范围及食物链等的考察。现代科学的高度发达表明，还原方法是比较合理的研究方法，寻找并研究物质的最基本构件的做法当然是有价值的。

整体论与还原论是相反的两个哲学思想，前者立足于对经验、有机体乃至整个世界的整体的、功能的、能动的、动力学的、目的论的把握之上。它视自然物为整体，它将自然界看作是由分立的、具体的物体或者事物组成，这些事物不能完全分解为部分；并且整体大于部分之和，将其组成部分机械地堆积在一起并不能产生这些事物，也不能解释其性质和行为；认为将系统打碎成为它的组成部分的做法是受限制的，对于高度复杂的系统，这种做法就行不通，因此我们应该以整体的系统论观点来考察事物。整体分析法实施的基本思路是：从整体到部分，再由部分到整体；从质的分析到量的测定，再由量的测定到质的把握。整体法的两个显著特征：首先，从研究方法上说，不对整体进行分解还原；其次，关于整体的学科、理论、定律、概念不能从关于部分的学科、理论、定律、概念中推导出来，但能在每种整体的研究方法中得到。

还原法与整体法是辩证统一的关系，既互相区别又互相联系，彼此不可分割；还原法与整体法的认识过程方向相反，还原法是化整为零，整体法是化零为整。还原与整体的辩证统一。人们对地理事物（系统）的认识是现象到本质、由初级到高级不断深入的过程。其中，从现象到本质、从具体到抽象的飞跃要以还原法为主，而建立模型、创建理论体系要以整体法为主。当新的地理学事实与原有的理论产生矛盾时，人们的认识就会迈入一个新的台阶。人类就是沿着"分析—综合—再分析—再综合"的认识轨迹不断前进的。

还原法与整体法作为两种不同的研究方法，它们本身无所谓优劣之分，具体选择哪种方法，这完全视乎具体情形，并取决于认识主体的喜好。在某种情形下采取还原的方法，在另外的情形下可能会采取整体方法，这都是可以的。对于相对复杂的地理事物，仅仅单方面地使用整体法或者还原法，可能都不足以获取真正的地理信息。

整体论通常以模糊的信息把握法来认识地理事物的功能，尽管有一定宏观准确性，但因缺少微观精确性的保证，故常常主观性强、变异性大，难以深化对功能的认识；还原论以局部精确分析见长，同时也被用来探索地理事物（系统）的整体性特征，它在简单系统中尚可发挥一些作用，但在复杂系统面前却无能为力。地理事物（系统）的功能是结构与信息的统一，结构分析一般使用还原法，因为结构为系统的空间属性，只有切割划分才能知其面目；而信息研究则通常通过整体方法，这是由于信息是系统的时间属性，它反映系统的运动状态，是一个不可分割的过程，唯有整体把握，方可识其本象。但用来研究这两个要素的方法却各为一偏，互相对立，解决之道只有设法使两者有机统一。

从科学方法的角度来讲，整体法总是只能进行一些初步的研究，一旦深入下去就必须使用还原法。因此，对待地理事物，乃至整个自然界，我们总是首先了解其大致的、整体的规律，这是整体法，接着一定要再对它层层进行还原分解，以此考察和研究它的深层次本质规律。如此看来，运用两种方法从不同途径考察地理事物的功能，才能全面认识其机理。一般意义的系统都是能够对外做功的运动整体，功能便是它的第一个要素；系统发挥功能又以结构为基础，结构是其第二个要素；第三个要素是信息，它调节控制系统的结构，使之按一定目的体现功能。功能是系统的核心，也是其真正的价值。还原论已经发展出成熟的逻辑分析及与之相适应的数学和实证方法来研究地理事物（系统），但其有效性局限在结构方面，对信息把握则不确定性太大；对地理事物的信息研究，往往采用整体论思想。整体论与还原论的融合是必要的，也是可能的，从完备性角度看，它们彼此有互补的内在需求。整体论需要还原论提供微观精确性与自身的宏观准确性结合，完成对系统功能的全面认识；还原论则需要引入整体论的信息机制，帮助化解难以处置的复杂性问题，实现对系统功能的深入把握。

在研究相对复杂的地理事物时，整体方法和还原方法可以是并行不悖的，并不需要用一个去否定另一个；相反，我们要让它们各自发挥自己的优势，克服它们的缺陷，以实现辩证的融合。这就需要还原法和整体法进行整合和集成，来帮助人类认识和控制复杂的地理信息，这也是人类社会和科学技术发展的阶段产物。针对整体论缺少实证、还原论将系统割裂的弱点，可以"整体约束下的局部实证"为两者集成的原则。"整体约束下的局部实证"包括两种情况：在系统完全正常运行的情况下，进行局部实证分析，如对动物进行特定部位的信息和结构研究；在无法两全的情况下，分别进行系统运行状态的信息采集和系统分解后的结构分析，然后综合集成，描述其完整功能状态，如动物检测信息、动物尸体分析结构，然后综合说明。还原与整体集成方法可以做到：整体论从信息入手进行考察，然后步步深入，与结构建立联系机制；还原论则从结构入手进行探索，层层整合，与信息沟通，最终形成结构—信息—功能三合一阐释体制，而在数学上则形成一个三元组合：系统结构的还原论数学表述；系统信息的整体论数学表述；系统功能的综合数学表述。

11.2.2 还原与整体集成方法的研究意义

当代科学的发展表明："不要还原论不行，只要还原论也不行；不要整体论不行，只要整体论也不行。不还原到元素层次，不了解局部的精细结构，我们对系统整体的认识只能是直观的、猜测性的、笼统的，缺乏科学性。没有整体观点，我们对事物的认识只能是零碎的，只见树木，不见森林，不能从整体上把握事物，解决问题。科学的态度是把还原论与整体论结合起来"。所以我们的任务是，在充分考虑因果关系复杂表现及其意义的基础上，厘清从方法论意义上讲还原论与整体论之间的关系。其实，无论是还原论还是整体论，它们在人们理解世界的企图上是一致的，我们应该做的是怎样在方法论的层面上使还原论和整体论达到一种互补融通，两者的辩证统一在未来应该是可能的。

从部分与整体的"辩证统一"出发，我们要充分意识到还原方法与整体方法之间关系的复杂性，努力克服还原方法和整体方法各自的局限性，并保持一种开放的态度，这样才能利用好一切可利用的认识工具，去揭开客观世界的奥秘。在历史发展的长河中，还原方法和整体方法在不同的历史阶段发挥了不同的作用，都成为人类认识自然、改造自然的重要手段，但是在现代科学中，面临相对复杂的地理事物等，二者都显得有些力不从心，而还原与整体的集成方法，力求克服二者的劣势，避免还原方法只看树木不看森林、整体方法只看森林不看树木的局限性，发挥各自的优势，形成合力，这对于人类更加深刻地认识相对复杂的地理事物，掌握地理事物内部各组成要素之间的复杂关系，以及地理事物与周围环境之间的复杂关系具有重要意义。

11.2.3 还原与整体集成方法的原理、结构和过程

还原法和整体法的客观基础是地理信息的整体和部分的关系，只是在思维方向上二者有所不同，每一个地理事物或者地理过程都是具有多种属性的矛盾统一体，因而每一个地理事物或者地理过程的发展既是还原的过程也是综合的过程，是旧的矛盾统一体不断分裂、质变，新的矛盾统一体不断产生、转换和完善的过程。因此，单独使用还原法不能获取十足的地理信息，单独使用整体法同样无法得到一个"真实"的地理信息，只有将二者辩证统一，即还原和整体集成方法才能更为有效地认识地理事物和地理过程，获得地理信息。地理信息的还原和整体集成方法是同时吸收了还原法的优点和整体法的优点，又同时尽可能地摒弃二者的缺点。在给出还原与整体集成方法之前，首先看一下还原法和整体法的各自原理（图 11-2，

图11-3),还原与整体集成方法是在二者辩证统一的基础上形成的。

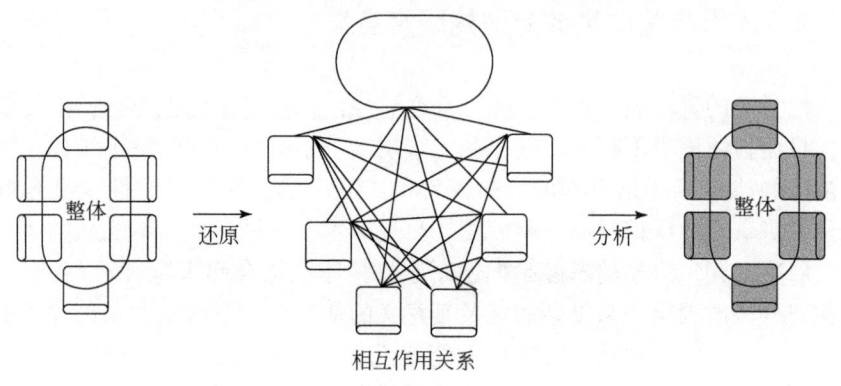

图11-2 还原方法基本原理

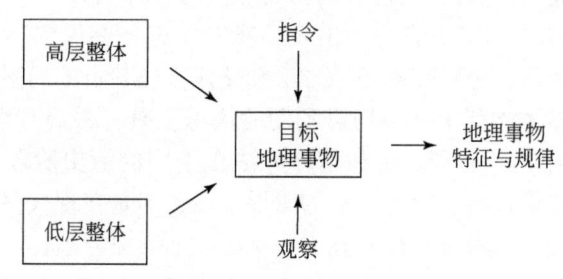

图11-3 整体方法基本原理

辩证唯物主义认为,地理现象和地理过程的产生和发展是由其内部矛盾决定的,在分析问题时,仅仅将其组成部分 ABC 进行机械分解,是远远不够的;只有把地理现象或者地理过程的内部矛盾分析清楚,才能真正掌握其内部的本质特征和变化规律。因此在地理信息获取的过程中,既要分析矛盾存在的普遍性,又要分析矛盾存在的特殊性;既要分析主要矛盾和次要矛盾,又要分析矛盾的主要方面和次要方面;还要分析矛盾的质和量,进而解决地理事物的本质,这就既需要还原方法,又需要整体方法,而且是二者辩证的统一。

还原方法是整体方法的基础,没有还原就无法实现整体,要达到正确的整体和综合,就必须首先分析研究地理现象和地理过程各部分各方面的本质以及各因素的特点,当还原达到一定程度后再进行整体分析。每当还原认识到一个新的层次时就会为整体认识提供新的解释,从而在新的还原基础上进行新的综合,最终从整体上把握地理信息的本质规律。

整体是还原的发展,没有整体同样没有还原。任何还原都要从某种整体性规律出发来进行,都离不开关于对象整体性认识成果的指导。离开了整体及其成果的指导，还原分析就会带来很大的盲目性和局限性，成为无源之水和无本之木。之所以这样，是整体并非简单地回复对地理事物整体的混沌认识，而是在还原及其成果的基础上揭示地理信息的本质和规律。

人们对地理信息的认识是从现象到本质，由初级到高级的不断深入过程，从现象到本质、从具体到抽象的飞跃要以还原法的运用为主。而在建立模型、创建理论体系的过程中则要以整体法的运用为主。当新的理论与原有的理论产生矛盾时，人们的认识又在新的层次上转入还原。人们就是沿着"还原—整体—再还原—再整体"的认识轨迹中不断前进的。为此，还原与整体集成方法的基本原理实质上就是在对地理事物认识的过程中，还原方法和整体方法贯穿始终，每一方法在分析过程中都伴随有另外一种方法，而且两种方法联合使用时应当掌握的恰到好处，即还原中渗透着整体，整体中渗透着还原，二者有机结合，集成方法的基本流程如图 11-4 所示。

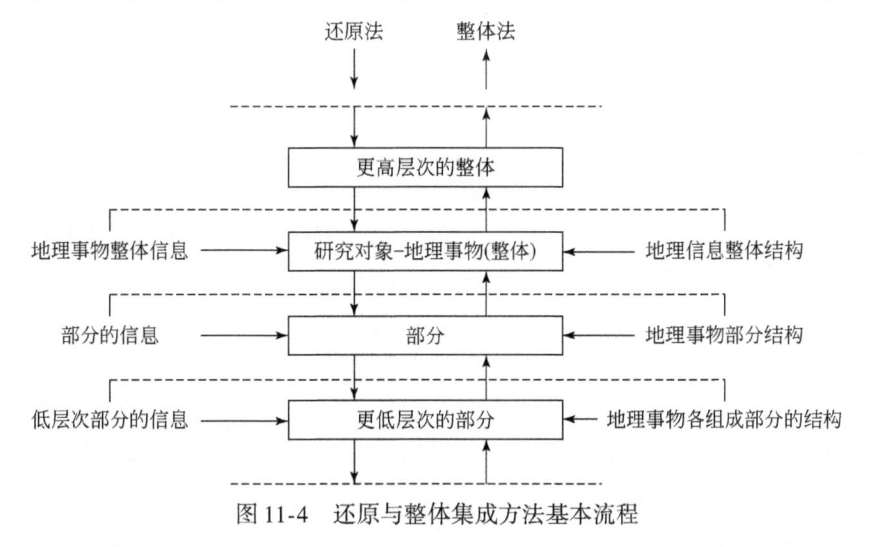

图 11-4　还原与整体集成方法基本流程

纵观人类认识和改造自然界的历史，受地理信息的尺度和人类认识世界的能力影响，认识过程也不尽相同，还原与整体集成方法在操作程序上也有所不同，最为明显的就是认识的第一步。

（1）大尺度的地理信息

大部分先从还原方法入手，逐步认识个体地理信息的基本特征，并逐渐整合部分整体地理信息，获取局部整体地理信息的基本特征和规律，最终认识地理信息的整体。例如，全球性的地理信息、全球气候变化、全球变暖等。

（2）中小尺度的地理信息

大部分先从整体方法开始，首先对地理信息的整体特征有个初步的掌握，但对其背后的产生原因并不清晰，此时需要利用还原法围绕地理信息的整体特征展开追溯研究，最终实现对地理信息整体与部分的全部认识。例如，某类植物的生长习性和外观特征等。

11.2.4 还原与整体集成方法的案例

为了说明还原与整体集成方法的使用原理，以全球自然地带性为案例，说明集成方法的操作原理和基本流程。全球范围的自然地理环境是一个整体，但其各个部分又存在着空间上的差异，影响空间分布的因素很多，有经纬度——决定接受太阳辐射多少；海陆分布——决定水分的分布多寡；海拔高度——决定水分和太阳辐射的分配，这些都影响着地表资源状况、土壤、水分、植被和动物等。人类在认识全球地带性之前，首先是采用还原与整体集成方法认识了纬度地带性、经度地带性和垂直地带性内部每一种地带的动植物分布特征，以及水分、土壤和环境特征，之后再从全球的角度，即更大整体的角度，结合气温、动植物分布、太阳能分布等，总结出全球各种地带性的总体规律，地带性属于自然地理系统层次结构中的大中尺度地域单位，水平地带性（包括经度地带性和纬度地带性）属于大尺度地域单位；垂直地带性属于中尺度地域单位。下面结合上述人类对三个地带性规律的认识过程说明还原与整体集成方法的使用（表11-1，图11-5，图11-6）。

表11-1　自然地带性及其主要特征

自然带名称	气候类型	典型土壤	典型植物
热带雨林	赤道多雨气候	暗红湿润铁铝土	热带雨林
热带季雨林	热带季风气候	简育湿润铁铝土	热带季雨林
热带草原	热带干湿季气候	铁质干润淋溶土	热带草原
热带荒漠	热带干旱气候	暖性干旱土	热带荒漠
亚热带常绿硬叶林	亚热带夏干气候	干旱淋溶土	亚热带常绿硬叶林
亚热带常绿阔叶林	亚热带湿润气候	湿润富铁土	亚热带常绿阔叶林
温带落叶阔叶林	温带季风气候	简育淋溶土	温带落叶阔叶林
温带草原	温带半干旱气候	钙积干润均腐土	温带草原
温带荒漠	温带干旱气候	正常干旱土	温带荒漠
寒带针叶林	寒带大陆性气候	正常灰土	寒带针叶林
极地苔原	极地苔原气候	暗沃寒冻潜育土	苔原
极地冰原	极地冰原气候	未发育	未发育

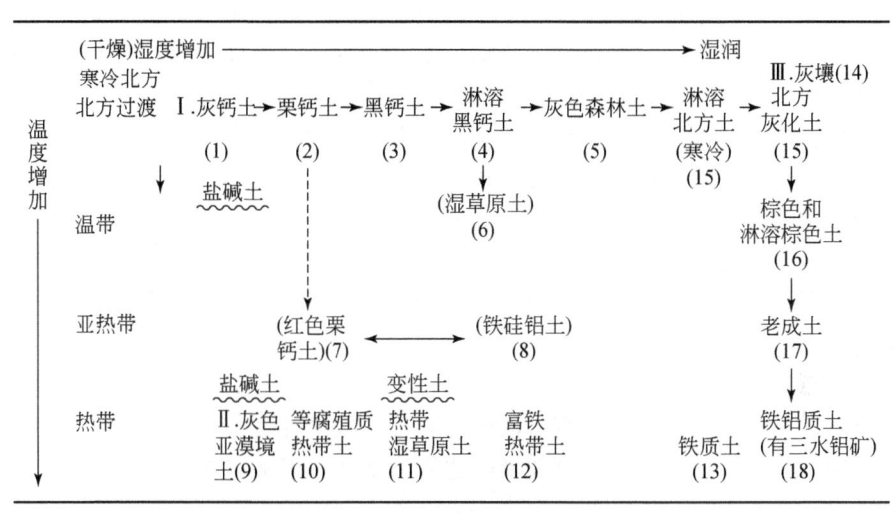

第 11 章 | 地理信息的综合集成方法

图 11-5 水平地带性土壤地带性规律

Ⅰ.寒冷气候序列,干燥性下降; Ⅱ.热带气候序列,干燥性下降;
Ⅲ.湿润气候序列,平均温度增加。～～～线指非地带性土壤

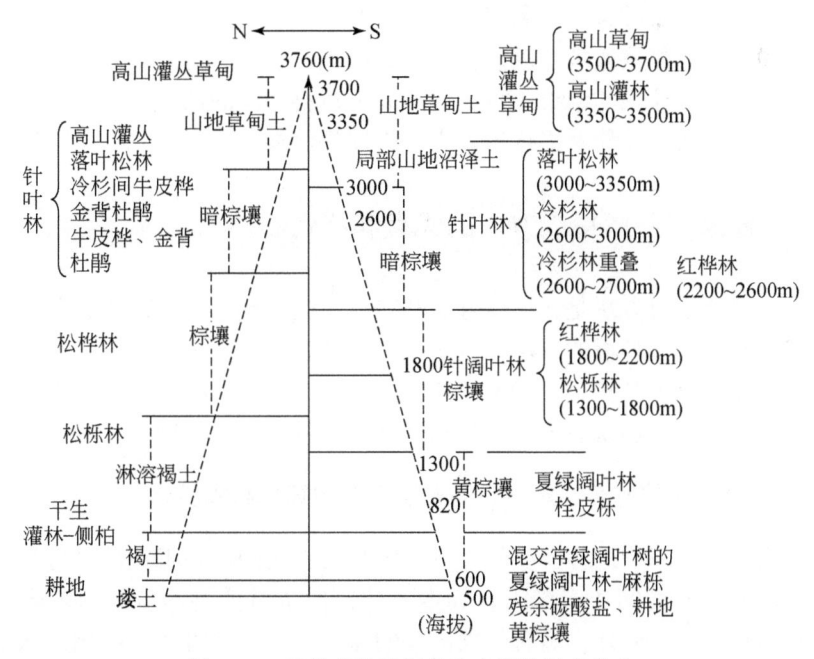

图 11-6 秦岭南北坡制备和土壤的垂直分布

人类在认识纬度地带性和经度地带性时，受限于认识和改造自然界能力，以及气候带尺度的影响，首先认识的是居住地周边的环境，即相对于全球自然带而言，从部分出发，对各种类型的自然带和气候带进行认识，而这期间也穿插着尺度更小的整体和还原集成分析与认识；随着对每一种自然带和气候带认知后，人类开始对各自然带的特征和规律性进行归纳和总结，最终实现对全球纬度地带性的认识。这个过程是无数的还原方法和整体方法组合作用的结果，也反映了人类对自然界的认识过程。

随着海拔高度的剧烈变化，垂直自然带就在垂直方向上依次出现有规律的发生更替的现象叫作自然带的垂直地带性规律。这些自然带自下而上的排列顺序、树木及分布高度统称为自然带的垂直带谱。在不同的海拔高度上，水热条件的组合状况不同，形成一系列的垂直气候带。与水平地带性类似，不同的垂直气候带内，土壤、生物等其他自然地理要素随之发生变化，形成一系列相应的、特征各异的垂直自然带。

认识垂直地带性的情况与水平地带性相类似，首先认识的是一定海拔高度内的地理现象和地理过程，即相对于整个垂直自然带而言，从部分出发，对各种类型的自然带和气候带进行认识，而这期间也穿插着尺度更小的整体和还原集成分析与认识；随着每一种自然带和气候带认知后，开始对各自然带的特征和规律性进行归纳和总结，最终实现对垂直地带性的认识。这个过程同样是无数的还原方法和整体方法组合作用的结果，也反映了人类对自然界的认识过程。只有通过还原和整体集成方法，才能够提炼出垂直地带性规律特征。

11.2.5　还原与整体集成方法的优点和不足

还原与整体集成方法是在还原方法和整体方法基础上发展而来，是为了更进一步认识和改造地理环境的方法，也是人类对客观世界认识的阶段特征表现，由于还原与整体集成方法兼顾了两种方法的优势之处，摒弃了两种方法的劣势之处，因此对于指导人类认识地理现象和地理过程具有重大作用。

1. 可以更加有效地实现对地理信息认识的精细化和本质化

还原法对地理事物进行必要的分割，固然可以达到对各组成部分进行单独分析研究，从而使人类的认识深入化和本质化，但也可能将认识的目的限制在片面、狭窄的领域中。此外，尽管根据研究的需要，在还原时必须把相互联系的有机统一整体暂时分离出来，以便站在相对静止的角度进行单独孤立的研究，然而，也容易使人们忽视地理事物内部各部分之间、不同事物之间的有机联系。整体法可以克服还原法的局限性，还原方法往往是人们在探索自然界过程中最先采用的方法，是为综合方法做准备的环节。因此还原与整体集成方法可以在地理学研究过程中，如对某一对象进行分析，若想到整体方法就不会使认识停留在还原阶段，就能克服还原方法容易导致的孤立和片面，通过整体联合动态而全面地把握客观事物的内在联系和本质规律。

2. 可以获取新的地理信息

整体方法通常以模糊的信息把握法来认识系统的功能，尽管有一定的宏观准确性，但因缺少微观精确性的保证，故常常主观性强、变异性大，难以深化对功能的认识；还原方法以局部精确分析见长，还原法着眼于研究地理事物的内部细节，这就有利于区分真相和假相、主要因素和次要因素，进而做到由表及里，深入探索地理事物内部各个组成部分的属性、特征、结构及其联系，认识地理事物的本质属性和规律。因此，整体法需要还原法提供微观精确性与自身的宏观准确性结合，完成对系统功能的全面认识；还原法则需要引入整体论的信息机制，帮助化解难以处置的复杂性问题，实现对系统功能的深入把握。在地理学研究过程中，还原与整体集成方法具备还原法和整体法的综合功效，当对某一地理现象或者地理过程某些方面的整体认识和微观认识积累到一定程度时，就能更加透彻地统观全局，通过整体材料、综合研究做出重大发现，建立地理学新的理论或者假说。

11.3 定性与定量集成方法

11.3.1 定性与定量集成方法的定义和内涵

定量研究一般是为了对特定研究对象的总体得出统计结果而进行的。定性研究具有探索性、诊断性和预测性等特点，它并不追求精确的结论，而只是了解问题之所在，摸清情况，得出感性认识。在人类认识地理事物的过程中，定性分析与定量分析应该是统一的、相互补充的，而不是孤立的、相对的。定性分析是定量分析的基本前提，没有定性的定量是一种盲目的、毫无价值的定量；定量分析使之定性更加科学、准确，它可以促使定性分析得出广泛而深入的结论，这也是定性与定量集成方法的基本内涵所在，在阐述定性与定量集成方法之前，首先分别给出定性方法和定量方法的基本定义与内涵。

定性方法是凭借分析者的直觉、经验，根据分析对象过去和现在的延续状况及最新的信息资料，对其性质、特点、发展变化规律做出判断的一种方法。相比较定量方法而言，定性方法虽然较为粗糙，但在数据资料不够充分或分析者数学基础较为薄弱时比较适用。该方法由访问、观察、案例研究等多种方法组成，目的在于描述、解释事物、事件、现象、人物并更好地理解所研究问题，常用的基础信息包括场地笔记、访谈记录、对话、照片、录音和备忘录等。其主要特征包括自然性、描述性、归纳性、整体性。

地理学中的定性方法应用广泛，甚至早期的地理学方法可以说是定性方法的天下，对于人类认识大自然，改造客观世界做出了巨大的贡献。使用定性方法进行认知世界和获取地理信息也比较符合人类认识客观世界的基本过程，早期主要是通过人的观察、经历和判断，来描述所见到的地理现象，并转换成想要的地理信息。常见的利用定性方法研究获取地理信息，如地形特点、水文特征、自然地理特征、气温特点等。例如，德国的地形特点可以定性地概括为：地势南高北低。南部为巴伐利亚高原和阿尔卑斯山地；中部为宽谷山地，北部为平原。

随着现代方法在地理学中的应用，我们可以看到定性分析方法本身也在发展。例如，受系统论、控制论、信息论等新科学思想的影响，对地理学中的自然综合体的认识、对地域经济综合体的认识都有新的提高。现代科学方法论给地理学理论思维带来的生机现在尚难以做出足够的估计。也使得人们获得了比以前更为精准、更为直观、更为多样的地理信息。

定量方法与定性方法的主要区别在于定量方法有数字或数据的基础去解释事物间的关联性或因果关系。完整的定量方法定义应该包括以下几个元素：①建立理论前提；②收集相关数据；③用统计模型测试自变量与因变量之间的相关性；④得出自变量与因变量是否相关，并进而推之其因果关系。由此我们看到，定量研究的本质是用统计模型测试自变量与因变量之间的相关性，从而验证理论假设或者前提是否正确、推论事物间因果关系的过程。它具有逼近性、精确性等特征。

由于方法论上的不同取向，导致了在实际应用中定量方法与定性方法明显的差别。这主要体现在如下几个方面：

1）研究者的角色定位。定量研究者力求客观，脱离资料分析。定性研究者则是资料分析的一部分。对后者而言，没有研究者的积极参与，资料就不存在。

2）研究设计。定量研究中的设计在研究开始前就已确定。定性研究中的计划则随着研究的进行而不断发展，并可加以调整和修改。

3）研究环境。定量研究运用实验方法，尽可能地控制变量。定性研究则在实地和自然环境中进行，力求了解事物在常态下的发展变化，并不控制外在变数。

4）测量工具。定量研究中，测量工具相对独立于研究者之外，事实上研究者不一定亲自从事资料筹集工作。而在定性研究中，研究者本身就是测量工具，任何人都代替不了他。

定性方法与定量方法尽管各有自己的研究步骤等，但它们两者不是对立的，而是互为联系和互为补充的。有些研究项目既运用定性方法又运用定量方法。有的定性方法的研究也有数据的佐证。而大多数定量研究中在提出理论假设、阐释事物间因果关系、揭示现象的规律性等过程中也离不开定性研究的理性思维。两种分析方法对数学知识的要求虽然有高有低，但并不能就此把定性分析与定量分析截然划分开来。现代定性分析方法同样要采用数学工具进行计算，而定量分析则必须建立在定性预测的基础上，二者相辅相成，定性是定量的依据，定量是定性的具体化，二者结合起来灵活运用才能取得最佳效果，这就需要对定性方法和定量方法进行集成，形成更为复杂的、有效地获取地理信息的手段。

因此说，定性与定量集成方法就是：首先要对系统的定性特征有个基本的认识，然后通过定量方法对基本认识进行论证，之后再进行定量分析检验，定量分析和定性分析往复进行，直至认识地理信息的本质特征和规律。当然，一个方面的特征经过研究，有了定量的积累，又会再上升到整个方面的定性认识，达到更高层次的认识，形成又一次认识的飞跃。从定性到定量综合集成法不是一门具体技术，而是一种研究问题的思想，是一种指导分析复杂巨系统问题的总体规划、分步实施的方法和策略。这种思想、方法和策略的实现要通过以下几种技术的综合运用，包括定性定量相结合、专家研讨、多媒体及虚拟现实、信息融合、模糊决策及定性推理技术和分布式交互网络环境等。这几种技术中的每一种只能从某个侧面解决复杂巨系统问题，而它们的综合运用是研究复杂巨系统问题的有效途径之一。

11.3.2　定性与定量集成方法的研究意义

任何系统都具有定性特性和定量特性两个方面：定性特性决定定量特征，定量特征表现定性特性。只有定性描述，对系统行为特征的把握难以深入进去。但定性描述是定量描述的基础，定性认识不正确，不论定量描述多么精确，都没有用，甚至会把认识引入歧途。定量描述是为定性描述服务的，借助定量描述使定性深刻化和精确化。定性方法和定量方法在人类认识地理事物，乃至客观世界过程中发挥了重要作用；虽然在早期认识地理事物，获取地理信息时，定性方法成为认识的主要手段，随着定量方法能够给出确定性结论，但是野外考察、地理调查等传统方法即使是在科学技术最发达的国家仍然还是地理学最基本的方法。这也说明，定性与定量集成方法的必要性和重要意义。

从定性到定量综合集成法能够充分发挥人的形象思维、创造性思维、善于把握整体的优势，充分发挥计算机运行速度快、处理数据精确、存储量巨大的优势，进而形成人-机结合的整体优势、综合优势与智能优势。随着现代科学技术的发展，我们不能期待用定量方法完全无误地正确认识复杂事物，也不可能完全使用定性方法去认识像城市系统、交通系统等复杂系统，因此使用定性与定量集成方法，是地理学，乃至研究复杂系统必须坚持不懈的技术路线。运用定性与定量集成方法既可以克服二者的缺点，消除认识的片面性；又可以充分吸收二者的优点，使认识主体更加全面、更加细致地认识客观世界，掌握深层次的地理事物和地理过程，获取更多的地理信息。

11.3.3 定性与定量集成方法的原理、结构和过程

任何地理信息都具有质量和数量两个方面，两种表现形态。因此，可以通过两条途径开展地理信息获取：一条是采用定量方法将心理现象按照一定的规则进行量化，通过数学描述和逻辑推理达到对心理现象的深刻认识，从而揭示其本质；另一条是采用定性方法达到对心理现象的深刻认识，从而揭示其本质。定量方法是强调用数学工具来分析的研究方法，其目的在于确定因果关系，并做出解释。而定性方法注重的是整体信息，倾向于用语言描述的方法进行解释、说明。诚然，这两种研究范式在哲学思想的取向、研究对象的选择、具体研究方法的选用以及研究结果的表现形式上，都自成一体，各有长短，但是二者的长短却是互补的。另外，定量研究还易受物质条件、社会伦理和其他社会因素的限制，而定性研究恰恰是这些定量研究弊端的克星。因此，定性研究为定量研究提供了理论框架，而定量研究又为进一步的定性研究创造条件。

虽然定性方法与定量方法各有自己的方法、研究步骤等，但它们两者不是对立的，而是互为联系和互为补充的。首先，两种方法具有共同的哲学成分。定性研究并不等同于一般意义上的思辨研究，它仍然是以对经验事实的操作为基础，而不是研究者的个人观点与感想，也就是说，定性研究与定量研究都一致强调研究中的经验成分。其次，两种方法可以互相提供帮助与支持。如进行定性研究前，通过对定量研究资料的分析可以为定性研究提供很大的帮助，而在进行定性分析时，定量研究的资料也具有较强的指导功能。再次，有些研究既运用定性方法又运用定量方法。有的定性方法的研究也有数据的左证。而大多数定量研究在提出理论假设、阐释事物间因果关系、揭示现象的规律性等过程中也离不开定性研究的理性思维。

定性与定量集成方法是把专家的定性知识（包括专家群体头脑中的知识）同模型（系统中的模型库、数据库和知识库）的定量描述有机地结合起来，充分利用定性定量模型和数据库等工具，实现定性变量和定量变量之间的相互转化，实现人–机的有机结合。对于复杂系统问题，需要对各种分析方法、工具、模型、信息、经验和知识进行综合集成，构造出适于问题的决策支持环境，以利于解决复杂问题。对于结构化很强的问题，主要用定量模型来分析；对于非结构化的问题，更多地是通过定性分析来解决；对于既有结构化特点，又有非结构化特点的问题，就要采取紧耦合式的定性与定量集成方法，这也是有效处理开放的复杂巨系统的方法。定性与定量集成方法的基本工作原理是：①通过定性综合集成提出经验性假设；②人–机结合进行定性定量相结合的综合集成；③获得定量描述；④通过从定性到定量的综合集成获得科学结论。

科学的定性与定量集成方法表明，首先要对地理事物和地理过程的定性特征有个基本的认识，然后才能正确地确定使用什么样的定量方法把它们表达出来。要建立正确的定量描述体系，关键之一是在获得正确的定性认识基础上如何选择基本变量，然后才能正确地认识。一个方面的问题经过研究，有了定量的积累，又会再上升到整个方面的定性认识，达到更高层次的认识，形成又一次认识的飞跃。在现代科学中，定性与定量集成方法结合信息体系、计算机体系以及跨学科专家体系，将各类信息、知识、经验、智慧、数据结合起来，将多方面的经验性的定性认识上升为定量认识。

11.3.4　定性与定量集成方法的案例

案例：黄河三角洲水盐时空动态与生态效应

研究成果来源于中国科学院地理科学与资源研究所，研究人员包括刘高焕、范晓梅、宋创业、关元秀、王红。研究中采用的定性方法：黄河三角洲地理环境、地形地貌等定性现场调查工作；还包括对水盐动态规律及生态效应研究技术路线座谈会、专家论证和现场观察法等；定量研究方法：利用 GIS 等分析方法对黄河三角洲地区近 5 年来地下水时空动态进行了模拟等。

黄河三角洲快速而独特的自然环境及生态系统演变一直是全球变化研究的热点，而作为黄河三角洲生态与环境演变的重要驱动因子——水盐动态（图 11-7）一直是地理学和生态学研究的难点。黄河三角洲水盐运动具有时空变异复杂性，短期调查或定性研究不足以说明其规律。为此，该研究组在现代黄河三角洲上布设了 18 个地下水定位观测井，从 2004 年起每 5 天获取一组观测数据。此外，积累了多年连续的区域多尺度格网土壤采样数据。在此基础上，综合应用遥感反演、GIS分析及模型模拟技术，从地下水-土壤-植被连续体出发，在点-面-区域多个尺度上探究黄河三角洲水盐动态规律及生态效应。

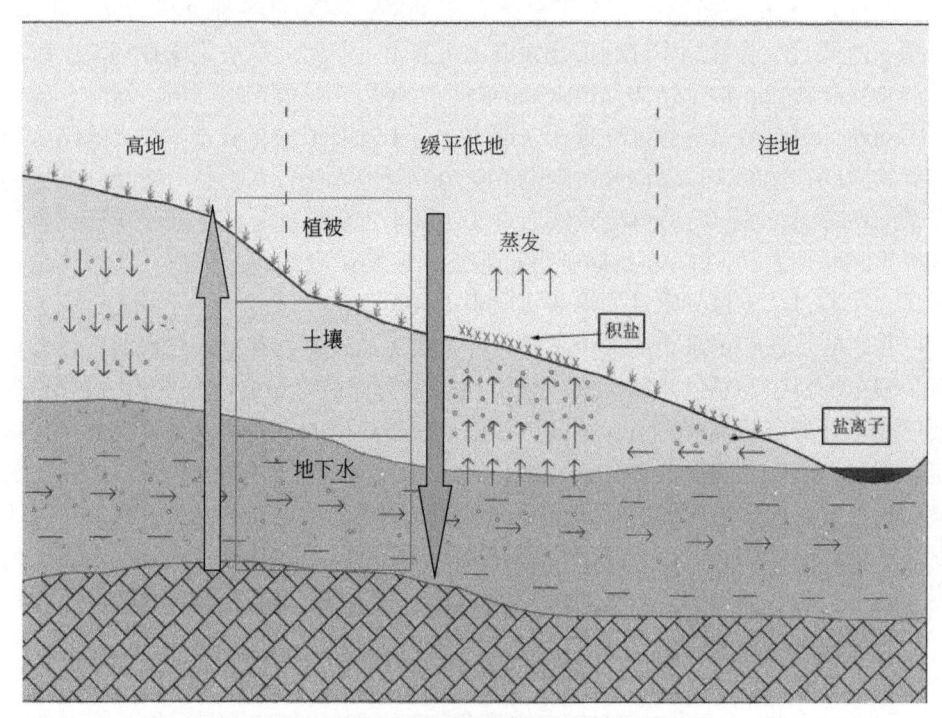

图 11-7　水盐时空动态与生态效应基本原理

（1）黄河三角洲土壤盐渍化遥感监测与预报

以多时相遥感影像数据为主要数据源，结合多次野外土壤、植被采样分析数据，基于遥感反演对黄河三角洲盐渍化现状及其发展演变模式进行分析评价；以地下水动态变化和区域水量平衡分析为突破口，结合水文、气象、水土资源利用方式的变化，揭示黄河三角洲盐碱地时空变化模式；建立基于成因的盐碱地预报模型，对未来盐碱地的发展趋势进行了分区预报。

（2）黄河三角洲地下水盐动态时空模拟

依托于18口地下水观测井对水位和电导率的长期观测结果，采用通用地下水流（溶质运移）模拟软件 Visual MODFLOW 和 MT3D 模块，对黄河三角洲地区近5年来地下水时空动态进行了模拟，揭示地下水水盐运动的变化规律（图11-8）。研究表明，黄河三角洲地区地下水位及含盐量季节性变化明显，近几年，沿海地区地下水位有所降低，海水入侵的程度和范围有进一步增加的趋势。

(a)水位　　　　　　　　　　　　　(b)盐分

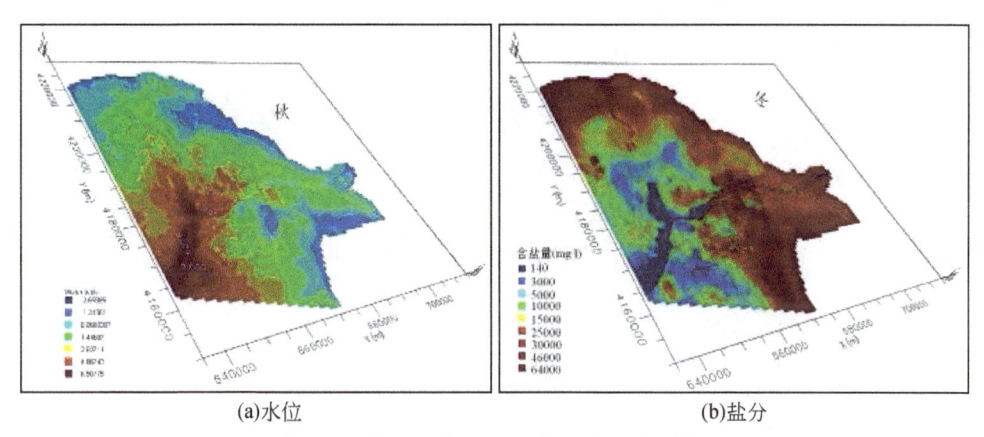

图 11-8　黄河三角洲地下水盐时空动态模拟

（3）黄河三角洲盐渍土时空动态演化研究

以多尺度采集的土壤采样分析数据、地下水定位观测数据为基本数据源，利用地统计和传统数理统计等方法，探索多尺度土壤盐分的空间分异结构，分析土壤盐分时空变化与周围环境因子的关系，揭示土壤水盐运动的变化规律（图 11-9）。

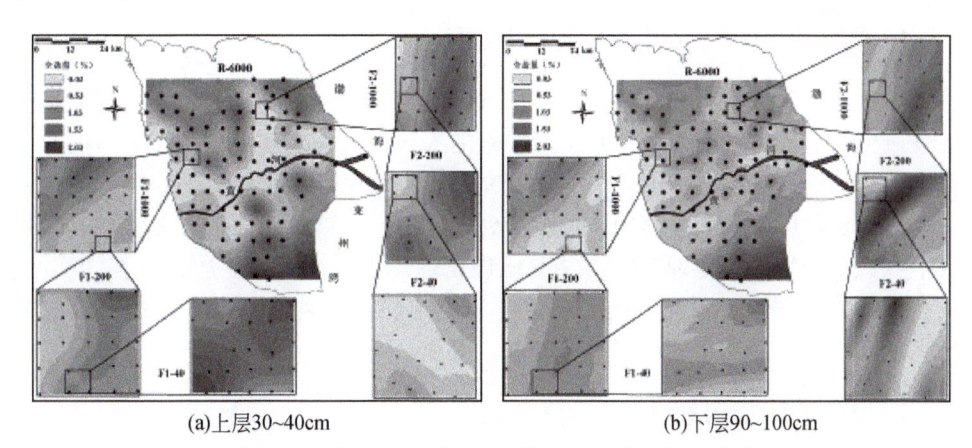

(a)上层30~40cm　　　　　　　　　(b)下层90~100cm

图 11-9　黄河三角洲不同采样尺度土壤盐分预测图

（4）黄河三角洲植被格局分析及动态模拟

以地下水、土壤水盐动态为驱动，结合高分辨率遥感影像获取的现势植被数据，采用广义加法模型，对黄河三角洲芦苇、柽柳和翅碱蓬三个主要群落类型建立了植被-环境分布模型，模拟三种主要群落在黄河三角洲的潜在分布区，探究地下

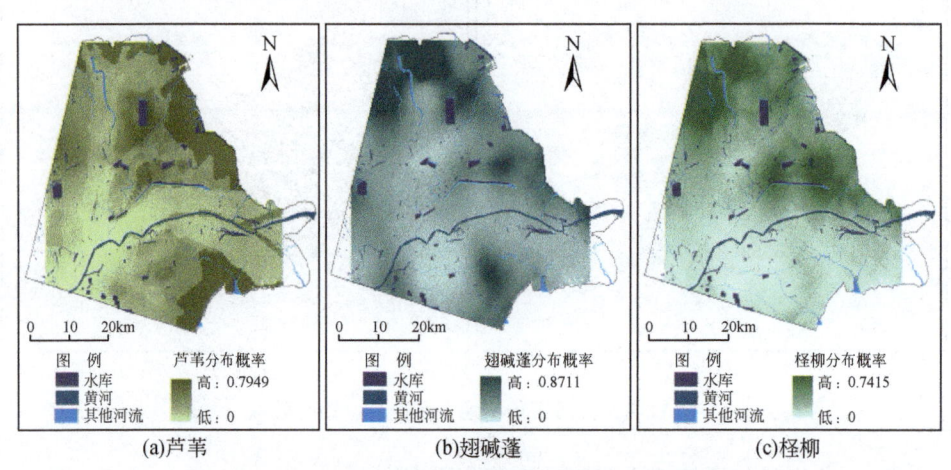

水–土壤–植被综合作用下的黄河三角洲脆弱生态系统结构与功能演化（图11-10）。

图 11-10　黄河三角洲典型植物群落潜在分布概率图

11.3.5　定性与定量集成方法的优点和不足

1. 更加透彻地认识地理事物和地理过程

通过上述的分析可知：定性方法的缺点是不精确，而且认识的主体都是人，很难避免对地理信息的认识带有主观因素的干扰，由于地理信息认识主体的个人背景以及和地理事物之间的关系，对研究过程和结果会产生较大的影响，有时对同一地理现象或者地理过程的认识会得到非常不同的结论。而定量方法则是利用数字、数学模型描述地理事物，获取地理信息，主观性小，更加符合客观实际，具有较强的严密性。因此，定性与定量集成方法可以克服二者各自的认识局限性，使人们对地理信息的认识更加透彻，更加贴近实际。

2. 避免研究过于抽象化

定性与定量集成方法能够消除地理信息获取的过度抽象化，这些过度抽象化主要表现在：一是影响认识主体因素的变量很多。但在现有的地理学研究水平上，有些影响因素是不能量化的，如认识主体掌握的知识等。因此，采用定量研究就要放弃一些尽管在客观现实中存在的，但却不易量化的事实，这样研究结果常常沉湎于一个狭小的领域，不能从整体上把握。二是定量研究赋予研究对象一种纯粹形式化的符号来反映地理信息的特征，是将复杂的地理现象简单地数量化。三是实证主义方法不是万能的，它不适合研究人的地理信息的社会性。四是统计数字有时并不可靠。因为它经过了人们的加工制作，而为了不同的目的，认识主体在制作时可能将其夸大或缩小。五是不同于一般的数学方法。数学方法研究的是抽象的数量、空间形式关系及结构，但是地理信息不全部都是自然地理现象，还有人文地理现象和地理过程，这就需要认识主体必须把它们与质以及与具体的时间、地点、条件等联系起来。

11.4 归纳与演绎集成方法

11.4.1 归纳与演绎集成方法的定义和内涵

归纳和演绎是人类认识最早、运用最为广泛的思维方法。它所涉及的是个别与一般的关系，是事物和概念之间的外部关系。归纳和演绎方法是人类认识"由个别到一般，又由一般到个别"相匹配的科学方法，也是在对经验数据进行整理的基础上形成的在理论知识中使用最多的推理方法和思维形式，归纳与演绎也是辩证思维的基本方法。

归纳法或称归纳推理（inductive reasoning），是在认识事物过程中所使用的思维方法。有时叫作归纳逻辑，是指人们以一系列经验事物或知识素材为依据，寻找出其服从的基本规律或共同规律，并假设同类事物中的其他事物也服从这些规律，从而将这些规律作为预测同类事物中的其他事物的基本原理的一种认知方法。归纳法的优点是能体现众多事物的根本规律，且能体现事物的共性。缺点是容易犯不完全归纳的毛病。归纳法就是从部分导向整体，从特定事例导向一般事例的过程，它以经验和实证作为基础，并从基础中得出结论。归纳方法基本上是总结经验科学的研究方法而提出来的。在科学和逻辑发展史上，简单枚举归纳法和完全归纳法提出的最早。在古代已有对它们的阐述和应用。其他归纳方法是后来陆续提出来的。

演绎法是从一般到特殊，优点是由定义根本规律等出发一步步递推，逻辑严密结论可靠，且能体现事物的特性。演绎，是以一般概念、原则为前提推导出个别结论的思维方法，即依据某类事物都具有的一般属性、关系来推断该类事物中个别事物所具有的属性、关系的推理方法。普遍性的原则是关于某一类事物的共同属性或某种必然性的知识，如果掌握了这种知识，就可以将它推广到这类事物的任何个别事物，从而引出个别结论。例如，水果都含维生素，梨是水果，所以梨含维生素。演绎推理是一种必然推理，凡大前提正确，小前提无误，推理符合逻辑，结论一般正确。

演绎法是认识"隐性"知识的方法。演绎推理有三段论、假言推理和选言推理等形式。演绎法共有四种主要类型：公理演绎法、假说演绎法、定律演绎法和理论演绎法。其主要特征是：一是其前提的一般性知识和结论的个别性知识之间具有必然的联系，结论蕴含在前提中，没超出前提知识范围。二是结论是否正确，既取决于作为出发点的一般性知识是否正确反映客观事物的本质，又取决于前提和结论之间是否正确地反映事物之间的联系。如果前提是经过实践检验的正确反映事物本质的普遍原理或公理，演绎过程中又遵循了逻辑规则，那得出的结论可靠。三是演绎法的思维运动方向是由一般到个别，由抽象到具体，即演绎的前提是一般性知识，是抽象性的，而它的结论却是个别性知识，是具体的。

归纳法和演绎法在应用上并不矛盾，有些问题可采用前者，有些则采用后者。而更多的情况，将两者结合应用，则能收到更好的效果。首先，演绎推理的一般性知识（大前提）来自于归纳推理概括和总结，归纳与演绎相互联系，互为条件。其次，归纳推理也离不开演绎推理。归纳过程的分析、综合过程所利用的工具（概念、范畴）是归纳过程本身所不能解决和提供的，这只有借助于理论思维，依靠人们先前积累的一般性理论知识的指导，而这本身就是一种演绎活动。最后，归纳与演绎二者可以互相补充，互相渗透，在一定条件下可以相互转化。演绎是从一般到个别的思维方法；归纳则是对个别事务、现象进行观察研究，而概括出一般性的知识。作为演绎的一般性知识来源于经验，来源于归纳的结果，归纳则必须有演绎的补充研究。

11.4.2 归纳与演绎集成方法的研究意义

归纳和演绎相互补充、相互转化。这是由于在思维运动中，二者虽然都有重要作用，但各自也都存在一定的局限性：归纳法只是对现存的有限的经验材料进行概括，因而不仅不能保证归纳结论的普适性，而且难以区分事物的本质属性与非本质属性，这就使得归纳推理的结论可能为真，也可能为假。演绎法从一般原则出发思考问题，但它无法保证自己的前提即由此出发的一般原则本身是否正确无误。因此，归纳与演绎必须在相互转化过程中，弥补各自的缺陷。归纳之后，需要通过演绎将归纳所得的一般结论推广到未知的事实上，并用这些事实来检验一般结论的正确与否；演绎之后，又要将演绎所得的个别结论与事实相比较，并通过新的归纳来检验、修正、充实原有的演绎前提。归纳和演绎只有在如此周而复始的相互转化过程中，才能弥补各自的缺陷，充分发挥其在探索真理过程中的方法论作用。

实现归纳和演绎的集成对于认识地理事物和地理过程具有重要的意义,由于没有割裂两种方法,而是集成两种方法,所以对地理信息的认识将更为客观、更为可靠。归纳与演绎方法研究的重要意义具体体现在:通过对假说的论证,形成公理,并在公理的指导下,演绎出新的结论。首先可以从大量的经验材料中发现反映客体普遍特征的地理学规律;其次,能够从个别事物中,提炼并论证假说,而且大部分的假说都是符合客观世界的,从而推动地理学发展;再次,能够有效提高地理学科学预见的精度。

11.4.3 归纳与演绎集成方法的原理、结构和过程

归纳和演绎反映了人们认识事物两条方向相反的思维途径,前者是从个别到一般的思维运动,后者是从一般到个别的思维运动。归纳和演绎是形式逻辑和辩证逻辑共有的思维方法,是辩证思维的起点。所不同的是,形式逻辑把归纳和演绎看作是各自独立、相互平行的两种逻辑的证明工具和推理规则,割裂了归纳和演绎的辩证关系,并且,形式逻辑抛开事物的具体内容和矛盾,只注重归纳和演绎的形式,因而总是从不变的前提出发,按照固定的线路,推出僵硬的结论。与形式逻辑相反,辩证逻辑强调归纳和演绎是既相互区别,又相互联系的两种思维方法,是概念、理论形成过程不可分割的两个侧面。

根据此,当所研究的地理现象既具有推理的需求,又具有归纳总结的需求,就需要采用归纳与演绎集成方法,这也是有效处理开放的复杂巨系统的方法。归纳与演绎集成方法的基本工作原理是:①根据公理,结合地理信息特性,提出新的假说;②证明假说和理论;③确定假说的支持度;④理论择优;⑤对事件未来情况进行预测;⑥各种应用。

11.4.4 归纳与演绎集成方法的案例

案例:耕地动态变化对区域生产潜力的影响评估

研究成果来源于中国科学院地理科学与资源研究所,研究人员包括杨小唤、程传周、江东等。研究中采用的归纳方法:粮食安全问题一直是国家关注的头等大事,而耕地资源与粮食生产能力是保障粮食安全的基础;研究中采用的演绎方法:利用地理信息空间技术,开展减少的耕地与新增的耕地自然背景条件的差异及其对区域粮食生产潜力的影响论证。

我国人多地少,粮食安全问题一直是国家关注的头等大事,而耕地资源与粮

食生产能力是保障粮食安全的基础。随着人口增加、经济发展和环境保护的深入，耕地的开垦、占用和退耕的现象不可避免，因此也导致现有耕地质量、产粮能力的变化。该研究组在中国科学院知识创新工程重大项目的支持下，开展了耕地变化与区域生产潜力的研究，旨在探明减少的耕地与新增的耕地自然背景条件的差异及其对区域粮食生产潜力的影响，为国家相关决策提供科学依据。

1. 耕地动态变化区提取

基于中国 1∶10 万土地利用数据库，从中提取出耕地分布，再转化为 1km×1km 的空间栅格数据，最后得到耕地增加区和耕地减少区分布情况。2000~2008 年耕地增加区主要分布在西北和东北地区，耕地减少区主要分布在黄淮海地区和东南沿海地区（图 11-11）。

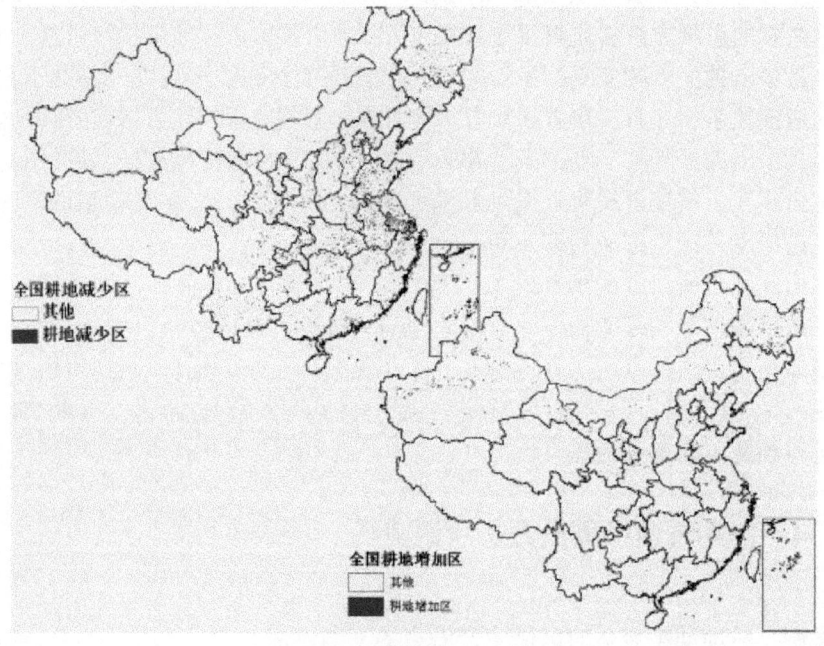

图 11-11 耕地变化区分布图

2. 气象条件分析

基于国家气象局 700 多个气象站点观测的每日气温、降水、日照时数等数据，通过空间插值获得全国 1km×1km 网格的气象空间数据，再与耕地动态变化数据进行融合分析，提取耕地变化区气象条件差异信息（图 11-12）。研究发现，与耕地减少区相比，耕地增加区的日照时数较高，年降水量较低，积温较低，年均温较低。

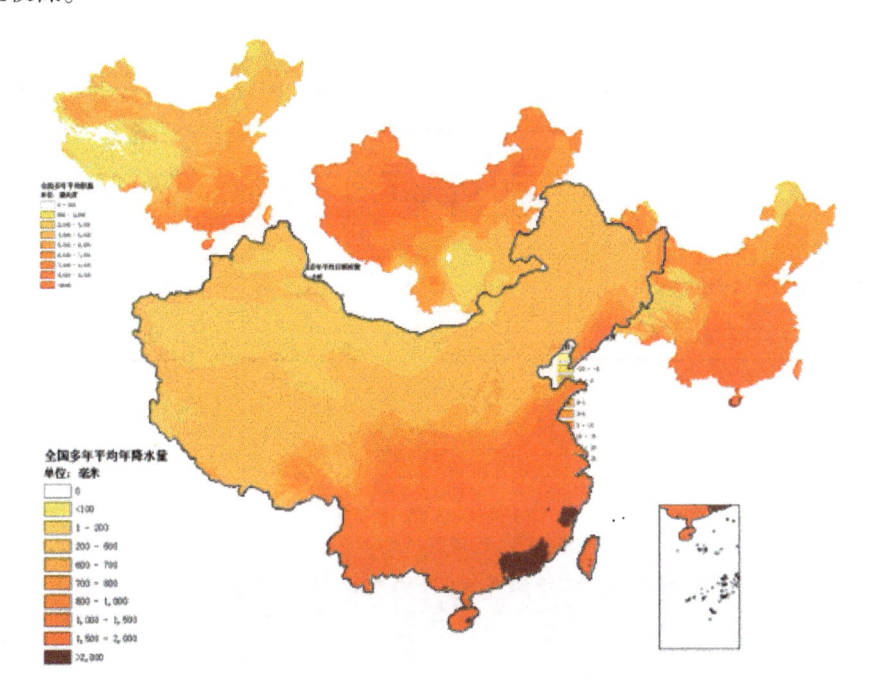

图 11-12　气象条件分布图

3. 生产潜力空间分布格局

以气温、降水、辐射等气象数据为基础，结合卫星遥感技术，获取全国 1km 尺度的光合生产潜力和光温生产潜力，结合耕地数据，获得耕地分布区上的生产潜力。我国光合生产潜力、光温生产潜力空间分布具有显著的经度地带性和纬度地带性。25 000 kg/hm^2 的光温生产潜力等值线基本对应秦岭—淮河分界线。

4. 耕地动态变化导致的区域生产潜力产量变化分析

以生产潜力数据为基础，再利用空间叠加、区域统计等 GIS 空间分析方法，从耕地数量和耕地质量两方面分析耕地动态变化对区域生产潜力的影响。2000～2008 年我国光温生产潜力产量总体呈减少趋势，建设用地占用耕地是其减少的主要原因；耕地增加区与减少区光温生产潜力单产不对等：耕地减少区光温生产潜力单产总体上约为增加区的 1.6 倍，即减少的耕地质量优于增加的耕地质量

（表11-2）；因耕地增减导致的光温生产潜力区域变化：增加的区域主要是新疆、黑龙江、吉林、青海等干旱和半干旱地区，减少较多的区域为江苏、广东、浙江、山东等经济发达地区（图11-13）。

表11-2　2000~2008年我国耕地动态变化导致的生产潜力产量变化统计表（不含港、澳、台）

指标	增加区		减少区		总计
	生态用地开垦	建设用地转入	生态退耕	建设占用	
耕地面积变化/hm²	211.74	0.43	175.46	207.18	−170.47
光温生产潜力产值变化/万t	2677.57	7.48	3080.62	4543.79	−4939.36
光温生产潜力单产/(t/hm²)	12.65	17.40	17.56	21.93	17.33

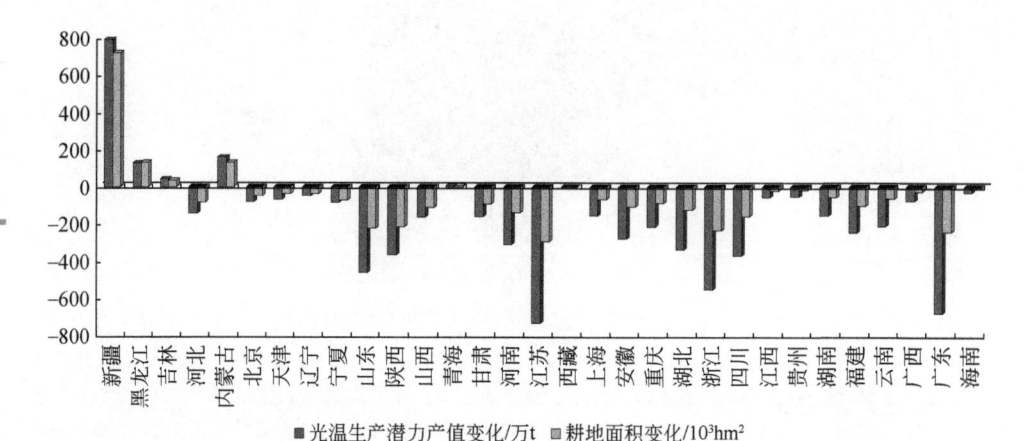

图11-13　2000~2008年我国耕地动态变化与生产潜力产量变化对比图

11.4.5　归纳与演绎集成方法的优点和不足

1. 为技术发展提供更为准确的假说

我们知道归纳法能够提供认识地理信息的假说，但由于没有演绎方法进行论证，往往降低了假说的正确性，但是归纳与演绎集成方法则克服了上述缺点，使绝大部分的假说成为理论，如简单枚举归纳法、类比和消除归纳法在科学发现和技术发明方面都起着重要的作用；光的波动说的提出和飞机的发明过程中，类比法都起了不可缺少的作用。

2. 能够实现逻辑更为缜密的证明

演绎法是逻辑证明的重要工具。由于演绎是一种必然性的思维运动过程，在思维运动合乎逻辑的条件下，结论取决于前提。所以只要选取确实可靠的命题为前提，就可有力地证明或反驳某命题。配合完全归纳法和数学归纳法，则以概率和统计方法为工具的量的归纳法，对确定假说的支持度或置信度起着决定的作用。

3. 为科学研究提供了重要的思维方法

归纳法和演绎法是进行科学研究的重要思维方法，二者集成方法克服了各自的缺点，继承了各自的优点，为科学研究提供了重要的思维方法，具体地说，它是形成概念、检验和发展科学理论的重要思维方法。

11.5 逻辑思维与非逻辑思维集成方法

11.5.1 逻辑思维与非逻辑思维集成方法的定义和内涵

逻辑思维是人们在认识过程中借助于概念、判断、推理反映现实的过程。它与形象思维不同，是用科学的抽象概念、范畴揭示事物的本质，表达认识现实的结果，它讲究循序渐进，注重知识积累，稳扎稳打，其核心是分析、认识问题的规律性。逻辑思维是一种确定的，而不是模棱两可的；前后一贯的，而不是自相矛盾的；有条理、有根据的思维；在逻辑思维中，要用到概念、判断、推理等思维形式和比较、分析、综合、抽象、概括等方法，而掌握和运用这些思维形式和方法的程度，也就是逻辑思维的能力。逻辑思维包括两种类型：形式逻辑思维和辩证逻辑思维。

逻辑思维是分析性的，按部就班。做逻辑思维时，每一步必须准确无误，否则无法得出正确的结论。它是人脑的一种理性活动，思维主体把感性认识阶段获得的对于事物认识的信息材料抽象成概念，运用概念进行判断，并按一定逻辑关系进行推理，从而产生新的认识。逻辑思维具有规范、严密、确定和可重复的特点。

逻辑思维的主要方法有分析与综合、分类与比较、归纳与演绎以及抽象与概括。分类与比较是根据事物的共同性与差异性就可以把事物分类，具有相同属性的事物归入一类。具有不同属性的事物归入不同的类。比较就是比较两个或两类事物的共同点和差异点。通过比较就能更好地认识事物的本质。分类是比较的后继过程，重要的是分类标准的选择，选择的好还可导致重要规律的发现。抽象与概括方法中，抽象就是运用思维的力量，从对象中抽取它本质的属性，抛开其他非本质的东西。概括是在思维中从单独对象的属性推广到这一类事物的全体的思维方法。抽象与概括和分析与综合一样，也是相互联系不可分割的。

非逻辑思维方法是既遵循逻辑又不遵循逻辑的一种思维方法，是思维逻辑（思维规律）没能被形式化、规范化的一种思维方法，包括形象思维法、直觉思维法、灵感思维法、发散思维法、聚合思维法等思维方法。非逻辑思维具有顽皮和奇特的特性，它挑战权威，蔑视经验，其表现的核心特点是认识、分析问题的无序性，主要包括发散思维法、聚合思维法、想象思维法、直觉思维法、灵感思维法、横向思维法等思维方法。非逻辑思维方法的发展也是伴随着自然科学的发展，与逻辑思维方法一同发展起来的。在自然科学发展的最初，许多问题的提出，方法的总结正是人们用简单的直接的方式去解决的。

逻辑思维与非逻辑思维的根本区别在于认识问题或解决问题的思路有无规律性。具体表现在逻辑思维的结论是确定的、科学的，思维过程是严密的，认识思路是有确定方向的；而非逻辑思维的结论是多样的，过程是跳跃的，思路是无序的。但二者又密切相关，逻辑思维是正确认识事物的基础和保证，非逻辑思维是认识事物的起点和催化剂。

人类思维是逻辑与非逻辑的统一体，我们无法割裂这两种思维方法。自然科学的进步与发展中，逻辑思维方法与非逻辑思维方法总是共同作用的。人们总是凭借知觉，从一些稍纵即逝的现象中找到灵感，进而采取一系列的判断、推理、分析、总结，进而发现事物的本质。因此，在思维活动和实际生活、工作之中我们要结合逻辑与非逻辑思维。问题的提出靠直觉、灵感，问题的解决要靠分析、推理，我们不仅要用科学思维方法去理解问题，解决问题，更要用"科学的思维方法"来确保我们研究问题的客观性、真实性，防止谬误的产生。

逻辑思维与非逻辑思维虽然是两种根本不同的思维方式，但两者又密切相关，任何一个问题圆满的解决既需要非逻辑思维的启发，它是解决问题的起点和催化剂，同时也离不开逻辑思维的严密推导和科学论证，它是解决问题的基础和保证，这就是逻辑思维与非逻辑思维集成方法的实施基础。逻辑思维与非逻辑思维集成方法是遵循"扩散—集中—再扩散—再集中"，即"非逻辑—逻辑—再非逻辑—再逻辑"这样一种过程进行的。事实上，在分析地理事物和地理过程中，既离不开逻辑思维，也离不开非逻辑思维，要实现二者的辩证统一，即运用逻辑思维与非逻辑思维集成方法。

　　逻辑思维与非逻辑思维集成方法的集中体现是创造性思维，创造性思维是以新颖的思路或独特的方式来阐明问题的一种思维类型，也是对富有创造力、能导致创造性成果的各种思维形式的总称。创造性思维是人思维的高级形式，通过这种思维，人们可以在现有的科学认知基础上，创造出新成果，形成新的认知结构，并使认识达到一个新的水平，从而实现探索未知、创造新知。创造性思维就是在客观需要的推动下，以新获得的信息和已储存的知识为基础，综合地运用各种思维形态或思维方式，克服思维定势，经过对各种信息知识的匹配、组合，或者从中选出解决问题的最优方案，或者系统地加以综合，或者借助于类比、直觉、灵感等创造创新方法、新概念、新形象、新观点，从而使知识或实践取得突破性进展的思维活动。

　　创造性思维既是人类抽象思维（逻辑思维）活动的核心和最高形式，也是非逻辑的创造性形象思维和直觉、灵感、顿悟思维，而更多情况下是这些思维形式的整合。创造性思维综合了各种思维形式、思维方法、思维因素的共同特点，正在成为人类认识尤其是自然科学认识的基本思维形式。创造性思维并不排斥逻辑思维，而是要以逻辑思维作为自己的前提。创造性的思维成果，并不是大脑自生之物；创造性思维又不满足于逻辑思维，恰好相反，它在进行逻辑思维时，经常要以非逻辑思维来作自己的补充。

11.5.2　逻辑思维与非逻辑思维集成方法的研究意义

　　从以上的基本定义中我们可以看出逻辑思维与非逻辑思维集成方法的定位标准，创新思维就是二者集成方法的集中体现。创新思维并不仅仅是超越传统，而且包括传统并扬弃传统于自身，所以创新并不是对传统的简单否定和彻底拒绝，而是在逻辑上具有一贯性的。创造思维不仅能揭示地理事物的本质及内在联系，而且能在此基础上产生新颖的、具有社会价值的、前所未有的思维成果。

　　当今社会是知识经济主宰的时代，知识经济的前提就是知识创新，而知识创新的基础是创造性思维。创造性是人类认识地理事物，获取地理信息本质及其规律的关键所在，科学理论的发展也离不开创造性思维。一方面，创新有利于人们掌握、控制甚至加快创新思维进行的过程，创造有利因素和建立创新理论与方法，促进创新的实现，缩短创新的时间，从而加快生产效率。另一方面，通过对逻辑思维的进一步定位，也促进逻辑学在现实应用中的发展，不断挖掘逻辑学的使用价值，使逻辑学在社会生活中体现出自己更多的价值。从 20 世纪末开始，人们的视野已经较多地聚焦于创造性问题的研究，这已成为迫切需要重视和加大力度的社会课题。因而，研究创造性思维及创造力的培养，对于转变人的思维方式，培养人的创造性思维能力和创造条件调动主体创造积极性，提高自主创新能力，都具有重要的理论价值和现实意义。

11.5.3 逻辑思维与非逻辑思维集成方法的原理、结构和过程

1. 创造性思维的主要方法

（1）想象

创造性想象是认识主体积极主动地根据某种特殊需要对记忆表象进行改造、加工和重新组合的认识心理过程。它同感知觉、表象、记忆一样，是一种对客观地理事物的具体认知形式，具有认知的间接性、形象概括性及解题功能。创造性想象是一种创造性的综合，是把经过改造的各个成分纳入新的联系而建立起来的一个完整形象。创造性想象是从事创造性活动的一个重要工具，也是创造性研究的热点问题。

创造性想象的主要特点是它的形象概括性，其中的记忆表象不仅包括如艺术想象中所说的反映某种具体形象事物的记忆映象，而且也包括具有一定程度概括性的记忆符号或记号。正因为如此，创造性想象不仅是自由度很大的思维活动形式，而且是在意识自觉引导下实现的积极主动的思维能力。想象活动中的意象性特点，以及意象本身就蕴含着一般的模式，决定了每一种想象都包含解决问题的一种可能途径，想象能力越强，寻求解决问题途径可能性空间的能力就越强。

（2）直觉

直觉是人们对某一问题长时间的有意识思考后，思维由量的积累所引发的质的飞跃，是人们在头脑长时间的有意识思考后松弛下来时产生的下意识信息。直觉思维的特点充满了不确定性，直觉是没有前提，没有过程，只有结果的思维形式；直觉是不遵守固有的逻辑思维约束的一种思维方式。直觉思维的成果需要逻辑的加工和整理。由非理性因素提出的创造性构想的结果并不一定正确，它必须接受理性检验。

（3）灵感

灵感的思维闪现来自于顿悟，它是人们创造活动中出现的一种复杂的心理现象，灵感以已有的经验和知识为基础，在意识高度集中之后产生的一种极为活跃的精神状态，它是人们思维的突发性飞跃和敏锐的顿悟。灵感不同于其他思维方

式，它具有自身的特点。灵感以闪现方式产生，具有突发性和偶然性，应该是一种独创性的见解、设想、思路，能突破传统的思维框架，具有新颖性和创造性。灵感不是凭空产生的，灵感的产生是长期知识积累的结果。

2. 创造性思维的基本过程

创造性思维作为人脑机能的产物，既是自然界长期演化的结果，又是集体智慧的结晶。作为一个综合性的理论思维，创造性思维又是思维心理、思维形式和思维环境系统综合的结果，创造性思维是一个复杂的过程，沃拉斯"创新思维四阶段运行机制"较为流行，即将其分为准备阶段、酝酿阶段、豁朗阶段和验证阶段四个阶段。

第一是准备阶段：熟悉所要解决的问题，了解问题的特点。创造主体已明确所要解决的问题，然后围绕这个问题，收集资料信息，并试图使之概括化和系统化，形成自己的知识，了解问题的性质，澄清疑难的关键等，同时开始尝试和寻找初步的解决方法，但往往这些方法行不通，问题的解决出现了僵持状态。为此要围绕问题搜集并分析有关资料，并在此基础上逐步明确解决问题的思路。

第二是酝酿阶段：创造性活动所面临的必定是前人未能解决的问题，尝试运用传统方法或已有经验必定难以奏效，只好把欲解决的问题先暂时搁置。表面上看，认知主体不再有意识地去思考问题而转向其他方面，实际上是用右脑在继续进行潜意识的思考。这是解决问题的酝酿阶段，也叫潜意识加工阶段。这段时间可能较短，也可能延续多年。

第三是豁朗阶段：经过较长时间的孕育后，认知主体对所要解决问题的症结由模糊而逐渐清晰，于是在某个偶然因素或某一事件的触发下豁然开朗，立刻找到了问题的解决方案。由于这种解决往往突如其来，所以一般称之为灵感或顿悟。事实上，灵感或顿悟并非一时心血来潮，偶然所得，而是前两个阶段中认真准备和长期孕育的结果。

第四是验证阶段：由灵感或顿悟所得到的解决方案也可能有错误，或者不一定切实可行，所以还需通过逻辑分析和论证以检验其正确性与可行性。这是个体对整个创造过程的反思，检验解决方法是否正确的验证期。在这个阶段，把抽象的新观念落实在具体操作的层次，提出的解决方法必须详细地、具体地叙述出来并加以运用的验证。如果试验并检验是好的，问题便解决了。如果提出的方法失败了，则上述过程必须全部或部分重新进行。

"四阶段模型"的最大特点是显意识思维（准备和验证阶段）和潜意识思维（酝酿和豁朗阶段）的综合运用，而不是片面强调某一种思维，这是创造性思维赖以发生的关键所在，也是该模型至今仍有较大影响的根本原因。该模型的第一和第四阶段主要涉及逻辑思维（显意识思维）过程，第二和第三阶段则涉及直觉及顿悟思维（潜意识思维），并且这四个阶段之间相互联系、相互作用，所以其本质是属于创造性思维过程。

11.5.4 逻辑思维与非逻辑思维集成方法的案例

案例：高精度曲面建模方法

研究成果来源于中国科学院地理科学与资源研究所，研究人员包括岳天祥、杜正平、王世海等。该研究创新性地提出了高精度曲面建模方法，解决了曲面建模的误差问题和多尺度问题。

高精度曲面建模方法（HASM），是为了从理论上解决自20世纪60年代后期以来困扰曲面建模的误差问题和多尺度问题，基于曲面论基本定理对地球表层系统进行模拟的高精度高速度方法。

高精度曲面建模方法的建立，解决了反距离加权模型忽视空间结构信息和领域以外信息联系、三角网模型丢弃非线性信息和空间结构信息、克里金模型丢弃非线性信息和非随机规律、样条插值模型仅适用于很有限的一部分特殊曲面模拟等理论缺陷，从理论上解决了经典模型的误差问题和多尺度问题。

数值实验结果表明：HASM可消除边界振荡的影响，解决了GIS的误差传播问题；HASM彻底解决了通常数值模拟中的峰值削平现象；数据分辨率几乎不影响HASM的模拟精度，解决了多分辨率数据融合问题；采样间距几乎不影响HASM的模拟精度，模拟精度依赖于空间样点的代表性，HASM为高效、经济的空间采样提供了理论依据，为运用有限空间采样点获得高精度模拟结果提供了方法基础。HASM正在被运用于融合遥感数据和地面数据的地球表层系统或地球表层环境要素变化趋势和未来情景的模拟与分析。

经过十几年的发展，HASM方法已经成功发展了高精度曲面建模的共轭梯度法（HASM-PCG）（图11-14）、高精度曲面建模的多重网格法（HASM-MG）（图11-15）、高精度曲面建模的自适应法（HASM-AM）（图11-16）和高精度曲面建模的平差计算法（HASM-AC）（图11-17）。

第 11 章 | 地理信息的综合集成方法

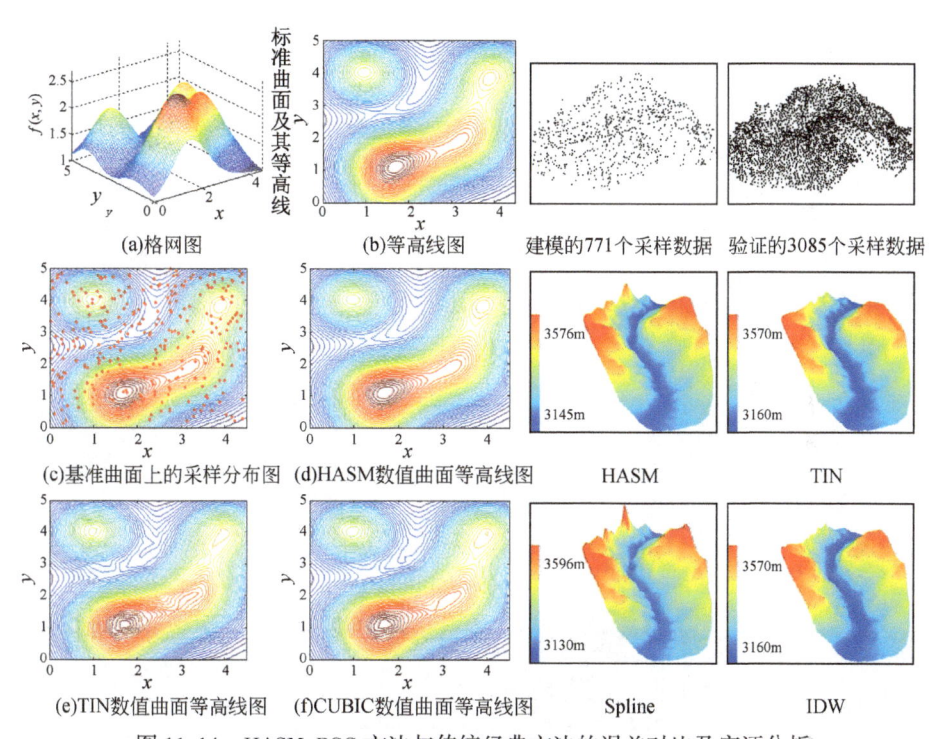

(a)格网图
(b)等高线图
建模的771个采样数据
验证的3085个采样数据
(c)基准曲面上的采样分布图
(d)HASM数值曲面等高线图
HASM
TIN
(e)TIN数值曲面等高线图
(f)CUBIC数值曲面等高线图
Spline
IDW

图 11-14　HASM-PCG 方法与传统经典方法的误差对比及实证分析

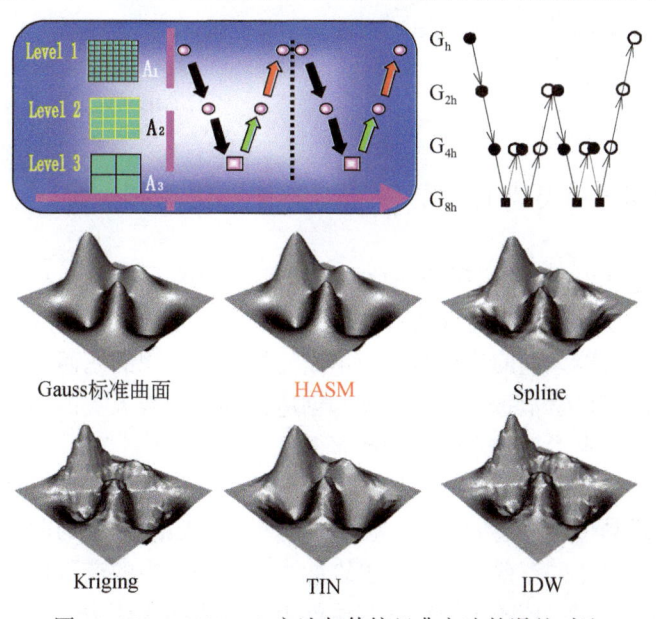

Gauss标准曲面　HASM　Spline

Kriging　TIN　IDW

图 11-15　HASM-MG 方法与传统经典方法的误差对比

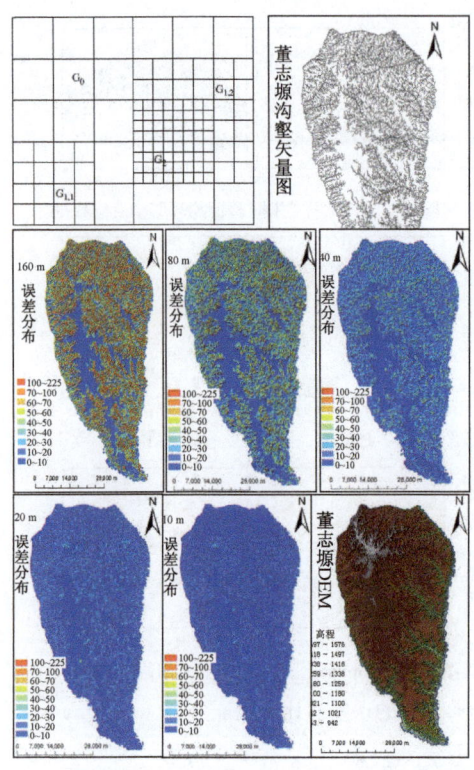

图 11-16　HASM-AM 模拟误差的削减过程

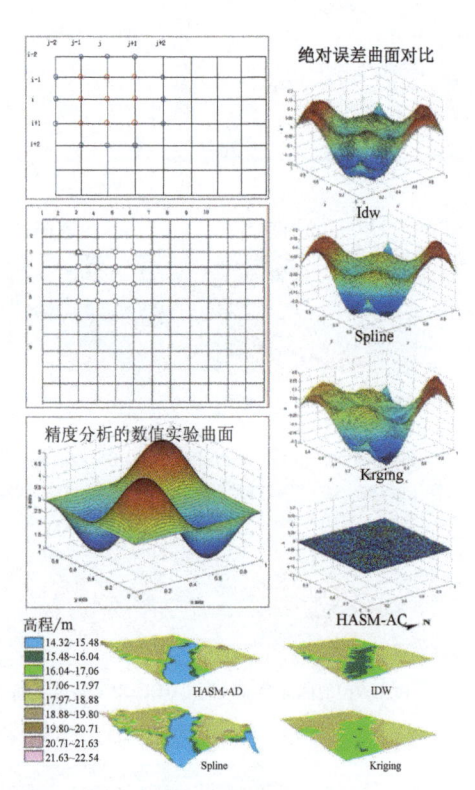

图 11-17　HASM-AC 方法与传统经典方法的绝对误差曲面对比

11.5.5　逻辑思维与非逻辑思维集成方法的优点和不足

首先，创造性思维可以不断地增加人类知识的总量，不断地推进人类认识世界的水平。创造性思维因其对象的潜在特征，表明它是向着未知或不完全知的领域进军，不断扩大着人们的认识范围，不断地把未被认识的东西变为可以认识和已经认识的东西，科学上每一次的发现和创造，都增加着人类的知识总量，为人类由必然王国进入自由王国不断地创造着条件。

其次，创造性思维可以不断地提高人类的认识能力。创造性思维的特征已表明，创造性思维是一种高超的艺术，创造性思维活动及过程中的内在的东西是无法模仿的。这种内在的东西即创造性思维能力。这种能力的获得依赖于人们对历史和现状的深刻了解，依赖于敏锐的观察能力和分析问题能力，依赖于平时知识的积累和知识面的拓展。而每一次创造性思维的过程就是一次锻炼思维能力的过程，因为要想获得对未知世界的认识，人们就要不断地探索前人没有采用过的思维方法、思考角度去进行思维，就要独创性地寻求没有先例的办法和途径去正确、有效地观察问题、分析问题和解决问题，从而极大地提高人类认识未知事物的能力，所以，认识能力的提高离不开创造性思维。

最后，创造性思维可以为实践开辟新的局面。创造性思维的独创性与风险性特征赋予了它敢于探索和创新的精神，在这种精神的支配下，人们不满于现状，不满于已有的知识和经验，总是力图探索客观世界中还未被认识的本质和规律，并以此为指导，进行开拓性的实践，开辟出人类实践活动的新领域。在中国，正是邓小平创造性的思维，提出了有中国特色的社会主义理论，才有了中国翻天覆地的变化，才有了今天轰轰烈烈的改革实践。相反，若没有创造性的思维，人类躺在已有的知识和经验上，坐享其成，那么，人类的实践活动只能留在原有的水平上，实践活动的领域也非常狭小。

创造性思维是将来人类的主要活动方式和内容。历史上曾经发生过的工业革命没有完全把人从体力劳动中解放出来，而目前世界范围内的新技术革命，带来了生产的变革，全面的自动化，把人从机械劳动和机器中解放出来，从事着控制信息、编制程序的脑力劳动，而人工智能技术的推广和应用，使人所从事的一些简单的、具有一定逻辑规则的思维活动，可以交给"人工智能"去完成，从而又部分地把人从简单脑力劳动中解放出来。这样，人将有充分的精力把自己的知识、智力用于创造性的思维活动，把人类的文明推向一个新的高度。

11.6　复杂性科学集成方法

11.6.1　复杂性科学集成方法的定义和内涵

复杂系统是复杂性科学的研究对象，在给出复杂性科学集成方法定义之前，首先看看复杂系统的定义。赛利尔思（Paul Cilliers）比较详细地总结了复杂系统的特征：

1）复杂系统包含有巨大数量的要素。

2）巨大数量的要素是必要的，但不是充分的。……为了组成一个复杂系统，要素之间必须相互作用，且相互作用必须是动态的。

3）相互作用非常丰富，也就是说，系统中的任何要素影响相当多的其他要素，同时也被它们影响。

4）相互作用有许多重要的特征，其中最重要的特征就是非线性。

5）相互作用通常是相当短程的，也就是说，信息主要来自于最邻近区域。

6）相互作用中存在反馈环。

7）复杂系统通常是开放系统，即它们与环境有相互作用。事实上，经常难于确定复杂系统的边界。

8）复杂系统在远离平衡态的条件下运行。

9）复杂系统有一个历史。它们不仅在时间中演化，而且目前的行为依赖于其过去。

10）系统中的每个要素对系统的整体行为是无知的，它仅对局域得到的信息有响应。

复杂巨系统是指系统的子系统数量非常庞大，且相互关联、相互制约，其相互作用关系很复杂，并有层次结构，如生物系统、地理系统、生态系统、社会系统等。开放复杂巨系统具有以下特点：①系统本身与周围环境有物质、能量和信息的交换，所以是开放的；②系统包含的子系统很多，成千上万，甚至上亿万，所以是巨系统；③子系统的种类繁多，有几十，甚至几百种，所以是复杂的。

复杂性科学方法的主要特征：①非线性。非线性思维认为，现实世界本质上是非线性的，但非线性程度和表现形式千差万别，线性系统不过是在简单情况下对非线性系统的一种可以接受的近似描述。从方法论角度来看，非线性作用是系统无限多样性、不可预测性和差异性的根本原因，是复杂性的主要根源。"②不确定性。从本质上，不确定性源自社会系统本身所固有的、内在的层次性、开放性、动态性、相干性、非线性、临界性、自组织性、自强化性和突变性。③自组织性。组织是指系统内的有序结构或这种有序结构的形成过程。自组织是指无需外界特定指令就能自行组织、自行创生、自行演化，能够自主地从无序走向有序，形成有结构的系统。④涌现性。复杂性科学把系统整体具有而部分或者部分和所不具有的属性、特征、行为、功能等特性称为涌现性。也就是说，当我们把整体还原为各个部分时，整体所具有的这些属性、特征、行为、功能等便不可能体现在单个的部分上。

要研究复杂系统，以上介绍的各种复杂性科学方法如果单独使用，都难于胜任，需要综合各种方法的优势，形成新的研究方法。这里将要讨论的综合集成方法（简称集成方法）就是这样一种新方法。集成方法，从广义上来说，就是把复杂性科学的各种方法都综合起来，发挥各自的优势，克服其弱点而形成的某种真正的综合方法；从狭义上来说，就是钱学森及其讨论班的中国学者针对开放的复杂巨系统而提出的一种方法论。

综合集成方法的实质是把专家体系、数据和信息体系以及计算机体系结合起来，构成一个高度智能化的人-机结合系统，这个方法的成功应用，就在于发挥了这个系统的综合优势、整体优势和智能优势。它能把人的思维、思维的成果、人的经验、知识、智慧以及各种情报、资料和信息等通通集成起来，从多方面定性认识上升到定量认识。按照我国传统说法，把一个复杂事物的各个方面综合起来，达到对整体的认识，称之为"集大成"的智慧，所以钱学森把这个方法称为"大成智慧工程"。

这个方法体现了"精密科学"从定性判断到精密论证的特点，也体现了以形象思维为主的经验判断到以逻辑思维为主的精密定量论证过程。所以，这个方法是走精密科学之路的方法论。它的理论基础是思维科学，方法基础是系统科学与数学，技术基础是以计算机为主的信息技术，哲学基础是实践论和认识论。

11.6.2　复杂性科学集成方法的研究意义

复杂性科学被称为 21 世纪的科学，它的主要目的就是要揭示复杂系统的一些难以用现有科学方法解释的动力学行为。与传统的还原论方法不同，复杂系统理论强调用整体论和还原论相结合的方法去分析系统。目前，复杂系统理论还处于萌芽阶段，它可能孕育着一场新的系统学乃至整个传统科学方法的革命。生命系统、社会系统都是复杂系统，复杂系统理论的应用在系统生物学的研究与生物系统计算机数学建模中具有重要的意义。从一般科学方法论角度来看，集成方法是对复杂系统或复杂巨系统的研究，其基本意义主要体现在以下几个方面。

1. 为探索复杂系统指出了研究路线

集成方法采用了从上而下和由下而上的路线，从整体到部分再由部分到整体，把宏观和微观研究统一起来，最终是从整体上研究和解决问题。例如，在研究大型复杂课题时，从总体出发，可将课题分解成几个子课题，在对每个子课题研究的基础上，再综合集成到整体。这是很重要的一步，并不是简单地将每个子课题的研究结论拼凑起来，这样的"拼盘"，是不会拼出新思想、新结果的，也回答不了整体问题。这也是综合集成与一般分析综合方法的实质区别。

2. 为研究复杂系统提供了技术路线

采用人–机结合，实现以人为主的信息、知识和智慧的综合集成，这是综合集成方法采用的技术路线。这种技术路线是以思维科学为基础的。思维科学的研究表明，人脑和计算机都能有效地处理信息，但两者有极大差别。从信息处理角度来看，人脑思维一种是逻辑思维（抽象思维），它是定量、微观处理信息的方法；另一种是形象思维，它是定性、宏观处理信息的方法，而人的创造性主要来自创造思维，创造思维是逻辑思维和形象思维的结合，也是定性和定量相结合、宏观与微观相结合，这是人脑创造性的源泉。今天的计算机在逻辑思维方面甚至比人脑做得更好、更快，并善于信息的精确处理；但在形象思维方面，现在的计算机还不能给我们以任何帮助，至于创造性思维只能靠人脑了。从这个角度来看，期望完全靠机器来解决复杂性问题，至少目前是行不通的。然而计算机毕竟在逻辑思维方面有其优势，如果把人脑和机器结合起来，以人为主，就更有优势，人将变得更加聪明。人和计算机各有所长、相辅相成和谐地工作，在一起形成"人帮机、机帮人"的合作方式。这种人-机结合的思维方式和研究方式就具有更强的创造性和认识客观事物的能力。

11.6.3 复杂性科学集成方法的原理、结构和过程

钱学森提出，"从定性到定量综合集成研讨厅"和"从定性到定量综合集成研讨厅体系"是实现综合集成方法的实践形式，并把运用这套方法的集体，称为总体设计部。它是将有关的理论、方法与技术集成起来，构成一个供专家群体研讨问题时的工作平台。不同的复杂系统或复杂巨系统，研讨厅的内容可能是不同的，即使同一个复杂系统或复杂巨系统，由于研讨问题的类型不一样而有不同的研讨厅，如研究社会系统中的各类问题。这样的研讨厅体系，实际上是个人-机结合，人-网结合的信息处理系统、知识生产系统、智慧集成系统，是知识生产力和精神生产力的实践形式。

综合集成方法就是遵循这样的认识路线探索事物复杂性的研究方法。一般认为，综合集成方法的运用过程及其内容如下。

1. 定性的综合集成

系统本身就把多种学科知识用系统方法联系起来，统一在系统整体框架内，把原来切断了的知识之间再联系起来，明确系统结构、系统环境和系统功能。通过讨论，对所研究的问题形成定性判断，提出经验性假设。专家体系经过研讨所形成的问题和经验性假设与判断也可能不止一种，可能有几种，在这种情况下，就更需要精密论证。即使是一种共识，它仍然是经验性的，还不是科学结论，仍需要精密论证。

2. 定性定量相结合的综合集成

专家体系利用机器体系的丰富资源和它定量处理信息的强大能力，通过建模、仿真和实验等方式来完成这一步。在机器体系的支持下，根据数据和信息体

系、指标体系、模型体系和具体方法体系，专家对定性综合集成提出的经验性假设与判断进行系统仿真与实验。从系统环境、系统结构和系统功能之间的输入—输出关系，进行系统分析与综合。这就相当于用系统实验来证明和验证经验性假设与判断的正确与否。不过这个系统实验不是系统实体实验，而是在计算机上进行的仿真实验。这样的仿真实验有时比实体实验更有优越性。例如，从系统未来看发展趋势预测，对系统实体来讲，是不能预测的，因为它还没有运动到那个时刻，但在计算机仿真实验中却是可以的。

通过系统仿真与实验，对经验性假设与判断给出整体的定量描述，如用评价指标体系等，这就增加了新的信息，而且是定量的信息。这个过程可能要反复多次，以便把专家的经验，他们所能想到的各种因素都能反映到系统仿真和实验之中，从而观测到可能的定量结果，增强对问题的定量认识。

3. 从定性到定量的综合集成

定性综合集成形成问题的经验性假设与判断的定性描述，经过定性定量相结合综合集成获得定量描述。专家体系再一次进行综合集成，在这一次综合集成中，由于有了新的定量信息，经过研讨，专家有可能从定量描述中，获得证明或验证经验性假设和判断正确的定量结论，如果是这样，也就完成了从定性到定量的综合集成。

但这个过程通常不是一次能完成的，往往要反复多次。如果定量描述还不足以支持证明和验证经验性假设和判断的正确性，专家会提出新的修正意见和实验方案，再重复以上过程。这时专家的经验、知识和智慧已融进新的建议和方案之中。通过人-机交互、反复比较、逐次逼近，直到专家能从定量描述中证明和验证经验性假设和判断的正确性，获得了满意的定量结论，这个过程也就结束了。这时的结论已从定性上升到了定量，不再是经验性假设和判断，而是经过严谨论证的科学结论。

11.6.4 复杂性科学集成方法的案例

案例：陆地生态系统多尺度模拟分析

研究成果来源于中国科学院地理科学与资源研究所，研究人员包括岳天祥、范泽孟、陈传法等。研究对复杂的陆地生态系统模拟分析。

随着人类对生态系统研究的不断拓展和深入，尺度转换、跨尺度相互作用、空间尺度与时间尺度相互关联和多空间尺度数据处理问题已经成为目前国内外生态系统空间分布及其生态过程的多尺度模拟分析的核心和热点问题。针对这些问题，该研究组分别构建了 HLZ 生态系统时空分析模型、多尺度生态多样性模型、生态系统平均中心时空偏移识别模型，以及气候变化驱动下土地覆盖的未来情景分析模型。

1. 气候变化趋势及情景分析的多尺度高精度曲面模拟方法

根据气候要素与 DEM、经度、纬度之间的相关性分析结果对 HASM 进行拓展和应用，从而构建了分别对区域、全国及全球尺度的气候变化进行高精度曲面模拟的模拟方法（图 11-18）。

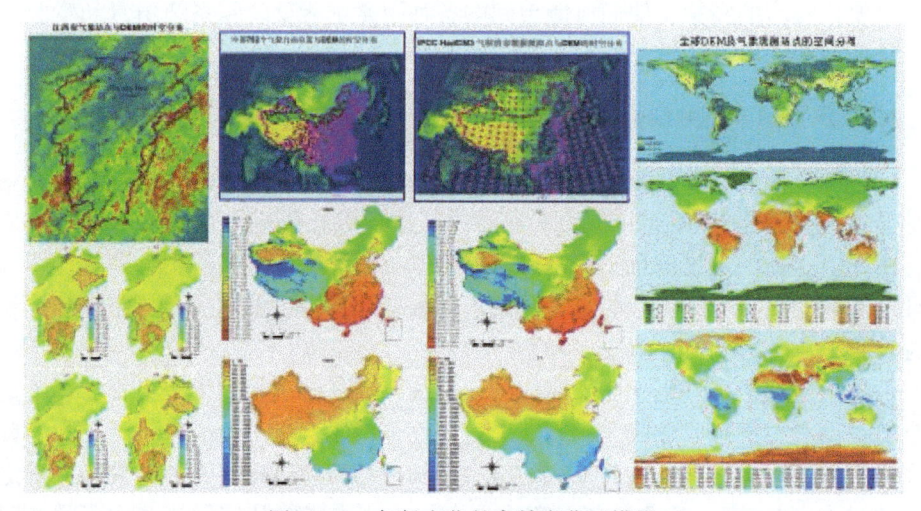

图 11-18　气候变化的高精度曲面模拟

2. HLZ 生态系统时空分析模型

针对 HLZ 生态系统模型局限于用气象观测台站的点数据直接作为模型输入参数，并用模拟结果的点数据表征面数据进行生态系统时空分布分析的缺陷，在运用高精度栅格数据作为输入参数，并加入 DEM 辅助数据的基础上，建立了适合不同尺度的 HLZ 生态系统时空分析模型，实现对省、全国及全球 HLZ 生态系统的时空偏移趋势及情景模拟分析（图 11-19）。

3. 生态多样性多尺度模型

针对传统的生态多样性指数要求每种物种或研究单元的个体数必须大于100、缺少面积参数，且只能表达多样性均一性而不能表达多样性丰富性等缺陷

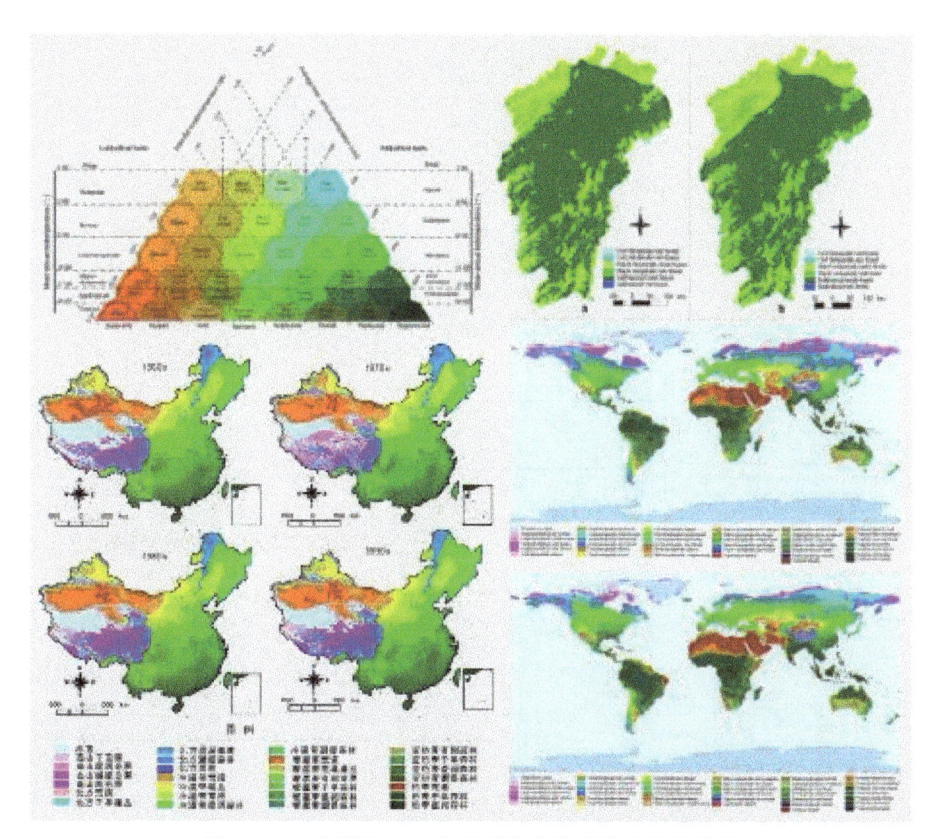

图 11-19　多尺度 HLZ 生态系统变化趋势及情景模拟

问题，基于多维分数维理论建立了适合于多种尺度的生态系统多样性模拟分析的多尺度生态系统多样性模型（图 11-20），为解决生态系统结构与功能的关系问题奠定了理论基础。

4. 生态系统平均中心时空偏移识别模型

将平均中心模型引入生态系统研究领域，并针对平均中心模型无法对生态系统平均中心偏移进行时空定量分析和表达的缺陷，在对其进行完善和拓展的基础上建立了生态系统平均中心时空偏移的定量识别模型（图 11-21）。

5. 气候变化驱动下土地覆盖的未来情景分析模型

通过对土地覆盖类型与 HLZ 生态系统类型的转移概率和转移矩阵进行构建，在栅格层次上建立两种类型之间的转换规则和判别标准，从而构建了基于栅格的

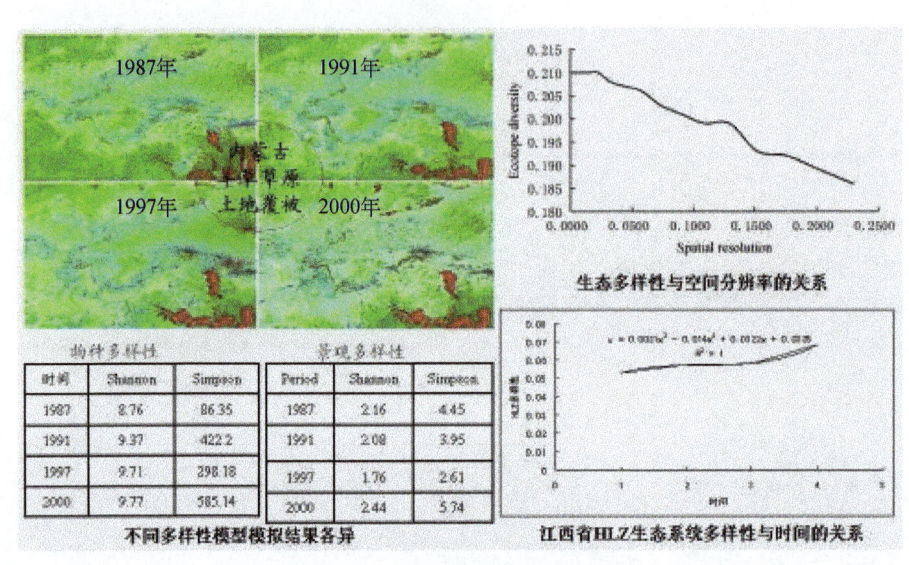

图 11-20 多尺度生态多样性模拟

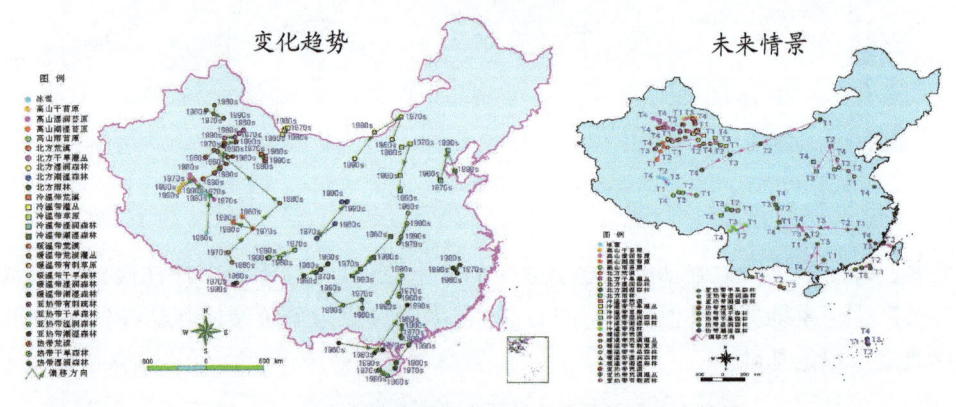

图 11-21 生态系统平均中心的变化趋势及未来情景

土地覆盖情景分析模型，并完成了中国土地覆盖的未来情景分析。该模型主要用于在气候变化驱动下，对土地覆盖变化的可能性情景进行模拟分析（图 11-22）。

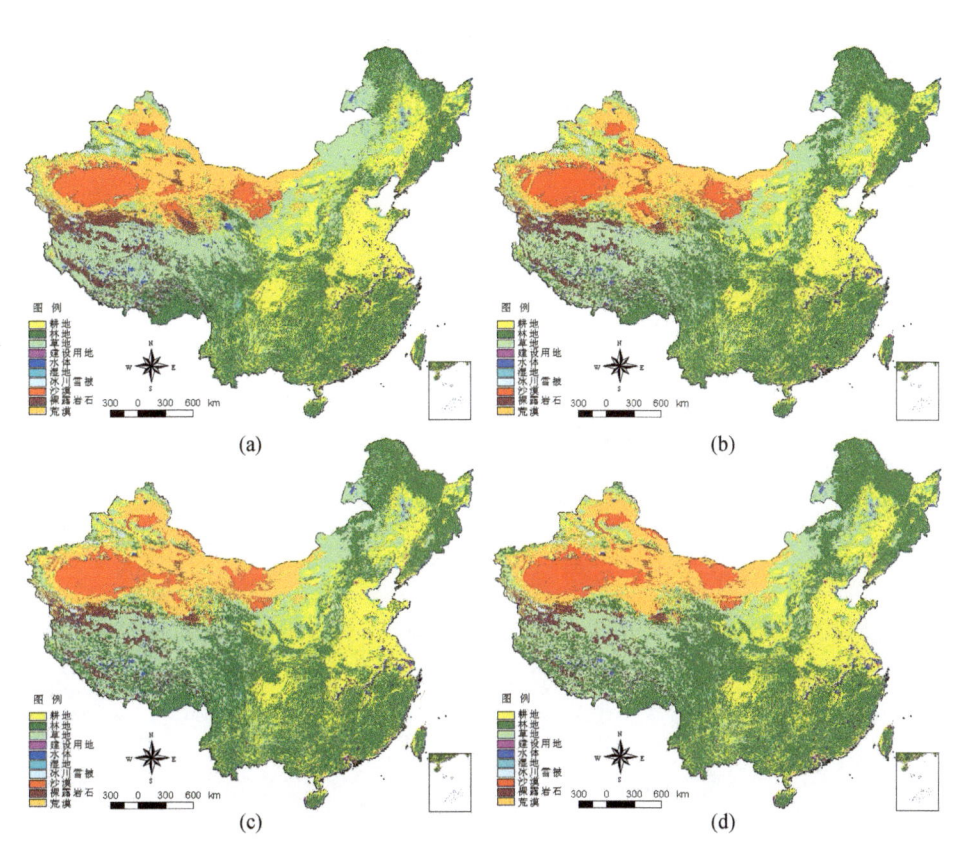

图 11-22　基于 HadCM3 B2a 的土地覆盖未来情景

第四篇　地理信息的技术方法

- 地理信息的技术方法论概述
- 地理信息采集和监测技术
- 地理信息管理技术
- 地理信息处理、分析和计算技术
- 地理信息表达（可视化）技术
- 地理信息服务技术
- 地理信息网格技术
- 地理信息"5S"集成技术方法

第 12 章 地理信息的技术方法论概述

12.1 地理信息的技术方法概念和内涵

技术方法是技术研究和开发的方法，是把人类认识过程的第一次飞跃（即从物质到精神、从实践到认识的飞跃）所产生的科学概念、科学定理、科学定律以及科学理论体系等结果，转化为物质形态的成果，如仪器、设备、生产工具、工艺流程等，实现从精神到物质、从认识回到实践的第二次飞跃。它既以自然科学原理和技术科学原理为基础，又是改造自然和创造人工自然的实践方法，因而又具有很强的实践性、综合性和社会性。它注重技术原理、技术方案、设计图纸或原理模型的产生，崇尚实践、讲求技能、重视经验、力求合理有效地解决技术实践中遇到的问题，变革和控制客观对象，促进物质文明的发展。

地理信息的技术方法是以改变地理环境中的物质和能量活动存储场所和形式，满足人类的勘探、调查、研究和改造自然环境的需求为目标，依靠地理环境规律和地理研究对象的物质、能量和信息，来创造、控制、应用和改造人工自然系统的手段和方法，表现为人类利用和改造地理客体和环境的工具、流程、工艺、平台、模型等实物性的实体。它存在于人类作用于地理对象和环境的各种活动和各个环节中，从搜集和采集信息，到管理信息、分析和处理信息，再到表达信息，向用户提供信息服务等整个流程中的各种技术活动。

从地理信息科学的学科领域来看，地理信息的技术方法既指该领域共用的技术方法，也指地图制图、GIS、遥感、GPS 等分支学科和技术中特有的技术方法，还包括各种技术方法的交叉、集成和融合后形成的新方法；其应用领域不仅有传统的地理信息领域，而且近年来越来越多地应用于地理与资源、环境、社会、经济的交叉和交叉方向上，如精准农业、减灾防灾与灾害管理、全球变化、碳减排、能源危机、数字地球与数字区域、地球工程等，发挥着集成与交叉技术越来越大的作用。

12.2 地理信息的技术方法体系

归纳和整理地理信息技术的各种形式、功能、作用对象以及发展趋势，把地理信息技术方法分为"地理信息采集和监测技术"、"地理信息管理技术"、"地理信息处理、分析和计算技术"、"地理信息表达（可视化）技术"、"地理信息服务技术"、"地理信息网格技术"、"地理信息'5S'集成技术"七类。它们分别对应于地理信息科学领域内的信息获取与动态监测、信息管理、表达、服务、网格计算与服务、多种技术系统集成等技术方法。

其中，地理信息采集和监测技术方法包括基于 GNSS 的地理空间精确位置获取、基于遥感的地理对象动态监测两种子方法；地理信息管理技术方法分为地理对象的数据库集中管理、海量地理数据的分布式管理两种子方法；地理信息处理、分析和计算技术方法则包括地理信息处理、基于位置的空间定位（LBS）、地理时空分析与计算 3 种子方法；地理信息表达（可视化）技术方法则由地图表达、地理信息多维动态可视化、地理信息研究成果展示 3 种子方法组成；地理信息服务技术方法分为地理数据服务、地理信息和知识服务、地图服务、地理信息辅助决策服务 4 种子方法；地理信息网格技术又分为网格资源定位、绑定和调度，空间信息在线分析处理和智能化信息网格共享与服务 3 种子方法；地理信息"5S"集成技术方法包括多源空间数据集成、跨平台的 GIS 系统集成、应用分析模型与 GIS 系统集成、分布式集成和 GIS、RS、GPS、DSS、ES 集成 5 种子方法。

将上述地理信息的技术方法展开来看，它与地理信息的科学方法的最大不同在于，它不是从观念、模式、规律上来解决问题，而是关注于地理信息科学的各个分支在软硬件配置、互操作、资源配置与管理、单项功能与组合功能的研发与应用、系统集成等技术细节，力求将地理数据处理、地图制图、时空分析与计算等各个环节的模块按照用户要求的方式，打包在一起，完成各种专门的任务。地理信息系统发展到今天，已经形成了向"超大"和"超小"两个方向研发的趋势。"超大"的标志是：将若干 GIS、RS、GPS、ES、DSS 等分支技术的功能集成在一起，形成了超级的、超高性能的、高集成度的地理信息集成系统，完成资源与环境领域的专门方向和专项任务，如精准农业、国情监测与分析、经济与社会发展决策支持系统等。"超小"的标志则是将地理信息技术"打散"为一个个"小型"或"微型"工具，在解决具体问题时，所研发和建立的并不是"地理信息系统"，而是办公自动化系统或电子政务平台，运行的驱动方式是工作流和业务节点的信息流动；每当业务运行中需要某个地理信息技术工具时，该工具就会自动调入进来，就像在微软 Office 套件中的 Word、Excel、Point、Access、Outlook 等软件的运行中，随时可以嵌入对象和处理工具一样。因此，在具体的资源与环境、社会经济领域的应用中，地理信息技术看似无形，其实无所不在。因此，本书所研究的地理信息的技术方法，既要为"超大"的技术集成提供思路和技术支撑，更要为"超大"和"打散"的单个工具的研发提供帮助。为了实现上述

第 12 章 | 地理信息的技术方法论概述

```
                                    ┌─ 基于GNSS的地理空间精确位置获取技术方法
           ┌─ 地理信息采集和监测技术方法 ─┤
           │                        └─ 基于遥感的地理对象动态监测技术方法
           │
           │                        ┌─ 地理对象的数据库集中管理技术方法
           ├─ 地理信息管理技术方法 ──┤
           │                        └─ 海量地理数据的分布式管理技术方法
           │
           │                              ┌─ 地理信息处理技术方法
           ├─ 地理信息处理、分析和计算技术方法 ┤── 基于位置的空间定位(LBS)技术方法
           │                              └─ 地理时空分析与计算技术方法
           │
           │                                ┌─ 地图表达技术方法
地理信息的 ─┤─ 地理信息表达(可视化)技术方法 ──┤── 地理信息多维动态可视化技术方法
技术方法    │                                └─ 地理信息研究成果展示技术方法
           │
           │                        ┌─ 地理数据服务技术方法
           │                        │── 地理信息和知识服务技术方法
           ├─ 地理信息服务技术方法 ──┤
           │                        │── 地图服务技术方法
           │                        └─ 地理信息辅助决策服务技术方法
           │
           │                            ┌─ 网格资源定位、绑定和调度技术方法
           ├─ 地理信息网格技术方法 ─────┤── 空间信息在线分析处理技术方法
           │                            └─ 智能化信息共享与服务技术方法
           │
           │                             ┌─ 多源空间数据集成技术方法
           │                             │── 跨平台的GIS系统集成技术方法
           └─ 地理信息"5S"集成技术方法 ─┤── 应用分析模型与GIS系统集成技术方法
                                         │── 分布式集成技术方法
                                         └─ GIS、RS、GPS、DSS、ES集成技术方法
```

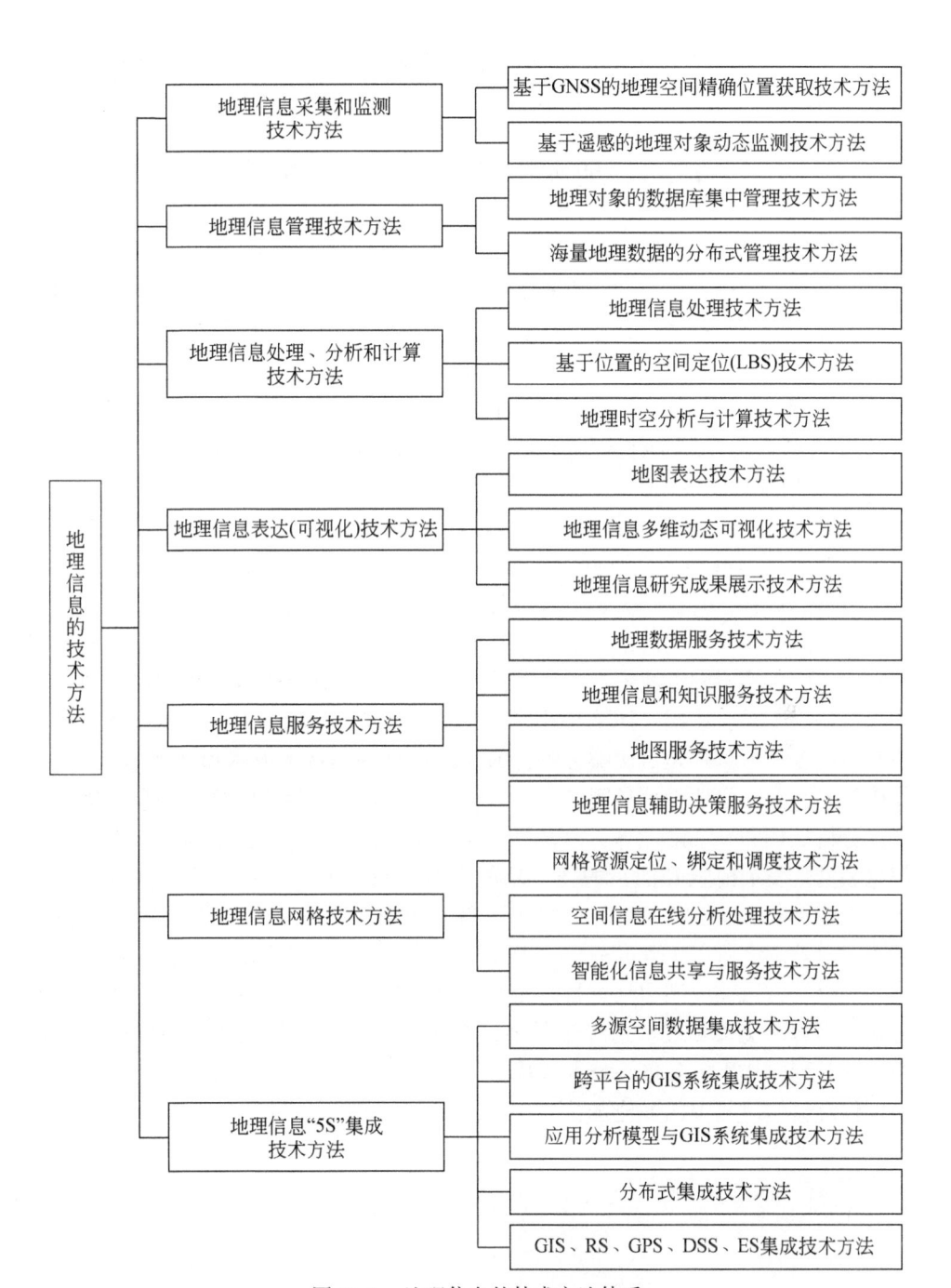

图 12-1 地理信息的技术方法体系

目标，我们需要关注的技术有地理信息系统桌面化、网络化、互操作性、用户化、人机交互、业务运行管理、信息分发、商业化运行等。

12.3 地理信息的技术方法范式

地理信息的技术方法研究范式也可由图 5-2 反映。其主体组成部件是主体、客体、目标、动作、系统和结果 6 部分。另外还有 9 个辅助要素，即与动作相联系的流程、工具、途径、状态（包括时间、地点、程度），以及与系统相关的输入、输出和环境状况。其中，主体是科学研究的实施者，只要仔细分析、对比、解析这 14 个要素，就会对地理信息的科学方法范式得出清晰的认识。因此，本书又将这 14 个要素与 7 种科学方法组成关系表，详细剖析每种科学方法的研究范式（表 12-1）。

从表 12-1 可以清楚地看出，地理信息的各种技术方法研究范式的解析结果与第 5 章所述的科学方法不同，它是分别从地理信息的采集和监测、管理、处理、分析、计算、模拟、表达、服务等地理信息流水线的不同环节上实现其技术方法的，因而相互之间的目标不同，其可比性主要体现在流程和方法上，而不存在对同一内容用不同方法进行的比较性研究，因而其结果也各不相同；表现在动作、流程、工具、途径、环境状况等几个方面差异也就相当大。与前五类技术方法有相同或相似点的是后两类方法，即地理信息网格技术方法和地理信息"5S"集成技术方法。就地理信息网格技术方法而言，它本身就同时具备信息采集、管理、分析处理和高性能计算、信息服务与共享等多种功能，只是因该技术在地理信息领域的发展前景和潜在的强大功能上有独特之处，才对它单列章节进行分析。"5S"集成也是在很多方面覆盖了前面几种技术方法的工具、流程、途径、环境状况等。之所以单列成一章，情况与网格技术方法又有所不同，它在研究领域的理论、方法和应用中都有与前面的单项技术既共存又独立存在的必要性，因为在相当多的交叉领域和边缘学科中，"3S"或"5S"集成技术的应用相当普遍，它起到的作用也是单一技术方法所不及的。所有七种技术方法联合使用，是地理信息科学研究中的最佳选择。

第 12 章 | 地理信息的技术方法论概述

表 12-1 地理信息的科学方法范式剖析

方法论要素	地理信息采集和监测技术方法	地理信息管理技术方法	地理信息处理、分析和计算技术方法	地理信息表达（可视化）技术方法	地理信息服务技术方法	地理信息网格技术方法	地理信息"5S"集成技术方法
主体（who）	工程人员/数据采集人员	系统设计人员/数据库设计人员/数据库管理人员	分析人员/计算人员/实验人员	制图人员/效果展示人员/成果汇总人员	数据提供者/知识提供者/地图提供者	信息网格设计人员/分析人员/设计人员	总工程师/交叉领域研究人员/领域综合领域人员
目标（objective）	应用各种信息采集和监测手段，获取地理对象和现象的数据和信息	应用计算机软硬件对地理对象和现象的数据和模型进行模型化管理，建立有效运行的数据库	应用 GIS、遥感或其他自定义软件对地理数据进行各种处理、分析并计算，或运用计算机模拟手段进行实验和设计	应用 GIS、数字地图、遥感或其他可视化工具实现地理数据表达或信息的表达和研究成果的展示	应用各种工具，为用户提供多种形式的地理信息服务	通过网格技术进行数据采集、分布式计算、信息服务等	集成现有的多种技术，充分发挥各种技术的优势，完成单一技术不能实现的研究任务
动作（action）	采集、测量、量算、读数、录入、收集、采样	数据空间同化；空间-属性同化；数据库建模；数据库管理	数据处理、分析、计算、模拟、仿真	符号化、动画、可视化、虚拟展示、成果表达	上传、下载、请求、响应、数据更新、服务	采集、采样、计算、资源配置、在线分析、信息服务	各种操作

291

续表

方法论要素	地理信息采集和监测技术方法	地理信息管理技术方法	地理信息处理、分析和计算技术方法	地理信息表达（可视化）技术方法	地理信息服务技术方法	地理信息网格技术方法	地理信息"5S"集成技术方法
客体（whom）	地理对象和现象的数据和信息	客观世界的模型化、对象化、抽象化映射	地理对象和现象的表观或内在的规律和过程	地理对象和现象的视觉化展现信息	数据、地图、信息、知识、决策方案	地理对象和现象的数据、信息、知识、方案等	数据、信息、规律、方案、机理等
流程（how）	①研究区域状况；②设置采样点或采集区域；③建立采集工具和技术；④采集和监测；⑤采集结果整理和评估	①数据模型建立；②数据处理；③数据库建立；④数据管理	①数据准备；②处理工具选择；③数据处理和分析、计算、模拟；④结果分析和结论解释；⑤工具修改、结果修正	①符号或符号库、色彩库、文字库准备；②动画软件建立；③信息表达（可视化）；④效果修改和完善	①服务器端准备；②客户端请求；③服务器端响应并传输；④客户端再请求	①网格建立；②数据采集；③网格计算；④在线分析；⑤资源配置；⑥信息服务	①分析对象需要集成的技术；②选择集成的技术；③建立集成化新技术；④运行新的集成技术；⑤结论解释和修改；⑥方法修改和完善
途径（through）	通过直接或间接的方法获取对象数据或信息	通过计算机数据库的模式来管理地理信息	通过现有的或新建的工具	通过各种软硬件实现	通过互联网	通过信息网格	各种技术的优势互补

292

第 12 章 | 地理信息的技术方法论概述

续表

方法论要素	地理信息采集和监测技术方法	地理信息管理技术方法	地理信息处理、分析和计算技术方法	地理信息表达（可视化）技术方法	地理信息服务技术方法	地理信息网格技术方法	地理信息"5S"集成技术方法
工具（tools）	天-空-地多层次或分别或联合，应用电磁波或物理、化学、生化工具；人工工具	数据库管理系统软硬件	GIS、遥感或其他软件；计算机硬件平台	GIS、遥感或其他软件；计算机硬件平台	数据服务器；地图服务器；客户端工作站等；信息服务软件	信息网格硬件、软件、平台等	各种软硬件平台和工具
时间（when）	信息系统的起始处，都需要数据和信息的采集和监测；系统运行过程中，也需要补充最新的动态信息	在信息系统工程建设过程中，都需要建立数据库，进行信息管理	是地理信息系统核心的分析处理过程	在研究过程的后期需要将结果展示出来；可视化存在于研究过程的各个阶段	在各客户需要服务时都存在	新形势下在信息网格建立的情况下，都可用到	从技术的集成开始，到集成技术的运行结果评估为止
地点（where）	室外为主	室内为主	室内为主	室内为主，室外为辅（硬拷贝方式）	室内为主	室外和室内共存	室内外结合
程度（extent）	解析的、单因子指标采集；合成指标采集和监测；整体采集和监测	地理对象的抽象建模	处理到满足用户要求为止；各种层次和深度均有	形象表达层次；理性成果表达	多种层次的服务	多种层次的采集、计算和服务	研究的各个深度都有可能

续表

方法论要素	地理信息采集和监测技术方法	地理信息管理技术方法	地理信息处理、分析和计算技术方法	地理信息表达（可视化）技术方法	地理信息服务技术方法	地理信息网格技术方法	地理信息"5S"集成技术方法
环境状况（environment, context）	在没有研究区域现成数据和信息时；或缺乏最新动态信息时	没有数据库或数据库不全；对地理对象的抽象和建模不理想时	在需要用GIS、遥感或空间分析处理操作时，都要用到	适用于所有的地理信息表达场合	在网络时代，有信息服务需求时	在信息网格环境下，有需求时	适用于所有地理研究对象和现象；特别适合于交叉学科、边缘领域工程和应用
输入（input）	研究区域范围、采集对象；研究区域状况；研究目标	采集好的数据、数据库要求；研究目标；研究区域状况	研究区域状况；研究数据库；参数限定	研究结果数据状况；表达参数符号等限定	原始数据；需要服务的类型参数	区域研究状况；研究目标；原始数据	研究区域数据的基本情况；研究的目标；需要发现的问题；现有的单一技术；集成方法的限定；问题的限定参数
输出（output）	数据、信息、动态变化参数	数据模型；数据字典；数据库	处理后的新数据、分析、计算结果；分析处理结果的解释	二维、三维地图、虚拟地图；曲线、论文、图表等	地图、数据、信息、知识、决策方案	新数据；计算结果、知识、决策方案等	研究结果和结论；特别是交叉性领域应用的研究和应用结论
结果（result）	阶段性的成果；某时阶段的结果；长期的结果；三者结合	某个项目的成果、长期维护和使用的数据库	阶段性成果；最终成果；成果的可靠性和可用性等	阶段性成果；最终成果；成果的可靠性和可用性等	阶段性成果；最终成果；成果的可靠性和可用性等	阶段性成果；最终成果；成果的可靠性和可用性等	阶段性成果；最终成果；成果的可靠性和可用性等

第 13 章 地理信息采集和监测技术

13.1 地理信息采集和监测技术概要

地理信息科学的建立，最初起源于人类在日常生活中对地理信息的需求和地理空间的深度思考。因此可以说，地理信息是地理信息科学的灵魂和血液。地理信息采集和监测技术的产生和发展，为地理信息科学的社会化应用以及科学研究提供了数据保障。

地理信息和一般信息的差别体现在哪里？为什么不能采用常规的手段去获取？在介绍地理信息采集和监测技术之前有必要对地理信息的特征进行一些思考。从地理信息的本质来看，它包括了三个方面的内容：地理对象外在的表象、地理对象的内部组成和结构特征及与外界之间的相互作用。

地理对象外在的表象主要是指地理现象的一些外在特征，如它所处的位置（绝对位置和相对位置；经纬度、海拔）、形状、纹理、颜色、温度、运动特征（速度、方向）等，这些信息通过外部观测即可获取。而地理对象的内部组成和结构特征则需要通过对其内部组成成分分析和内部结构的研究才能得出相应的结果，如水体中所含藻类的种类和各种藻类的含量，或是某种藻类所包含的成分（叶绿素 a 含量、水化学成分、密度等）。另外还有一种信息可以通过与其他物质的相互作用体现出来，如地理对象与电磁波的相互作用，光合作用时能量的跃迁等。

地理信息的类型众多，关联繁杂，大致可以分为空间数据和非空间数据两大类。空间数据按数据模型可以分为以矢量数据为代表的对象模型和以栅格数据为代表的场模型；按描述的空间要素不同，又可分为描述位置的信息、描述尺度的信息、描述运动特征的信息等。而非空间数据则包括了不同区域划分的统计信息、要素的数量、质量特征描述信息等。同时，空间数据和非空间数据不仅在各自内部存在各种关联，在两者之间也存在复杂的联系。对空间数据、非空间数据及它们之间关系进行描述的数据——空间元数据也是一种非常重要的地理信息。

正是由于地理信息的复杂性和多样性，地理信息采集和监测技术在近 30 年里不断地发展和完善。在空间数据获取方面，形成了基于 GPS 的地理空间精确定位信息获取技术，基于遥感的地理对象动态监测技术和全方位、全时段、多种观测方式相互补充的对地观测技术。非空间数据的获取方式主要以遍布全球的陆地海洋定点台站监测技术和社会经济数据统计技术为主。

前面大致介绍了地理信息的特征、类型和几种主流的采集监测技术，但是我们遇到某一具体的项目时，仍然不明确应该采用哪一种合适的方式去获取所需的数据。这就需要研究人员或者项目实施人员对项目进行详尽的分析，确定项目的研究目标和待解决的问题，分析各种技术适用的应用范围。首先从项目需求的角度进行分析，待解决问题的类型和具体的项目息息相关，因此要对项目的需求进行详细的阐述，问题阐述越完善，就越容易确定需要度量的变量。针对不同的问题，可能需要观测不同的变量，相应地会导致使用不同的数据采集手段和方法。在探讨该采用的数据采集方式时，还需要分析各种技术的特征及其针对的研究领域，明确各种采集和监测方式分别适合于何种类型的数据采集。

地理信息的采集大致可以分为三种逻辑类型：归纳、演绎和技术（图13-1）。

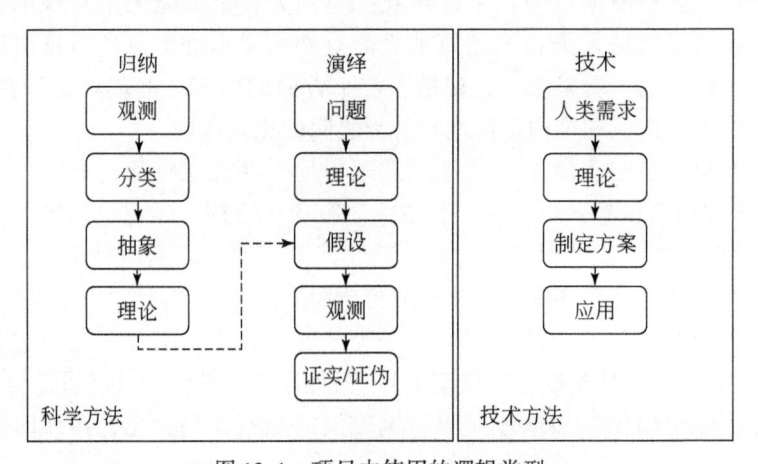

图 13-1 项目中使用的逻辑类型

归纳逻辑是一个在探索中学习的过程，包括观察、分类、抽象和理论表述。例如，在实地利用光谱辐射计进行光谱反射率测量可看作是归纳逻辑的一种典型应用。对某一种地物类型（如玉米冠层）的光谱反射率特征进行多次观测后，通过对测量数据进行汇总，可构建一种描绘玉米光谱响应特性的模型。不同类型地物的光谱模型的集合称之为光谱库，并可作为有助于遥感光谱分析的知识体系。

基于演绎逻辑的问题阐述始于理论，通常以假设的形式对存在的问题提出解决方法，明确指出一种能够从统计上证实或者证伪的情形。例如，从玉米地反射的近红外能量与生物量之间没有显著的关联。然后采集观测数据，构建经验模

第 13 章 | 地理信息采集和监测技术

型,并指定确切的置信区间进行假设检验。

技术逻辑通常用于地理科学相关项目的实施中,是在没有明确的假设下演绎逻辑的一般实践。对于要解决的地理问题和研究目标的界定,可以使用技术逻辑来组织,它基于人类的需要,而非科学研究。例如,结合遥感、地理信息系统和其他技术开展的土地利用清查,可以满足土地利用规划、污染监测,或者许多其他环境和社会经济应用的需求。

经过采集和监测得到的地理数据和信息有以下几种不同的存在形式:

一是地图数据。在数字地图出现之前,地图成果都是以硬介质作为载体呈现给广大的用户,如各种比例尺地形图、地图册、遥感相片等。长期的积累,尤其是近代测绘事业的迅速发展,各个领域积累了大量的地图成果。在信息化时代,这些地图资料成为地理信息非常重要的信息来源。地图数字化是地理信息系统空间数据获取的主要手段。地图数字化主要有手扶跟踪数字化和扫描数字化两种手段,目前普遍采用的是扫描数字化方式。地图扫描数字化有两种方式:自动矢量化和交互式矢量化。对于分版的线状要素,如等高线、水系、道路等目标,自动矢量化的效率较高,而对于要素复杂的地图,如大比例尺城市地图,则只能采用交互式矢量化。地图的扫描可以按照精度需求设定扫描的分辨率。矢量化之前必须进行扫描图像的定向和几何校正,保证将误差控制在预定范围之内。交互式矢量化采取人机交互的方式,对地图上的每个图形实体逐一进行矢量化。在线划比较清晰的地方,计算机自动识别跟踪,在有线条交会的地方停止,由人工指导下一步的行为,如 R2V 和 GeoScan 软件均属于这种类型的半自动化软件。目前,地图数字化大部分只能在计算机软件的辅助下自动或者半自动地完成空间要素的数字化工作,对空间要素的地理编码仍然需要人工来完成。地图的数字化过程中难免会引入错误和误差,因此在矢量化工作完成以后要进行数据的拓扑检查和属性的校正。

二是遥感影像数据。遥感数据作为地理信息的一种主要来源,需要将其与具体应用所涉及的其他空间数据统一到相同的地理参考体系中。遥感影像作为数据来源主要以两种方式应用到具体项目当中。第一种方式是直接以遥感影像作为现有空间数据的背景,加强用户对项目所涉及区域地理空间信息的直观认识。如果叠加上数字高程数据则可以获得区域景观的三维可视化效果。第二种方式是从遥感影像中提取出有用的专题信息,生成栅格专题图层或者是转换成矢量专题图层。

三是实测数据。实测数据是对现有数据的补充或更新。包括野外测量数据、专题要素的实地获取数据等。

四是统计数据。主要是采用统计方法获取社会经济领域的数据,通常的承载方式有统计年鉴、统计报表等。

13.2 基于 GNSS 的地理空间精确位置获取技术

13.2.1 基于 GNSS 的地理空间精确位置获取技术的定义和内涵

全球导航卫星系统（global navigation satellite system，GNSS）是全球规模的用于进行导航和空间定位的卫星系统。在 2020 年前，全球只有美国的 GPS、俄罗斯的 GLONASS、欧盟的 Galileo 和中国 Compass（北斗）四个全球卫星导航系统。

GNSS 又称天基 PNT 系统，其关键作用是提供时间/空间基准和所有与位置有关的实时动态信息，已经成为国际上各国重大的空间和信息化基础设施。

GPS 是由美国国防部组织研制的一种全天候空间基准的导航系统，可满足位于全球任何地方或近地空间的军事用户或民用用户连续地精确地确定经度、纬度、高程坐标和三维运动及时间的需要。它是一个中距离圆型轨道卫星导航系统（图 13-2）。

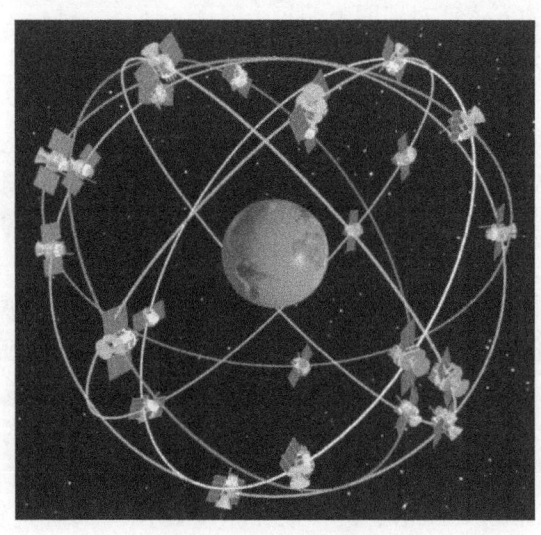

图 13-2　GPS 卫星群

13.2.2　基于 GNSS 的地理空间精确位置获取技术的研究意义

GNSS 技术的发展和应用极大地提高了地理空间位置信息的精度和获取的实时性，对地理信息科学而言是一场革命性的突破。

首先，它促进了大地测量等传统空间位置测量行业向自动化、精确化、系统化的方向迈进。

其次，带动了基于位置的移动计算和移动服务。各行各业对于卫星导航技术的需求，使 GNSS 成为继移动通信和互联网之后的全球第三个发展最快、产业关联度最高、与通信产业融合度最高的电子信息产业。

再次，极大地提高了地理空间位置获取的精度、方便度和与地理信息其他技术环节整合的便捷程度。

最后，基于 GNSS 的地理空间精确位置获取技术的发展，已经形成了在电子地图环境下的移动目标自导航、多目标的中心导航和监控等行业呈爆炸式的增长。

13.2.3　基于 GNSS 的地理空间精确位置获取技术的原理、结构和过程

GNSS 一般包含空中卫星、地面控制、用户三部分。卫星系统通常由 30 颗左右的卫星组成，如 GPS 最初卫星有 24 颗，现已达到 31 颗工作卫星。它们均匀地分布在距地面的同一高度，相同夹角的若干轨道面内，从而确保在地球上任何无遮挡的地方在任何时刻至少可以观察到 4 颗以上卫星，能保持良好定位解算精度的几何图像。这就提供了在时间上连续的全球导航能力。GPS 卫星产生两组电码，一组称为 C/A 码（coarse/acquisition code，11 023MHz），又称"粗码"；一组称为 P 码（procise code，10 123MHz），又称"精码"。P 码因频率较高，不易受干扰，定位精度高，因此受美国军方管制，并设有密码，一般民间无法解读，主要为美国军方服务。C/A 码人为采取措施而刻意降低精度后，主要开放给民间使用。我们在进行地理对象的空间位置定位时，需要对粗码进行差分处理（又分为动态差分和静态差分两种），以获取满足要求的精度。

用户部分是 GNSS 系统组成中用户最关心的部分，因为 GNSS 空间部分和地面控制部分相对导航功能具有很大的透明度。其中，最受关注的是现有 GNSS 用户的应用范围、设备、定位方法及数据处理技能。商业 GNSS 产品的发展"引擎"毫无疑问是用户的应用范围。随着新应用领域的不断发现，每一个应用都伴随着它独特的精度、可信度、操作约束、用户硬件、数据处理算法、GNSS 结果

延迟等要求。而 GNSS 用户设备则经历了一个漫长的发展阶段，并仍然在持续。在本书中的 GNSS 设备包括硬件、软件、操作过程或要求所组成的一个整体。

在军用 GNSS 着重于高度微型化、模块化及可信化发展的同时，商用 GNSS 更注重于减少开支和提高定位性能。一般用户的需求发展，从早期的 GNSS 普及到逐渐增长的精度、可信度及处理速度要求。这一点特别显现在测量用户追求的多命令级精度级别远远高于导航器所能获得的级别上。一些 GNSS 用户设备的发展受高精度定位需求的推动，就像汽车科技的发展总是被赛车行业所推动一样。另外一个对 GNSS 发展影响很大的方面是其众多平民化的应用。虽然定位应用的分类方法很多，但是从空间地理应用的角度，最重要的应用分类有按精度、及时性（实时和非实时）、运动性（静态和动态接收）等指标进行分类。

不同的 GNSS 定位模式和数据处理方法实质上都是设计用于处理 GNSS 测量偏差（或系统差）。这样说来，GNSS 有两个方面从本质上影响整个用户部分：用户设备、数据处理技术及操作（实地）过程。因此，有用于定位的测量类设备系统，能够达到毫米级定位精度；也有基于单接收器的绝对定位，以及通过计算与已知坐标接收器的相对位置来定位本接收器坐标的相对定位，两者的定位精度都只能达到米级。

当今 GNSS 技术在地理空间上的使用方法多种多样。对于 GPS 调查者来说，拥有双频测地接收机和后处理软件的静态 GNSS 是最强大的调查工具，此项技术开发的初衷是应用于大地控制点测量，这首先要求被测量点是静态的，其次测量精度要求最高，最后内部接收机所能达到的距离超过几十公里；另一个显著的特征是不需要通过解决模糊性来保证高精度的获取，这也使得该项技术更加稳健，而不像其他"快速"技术在多路径接口和能见度等方面的脆弱性。对于超过 20km 的测量任务来说，快速静态 GNSS 是一个具有广泛应用价值的高精度 GNSS 测量技术。在本质上，快速静态 GNSS 与静态 GNSS 相类似，同样使用双频接收机，可以获取相似的精度。不同之处在于：由于快速静态 GNSS 使用了更加高级的数据处理技术（相对于较短基线），所以必须具备"固定模糊"的解决方法。与传统的静态技术相比，由于快速静态 GNSS 技术集成了解决短距离观察任务所需的模糊度量，致使快速静态技术使用范围变得极为有限，对于恶劣的天气情况变得更加脆弱。当现代 GNSS 接收机采用快速静态模式时，意味着使用者尽可能使用最短的时间获取每一个测量点的信息，这个时间是由所能接收到卫星的数量、卫星星座和接受信号的强度所决定的，典型的时间跨度为 10~30min（虽然当天空可见度和/或者多路径状况比较差时，这已经接近于静态 GNSS 观察时间长度），当然使用模糊度算法时，这个观测时间将被降低。

以 GPS 测量为例，其主要过程如下。

(1) 准备过程

为了确保测量任务能够按计划进行，测量人员需要精心地做好前期准备工作，从而得以收集高质量的数据，生成符合规定精度和质量控制要求的坐标值。测量的精度要求越高，外业实地测量与内业之间的各项协调程序越需要精心准备。关于此类事务的详细说明书和核查清单应由测量人员依照官方标准规范自行制作。

(2) 天线安装和高程测量

天线安装和高程测量中的误差非常常见，下面列举了一些操作要点，可以将此类误差概率减至最小。一是在所有观测点，天线通常配设一个方向指示器，且应该用罗盘将该指示器调至同样方位，这样做是为了确保所有的天线中心偏移量都能够以一种系统化的方式生成基线解（地标到地标）；二是同类型的天线、接收机和电缆线路应该成套配备使用；三是天线应该集中安装在规格标准、配有光学测锤的三角台上，而且下面要有质量良好的三角架做支撑。三是高程测量天线架设各项操作中最关键的一步，经常会产生误差，应该仔细检查测量结果（如请另一人再独立测量，将结果两相对照）；尽管天线类型不同，建议采取不同的方式进行高程测量，但所有的天线高程测量都必须非常仔细地记录，最好以图表的方式记录下来。

(3) 野外记录表

在采取 RTK-GPS 和 DGPS 技术的情况下，所有数据都以电子化方式记录下来，以便日后传输下载。以下内容与数据后期处理密切相关，其中野外记录表将派上用场，以记录观测地点的选择、所收集数据的处理方式等，以及诸如此类的相关信息。野外记录表可能非常庞大复杂，连篇累牍，如在最高精度 GPS 测量的情况下；或者在采用快速制图技术，如准动态、RTK-GPS 和 DGPS 时，它也可能短小精干，仅仅需要按标准格式填上几行即可。一个典型的动态 GPS 测量记录表应该包含部分或者全部以下信息：

1) 日期、时间、现场测量人员的具体情况等；
2) 观测站名称、号码（包括别名、站点代码等）；
3) 任务编号，或其他的行动指示代号；
4) 接收机、天线、数据记录器、存储卡序列号等；
5) 观测起止时间（实际值及计划值）；
6) 测量期间观察到的卫星（实际的及计划的）；
7) 天线高程（多次实测值）、偏心站偏移补偿；
8) 天气概况、气象观测特征；
9) 接收操作的相关参数：数据记录的速度、观测类型、高程遮蔽角、数据格式等；

10）注意到的任何有关接收机、电池、操作或跟踪等问题。

（4）偏心测站测量

与传统的地面测量不同，GPS 技术要求在高程遮蔽角（典型设定为 15°~20°）上方的天空视界要相当清晰，有时由于待测地面标志所在的标石点为先前设立，其状况无法满足此项条件。这种情况下，应该进行 GPS 偏心站测量，必要的站点测量必须实施，以便使基线降低到所需要的地标。

（5）检查清单

由于 GPS 接收机能够显示大量信息，因此，有必要列出相应的检查清单，对接收机的各项操作进行监控，尤其是现场测量人员对硬件不熟悉的情况下。这份清单应该包括以下必要监控：电池状况、存储设备剩余容量、卫星搜索、实时导航方位解算方案，以及卫星运行状况信息、日期、时间、卫星高度和方位角、信噪比、天线连接指示器、追踪频道的状态、记录的信息数量。因此，建立标准化作业程序有助于防范此类错误，确保测量结果正确可靠。

13.2.4 基于 GNSS 的地理空间精确位置获取技术的案例

案例：建立测量控制网

1987 年，美国国家大地测量局（NGS）建立了美国境内使用的 HARN，各个站点间隔为 75~125km（间距会因州而异），目前已有 3700 多个 HARN 测量站，所有的站点都有符合最高精度标准（FGCC 1984）的水平和垂直（正交和椭球）测量值，这些测站对于国家级大地网框架非常重要，由于观测站之间的距离过大，所以执行每天测量不是很实际。

在很多州，为了配合州交通部门或是州大地控制机构的工作，NGS 把 HARN 网络中的站点间距加密到 25~30km，很多加密工程是按照旧的 Order A 或者 Order B 规范去做的（相当于新标准中的 1~2cm 级别），由此计算的坐标将被提交给 NGS 并纳入 NSRS 中，这一过程通常称为"蓝皮书定制"。当 GPS 项目被确定为"蓝皮书"后，站点和相关数据将被 NGS 保留，以及国家网络任何一次调整。

在过去 10 年里，很多乡村和市区政府用 GIS 管理当地的空间信息。在大多数情况下，GPS 控制网络已经建立用来提供基础坐标数据。尽管建立大地控制框架需要巨大的成本，但与建立完整的 GIS 数据库相比，这个开销不算很巨大，但是，用 GPS 测量技术建立的框架应该足够目前及未来 GIS 应用的精度要求。如果

GIS 成为一个长期地理空间信息管理系统，大地控制网络必须能支持这项工作。如果使用 GPS 技术更新与维护 GIS，则需要更细化的控制网络网格，至少基站间距要达到 5km。

13.2.5　基于 GNSS 的地理空间精确位置获取技术的优点和不足

基于 GNSS 的地理空间精确位置获取技术的优点是不言而喻的。

1）大范围的精确性：GNSS 能够获取空间跨度在百公里、千公里范围的测距和关键点的经纬度、高程数据。

2）对于人不可能到达或难以到达的地方，能够延伸人的位置测量能力：对于世界第一高峰珠穆朗玛峰的测量，采用 GPS 技术后，精度和便捷性大大增强。

3）与基于位置的移动服务（LBS）之间耦合的方便性和科学性：由于获取的数据是全球统一空间基准（WGS84 基准之上的经纬度投影和坐标系统）的经纬度数据和高程数据，因此非常方便地与基于位置的移动服务技术进行耦合。

存在的不足：

1）使用成本问题：精度要求越高，所需购买和建设的设备的成本越高。需要在成本与精度之间找到平衡点。

2）系统的不稳定性：在车辆自导航时，有时会发现 GPS 信号丢失，或很长时间连接不上；特别是在一些高楼密集的城区和偏远地区，GPS 信号更难以连接。

3）室内外导航定位融合的难度：一般室外采用 GPS 信号，室内则采用 GSM 网或 WIFF 定位技术，两者之间需要融合。

13.3　基于遥感的地理对象动态监测技术

13.3.1　基于遥感的地理对象动态监测技术的定义和内涵

遥感一词来自英语 remote sensing，即"遥远的感知"。广义理解，泛指一切无接触的远距离探测，包括对电磁波、力场、机械波（声波、地震波）等的探测。实际工作中，重力、磁力、声波、地震波等的探测被划为物探（物理探测）的范围，因而只有电磁波探测属于遥感的范畴。遥感就是应用传感器或探测仪器，不与目标物相接触，在一定的遥感平台（卫星、飞机、气球、高塔等）上获取来自地面目标物的电磁波信息，并通过室内判读和分析，获取地球表面对象和现象的动态信息的技术系统。作为人类视觉的延伸，遥感监测实质上是遥感系统通过能量-物质的相互作用辨别了地物的反射、散射、发射等能量。

基于遥感的地理对象动态监测技术，就是应用遥感技术，接收地理对象动态变化信息，从而实现对地理对象和现象动态监测的目的。该项技术又可根据不同技术划分出不同的类型。从遥感平台来看，遥感动态监测分为卫星遥感监测、航空遥感监测和和近地面遥感监测等；从所使用的传感器的电磁波波段的不同，可分为可见光遥感监测、红外遥感监测、微波遥感监测等，以及多光谱遥感监测；从所接收的电磁波的反射、发射和人工发射的不同，分为被动（遥感接收到的信息是来自太阳光的反射）遥感监测、它动（遥感接收到的信息是来自地物自身的发射）遥感监测和主动（遥感接收到的信息是人工主动向地物发射电磁波并接收回波）遥感监测。

13.3.2 基于遥感的地理对象动态监测技术的研究意义

基于遥感的地理对象和现象的动态监测，充分利用了多平台、多时相、多波段和多源数据对地球资源与环境各要素时空变化进行监视与探测。地球表层的地理系统是一个多层次、多元和具有空间和时间尺度的开放性动态系统。动态监测是研究地理系统内部或系统与外部环境之间物质、能量和信息的迁移、转化、交换的主要手段。遥感技术的多维、多平台、多时相、多波段的数据获取能力以及快速处理、多源数据信息复合、多学科的综合和系统分析，为动态监测提供了现代化技术保证，并为全球变化动态研究创造了条件。

研究该技术方法，为地理信息科学提供了最重要的动态监测技术手段：

首先，我们既能够应用遥感技术获取被测对象特征、规模和时间尺度上的差异，也可以利用遥感系统的各种分辨率、各种光谱波段的分辨能力，从全球、国家、区域（或流域）、城市、街区、田块等不同的尺度角度来监测不同等级地物对象的发展演化和状态。

其次，我们还可以针对不同地物特殊的光谱特征来进行专题要素的动态监测。例如，植被、水体就具有完全不同的反射光谱和发射光谱曲线，因而在遥感影像上最容易被识别出来；而且不同亚类的植被（阔叶林、针叶林、乔木、灌木、草本等）、不同生长状况的植被（健康的、有病害的、枯死的；幼年的、成年的；发芽期、结穗期、分蘖期、成熟期等），不同混浊度和深浅的水体，在遥感影像上都有细微的差别，应用多光谱遥感手段就能很方便地识别出来。

再次，遥感的空间分辨率、时间分辨率，与地理对象和现象的时空变化单元有高度的契合度，因此应用遥感技术进行地理对象和现象的动态监测，所获取的时空粒度能够很容易地被使用，很方便地用于描述被测对象的发展变化。

正因为遥感动态监测技术能够以系统工程的方式来处理各种复杂地学对象和现象的监控，因而能够适应资源环境科学的多维结构，能够满足研究不同空间规模和不同时间尺度的环境问题，可为各个层次的资源调查、开发、环境保护部门以及规划、管理部门服务。

13.3.3 基于遥感的地理对象动态监测技术的原理、结构和过程

无论是航天遥感还是航空遥感，遥感过程都可以想象成电磁能量从其来源（通常是太阳）穿越大气层，与地表物质相互作用，以反射能量或者重新发射能量的形式返回到大气层，最后到达传感器的一次旅行。在传输过程中，能量的等级和类型随着其与大气和地球表面物质的相互作用发生改变。因此，有关不同类型的重要信息和表面材料的状况都包含在来自地球表面反射或者发射的能量的特征中。最后，包含潜在信息的能量被遥感器接收并记录下来。遥感数据必须经过解译，并与地面观测（实地测量）相结合才能将其转换为有用的信息。

遥感动态监测中应用最广泛的是被动遥感，即以太阳光为光源，监测地物对阳光的反映信息。物质反射随着材料及其环境的不同而变化，不同的材料通常展现出不同的反射光谱曲线；每种材料类型的光谱特性被称为其光谱特征，相同的材料在实验室的反复实验中得到相似的光谱响应类型。曲线上的低谷即吸收特征，它们表现了光谱范围内对入射能量的吸收更加完全。曲线的凸起即反射峰值，是辨别不同表面材料的重要提示。下面以植被、土壤、岩石和水体的光谱反射曲线为例说明地表多种类型的材料存在光谱差异。过去几十年，很多材料的光谱反射率已经测定、记录并在遥感领域出版。不同材料的光谱行为已经过深入的研究，其光谱反射曲线存档到数据库中。参照光谱数据库，目视解译者和数字图像分析人员可以确定分辨感兴趣的地表特征的最佳光谱区域，并为遥感和实地数据采集选择合适的光谱波段。

植被：植被冠层主要由植物叶片组成，其中每片叶子由数层有机纤维物质组成，包含色素淀积、充水细胞和多孔组织。这三种特征——色素淀积、生理结构和含水量——对植物叶片的反射率、吸收率和透射率特性有重大影响。不同物种间叶面反射率的主要区别取决于叶片的厚度，其影响了色素含量和生理结构。叶绿素 a 和 b 负责光合作用，它们强烈地吸收蓝色波段范围内位于 $0.43 \sim 0.45\ \mu m$ 的辐射能量和红色波段内位于 $0.65 \sim 0.66\mu m$ 的辐射能量。叶绿素色素基本上不吸收入射的绿色波长的能量（$0.5 \sim 0.6\mu m$）。因此，夏季当叶绿素水平达到其峰值时，叶片最绿，而当秋天叶片中的叶绿素水平下降时，叶子变红或者变黄，这

导致吸收减少,相应地对红色波长能力的反射增加。健康叶片的内部生理结构具有不连续的折射率,对近红外波长而言可作为良好的漫反射镜。为此,在遥感中,近红外反射常被用于确定植被的健康程度。叶片中的水分会产生三个主要的水吸收谱带（1.4μm、1.9μm 和 2.7μm 附近）,在健康绿色植被的反射光谱曲线上会明显地表现出来。这种特征常用于获得植物的生长阶段或者胁迫情况。如果植物叶片中含水量少,水分吸收产生的低谷会趋于平和。

土壤:土壤表面的透射率明显低于入射辐射通量的反射和吸收。不同的土壤在其反射光谱曲线上具有相似性,在水分含量、有机质含量、质地、结构和氧化铁含量上具有可识别的明显的差别。由于这些因素高度相关,土壤水分、质地和结构被广泛用作不同土壤类型（分类）光谱特征的决定因素。土壤的表面粗糙度与土壤的结构和质地有关,这影响着土壤的光谱行为。例如,黏土结构紧凑,在耕作时表面粗糙,这对于大部分遥感所使用的波段,几乎是一个完美的漫反射体。与此相反,结构松散的沙质土壤,在耕种时往往如镜面反射体。土壤水分和健康植被具有类似的吸收作用,在水的吸收波段和整个光谱会产生低谷,因此,导致整个光谱波段的低反射。沙质土壤含有的水分较少,因此其通常在可见光、近红外和中红外范围内亮度高。相比之下,黏土含水量较高,能吸收更多的入射辐射通量,返回到遥感器的反射辐射较低。由于水和羟基的吸收作用,随着土壤含水量的增加,反射率在近红外范围和中红外范围内比可见光区域降低得更快。

岩石:岩石的光谱行为与土壤类似,例如,透射率接近于零。在矿物质的光谱研究上有大量的成果,而对岩石的研究却极少。大部分岩石主要是混合有碳酸盐、硫酸盐和氧化物的硅酸盐。岩石光谱反射特征的主要决定因素包括矿物质类型和岩石包含的分子水含量。许多重要的岩石或者矿物质光谱位于 0.6~2.5μm 和 8~14μm 的光谱范围。1.0~2.5μm 的近红外区域可用于识别可区分的、与结构中包含的或者流体包裹体存在的氢氧离子或者水分子有关特征。8~14μm 的中红外和热红外范围提供了与化学成分和材料结构直接相关的信息。由于岩石由各种矿物聚合而成,它们的光谱响应特性则由每一种组成矿物质的光谱响应特性复合而成。

水体:当入射辐射能量与水体相互作用时,总的能量吸收和传输非常高,导致光谱曲线上的低反射率。干净的水体吸收和发射的长波长的可见光和近红外辐射多于短波长的可见光,这使得湖水和海洋的颜色呈现蓝色。水体基本上完全吸收近红外和中红外波长,因此在红外彩色影像上清澈的深水区呈现深蓝色,甚至黑色。这种独特的光谱特性使得遥感从业人员可以监测水体的情况。例如,水体上层的悬浮沉积物会增加其在可见光和近红外波段的反射率,因此,它成为一个很好的量化暴雨径流后湖泊中这些条件的指标。遥感从业人员通过对绿色波段内

第13章 | 地理信息采集和监测技术

反射率变化的监测来检测水体的藻类（生长）状况，因为叶绿素吸收了更多的蓝色波长而反射了绿色光，当藻类出现时使水的颜色呈现绿色。导致水体光谱差异的其他因素包括水深和其物理状况，如混浊度和水面光滑度。

正如前面所述，对于任意给定的材料，由于环境存在的可变因素和复杂的物理条件，遥感光谱特征可能随着时间和空间而变化。光谱特征的可变性使得数字图像处理过程是随机且交互式的，而并不是确定和自动的。因此，知道如何看待和理解影响感兴趣特征的光谱响应的因素，对正确地解释表面与电磁辐射的相互作用和为遥感数据收集选择合适的光谱区域至关重要。

除了反射遥感外，遥感还有一个重要的、突出的特长就是基于地物发射光谱特征的热红外遥感和短波长微波遥感技术。这恰好是人眼所无能为力的光谱波段。因此，我们可利用热红外发射波长的 $3\sim5\mu m$ 和 $8\sim14\mu m$ 两个大气窗口，不分昼夜地发射辐射能量。这种优势使得基于发射能量的遥感系统可以适用于各种应用。例如，在农业应用中，从植物冠层发射出的长波长辐射被广泛用于地面能量预算和土壤水分情况的遥感应用，土壤水分蒸发蒸腾损失总量的估算和植物胁迫的估计。其他的应用包括森林火灾的监测和制图、野生动物总量清算、夜视和目标追踪、能量利用效率的热绝缘评估和城市热岛效应分析。

在大多数资源环境的调查和监测应用中，遥感数据通常用于直接或者间接地度量某些变量或者指标，如土地覆盖、植被覆盖类型和生物量、城市地表覆盖温度、高峰期的交通量。可以通过遥感度量的变量大致可分为两类：一是可直接测量的生物物理变量，如城市建筑物的表面温度及周边区域的环境温度等；二是不能直接观测得到，但可通过遥感数据分析与实地调查相结合的方式间接推导出来的混合变量，如通过对多光谱遥感数据的分析，对研究区域内的每一个像元都可以计算出植被指数（NDVI）。因此，我们需要根据选定的生物物理变量来选定遥感系统（表13-1）。

表13-1　选定的生物物理变量以及典型的遥感系统

变量	用于采集数据的遥感器
平面位置 (x, y)	模拟或者数字航空摄影、ETM+、SPOT、RADARSAT、MODIS、ASTER
高程/水深测量 (z)	航空摄影、SPOT、RADARSAT、ASTER、Intermap Star-3i Interferometric SAR、LIDAR
植被颜色，叶绿素浓度和含量	航空摄影、ETM+、CASI、ATLAS、SPOT、ERS-1 Microwave、ASTER、MODIS

续表

变量	用于采集数据的遥感器
叶面水含量	ERS-1 Microwave、ETM+、Mid-IR、RADARSAT
林冠层郁闭度	航空摄影、ETM+、SPOT、AVIRIS、CAMS、ATLAS
土壤水分	ALMAZ、ETM+、ERS-1 Microwave、RADARSAT、Intermap Star-3i Interferometric SAR、ASTER
地表温度	AVHRR、ETM+、Daedalus、ASTER、MODIS、ATLAS
地表粗糙度	航空摄影、ALMAZ、ERS-1 Microwave、RADARSAT、ASTER
土壤水分蒸发蒸腾损失总量	AVHRR、ETM+、SPOT、CASI、MODIS、AVIRIS、Daedalus
水面和地表颜色	航空摄影、ETM+、SPOT、AVIRIS、CAMS、ATLAS

13.3.4 基于遥感的地理对象动态监测技术的案例

案例：森林和草地的火灾动态遥感监测

传统的森林火灾监测方法是地面巡护、瞭望台观测、飞机空中探火等。由于林场面积大，地面巡护监测火情的方法所能达到的地区有限，人力投入众多，而且效果不是十分理想；瞭望台观测又容易受到很多条件的限制；依靠飞机巡逻观察不仅耗资大，对监测者的经验、技能，以及对技术条件具有高度依赖性，并且易受天气的影响。因此传统的森林火灾监测方法存在着很多的不足，正逐步被基于卫星遥感技术的森林火灾监测方法所替代。

监测火灾的发生情况主要是监测火灾发生位置、范围和蔓延态势。基于这种特征，火灾监测部门及人员要快速获取火情的信息，因此对数据的实时性要求比较高。

针对全国范围内森林火情的监测，对遥感数据具有如下几个要求：空间范围在数百公里的尺度上，空间分辨率达到千米级或者亚千米级；遥感数据的覆盖频率需要达到天/次；监测波段主要以热红外波段为主。在火灾检测中，主要就是监测观测范围内的温度异常点（高温点）及其位置和范围信息。

该案例使用地面接收站从极轨气象卫星 NOAA 获取的 AVHRR 数据进行火灾的监测。NOAA 卫星具有较高的时间分辨率，每天能将中国大部分地区覆盖四次（平均每6个小时一次）。因此，使用 NOAA 数据可以保证从火灾发生开始到火情被发现的最大时间延迟不超过6个小时。同时，AVHRR 数据具有多个通道，可用于计算地面温度和反照率，在火灾检测领域，可以通过阈值算法识别火点。

第 13 章 | 地理信息采集和监测技术

分析结果能得到火点的位置和范围，并通过图像显示出火灾中正在燃烧的区域、已经烧毁的区域和烟尘等信息。然后，通过森林和草地地图辨别火灾发生地的地面覆盖类型。相关部门利用该信息合理调度可用资源扑灭火灾，在大型火灾发生时，用于制订计划控制火势的蔓延。

AVHRR 不仅能够利用第三通道检测出高温目标，还可以利用多波段对火灾区域的烟气羽流和周边的植被成像。可见光范围内波段 1 和波段 2 能反映目标地物的反照度。红外通道的波段 3 可以识别高温目标的辐射。如果将一幅图像的红、绿、蓝颜色分别赋予 3、2、1 波段，就能得到一幅假彩色的图像。该图像能清晰地分辨出高温区域、燃烧的区域、烟气羽流和周边的植被。炽热的区域（红色）能在图像中清晰地显示出来。

图 13-3 显示了一系列典型的 AVHRR 假彩色图像，描述了 1987 年 5 月发生在中国东北大兴安岭地区的森林火灾蔓延情况。

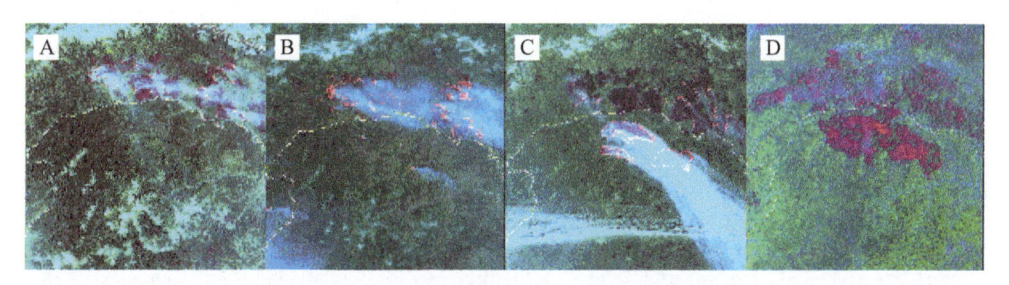

图 13-3 利用 AVHRR 监测火灾蔓延的案例

A. 森林火灾的初始状况：临近中国边境的俄罗斯境内有几处火点；B. 火灾开始蔓延；该图像于 1987 年 5 月 6 日获取，在中国境内有三处火点；C. 火情迅速蔓延，1987 年 5 月 8 日晨；D. 森林火灾的后期阶段。地表火已经扑灭，火灾造成的损失清晰可见

中国气象局下属的国家卫星气象中心在实际应用中使用上述方法进行火灾监测。通过对 AVHRR 数据的实时接收和存储，将监测区域 AVHRR 数据的第 3、2、1 波段分别导入到图像处理软件中，对图像的灰度值予以增强，突出地形特征。经过处理，第三通道的灰度值和亮温成正比关系，即温度越高，图像的灰度值越大。假彩色合成图像常用于第三通道的图像增强。

只运用热红外的"亮温值"来判断火灾，有时会产生误判。因此，我们可以采用"亮温值+NDVI"的方法来避免误判，方法是采用亮温值与 NDVI 的组合阈值法来判断火情是否存在：当亮温值和 NDVI 值都很高时，说明植被生长状况正常，因此判断不是火灾；只有当亮温值超过上限阈值，而 NDVI 低于下限阈值时，才说明监测对象温度很高，且植被生物量非常低，判断是火灾，因为植被已被烧毁。图 13-4 就是采用 MODIS 卫星图像的多个波段的组合来动态监测林火的案例。

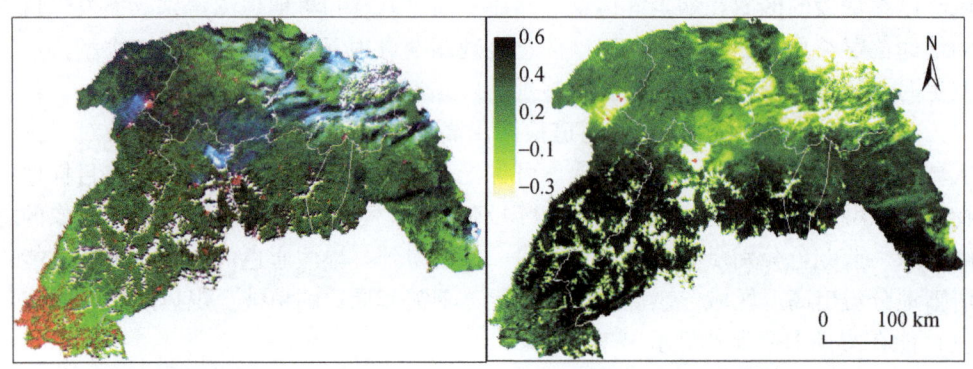

(a) 大兴安岭林区MODIS遥感影像
7、2、1波段RGB合成图

(b) 将综合阈值法得到的结果标注于NDVI图上来综合判断

图 13-4　利用 MODIS 卫星影像的"亮温值+NDVI"阈值判断法监测森林火灾的案例

13.3.5　基于遥感的地理对象动态监测技术的优点和不足

（1）优点

第一，大范围的宏观同步监测优势：由于遥感系统具有平台距地面高、视域广的特点，因而可以在同一时段对大面积的区域进行同步监测，如一帧美国资源环境卫星的 TM 影像，覆盖面积可达近 3 万 km^2，在几分钟内即可扫描完成；一帧地球同步气象卫星图像可覆盖 1/3 的地球表面，实现更大宏观的同步观测。这样所取得的数据是非常宝贵的资料，既可展示一些重要目标物（如地质断裂带、大的水系）的空间分布宏观规律，而有些宏观规律，依靠地面观测是难以发现或必须经过长期的大面积调查才能发现。

第二，极高的时效性：遥感系统可以在短时间内对同一地区进行重复监测，发现地理对象和现象的动态变化。不同高度的遥感平台的重复观测周期不同：地球同步轨道卫星可以每半小时对地观测一次（如 FY-2 气象卫星）；太阳同步轨道卫星（如 NOAA 气象卫星和 FY-1 气象卫星）可以每天 2 次对同一地区进行观测。这两种卫星可以监测地球表面及大气在一天或几小时内的短周期变化。地球资源卫星（如美国的 Landsat、法国的 SPOT 和中国与巴西合作的 CBERS）则分别以 16 天、26 天或 4～5 天对同一地区重复观测一次，以获得一个重访周期的某些事物的动态变化数据。而传统的地面调查则须花费大量的人力、物力和财力，用几年甚至几十年的时间才能获得大范围地区的动态变化数据。因此，遥感技术大大提高了观测的时效性。这对于天气预报、火灾、水灾等的灾情监测，以及城市扩展、土地利用变化等都非常重要。

第三，大大延伸了人眼的观察能力：人眼只能观测到地物所反射的可见光信息。遥感技术则既可以获得从紫外线到红外线再到微波等很宽的波段的信息，还可以通过多个光谱段数据的组合和对比来发现一些隐含的现象和规律；另外，遥感技术可以不分昼夜、不分天气状况进行全天候地对地物进行监测，这是人工不能做到的。因此，遥感监测大大延伸了人的观察能力。

第四，数据的综合性和可比性：遥感获得的地物电磁波特性数据综合反映了地理对象和现象的现状、结构和变化信息。多个国家发射的卫星遥感系统均可以综合反映地质、地貌、土壤、植被、水文等要素，且由于遥感数据格式的逐渐统一和可转换，探测波段、成像方式、成像时间、数据记录等均可按要求设计，使得其获得的数据具有同一性和相似性。同时考虑到新的传感器都可向下兼容，所以数据之间具有很好的可比性。与传统的地面调查和考察相比，遥感数据可以较大程度地排除人为干扰。

第五，可观的经济效益：与传统的监测方法相比，遥感具有较高的投入产出比。由于它可以大大节省人力、物力和时间，因此其经济效益和社会效益十分显著。据统计，美国的陆地卫星和资源环境卫星的经济投入与取得的效益之比为 1∶80 甚至更大。

（2）不足

基于遥感的地理对象动态监测技术仍存在一定的局限性。第一是已经开发利用的电磁波谱段对许多地物的某些特性还不能准确反映，这主要是这些地物的电磁波反向和发射特性不具有唯一性。第二是有些时候会出现"同物异谱"或"同谱异物"等情况。前一种情况可能是同一种地物随着环境的变化（区域变化、季节变化等），其对电磁波的反射和发射特性会发生改变；后一种情况则可能我们还没有找出不同地物之间的电磁波谱差异。第三是遥感识别和解译的自动化程度还不高，目前多数情况下还需要通过人工干预来完成动态监测数据的处理和结果生成。相信随着高光谱遥感、高分辨率遥感的不断发展，以及人工智能水平的不断提高，上述缺陷会逐步得到克服。

第 14 章 地理信息管理技术

14.1 地理信息管理技术概要

14.1.1 地理数据及其特征

地理数据是地理环境系统中人类的施力、系统的状态、人类的反馈与系统表现出来的环境效应之间的时空关系、数量比例、特征信息等的数量化或地图化体现。对于地理数据量的度量可以简单地采用计算机中存储数据的字节数。而地理环境信息存在于地理数据之中，是由用户的认知提炼出来的一种更为抽象的东西。对于地理环境信息量的度量，实际上是很复杂的，虽然申农给出了非常精确的定义，即运用不确定性缩减的概率的负对数来定义，但是这种不确定性所指的对象却完全因人而异。因此，可以说地理环境信息蕴含在地理数据之中，数据是具体的，而信息则是抽象的。我们存储和管理的是地理数据，而理解和表达的却是地理环境信息。作为地理环境系统的数字化体现和地理环境信息的物理载体，地理数据具有一系列独特的特征，突出表现在如下几个方面。

(1) 数据来源广泛、内容覆盖面大、形式复杂多样

从数据来源上讲，地理数据既有野外调查记录、生态网络站点数据、各种社会经济统计数据、科研报告、综合解释性图件，又有大量的遥感影像数据，以及多媒体数据；从数据涉及的内容来讲，地理环境系统是一个复杂的综合体，它的研究内容包括土地资源、水资源、气候资源、生物资源、农业经济、工业经济、人口与劳动力以及环境等多个学科方方面面的数据；从数据表现形式来讲，地理数据涉及数据表、数据文本、文字描述、图形数据、图像数据、多媒体数据等。其中每种数据表现形式又包含不同的数据格式，如图像数据包括遥感影像、数字高程模型、数字栅格地图等。

(2) 数据量巨大、信息含量丰富

由于研究地理环境问题时，要求所得到的任何结论都应该具有一定的普适性，即能够解释各种情况下的结果。要达到普适性，就需要从大量的事实数据中得到结论，同时还需要有大量事实数据加以验证。此外，地理数据涉及内容广

泛、覆盖范围广，又有多学科交叉，还有大量长期积累的历史数据等，都使其需要采集、存储、管理、使用的数据量巨大，信息含量丰富。一般来讲，区域地理环境研究涉及的数据量都达到 GB 数量级，可以称之为海量数据。

（3）数据的准确性、可靠性以及标准化程度不一致

涉及生物及其环境的大多数地理数据需要进行野外采集，但由于人员、仪器以及生物本身特性等因素的影响，都会造成地理数据的准确性和可靠性不一。另外，由于地理数据涉及大量的历史数据，随着科学的进步、计量手段的不断改变，以及数据标准的不断修正等，都造成了不同时期地理数据的精度以及标准化程度的不一致。

（4）数据的空间参考特性和数据的空间拓扑特性

地理数据总是与地球表层处于某一空间位置的地理实体相联系。它不仅具有地理经纬度的特征，而且还具有高程上的特征、方位上的差别，以及与其他地理实体的空间相关关系。因此，表征任何一个地理环境要素的数据都具有明显的空间参考特征和空间拓扑特征。

（5）数据的时序特征

地理数据的时序性是指同一实体在不同的时间区间内具有不同的特征值而表现为时间序列的特点。地理数据是经过长期积累的，有一定的时间序列是必然的。群落演替、生态变迁都是一个长期的过程。要研究此变化过程，长期积累的研究数据是必不可少的。生态系统有年龄上的区别，其结构、功能和外貌随着时间而改变，反映生态系统变化的地理数据也同时发生着改变，这个变化趋势比较缓慢。此外，地理数据在反映生态变化的同时，还记录着非生物因子的变化，如温度、湿度、辐射等。这些因子随时间作周期性的变化，所以地理数据具有明显的时序特征。

（6）属性数据的多维性和多语义性

由于地理环境研究的内容复杂多样，在地理数据上就表现为属性数据的多维性和多语义性。对于同一个实体信息单元，在现实世界中其几何特征是一致的，但却对应着多种语义，如地理位置、海拔高度、气候、地貌、土壤等自然地理特征；同时也包括经济社会信息，如行政界线、人口数量、作物产量等。地理环境研究不是孤立的语义，不同地理环境研究解决问题的侧重点也有所不同，因而会存在语义分异问题。

（7）多时空尺度特征

在地理环境学研究中有不同的研究层次之分：个体、种群、群落、生态系统，所研究的范围也就有小尺度、中尺度以及大尺度之分。不同的研究层次和研究目的，所需数据的时间和空间尺度也互不相同。根据时间周期的长短，可以把

地理数据分为瞬时、小时、日、月、年、多年、人类历史和地质历史等不同尺度类型。生态学研究本身根据研究的对象可分为大、中、小尺度，地理环境决策也因为政策作用的范围而在空间尺寸上有所差别。在生态学研究中小尺度、中尺度以及大尺度并没有严格意义的划分，因此也为数据的分类管理带来一定困难。

(8) 易受人类活动的影响

地理环境是综合性的领域。深入研究生态学必然会涉及气象学、地质学、自然地理学、海洋学等自然科学以及经济学、社会学等人文科学。所有这些学科领域都与人类生存有关，同时每个学科的研究都要牵涉人类活动，同样人类活动也会对自然环境、社会经济等方面产生影响。因此从整体上讲，获得的生态数据与人类生活密切相关。近年来，人类的活动对地理环境的作用越来越大。生态数据的采集需要考虑到哪些是由于人类的作用而使地理环境发生了改变，哪些是由于生态系统自身的发展而发生的改变，这对于生态系统研究有着至关重要的作用。

(9) 易受自然环境的影响

地理数据反映生物及其环境的关系。自然现象（地震、台风、火灾、泥石流等）的发生，必然会使某部分区域的地理环境发生改变，势必会影响到所采集的生态数据。认清自然现象对生态数据的影响，在进行数据初始化处理时，就可能避免将正确的数据当作"脏"数据来处理。

(10) 数据的分布式特征

由于地理数据来源广泛且分布分散，使得地理数据具有存储场地的异质性和数据拥有的主题专属性。地理数据的储存、更新、使用等操作在物理上往往不在同一处，也不为同样的个人或组织所拥有，但可以通过计算机网络，基于地学规律、环境过程和空间实体的相关性在逻辑上联系到一起。

(11) 数据使用对象的多样性

地理数据的服务对象一般来说分为：地理环境学专家、社会公众，以及地理环境问题的决策人员。不同的服务对象，对地理数据的内容、详细程度、组织表达形式等方面的要求也各不相同。

14.1.2 地理信息管理技术

对于地理数据的组织管理，主要包括两个方面的问题：一是在概念层面上实现地理数据的规范化组织；二是在物理层面上实现地理数据有效的存储与管理。以下将从这两方面出发，简要叙述地理数据的组织管理现状。

由于地理数据的内涵丰富、来源广泛，加之数据采集手段的不断提高，使得地理数据的获取周期不断缩短，数据量不断增加，区域级的地理数据量都已达到

GB 数量级。如何合理、规范地组织这些海量、多源、异构的地理数据，是对其进行有效管理，进而服务于各种地理环境研究的基础和前提。目前，对于地理数据的规范化组织重点需要考虑以下几方面的问题：

1）地理数据来源的规范化。地理数据类型复杂多样，涉及多个行业，各种不同的 GIS 系统技术上的相对封闭，不同行业对数据的要求不尽相同。由相应的专业部门用不同方法采集的空间数据，往往被随意地用不同方式存储于不同的介质中。同时，不同时期地理数据的采集标准、计量手段、存储介质也往往各不相同。这就意味着所获取的地理数据往往难以直接利用。对其进行规范化的处理，是一切应用正确有效的保证。

2）地理数据分类编码的规范化。地理数据分类编码是对其组织思想的一种具体体现。针对地理数据的分类方法，往往并不是以所有的地理环境系统作为它的分类对象，而是要以某个具体的生态系统以及其研究目的作为服务对象。受到地理环境问题研究的区域系统类型、时空尺度、应用目标等因素的影响，有关地理数据的分类体系可以说是千差万别。例如，从研究区域生态系统的类型出发，对干旱区地理数据和湿地地理数据的分类体系对照如下：由中国科学院地理科学与资源研究所的刘高焕、孟雪莲等设计建立的中国西部干旱区地理数据库，分为地理矢量数据、水文气象数据、社会经济统计数据、文档数据、专题图件及遥感影像和土地利用/覆盖专题数据六大部分；由中国科学院长春地理所的张树清等负责建立的全国湿地科学数据库，则分为：全国湿地空间分布专题数据、全国湿地背景环境数据、全国湿地属性外业调查数据、湿地保护区数据、人类活动对湖沼系统影响数据、沼泽湿地分类及演化图像、全国湿地分布动态陆地卫星遥感解译数据七个基本类型。这种分类体系的差异，在很大程度上丰富了地理数据分类学的研究内容，但同时由于各种分类体系的不兼容，也给地理数据的共享带来了诸多不便。鉴于目前还未形成地理环境分类编码标准，我们应该在明确应用目的、深入研究地理数据特征和联系的基础上，综合已有的各种地理、资源环境分类编码标准，力求达到特定性与通用性的统一。

3）地理数据元数据的规范化。元数据是关于数据的数据，它是解决地理数据质量控制、地理环境信息共享等问题的有效方法之一。目前较有影响力的元数据标准，多数针对地学数据，主要有 FGDC 元数据标准、ISO/TC211 地理信息元数据标准，以及中国可持续发展信息共享元数据标准等。有关地理环境学方面的元数据标准主要是美国生态学会 FLED 生态元数据标准。而国内关于生态学元数据的研究，以及相关标准的制定和实施均刚刚起步，目前尚无正式发布的元数据标准。如何在尽量遵循上述元数据标准的基础上，建立针对特定目的的元数据库，也是海量地理数据规范化组织的研究问题之一。

地理数据不管其表现形式多么复杂多样，从 GIS 的角度出发，总可以划分为属性数据和空间数据。对于属性数据，目前成熟的关系数据库系统已经可以实现对其完善的管理。因此，地理数据管理的核心问题就集中在如何实现空间数据的管理，以及与属性数据的融合。

地理信息的管理技术分为数据库集中管理和海量数据的分布式管理两个方面。首先需要建立地理信息的数据模型，然后应用数据库管理技术来分别集中地和（网络）分布式地管理地理对象，其中包括地理数据的组织管理、地理数据分类编码、元数据建立等。目前最先进的管理技术是充分结合已有空间数据模型和地理数据辅助模型优势基础上的复合模型，即利用大型关系型数据库与复合数据引擎相结合的模式，建设海量分布式地理数据库。

14.2 地理对象的数据库集中管理技术

14.2.1 地理对象的数据库集中管理技术的定义和内涵

数据库是近 20 多年来发展最迅速的一种计算机数据管理技术。它是为一定目的服务的、以特定的数据存储的相关联的数据的集合，是数据管理的高级阶段，是从文件管理系统发展而来的。地理信息系统的数据库（又称地理数据库或空间数据库）是某一区域内关于一定地理要素特征的数据集合。与一般数据库相比，它具有以下三个特点：一是数据量特别大，因为它是用数据来描述地理复杂系统中的各种要素及其相关关系，尤其是要素的空间位置，数据量往往都很大；二是不仅有地理要素的属性数据（与一般数据库中的数据性质相似），还有大量的空间数据，即描述地理要素空间分布位置和空间关系的数据，并且空间数据与属性数据之间具有不可分割的联系；三是数据主题内容多，应用广泛，凡是地球表面的地理对象和现象，都可以被用数据库的形式加以描述，应用于资源与环境保护与开发、区域地理研究与规划、土地利用、城市管理、人口调度与管理、市政建设等各个领域。

地理对象的数据库集中管理技术首先沿用了数据库技术的所有优点。数据库技术有如下特征：一是数据集中管理，即克服了文件管理模式中的数据分散、相互之间没有紧密联系的缺点，采用一定的数据模型，集中控制和管理所有的相关数据，以保证不同用户和应用可以共享数据。二是数据冗余度小，即用严格的识别冗余和控制数据冗余度的方法来提高数据处理效率，克服了文件系统中的数据冗余所造成的增加存储空间、数据不一致等缺点。三是数据独立，即数据库中的数据与应用程序之间相互独立，应用程序不因数据性质的改变而改变，数据的性质也不因应用程序的改变而改变；数据独立分为两级：物理级和逻辑级，物理独立指数据的物理结构变化不影响数据的逻辑结构，逻辑独立意味着数据库的逻辑结构的改变不影响应用程序；但逻辑结构的改变必然影响到数据的物理结构。四是复杂的数据模型，即采用数据模型来体现现实世界中各种数据组织以及数据间的联系，复杂的数据模型是实现数据集中控制、减少数据冗余的前提和保证；采用数据模型是数据库方式与文件管理方式的本质区别。五是采用特殊的技术来实现数据的保护，避免数据丢失和破坏，主要采用安全性控制、完整性控制、并发控制、故障发现和恢复四种措施。

地理对象的数据库集中管理技术是应用 GIS 中的数据库管理系统与空间数据引擎相结合，实现对地理对象和现象的结构化描述、存储、管理、更新、派生等技术的总称。它包括地理数据模型构建、地理数据存储、地理空间索引建立、地理空间数据管理与维护、不同尺度数据库的派生、数据更新等技术环节。

14.2.2 地理对象的数据库集中管理技术的研究意义

研究地理对象的数据库集中管理技术，对于地理信息的管理意义重大。在地理信息系统中，数据库系统提供了强大的数据引擎，数据库扮演着存储数据和促进数据共享的角色，可以对存储的数据进行更改和分析。

地理对象的数据库集中管理技术有如下价值和意义：

1）将数据管理与数据分析两项技术分离开来，使数据管理能够独立存在，不受数据分析结果的影响。从最初的 GIS 分析程序中嵌入数据管理和操作模块，到独立使用数据库来管理空间和非空间数据，极大地提高了 GIS 的运行效率。随着数据库技术在 GIS 应用中的不断普及，越来越多的人认为 GIS 是一个以分层方式管理数据，并与标准数据库管理系统 DBMS 密切关联的软件系统。RSRI 在 1981 年发布的 ArcInfo 就是最早地将 DBMS 与 GIS 环境结合在一起的软件系统。GIS 的发展特点是，既与 DBMS 密切相关，又不与某一种 DBMS 软件相捆绑，因此就使得各种 GIS 平台可以随意指定后台挂接 DBMS 软件，这种相互独立性使 GIS 在发展中能够始终利用最先进的数据库管理系统技术。从最初与 DBASE 联接，到后来与微软的 Access 联接，再到后来与 SQL/Server 联接，以至于当今与最先进的数据管理系统 Oracle 联接，都体现了这种优越性。

2）能够充分利用空间索引的技术。空间索引是数据库中一个很重要的、强有力的工具，就像出版物或者图书目录中的索引一样，可以影响和提高 GIS 应用性能。空间索引对于无缝拼接的空间数据尤其重要。它一般分为对象范围索引、格网索引、四叉树索引、R 树和 R⁺ 树空间索引等几种。

3）能够充分运用 SQL 语言的作用。SQL（结构化查询语言）语言是专为各种数据库管理系统建立的通用的、标准化的查询语言，能够极大地提高数据库的互操作性。在 GIS 平台中，我们既可以把 SQL 单独用作一种与 GIS 数据库直接进行作用的工具，也可以把它嵌入普通的编程语言中。在 GIS 数据库中，我们可以应用 SQL 语言创建、更改和删除关系模式，也能够用 SQL 实现数据的查询、插入、更新等一系列操作。

4）能够灵活地定制和集成用户化的数据模型。数据模型是数据库的基础。GIS 对于用户的最大吸引力，就是给用户留下了很充足的自我定义和定制专业的数据模型的空间。各个专业不同的数据模型，在某种程度上体现了人对研究对象的刻画与描述的深度。数据库系统还允许将用户的多个数据模型集成在一起，实现数据库的集成与共享。

5）提高了人与数据库之间的相互作用。在 GIS 平台中，用户可以通过 DBMS 和空间数据引擎设计和建立灵活的人与数据库之间的交互。它通过菜单、窗体和 SQL 语言，以及自然语言等方式，完成数据定义、存储定义、数据操作、数据处理、数据查询等与数据库之间的交互。

14.2.3 地理对象的数据库集中管理技术的原理、结构和过程

地理对象的数据库集中管理技术通过数据模型的设计与建立、空间数据结构的设计与建立、数据库设计与建设、数据操作、数据更新维护、数据查询检索等一系列环节实现。

（1）地理数据建模

数据建模是指把现实世界的数据组织为有用且能反映真实信息的数据集的过程。根据一定方案建立的数据逻辑组织叫数据模型。

地理对象和现象的数据可分为三类，即空间数据、时间数据和专题属性数据。在目前时间数据库没有独立建立之前，时间数据与专题属性数据结合在一起共同作为属性数据。

空间数据有两种典型的 GIS 数据模型：一是拓扑关系数据模型；二是面向对象（实体）的数据模型。

拓扑关系数据模型以拓扑关系为基础组织和存储各个几何要素，其特点是以点、线、面间的拓扑连接关系为中心，它们的坐标存储具有依赖关系。该模型的主要优点是数据结构紧凑，拓扑关系明晰，系统中预先存储的拓扑关系可以有效提高系统在拓扑查询和网络分析方面的效率，但也有不足：一是对单个地理实体

的操作效率不高，因为拓扑数据模型面向的是整个空间区域，强调的是各几何要素之间的连接关系；二是难以表达复杂的地理实体，因为一个完整的简单实体在拓扑关系模型中有时需要被分解为多个几何要素，因而不可能有效地表达这一由多个独立实体构成的有机集合体；三是难以实现快速查询和复杂的空间分析，因为点、线、面等基本几何要素被存储在不同的文件和关系表中，要在整个区域内容进行点、线、面的联合查询，难度可想而知；四是局部更新困难，因为当局部一些实体发生变动时，整层拓扑关系将不得不随之重建，这样的系统牵一发而动全身，在维护和扩充方面需要更多的精力，并且容易出错。

面向对象的数据模型是为了强调这种数据模型是以单个空间地理对象或实体为数据组织和存储的基本单位。与上述拓扑模型相反，该模型以独立、完整、具有地理意义的对象实体为基本单位对地理空间进行表达。在具体组织和存储时，可将实体的坐标数据和属性数据（如建立了部分拓扑，拓扑关系也放在表中保存）分别存放在文件系统和关系数据库中，也可以将二者统一存放在关系数据库中（可以将坐标数据和属性数据放在同一个表中，也可以将二者分成两个表）。面向对象的数据模型在具体实现时采用的是完全面向对象的软件开发方法，每个对象（独立的地理实体）不仅具有自己独立的属性（含坐标数据），而且具有自己的行为（操作），能够自己完成一些操作。虽然面向实体的数据模型在内部组织上可以按照拓扑关系进行，但是作者这里所说的模型强调对象的坐标存储之间（尤其是面与线的坐标存储）不具有依赖关系，这是它与拓扑关系模型的本质不同点。该模型能够很好地克服拓扑关系数据模型的几个缺点，具有实体管理、修改方便，查询检索、空间分析容易的优点，更重要的是它能够方便地构造用户需要的任何复杂地理实体，而且这种模式符合人们看待客观世界的思维习惯，便于用户理解和接受。同时，面向实体的数据模型自然地具有系统维护和扩充方便的优点。因此，这种模型是当今流行 GIS 软件采用的最新数据模型，但也有一些缺点：一是拓扑关系需临时构建；二是动态分段、网络分析效率降低；三是实体间的公共点和公共边重复存储；四是难以将管理、分析和处理定位到几何要素一级；五是难以实现跨图层的拓扑查询和分析。

属性数据一般以关系型模型存储于关系型数据库管理系统中。属性数据的数据模型最能体现地理专业用户的科学性和专业性。在具体设计和建设过程中，需要建立用户专用的数据元表，确定需要建立哪些数据表，设计表与表之间的链接关系，进而设计每个表中的各个字段，然后建立数据字典，确定每个字段的名称、数据类型、值域、数据长度等。

（2）地理数据库设计与建设

地理数据库设计与建设的目的，就是设计和建立一定的数据库模型，将空间数据和属性数据联接为一体。目前有三种模式,一是将空间数据与属性数据分开存储,即空间数据采用单独的数据模型,用单独的文件存储,属性数据存放在关系数据库中,空间数据与属性数据之间通过一定的连接关系实现。二是全关系型数据库,即把空间数据与属性数据都存储在关系数据库中,空间以变长字段的形式存储。三是面向对象的数据库,被认为是最适合于空间数据的表达与管理,因为它不仅支持变长记录,而且支持对象的嵌套、信息的继承与聚集,允许用户定义对象、定义对象的数据结构以及它的操作。这样,我们可以将空间对象根据 GIS 的需要,定义出合适的数据结构和一组操作。这种空间数据结构可以是不带拓扑关系的面条数据结构,也可以是拓扑数据结构,当采用拓扑数据结构时,往往涉及对象的嵌套、对象的连接和对象的信息聚集。

14.2.4　地理对象的数据库集中管理技术的案例

案例:ArcGIS 的数据库管理技术

ArcGIS 采用一种混合数据模型来统一定义空间数据库模型和管理地理空间数据,支持空间实体的矢量表示和栅格表示。位置数据用矢量和栅格数据表示,属性数据存储在一组数据库表格中,空间与属性统一存储在表格中,通过空间和属性数据的连接实现对空间数据的查询,分析和制图输出。ArcInfo 的数据模型支持六种重要的数据结构:①Coverage 表示矢量数据;②GRID 表示栅格数据;③TIN 适合于表达连续表面;④属性表;⑤影像用作地理特征的描述性数据;⑥CAD 图像用作地理特征的描述性数据。

(1) 地理相关模型(Coverage)

ArcInfo 7.X 以前版本以 Coverage 作为矢量数据的基本存储单元。一个 Coverage 存储指定区域内地理要素的位置、拓扑关系及其专题属性。每个 Coverage 一般只描述一种类型的地理要素(一个专题 Theme)。位置信息用 X、Y 表示,相互关系用拓扑结构表示,属性信息用二维关系表存储。地理相关模型强调空间要素的拓扑关系。

Coverage 的数据组织主要有以下几项组成:

1) 标示点。

位置数据:包含 Cover#、Cover_ID 和 X、Y,存储在 LAB 文件中。

属性数据:存储在 PAT 文件中,包含 4 个基本数据项 Area、Perimeter、Cover# 和 Cover-ID。

2）结点。

位置数据：不明显地存储，而是作为弧段的起始结点和终止结点存储在 ARC 文件中，包含两个标准项 Cover#和 Cover_ ID。

属性数据：存储在结点属性表 NAT 中，它包含 3 个标准数据项 ARC#、Cover#和 Cover_ ID。

3）弧段。

位置数据：包含 Cover#、Cover-ID、FNODE#、TNODE#、LPOLY#、RPOLY#和坐标串，存储在 ARC 文件中。

属性数据：存储在结点属性表 AAT 中，它包含 7 个标准数据项 Cover#、Cover-ID、FNODE#、TNODE#、LPOLY#、RPOLY#和 LENGTH。

4）多边形。

位置数据：由一组弧段和位于多边形内的一个标示点来定义。它不直接存储坐标信息，坐标信息存储在 ARC 和 LAB 文件中。包含 Cover#、Cover_ ID、Lab#、Arc#1、Arc#2…Arc#n。

属性数据：存储在结点属性表 AAT 中，它包含 7 个标准数据项 Cover#、Cover_ ID、FNODE#、TNODE#、LPOLY#、RPOLY#和 LENGTH。

5）控制点：存储于 tic 文件中。

6）覆盖范围：存储于 bnd 文件中。

(2) 地理数据库（GeoDatabase）

GeoDatabase 在实现上使用了标准的关系—对象数据库技术，它支持一套完整的拓扑特征集，提供了大型数据库系统在数据管理方面的所有优势（如数据的一致性、连续的空间数据集合、多用户并发操作等）。Geodatabase 用更先进的几何特征（如三维坐标和 Bézier 曲线），复杂网络，特征类的关系，平面几何拓扑和别的对象组织模式扩展了 Coverage 和 Shape 文件模型，使得空间数据对象及其相互间的关系、使用和连接规则等均可以方便地表示、存储、管理和扩展。引入这种新的数据模型的目的在于让用户可以通过在他的数据中加入其应用领域的方法或行为以及其他任意的关系和规则，使数据更具智能和面向应用领域。

Geodatabase 模型结构：

1）要素类（Feature class）：同类空间要素的集合即为要素类，如河流、道路、电缆等。

2）要素数据集（Feature dataset）。

专题归类表示：当不同的要素类属于同一范畴（如水系的点线面要素）。

创建几何网络：在同一几何网络中充当连接点和边的各种要素类（如配电网络中，有各种开关、变压器、电缆等）。

考虑平面拓扑：共享公共几何特征的要素类（如水系、行政区界等）。

3）关系类（Relationship class）：定义两个不同的要素类或对象类之间的关联关系（如我们可以定义房主和房子之间的关系）。

4）几何网络（Geometric network）：几何网络是在若干要素类的基础上建立的一种新的类。定义几何网络时，我们指定哪些要素类加入其中，同时指定其在几何网络中扮演什么角色。例如，定义一个供水网络，我们指定同属一个要素数据集的"阀门"、"泵站"、"接头"对应的要素类加入其中，并扮演"连接"（junction）的角色。同时，我们指定同属一个要素数据集的"供水干管"、"供水支管"和"入户管"等对应的要素类加入供水网络，由其扮演"边"（edge）的角色。

域（Domains）：定义属性的有效取值范围。可以是连续的变化区间，也可以是离散的取值集合。

有效规则（Validation rules）：对要素类的行为和取值加以约束的规则（如规定不同管径的水管要连接，必须通过一个合适的转接头。规定一块地可以有 1~3 个主人）。

栅格数据集（Raster Datasets）：用于存放栅格数据。可以支持海量栅格数据，支持影像镶嵌，可通过建立"金字塔"索引，并在使用时指定可视范围提高检索和显示效率。

TIN Datasets：TIN 是 ArcInfo 中非常经典的数据模型，是用不规则分布的采样点的采样值构成的不规则三角集合。它可用于表达地表形态或其他类型的空间连续分布特征。

Locators：定位器是定位参考和定位方位的组合，对不同的定位参考，用不同的定位方法进行定位操作。

14.2.5 地理对象的数据库集中管理技术的优点和不足

地理对象的数据库集中管理技术的优点如下：

1）数据在本地设备中存储和管理，存储效率高，数据一致性好，数据能够得到很好的管理和维护。这是数据集中管理技术的优势之一。对于数据量不大的系统而言，这种管理技术非常适合。

2）空间数据与属性数据之间关联简单，拓扑关系管理严格且计算效率高。例如，在 ArcGIS 的 coverage 数据模型中，空间数据放在建立了索引的二进制文件中，属性数据则放在 DBMS 表（TABLES）里面，二者以公共的标识编码关联；coverage 的矢量数据间的拓扑关系存储和信息描述清晰，由此拓扑关系信息，我们可以得知多边形是由哪些弧段（线）组成，弧段（线）由哪些点组成，两条弧段（线）是否相连以及一条弧段（线）的左或右多边形是谁？这就是通常所说的"平面拓扑"。

3）可管理连续的空间，无需分幅、分块，支持空间数据的版本管理。

地理对象的数据库集中管理技术的缺点是：对于日益趋向企业级和社会级的 GIS 应用而言，已很难适应（如海量数据、并发等）；数据模型的拓扑结构不够灵活，局部的变动必须对全局的拓扑关系重新建立（build），"牵一发而动全身"，且费时。

14.3 海量地理数据的分布式管理技术

14.3.1 海量地理数据的分布式管理技术的定义和内涵

与上述数据库集中管理技术相比，海理地理数据的分布式管理技术有两个关键点：一是"海量"；二是"分布式"。因此，本技术就是面对和处理海量地理数据，在网络上进行管理和共享。

从数据存储的角度来看，地理环境数据也不外乎空间数据和属性数据两种类型，因此海量地理环境数据的存储需考虑的首要问题就是海量空间数据的存储，以及属性数据与空间数据的连接。目前常用的海量空间数据管理模式是文件数据库的一体化管理模式，即空间数据存储在文件系统中，而属性数据存储在关系型数据库系统中，二者以一个关键字相连。这种分离存储的模式存在着数据管理和维护困难、数据访问速度慢、多用户数据并发共享冲突等诸多问题。相比之下，采用大型关系型数据库系统与空间数据引擎结合的管理模式不失为一种更加明智的选择。该模式不仅充分利用了关系型数据库系统的优势实现了多用户并发操作、长事务处理、版本机制等，还引进空间索引机制提高了空间数据查询速度，利用特殊表结构实现了空间数据和属性数据的无缝集成等。

由于关系型数据库系统已经相当成熟，采用关系型数据库+空间数据引擎的管理模式，关键就在于空间数据引擎的选择和构建。空间数据引擎是处于应用程序和关系型数据库管理系统（RDBMS）之间的中间件技术，在用户和空间数据库之间提供一个开放接口。用户可以通过空间数据引擎将不同形式的空间数据提交给 RDBMS，由 RDBMS 统一管理；同样用户也可以通过空间数据引擎从 RDBMS 中获取空间类型的数据，并转化为客户可以使用的格式。因此，RDBMS 实质上是空间数据的容器，而空间数据引擎就是空间数据出入该容器的通道。

作为连接客户应用和空间数据库的中间层，空间数据引擎必须具备以下基本功能。

1) 多用户管理：空间数据的共享满足了人们的需求，但它同时也给数据的安全性带来了问题，非授权的用户可能通过网络访问敏感数据。同时为了实现多用户的多线程执行，支持多用户对数据库的并发访问，就必须建立和维护用户的管理信息，确保用户对空间数据库的合法访问。

2) 多空间数据库管理：为了满足人们对分布信息的共享需求，往往需要同时操作若干个空间数据库。这就需要为用户建立多空间数据库管理，维护空间数据库的相关信息，方便用户对不同空间数据库的操作，实现用户对空间数据库的透明、安全访问。

3) 空间数据的索引：空间数据索引作为一种辅助性的空间数据结构，介于空间操作算法和空间对象之间，它通过筛选，排除大量与特定空间操作无关的空间对象，从而缩小了空间数据的操作范围，提高了空间操作的速度和效率。

4) 空间关系运算和空间分析功能：由于数据库并不直接支持对几何数据的运算，在 GIS 系统体系结构中，都需要空间数据引擎对空间数据加以处理，提供对空间数据必要的空间关系运算和空间分析功能。

5) GSQL 语句的解释执行：对用户提交的 GSQL 语句进行语义分析，根据 GSQL 语句的语义，对数据库中的数据进行必要的操作，构造执行结果。其中，包括对空间关系的运算和空间运算的实现。

14.3.2 海量地理数据的分布式管理技术的研究意义

由于地理环境系统是一个高度复杂的综合体，对其进行表述的地理环境数据也具有空间拓扑性、时序性、多维性、多语义性、多时空尺度性等种种特性，这给海量地理环境数据模型的构建带来了很大挑战，突出表现在以下几个方面。

1) 地理环境系统的复杂多样性对构建海量地理环境数据模型提出的特殊要求。地理环境系统的复杂多样性主要体现在如下两个方面：一是构成地理环境系统的组分多种多样且彼此关联、相互影响、相互制约。地理环境系统以生物为核心，研究周围环境与生物体之间的相互关系，故地理环境系统组分不仅包括植物、动物、微生物等各种生物体，还包括时刻与其发生作用的温度、水分、光照、土壤、地形、矿产等自然因素，以及对地理环境系统产生影响的各种人类活动，如过度的开采行为对自然的破坏、不合理的工业生产对环境的污染等。由于地理环境数据具有空间特性，其各组分也具有明显的空间特性，且它们并非孤立存在，而是彼此之间存在复杂的空间拓扑关系和语义关联关系。体现在地理环境数据模型的构建上，就要求采用面向对象的思想，针对特定的地理环境组分构建地理环境对象来反映其特定的属性、行为以及与其他组分的关联关系。二是地理环境系统类型的多样性。由于受上述各种地理环境组分的影响，地球上的生态系统是多种多样的。首先从总体上可分为海洋生态系统、淡水生态系统和陆地生态系统，每一种生态系统类型可以做更进一步的划分，如陆地生态系统可以进一步划分为森林生态系统、草原生态系统、荒漠生态系统、农田生态系统等。并且在每一种特定的生态系统类型中，其组分的特征、属性以及它们彼此之间的关联关系往往有很大差异。体现在地理环境数据模型的构建上，就要求其数据模型不能是静止的、固定不变的，而应该动态的、具有可更新性的。

2）地理环境对象的空间多尺度特征对构建海量地理环境数据模型提出的特殊要求。任何地理环境问题的研究都以选择合适的空间尺度为前提。Delcourt 曾提出宏观生态学研究的四个尺度域：①微观尺度域（Micro_scale Dominion），包括 $1\sim10^6\text{m}^2$ 的空间范围，用于研究干扰过程（火干扰、风干扰和砍伐等）、地貌过程（土壤剥蚀、沙丘运动、滑坡崩塌等）、生物过程（种群动态、植被演替等）和生境破碎化过程等。②中观尺度域（Meso_scale Dominion），包括 $10^6\sim10^{10}\text{m}^2$ 的空间范围。这一尺度域囊括了最近间冰期以来次级支流流域上的事件。③宏观尺度域（Macro_scale Dominion），包括 $10^{10}\sim10^{12}\text{m}^2$ 的空间范围。在这一尺度域内发生了冰期过程以及物种的特化和灭绝。④超级尺度域（Mega_scale Dominion），包括大于 10^{12}m^2 的空间范围，与类似于地壳运动的地质事件相适应。当然 Delcourt 所定义的尺度域是粗线条的，但由此可以深入刻画出地理环境数据的空间多尺度特性。此种特性体现在海量地理环境数据模型的构建上，就是要建立多级地理环境数据模型，并通过空间索引技术来反映多级空间尺度之间的隶属关系。

3）地理环境演变过程的复杂性对构建海量地理环境数据模型提出的特殊要求。通过对地理环境系统的深入研究，将其演变过程归纳为以下三种类型：一是以周期性变化为主，在周期性轮回的基础上叠加非线性的扰动。例如，以四季为周期，植物重复着开花结果、落叶及休眠的过程，动物重复着繁殖、迁徙、冬眠等过程。当然这种变化过程并非绝对的，它往往会因气候、光照等条件短时间内的变化而产生小的波动。二是以单向演替为主，在演替过程中伴随有小的停滞或者波动。无论是动植物个体、种群、群落或者生态系统都存在着从产生到成长再到消亡的过程。以植物群落的演替过程为例，可能始于原生裸地，由植物的传播、定居产生稳定成熟的植物群落，而后因植物间的竞争演化为更高级的植物群落，或因外界条件的变化或人类的干预而彻底消亡。在此演化过程中，任何一个因素的变化都可能引起演变过程的停滞或者波动，但此种变化仅仅是微小的和暂时的，并不会影响系统的整体演变过程。三是以整个生态系统的物质循环过程为主，同时伴随有系统内部物质的转移。物质循环是地理环境系统的重要特征之一。典型的地理环境物质循环过程有水循环、碳循环、氮循环等，此种物质循环过程通常以全球或大尺度的地理环境系统整体为研究对象，而在生态系统内部往往存在着物质的转移或流动。综合分析以上三种地理环境演变过程，我们发现其共同的特点是大尺度上的地理环境演变过程具有规律性，同时伴随有小尺度上不可知的地理环境变化过程，即地理环境演变过程研究受多个时间维的影响。体现在海量地理环境数据模型的构建上，就是要建立多时间维的动态数据模型，不仅要刻画地理环境系统的动态变化特征，而且要进一步描述不同的变化方式与多时间维的对应关系。

14.3.3　海量地理数据的分布式管理技术的原理、结构和过程

根据上述复杂地理对象和现象对数据库管理技术的需求，我们可以综合 ArcSDE 空间数据引擎与 EcoADE 地理环境辅助数据引擎的优点构成复合数据引擎，利用大型关系型数据库系统（如 Oracle 等）实现对海量地理环境数据的有效管理。

为了便于与 Geodatabase 数据模型连接，以及考虑到模型实现上的简单方便性，作者采用基于名称的方式建立地理环境辅助数据模型（ecological assistant data model，EcoADM），并采用 UML（unified modeling language）对其具体结构进行表述（图 14-1）。

DatasetName 由 EcoDatasetMetadata 和 FeatureClassName 共同构成。EcoDatasetMetadata 为基于数据集的地理环境数据元数据，FeatureClassName 为一个抽象类，它具有分类代码、区域编码、数据类型代码等属性。1st_GradeFeatureName、2nd_GradeFeatureName... 为 FeatureClassName 的子类，它们继承了 FeatureClassName 的上述属性信息，并添加了最大可显示比例尺、最小可显示比例尺以及多级的时间标识三个重要属性。其中，1st_GradeFeatureName 具有一级时间标识属性，由 0…n 个 2nd_GradeFeatureName 组成，它的最小可显示比例尺为 None，当其达到最大可显示比例尺时，切换显示其对应的二级尺度要素类；2nd_GradeFeatureName 具有二级时间标识属性，由 0…n 个 3nd_GradeFeatureName 组成，它的最小可显示比例尺对应 1st_GradeFeatureName 的最大可显示比例尺，同样当其达到最大可显示比例尺时，切换显示其对应的三级尺度要素类；以此类推，nth_GradeFeatureName 具有 n 级时间标识属性，它的最小可显示比例尺为上一级尺度要素类的最大可显示比例尺，而其最大可显示比例尺为 None。各级尺

度要素类的最大可显示比例尺与最小可显示比例尺要根据图层的实际显示状态，通过反复测试选择一个最佳值。上述地理环境辅助数据模型 EcoADM 通过建立 FeatureClassName 各子类之间的复合关系体现了地理环境数据的空间多尺度特性，并借助各子类的最大可显示比例尺与最小可显示比例尺，实现空间多尺度的自动切换显示。此外，通过对 FeatureClassName 各子类建立不同级别的时间标识信息，不但体现了地理环境演变的动态时效性，而且表达出演变过程的多时间维特性。

在建立地理环境辅助数据模型 EcoADM 之后，地理环境辅助数据引擎 EcoADE 需要完成的工作就是通过对 EcoADM 的访问以及与 Geodatabase 模型的连接，实现对地理环境数据的查询检索（包括基于分类方案的查询检索、基于空间区域或数据类型的查询检索、基于地理环境演变过程的查询检索）、地理环境数据的访问（包括特定空间尺度的地理环境数据访问、特定生态演变过程的访问）、地理环境元数据的管理，以及多尺度地理环境数据的过滤显示等。上述功能都要通过应用接口 EcoADE API 来实现，具体结构如图 14-1 所示。

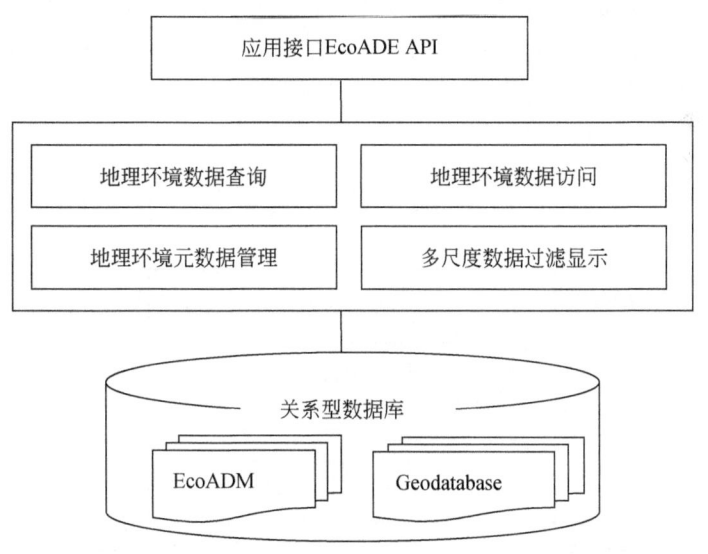

图 14-1 地理环境辅助数据引擎 EcoADE 的体系结构

EcoADE API 的开发主要包括两部分，一是与 ArcSDE 提供的 Geodatabase 数据模型的连接；二是对基于标准关系型数据库系统开发的地理环境辅助数据模型 EcoADM 的访问。其中与 Geodatabase 模型的连接，主要是利用 EcoADM 模型中的关键字段 DatasetName 和 FeatureClassName 来关联 Geodatabase 中相应的数据集或要素数据类，并利用 ArcSDE 提供的标准接口函数对这些数据集或要素数据类进行访问。针对基于标准关系型数据库开发的 EcoADM 数据模型，作者选用了 ODBC 对其进行访问。ODBC（open database connection）是 Microsoft 公司定义的一种数据库访问标准，它提供了一种访问不同平台上 SQL 数据库的方法，已经成为事实上的数据库访问接口工业标准。ODBC 是通过一组标准的函数调用来实现的，这些函数的功能主要是将 SQL 语句发送到目标数据库，然后处理这些 SQL 语句产生的结果。为了更好地理解对 EcoADM 的访问，我们对使用到的标准 SQL 语句原型介绍如下：

通过以上探讨，我们选取了大型关系型数据库系统与空间数据引擎相结合的海量地理环境数据管理模式，充分利用了 ArcSDE 空间数据引擎的优势，并构建了地理环境辅助数据引擎 EcoADE，进一步体现了地理环境数据的独有特征。具体来说，海量地理环境数据库系统为三层结构（图 14-2）。底层的大型关系型数据库选用 Oracle 数据库，并在其中存储了由 ArcSDE 空间数据引擎操纵的 Geodatabase 数据模型和由 EcoADE 地理环境辅助数据引擎操纵的 EcoAEM 数据模型，两个模型之间通过数据集和要素类的名称彼此关联。中间层是由地理环境辅助数据引擎 EcoADE 和空间数据引擎 ArcSDE 共同作用形成的复合数据引擎。最上层则是地理环境数据库管理系统，它通过复合数据引擎，实现对底层数据库的存储、管理、查询、检索等操作。

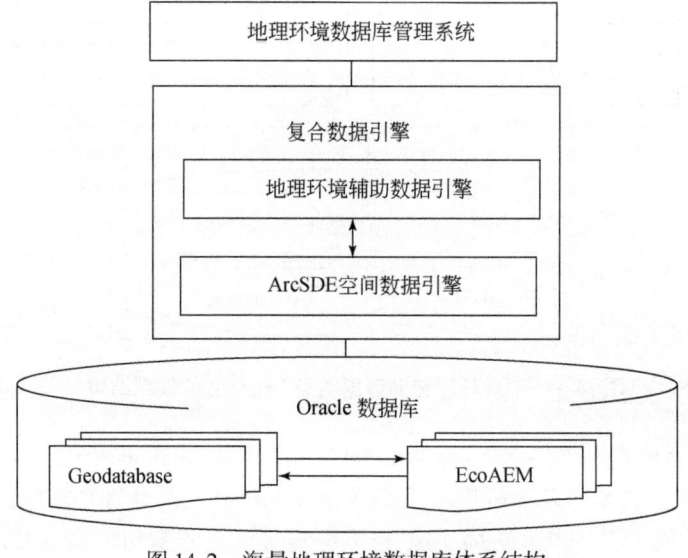

图 14-2 海量地理环境数据库体系结构

第 14 章 | 地理信息管理技术

采用此种三层结构地理环境数据库的另一个优势就是实现了海量地理环境数据的分布式存储与管理。"分布式"技术的基本思想就是：物理上存放于网络的多个独立数据库在逻辑上可以看成是一个单独的大数据库。用户可以通过网络对异地数据库中的数据同时进行存取，而服务器之间的协同处理对于工作站用户及应用程序而言是完全透明的。这种分布式管理模式无论对于海量地理环境数据的存储管理，还是地理环境信息共享都有非常重要的意义。

在完成了海量地理环境数据库的建设之后，还需要考虑的问题就是数据库系统的维护和更新。对于海量地理环境数据库的维护，作者认为主要包括两个方面：一是数据实体完整性、一致性的维护；二是数据库系统性能的维护。对于地理环境数据实体的维护，我们主要借助用户权限设置、ArcSDE 提供的版本管理机制等方式来实现。而对于系统性能的维护与优化则主要通过为地理环境辅助数据模型（EcoADM）建立单独的表空间，调整 Oracle 数据库服务器的内存分配、磁盘 I/O、回滚段、CPU 的使用，以及 ArcSDE 的配置参数、空间数据存储精度等方法完成。作为一个开放的、动态变化的数据库系统，不定时对其进行数据更新是非常必要的，本项工作主要是通过开发前端的地理环境数据库管理系统，提供数据导入导出接口并配合用户权限的设置来完成的。

14.3.4 海量地理数据的分布式管理技术的案例

案例：我国首个高可信海量分布式地理空间数据库产品及其应用

随着我国地理信息资源的极大丰富，数据库管理系统受到严重挑战。长期以来，我们的空间数据库管理系统技术基本由外国厂商掌握，严重限制了国产数据库系统的应用推广和普及。在国家 863 重点项目支持下，由中国科学院地理科学与资源研究所陈荣国研究员领衔，中国科学院软件研究所、中国人民解放军国防科学技术大学、中国人民解放军总参谋部测绘信息中心等单位强强联合组建的项目团队，于 2010 年自主研制成功了我国首款具有自主知识产权、跨平台、分布式、高安全地理空间数据库管理系统 BeyonDB V1.0（博阳数据库 V1.0）。到 2015 年为止，该团队已经成功升级到博阳数据库第二代系统 BeyonDB 2013，建立了 32/64 位跨操作系统平台，融合了多版本并发控制技术，突破了影音多媒体和空间数据一体化管理、分布式空间数据高级复制、大范围无缝栅格影像"一张图"管理、国四级标准安全内核等系列关键核心技术，以内核架构、存储内容、安全性三大突破实现了博阳数据库在分布式、大数据、高安全数据管理上新的飞跃。

应用案例如下（图14-3）：

1) 已建成国家级基础空间数据管理与应用为导向的地理空间数据库重大行业运行系统，采用了"MapGIS+BeyonDB"的全国产化基础平台方案，实现全国测绘成果数据从"国外数据库"迁移到BeyonDB，数据总量达到3TB，并稳定运行多年。

2) 已建立首都119综合应急救援地理信息数据平台核心业务应用，集成管理北京市公安局消防局十大业务系统数据，覆盖声、像、图、文各类信息，实现了以地理信息为基础框架的消防综合应急救援数据管理"一个平台、一套数据、一体化检索"，为提升北京市消防综合应急救援响应速度和准确处置能力提供了技术保障。

3) 已开展面向北京、上海等特大城市智能位置服务平台建设，底层基于BeyonDB建立多源多尺度地理信息资源库，实现室内外位置信息统一管理、服务发布和应用。平台目前管理数据总量为8TB，后续拟面向国内外开展物流、智能交通等重点行业的应用示范。

4) 已开展与数字福建、数字浦口、智慧永川、智慧九寨等区域级空间信息服务平台的对接，建立了以政务、旅游、渔业为代表的系列典型应用示范，为智慧城市建设提供了稳定、高效的空间数据管理与服务。

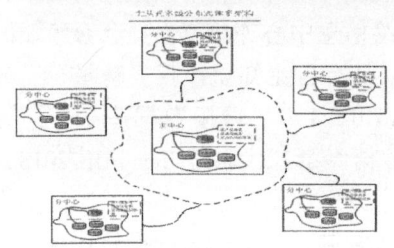

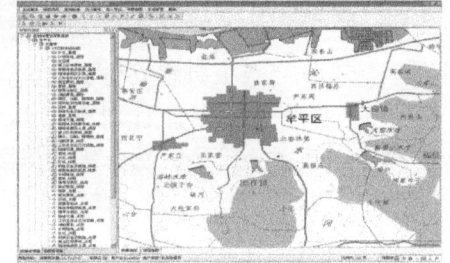

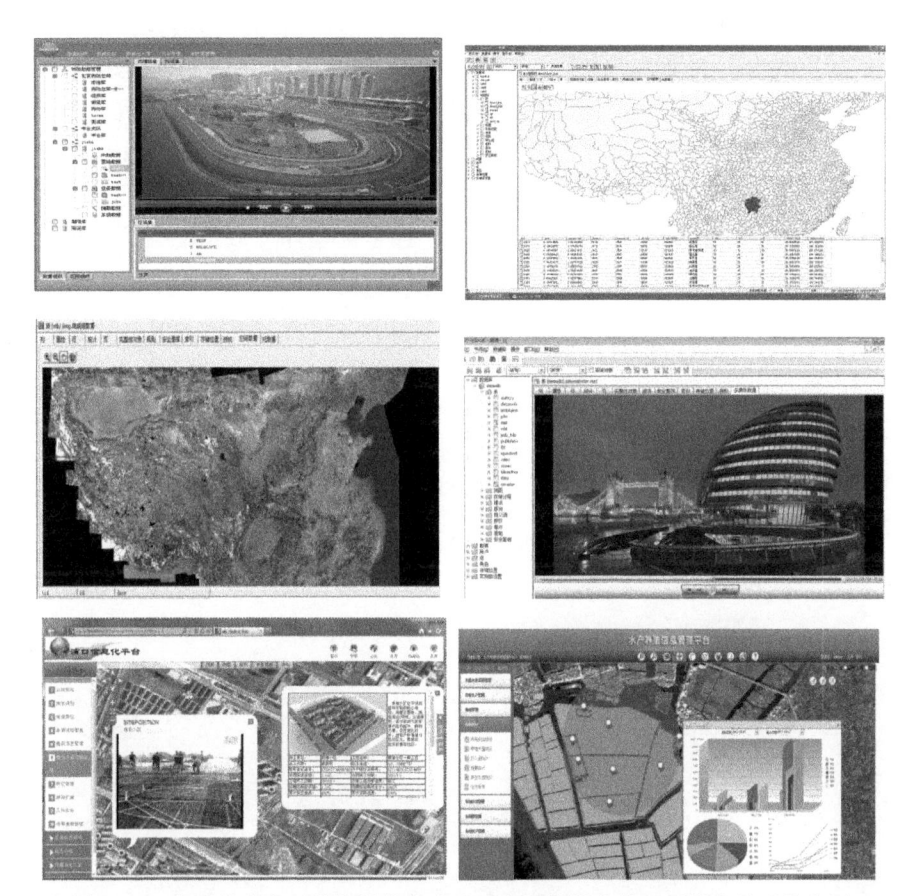

图 14-3　我国首个高可信海量分布式地理空间数据库管理系统产品及其应用

14.3.5　海量地理数据的分布式管理技术的优点和不足

虽然目前国内外已有海量地理数据的分布式管理技术产品若干个，如 ArcSDE 空间数据引擎特征、博阳数据库管理系统等，在存储海量地理环境数据中具有如下几方面的优势：①实现了海量矢量数据、遥感影像、DEM 以及属性数据在大型数据库系统中的一体化存储与管理；②利用网格索引技术加速了矢量数据的检索速度，创建了影像金字塔加快了栅格数据的检索速度；③利用面向对象的数据模型提供的数据集、特征类、对象类、几何网络类等概念，给复杂多样的地理环境系统及相关组分的属性、行为以及关联关系等的表达提供了一个有效模式。

但是该技术目前也存在着挑战：一是针对特定的地理环境数据，无法直接体现地理环境数据的分类编码结果，因为通常的做法是使用分类编码结果对各要素类命名，此方法虽然在一定程度上体现了地理环境数据的分类分级概念，但导致要素类名称复杂、不易理解；二是根据地理环境数据的特殊需求，在数据集层面上构建的地理环境元数据，也无法使用数据库管理系统；三是地理环境数据的空间多尺度特性，无法在其模型中直接体现；四是地理环境数据的时间特征，即演变过程的复杂性也无法在数据模型中得以体现。

第 15 章 地理信息处理、分析和计算技术

15.1 地理信息处理、分析和计算技术概要

地理信息是指有关地理实体的性质、特征和状态的表征或一切有用知识。地理数据是地理信息的表达形式，是地理信息的载体。地理数据是与地理环境要素有关的物质的数量、质量、分布特征、联系和规律等的数字、文字、图像和图形等的总称。地理信息是地理数据所蕴含和表达的地理含义。

地理信息处理、分析和计算技术是指对地理数据进行收集、筛选、排序、归并、转换、存储、检索、计算以及分析、模拟和预测等操作，从而获得有用的地理解释，为复杂的规划和管理服务。

本项技术是地理信息科学中的核心内容，即从地理信息的操作到分析处理的全过程，其操作模拟了人研究和探索地理对象和现象的本质与规律时一系列程序，即首先把采集、监测和收集来的数据和信息进行一定的处理，使它们的时空尺度与范围符合我们的研究需要，数据格式符合分析操作平台的要求，同时数据还要具有规范化、一致性等特征；其次，就是基于空间精确位置的计算与服务，或称基于位置的服务，这是与我们人类生活密切相关的一项计算和服务；对于科学研究和一些专门的研发而言，需要建立地理时空的分析模型；此外，如果面对的是半结构化或非结构化的对象和问题，需要采用智能分析与推理的方法，建立专家系统、空间决策支持系统、智能体等，来完成许多智能的计算；我们还可以引用计算机领域的虚拟现实技术，建立虚拟地理环境，来模拟地理对象与现象的时空分布、结构与发展变化等。

由于上述地理分析计算、智能分析与推理、虚拟地理环境等内容，已经在地理信息的科学方法部分"地理信息的数学模型方法"（第7章）、"地理信息的智能分析与计算方法"（第9章）和"地理信息的模拟和仿真方法"（第10章）中做了专门和详细的阐述，因而作为地理信息技术方法的一个大类的本章，关注点是上述地理信息处理、分析、计算、推理、模拟等技术的工具和平台的技术流程和使用方法。

15.2 地理信息处理技术

15.2.1 地理信息处理技术的定义和内涵

地理信息处理技术的任务是将从各种来源获得的数据经过一定的处理，得到符合后续研究和分析、计算所需要的时空范围、尺度（比例尺与分辨率）、形状、格式，并对数据进行一定的编辑，使其符合数据的完整性、一致性、拓扑结构正确性等要求。

总体来看，该项技术分为三种处理：一是根据已有的空间基准框架，将所处理的对象数据的形状、尺寸和范围纠正到标准的参考基准上，包括空间配准、形状纠正、投影变换等；二是针对地理对象和其图形本身所做的处理，包括矢量数据的图形编辑、拓扑关系的自动建立、图形数据的冗余处理，以及地理信息插值处理等；三是数据格式的处理，主要解决不同数据结构之间的转换问题。

上述第一种处理统称为空间数据的变换，即通过一定的方式（数学模型和算法方法、人工处理方法、半自动的人机交互处理方法）对原数据进行坐标转换和形状纠正处理。数学模型处理技术有高次变换、二次变换、仿射变换和相似变换，即通过各种变换方程，将被处理图上的一些控制点纠正到参考图（标准框架图）的相对应点的位置，从而从整体上对图形数据做了形状纠正和坐标变换。在这类处理中，常见的处理包括矢量数据的纠正与遥感影像的几何纠正，两者的处理方法相似，都是定量地确定影像上的像元坐标（影像坐标）与目标物地理坐标的对应关系（坐标变换式），使像元在像元坐标系和其在地图或影像参考坐标系的差异尽可能变得更小，以至于消除差异。在遥感图像纠正的实际生产中，已经研发和建立了一些相对成熟的数字图像几何纠正算法，如共线方程法、一般多项式法、空间投影法等。在空间数据变换中，投影转换技术是一类特殊的、专门的模型、算法和技术方法，主要解决的是从地球球面展开为平面地图时所采取的各种不同的地图投影之间的转换，一般遵循"先正解、再反解"的变换流程，即先进行正解变换，完成从一种投影向另一种投影的地理坐标（经纬度坐标）之间的精确对应关系的转换；然后再进行反解变换，完成从新投影的地理坐标到直角坐标之间的转换。

上述第二种处理对于现有的 GIS 软件平台而言非常平常，即完成图形数据的增、删、改，拓扑关系的建立和修改、数据冗余的处理等，本书不一一赘述。

上述第三种处理涉及不同数据模型和数据结构之间的转换问题。一是矢量数据与栅格数据之间的互相转换技术；二是不同 GIS 平台的数据格式之间的相互转换。前者的处理技术在 GIS 中已经很经典，包括从栅格数据向矢量数据转换的"矢量化"，主要采用栅格骨架线追踪和色彩识别跟踪两种算法实现，以及从矢量数据向栅格数据转换的"栅格化"处理算法；后者则牵扯不同 GIS 平台所设定的数据模型的差异性，需要对双方的数据模型都有很深的了解，才能做出两种数据格式之间的转换和映射处理，其中数据模型复杂的数据格式（如 ArcInfo 的 Coverage 数据）向数据模型相对简单的数据格式（如 MapInfo 的 MIF 数据）转换时，数据项和拓扑关系都会保留；但反方向的转换则会丢失很多数据内容，因为相对简单的数据本身就缺失对方所需要的一些特有的数据项。

15.2.2　地理信息处理技术的研究意义

地理信息处理是地理信息分析与计算的前提和基础，在地理信息系统中处于十分重要的基础地位，在国家和地方的空间基础设施建设中，往往测绘部门承担了这类工作，从大量的已有数据库派生出一系列标准格式、分幅、比例尺、投影类型等的基础数据产品，为多层次的用户提供服务。因此，该项技术对于地理信息科学而言既非常基础，又非常重要。其意义有以下几点：

1）空间数据标准化、规范化和同一化的需要：现代地理信息技术的最大价值体现在信息共享上。要实现信息的共享，必须做到空间数据的标准化、数据编码和格式的规范化、数据指标的同一化上，否则共享无从谈起。

2）空间数据产品派生的需要：从全局数据库和大比例尺数据库中分割、派生出一系列区域地理单元、各种比例尺、各种格式的数据产品，是基础测绘的重要职责。生成这些派生数据的过程，就是运用上述数据处理工具编制数据产品的过程。

3）空间信息集成的需要：要将多源、多类、多尺度、多分辨率的数据集成到同一个数据库中，其前提就是将上述各种数据转换为符合集成要求的数据格式、范围、形状、时空尺度、比例尺和分辨率。因此，空间信息集成的过程，就是先转换再集成、融合的过程。

4）空间信息分析与计算的需要：要对某一地理对象或某一区域的地理某一专题内容进行空间分析，首先要求被处理数据的空间尺度符合本次空间分析对地理对象等级和类的要求，其次要求被处理数据的指标体系符合所采用数学模型的需求，最后是要求其数据格式符合所采用分析工具平台的需要等，因此空间分析与计算是建筑在地理信息的处理基础之上的。

15.2.3 地理信息处理技术的原理、结构和过程

1. 空间数据的坐标变换和形状纠正处理算法

地理空间数据通常是通过数字化仪、屏幕数字化、数据转换等方式获得。由于源数据坐标系与用户确定的地理空间坐标系不一致,以及由数字化过程发生的变形等原因,需要对空间数据进行坐标转换和变形误差的消除;同时通过平差计算提供数字化精度信息,为图形平差提供先验信息和控制约束,从而为地理信息产品质量评定打下基础。常用的有高次变换、二次变换、仿射变换和相似变换。

(1) 高次变换和二次变换

在源数据和新数据之间的映射方程未知的情况下,可采用多项式来建立两者之间的联系,即利用两幅地图数据中若干离散点(纬线、经线交战,同名地理要素特征点)的坐标值,用数值逼近的方法建立两幅地图数据之间的映射方程。其公式为

$$\begin{cases} x' = a_0 + a_1 x + a_2 y + a_{11} x^2 + a_{12} xy + a_{22} y^2 + A \\ y' = b_0 + b_1 x + b_2 y + b_{11} x^2 + b_{12} xy + b_{22} y^2 + B \end{cases}$$

式中,x'和y'代表新地图数据的横、纵坐标值;x和y则为源地图数据横、纵坐标值;通过该高次多项式的计算,便可从源数据求得新数据的所有坐标值。

其中,A、B代表二次以上高次项之和。符合上式的变换称为高次变换。在进行高次变换时,需要有6对以上控制点的坐标和理论值,才能求出待定系数。

当不考虑高次变换方程中的A和B时,则变成二次变换方程,称为二次变换。二次变换适用于原图有非线性变形的情况,至少需要5对控制点的坐标及其理论值,才能求出待定系数。其变换方程为

$$\begin{cases} x' = a_0 + a_1 x + a_2 y + a_{11} x^2 + a_{12} xy + a_{22} y^2 \\ y' = b_0 + b_1 x + b_2 y + b_{11} x^2 + b_{12} xy + b_{22} y^2 \end{cases}$$

(2) 仿射变换和相似变换

仿射变换是基于仿射坐标系而建立的一种坐标变换数学模型,是经过坐标系的平移、比例、旋转、对称和错切等复合变换得到的。设数字化坐标系为$Ox'y'$,地理坐标系为Oxy,那么利用齐次坐标技术,可将数字化坐标系变换为地理坐标系的仿射变换数学模型。

(3) 投影转换技术

地球投影的方法多种多样,不同的投影满足不同的需要,在实际应用中有很

多时候需要用到不同投影系统的数据。由于不同投影系统的数据一般不能直接用作分析计算，因此不同投影系统的数据需要投影变换到合适的投影系统中，以便进行分析计算。投影变换的方法可以采用如下几种：

1）正解变换法：在两种投影之间直接建立严密或近似的解析关系式，实现一种投影向另一种投影的变换，也称直接变换法。这种方法表达了编图和制图过程的数学实质，同时不同投影之间具有精确的对应关系。

2）反解变换法：通过中间过渡的方法，由一种投影坐标（x，y）反解出地理坐标（B，L），然后再将地理坐标代入另一种投影的坐标公式中，从而实现由一种投影的坐标到另一种投影坐标的变换，也称间接变换法。其主要特点是投影方法严密，不受制图区域大小的影响，可在任何情况下使用。

3）综合变换法：这一方法将反解变换法与正解变换法结合起来，通常是反解出原投影点的地理坐标之一，然后根据这一地理坐标与直角坐标之一（如 x 或 y）相配合求得新投影下点的直角坐标。在某些情况下，对某些投影间的变换采用这种方法比单用正解变换法或反解变换法要简便一些。

4）数值变换法：利用两投影间已知的若干离散点（亦称共同点）的直角坐标根据数值逼近的理论和方法，主要包括插值法、有限差分法、有限元法、待定系数法等，来建立两投影间关系式的方法。这一方法主要用来解决原投影的解析式未知或不易求得原数据和新数据两投影间解析关系式的情况。为了保证变换精度，应用这种方法一般不能进行全部区域的投影变换，而是采用分块变换。

5）解析–数值变换法：将数值变换法与解析变换法结合起来，采用多项式逼近方法，求出原投影中点的地理坐标，再代入新投影解析式中求得新投影下的直角坐标。类似于数值变换法，为了保证变换精度，同样应采用分块变换。

$$\begin{bmatrix} x & y & 1 \end{bmatrix} = \begin{bmatrix} x' & y' & 1 \end{bmatrix} \begin{bmatrix} a_0 & a_3 & 0 \\ a_1 & a_4 & 0 \\ a_2 & a_5 & 1 \end{bmatrix}$$

$$\left. \begin{aligned} x &= b_0 + b_1 x' + b_2 y' \\ y &= b_3 - b_2 x' + b_1 y' \end{aligned} \right\}$$

2. 不同数据结构的地理信息的转换算法

矢量和栅格数据结构是地理信息常用的两种数据结构，各有优缺点，两种数据结构的相互转换技术是地理信息处理技术的重要内容。

（1）矢量结构向栅格结构的转换

栅格数据结构在布尔运算、整体操作特征计算及空间检索方面有着明显的优势。矢量向栅格的转换能利用栅格数据格式的优点。

点的栅格化方法：设矢量坐标点 (x, y)，转换后的栅格单元行列值为 (I, J)，则有

$$I = \left[\frac{y - y_{\min}}{\mathrm{d}y}\right]$$

$$J = \left[\frac{x - x_{\min}}{\mathrm{d}x}\right]$$

式中，方括号表示取整数运算。

线的栅格化方法：线是由多个直线段组成的，因此，线的栅格化的核心就是直线段如何由矢量数据转换为栅格数据（图 15-1）。

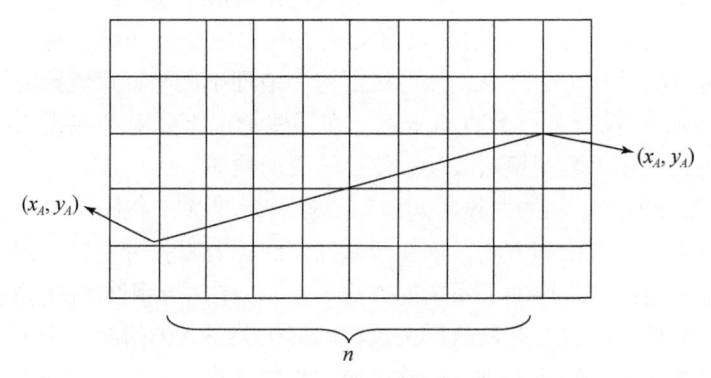

图 15-1　线的栅格化方法

设直线段的两端点坐标转换到栅格数据的坐标系后为 (x_A, y_A)，(x_B, y_B)。栅格化的两种常用方法为 DDA 法（数字微分分析法）和 Bresenham 法。

面（多边形）的栅格化方法：

1）内部点扩散法（图 15-2）：由一个内部的种子点，向其 4 个方向的邻点

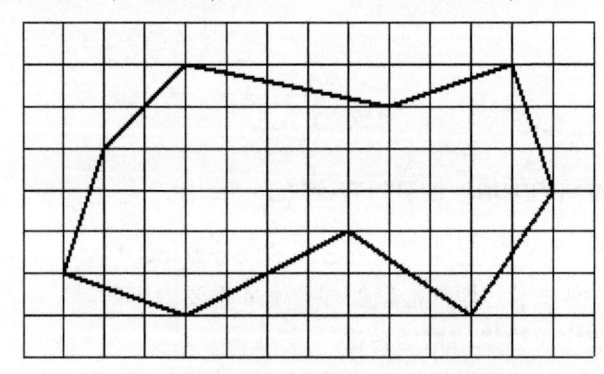

图 15-2　面的栅格化方法——内部点扩散法

第 15 章 | 地理信息处理、分析和计算技术

扩散。判断新加入的点是否在多边形边界上，如果是，不作为种子点，否则当作新的种子点，直到区域填满，无种子点为止。这种算法的缺点是计算量较大。

2）边填充算法：对于每一条扫描线和每条多边形边上的交点，将该扫描线上交点右方的所有像素取原属性值之补。对多边形的每条边作此处理，多边形的方向任意。图 15-3 是一个简单的例子。本算法的优点是算法简单，缺点是对于复杂图形，每一像素可能被访问多次，增加了运算量。为了减少边填充算法访问像素的次数，可引入栅栏。

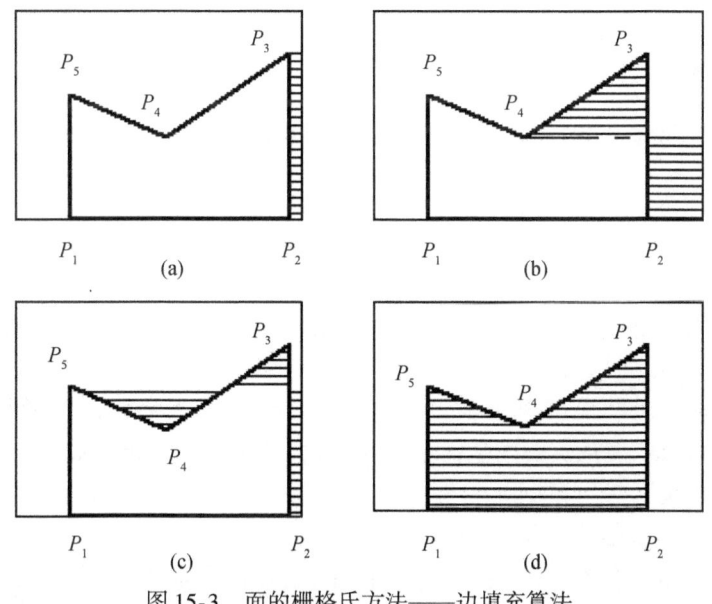

图 15-3　面的栅格氏方法——边填充算法

（2）栅格结构向矢量结构的转换

矢量数据面向目标的数据结构则很容易实现模型生成、目标显示及几何变换。栅格数据向矢量转化可以利用矢量数据的优点。栅格数据到矢量数据转换的一般过程可描述为：二值化、二值图像的预处理、细化、追踪、拓扑化。

1）二值化：由于扫描后的图像是以不同灰度级存储的，为了进行栅格数据矢量化的转换，需压缩为两级（0 和 1），这就称为二值化。二值化的关键是在灰度级的最大和最小值之间选取一个阈值，当灰度级小于阈值时，取值为 0，当灰度级大于阈值时，取值为 1。阈值可根据经验进行人工设定，虽然人工设定的值往往不是最佳阈值，但在扫描图比较清晰时，是行之有效的。

2）二值图像的预处理：对于扫描输入的图幅，由于原稿不干净等原因，总是会出现一些飞白、污点、线划边缘凹凸不平等。除了依靠图像编辑功能进行人

机交互处理外，还可以通过一些算法来进行处理。

3）细化：细化就是将二值图像像元阵列逐步剥除轮廓边缘的点，使之成为线划宽度只有一个像元的骨架图形。细化后的图形骨架既保留了原图形的绝大部分特征，又便于下一步的跟踪处理。

4）追踪：细化后的二值图像形成了骨架图，追踪就是把骨架转换为矢量图形的坐标序列。在追踪时加上这些信息后，就可形成结点和弧段，就可用矢量数据的自动拓扑方法进行拓扑化了。

15.2.4 地理信息处理技术的案例

案例：利用 ArcGIS 进行地图投影和坐标转换的方法

（1）动态投影（ArcMap）

动态投影，是指 ArcMap 中 Data 的空间参考或者坐标系统是默认为第一加载到当前工作区的那个文件的坐标系统，后加入的数据，如果和当前工作区坐标系统不相同，则 ArcMap 会自动做投影变换，把后加入的数据投影变换到当前坐标系统下显示。但此时数据文件所存储的数据并没有改变，只是显示形态上的变化。表现这一点最明显的例子就是，在 Export Data 时，会让你选择是按"this layer's source data"（数据源的坐标系统导出），还是按照"the Data"（当前数据框架的坐标系统）导出数据。

（2）坐标系统描述（ArcCatalog）

在 ArcCatalog 中有一个数据的坐标系统说明。即在数据上鼠标右键→"Properties"→"XY Coordinate System"选项卡，这里可以通过 Modify、Select、Import 方式来为数据选择坐标系统。这里改的仅仅是对数据的一个描述而已，因此数据文件中所存储数据的坐标值并没有真正的投影变换到你想要更改到的坐标系统下。

（3）投影变换（ArcToolBox）

在"ArcToolBox"→"Data Management Tools"→"Projections and Transformations"下，有以下几个工具最常用：①Define Projection；②Feature→Project；③Raster→Project Raster 4、Create Custom Geographic Transformation。

当数据没有任何空间参考，显示为"Unknown"时就要先利用"Define Projection"来给数据定义一个"Coordinate System"，然后再利用"Feature"→"Project"或"Raster"→"Project Raster"工具来对数据进行投影变换。

当然这种投影变换工作也可以在 ArcMap 中通过改变 Data 的"Coordinate

System"来实现，只是要在做完之后再按照 Data 的坐标系统导出数据即可。

方法一：在 ArcMap 中转换

1）加载要转换的数据，右下角为经纬度；

2）点击视图—数据框属性—坐标系统；

3）导入或选择正确的坐标系，确定，这时右下角也显示坐标，但数据没改变；

4）右击图层—数据—导出数据；

5）选择第二个（数据框架），输出路径，确定。

方法二：在 forestar 中转换。

1）用正确的坐标系和范围新建图层 aa；

2）打开要转换的数据，图层输出与原来类型一致，命名 aa，追加。

15.2.5　地理信息处理技术的优点和不足

目前的地理信息处理技术已经十分成熟，具有如下优点：

1）国内 GIS 软件中的相关技术已经与国际水平持平，个别处理算法优于国际主流的 GIS 软件。

2）国内外 GIS 平台的相关技术之间的数据转换交换机制已经相当成熟，能够满足国内 GIS 行业的研发和生产的需要。

3）地理信息处理技术已经在国土资源调查、土地利用、地质矿产调查、生态环境保护、区域规划、城市规划、人口空间化研究等相当多的领域发挥着核心的作用，是目前上述行业的科研、生产和产业化过程中不可缺少的工具。

4）目前已经消除了数字地图、GIS、RS、GPS 等不同分支学科和行业之间的界线，做到各行业数据之间的快速转换、集成和融合。

当然，目前也存在一些不足：一是还没有产生很成功的三维数据的处理工具；二是地理信息处理工具的方便性和"傻瓜化"还不够，要完成上述处理工作，必须具备一定的计算机操作技能和 GIS 工具的使用水平。

15.3　LBS 技 术

15.3.1　LBS 技术的定义和内涵

LBS（location based service），即基于位置的服务，也称为空间定位服务、移动位置服务等，指的是在移动计算环境、异构环境下，利用 GIS 技术、空间定位技术和网络通信技术，为移动（物理移动和逻辑移动）的对象提供基于空间地理位置的信息服务。

狭义的说，LBS 是通过无线通信网络获取无线用户的位置信息，在 GIS 平台的支持下提供相应服务的一种无线增值业务；广义的说，LBS 采用各种技术手段、利用多种定位方法、通过多类型的通信网络向用户提供基于不同来源和动态更新的表达方式多样、直观、易懂的基于位置的融合信息，是基于位置的服务的统称，不具体指向某一客观存在的服务。

15.3.2 LBS 技术的研究意义

据统计，人们的日常生活中有 80% 的信息与位置相关，位置信息也因此成为人们最渴求的信息之一。在无线世界里，"Who, What, When and Where" 的"4W" 四要素中，历来最具挑战性的就是确定移动目标的位置信息。如果可以在移动通信的系统服务中加入位置信息服务功能，对普通移动用户来说将是极具吸引力的，无论这种功能是基于 SMS 还是 WAP 或是其他技术，甚至是基于移动多媒体画图板都可以。

LBS 的巨大魅力在于通过固定或移动网络发送与空间和位置相关的信息，从而在任何时间应用到任何人、任何位置和任何设备上。LBS 技术的核心目标就是使用户可以在任何时间、任何地点获得基于定位信息的地理信息服务，它需要融合信息技术中的诸多新技术，把位置作为相关信息的索引，为用户提供与位置相关的信息服务。因此，它定义了未来空间信息服务和移动定位服务的蓝图，即当用户与现实世界的一个模型交互时，在不同时间、不同地点，这个模型会动态地向不同的用户按需提供具有个性化、智能化、多样化的移动空间信息服务。

LBS 的业务种类可划分为增值服务和社会公益两大类。其中增值服务类包括信息服务、游戏、跟踪导航、行业应用等。目前，LBS 服务几乎涵盖了人类动态活动的每一方面：安全、防卫、紧急事故、导航、生活便利、娱乐、旅行助理、后勤、移动资产管理等。

15.3.3 LBS 技术的原理、结构和过程

位置信息通常可以归纳为两大类：移动位置信息，主要指车辆和人的实时位置，通常以平面坐标方式给出，或者指出附近最具代表性的地物、单位名称；固定位置信息，也称为地图类信息，指重要或明显地物、建筑、机构的详细属性

第 15 章 | 地理信息处理、分析和计算技术

(方位、距离、到达路线等)。

调查发现，用户对移动位置信息的需求远远超过了对固定位置信息的需求，甚至在寻求固定位置服务时也需要借助移动位置信息完成，这也就决定了 LBS 技术的主要发展方向。

一个完整的 LBS 系统有四个部分组成：定位系统、移动服务中心、通信网络以及移动智能终端，如图 15-4 和图 15-5 所示。

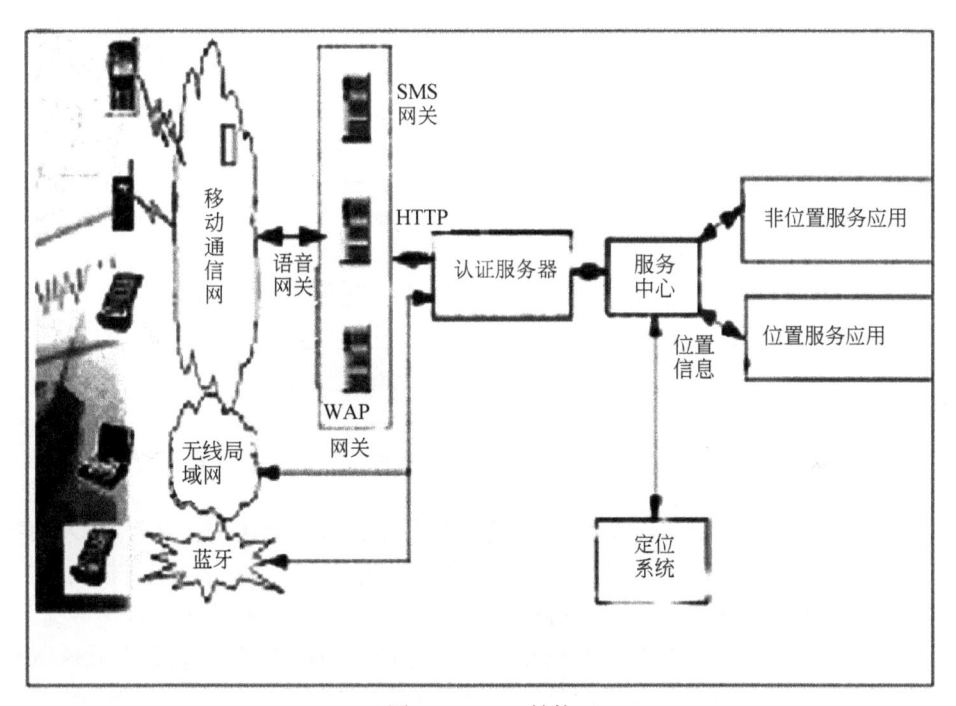

图 15-4　LBS 结构

其中，定位系统包括全球卫星定位系统和基站定位系统两个部分。空间定位技术是整个 LBS 系统得以实现的核心技术，这一部分正在不断完善当中，移动运营商可以选用某种定位技术或者组合定位技术，来获得适当的定位精度。

移动服务中心负责与移动智能终端的信息交互、各个分中心（定位服务器、内容提供商等）的网络互连，完成各种信息的分类、记录和转发以及分中心之间业务信息的流动，并对整个网络进行监控。

通信网络是连接用户和服务中心的，要求实时准确地传送用户请求及服务中心的应答。通常可选用 GSM、CDMA、GPRS（general packet radio service）、CDPD（cellular digital packet data）等无线通信手段，在此基础上依托 LBS 体系

图 15-5　LBS 的构成

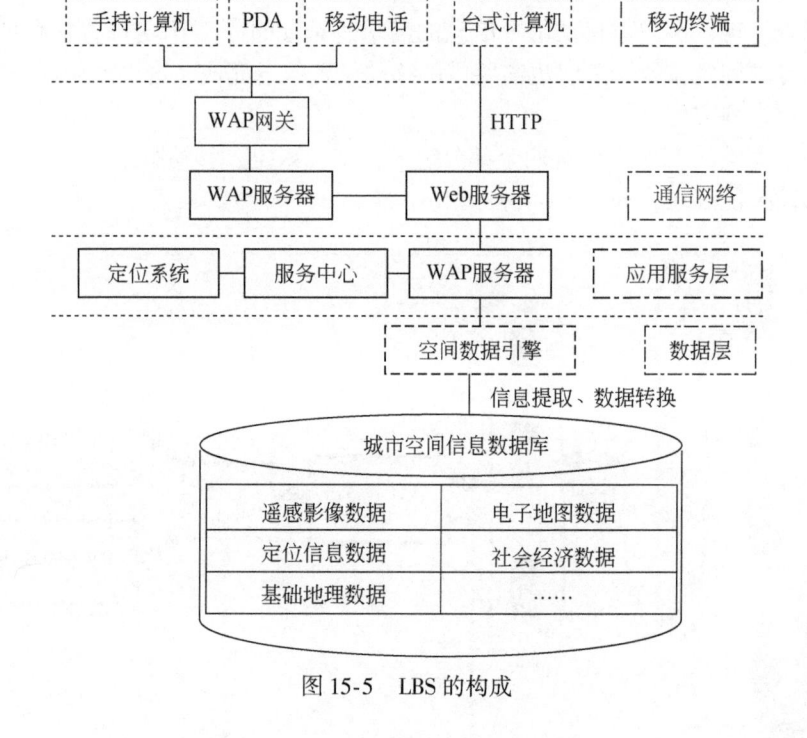

发展无线增值服务。另外，国内已建成的众多无线通信专用网，甚至有线电话、寻呼网和卫星通信、无线局域网、蓝牙技术等都可以成为 LBS 的通信链路，在条件允许时或必要时可接入 Internet 网络，传输更大容量的数据或下载地图数据。

移动智能终端是用户唯一接触的部分，手机、PDA 均有可能成为 LBS 的用户终端。但是在信息化的现代社会，出于更完善的考虑，它要求有完善的图形显示能力、良好的通信端口，友好的用户界面，完善的输入方式（键盘控制输入、手写板输入、语音控制输入等），因此 PDA 以及某些型号的手机成为个人 LBS 终端的首选。

LBS 系统工作的主要流程如下（图 15-6）：用户通过移动终端发出位置服务申请，申请经过各种通信网关以后，为移动定位服务中心所接受，经过审核认证后，服务中心调用定位系统获得用户的位置信息（另一种情况是，用户配有 GPS 等主动定位设备，这时可以通过无线网络主动将位置参数发送给服务中心），服务中心根据用户的位置，对服务内容进行响应，如发送路线图等，具体的服务内容由内容提供商提供。基于位置服务的种类可大致分为 4 种，如图 15-7 所示。

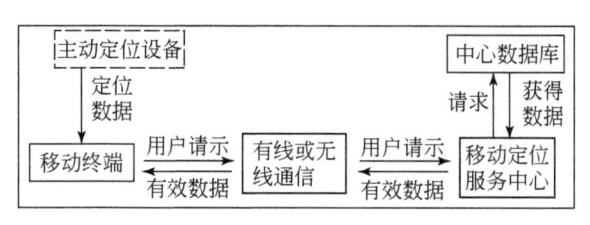

图 15-6　LBS 系统的工作流程

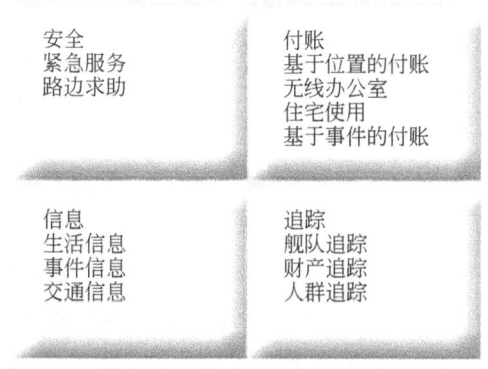

图 15-7　基于位置的服务的种类

不同的基于位置的应用所需要的精度水平也不同。例如，对于航船来说，它们到海岸的距离以及海水的深度等数据都要求一定精度，而人群的定位精度能够达到 100m 就可以接受了。

移动通信用户群和互联网用户群是当今发展最为迅速的信息产业领域中的两大支柱用户群。各类信息技术之间的不断融合和相互渗透，也逐渐导致这两大用户群体不断统一合并。在这种趋势下，移动通信与互联网技术逐渐统一到一种技术平台下，即许多专家学者和技术厂家所倡导的移动互联网概念，而移动互联网的形成主要是依赖于移动数据通信技术的发展。

随着移动通信系统技术的发展和移动数据传输技术的不断提高，移动数据业务也必将由简单的短消息方式向综合信息服务的方向发展。能够向移动用户提供高速率的多媒体综合信息服务将最终成为各移动运营商的主要业务方向。

LBS 系统除了外在的硬件框架环境外，还需要软环境，即必须具有完整的 LBS 应用架构，主要包括定位技术、定位网关、中间件和定位应用，可以说它们是 LBS 系统实现的软环境。其中，定位技术基本可以分为基于网络的、基于终端的和混合型三类。

最后一个环节是定位应用，由 LBS 应用运营中心完成。它主要实现定位的请求与授权、定位的请求与响应、呼叫中心等功能。

15.3.4　LBS 技术的案例

案例：黑龙江省位置服务平台

黑龙江省位置服务平台是由黑龙江省基础地理信息中心针对车辆、人员位置监管调度自主研发的。平台以天地图数据资源为基础，将所有监控对象实时展示在天地图上，解决了地图数据资源的保密性、规范性等问题。该平台自正式运营以来，已接入多款 GPS 手机、车载定位设备、GPS 对讲机及北斗一代定位设备，为黑龙江省内多个行业用户及公众用户提供以位置服务为主要特色的地理信息综合服务。

图 15-8 反映了黑龙江省位置服务平台的具体案例情况。其中图 15-8（a）是该中心的结构功能图。从图上可看出，该平台采用 GPS 为位置服务定位技术，提供的服务有实时监控、超速报警、彩信接收、短信群发、轨迹回放等功能。从应用范围来看，有区域位置服务、行业位置服务和个人位置服务三个方面。其中，区域位置服务以黑龙江省 13 个地市为主要服务对象，扩展服务于东北三省，向政府部门、行业部门、企业和个人提供各区域电子地图制定和专业 LBS 服务。行业位置服务则主要服务于公安、消防、医疗救护；电力、公路和油田的移动巡检；移动彩信地图服务；物流、出租车、长途客运车和危险车辆的监控和导航；林业森林管护、森林防火应急调度指挥等。位置服务平台提供基于 C/S 和 B/S 混合架构的定位服务，系统设计容量满足 10 万台以上 GPS 终端的定位和监控需求。图 15-8（b）是地图位置服务的案例。

15.3.5　LBS 技术的优点和不足

经过近十几年的发展，基于位置的服务技术已经得到了长足的发展。它将 GPS 定位与电子地图、通信技术等紧密结合，所产生的位置服务软硬件已经成功地应用于经济、社会的各个行业和人们生活的各个方面。该技术的优点在于：

首先，能够为人类提供无所不在的基于位置的静态的、动态的信息服务，特别是在群体移动目标的集中监控、单体移动主体的自导航，以及城市交通规划中的路径优化等方面呈现出巨大的优势。

其次，基于位置的服务技术已经与地理信息的分析和计算相结合，成为地理信息分析与计算技术系统中不可缺少的一个环节。

第 15 章 | 地理信息处理、分析和计算技术

(a) 黑龙江省位置服务中心结构和功能

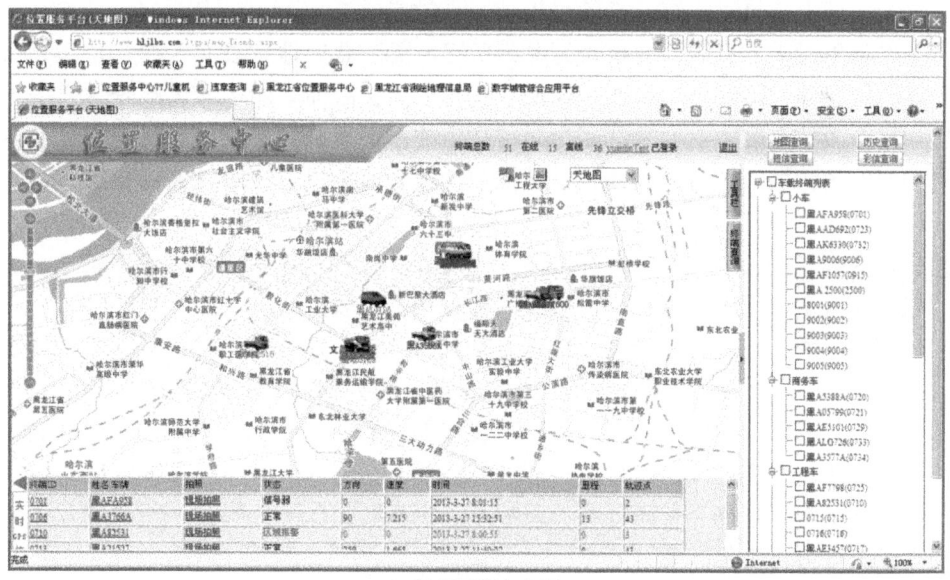

(b) 位置图服务案例

图 15-8　LBS 应用案例：黑龙江省位置服务中心

基于位置的服务技术目前也存在一些不足：一是在交通领域，还不能接入大数据信息，为用户提供及时的城市全局交通状态信息，从而无法做到交通导航的

实时性、精准性和针对性；二是位置服务还不够智能，特别是还不能与物联网、云计算等相结合，做到区域和城市综合应急反应的智能化和高效化。

15.4 地理时空分析与计算技术

15.4.1 地理时空分析与计算技术的定义和内涵

地理时空分析与计算是 GIS 的核心。它是应用一定的方法、技术和工具，对地理数据进行计算，从地理数据库提取用户所关心的和急需解决的问题知识的答案。它是地理信息科学对计算机技术、数据库和数据模型技术、数学分析与计算模型的集成。

纵观 GIS 的发展历程，地理时空分析经过了不同层次和阶段，当然这些不同层次和水平的技术方法目前还是共存的，并没有因为 GIS 走新的时空分析阶段而淘汰旧的技术方法。

第一层次，是时空统计学的分析技术。这是在 20 世纪 70 年代前后，GIS 的信息采集手段十分有限，数据来源非常贫乏，无法获取地球表面资源与环境领域的点、线、面、体的各个专业领域的多指标数据，因而只能按照离散统计学的方法，将有限的离散的时空数据通过时空插值技术扩展到面上，或者从有数据区域向相似的无数据区域、数据稀少区域推演，或者应用过去一段时间的数据向未来推算，从而达到有限的预测目标。由于应运而生了相当丰富的时空统计学模型，并将这些模型嵌入进 GIS 软件平台中，如 ArcGIS 中的诸多时空统计学模型。它们能够在一定程度上为用户提供解决问题的技术手段。

第二层次，是普通和公用的地理时空分析工具。这是从 20 世纪 80 年代前后以来，GIS 软件平台一起致力于解决的问题，即如何将已经比较成型的、简单的、带有普遍性的时空分析算法和模型逐步加入 GIS 软件平台中，不断提高通用性 GIS 商用软件的可用性、易用性和声誉。目前，国内外主流的 GIS 软件平台都已经具备了空间量算、空间分类、缓冲区分析、叠加分析、网络分析，以及简单的空间统计分析工具。

第三层次，是专用型数学分析模型技术。这是脱胎于时空统计学的技术方法，即不需要关注有限的数据与无限的时空范围之间的矛盾，而是将注意力集中在纯粹的数学方法上，研发基于时间与空间，以及时空一体化的面向专门问题的专用数学模型、数学算法，并将这些数学模型和算法嵌入到 GIS 软件平台中，进而用单一模型或多个模型联合的方法来处理和分析、计算数据库中的数据，从而

第 15 章 | 地理信息处理、分析和计算技术

将数学模型与 GIS 平台工具紧密结合在一起，为用户解决各种专门问题提供了无限的可能。这个层次也是从事 GIS 的专业人士所追求的在科学研究中不受限于数据条件、不受限于机器设备的最理念的模式。

第四层次，是时空数据分析与挖掘技术。这是 20 世纪 90 年代以来，随着地理信息科学的信息采集、动态监测技术的飞速发展，数据来源超乎想象地扩展，出现了海量的时空数据，在我国科技部和多个职能部门（如国土资源部、地质矿产局、林业部、农业部、人口与计划生育委员会、国家统计局等）和研究机构（中国科学院、中国社会科学院等）都陆续建立起了大量的资源与环境领域的数据库，有些部门甚至还构建了数据群。这既给地理信息科学带来了发展的机遇，更提出了严重的挑战：如何从海量的数据库快速地搜索和发现有用的信息和知识？如何应对知识爆炸，但信息依然贫乏的困局？因此，时空数据分析与挖掘技术就是这一时期非常热门的研究方向，涌现了数据库挖掘、知识发现、智能体等技术。这些方法和技术也从各个不同的角度为人们提供了更加丰富和强有力的时空分析工具。

第五层次，是空间分析工具与智能工具相结合。这是目前地理信息科学所处的阶段，即随着大数据的到来，用户化的数学模型空间丰富，我们既需要处理结构化的数据，更要从大量非结构化的数据中提取信息和知识，因此，只靠数学模型、数据挖掘等技术已经不能适应时代发展的需求，只有将智能化的机器识别、机器思维、专家系统、推理机、智能体等与数学模型、GIS 分析平台工具相结合，依靠多模型、多判断、群决策等手段来解决资源与环境复杂系统的问题。而这就对计算机的计算和判断能力提出了更高的要求，因此高性能计算也被引入地理信息科学和 GIS 行业中来，在我国已经建立的若干个"超级计算中心"，其宗旨就是应用高性能并行处理技术，为用户提供超大数据、超大规模模型、超复杂问题的计算环境。

综上所述，时空统计、通用时空分析工具、专用数学模型、数据挖掘、智能化高能性计算，是地理时空分析技术的五种形态。

15.4.2 地理时空分析与计算技术的研究意义

空间分析源于 20 世纪 60 年代的地理和区域科学的计量革命。在开始阶段，主要是应用定量（主要是统计）分析手段进行点、线、面的空间分布模式分析；后来更加是强调地理空间本身的特征、空间决策过程和复杂空间系统的时空演化过程的分析。实际上自有地图以来，人们就始终在自觉或不自觉地进行着各种类型的空间分析，包括在地图量算距离、方位、面积乃至利用地图进行战术研究和

战略决策等。

GIS 集成了关系数据库管理、高效图形算法、插值、区域和网络分析等多学科的最新技术，为空间分析提供了强大的工具，使得过去复杂困难的高级空间分析任务变得简单易行。目前，绝大多数 GIS 软件都有时空分析功能，时空分析早已成为 GIS 的核心功能之一，它特有的对地理信息（特别是隐含信息）的提取、表现和传输功能，是 GIS 区域一般信息系统的主要功能特征。

本节研究地理时空分析与计算，目的在于为多层次用户归纳、梳理和建立一套地理空间分析与计算的技术方法体系，告诉用户在何种情况下，采用何种技术，可以解决基于空间图形数据的分析运算；如何有效地解决基于非空间属性的数据运算；采用何种技术能更有效地完成空间与非空间数据的联合运算；以及如何应用时空分析建模技术，建立用户特有的、专用的时空分析模型，来解决通用 GIS 平台不具备、不能顺利完成的分析计算任务。

总之，时空分析与计算的目标是精确而有效地解决问题，归纳和建立时空分析与计算技术方法体系是为了指导用户选择科学的、恰当的技术方法来完成分析与计算任务。

15.4.3 地理时空分析与计算技术的原理、结构和过程

本节不介绍 15.4.1 节中的第一、第二两个层次的时空分析技术，因为它们已经包含在目前的多数 GIS 商用软件平台中；第四层次（时空数据分析与挖掘技术）在第 9 章中已做过专门阐述，因此这里也不赘述。

(1) 用户专业模型的建模

用户的专业模型建模，是 GIS 用户根据其专业研究的特殊性，针对研究对象和现象的指标体系和规律，研究专门的时空分析专业模型，并将它们嵌入到 GIS 平台中，建立在通用 GIS 基础之上的专用模块。因此，用户专业模型可能是一种模型，更多的情况下是一系列模型，或称模型群，在实际操作时需要用户将它们进行一定的组合，按照顺序化的、形式化的方式来自动地、半自动地解决所面对的问题。目前所研发和建立的 GIS 应用工程，除专用数据库建设之外，大量的精力都放在了用户专业模型的研发工作上，目的是帮助分析人员组织和规划所要完成的分析过程，并逐步完成这一分析过程。例如，"食草动物栖息地质量评价模型"，就是一个用户的专业模型。该模型选择了影响食草动物生存的基本因子：水源、食物、隐藏条件，以及景观单元的面积、连通性破碎程度的质量指标。通过对水源地和植被类型的再分类，依次得出饮水难易度、觅食难易度、隐藏难易度三项指标，三者经过加权平均后，得出景观内各点的栖息质量；通过对景观单

元的三次分类分析，依次得到景观的面积、凸度指数和欧拉数，三者再经过分类计算，分别得出相对大小、相对连通性和相对一致性三项指标，再将三者进行加权平均，得出景观单元栖息质量；将上述景观内各点栖息质量与景观单元栖息质量进行叠加，得出食草动物栖息地的总体质量；再将其与景观数据一起进行定级计算，得出复合栖息质量。这就完成了用户专业模型的分析计算过程。我们还可以按照上述方法，建立"国家森林公园选址模型"、"木材毁坏量预测模型"等用户模型。

（2）智能分析与高性能计算

在时空分析模型与智能分析计算相结合的技术中，以空间决策支持系统与数学模型库相结合最为典型。其中，空间决策支持系统以解决半结构化和非结构化的问题见长，数学模型分析计算以解决具备数学逻辑严密性、完全结构化问题的能力最突出。但许多复杂地理对象和现象并不是单一的结构化问题或非结构化问题，而是两者混合在一起，需要两种技术的有机结合。其方法是：用空间决策支持系统解决对数学模型库中的模型进行分类、评估、选择的任务，具体来说，空间决策支持系统可承担：帮助用户选择和分析有关的模型；对多种类型的模型进行分类和维护以支持各种层次的决策过程；将多个模型（或子模型）组合成复杂的模型；提供恰当的数据结构满足查询、分析、显示，满足与数据库的嵌入或数据交换，满足模型与描述性知识的交流；提供用户咨询和结果解释的友好界面。这是因为对模型高效的分类和组织是空间决策支持系统的核心功能之一，它可以将模型分类并按不同层次的深度进行组织，以便提高数学模型的使用和管理效率。例如，可以先按决策问题进行第一级分类，再按评价条件和状态进行第二级分类，还可以进行更深层次的分类。如果分类过程复杂，可以构造一个决策树，将模型分类知识用一种知识表达方式进行表达。

此外，空间决策支持系统还可解决数学模型与数据库之间的交互问题，因为不同的数学模型具备不同的数据结构，存在模型与 GIS 数据结构之间的兼容问题。首先用空间决策支持系统对数学模型与 GIS 之间的数据结构的兼容性做出评价和判断，进而做出不同层次的决策：简单的结果是将 GIS 当作数据库管理系统，让两者在文件的级别上进行交互，如果 GIS 能够调用模型文件，则问题就简化为文件识别和选择；较高层次的交互是将 GIS 当作显示和分析模型运行结果的图形显示工具；最高层次是将二者集成为一个完整的系统。总之，通过决策支持系统的判断和决策分析，就可解决多种数学模型的数据结构兼容问题。

地理时空分析模型与空间智能决策支持系统的结合，对计算机的性能提出了更高的要求，因此必须要采用高性能计算技术，它使得时空分析变得更加智能化而且更少地依赖于操作者的技巧。最终目标是开发一种用户与机器间的智能合作关系，这必须建立在对地理学的深刻理解和对 GIS 与高性能计算机所提供的机遇的深刻理解之上。

15.4.4 地理时空分析与计算技术的案例

案例：地理动态现象时空演化建模

本案例是中国科学院地理科学与资源研究所资源与环境信息系统国家重点实验室的杜云艳研究员、周成虎院士等所进行的"地理动态现象的时空演化建模"（图 15-9）研究。

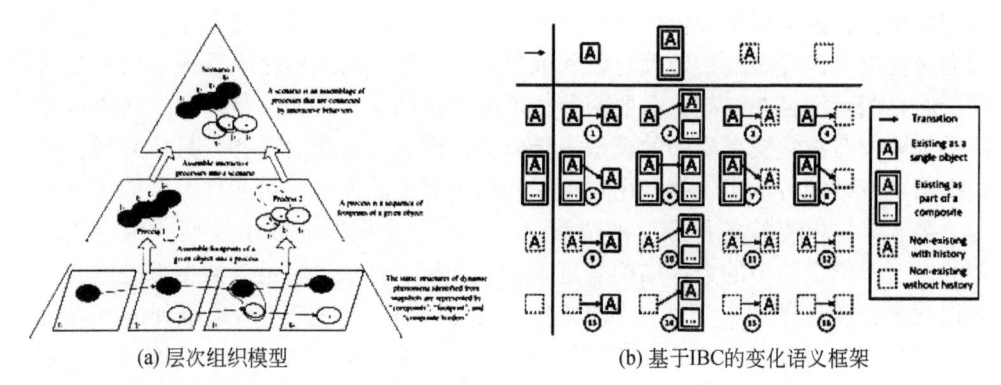

(a) 层次组织模型　　　　　　(b) 基于IBC的变化语义框架

图 15-9　时空演化模型框架

地理时空建模经过多年的研究和发展形成了不少有效的时空表达模型，并成功解决了各种应用问题。但是对于一些复杂的地学动态现象，如海洋涡旋、风暴、森林野火等，它们兼具对象和域的特征，并且运动的过程中还伴随着自身形态的改变（如分裂、合并等），如何刻画其复杂的演变形态和过程，描述现象与现象之间的相互作用（如台风事件导致降水，黑潮入侵脱套形成涡旋等），现有的模型仍存在明显的不足。因此，杜云艳、周成虎领导的团队从过程数据组织和演化语义表达两方面，对这类复杂地学现象展开时空演化建模研究，针对地理动态现象的过程表达，提出"状态–过程–场景"的层次模型从数据中抽取演化信息，并结合基于"事物同一性"（identity）的变化语义描述框架刻画现象内部的演化行为以及现象之间的相互作用。两者互为补充，互相融合，构成了一套完整的时空演化模型，为挖掘地理数据中的潜在演化模式奠定了基础。

该案例以海洋涡旋为例对模型的实用性展开验证和分析。利用南海 1992~2012 年的高度计资料提取涡旋演化数据，并依据研究提出的时空演化模型，构

| 第 15 章 | 地理信息处理、分析和计算技术

建南海涡旋演化数据库（图 15-10）。在演化模型的支持下，通过时空数据查询就可以获取涡旋的详细演化过程，并能有效地帮助海洋学家从中分析海洋涡旋演化过程中动力参数的变化，以及涡旋之间相互作用给演化过程带来的影响（图 15-11）。

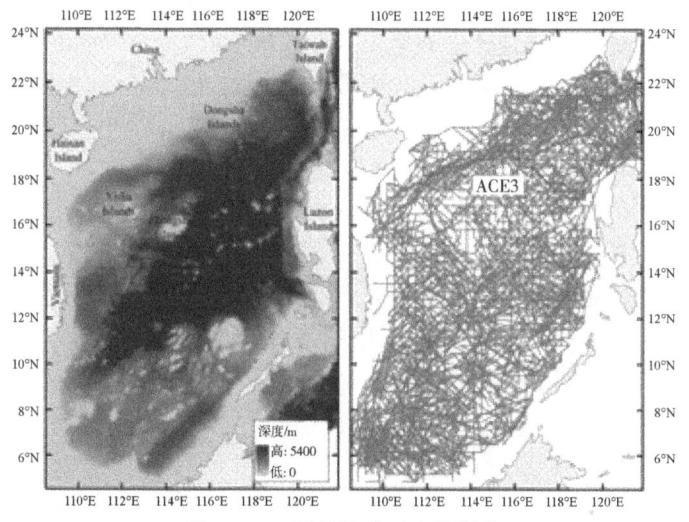

图 15-10 涡旋演化时空数据集

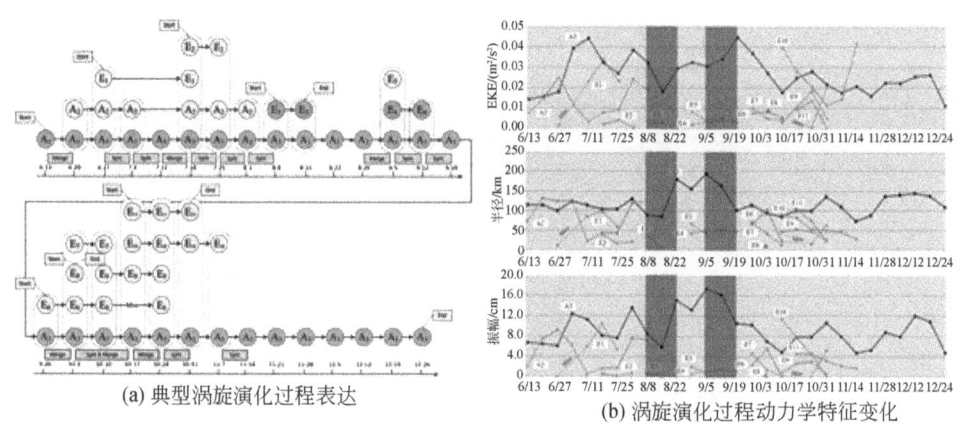

(a) 典型涡旋演化过程表达 (b) 涡旋演化过程动力学特征变化

图 15-11 海洋涡旋演化过程图

15.4.5 地理时空分析与计算技术的优点和不足

该技术的优势是通过地理时空建模，能够很好地分析地理对象和现象的空间分布、时间变化过程与格局等的问题，给用户提供各种复杂问题的解决方案和答案。它能成功地解决时空统计学问题、一般的地理时空分析问题、专门的地理时空分析与计算问题、从海量数据库和大数据中发现隐含的地理规律和机理，以及解决结构化与半结构化、非结构化问题相混杂时的数学模型分类与选择、数学模型的数据结构与 GIS 数据结构之间的兼容等一系列问题。

当然，该类技术目前也面临着挑战：一是面对时空一体化问题，还没有一个成功的、高效的解决方案；二是时空分析与计算的智能化程度还不高，更谈不上商业化和产业化产品研发；三是模型和算法还有待于优化，运算速度还有待于提高，因为我们不能让所有的运算都采用超级计算机的高性能计算和并行处理技术，希望未来能够在普通的台式工作站甚至笔记本电脑上解决各种复杂的时空分析与计算问题。

第 16 章 地理信息表达（可视化）技术

可视化是指在人脑中形成对某物（某人）的图像并将其外化，是一个心智处理的过程，它促进对事物的观察力及概念的建立。地理信息的可视化是科学计算与地球科学相结合而形成的概念，是关于地学数据及研究成果的视觉表达与分析。地理信息可视化技术包括地图表达技术、地理信息多维动态可视化以及地理信息研究成果展示技术。

16.1 地理信息表达技术概要

地理信息可视化的三种技术各有特色和使用场合。地图表达是从传统地理成果表达演化而来，进入 21 世纪以来除传统地图外，还增加了遥感图、图-文-图片混合体、矢量图、栅格图、影像图、图表、表格等新的表达形式；多维动态可视化则是地理信息科学特有的表达技术，包括多种比例尺（空间尺度）、多个区域、多个图层的叠加、切换和任意控制等形式，来反映多维地理信息及其动态变化，因此电子地图的开窗缩放、漫游、查询检索的功能就展示出其强大的生命力。地理信息的研究成果展示技术除编制地图和地图集，还包括科研文章、研究报告、专业书籍、讲演 PPT 等的表达技术，对于科研人员和研究生而言是一项必须熟练掌握的技术。

16.2 地图表达技术——二维可视化

16.2.1 地图表达技术的定义和内涵

作为地理学的工具和语言，地图是传达事物空间关系和形态信息的载体。地图表达是运用图形符号来记载和传输经过抽象和概括的地理信息的特种文化工具。在地图学要素中，具有交互和动态特征的可视化被置于中心的位置，与标准化和计算机新技术构成现代地图学的技术基础。可视化包含交流与认知分析，其中交流又包括视觉交流和非视觉交流（如声音、触觉等）。地图可视化不但包括将被私人掌握的信息和知识表达出来，公诸于众，也包括将没有被人类认识和掌握的知识发掘出来两个过程。前者就是我们通常所说的可视化，后者则主要意味着科学研究、发现未知的过程。这也在某种程度上是测绘界和地理界的分野：测绘界的大部分精力放在视觉交流传输上，而地理学家（含地理制图学家）则长期以来非常重视个人的视觉思维和视觉分析。

地图表达是一种创作性过程，它包括抽象-概括、信息可视化两个环节。首先，地图制图者需要对地图数据进行提炼、加工、抽象、概括，将自己对地理对象和现象的空间格局、关系和趋势等的理解融入其中，同时把一些复杂的并且内部结构隐藏着的信息通过简化而显现出来，实现"从低级的复杂到高级的简单"（陈述彭，1992）。其次，是运用符号、色彩、注记等各种手段对地图信息进行表达，达到信息传输与共享的目标。在这个环节中，需要同时对多种变量进行优化，同时不同的优化方法要和谐一致，因此要求地图制图者能够平衡各种选择。从美学角度来看，成功的地图应该能使人眼产生愉悦的感觉，即图形色彩配置好看；从信息传输角度来看，一幅好的地图应该能使信息转换、传送和接收都清晰，并且简洁、层次明显；从认知角度来看，一幅高质量的地图应该能够使读图者将图上的内容与他头脑中已有的知识连贯起来，并能较容易地预知未来新知识；从 GIS 要求来讲，成功的地图应该能最大限度地支持空间数据分析和信息可视化，也就是制图综合的成功与否；就可视化角度而言，一幅好的地图不但能很好地反映已知的信息，而且能支持发现未知的知识或信息。上述标准中，不同角度的标准相互间是有矛盾的，在具体运用中应视要求而确定以何者为主，何者最重要等。

16.2.2 地图表达技术在地理研究中的意义

早在人类发明象形文字以前就有了地图，因此地图自古以来就是地理学家和百姓认识自然、记录地理事件，探索和发现地理世界必不可少的工具。地图表达技术在地理研究中有以下五个方面的意义：

第一，通过地图可以既识别某个地物所在位置，也可以显示某地有何种地物。古代地图学是通过人眼来目视识别，现代地图学除了目视识别外，还可通过地图数据库和 GIS "从位置到属性"和"从属性到位置"两个方向来查询地理信息，以及通过 GPS 来实时、宏观地发现地物在全球的经纬度位置。

第二，通过地图可以识别用其他方式不能体现的空间分布、关系和趋势。人口统计学家通过比较过去编制的城区地图和现在的城区地图，可以支持公共决策。流行病学家通过把罕见疾病暴发地点与周围环境因素相关联便可以找出可能的病因。

第三，地图可以将不同来源的数据集成到同一地理参考坐标系中。政府职能部门可以将街道分布图与建筑布局图结合起来，以调整市政建筑结构；农业科学家可以把气象卫星影像图与农场、作物分布图结合起来，以提高作物产量。

第四，地图可以通过数据合并或叠加来分析空间问题。政府可以通过合并多层数据来找到合适的废弃物处理地点。地图可以用来确定两地之间的最佳路径。通过地图，包裹速递公司能够找到最有效的运输路径；公共交通设计者也能设计出最优的公交路线。

第五，地图可以用来模拟未来的情况。公共事业服务公司可以模拟新设施添加后会产生什么效果，并且根据这个效果判断是否需要进行投入。市政规划者也可以模拟一些严重的意外事故如有毒物质泄漏等，从而得出相应的解决方案。

16.2.3 地图表达技术的原理、结构和过程

作为客观世界的一种形象-符号-概括模型，地图承载了制图人根据对自然世界的认识，用概括和简化的可视化形式，客观反映客观世界结构；读图者则根据他们与制图人之间对制图符号的"约定"来接受和理解地图所传达的信息。这些地图信息既有具体的，也有抽象的；既有现实的，也有预期的；既有静态的，也有动态的。

从产品形态来看，现代地图学已具备丰富的地图作品，包括纸质版、电子版、特型地图、特殊介质地图、文化创意地图等类型。目前来看，纸质版的地图、画册、书籍等印刷类表达的地理信息成果作为传统的表达方式，在新形势下仍然不会失去其作用和生存空间，因为它具有形式大气、整体化、固定化、长久保存、有存在感等电子载体所不具备的优点，因而对于科学研究、政府部门、普通个体等用户始终发挥着信息承载、分析阅读等作用。

编制地图的过程有地图设计、数据选择与处理、符号化、标注与注记、地图整饰等环节。其中地图总体设计最为重要，它确定了思想意图、具体条件，决定了地图的主题内容是否突出，各要素之间的关系位置是否准确，色彩配合对比是否协调，图面上的辅助元素（图例、插图等）配置是否有条不紊，地图编制整体上是否经济实用，美观大方。因此，地图总体设计是通过对地图类型、内容、制图区域特点等进行反复分析、研究，做出切实可行的处理、表达和整饰设计方案，并通过最佳样品的各种实验活动来完成的。

其次是地图数据的选择和处理，包括对数据源的选择、数据格式转换、地图投影变换、要素的几何图形（非拓扑）、要素拓扑关系、要素属性信息等处理。

再次是地图表达（可视化），包括选择和确定信息表示方式、设计符号和颜

色，对所选要素进行符号化和可视化表达。现代地图制图体系通常是将点、线、面、体等多种类型符号以符号库的形式进行存储、编辑与应用，从而实现地图可视化的自动化和智能化。地图可视化的过程还包括地图的说明语言——标注和注记，包括在地图中标注位置、名称、数量、性质等信息的说明文字，要反复试验文字样式、文字表达、文字颜色、文字大小、排列样式、摆放位置、文字拼写等各个细节。

最后是地图整饰，包括地图布局配置图名、图例、图片、比例尺、指北针、图廓线、网格线、接图表、制图者、制图时间、地图数学基础的描述、图中文字说明和图表等。

根据地图数据来源与制图目标的不同，地图编制有不同的技术流程。其中，地图源数据有地图数据库（或 GIS 数据库）和 CAD 数据两种，前者有数据库属性支撑，能够实现批量地图数据处理和符号化；后者则只有图形数据，缺乏属性数据，只能采用 CAD 制图软件（如 Photoshop、CorelDraw、Illustrator、Freehand 等）进行交互式处理。地图制图目标也有两种，即编制印刷地图和编制电子地图。这两类四种内容的组合，就会产生五种制图流程，即"数据库来源编制印刷地图"（流程 1）、"数据库来源编制电子地图"（流程 2）、"CAD 数据源编制印刷地图"（流程 3）、"CAD 数据源编制电子地图"（流程 4）、"CAD 数据生成数据库后编制印刷地图"（流程 5）。其中，流程 1 使用 GIS 数据库和地图数据库作为数据源编制印刷地图，优点是可以充分运用 GIS 平台的批处理功能，使制图效率得到极大的提高；缺点是目前 GIS 平台的制图效果（主要是符号库、字库以及特殊效果的表达）还达不到非常严格的地图规范水平，经过 GIS 可视化处理后，还需转换到商用 CAD 软件（如 Illustrator 等）加以完善处理，方可达到满意的效果。流程 2 使用 GIS 数据库和地图数据库作为数据源编制电子地图，由于是在屏幕上使用，不需要达到印刷地图的精细程度，但需要发挥快速、灵活的特点，因此是最能发挥 GIS 和地图数据库系统优点的制图流程。流程 3 使用 CAD 编制印刷地图，由于编制过程始终是在地图图形环境中操作，且 CAD 的人机交互方式模仿的是手工制图的过程（只不过前者效率更高），制图成果也不需要再转入数据库进行空间分析使用，因此是一种较为经济、省事的流程，目前地图出版社、测绘单位的制图室等大多都采用这种流程；缺点是没有充分利用信息时代丰富而动态的数据库信息源，地图更新较慢。流程 4 所说的电子地图指的是分析型电子地图，因此地图数据必须转换为矢量数据，并建立严格的拓扑关系，是四种制图流程中很费事的一种，一般不建议这种流程；但若对制图区域而言只有 CAD 数据源，也只能首先进行数字化，然后再转入数据库，采用 GIS 的方法来编制生成电子地图。流程 5 是流程 3 和流程 4 两种流程的结合，即编制印刷地图的同时必

第 16 章 地理信息表达（可视化）技术

须建立 GIS 数据库，以备空间分析之用，因此必须将 CAD 数据源转换为矢量数据，并建立严格的拓扑关系。建立数据库之后，可以采用批处理的方法生成编绘原图，再转换为栅格格式，经过细化处理后，生成印刷原图，完成印刷地图的后续工序。这是五种流程中最费事的一种，但我们认为如果未来的趋势是必须建立地图数据库，那么费一次功夫，今后的制图工作就会非常顺利和省事了。

从另一个角度来看，地图分为普通地图和专题地图两大类。专题地图的编制既需要事先编制好底图，还要采用数学模型工具对数据进行分析处理，以得到新的专题图层；进而对统计数据进行各种符号化表达，如柱状符号、饼图符号等，并采用多种专题地图表示方法，如定点符号法、线状符号法、运动线法、质底法、范围法、等值线法、分级统计图法、分区统计图法等，多个静态帧地图组合成的动态地图等，以及遥感影像专题地图等。

16.2.4 地图表达技术的案例

案例 1：用 CorelDraw 编制南京市城市地图

CorelDraw 是加拿大 Corel 公司推出的集矢量图形绘制、印刷排版和文字编辑处理于一体的图形软件，具有功能完善、操作简便易用、图形数据量小、立体化工具、制作立体图形较为方便等优点。

采用 CorelDraw 编制地图的流程，除地图设计是通用环节外，以下几个环节比较关键（图 16-1）：

1) 新建绘图文件：在 CorelDraw 新建一绘图文件，并设置好各种绘图参数，如页面设计、编辑精度、显示设置、长度单位设置和图形输出设置等。

2) 建立各地类要素的绘图图层：建立水系、地貌、居民地、交通、境界及各类专题要素图层，在 CorelDraw 软件中矢量化，编辑处理各类要素数据。建立图层时要注意图层的先后顺序，一般带面域色的图层在下，其次是线划图层，最上面是点状符号和注记。

3) 建立通用符号库：CorelDraw 软件的符号库包括点、线、面状符号库，其中点状符号库以字体形式放在 Windows 下的 Font 目录下，其后缀为 *.ttf；线状符号库和面状符号库存放在 CorelDraw 的 CustomData 目录下，线状符号库文件为 coreldrw.dot，面状符号库文件填充方式不同，其中图案填充为 coreldrw.bpt，底纹填充为 ligrary.txr 和 coreldrw.txr，渐变填充层为 coreldrw.ffp 等。用户可以自定义自己的线状和面状符号库。

4) 数据导入：CorelDraw 软件中可引入各类常用格式的图像文件和矢量数据

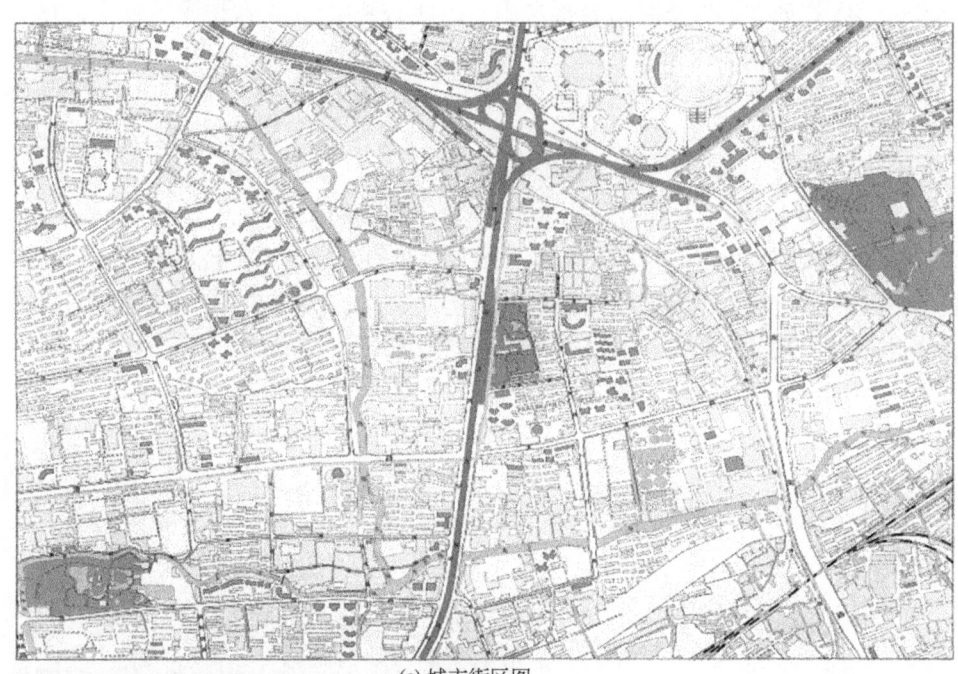

(a) 城市街区图

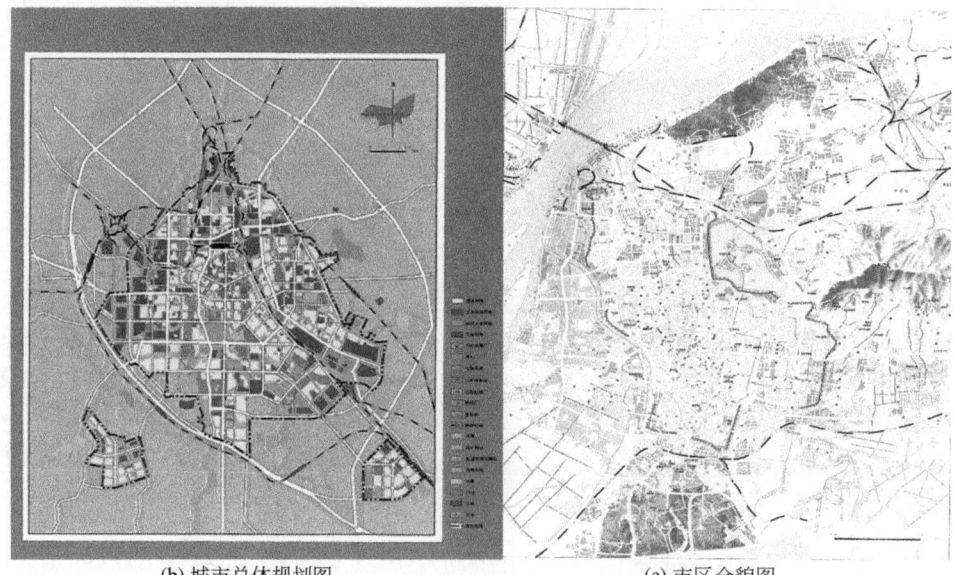

(b) 城市总体规划图 (c) 市区全貌图

图 16-1　应用 CorelDraw 软件编辑南京市地图的案例图

文件。

5）数据矢量化：应用其强大的绘图功能，在导入的数据层上进行描绘或自动跟踪矢量化。

6）数据编辑处理：将各类数据分类放入相应的图层，其中面域数据需要配上相应的面色、纹理或符号；线条需要定义线宽、颜色，部分线条需要增加图案效果，如铁路、境界的晕线等；点状地物需要定位、符号化并加注注记等。

7）版面编排：加注图名，定义字体大小、摆放位置；编辑图廓及图整饰；配图内容编辑及位置排版。

8）数据输出制版：完成所有编辑排版工作，打印样稿提供质量部门检查，经检查修改后，将编辑好的图形文件转换为 EPS 格式，提交印刷部门出印刷菲林片。

案例 2：用 ArcGIS 和 Freehand 编制《中国西部人文地图集》

本案例是采用 ArcGIS 与 Freehand 两种软件系统相结合的方法编制《中国西部人文地图集》（图 16-2）。该地图集由国家测绘局（现国家测绘地理信息局）立项，中国测绘研究院、中国科学院地理科学与资源研究所、西安地图出版社、中国社会科学院民族学与人类学研究所协作完成，齐清文任副主编，姜莉莉等任编辑的大型地图集编制项目，覆盖了中国西部六省（自治区）（四川、云南、西藏、甘肃、青海、新疆），从序图、人口和资源环境、社会发展和经济建设、文化科教和体育卫生、区内外联系和国际交往、历史沿革和文化遗产、民族区域自治和民风民俗、区域人文景观八个方面，用 188 幅地图、60 个图表、160 张照片、23 000 字的文字，全方位地展示了我国西部社会、人文、经济、历史、地理等诸多方面的发展状况，充分展现了西部地区悠久的历史文化和丰富多彩的民俗，反映了西部地区多民族的和谐共建成就。图集编制技术先进、主题新颖、内容科学、实用性与艺术性统一。

ArcGIS 是由美国环境系统研究所开发，是目前世界上使用最多的商业化地理信息系统软件之一。它以矢量数据结构为主体，通过关系数据库管理属性数据，用属性码、坐标与空间关系来描述存储对象，面向空间实体；易于派生地图和更新地图。采用信息的存储与它们在介质上的可视符号表示分开的方法，提高了数据的检索与图形表示的灵活性；借助于符号库、颜色库、线型库、汉字库等，就可随时生成满足某种需要的地图；具有强大的制图功能，"所见即所得"，它不仅体现在颜色上，即设计人员设色—屏幕颜色—输出地图颜色的一致性上，而且还体现在符号的显示与图面配置上的所见即所得。

Freehand 是美国 Macromedia 公司推出的矢量绘图软件，由于其功能强大，易

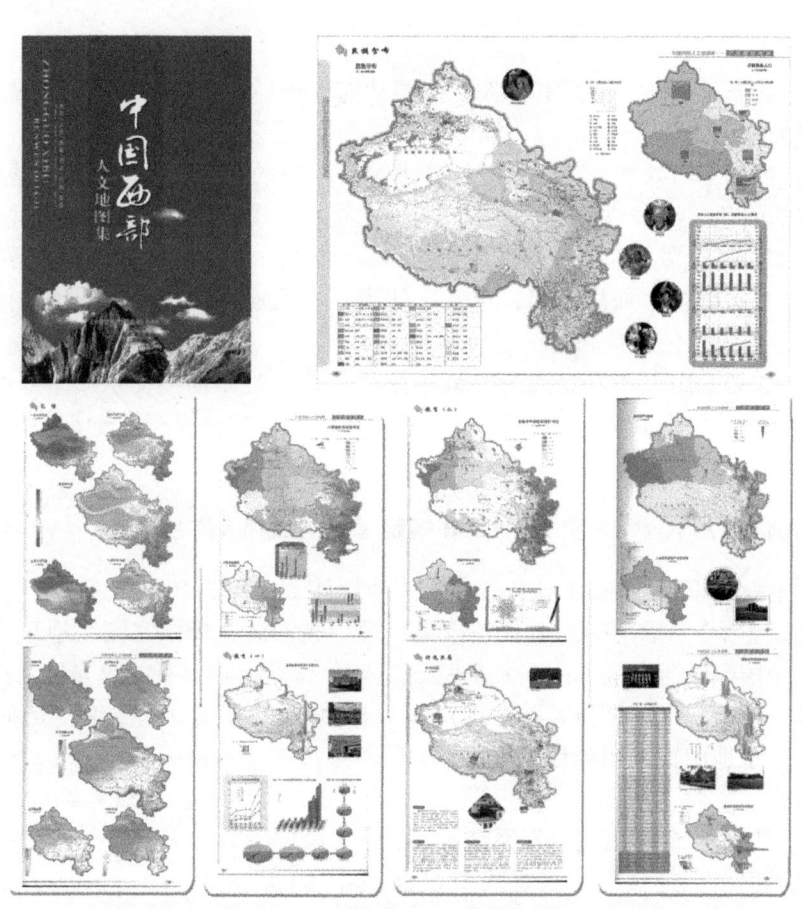

图 16-2　用 ArcGIS 和 Freehand 编制《中国西部人文地图集》的案例

学易用，被广泛应用于广告设计、书籍装帧、插图绘制和统计表设计等应用。其优势是具有方便的路径和节点编辑工具，更适宜于编辑线划要素较多的地图。

在《中国西部人文地图集》编制中，用 ArcGIS 完成所有基础底图的生成与编制，所有专题数据的批量处理、定位，以及符号基本符号化等技术环节；之后将所有地图转为 CAD 格式的数据，用 Freehand 软件完成地图符号的精细制作、图面整饰、印前地图制作与印前文件转换等工作。

案例 3：用自主研发的电子地图软件编制《中华人民共和国国家自然地图集》(电子版)

本案例采用中国科学院地理科学与资源研究所地图研究室自主研发的多媒体电子地图集软件系统编制的《中华人民共和国国家自然地图集》（电子版）（图

16-3)。该软件系统由"电子地图制作"、"电子地图集组装"和"电子地图集阅览"三个软件模块组成。其中，电子地图制作模块主要完成每幅电子地图的编制工作，包括地图设计、选用地图模板、调用空间数据和属性数据文件、选用符号库和色彩库、设置视觉变量参数、生成底图、生成专题图层、图面调整、生成图例-图名等辅助要素等环节；电子地图集组装（编制）软件模块则完成将单幅地图组装到各个图组中的过程，包括地图目录生成、单幅地图的组装、电子地图的超链接组织、地图说明文档建立、地图帮助的编制等环节；电子地图集阅览软件模块则实现地图调入、地图显示环境的打开、地图视图操作（开窗、放大、漫游、鹰眼、双图对比等）、地图查询与检索、地图分析、地图输出与打印等一系列功能。

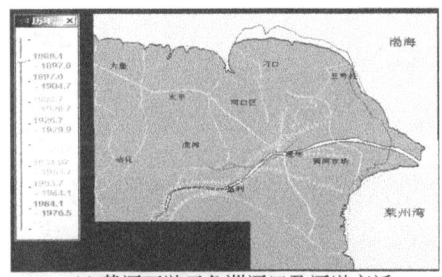

(a) 黄河下游三角洲河口及河道变迁
(b) 以月为单位的中国降水量的变化
(c) 黄河下游决口冲积扇的动态示意图
(d) 台风路径及寒潮路径走向的有向线

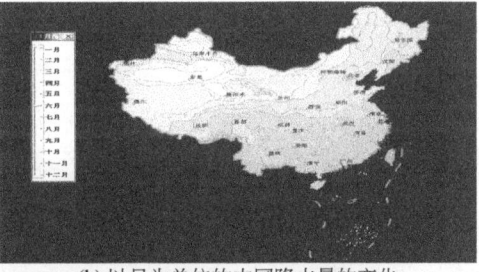

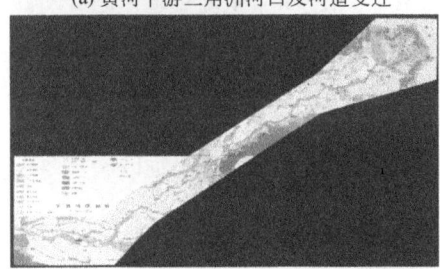

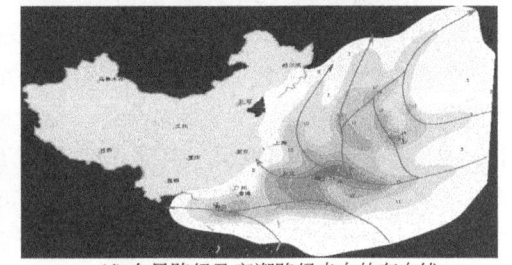

图 16-3　用自主研发的电子地图软件编制的《中华人民共和国国家自然地图集》中的各种动态地图

16.2.5　现有地图表达技术的优点和不足

（1）优点

首先，从可视化效果来看，现有地图表达技术方法直观、易读，能够为大多数用户接受。地图是迄今为止最成功、使用最普遍的反映地理客观对象的质量、数量、发展动态、结构、空间格局等信息的手段。

其次，从所传达信息的特征来看，目前的二维平面地图所承载的正射投影图形，是地表地物的相似化图形，最易于获取和量算地物的空间方位、距离、面积、格局和密度等量化信息，是人类从复杂的原始数据中抽象、提炼和概括出来的高级别的、简洁的、高度概括的地理信息。

再次，就制图技术而言，现有的地图编制方法，包括全手工制图和计算机化的数字地图制图技术，已经形成了非常成熟的"所见即所得"、直接成图、不需要编绘原图的技术体系，是当前地图制图技术的主流。

最后，就地图产品形式而论，目前已经形成了以印刷地图为主，光盘地图和互联网地图为辅，再配合多种特型地图和其他介质的地图等类型的地图产品体系，是当前地理信息产品中最为丰富、最为成熟的产品群体，为各层次用户群所接受和共享。

（2）不足

首先，从表达效果来看，既缺乏三维立体的丰富信息，也缺乏对动态地图信息的反映，与人类所熟悉的"侧面看世界"信息模式和实时动态变化的信息需求有距离，因而需要改进的空间很大。

其次，从制图技术来看，存在 CAD 交互地图编绘与 GIS 自动地图编绘之间的矛盾。采用 CAD 技术来编制地图的优点是模拟手工绘图的能力强大，可达到随心所欲的程度，能够达到设计所需要的任意效果，但制图过程却非常费事，已有图件（或图层）的重复利用率很低；以 GIS 技术为基础的计算机编绘与制版一体化的数字地图技术，虽然弥补了前述 CAD 地图编绘技术的不足，却存在由数据视图到地图视图、由 GIS 数据库到地图数据库、由分析型数据结构到表达型数据结构等转换上的困难和矛盾，同时也存在符号化水平达不到设计要求、字库不全难以满足要求等功能上的不足。目前不得已的做法是将 GIS 软件与 CAD 软件相结合，让 GIS 完成前面的自动化的、批量式地图数据处理与编辑任务，而将最后精雕细刻的工作交给 CAD 模式的软件（如 Freehand、Illustrator、Photoshop、AutoCAD）来完成。

16.3 地理信息多维动态可视化技术

尽管传统的二维地图表达在大多数 GIS 应用中一直占据主导地位，但随着计算机的计算能力、软件及宽带网的飞速发展，GIS 中越来越多地采用三维表达来反映我们所感受和理解的世界，因为进入 21 世纪以来人类所追求的境界是身临其境的感受、超越现实的理解，即期望用虚拟环境与真实环境融合的手段来获取真实地理环境知识，实现从一维文本、二维图形/图像/地图、地理信息系统发展到三维（多维）的"身临其境"的集成技术，来推动实验地理学的新技术和新方法。这对已有地理信息的本体论也是一种挑战,即如何让人类在虚拟地理环境中感受和体验世界本体的意义,让人类可"游"、可"居"、可生存、可生产和可消费,对于人类的发展和演进具有重要的意义。

16.3.1 地理信息多维动态可视化技术的定义和内涵

"多维动态可视化"技术是"多维"、"动态"和"可视化"三者的有机结合。人类对地球客观世界的刻画,首先采用了多个维度分解和降维的方式来实现,即用0维表达点,一维表达线,二维表达面,三维表达体,四维反映时间,五维及更多维反映其他属性信息;其次,还专门将时间维分离出来,研究和建立"动态"表达模型和技术,其中有地图动画技术(即静态地图连续帧的连接,属于低级技术)和算法动画(用数学模型和算法来实现动画,属于高级技术)两种;再者,将上述两者相结合,按照一定的序列和结构,用多个只能表达地表复杂对象和现象的一个侧面和瞬间的地图或图层,组成互相协作和配合的整体,就形成了"多重表达"技术,包括按照系列比例尺、按照不同区域、按照不同图层以及多图对比等模式来完成多重表达。总之,"多维动态可视化",就是三维空间+时间维+其他属性维、动态序列、多重表达三者的有机统一。它反映了地球空间对地观测信息在本质上有别于其他信息的显著特性:地域性(territorial)、多维结构特性(multidimensional structure)和动态变化特性(dynamic changes)。在实际应用中,常有静态三维表达、动态三维表达两种,前者可认为是纯三维表达,后者可认为是四维表达。

研究和应用多维动态可视化,并不是抛弃二维平面地图/图像的表达技术,而是充分运用二维数据模型、数据结构、图形学、数据库等领域中成熟的理论和技术作为基础,做到二维与三维之间的一体化和随意切换,即三维景观模型反映城市等对象的鲜活动形象,同时用二维平面地图简洁而抽象地反映区域的空间关系。其中,前者可以认为是真实的、具象的地理信息,是对客观世界的一种模拟和近似反映;后者则是地学专家经分析与思考后获取的、表示某种认识与理解的地学知识,是从具象中抽象概括出来的地理知识的表达。上述两者相结合,就是地理真实/具象信息可视化与地理知识可视化之间的结合,可达到扬各家所长,各取所需的目标。

16.3.2 地理信息多维动态可视化技术在研究中的意义

地学信息可视化是把抽象的、大多数不具有物理空间本质特征的信息转化成空间分布形式的图形图像，从而帮助用户理解或者发现隐伏的关系及结构。

以多维动态可视化为核心的地学信息可视化，在地学研究中有如下几方面的意义：

1) 有利于对地学问题进行合理的科学解释。陈述彭以其多年地理工作的理论和实践经验积累，针对目前 GIS 的可视化技术水平层次上的局限性，提出地学多维图解模式。这是因为要获取对地学问题的合理科学解释，仅靠图形图像是不够的，还需要定量的地学空间统计、分析，以及规则化的地学知识，地学模型的设计、构建与确认（模型库），相应的信息反馈动态机制等。通过多维动态可视化和虚拟现实技术，我们既可以反演已经发生的现象，监测正在发生的事件，预测和推演即将发生的现象，模拟没有发生或人不可能亲眼看到的现象。上述这些就是基于计算机的地学多维图解模型所包括的内容。

2) 有利于充分调动多种信息感知模式和行为，既全方位地反映地学信息，又模拟地学场景。多维动态可视化的进一步发展就是虚拟地理环境（virtual geographical environment，VGE），它以地物的侧面形象和内部形象为主，犹如人现实世界看到的侧面形象，同时还具有纹理和光影等效果；具有交互性、可进入性或称沉浸性、虚拟性，可让地学专家进入地学数据之中，充分利用地学专家的各种感觉行为，如视觉、听觉、力觉、触觉、嗅觉等，来观察地学现象，思考地学问题。允许地学工作者按照个人的知识、假设和意愿去设计修改地学空间关系模型、地学分析模型、地学工程模型等，并直接观测交互后的结果，通过多次的循环反馈，最后获取地学规律。

3) 有利于以用户为中心，满足空间数据需求多样化与显示个性化的需求。在传统的纸质模拟地图时代，地图设计模式主要以地图设计者为中心，地图类型也主要是以传输型地图为主，用户是被动的信息接受者。而以多维动态可视化为核心的数字地图本质上是一个人机交互系统，其交互特性决定了信息感知模式应该是以用户为中心的设计模式，充分发挥多图种、多层次、多用途、多用户和多级别显示的需要，满足多样化与个性化的信息需求。

4) 能够充分照顾到认知环境、显示设备和地图使用环境的个性差异和变化。以多维动态可视化为核心的数字地图的可视范围受屏幕限制，但却可以通过放大、缩小、漫游等阅读方式，因而认知环境与传统地图完全不同；同时，不同种类的显示设备（如计算机屏幕、投影仪屏幕、手机屏幕、IPAD 屏幕等）给数字地图带来了差异化、个性化的显示媒介，而且这些显示设备突破了室内使用的限制，可以在任意地点、任意时间，用无所不在的网络环境接受地图等信息的服务。

16.3.3 地理信息多维动态可视化技术的原理、结构和过程

多维动态可视化技术是应用一定的地理信息系统和数字地图软硬件平台和数学模型构建地理对象和现象的三维立体模型和动态模型以及计算机软硬件环境的过程。它分为建模和构建运行环境两个部分。

1. 构建三维和动态模型

（1）构建三维模型

地理对象和现象的三维模型的构建有基于地图、基于图像两种方法。不同的构建方法和数据源类型，对应于不同的三维模型细节和应用范畴。

a. 基于地图的技术

基于地图的三维建模技术是利用已有 GIS、地图和 CAD 提供的二维平面数据以及其他高度辅助数据，经济、快速地建立盒状模型的技术。主要的数据模型有 TIN（非规则三角网）模型、3D 栅格模型、八叉树模型、TEN（四面体网）模型、矢量数据结构、三棱柱体元结构等。该技术的优点是建模速度快、成本低、自动化程度高，缺点是模型粗糙，在某些需要快速建立三维模型的领域有着广泛的应用，这也是现有大多数二维 GIS 提供三维能力的最主要方式。基于 CAD 的人机交互式建模方法将继续被用于一些复杂人工目标（如建筑物）的全三维逼真重建。

b. 基于图像的技术

利用近景、航空与遥感图像，通过抽取图像中的几何特征，构建三维模型，可以用于建立包括顶部细节在内的逼真表面。该技术相对比较费时和昂贵，自动化程度还不高。其中，基于遥感影像和机载激光扫描的三维建模技术主要用于大范围地区获取地面与建筑物的几何模型和纹理细节；基于车载数字摄影测量方法适用于走廊地带建模；地面摄影测量方法和近距离激光扫描方法则适用于复杂地物精细建模等。近年来，基于图像的视觉建模和绘制作为一种新的建模技术，在不需要复杂几何模型的前提下也能够获得具有高度真实感的场景表达，能够较好地解决三维建模过程中模型复杂度、绘制的真实感和实时性三者之间的矛盾，大大简化了复杂的数据处理工作，因而也被越来越多地用于各种虚拟环境的建立，特别是基于图形和图像的两种建模技术被综合用于高度真实感的三维景观模型的创建中。

（2）构建时空数据模型

地学现象的时空动态模型有时间快照模型、空间-时间立方体模型、基图修

正模型、空间时间组合体模型、基于事件的时时数据模型、面向对象的时空数据模型等。它是一种用时间 GIS（TGIS）的理念来刻画时空，有效组织和管理时态地理数据、属性、空间的数据模型，与三维空间模型相比，具有语义更丰富，对现实世界的描述更准确等特点，难点在于海量数据的组织和存取。

构建时空数据模型，需要根据应用领域的特点来反映客观现实变化规律，集中考虑时空数据的空间/属性内聚性和时态内聚性的强度，选择时间标记的对象；同时提供静态、动态两种数据建模手段，如采用历史库的方法来存放不同时间段的静态数据；能够显式地表达地理实体进化事件和存亡事件两种事件类型；此外，还要能够准确地反映时空拓扑关系。

2. 构建运行环境

三维模型构建后，随之出现的问题是建立有效的运行环境来解决如下三个问题：

第一个问题是如何按照上述构建的三维数据模型和时空数据模型，进行可视化表达。将二维数据渲染显示为二维地图，要采用"面绘制"软件；将三维数据渲染为三维立体，则采用"体绘制"软件；与此相关的，还有三维模型特征值的抽取、面三维的表达等。在动态数据表达方面，有基于栅格图像的地图动画、点状要素分布的变化、线状要素的变迁、线状路径自动生成、面状要素随时间推移、面状要素分布的连续变化等可视化技术模式。

第二个问题是对海量数据管理。因为人们对三维模型数据的准确性、逼真性和有用性的需求越多，数据量会越大，从而也带来了数据生产的高投入。由此产生的多维动态可视化数据管理模型有：多类型数据的一体化管理模型（如 Oracle 数据库中多种类型数据的全关系型管理方案）、多尺度和多详细度（LOD）数据模型、栅格数据的金字塔管理与分块模型及空间索引机制等。传统基于文件与关系数据库混合的 GIS 数据库管理方式由于在数据安全性、多用户操作、网络共享及数据动态更新等方面已不能满足日益增长的多维动态数据管理的需要，因而出现了面向对象数据库的管理技术，使得它不仅能够处理三维数据的复杂关系，也能将在逻辑上需要以整体对待的数据组织成一个对象，这为三维 GIS 的海量数据管理提供了一条切实可行的途径。

第三个问题是如何构建和提供能够运行多维动态可视化和虚拟地理环境的软硬件场景平台，既在视觉上提供丰富逼真（具有相片质感）的多维动态效果来反映我们人眼能够看见的对象和现象，又能够揭示人类难以亲临现场看到的场景（如火山、地震、地下地质和矿床结构、台风演进、洪水淹没、大气污染、核电站泄漏事故影响等），还能够反演不会重现的历史过程、推演未来发展、仿真复杂的时空现象,更重要的是,能够帮助人们结合自己相关的经验与理解做出准确而快速的空间决策。不同背景和层次的用户之间、用户与系统之间的空间信息交流,是多维动态可视化和虚拟地理环境系统的又一大优势。用户采用多视点的多模态可视化视图,可以针对不同尺度和详细程度的对象和现象进行多种形式的交互式研究。例如,较宏观的飞越漫游能迅速把握整个空间分布包括地形特征和地物布局,较微观的穿行漫游则能准确分辨地形的微小变化和地物的明显特征,而且在运动中能及时更新可见的内容并根据距离远近以不同的细节或尺度进行表现。在计算机交互式图形处理中,实时动画往往要求每秒 25~30 帧的图形刷新频率,也就是说所有的建模、光照和绘制等处理任务必须在大约 $17\mu s$ 的时间内完成。所有这些对数据调度机制和图形绘制策略都提出了新的更高的要求,因此数据动态装载、图形渐进描绘、多重细节层次 (levels of detail, LOD) 和虚拟现实表现等因此成为三维 GIS 可视化的典型技术特征。与此同时,三维 GIS 海量数据的交互式真实感可视化对计算机软硬件环境也提出了特殊的要求,而且一些先进的图形卡和工作站已经为此目的问世。特别值得关注的是,中国四维测绘技术北京公司为此专门研制了系列大场景沉浸式真三维可视化硬件平台,为三维 GIS 应用提供了双计算机双投影仪、单工作站双投影仪、单工作站四投影仪等不同的配置方案。

16.3.4 地理信息多维动态可视化技术的案例

近 20 年来,地理信息三维可视化技术发生了突飞猛进的发展,涌现出相当数量的软硬件平台/系统和地理信息产品。国际上有 Skyline、Virtual Earth、World Wind、ArcGIS Explorer,国内有 LTEarth (灵图)、GeoGlobe (吉奥)、EV-Globe (国遥新天地) 等。总体来看,这些软件和产品分为两类,一类是服务于地理信息浏览和查询的,不具备分析和研发功能,如 GoogleEarth、World Wind、Virtual Earth 3D 等,都是可视化三维地球浏览平台,以三维地球的形式把大量卫星图片、航拍照片和模拟三维图像组织在一起,使用户从不同角度、不同高度和不同分辨率、不同比例尺浏览地球整体及局部;另一类是嵌入在地理信息系统分析软件平台中的三维 GIS 和虚拟现实模块,如 ArcGIS Explorer、Skyline、EV-Globe 等,既能够全方位、多角度、多层次、多分辨率与多比例尺地反映地理对象和现象的多维动态特征,又能够将 Oracle 等数据库管理系统用来驾驭和掌控海量的多种类型数据,还可将丰富而强大的分析计算功能应用于三维立体和动态对象和现象中。

案例 1：用 GIS 软件系统研发和表达 2.5 维自然环境景观

2.5 维地图是近 30 年来从二维平面地图向三维地图发展的一个必经过渡阶段，它反映的并不是真三维景观，而是将视点由正射变为斜射，用阴影或透视立体图法展现了客观世界有形的［如图 16-4（a）所示的地层断裂带］和无形的［如图 16-4（b）所示的用高度来展示中国降水量大小］现象。这种地理景观运用目前国内外的 GIS 平台都能完成。

(a) 地表和地层断裂带表达

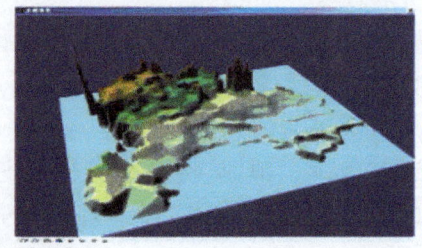

(b) 中国年均降水量立体展示

图 16-4　用 GIS 软件系统构建和表达 2.5 维自然环境景观的案例

进入 20 世纪 90 年代以来，构建和三维立体最热门的模式是"DEM+遥感影像"或"专题立体图层+遥感影像"，其中 DEM 或专题立体图层完成 2.5 维地形骨架或专题属性的 2.5 维展现，遥感影像则以地表纹理的形式增加了真实感。例如，图 16-5（a）为地表环境与气象卫星影像融合的方法反映的地表景观；图 16-5（b）是"DEM+TM 影像"的模式反映的内蒙古高原风蚀带；图 16-5（c）是在 2.5 维地景上叠加矢量道路图形符号的案例；图 16-5（d）是在 DEM 和遥感影像纹理之上叠加城市建筑的案例。

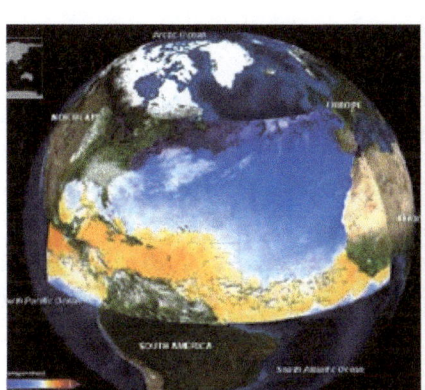

第 16 章 │ 地理信息表达（可视化）技术

(a) 地表环境与气象卫星影像的融合

(b) DEM+TM影像反映的内蒙古高原风蚀带

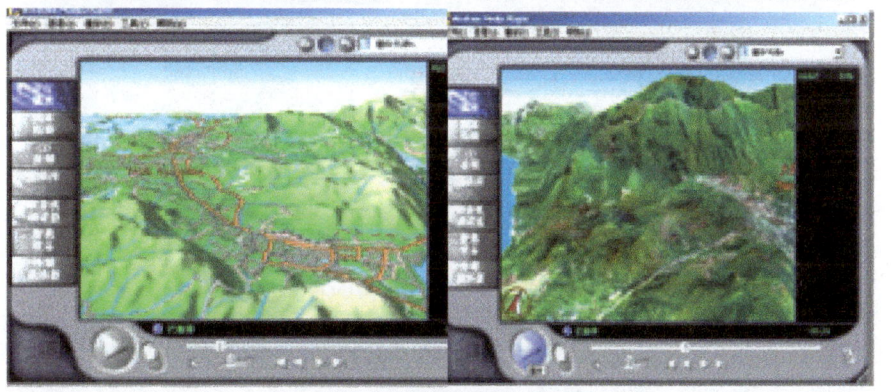

(c) 2.5维地景上叠加矢量道路图形符号

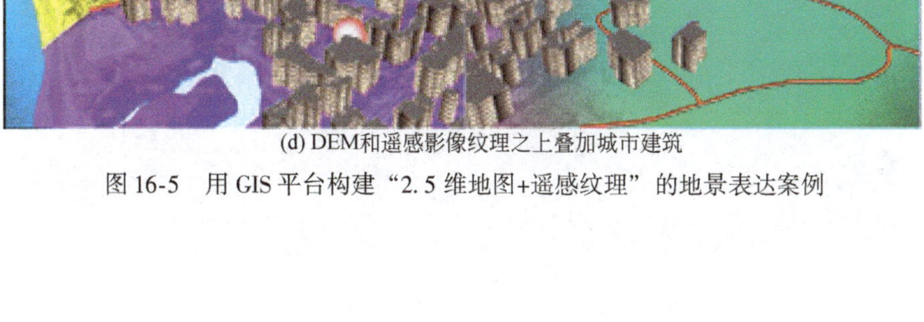

(d) DEM和遥感影像纹理之上叠加城市建筑

图 16-5　用 GIS 平台构建"2.5 维地图+遥感纹理"的地景表达案例

案例2：用三维 GIS 和虚拟地理环境软件研发和建立数字城市系统

进入21世纪以来，特别是2010年以来，在我国兴起了"数字城市"和"智慧城市"的热潮，其信息化表达的基础是用三维 GIS 和虚拟现实技术构建城市三维立体景观模型。部分城市沿用"立体地图+遥感影像"的模式，但大多数城市采用的是"建筑物立体建模+地形骨架+地面实景摄影"的模式，其中建筑立体建模是核心技术，最具有技术挑战性。举例如下：图16-6（a）是二维与三维相结合的远视距、高视角城市景观案例；图16-5（b）是中视距、高视角城市景观案例；图16-5（c）是中视距、低视角城市景观案例；图16-5（d）是近视距、高视角城市小区景观案例。

(a) 二维与三维相结合的远视距、高视角城市景观案例　　(b) 中视距、高视角城市景观案例

(c) 中视距、低视角城市景观案例

(d) 近视距、高视角城市小区景观案例

图16-6　用三维 GIS 和虚拟现实软件研发和建立数字城市系统的案例

第 16 章 | 地理信息表达（可视化）技术

案例 3：用虚拟地理环境软件反演历史和预测未来

除了反映现实的地理对象和现象外，虚拟地理环境非常重要的一个作用是反演历史和预测未来。即用虚拟现实手段来展示被挖掘和恢复的历史景观、历史事件及其动态发展过程。采用的技术是上述 2.5 维可视化、构建的地物对象/现象立体+遥感影像纹理等的混合，再辅之以三维动画技术，来表达时空格局的变化。举例来说，图 16-7（a）是三维地景上叠加地质灾害事件场景的案例，图 16-7（b）是南极洲冰盖消融的过程反演案例，图 16-7（c）是在现实生态环境景观中叠加观察区未来变化的预测场景案例，图 16-7（d）是沿河流两岸城市规划的案例。

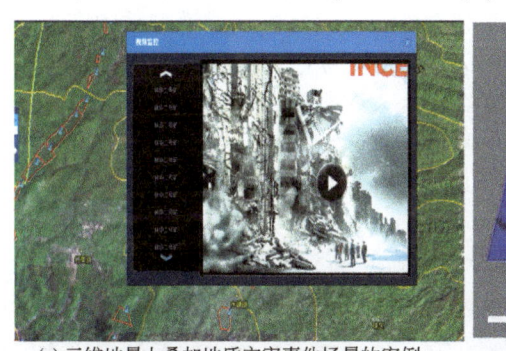

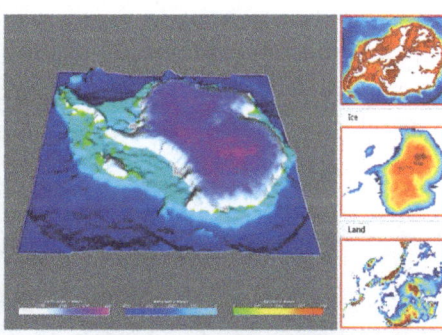

(a) 三维地景上叠加地质灾害事件场景的案例

(b) 南极洲冰盖消融的过程反演案例

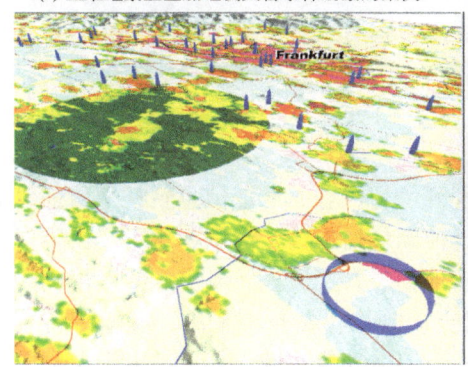

(c) 在现实生态环境景观中叠加观察区
未来变化的预测场景案例

(d) 沿河流两岸城市规划的案例

图 16-7 用虚拟地理环境软件反演历史和预测未来的案例

16.3.5 现有多维动态可视化技术的优点和不足

（1）优点

现有的多维动态可视化能够充分发挥对地理对象和现象的多层次、全方位、精细化地表达，达到了过程与结果相结合、分布式与集中式相结合、以设计者为中心与以用户为中心相结合的水平。具体有如下优点：

首先，支持多维动态可视化和虚拟地理环境的软件产品众多，功能丰富且相对完善。国内外已有的能够支持多维动态可视化和虚拟地理环境的软件和信息产品有十多种，所涵盖的功能包括二维–三维数据转换、符号化表达、人机交互式图形编辑、数据库管理、三维虚拟飞行、空间量算和分析、网络信息发布、二次开发等。例如，国外以美国 Goole Earth、Virtual Earth 和 World Wind 为代表的查询浏览型数字地球仪，达到了信息的高分辨率、多层面、高仿真性等特点；以 ArcGIS 为代表的 GIS 平台紧追时代潮流，在保持强大的空间分析功能的同时，也开发了丰富而令人满意的多维动态可视化和虚拟地理环境功能模型。国内虽然起步稍晚，但也奋起直追，出现了 EV-Globe 为代表的专门从事三维立体建模和虚拟地理环境的软件平台，以及在 GIS 系统中嵌入多维动态可视化和虚拟地理环境功能的软件如 GeoGlobe 等，并成功解决和融入了基于网络的海量空间数据管理问题，可实现将不同尺度、不同类型的基础地理数据、遥感影像数据、数字线划图、三维模型等空间数据的一体化存储、管理和调度技术。

其次，地理信息技术领域及时吸收了数据库、互联网、物联网、计算机图形学、多媒体、虚拟现实、新媒体等计算机科学、现代数学、信息和通信技术等领域的先进技术，所形成的多维动态可视化和虚拟地理环境技术体系已经成为国内外信息化发展最快、影响最大的领域，逐步占据着从政府到科研，再到企业和大众的业务和生活的主流。通过与虚拟现实、人工智能等技术的结合应用，三维 GIS 能更加真实、生动地表现现实世界，为我们更好地洞察和理解现实世界提供了更多样的选择。

最后，以多维动态可视化和虚拟地理环境为代表的地理信息新技术目前已有非常广阔的应用领域，其强大的功能已延伸到包括地表、地下、水下、天空、太空在内的全空间，所处理的对象涉及自然地物、人工设施、人类生活环境的各个方面，不仅涵盖地质、矿产、石油、国土、测绘、林业、军事、海洋等传统领域，还在应急救援、虚拟旅游、智能交通、卫生环保、城市规划、电子商务等更贴近生活的非传统领域有了深入的应用。三维 GIS 软件在今天以其直观可视、操作简单等优势为诸多行业提供了应用方案。

(2) 不足

地理信息多维动态可视化目前还面临着一些问题和技术瓶颈，具体如下：

首先，数据投入昂贵。在"数据为王"的 GIS 领域，二维数据本身就已达到海量级的管理需求，三维空间数据的获取成本更为昂贵，尤其是大面积的三维场景建模，其成本更令人生畏，因而长期以来三维空间数据获取的效率低下和高成

第 16 章 地理信息表达（可视化）技术

本成为阻碍三维 GIS 技术发展的重要因素。

其次，海量数据处理与管理存在技术瓶颈。随着遥感影像、DEM 以及大量的三维模型等空间数据的集成应用，数据量急剧增加，处理海量数据便成为三维 GIS 所必须面对的技术难题；传统文件型的数据共享已经不能够满足空间数据量较大的应用需求。因此，如何将多维动态地理数据像普通的结构数据一样存储在关系型数据库（RDBMS）中，实现集中式的 GIS 数据管理和存储，避免数据冗余，降低数据更新维护的代价，是我们面临的考验。

再次，海量数据可视化瓶颈。目前已有的三维 GIS 项目，三维场景大多以显示影像和地形为主，一旦加入非常密集的矢量（如等高线），或者整个城市的模型建筑，三维显示效率就大打折扣，远未达到二维 GIS 技术的工作效率。

最后，缺乏高端的三维分析功能。三维 GIS 应该在扩展原有二维 GIS 强大分析功能的基础上，提供更多的三维特色分析功能，才能为业务管理带来更多的提升。同时，二三维开发体系分离，业务系统定制困难，也是阻碍该技术发展的因素之一。

此外，还有海量三维的网络传输、数据发布、客户端数据共享等问题。

16.4 地理信息成果展示技术

16.4.1 地理信息成果展示技术的定义和内涵

地理信息成果多样，可视化结果也多种多样。正如图 16-8 所示，地理信息成果的生成包括数据源获取与编辑、数据管理、数据维护与质量保证、数据生产、地图制图产品生产等环节，所产出的地理信息成果则通过地图或图表的硬拷贝、栅格数据生产、矢量数据生产、PDF 制作等形式表达出来，再通过基于 Web 的地图分发与传播、基于 Web 的数据分发与传播等各种渠道到达用户。因此，广义的地理信息成果表达包含 16.2 节和 16.3 节所述的内容，即地图（纸质、电子、二维、三维、多维、静态、动态、知识地图）、地图集、虚拟地理环境、数字城市设计方案、图表、表格、影像、文章、音频、视频、动画等多媒体信息等。对于不同的成果，选用的展示技术也不尽相同。但为了避免重复，本节将不涉及地图表达技术和多维动态可视化技术方面的内容，只阐述数字幻灯（多媒体展示课件 PPT）和科技论文两类地理信息研究成果表达中的技术问题，其中数字幻灯又可以通过硬拷贝方式制作成为静态的展板，因此将成果展板的编制与表达合并到数字幻灯中。所涉及的软件技术平台有 Word、Powerpoint、Excel、Flash、

Photoshop、Illustrator、Freehand 等。

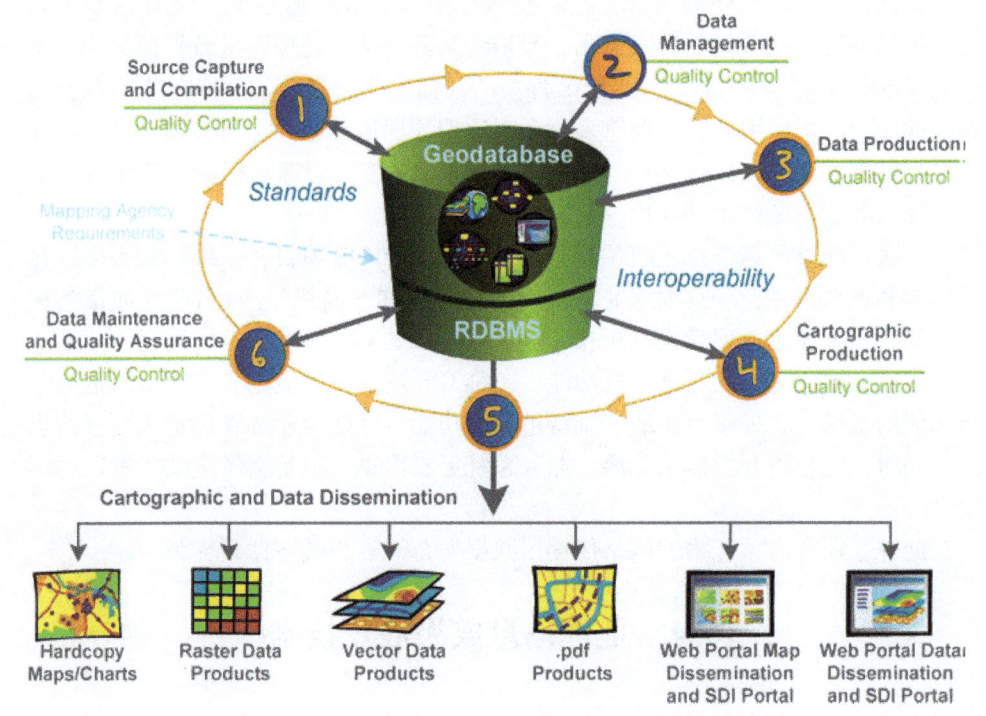

图 16-8　地理信息成果制作、表达与分布共享的体系结构图

16.4.2　地理信息成果展示技术在研究中的意义

现代地理信息科学的发展，不仅需要实现地理信息技术的研发与创新，也需要将地理信息技术应用于国民经济建设、社会发展、资源环境开发与保护、国防建设等领域中，产生有显示度的成果。通常，业界内一直存在着重研究轻应用、重科技成果含量轻宣传展示等倾向。实际上，地理信息成果的展示也是地理信息表达中一项必不可少的基本功。许多地图学与地理信息系统专业的硕士生、博士生不擅长总结整理成果，不会写科技论文，做出的科研成果报告 PPT 杂乱无章，轻重不分，表达不清，更谈不上鲜活、生动的宣传。因此，研究地理信息成果的展示技术也是非常重要的一项方法论内容。

此外，随着计算机技术、信息技术和网络技术的发展，空间地理数据可视化的表现方法和模式也正在日新月异地改变。过去的二维平面地图和朴素的展示方法已经跟不上形势，需要融二维的静态地图、三维动态表现、图表、影像、多媒体数据、文字表达等于一体，才能收到形式多样、科学直观、灵活方便的展示效果。

16.4.3 地理信息成果展示技术的原理、结构和过程

1. 地理信息成果的数字幻灯（多媒体展示课件 PPT）的编制

地理信息成果的数字幻灯的灵魂是将有限的文字与鲜活的图形（包括地图）、图表、多媒体等要素相结合，通过系列化、条理化的编排，来完整、生动、多层面地展示地理信息成果。其中，尤以地图、图表、文字注记等的相互配合最为重要。

（1）数字幻灯中的地图编制

由于制作的课件要在计算机屏幕上显示，也有可能用投影仪投影在大屏幕上，所以对课件中的地图显示提出更高的要求。

1）比例尺要素：既要显示出区域的宏观布局，又应该显示出区域的细节，因此比例尺必须适中，过大或过小都影响效果。为了解决这个问题，最好将地图做成活动地图，可以根据需要进行相应的缩放。例如，在做中国行政区划课件时，可从全国的行政区划图上逐级放大，即全国→省（自治区、直辖市）→地区（地级市）→县（县级市）→区→……，也可以由低级的行政区划逐步缩小直至出现全国的行政区划图。这样既体现出各级行政单位的包含关系，也可以将各级行政区划间的位置关系表示清楚。

2）色彩要素：既要求给人以协调的视觉感受，又要符合习惯用户，利用色彩来加强其内容表现力，如用蓝色表示水体、用绿色表示绿地、用黄棕色表示沙漠等，用青蓝、蓝、蓝紫等冷色表示降水量的情况，用黄橙、橙色等表示年日照指数等；色彩还能够给人以远近的感觉，从而表达出内容的主次，如主要内容用浓艳的暖色、次要内容用浅淡的灰色等，以达到丰富地图内容的目的。此外，课件中的地图还要注意用色适度，颜色过少不能区分出相应的地理事物，颜色过多又使人眼花缭乱，严重地影响读图者的注意力。

3）线条与注记。地图上的行政界线、河流、分区界线、道路等地物的表示都是线条，线条的宽窄、线型、颜色等都会影响到课件的最终演示效果。线条太细，或者是虚线，在演示时特别是投影时可能会看不清楚，线条太粗，又可能会盖住很多地理事物。注记也是如此。因此，在设计地图的线条和注记时，最好让使用者能根据自己的实际需要选择是否显示出来，即使显示出来也尽量要做到不影响其他地理事物的显示。

4）要素规模。地图上显示要素的多少直接影响到该幅地图在课件中的功能能否完成和课件显示的效果如何。要素过多，会使人眼花缭乱，分不清主次；要素过少，又会使整个地图不直观，不能一目了然地知道所要表达的主要内容。因此，在选取表达要素时，根据要表达的内容，以尽可能少的要素表达全部的内容；在制图方法上，可以将所有的要素按类别进行分层，显示时，用户可以根据自己的需要选择哪些要素显示以及哪些要素隐藏或不显示。另外，还可以借助颜色、声音介绍，或者是重点内容的动画显示来弥补要素规模不能过大的缺陷，加强重点内容的突出。

（2）数字幻灯中的存储容量的设定

一个多媒体课件中包含的内容较多，存储、运行时所需的空间相对较大，若所需的内存过大，不仅会影响到课件运行的速度，甚至会限制课件的使用。因而在设计课件时要尽量地压缩空间位置，以尽量少的空间表达更多的内容。地图作为一种图形图像，在课件中占有的空间相对较大。在设计时，要尽量使用简洁明了的图形来代替复杂的地图；在数据格式上尽量采用占用空间较少的.GIF 等文件格式来代替占用空间较多的.BMP 等文件格式。

（3）数字幻灯中的动态图形

直观性是地理教学所遵循的重要原则之一。图形/图像作为直观教学的基本形式，最能体现地理教学直观性的特点。地理事物、地理事件最大的特点是遥远广阔（如宇宙空间、天体运动、山川地貌、世界各地的风土人情、动植物形态等）、纷繁复杂（如世界大陆轮廓等）、运动（如洋流、锋面气候等）、"虚幻"（如经纬线、等高线、等温线、等压线等），采用传统的教学手段利用教材展示的静止画面来给学生讲解地理知识，学生必须具有非常丰富的想象力，即便如此，有时也收效甚微。通过相应的软件将遥远、复杂、虚幻、运动的地理事象做成课件中的动态图形（动画地图、动态演化图形等）并让图"活动"起来，可以"化远为近、化繁为简、化静为动、化虚为实"。如将世界轮廓简化为几何图形，动画演示大陆板块运动，动态演示等高线的绘制过程，让学生深入理解其含义和特征。

2. 科技论文中的插图编制及其与文字之间的配合

科技论文中的插图在规格、形式、体例等方面有较严格的要求。地图插图的基本要素包括：插图的尺寸比例、字体字号、图例、标题等方面的问题。

（1）插图的尺寸比例要求

插图尺寸大小应与期刊印刷的版面尺度一致。例如，16 开期刊插图的长宽尺寸不得超过 21 cm × 14 cm 由于现在多数读者是利用网络阅读期刊论文，所以插图一般都应横排，避免纵向排放，以方便读者在电脑上阅读。

比例尺是反映地图所含区域实际面积的工具。不同学科的论文对插图的要求有所不同。一些遥感类、生态环境类期刊论文使用的地图主要用于显示研究要素的属性特征。所以不一定用比例尺。而地理学论文中的地图通常要反映研究要素的覆盖面积、相隔距离、分布密度等，所以一般都应有比例尺。

（2）插图的字体字号要求

1）字体字号要求：插图中字号的要求为 5 号、小 5 号、6 号宋体字，字号过小会造成阅读困难，过大则显得难看。一张图中如果字号大小差异过大，就会造成排版时难以调整图幅大小。一般不用黑体字或楷体字。地图中江河湖海等水体名称用左斜字。

2）文字背景要求：图中文字尽量不要与地图的线段重叠，地形图中等高线要在等高值处断开。文字后的背景颜色最好用浅色，使文字与底色的色彩差异加大，使文字醒目。

（3）插图的图例要求

1）图例的类型要求：图例应该全面列出插图中的要素，插图中有多少种线段、图斑、颜色和色调，就要有多少种图例，不能空缺。同时图例要素不能重复，如图例中不能同时显示"林地、阔叶林、针叶林"，因为林地就包括了阔叶林和针叶林。

2）图例的数字说明：对图例的数字标注要说明其属性和计量单位。

3）图例的分级标注：有关地理要素分级、分等的论文图例应该用定量指标表示，不能只是用定性说明对定量分段的图例。分段值通常为整数，并且分级指标要连续。

4）图例的标注要求：应该在图例中显示对图例的说明并且要在图中显示。不宜在文章中进行解释，也不宜在插图标题下解释。

5）在中文期刊中，图例的说明要用中文，不用英文。

6）对台湾等无数据地区，可用空白图例标示：无数据。

7）指北针标识在地图采用通常的上北下南方位时可以省略不用。

（4）插图的标题要求

插图标题要有地点（地区）和时段（时间）说明，使读者能脱离文字看懂插图。如果是引用他人的图、根据他人插图改绘的图、依据他人数据绘制的插图，在插图标题中要有标注。

（5）地图的国界要求

凡涉及国界线的地图，要按国家测绘地理信息局、地图出版社最新标准底图绘制。全国图要有南海诸岛和钓鱼岛等。

(6) 科技论文中用于数据表达的图形

a. 用于数据表达的图形各类

用于数据表达的图形主要有以下 6 种，即曲线图：常用来表示连续性的变化趋势或不同变量在某特定区间的变化及关系；直方图：主要用于表示相关变量之间的对比关系；饼状图：可直观地表示研究对象中各组分的含量关系及相关变化；流程图：包括数据分析流程图、模型构建组织图、要素循环示意图和研究对象分类图等，可用来清楚地展示研究对象的结构、研究工作的流程、研究要素的转化，并且在绘图时可以省略不必要的细节以突出重点；地图：用于表示地理事物的分布与格局；照片：可用于展示研究对象的外观、形态等。

将数据转换成图形前应仔细分析相关数据的特点和规律，力求选择最合适的图形来清楚、直观地表达数据信息。

b. 曲线图的格式要求

1）曲线图的坐标要求：曲线图的纵横坐标要有坐标标题和计量单位，并应居中排列，纵坐标标题应纵向排列。

2）曲线图的数值要求：曲线图的坐标数值要求精度一致。坐标值的量纲应尽量大，以减少数值的位数。

3）曲线图的线型要求：实测值用实线，模拟值、预测值等一般用虚线。多条曲线在一张图中时，要用不同类型的线型，并在图中用图例说明各类线型的属性。两种不同量纲的数据在一张图中对比时，应采用左右两种纵坐标。

4）曲线图的底色要求：曲线图的底色应为白色（无色）。

c. 彩图的颜色选择

选择彩图颜色时要考虑的制图学常用准则如下：

1）颜色与要素的实际色彩相近：例如，陆地用褐色，沙漠用淡黄色，林地用深绿色，草地用浅绿色，河流海洋用蓝色，淡水湖用浅蓝色，咸水湖用深蓝色，研究区以外的地方用白色。曲线图中降水曲线用蓝色，气温曲线用红色，土壤类别颜色与实际颜色相似。

2）颜色与要素的覆盖面积协调：要素的实际色彩相近，大面积的图斑尽量用浅色，如中国地图中的新疆、西藏、内蒙古等地；小面积图斑宜采用深色，如中国地图中的上海、香港、澳门等地，尽量避免使用大面积的黑斑。

3）颜色与国际的有关规则相符：例如，自然灾害危险性等级颜色按通常的国际颜色标准分别为红、黄、蓝、绿。

4）色调深浅随要素量值而变化：例如，各种色调要随着人口密度、产值程度、地形高度、水下深度、降雨强度、日照长度、元素浓度等数值的增加而加深。

5）色调对比与地物新旧程度对应：色调对比在新旧地域的表达上也要有反映。在老的城镇区域要用淡色调、新的土地开发区用鲜艳色调；自然原始林地区用淡色调、植被恢复区用鲜艳色调；老的水体用淡色调、新扩张的水体（淹没区）用鲜艳色调。

6）在曲线图中，同一种要素的颜色应一致：通常农业产量曲线用橘黄色，林业产量曲线用绿色，工业产量曲线用红色。比例尺、图例说明、地名用黑色，不同要素的颜色应对比鲜明。

d. 图表合一的区分

为了更有效地说明地表要素的空间变化规律和特征，有些论文采用图表合一的方式。这种情况一般应归类于插图的序号。

e. 插图电子文件的要求

为保证论文的印刷效果和期刊的出版质量，作者的插图必须提供清晰的图像文件。

图形文件的文件类型：用专业绘图软件完成的平面图、地图应是 tif、bmp、jpg 等图形文件格式；曲线图、柱状图、饼状图等用 Excel 图形文件格式；框图用 doc 文件或 tif、bmp、jpg 文件格式，以便期刊排版时对图件进行修改和编辑。

图形文件的精度要求：彩图或黑白图插图文件的精度（分辨率）一般为 300dpi 以上。

图形文件的压缩：如果图形文件空间过大，可以用 winRAR、winZIP 等软件压缩后发给编辑部或刻成光盘寄给编辑部。

图形尺寸的压缩：如果原图幅度很大时，可以利用 CorelDraw 软件将图形文件插入后缩小图形尺寸。

图形文件的转换：如果用 ArcGIS、MapGIS 等软件生成的矢量图文件，可以在文件输出时转换成位图文件，在输出时设置图像分辨率为 600dpi 的 tif、bmp、jpg 文件格式。

16.4.4 地理信息成果展示技术的案例

案例1：用各种工具生成地理信息成果图表

统计图表生成工具有 Excel、JS Charts（基于 JavaScript 的图表生成工具）、Protovis（可视化 JavaScript 图表生成工具）、Visifire（基于 Silverlight 和 WPF 的开源图表组件）、pChart（PHP 图表类库框架）、Ejschart（Javascript）、XML/SWF Charts、PlotKit（JavaScript 图表库）、Illustrator tutorial、FusionChart 等。

FusionChart 是一个简单易用的图表工具，使用它可以显示丰富的柱状图和曲线图，而且完全免费。使用 FusionChart 可以方便地生成漂亮的柱状图、曲线图等图标，显示直观、清晰，可以让管理层在最短的时间内宏观掌握业绩信息。

FusionChart 和其他常见的图表控件不同，它使用 Flash 技术，能够快速创建引人注目的动态图像效果。充分利用 Macromedia Flash 所具有的流畅功能来创建简洁的、交互式的和引人注目的动态图像，极大地增强了报表图表的显示效果。

图 16-9 反映的是用图表工具生成的图表样式。图 16-10 反映的是用图表方式表达地理信息研究成果的案例。图 16-11 反映的是将图表与地图进行有机合成的案例。

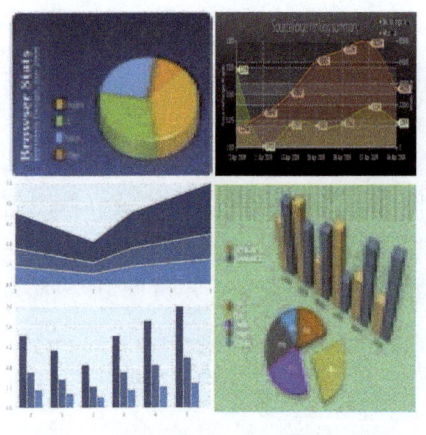

图 16-9　用图表工具生成的图表样式　　图 16-10　用图表方式表达地图信息研究成果的案例

案例 2：用 Powerpoint 反映地理信息工程成果

本案例是采用微软的办公自动化软件之一 Powerpoint 来反映地理信息工程的成果（图 16-12）。其中，图 16-12（a）是公共应急服务地理信息平台建设成果之一的"国家减灾网"的宣传展示幻灯片，反映建成面向公众的突发事件空间信息服务系统，利用应急处理地理空间信息通用平台，完成基于公网的突发事件空间信息服务系统设计与开发，实现以地理空间数据为基础，发布突发事件的空间分布信息的成果；图 16-12（b）是地理信息专题数据库应用示范工程成果之一的"全国政协委员赴海南省视察团参考用图"的展示幻灯片；图 16-12（c）是"多规协同"信息平台研发与应用成果展示之一的山东数字国土幻灯片；图 16-12（d）是"基于遥感的数字国土动态监察系统"案例幻灯片，反映应用卫

第 16 章 | 地理信息表达（可视化）技术

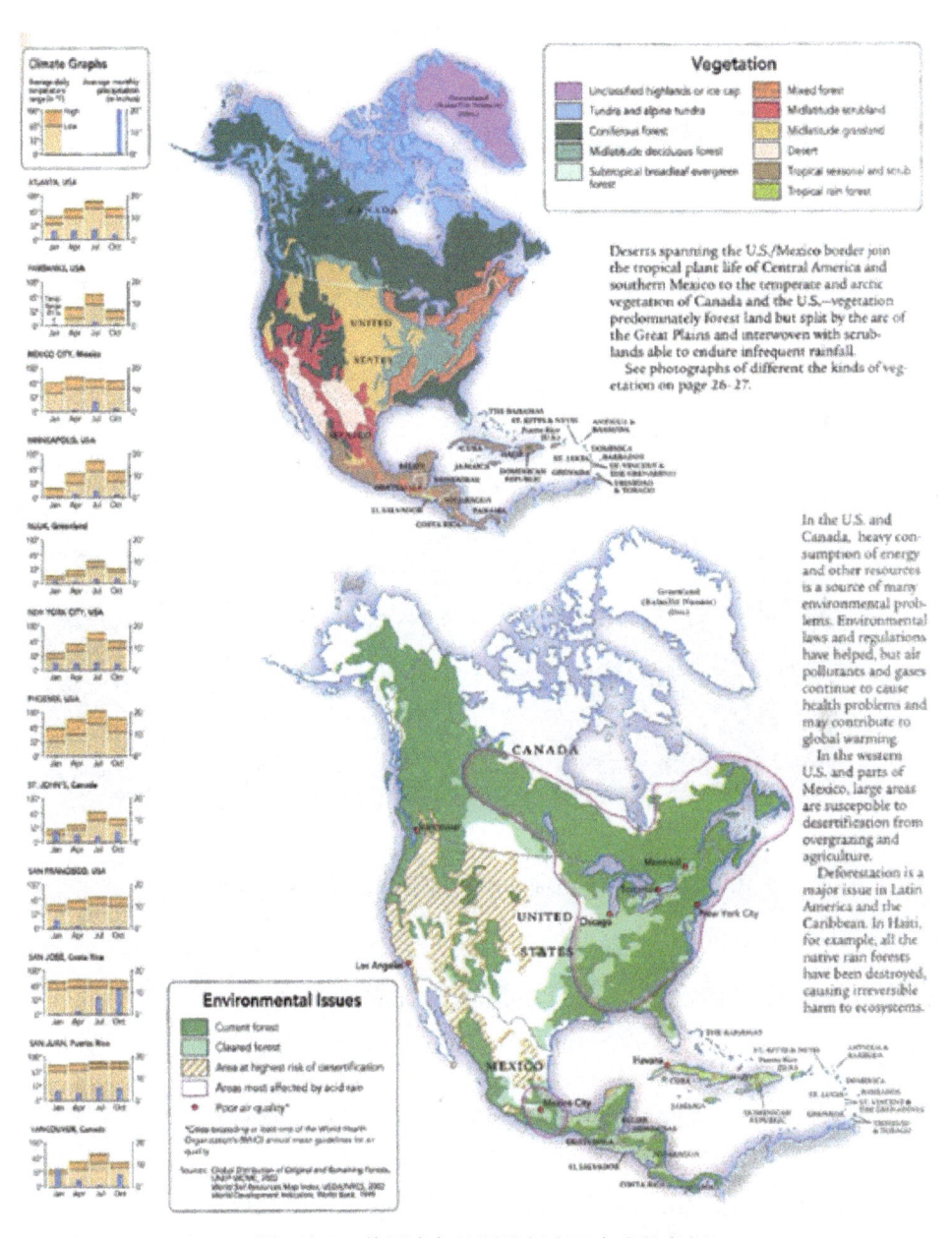

图 16-11　将图表与地图进行有机合成的案例

星遥感和 GIS 技术，准确反映基础地理信息、业务信息、统计分析、三维场景，形象直观、便于处理、存储、查询、管理的土地督察三维可视化信息，实现坚守耕地红线的建设用地审批、土地利用遥感监测等业务。

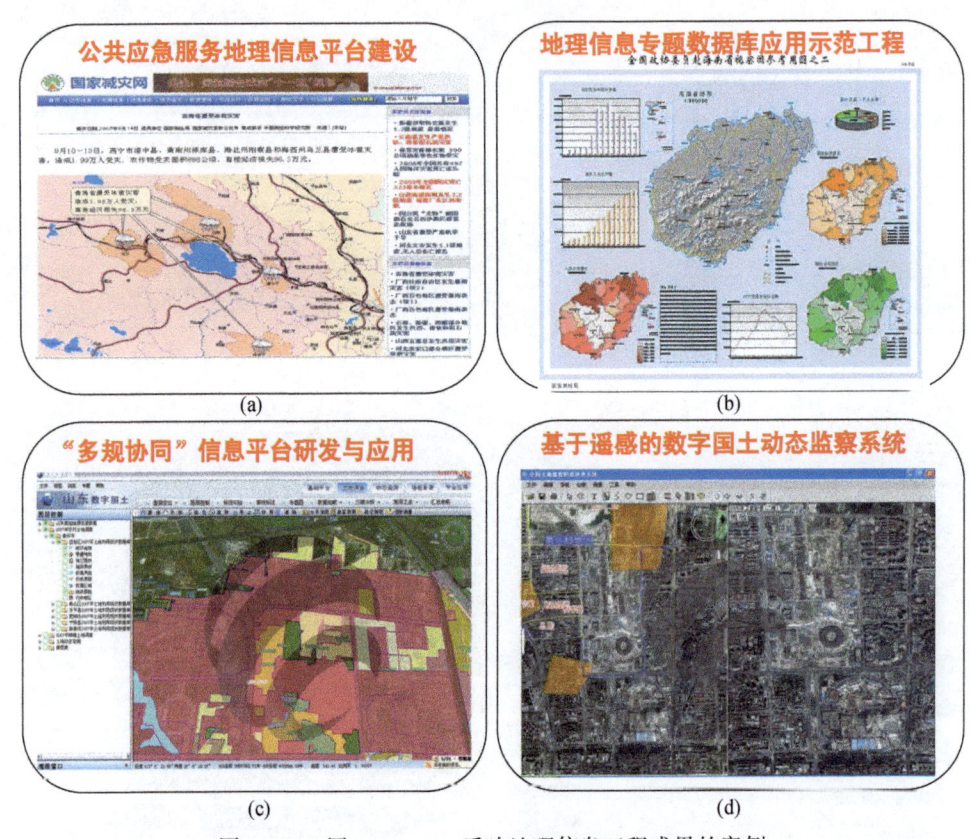

图 16-12　用 Powerpoint 反映地理信息工程成果的案例

16.4.5　现有地理信息成果展示技术的优点和不足

（1）优点

首先，目前的地理信息成果展示已经形成了展示样式多样化，生动形象，可以引发进一步思考的模式。

其次，国内外已经出现了丰富的能够用于表达地理信息成果的技术平台，既有 GIS、数字地图、遥感等软件平台，也有以 CAD 为特点的商用绘图软件，如 Illustrator、Photoshop、Freehand 等；还有采用微软的 Office 办公自动化软件，如 Word、Powerpoint、Excel、Access 等，以及参考文献和索引编辑软件 Evernote 等。

(2) 不足

目前的地理信息成果表达水平和技术均是依不同层次研究人员、不同单位、不同公司等的喜好而确定，地图、图表制作不够专业和规范，专业性不强，地图和图表的质量不高，甚至由于制图人员良莠不齐，做出错误的地图和图表。结果表达不尽如人意，没有形成规范化的标准。希望国内外能够出现一个或几个能够更方便地完成地理信息成果表达的软件平台，使该项技术提升一个台阶。

第 17 章 地理信息服务技术

17.1 地理信息服务技术概要

从狭义上说，地理信息服务技术是指近年来兴起的一种基于 Web 的面向对象地理空间信息处理技术，它是网络技术与 GIS 技术的结合，将 GIS 数据和功能以服务的形式在网络上发布，使得 Web 不仅成为传输数据的平台，也变成了传递功能的平台。或者说地理信息服务就是使用地理空间数据和相关功能以完成基本地学处理任务的可调用 Web 应用程序。这些任务包括：数据提供、制图、地址匹配、邻近搜索、路由选择等。由于地理信息服务主要面向 Web 提供应用，同时它与新兴的 Web 服务技术有着紧密的联系，因此它也被称为"地理信息 Web 服务"（GWS）。GWS 使得应用程序开发者能够将 GIS 功能集成进他们的 Web 应用程序而不需要在本地具体实现这些功能。从广义上说，对地理信息提供的服务都可以看作是地理信息服务，包括为用户采集、加工、提供或管理地理信息的服务。

按照地理信息服务所提供服务产品的不同，可将其分为：地理数据服务、地理信息和知识服务、地图服务和辅助决策服务。

地理数据服务就是对地理空间数据提供的服务，它是地理信息服务的基础。其他类型的地理信息服务都是在地理数据服务技术的基础上，结合其他技术发展而来的。地理信息和知识服务是对地理数据的提炼和加工。地图服务脱胎于地图，地图是地理数据的一种重要表达形式。基于地理信息技术的辅助决策服务是地理信息技术与辅助决策系统的结合。

从地理信息服务的整个流程来看，可以将其技术体系划分为地理信息获取技术、地理信息处理技术、地理信息传输技术、地理信息终端技术及地理信息表现技术（刘岳峰，2004）。

(1) 地理信息获取技术

数据的快速获取与更新是制约 GIS 发展的瓶颈，更是地理信息服务的关键。因为，在信息服务中必须做到信息的现势性。空间技术更新包括遥感和 GPS 外业调查技术在内的多种手段。

第 17 章 | 地理信息服务技术

（2）地理信息处理技术

地理信息的采集、编辑、编码、压缩、存储、管理、分析计算等均可以认为是地理信息处理技术。可以归纳为两个最重要的技术，即地理信息系统软件技术和数据库技术。在地理信息服务中，对地理信息的快速和海量处理能力显得尤为重要。

（3）地理信息传输技术

目前，信息传输最重要的两个技术分别是计算机网络和无线通信网络，包括网络的带宽、容量等性能指标及相关协议标准等。在地理信息服务中，由于往往要传输大量的空间数据和图形图像数据，因此，对计算机网络和无线通信网络的性能指标和相关协议标准提出了更高的要求。

（4）地理信息终端技术

地理信息服务终端中除了 PC 终端以外，另一个重要的终端是移动终端。移动终端大致分为车载式和手持式两大类。对移动终端的信息服务将逐步成为地理信息服务的重要生长点，与位置有关的服务将占有重要比重。

（5）地理信息表现技术

地理信息表现技术主要实现地理信息快速、直观、生动地向用户表达出来，并向用户提供友好的交互手段。

目前，地理信息服务的应用领域大致可以归纳为以下几个大的领域。

（1）电子政务与商务中的地理信息服务

电子政务的主要内涵是运用信息技术把政府与民众连在一起建立互动系统，不仅实现政府内部办公的自动化、决策科学化、信息网络化和资源共享化，还要为民众提供信息和服务。用于政府首脑机关进行检索、查询分析和决策的信息的 85% 以上与地理信息有关，地理信息是电子政务信息的空间定位基础和载体。在电子政务中，根据综合管理和宏观决策部门的需要，往往需要提供各级政府所管辖的行政空间范围，以及辖区范围内的企业、事业单位甚至个人家庭的空间分布，所管辖范围内的城市基础设施、功能设施的空间分布及其属性等信息，在多尺度基础地理数据的基础上，集成规划、管理、决策所需的各类空间型和非空间型数据资料，发展空间查询分析与模拟优化功能，形成业务化空间型决策支持系统，用于空间规划、图文办公、动态监测、调度指挥等方面。

在电子商务中，企业往往需要向客户（企业或个人）提供销售、配送或服务网点的空间分布等空间信息，同时允许客户在电子地图上标注自己的位置或输入门牌号等信息，这样可以准确定位客户的位置。为了使电子商务得以高效实施，企业往往还配备相应的信息管理系统，以对客户、销售点、配送中心、服务网点等信息加以管理，并可以实现最近配送点搜索、路径规划、配送车辆监控等功能。电子商务中的地理信息服务是以提高电子商务的效率、增加销售额和降低成本为主要目的。

(2) 面向公众的综合地理信息服务

面向公众的综合地理信息服务向公众提供与之衣食住行密切相关的各类地理信息，如购物商场、旅游景点、公共交通、休闲娱乐、宾馆饭店、房地产、医院、学校等的空间查询服务。从服务的空间范围来说，有的覆盖全国，有的覆盖全省，有的覆盖某个地区，也有的覆盖某个城市。

面向公众的综合地理信息服务正在以迅猛的速度发展。地理信息技术的应用已经走向公众，通过网络将空间信息传至千家万户。随着中国城市建设的发展，新城区、新街道逐渐涌现，而且跨地区人口流动越发频繁，人们对地图信息的需求也随即越发强烈，而且大多数互联网用户对身边的位置信息更加感兴趣，利用搜索引擎搜索产品和信息已经成为越来越多互联网用户的使用习惯。以 Google、百度、新浪本地搜索为代表的公众地图服务，让地理信息服务成为人们日常生活的一部分。

(3) 辅助支持政府和企业决策的综合地理信息服务

政府和企业在进行决策时，往往需要地理信息系统作为辅助支持的工具。例如，企业往往非常关注经济状况、投资资讯、合作对象、企业对象、产品宣传、市场分析、客户分布、交通信息，以及其他相关信息；政府部门非常关注基础设施、交通信息、投资环境、行业分布、经济状况、房地产、人口分布等信息。

17.2 地理数据服务技术

17.2.1 地理数据服务技术的定义和内涵

地理数据服务就是对地理数据提供的服务，根据采用地理信息技术的不同，可以将其分为：基于传统地理信息技术的地理数据服务和基于 WebGIS 的网络地理数据服务。

传统地理数据服务主要是指专业的测绘机构或单位通过实物（纸质文件、光盘等）交换、网络共享等方式，提供的大地控制点数据、任意点的空间定位数据、重力场、磁场以及各种比例尺矢量地形图数据和专题图数据等基础地理信息产品的服务。

网络地理数据服务主要是指基于 Web Service 的地理数据服务，它将空间数据封装成 Web 服务的形式，在网络上发布，以提供对存放在空间数据库和空间数据仓库中的地理空间数据访问的服务。对于消费者，他可以到网络上查看数据服务的描述，从而获取服务的元数据，根据元数据的描述，查找自己所需的数据。

OGC（Open GIS Consortium，开放地理信息联盟）是全球最大的空间信息互操作规范的制订者和倡导者，为实现地理信息共享与互操作，定义了一系列 Web 地理信息服务的抽象接口与实现规范，包括：WMS（Web map service，Web 地图服务）、WFS（Web feature service，Web 要素服务）、WCS（Web coverage service，Web 图层服务）等。

随着社会发展进步，社会基础性建设加快，地理空间数据更新频率增大，按照传统的地图产品分发机制分发地理空间数据，已远远不能满足社会信息化的需求。随着网络通信技术的发展与应用，地理信息的网络服务技术得到极大的发展，传统的地理信息系统正向地理信息服务转变。以服务的方式实现对地理空间数据的发布、访问和操作已成为地理数据服务技术的主流。

17.2.2 地理数据服务技术的研究意义

随着空间信息应用逐渐从传统的测绘、地质、资源环境等行业扩展到交通、物流、定位导航等与国家社会经济发展和人民生活息息相关的行业，空间数据的分布、海量和异构的特性与其集成化应用的矛盾不断加大，这不但促进了新型空间信息系统的出现（如 WebGIS 和 ComGIS 系统），也推动了空间信息服务技术的研究与发展。

全球卫星定位系统的应用、各种专业地理信息系统、数字区域和数字城市建设对地理空间数据的需求越来越强烈，迫切需要现势性好、精度高和大范围的地理空间信息。但由于基础地理数据的生产主要由测绘部门承担，因此远远不能满足日益增长的需求。如何充分利用信息技术，开发利用好地理信息资源，促进地理空间数据的交流与共享，无疑将提高我国经济增长的质量，进而推动经济社会发展转型的历史进程。

随着计算机网络的大容量和高速化，许多不同单位、不同组织维护管理的既独立又互连互用的空间数据，将可提供全社会各行业的应用需要，使得用户可以在网络上选用其所需要的空间数据和软件功能模块，这些成果产生的直接效果是空间信息应用将走向空间信息服务。同时，传统的空间信息应用是以系统为中心的，使得不同系统之间壁垒比较分明，数据共享与服务共享困难，造成了"信息孤岛"、空间数据资源的浪费、空间数据重复建设和系统集成困难等问题。这就要求空间信息应用必须实现以系统为中心向以数据为中心，实现空间数据共享与服务的转变。

地理空间数据是人们认识和改造自然的重要数据。近年来，随着 GIS 在各行业中的深入应用，使得各行业对地理空间数据的需求也越来越大，应用目标越来越明确，提出的要求也越来越高。地理空间数据是空间信息系统的核心资源，对空间数据进行有效的管理、检索和集成应用一直以来都是本领域的核心研究与应用问题。本书中的地理数据服务是地理信息服务的核心内容之一，对其进行研究具有重要的理论和实际意义。

由于地理数据服务基于行业标准，并且具有良好的跨平台性，因此，以服务的方式实现空间数据发布以及互操作成为技术的主流。由 Web 服务的特性分析可知，互操作和对业务流程的支持正是其优势所在。采用面向服务构架，将 GIS 功能封装成服务，服务的接口以标准的方式描述，服务的实现对用户透明。服务位于某个站点，由供应商或第三方运行。不同服务之间容易实现互操作，可以按照需要组合完成复杂任务或事务处理。用户可以访问服务得到需要的数据，或把请求的数据发送给服务，经过服务处理后得到结果。如果不能得到完成任务的单个服务，可以通过组合来自不同服务提供者的多个服务来完成。用户不需要购买整个系统，只需要为使用服务付费即可。从用户角度来讲，这无疑具有很大的吸引力。从 GIS 生产者的角度来讲，面向服务架构可以降低软件开发的强度，提高软件的可维护性。从信息资源利用的角度来讲，可以提高 GIS 资源的共享，减少资源的浪费。因此，采用面向服务架构构建地理信息服务是 GIS 的发展趋势。

17.2.3 地理数据服务技术的原理、结构和过程

1. 传统地理数据服务技术

（1）传统地理数据服务技术的原理

传统地理数据服务基本上是基于文件的硬拷贝来实现的，主要有 3 种模式：纸质服务模式、磁盘交换服务模式和网络交换服务模式。

1）纸质服务模式：以纸质图的形式存在，其服务方式是通过纸质图的流通进行的。这种传统的服务模式目前仍有很大的市场，其形式有各种比例尺的基础地图数据和专题数据等。

2）磁盘交换服务模式：通过磁盘（光盘等）拷贝的方式进行数据交换，主要用于数字形式的数据。

3）网络交换服务模式：本质上是磁盘交换服务模式，只是以网络下载取代了磁盘拷贝，比磁盘交换服务模式更加快捷。常用的网络协议有 HTTP 协议和

FTP 协议。

HTTP 协议：超文本传输协议（hypertext transfer protocol，HTTP）是万维网（world wide web，WWW）的基础。它是一个简单的协议，客户进程建立一条同服务器的 TCP 连接，然后发出请求并读取服务器进程的响应，服务器时程关闭连接表示本次响应结束。

HTTP 是一种请求/响应式的协议。一个客户机与服务器建立连接后，发送一个请求给服务器，请求的格式是：统一资源标识符（uniform resource identifier，URI）、协议版本号，后面是类似 MIME（multipurpose internet mail extensions，多功能 Internet 邮件扩充服务）的信息，包括请求修饰符、客户机信息和可能的内容。服务器接到请求后，给予相应的响应信息，其格式为：一个状态行包括信息的协议版本号、一个成功或错误的代码，后面也是类似 MIME 的信息，包括服务器信息、实体信息和可能的内容。

FTP 协议：文件传输协议（file transfer protocol，FTP）是专门用于文件数据传输的协议。由 FTP 提供的文件传送是将一个完整的文件从一个系统复制到另一个系统中。

（2）传统地理数据服务技术的逻辑结构

传统地理数据服务技术的逻辑结构如图 17-1 所示。

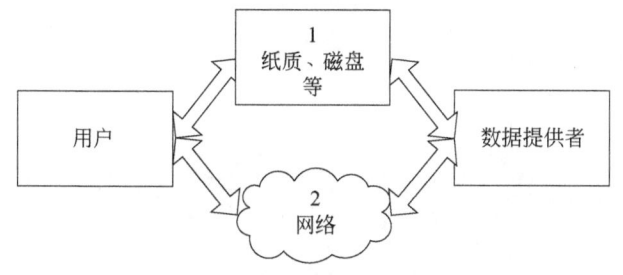

图 17-1　传统数据服务技术的逻辑结构

（3）传统地理数据服务技术的流程

第一种情况的数据服务流程具体如下：

1）用户将服务（所需的地理数据）申请提交给数据提供者；

2）数据提供者对用户的申请进行服务权限认证，如有服务权限，则查找用户申请的数据，并转发给用户；如果没有服务权限，则拒绝用户的申请（图 17-2）。

第二种情况通常采用 B/S（浏览器/服务器）的模式（图 17-3）：

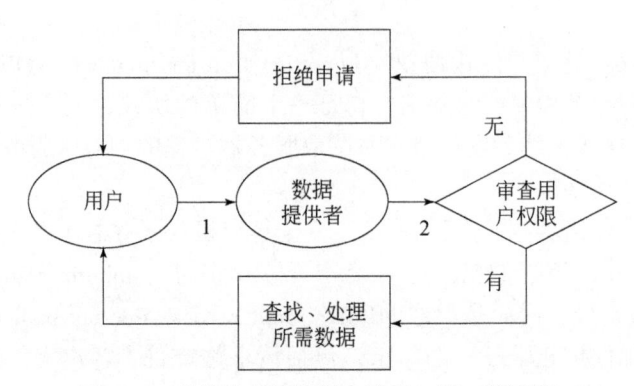

图 17-2 传统地理数据服务流程（第一种情况）

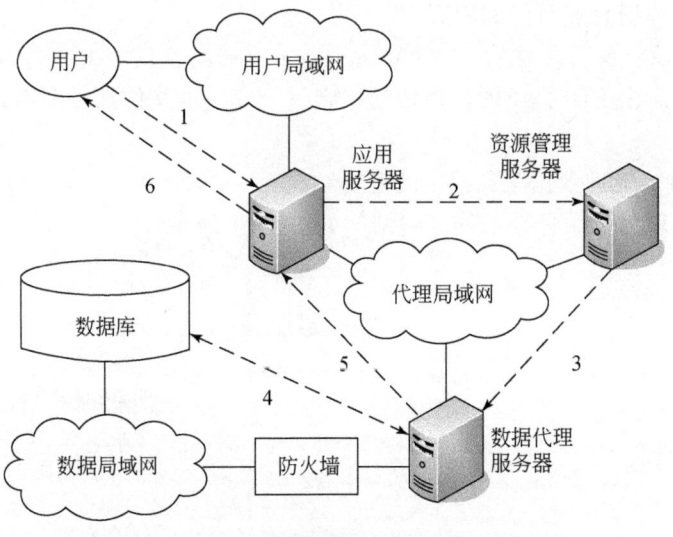

图 17-3 传统地理数据服务流程（第二种情况）

1）用户将服务申请提交给应用服务器；

2）应用服务器对用户的申请进行服务权限认证，如有服务权限，则将申请提交给资源管理服务器；

3）资源管理服务器根据提交的数据流，解析获得应用服务器的属性信息和申请内容，查询得到可以提供服务的具有最高服务等级的数据代理服务器，将服务发布给数据代理服务器；

4）数据代理服务器对接收到的数据流进行解析，获得应用服务器的属性信息，进行系统（应用服务系统）验证，获得服务权限，记录服务日志，从数据

库系统中提取数据;

5)数据代理服务器对从数据库系统中获得的数据进行加密,然后直接传递给应用服务器;

6)应用服务器将服务结果数据转发给用户,在用户端进行解密并显示给用户。

2. 基于 Web Service 的地理数据服务技术

(1)基于 Web Service 的地理数据服务的原理

A. Web 服务架构

万维网联盟(The World Wide Web Consortium,W3C)对 Web 服务做了如下的定义:Web 服务是一个通过 URL 识别的软件应用程序,其界面及绑定能用 XML 文档来定义、描述和发现,使用基于 Internet 协议上的消息传递方式与其他应用程序进行直接交互。Web 服务的体系架构如图 17-4 所示,该架构由 3 个参与者和 3 个基本操作构成,3 个参与者分别是服务提供者、服务请求者和服务代理,而 3 个基本操作分别为发布、查找和绑定。

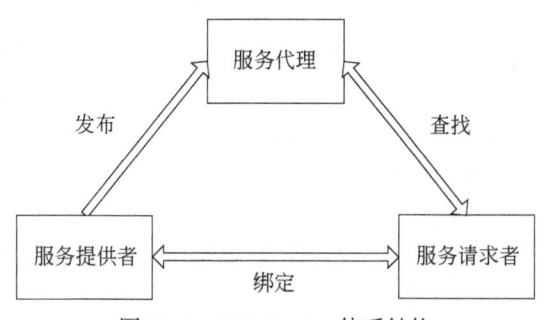

图 17-4 Web Service 体系结构

Web Service 体系结构基于服务提供者、服务请求者和服务代理之间的交互。服务提供者将其服务发布到服务代理的一个目录上。当服务请求者需要调用该服务时,它首先利用服务代理提供的目录去搜索该服务,得到如何调用该服务的信息;然后根据这些信息去调用服务提供者发布的服务。当服务请求者从服务代理得到调用所需服务的信息之后,通信是在服务请求者和服务提供者之间直接进行的,而无需经过服务代理。

B. Web Service 的关键技术

Web Service 是一种基于对象/组件模型的分布式计算技术,它的基础是 XML (extensible markup language,可扩展标记语言)及 SOAP(simple object access protocol，简单对象访问协议）。Web Service 的基本原理是：客户端和服务端把请求和数据结果以 XML 的形式进行 SOAP 包装，以 HTTP 等形式进行传送，从而实现相应交互。Web 服务具有完好的封装性、松耦合、使用协约的规范性、使用标准协议规范、高度可集成能力等特点。

a. XML

XML 是由万维网联盟制定的作为 Internet 上数据交换和表示的标准语言，是一种允许用户自己定义的元语言，特别适合在 Internet 环境下的多点数据交换环境下使用的第二代网络语言。它是 Web Service 的基础语言，是 Web Service 标准的核心技术，也是实现 Web Service 的关键技术。

XML 为 Web Service 提供了统一的数据模式，所有消息及服务描述都采用 XML 作为定义语言来传递消息和数据流，它使不同系统、不同平台都能够无缝地进行通信和数据共享，是 Web Service 集成的一个关键所在。当然，Web Service 标准还需要统一的格式和协议用以对 XML 进行合理的解释。这些标准的格式和协议就是 Web Service 标准所基于 XML 的三大关键技术：SOAP、WSDL 和 UDDI。

b. SOAP

一个 SOAP 消息通常是由一个强制的信封（SOAP envelope）、一个可选的消息头（SOAP header）和一个强制的消息体（SOAP body）所组成的 XML 文档。

信封：是表示 SOAP 消息的 XML 文档的顶级元素。

消息头：是为了支持松散环境下在通信方（可能是 SOAP 发送者、SOAP 接收者或者是一个或多个 SOAP 的传输中介）之间尚未预先达成一致的情况下为 SOAP 消息增加特性通用机制。

消息体：为该消息的最终接收者所想要得到的那些强制信息提供了一个容器。

从本质上说，SOAP 是一种基于 XML 的远程过程调用（RPC）机制。也就是说，SOAP 以 XML 为媒介，为分布式环境下的程序和系统之间提供了一套简单的信息通信协议。SOAP 采用已经广泛使用的两个协议：HTTP 和 XML，其中 HTTP 实现 SOAP 的远程过程调用的传输，而 XML 是它的编码模式。采用几行代码和一个 XML 解析器，HTTP 立刻成为 SOAP 的对象请求代理。SOAP 通过把基于 HTTP 的万维网技术与 XML 的灵活性和良好扩展性组合在一起，以实现异构平台的程序之间的消息传递和互操作，从而使存在的应用能够被众多的用户所访问。

c. WSDL

WSDL 是 W3C 用于描述 Web 服务的规范，被用来描述一个 Web 服务能够做什么，该服务在什么地方，以及如何调用该服务。WSDL 利用 XML 来描述 Web 服务、函数、参数和返回值。一个 WSDL 服务描述包含对一组操作和消息的一个抽象定义，绑定这些操作和消息的一个具体协议和这个绑定的一个网络端点规范。

d. UDDI

UDDI 规范定义了一个发布和发现有关 Web Service 的信息的标准方式。UDDI 业务注册表使业务能够以编程方式定位其他单位公开的 Web Service 的信息，UDDI 是一套基于 Web 的、分布式的、为 Web 服务提供信息注册中心的标准规范，同时也包含一组使企业能将自身提供的 Web 服务注册以使别的企业能够发现的访问协议的实现标准。

UDDI 规范描述了一个由 Web 服务所构成的逻辑上的云状服务，同时也定义了一种编程接口，这种编程接口提供了描述 Web 服务的简单框架。规范包括几份相关的文档和一份 XMLS，用来定义基于 SOAP 的注册和发现服务的协议。这些服务能被所有人访问，同时多个合作站点之间能够无缝地共享注册信息。

(2) 基于 Web Service 的地理数据服务的结构（图 17-5）

为了更好地基于网络使用地理信息服务，开放地理信息联盟（OGC）以 Web Service 的方式提供服务，并且建立了 OpenGIS 网络服务（OWS）研究计划。OWS 指的是一个基于开放标准的 Web 地理空间服务框架，这个框架允许无缝集成 Web 地理处理服务和位置服务。OWS 制定了一系列针对 Web 的服务规范，并提供了一种基于 Web 的与厂商无关的互操作框架体系，允许基于该体系进行基于 Web 的发现、存取、集成、分析、利用和可视化多种在线空间数据和空间处理服务。

基于 OGC 服务规范的地理数据服务提供了对存放在数据仓库和数据库中的空间数据集合的访问功能，利用此服务返回的结果通常是带有空间参照系的地理数据。目前，应用最广的两种地理数据服务是：Web 要素服务（矢量数据服务）（Web feature service，WFS），支持对地理要素的插入、更新、删除、检索和发现服务。Web 图层服务（栅格数据服务）（Web coverage service，WCS）：提供包含地理位置信息的栅格图层数据，而不是静态地图。

WCS 提供了 Web 环境下使用 HTTP/SOAP 协议对地理覆盖（Coverage）数据的访问接口。Coverage 数据是对地球表面上或附近现象的二维或多维的隐含（Metaphor），它为人们提供了对 n 维地理要素空间的一种视角，使地球现象之间的空间关系和空间分布变得可见。典型的 Coverage 数据包括遥感影像数据、DEM 数据和 TIN 数据。WCS 提供了详细而丰富的地理覆盖数据，客户端可以展示、描绘和再加工这些数据。与 WMS 不同（WMS 网络地图服务是通过过滤空间数据，以图片格式返回的静态的地图，类似对空间数据进行一次快照，WMS 得到的地图不能进一步查询和处理），WCS 提供带有原始语义信息的覆盖数据，允许对这些数据进行复杂的查询，因此这些数据能够被解译、推广，而不仅仅是一次数据快照。

WFS 提供了 Web 环境下使用 HTTP/SOAP 协议对地理要素进行处理的操作接口，主要包括创建、删除、更新地理要素实例和基于空间或非空间约束查询地理要素集的功能。WFS 还支持事务处理。

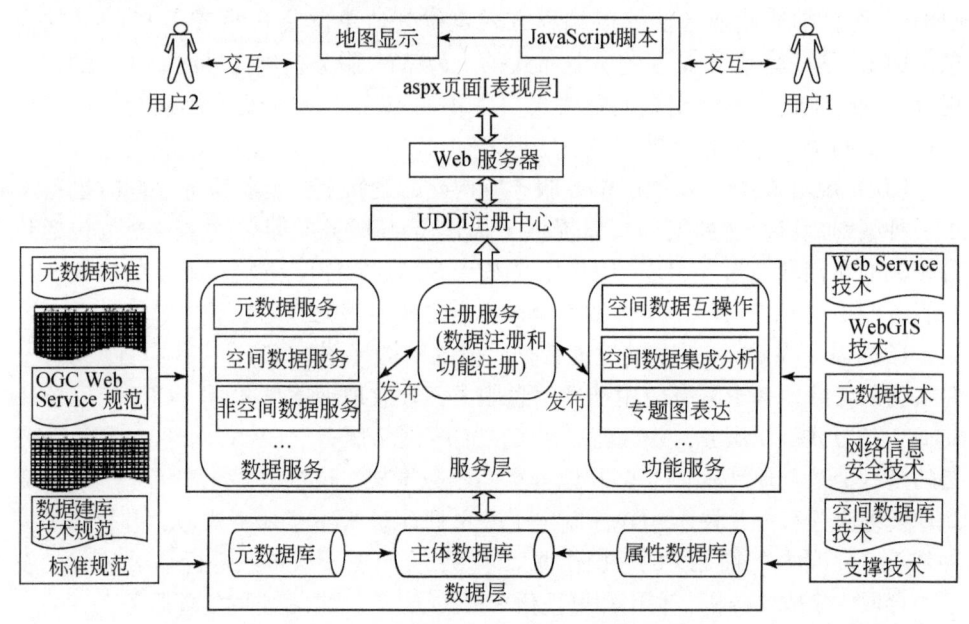

图 17-5　地理数据 Web 服务的服务体系

WFS 和 WCS 两种数据服务分别与传统的两种 GIS 数据模型相对应（图 17-6）。WFS 所提供的是关于离散地理空间对象的数据服务，对应于传统 GIS 中的矢量数据模型；而 WCS 提供的是关于连续地理现象的数据服务，对应于传统 GIS 中的栅格数据模型。

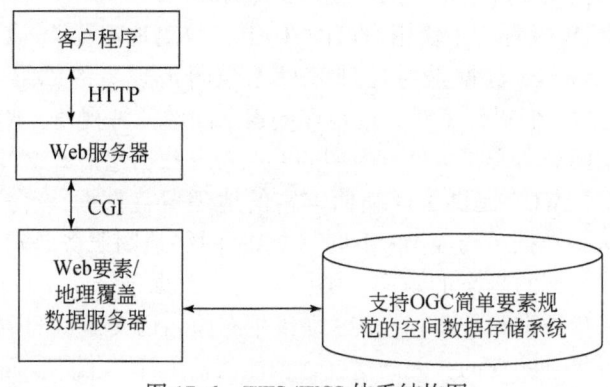

图 17-6　WFS/WCS 体系结构图

（3）基于 Web Service 的地理数据服务的流程

基于 Web Service 的地理数据服务的流程如图 17-7 所示。具体如下：

1）地理数据服务提供者创建地理数据服务，并在地理数据 UDDI 注册库中注册；

2）地理数据服务消费者在地理数据 UDDI 注册库中查找服务，通过查看地理数据服务的 WSDL，获取该服务的接口方式；

3）创建地理数据服务的代理；

4）通过 SOAP 调用地理数据服务；

5）创建代理与客户端程序；

6）调用地理数据服务（SOAP）。

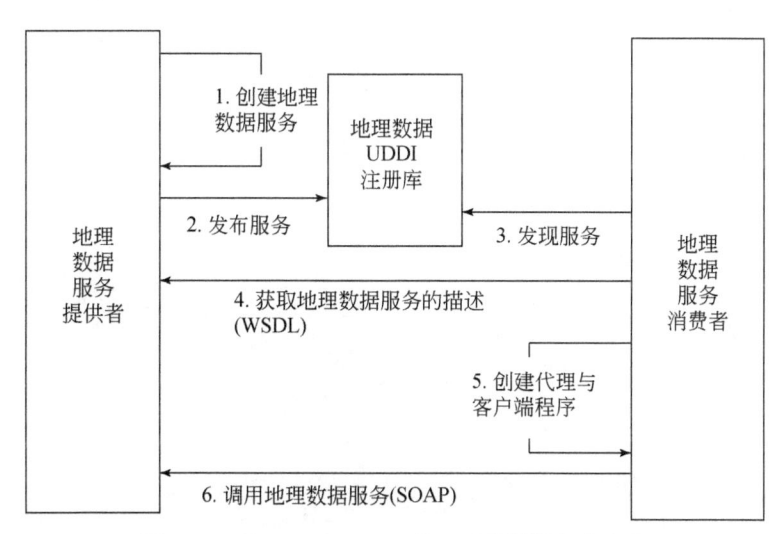

图 17-7　基于 Web Service 的地理数据服务的流程

17.2.4　地理数据服务技术的案例

案例：国家基础地理信息系统提供的 1∶400 万数据下载服务

国家基础地理信息系统（NFGIS）是中国最大的全国地理信息存储、数据管理、地图生产和数据应用系统之一，是国家测绘地理信息局的专业信息系统，是国家空间数据基础设施的重要组成部分。作为重要的基础地理信息数据源，它已在中国得到了广泛的应用。国家基础地理信息系统采用的是 B/S（浏览器/服务器）结构模式。图 17-8 为该系统门户网站的首页。

图 17-8　国家基础地理信息系统首页

国家基础地理信息系统全国 1∶400 万数据库全部数据均可浏览。其中，中国国界、省界、地市级以上的居民地、三级以上河流、主要公路和主要铁路等数据可以自由下载。点击首页中的"下载服务"链接，进入该系统的数据下载服务页面。可以预先浏览供下载的数据内容，如图 17-9 所示。

国界	国界与省界	地市级以上居民地	一级河流	三级以上河流	主要公路	主要铁路
浏览	浏览	浏览	浏览	浏览	浏览	浏览
	地级以上境界	县级以上境界	县级以上居民地	四级以上河流	五级以上河流	新!
	浏览	浏览	浏览	浏览	浏览	更多数据下载

请登记表

在填写了下面登记表之后，你将获得我们的技术支持。如果我们对数据进行了更新，我们会根据你在登记表中留下的E-mail地址及时通知你。

姓名：＿＿＿＿＿ 单位：＿＿＿＿＿
职业：政府部门 ▼
E-mail地址：＿＿＿＿＿
下载数据用途： ○教学 ○科研 ○试验 ○开发利用 ○商业目的 ⊙其它
选择数据格式： ⊙MAPINFO的MIF格式 ○ARC/INFO的E00格式 ○SHP格式
[确定] [重设]

注意：请在下载前仔细阅读数据使用说明

国界	国界与省界	首都和省级行政中心	地市级以上居民地	一级河流	三级以上河流	主要公路	主要铁路
下载(497KB)	下载(691KB)	下载(2KB)	下载(13KB)	下载(904KB)	下载(1043KB)	下载(280KB)	下载(349KB)
新!	地级行政界线	县级行政界线	县级居民地	四级河流	五级河流		
	下载(269KB)	下载(460KB)	下载(62KB)	下载(716KB)	下载(1868KB)		

图 17-9 国家基础地理信息系统数据下载

在下载数据前用户要进行登记，包括下载数据的用途和格式等。该系统可提供的数据格式有三种，分别是：MAPINFO 的 MIF 格式、ARC/INFO 的 E00 格式和 SHP 格式（图 17-9）。

登记完成后，进入数据下载页面，如图 17-9 所示。选择所要下载的数据，点击"下载"即可获得所需要的数据（图 17-10）。

17.2.5 地理数据服务技术的优点和不足

1. 传统地理数据服务技术的优点和不足

传统地理数据服务技术的主要应用模式为基础地理信息加工部门生产，经质量控制、数据审核，形成数据产品，分发给各有关部门使用。

它的优点是：

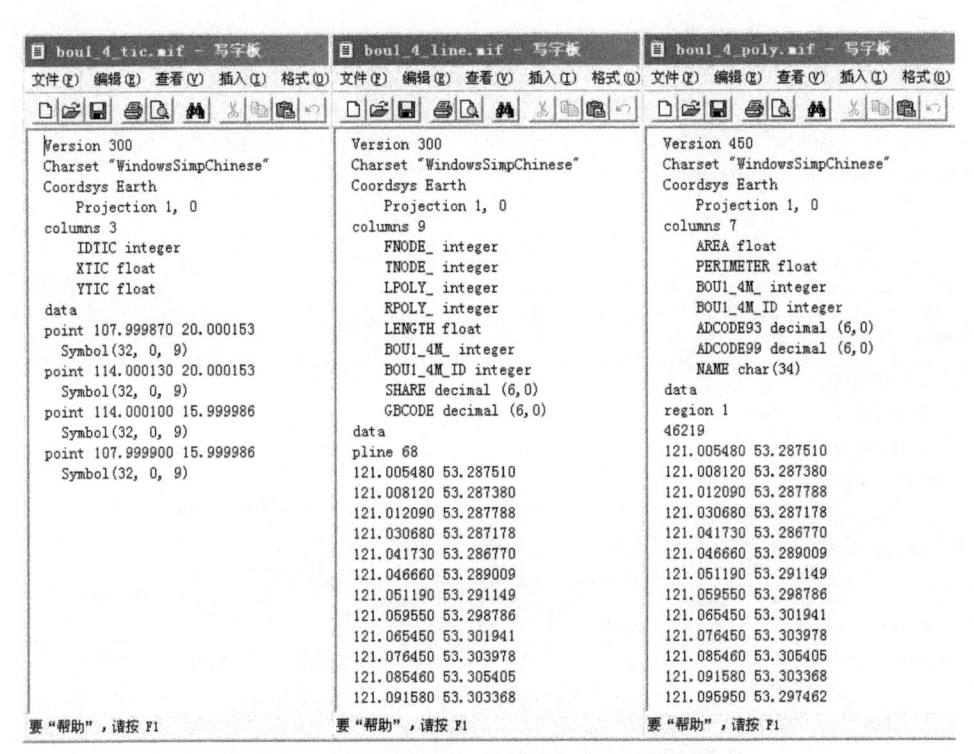

图 17-10 国家基础地理信息系统提供的数据格式

1）数据模型和数据结构与主流的 GIS 和数字地图系统平台接轨，能够直接为各种 GIS 用户所使用；

2）所能提供的信息的覆盖面较广，属性完整，用户在此基础上进行扩展和和增值服务的空间较大。

它也存在以下几点不足：

1）数据使用部门难以及时更新基础地理空间数据，数据版本相互不一致。

2）数据使用部门产生的具有空间属性的专业数据其实也是基础地理空间数据的组成部分，但这些数据未能集成到基础地理空间数据框架中。

3）传统的空间信息应用以系统为中心，使得不同系统之间的壁垒比较分明，数据共享与服务共享困难，造成了"信息孤岛"、空间数据资源的浪费、空间数据重复建设和系统集成困难等问题。

4）只面向专业用户，要求使用者具有一定的专业知识，具有一定的知识门槛，普通用户难以使用空间数据，造成空间数据和非空间数据的割裂。

5）在数据组织方面。各个地理空间数据采用的软件、数据格式、数据存储和数据处理方法有着很大的差异，并且在数据语义上难以统一，信息交换和共享十分困难。

这些不足就要求空间应用必须实现以系统为中心向以数据为中心，实现空间数据共享与服务的转变。

2. 基于 Web Service 的地理数据服务技术的优点和不足

由于 Web 地理信息服务基于 XML，远程用户甚至是不同操作系统平台上的用户不必了解服务的开发细节，就可以直接利用这些封装好的网络地理信息服务进行开发，能够大大提高代码的复用度，降低开发成本，缩短开发周期。

1）Web 服务的模块采用松散耦合模式：在这种模式中，建立服务连接的双方并不关心对方的具体执行机制，连接中的任何一方均可更改执行机制，却不影响应用程序的正常运行。这种机制为大型企业内部异构应用程序之间的集成，以及商务领域企业的应用程序之间的集成提供了有效的途径。

2）完好的封装性：Web 服务是一种部署在 Web 上的对象，具备对象的良好封装性，对于使用者而言，只能看到该对象提供的功能菜单。

3）高度可整合能力：由于 Web 服务采取简单的、易理解的标准 Web 协议作为组件，界面描述和协同描述规范，完全屏蔽了不同软件平台的差异，无论是 CORBA 还是 DCOM 都可以透过这一种标准的协议进行互作业，实现了不同平台之间的操作。

现有系统均采用 XML 等公开格式实现数据共享和交换，无法保障数据安全。主要存在以下问题：

1）XML 格式容易理解和解密。虽然有些系统在数据传输过程中采用加密措施，但到达客户端后仍然是以 XML 格式释放出来。

2）网络传输效率低。基于 XML 的文档消息传输无法直接保存二进制数据，在发送端和接收端都需要进行二进制数据和字符数据之间的转化。

3）空间矢量数据经过 XML 描述转换为字符数据会增加一定的数据量。

17.3 地理信息和知识服务

17.3.1 地理信息和知识服务的定义和内涵

外国学者马克·波拉特（Marc Porat）认为"信息就是经过组织与沟通的数据"。如果从信息构成要素分析，信息是由信息载体、信息符号和编码以及信息内容构成的，它既不是物质也不是能量，而是依附于自然界客观事物而存在的。例如文献，它的物理存在形式，即纸介质或光、电介质都是信息赖以存在的外部形式，也就是我们说的载体。载体上用以表达特定涵义的符号及其组合就是信息的符号和编码，文献所阐述的观点就是信息内容，它以抽象的方式依托载体和符号及其组合而成。

丹尼尔·贝尔（Daniel Bell）认为："知识是一组对事实或想法经过组织的陈述，呈现一合理的判断或一项实验结果，这些判断和实验结果是以某种有系统的形式经由某种通信媒体传给其他人。"也就是说，知识是人们在复杂的社会生产过程中，对客观事物长期观察、思考的结果，是对客观事物的抽象反映，是一种意识的东西，只有人们的大脑才能产生、识别和利用它，是人类认识世界的成果或结晶。它借助于一定的语言形式或物化为某种劳动产品的形式，可交流和传递，形成了人类共同的精神财富。

信息是知识生产的基本原料，知识是系统化了的信息，二者虽有不解之缘，但知识的两个基本特征明显不同于信息。其一，知识的"归宿"只能是人，是不能与人分离的，而不是其他任何物质，这就区别于信息载体类型的多样性和广泛性。其二，知识具有动态的属性，它只有在知识劳动者对信息的应用中体现，并可能在交流中发生裂变、聚变从而创造出新知识（图17-11）。

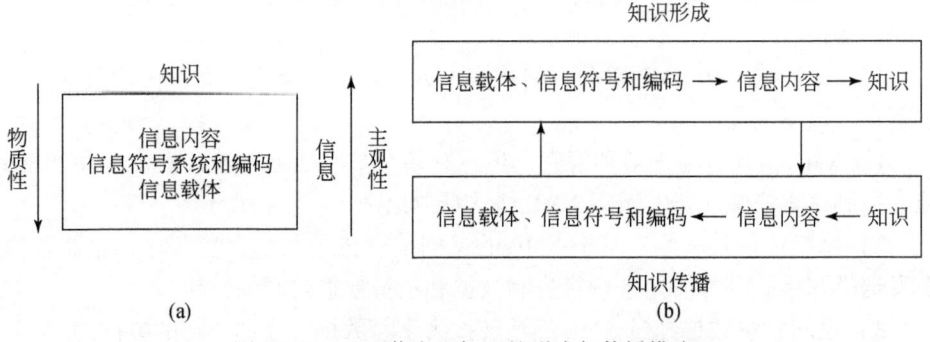

图 17-11　地理信息和知识的形成与传播模式

信息载体、信息符号系统和编码、信息内容、知识四者相比较，物质性越来越不明显，而主观性、抽象性则不断增加［图17-11（a）］。知识的形成是从信息载体、信息符号和编码经信息内容而得到知识，而知识的传播则顺序相反［图17-11（b）］。知识的产生和传播过程相结合形成一个完整的交流过程，在这一过程中先后两次出现的信息载体、信息符号和编码及信息内容可以是不同的。

信息服务是指信息机构或有关部门将收集到的信息经过加工、处理，利用各种手段和方法为社会和本机构内部提供信息产品和服务，以满足信息需求的一种有组织的活动；知识服务是指从各种显性和隐性信息资源中，针对人们的需要将知识提炼出来、传输出去的过程。

从服务的核心能力上看，信息服务主要体现在信息组织、检索与传递，用户接受的这种有效知识含量极其有限，根本不能适用知识创新的需求，而知识服务就是指有效切入用户知识应用和创新的核心的过程。也就是说，必须明确用户解决方案的目标，分析用户的知识需求和问题的环境，提供经过信息的析取、重组、创新、集成而形成的知识产品，并跟踪服务与解决用户问题的全过程。信息服务与知识服务的区别主要在于信息服务仅限于以有序化的方式向用户提供信息资源的获取与传递，而知识服务是一种用户目标驱动的服务，是面向知识内容、面向解决方案的服务，贯穿于用户进行知识析取、集成、创新全过程的服务。

信息和知识服务是信息和知识与服务的融合，将信息和知识资产转化成信息和知识产品及服务，通过 Internet 对信息和知识产品和服务加以销售和推广，并且在同用户进行交互的过程中，基于信息和知识为用户提供服务（图 17-12）。

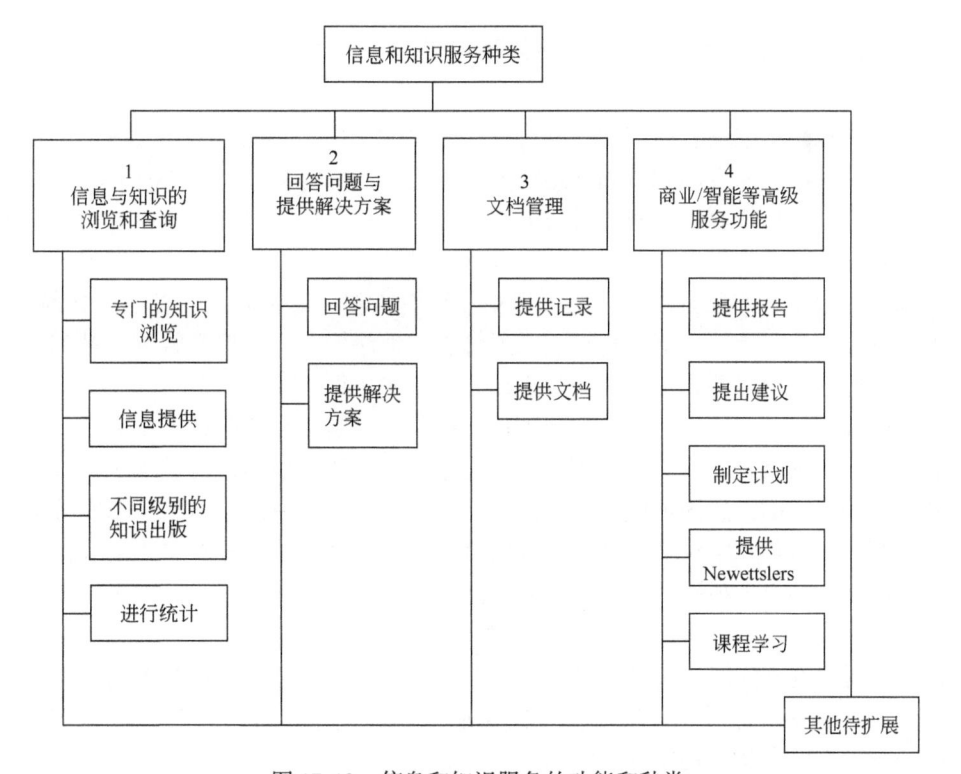

图 17-12 信息和知识服务的功能和种类

地理信息和知识服务主要是指以地理信息和知识的提供、传播、处理以及提供软件服务为主要内容的地理信息服务。服务方式主要是基于分布式地理信息资源，为用户提供主动的、有效的、集成的、再加工的地理信息和知识的深层次服务，侧重于主动的个性化服务。

针对 Internet 信息纷繁芜杂的内容形式和组织方式，为了准确、高效地发掘信息资源，人们对网络信息查询技术进行了深入的研究，开发出性能优越的查询工具，并力求以合理的模式提供信息服务。在计算机和信息管理人员的共同努力下，出现了一大批诸如 Archie、WAIS、Veronica 等查询工具。虽然它们使 Internet 信息服务的友好性、易用性得以加强，但因仍属于基于文本信息的查询系统，提供信息资源范围有限。万维网搜索引擎（search engine，SE）的出现为网络信息查询带来了生机和活力，Yahoo、Infoseek、Lycos 的横空出世，使网络信息获取方式产生了根本变化。SE 以超级文本方式提供世界范围内的多媒体信息服务，既包括文本，又包括图像、影视和声音信息，彻底改变了过去只靠浏览挖掘信息的情况，用户可以进行目标明确的检索。

17.3.2　地理信息和知识服务的研究意义

由于地理信息具有区域性、多维性和时序性，是人类生存和社会活动中连接各种信息，形成在空间和时间上连续分布的综合信息的基础。它既具有社会公益性，又具有市场价值，是我国解决人口、资源、环境和灾害等重大社会持续发展所面临问题的基本信息手段。目前，地理信息已经在国民经济和社会发展的各个方面得到应用，如政府决策、城市规划、环境监测、卫生防疫、社会经济统计、人口计生、公安指挥、资源管理、交通管理、地籍管理、房地产管理、基础设施管理、电信电力资源管理、物流管理以及位置服务等诸多方面。

随着空间技术、通信技术和地理信息技术的发展，地理信息已成为大众的消费品。为了满足普通百姓的应用需求，对原始基础地理数据进行深加工，以提高基础地理数据的信息附加值，如发展系列地形产品、城市框架地图、GPS 导航电子地图、手机移动定位等。其中，导航电子地图早已不是一般意义上的地图，也不是泛义上的电子地图，甚至有实质上的差别。它只是利用了基础地理框架的某些要素，实际内容已全变成道路、交通、兴趣点、社会公共应用大众化信息等，而且对现势性和实时性要求很高，向公众提供与之衣食住行密切相关的各类地理信息，如购物商场、旅游景点、公共交通、休闲娱乐、宾馆饭店、房地产、医院、学校等的空间查询服务。

地理信息和知识服务以自身的专业知识为基础，根据需求提供知识产品或者解决方案以支持用户解决问题和进行决策，不仅满足用户 know-who、know-what、know-when、know-where 的信息需求，而且解决用户 know-why、know-how 以及 know-if 的知识需求。

17.3.3 地理信息和知识服务的原理、结构和过程

地理信息和知识服务技术的逻辑结构，如图 17-13 所示。

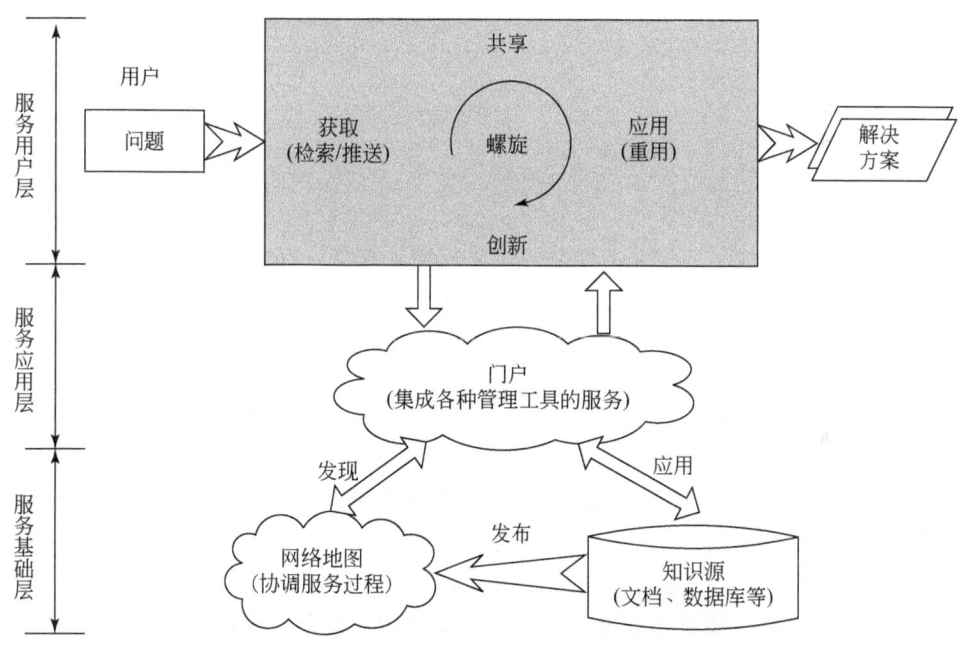

图 17-13 地理信息和知识服务技术的逻辑结构

地理信息和知识服务中介包括需求分析与推理、服务组合与绑定、服务运行和控制（包括服务管理、服务访问代理、空间知识服务等内容）3 个部分，实现如下功能（图 17-14）：

1) 对用户需求描述文件的解析；
2) 进行服务查找和匹配，形成内部服务组合模型；
3) 服务引擎控制各个服务的运行流程、服务间的参数传递、具体的服务调用；
4) 服务运行过程中实现与用户的交互，处理异常情况。

地理信息和知识服务中介的执行流程如下：

1) 解析需求类型：接受用户门户传来的需求模板，解析需求模板的需求定

```
                    ┌─────────┐      ┌─────────┐
                    │需求模板库│─────→│用户门户  │
                    └─────────┘      └─────────┘
                         │                │
                         ↓                ↓
   ┌─────────┐    ┌─────────┐      ┌─────────────┐
   │         │    │需求本体库│←────→│需求分析与推理│
   │空间知识  │    └─────────┘  访  └─────────────┘
   │本体库   │←──→              问       ↕
   │         │    ┌─────────┐  接  ┌─────────────┐     ┌─────────┐
   └─────────┘    │资源本体库│←────→│服务组合与绑定│←───→│扩展UDDI │
                  └─────────┘  口  └─────────────┘     │服务器    │
                                                        └─────────┘

            ┌─────────┐          ┌──────────┐
            │服务管理  │          │服务访问代理│
            └─────────┘          └──────────┘
                 ↕   ╲         ╱     ↕
                 ↕    ╲       ╱      ↕
            ┌─────────┐   ╲ ╱    ┌──────────┐
            │空间知识服务│  ╳     │空间知识服务│
            └─────────┘         └──────────┘
```

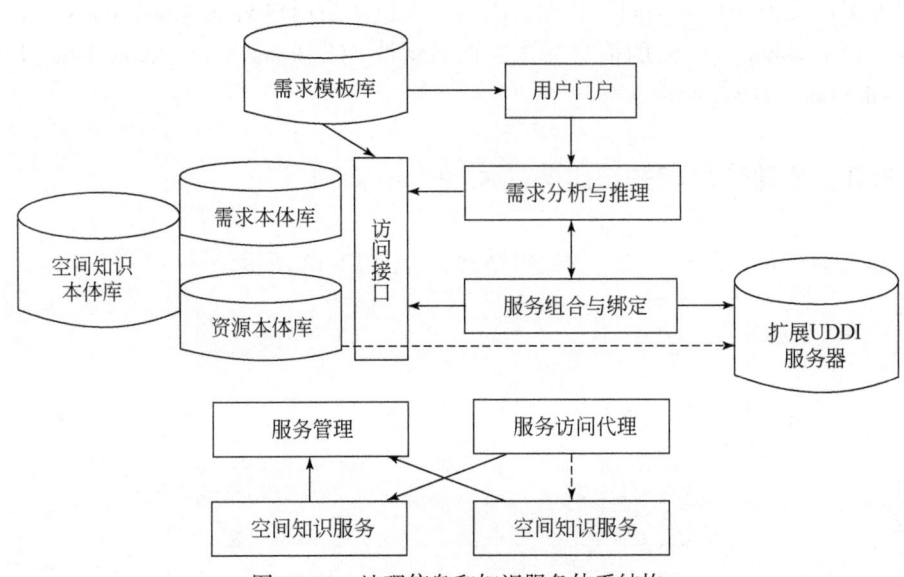

图 17-14 地理信息和知识服务体系结构

义文件，分析其中涉及的需求节点和需求约束信息，提交给服务引擎。

2）空间知识服务组合与选取绑定：根据需求模型进行服务自动组合，将抽象的需求模板映射为具体的工作流程模型，嵌入在服务选取模块内，利用需求模板中各个需求节点的约束信息进行服务匹配查找相关服务。同时设置服务调用时的绑定信息，实现运行时的服务自动调用。

3）与用户交互：在服务运行过程中，用户监视服务的运行过程和相关信息，如果参数设置不对，服务引擎通过交互界面提醒用户设置必要的输入参数。

4）调用具体服务，控制服务流程：服务引擎基于服务组合模型控制服务的执行和流转，在服务间实现信息和控制的传递。如果出现服务异常，系统提示用户，并中止流程的运行同时进行异常的处理。

5）获得运行结果：空间知识服务流程运行结束后，用户可以查看流程运行结果和流程中间信息，了解流程中各服务节点的运行信息。

17.3.4 地理信息和知识服务的案例

案例：哈尔滨市地理信息公共服务平台

哈尔滨市地理信息公共服务平台（图 17-15）以城市框架基础地理数据库为基础，以空间地理信息为载体，应用"3S"、地理编码及分布式异构数据库等技术，整合各类信息资源，为与地理信息相关的各种应用系统搭建了一个基底、公共和开放型的基础平台。该平台提供了一套可视化的空间辅助决策支持系统用于科学决策，进一步完善了政府电子政务的信息化建设，实现了各个行业的信息资源共享与互操作，构成了面向政府决策、面向公众服务、面向行业应用的服务型、资源型信息平台。

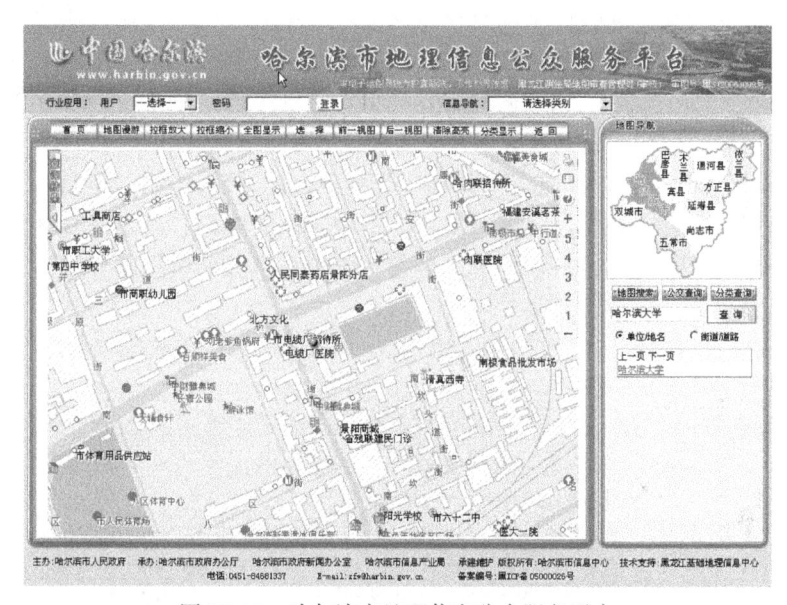

图 17-15　哈尔滨市地理信息公众服务平台

平台主要具备三大系统功能：一是在"中国哈尔滨"政府门户网站上完成了基于空间基础信息的电子地图服务网站的建设，在互联网上提供面向社会、面向公众的开放式服务；二是在哈尔滨市政府政务网上完成了哈尔滨市突发事件应急响应预案信息系统的建设，建成了基于空间地理信息的政府决策支持系统，为政府及相关部门的应急信息处理提供可视化的信息平台支撑；三是搭建了面向行业应用的空间地理信息平台，完成对行业信息资源的整合、管理与发布，并可实现动态式管理与实时更新。

公众通过互联网可以在哈尔滨市地理信息公众服务平台上，实现单位地理位置定位和查询单位、地名、公交线路、旅游景点、宾馆、酒店及商饮娱等服务设施。例如，若想乘车，输入始发站和终点站，就能知道所乘车次与路线；还可查询医疗保健、宾馆饭店、购物、房产等资讯；哈尔滨周边县、市资讯信息也一应俱全。

该平台与其他商业性网站电子地图的最大区别在于，它充分发挥了政府门户网站信息资源量大、准确性高的优势，实现了政府门户网站上的文本信息与相关地理位置信息从文到图和从图到文的相互切换，更加方便了公众查询和检索，从而提高了政府公众服务水平和能力。除此之外，该平台还具有行业用户应用接口，可以进一步拓展相关行业部分的业务应用。

哈尔滨市地理信息公共服务平台的建设，实质可以描述成为数字城市建设的一个缩影，它主要是由网络基础设施、综合信息平台、信息应用系统、网站及信息终端、政策法规与保障体系以及技术支撑体系组成。网络基础设施是平台建设的脉搏，是平台建设的先驱条件；综合信息平台、信息应用系统由哈尔滨市框架基础数据库、综合企业信息数据库与各个服务系统组成，它是实现哈尔滨市各类信息集成与整合的基础，是信息共享的前提；面向政府、企业、社区和公众的各种信息应用系统、网站及信息终端构成了信息平台的应用体系，是目前平台建设的重点内容；政策法规与保障体系是指导平台建设的航标；技术支撑体系则是为信息获取、信息集成、更新、处理、分发、应用与服务的全过程提供强有力的技术支撑，如图17-16所示。

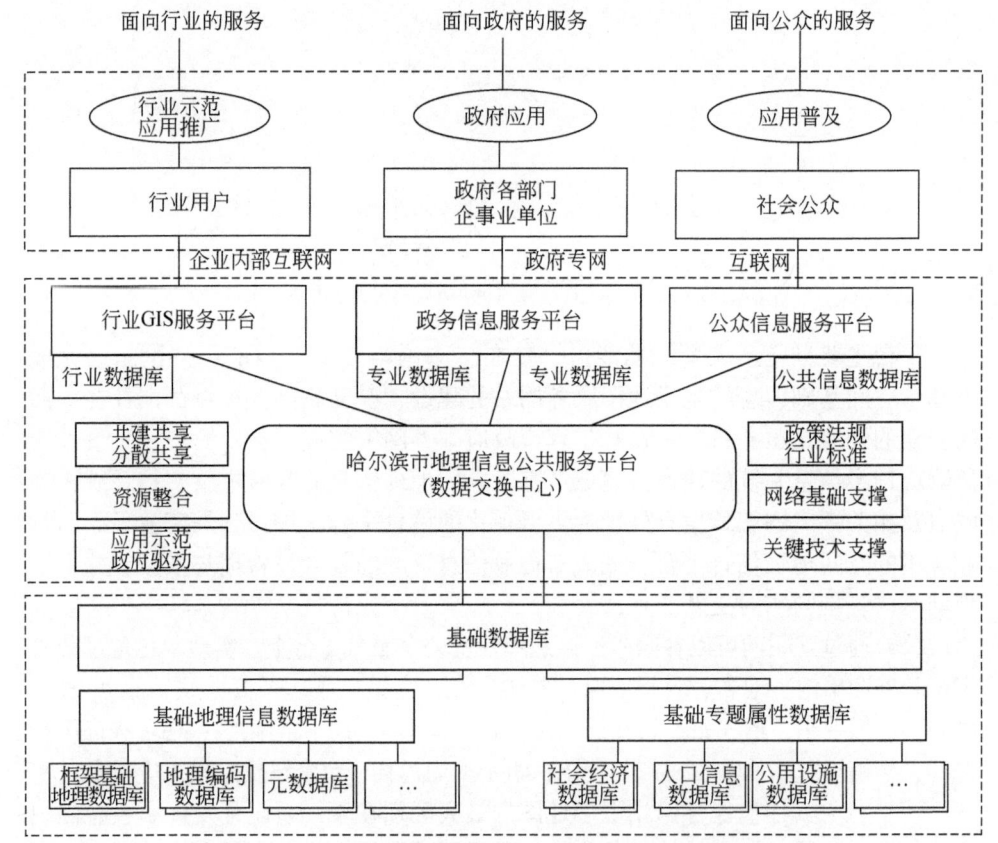

图17-16　哈尔滨市地理信息公共服务平台框架示意图

基于地理空间数据与专题数据的地理信息公共服务平台是数据库技术、中间件技术、MIS 技术、GIS 技术、网络技术及其他信息技术进行集成的综合结果。在系统设计时，考虑对海量空间数据的处理、存储能力，地理信息平台采用北京超图的 SuperMap 系列软件完成哈尔滨市框架基础地理信息数据库的建立及空间信息的发布。SuperMap SDX+ 5——大型空间数据库引擎，为城市信息数据库的建立提供了一整套完善的解决方案。SuperMap IS. NET 的在线编辑功能，为行业用户的数据维护提供了接口，用户在 Web 上实现对简单地图数据和属性数据的更新，从而大大降低系统数据维护的工作。利用 SuperMap Objects 功能强大的二次开发功能，为专业用户进行定制开发服务。如图 17-17 所示。

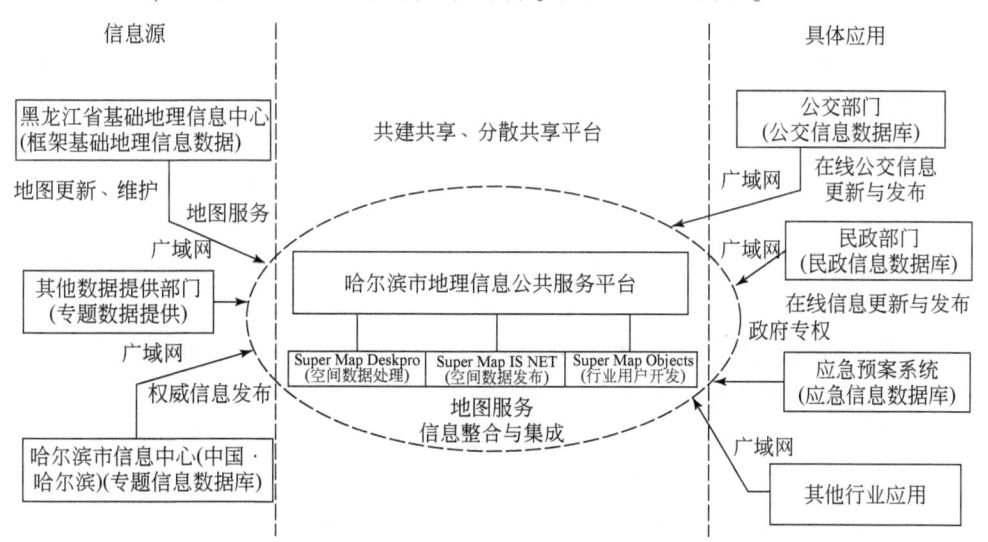

图 17-17 基于网络的、分布式、异构、多源数据处理的地理信息公共服务平台示意图

17.3.5 地理信息和知识服务的优点和不足

1) Internet 本身的动态性。Internet 是一个扁平结构的系统，没有权威的中央管理机构，任何人都可以提供信息和服务，其范围、数量都是不可知的。信息的获取由提供驱动向需求驱动转移。而相对而言，传统信息系统则完全处于管理员的管辖之下，信息的数量、范围、格式都是明确的。

2) Internet 信息的动态性。Internet 信息是无管理的，今天可以从某个站点获得的信息，明天就可能被更改或删除，信息也可能转移于多个站点之间。用户无法判断网上有多少信息与自己的需求相关，查全率、查准率等评价标准也要重新定义。

3) Internet 信息以不同的格式和类型存储，导致对信息的处理也不能使用相同的方法。网络拥有大量的多类型、非规范、跨时空、跨语种的多媒体资源，存储格式各异，信息内容特征抽取复杂化，信息查询更加复杂。

17.4 地图服务

17.4.1 地图服务的定义和内涵

地图服务脱胎于地图，是地理数据服务的一个分支。它是以 GIS 为基本实现平台，向用户提供采集、存储、编辑、处理、分析、输出、建模、决策支持等和空间数据有关的服务。随着科学技术的进步和社会经济的发展，地图服务也经历了从传统地图分发服务到新型网络地图服务的转变。

传统地图服务主要是提供各种比例尺的纸质地图和存储在各种介质上的数字产品（数字地图）的分发服务。常规地图（纸张地图）是 GIS 产品的重要输出形式，它主要以线划、颜色、符号和注记等表示地形地物。根据 GIS 表达的内容，常规地图可分为全要素地形图、各类专题图、遥感影像地图以及统计图表、数据报表等。

网络地图服务则是通过网络 GIS 和 Internet/Intranet 技术由空间数据服务机构面向社会空间数据用户提供的一种新型的空间数据服务方式。

17.4.2 地图服务的研究意义

（1）地图具有适应人的图形感受功能

地图产生和发展的历史证明，人的大脑可以保存周围地理环境的清晰和深刻的印象，可以将这种印象描述给别人，使其在头脑中也建立一个多少有些相似的环境图像，也可以用某种方式再现这种印象。

（2）地图具有空间信息载体和积累器的功能

信息是现象与知识的中间媒介，是事物运动状态或存在方式的直接或间接的表述。地图正好具有这些特性。地图不同于客观存在，但也不等同于知识。地图可以脱离它的原有物质载体而被复制、传递、存储，也可以被读者所理解、量测、感受、处理和利用。在地图上浓缩和存储了大量有关地点、状况、内部关系、自然和社会经济的动态现象，也就是集聚了大量空间信息。这些信息是在几百年间积累起来的，并通过地图以一种易于被人们接受的图形符号的形式进行传递。这就是说，地图从制作到使用，从客观存在到人的认识，实际上形成了一个以信息传递为特征的系统，而地图则是这个传递过程的中心环节，是信息的载体，用它来传递信息。这一张"纸"给人类带来了财富，了解了世界，增长了知识。

地图上能容纳的信息量很大，一幅普通地形图能容纳一亿多个信息单元（bit）。而地图作为信息积累器，又不同于纸带、磁带、磁盘等一般的信息存储手段，它以图形形式表达和传递空间信息，更易于被读者所利用。地图信息除了可以直接读出的信息之外，还有经过分析而获得的潜在信息，如果把潜在信息量也算在内，地图作为信息积累器的功能就更大了。

（3）地图具有客观世界模型的功能

人们直观地认识地面和环境，不可能超出视野的范围之外，因而必须借助各种比例尺的地图。地图能使人们扩大直观的视野，了解到更加广阔的空间关系，而且还可以充当地面模拟实验的工具，又可以作为规划建设的工具来制定有效益的发展方案。地图除了具有上述物质模型的特征之外，还是一种概念模型。地图实际上是客观存在的特征和文化规律的一种科学抽象，是人们通过地图制图过程对环境认识的一种抽象方法，帮助研究者在新的见解下来观察世界。

网络地图服务使用户足不出户就可以通过网络获取自己想要的空间数据，实现网络环境下的地区诸多要素的位置信息查询、定位和显示，为在线展示地区信息提供了直观有效的网络发布手段。它促进信息资源开发利用，统筹信息资源管理，推进信息资源交换、共享、整合与增值服务，推进电子政务应用，为地区信息资源的开发和利用提供保障服务。

17.4.3 地图服务的原理、结构和过程

1. 传统地图服务技术

传统地图服务技术主要是指传统纸质地图和存储在各种介质上的数字产品（数字地图）的分发服务技术。其基本流程如图 17-18 所示。

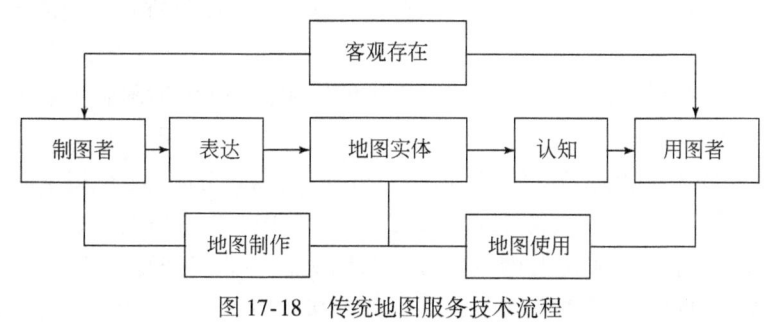

图 17-18 传统地图服务技术流程

2. 网络地图服务技术

网络地图服务就是通过网络通信技术向用户提供相关的地图服务。基本流程如图 17-19 所示。

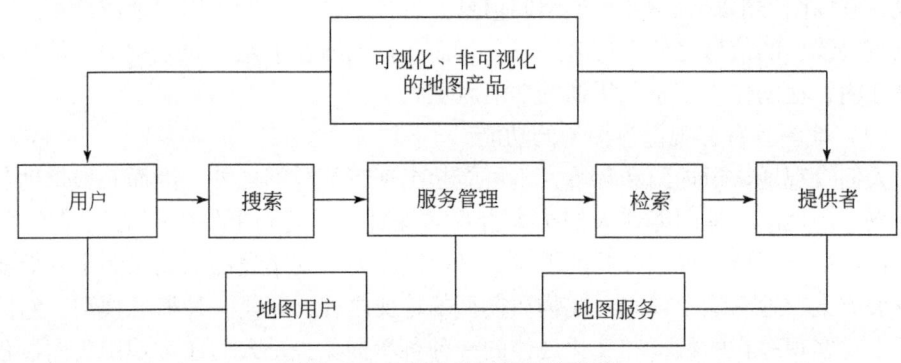

图 17-19　网络地图服务的流程

目前，网络地图服务最主要的服务模式为基于 Internet 和 Web Service 的地图服务模式以及基于无线通信和移动终端的地图服务模式。

（1）基于 Internet 和 Web Service 的地图服务模式

根据采用网络技术的不同，该种地图服务模式又可进一步分成两类。第一类是基于 Internet 平台、客户端应用软件，采用 WWW 协议在万维网上以提供可视化地图产品（电子地图等）为主要服务内容的传统 Web 地图服务，如 Google Maps、百度地图等，用户可以通过交互的方式实现对地图的查询、浏览、编辑等操作；第二类是基于 Web Service 的地图服务，即以 Web Service 的方式，将地图服务封装，以在网络上发布供用户使用。

A. 传统 Web 地图服务技术

根据地图服务处理的方式、处理空间信息类型和空间信息打包方式的不同，地图服务实现的方法也不同。通常有三种实现方式：即图像方式、图形要素方式和数据方式。

在图像方式中，通过 Internet 传送用户查询的是一个由地图服务器生成的标准的 GIF、JPEG 或 PNG 格式的地图影像，它是一种瘦客户机/胖服务器地图服务处理模式。在该模式中，采用了 CGI（common gateway interface）技术实现网络地图服务器调用外部应用程序的接口来扩展网络服务器的功能，通过网关接口 CGI 的作用实质上是用来定义网络服务器与网关程序如何进行通信。在客户端，网络服务器以 HTML 建立用户界面；在服务器端，地图显示应用软件通过 CGI 与

第 17 章 | 地理信息服务技术

网络服务器建立连接，当用户发送一个地图查询请求到服务器上，服务器通过 CGI 把该请求转发给后台运行的 GIS 应用程序，由应用程序生成符合用户要求的结果交还到网络服务器上，服务器再将结果传递到客户端。

在图形要素方式中，客户端承担了地图显示和地图整饰处理任务，而服务器端承担了地图要素生成和空间数据选择（过滤）处理任务，从结构上属于均衡方式。在这种处理方式下，客户机和服务器之间传送的实际上是已打包的单要素数据集合，这些要素已经经过地图投影处理，配准在一定的大地坐标系之下，且依据一定的图例和图式要求进行了标准地图符号化处理，如道路可能是具有两个像元宽度的红色的多边形线，湖泊可能是一个蓝色的多边形。当然，图形要素本身也可能是将图像方式作为子集而囊括其中。该方式可以采用 ActiveX 控件或 Java Applet 工作模式实现。ActiveX 是一种对象链接与嵌入技术，其理论基础是基于分布式组件对象模型 DCOM 标准，它与相应的 OLE、空间数据引擎 SDE 技术相结合，可以开发功能强大的组件式 WebGIS 网络地图服务系统。

在数据方式中，地图显示、地图整饰以及地图要素生成等处理任务都在客户端完成，服务器端仅承担数据选择（过滤）以及数据符号化任务，是一种胖客户机/瘦服务器处理模式。数据方式提供了将空间数据从服务器到客户机的传输能力，用 XML 或 GML 语言作为数据编码语言来实现空间数据的选取。

在网络地图服务应用开发中，究竟选用哪种处理方式，必须依据客户机/服务器的设备性能、网络传输速度、跨越客户机和网络服务器边界的信息类型以及这些信息的打包方式。对于瘦客户机/胖服务器处理方式而言，仅地图显示处理由客户机承担，对客户机来说，负担轻，速度快，对客户机端设备性能要求不高，但服务器端任务较重，对服务器性能的要求较高，也要求较高的网络传输速度。在均衡处理方式中，客户机端承担了地图显示和地图整饰处理任务，客户机端的任务相对加大，要求客户机端应用软件要具有地图编辑、整饰和着色的功能，对客户机的性能也有较高的要求，但却减轻了服务器端的负担。在胖客户机/瘦服务器处理方式中，客户机端的任务包括了地图显示、地图整饰、地图要素生成等处理，客户机端应用软件除了具备地图显示、地图整饰功能以外，还应当具备地图要素生成功能，对客户机性能要求提高，不仅要求客户机具有较快的处理速度，也要求它具有较强的图形显示处理能力，服务器端任务相对较轻，只需空间数据引擎功能，可以从不同的空间数据库中依据用户要求提取用户所需的空间数据（图 17-20）。

传统 Web 应用程序是基于 HTML 页面、服务器端数据传递的模式，通常在 Web 浏览器内采用 ActiveX 控件、插件（Plug-in）以及 Java Applet 来改善用户与客户机端地图的交互。然而随着网络技术的发展，传统的 Web 应用程序已经渐

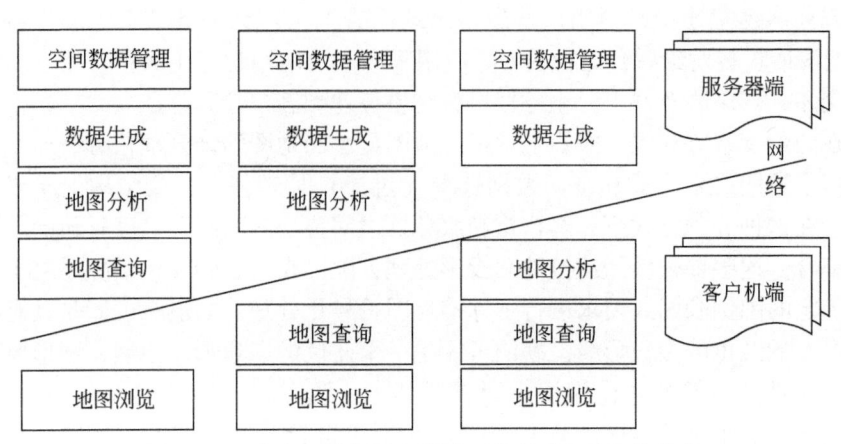

图 17-20　客户机端与服务器端两者所承载功能的分配

渐不能满足 Web 浏览者更高的、全方位的体验要求了，因此基于 RIA（rich internet application，丰富互联网应用程序）技术的新一代网络应用得以发展。RIA 中的 Rich Client（丰富客户机端）提供可承载已编译客户机端应用程序（以文件形式，用 HTTP 传输）的运行环境，使 WebGIS 应用具有更高的交互性能、更好的用户体验和多浏览兼容性，同时也更适应大众化 GIS 应用的要求。RIA 的常用实现有以下三种：Ajax、Flex 和 Silverlight。

Ajax（Asynchronous JavaScript + XML，异步的 JavaScript 和 XML）是 RIA 发展的第一阶段，也是至今仍被普遍采用的一个技术。准确地说，Ajax 不是一项单独的技术，而是 HTML、CSS、JavaScript 等几项技术的结合体。其核心是 JavaScript 对象 XMLHttpRequest。该方法的关键在于将浏览器端的 JavaScript、XMLHttpRequest、DHTML、DOM、XML 与服务器异步通信的组合：

1）使用 XHTML 与 CSS 来组织网页；

2）使用 DOM（document object model）进行动态显示与交互；

3）使用 XML 和 XSLT 进行数据交换与操作；

4）使用 XMLHttpRequest 进行异步数据传输，它是 XMLHttp 组件的一个对象；

5）使用 JavaScript 将所有这些绑在一起。

Flex 是 Adobe 公司推出的 RIA 解决方案。Flex 能够帮助开发人员充分利用 Flash Player 这个富客户机端的运行环境，高效地开发富互联网应用程序。

Silverlight 是微软公司的一种新的 Web 呈现技术，能在各种平台上运行。通过 Silverlight，开发人员可以为应用加入内容丰富、视觉效果绚丽的交互式体验。

传统 WebGIS 应用主要采用表单和服务器进行同步交互，这种方式存在用户交互性差和每次请求地图数据时不可避免地导致整个页面刷新的缺点，从而影响 WebGIS 的性能。而新型的 WebGIS 应用则采用 XMLHttpRequest 对象或是采用内置的异步请求机制作为地图数据请求响应技术，对于大数据量地图数据加载起到非常重要的作用。

传统 WebGIS 应用在地图图片请求处理上，通常是实时请求地图服务器传输地图实现的，具有地图的现势性；而新型的 WebGIS 应用普遍采用预生成一定规格的地图切片并缓存在服务器中，所传输到客户机端的地图图片根据地图切片位置关系来确定，极大地提高了用户请求的响应速度。

从图 17-21 中可以看出，传统的 Web 应用模型是这样工作的：用户对网页触发某动作（如提交表单、点击链接等），通过 HTTP 协议向 Web 服务器提交请求；服务器进行一些处理——获得数据、运行、与不同的服务系统会话，重新生成一个新的页面；然后将新页面通过网络发给客户机端。因此，服务器在响应用户的提交请求做各种数据处理时，用户只能等待，而且用户每进行一步提交，就要等待服务器一次。即对用户来说，他的工作过程是"提交—等待—提交—等待"。

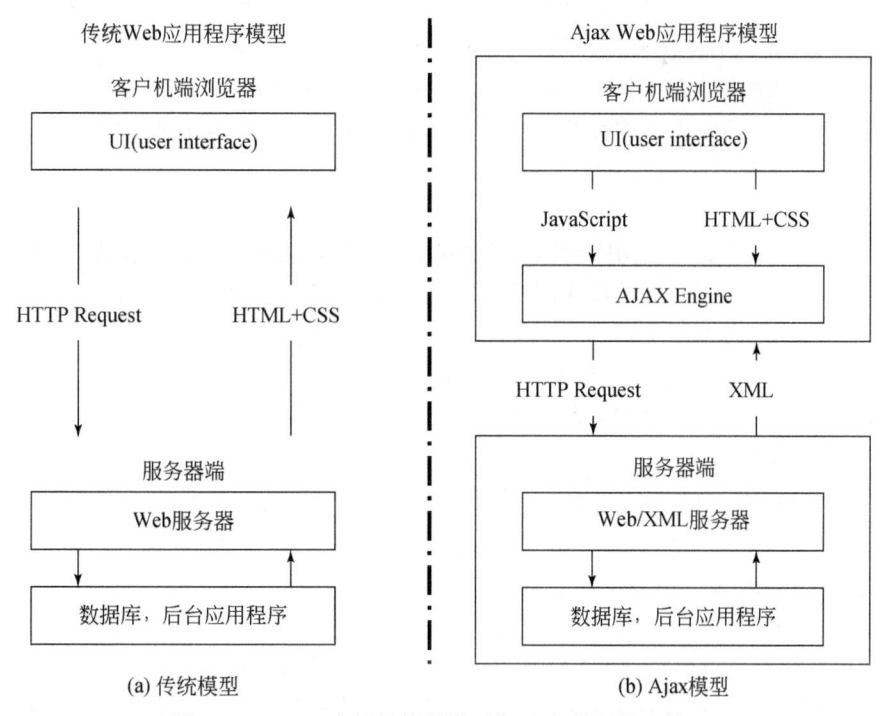

图 17-21　Web 应用的传统模型与 Ajax 模型的比较

而 Ajax 应用通过在客户机端与服务器端之间引入一个中间层——Ajax 引擎（Ajax Engine）改变了 Web 交互"提交—等待—提交—等待"的规律。引擎负责部分渲染用户界面，帮助用户与服务商在用户几乎不知情的情况下进行异步通信。

对于用户的提交表单、点击链接等动作，原本的做法是生成一次 HTTP 请求；现在变成了对 Ajax 引擎的一次 JavaScript call，所有的响应不再需要服务器返回，Ajax 自己就可以操作。对那些不用返回服务器端的用户行为——如简单的数据验证，在内存中编辑数据甚至是一些导航——都由引擎自己处理。如果引擎需要服务器端的响应，如提交数据以供处理、加载额外的界面代码，或者获得新数据，Ajax 引擎便会使用 XMLHttpRequest 进行异步请求，而不用停止用户与应用的交互。

B. 基于 Web Service 的地图服务

目前越来越多的 GIS 软件已经支持 OGC 的 Web 地图服务（Web map service，WMS）规范。在 WMS 中将地图定义为地理数据的可视化表现，它定义了 GetCapabilities、GetMap、GetFeatureInfo 三种操作，使得用户可以通过这三个操作来获得地图服务。GetCapabilities 操作返回一个 XML 格式的服务器级元数据进行描述，在这个描述中详细说明了 WMS 服务器所提供的服务内容、客户机端的请求方式和所支持的操作；GetMap 操作返回给客户机端一幅栅格图像，具体支持的图像格式跟实现 WMS 规范的 GIS 服务器有关；GetFeatureInfo 操作返回地图上某个特殊地理要素的属性信息。图 17-22 是 OGC WMS 模型。

a. GetCapabilities 操作

GetCapabilities 操作用于向客户机端提供当前地图服务器可以提供的空间信息类型和范围，具体的图层信息和显示样式，支持的查询方式，没有查询结果时（异常）的缺省返回信息格式等服务描述信息。这些信息通常先组织成一个引用了固定的文档类型定义（DTD）的 XML 实例文件，再由服务器通过 application/vnd. ogc. wms-xml 的 MIME 类型发送给客户机端程序。

b. GetMap 操作

GetMap 操作的目的在于请求服务器生成一幅具有确定地理位置坐标范围的地图图像，这个操作需要明确地指定操作本身遵循的 WMS 规范的版本号以及需要显示的具体图层、对应的坐标范围、返回图像的大小和格式等。

c. GetFeatureInfo 操作

GetFeatureInfo 操作向 WMS 的客户机端程序提供了进一步查询特定空间实体信息的能力。这种操作往往是由客户程序在 WMS 服务器先前返回的地图上指定了一个空间实体，进而提交查询。

第 17 章 | 地理信息服务技术

```
客户机端                                    WMS服务器
   │                                           │
   │────────1.调用GetCapabilities操作──────────▶│
   │                                           │
   │◀──────返回描述WMS服务器功能的XML文档───────│
   │                                           │
   │────────────2.调用GetMap操作───────────────▶│
   │                                           │
   │◀──────返回地图图像(JPEG、PNG、GIF、SVG)────│
   │                                           │
   │────────3.调用GetFeatureInfo操作(可选)─────▶│
   │                                           │
   │◀──────────────返回特征的信息──────────────│
```

图 17-22　OGC WMS 模型

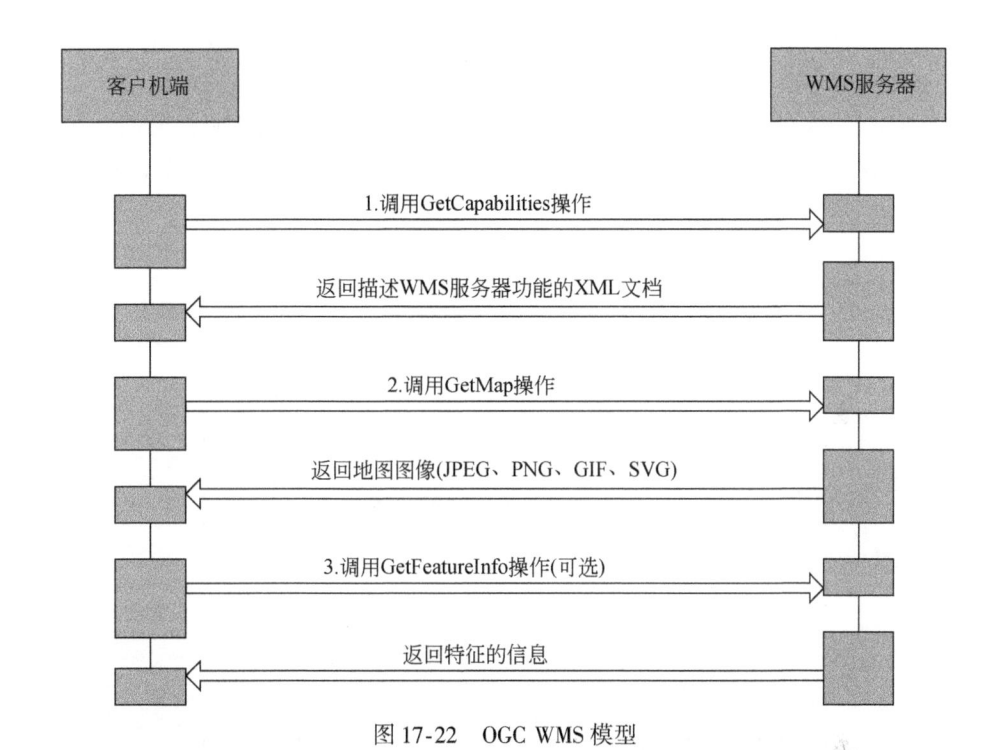

基于 Web Service 的地图服务过程为：用户也就是服务接收者提出搜索要求，服务管理者进行搜索，查找满足用户要求的服务提供者，然后将用户和提供者进行绑定，用户随后的要求直接面向服务提供者，服务管理者将不再参与用户的具体服务要求，只对服务的过程进行管理。服务管理者作为一个中介起到连接用户和提供者之间桥梁的作用，在这个中介存在的情况下，提供者不用关心用户在哪里，只需要完善所提供的服务内容；用户也不必关心自己所需要的服务在哪里，只需向服务管理者提出要求，就能得到自己所需要的信息。

在此过程中地图的传输方式根据用户的需要有多种方式，这里分为可视化应用和非可视化应用。可视化应用就是提供者将数字地图进行符号化，并将一个可视的地图返回给用户，用户直接从可视化地图中获取信息。非可视化应用是指提供者将用户所需的内容用地图数据的方式返回给用户，用户得到的是没有进行可视化的数字地图，用户可以将数字地图可视化或者进行其他的信息获取过程。

（2）基于无线通信和移动终端的地图服务模式

随着无线通信网络以及移动终端设备的不断发展，近年来，越来越多的移动通信商家开始结合其他的内容服务（新闻、游戏等）向用户提供地理信息服务，主要服务内容为基于地图的空间信息查询，如查询行车路线、寻找最近的宾馆饭店等。Java 手机地图服务正是依托空间信息技术，应用于无线领域，提供地图服务的一项技术。它的逻辑结构如图 17-23 所示。

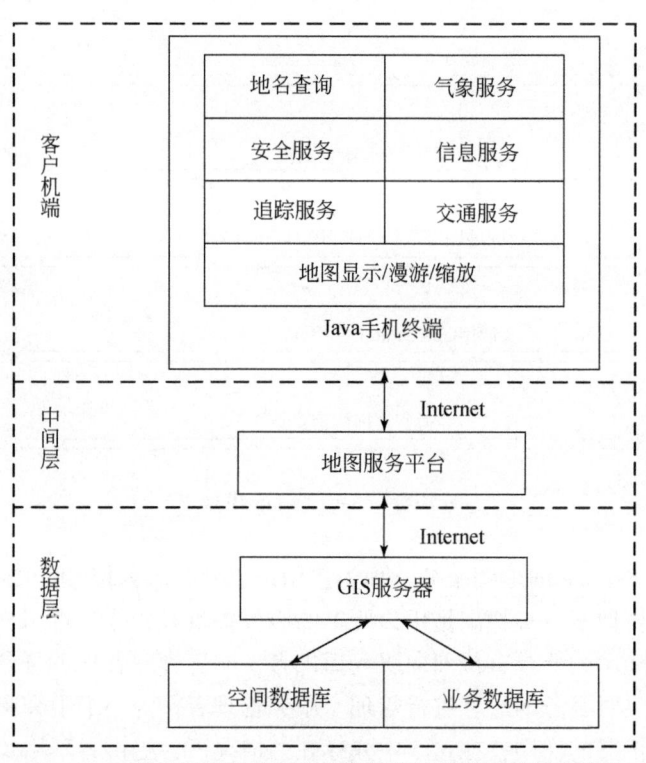

图 17-23　基于无线通信和移动终端的地图服务的逻辑结构

17.4.4　地图服务的案例

案例：Google Maps

　　Google Maps 自推出以来，以其强大的功能、丰富的地图和黄页资源，特别是它覆盖全球的卫星地图，吸引了越来越多的用户。Google 地图有三种视图模式，即普通地图、卫星地图以及合成地图（图 17-24），其中合成地图由卫星地图和底色透明的普通地图叠加而成。

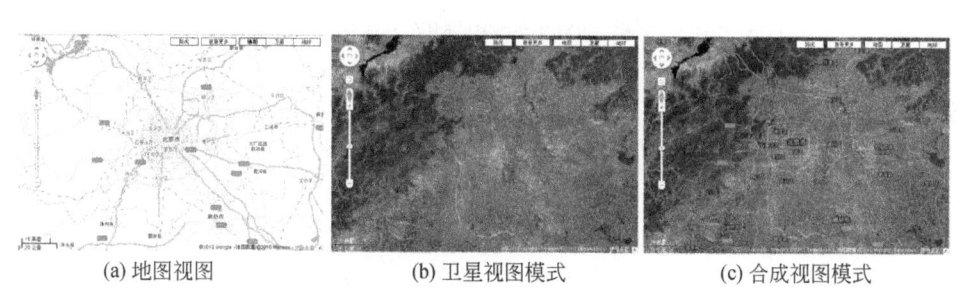

(a) 地图视图　　　　　　(b) 卫星视图模式　　　　　(c) 合成视图模式

图 17-24　Google Maps 地图服务案例

1. Google Maps 的主要服务内容

Google Maps 的主要服务内容大体可分为以下几种：

1）基础的地图服务：提供电子地图的基本显示功能，可以浏览地图、放大缩小以及鹰眼显示等。

2）地理信息点的显示：各种地理信息点，如公交站点、餐馆、学校、医院等设施，在地图上可以被标注或检索。

3）地理空间信息检索：查询某个范围以内的地理信息点，通过指定范围，检索其中符合条件的地理信息点。结合卫星图片、地图，利用宽带流以及强大的 Google 搜索技术，全球地理信息就轻而易举地放在我们眼前。

4）全文检索：通过查询关键字，查询符合条件的所有相关信息。

5）公交指挥：通过提供位置信息，查询两地之间的行车方案。

2. Google Maps 的关键技术

（1）图像切片技术

Google Maps 向用户提供的地图数据和卫星影像数据，最终给用户使用并在 Web 浏览器上显示的都是常见的栅格图像。这两套数据都采用了相同的空间参考系统：其基准面为 WGS84，投影方式为等角正切圆柱投影，即常用的墨卡托（Mercator）投影。根据缩放的详细程序不同，Google Maps 提供了 0~17 共 18 个缩放等级，其中 0 级缩放最详细。不管是地图数据还是卫星影像数据都采用了图像切片技术，将各个缩放等级的全球数据分割成大小为 256×256 像素的小图片，并预先参照金字塔模式按照不同的缩放等级分别存储。这些图片的 URL 都是不变的，每块图片的 URL 格式如下：

1）普通地图：http://mt.google.com/mt? n = 404&v = w2.33&x = ? &y = ? &zoom = ? ;

2）卫星地图：http：//kh. google. com/kh？n＝404&v＝13&v＝13&t＝?；

3）底色透明普通地图：http：//mt. google. com/mt? n＝404&v＝w2t. 34&x＝?&y＝? &zoom＝?。

其中，参数 v 表示图源数据版本，参数 zoom 为缩放倍数，其取值范围为 0～17，x 表示经度方向图片编号，y 表示纬度方向图片编号，x、y 的取值范围则为 $0 \sim 2^{17} - zoom - 1$，参数 t 是 "QRST" 4 个字符排列而成的字符串，表示卫星地图图片编号。

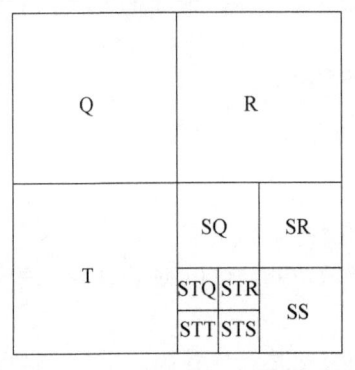

为了能够有效地检索这些数量庞大的卫星影像切片数据，按照四叉树的模式对每块小切片进行编码索引，Google Maps 采用 "QRTS" 这 4 个字母进行索引编码（图 17-25）。

Google 地图在 zoom 等于 17 时，全球就为一个 256×256 的图片，它的中心纬度为（0，0），t 值为 "t"，x 值为 0，y 值为 0；当 zoom＝16 时裂化为 4 块，每块的编号为：左上 t＝"tq"，x＝0，y＝0；右上 t＝"tr"，x＝1，y＝0；右下 t＝"ts"，x＝0，y＝1；左下 t＝"tt"，x＝1，y＝1。依此类推，每放大一倍，每一小块都分裂为 4 块，卫星图片从左上到右下顺时针按 "" 编号，分裂后的图块编码为分裂前的编号加上小块的编号。

图 17-25 Google Maps 四叉树编码示意图

（2）Ajax 技术

Google Maps 能以极快的响应速度响应用户的请求，其中主要的原因有两个，一是上面阐述的将全球的影像数据预先分片而不是动态产生用户请求的数据；二是采用了基于异步模式的 Ajax 机制。

Ajax 技术改变了传统的客户机端与服务器端进行交互的方式，使用户在浏览 Web 页面时，无须等待数据刷新所带来的白屏界面，而是继续执行其他操作，所有的数据处理在后台由 Ajax 引擎进行执行。

（3）Google Maps API

为了使 Google 地图服务得到更广泛的应用，2005 年 6 月 29 日，Google 对外提供了便于二次开发的开放式地图服务应用程序接口（Google Maps API），允许开发者在程序中嵌入 Google Maps 强大功能。

Google Maps API 按照其具有的功能分为两部分，一部分为地图显示功能，如 GMap2、GPoint、GIcon、GLatLng 等；另一部分为 API 的扩展功能，如想开发自己的控件、标注和地图类型等，类或函数包括 GControl、GMapPane、GMapType、GOverlay 等。

要想使用 Google Maps API，首先需要从 Google 那里申请一个相应的 API Key，其 URL 网址为 http：//www.google.com/apis/maps/signup.html。注册时，需要提供网站的 URL，而且每个不同的 URL 都必须申请一个专门的 API Key。当申请到 API Key 之后，开发者只需使用 JavaScript 脚本语言就可以轻松地将 Google Maps 服务衔接到自己的网站中。此外，还可以自主地在地图上制作标记或者信息窗口，包括图标和黄页等类型的信息框。

17.4.5 地图服务的优点和不足

1. 传统地图服务技术的优点和不足

传统地图服务技术的优点是：

由于地图既是研究手段，也是研究成果的表达形式，因此传统地图服务技术把原汁原味的地图产品传达给了用户，使用户在获取了地图信息的同时，也通过专题地图得到了与地理研究深度相适应的知识。

传统地图服务技术的不足如下：

1）服务产品较为固定和单一，不能满足用户的个性化需求；

2）数据格式不统一，不便于叠加使用。

2. 网络地图服务技术的优点和不足

（1）传统 Web 地图服务

传统 Web 地图服务技术构建的网络地图服务系统，具有很好的灵活性，使 Web 页面具有动态和跳跃的特征，扩展能力强，可以充分利用客户机/服务器体系结构的优势。客户机端的地图服务应用软件功能较强，除了在地图显示方面有诸如图形缩放、移动、开窗选取、删除、拷贝等基本功能外，还增加了地图编辑和地图整饰功能，用户可以根据自己的需要对地图数据进行着色、符号化和地图设计等处理，用户的自主性较大。

传统 Web 地图服务技术的不足如下：

1）现有的网络浏览器不能读取矢量图形数据，矢量图形数据在网络上传输要先在服务器端转换为栅格图像格式，如 GIF、JPEG、BMP 等，这样的转换使图形数据量成倍增大，致使数据远程传输负担加重。

2）传统 GIS 的数据类型与 Internet 现有的数据类型相距甚远，矢量图形数据与其属性数据的对应关系、关联关系十分复杂，在浏览器上实现原有的许多操作将非常困难，尤其是空间拓扑关系是隐式表示的，对其的许多操作在网络浏览器上实现也是复杂和困难的。

3）ActiveX 需要下载和安装，占用一定的存储空间，而且 ActiveX 组件与平台和操作系统有关，难以脱离操作系统和相关平台而独立。另外，不同的 GIS 数据需要不同的 ActiveX 控件支持。

（2）基于 Web Service 的地图服务

1）封装性：将地图数据访问、处理和分析功能封装为 Web 服务。

2）接口一致性：允许异构系统以相同的方式进行互操作。不同系统不需要统一的运行平台支持，可以使用不同开发语言（C++、Java、C#等）和开发工具调用以 Web 服务形式封装的功能。

3）网络级复用性：Web Service 是 Internet 级地理信息服务应用构件，是可重用的可编单元，任何可以理解 XML 和通过标准的网络（LAN/WAN/Internet）连接的应用程序都可以使用 Web Service，这包括普通的桌面应用程序，Web 页面甚至是具有网络功能的手机等。

4）可伸缩性：相对于传统的 Web 地图服务实现技术而言，把地图服务包装成单独的 Web Service，可以使 Web 服务器和 Web Service 服务器分开部署到不同的服务器，大大提高了系统的可重性，一个 Web 服务器可以同时调用多个 Web Service 地图服务的功能。

17.5　地理信息辅助决策服务

17.5.1　地理信息辅助决策服务的定义和内涵

决策支持系统（decision support system，DSS）是 20 世纪 70 年代提出的新型计算机技术，并从 80 年代迅速发展起来。DSS 以管理科学、计算机科学、行为控制论为基础，将数据、知识和模型有机地结合起来，通过人机对话进行分析、比较和判断，从而为决策者迅速准确地提供科学的决策依据和辅助信息。

DSS 是管理信息系统（MIS）向更高一级发展而产生的先进信息管理系统。它为决策者提供分析问题、建立模型、模拟决策过程和方案的环境，调用各种信息资源和分析工具，帮助决策者提高决策水平和质量。DSS 及其相关技术作为人们管理决策的辅助工具，得到了异乎寻常的迅猛发展。目前已成为引人注目的一门信息应用技术，被应用到农业、电力、金融和军事等各个领域，产生了极大的社会效益和经济效益。

随着计算机技术、通信技术以及互联网技术的飞速发展，社会信息化进程逐渐加快，政府机构的信息化范围日益拓广，程度日益加深。地理信息技术作为政府部门电子政务建设的一部分，是各级政府进行业务管理和宏观分析决策的重要辅助工具，在国民经济管理、防灾抗灾和政务信息管理方面发挥着重要作用。为应对这一局面，必须建设网络环境下的空间辅助决策系统软件支撑平台，将地理信息系统技术与决策支持系统技术紧密集成，为政府部门提供以空间数据为基础的综合信息服务和辅助决策服务。

地理信息系统是采集、存储、管理、分析、描述和应用地理信息的计算机系统，其最显著的特点是提供了许多模型工具支持空间分析与决策制定。

基于地理信息技术的辅助决策支持技术是一种专门用于综合分析和处理各种地理数据，并进行相关的信息管理、决策支持的有力工具。它不仅可以高效地处理空间数据，而且还可以把数据库、知识库、模型库和推理逻辑等关联起来，特别适合于建立制定对策的智能决策系统。

基于地理信息技术的辅助决策系统将决策支持系统架构在空间数据和地理信息系统技术基础之上，实现空间数据与决策支持模型的无缝整合，从而为系统用户提供直观、可视化、智能化的信息和决策支持。

17.5.2 地理信息辅助决策服务的研究意义

地理信息系统是基于计算机技术和网络通信技术，解决与地球空间信息有关的数据获取、存储、传输、管理、分析与应用等问题的空间信息系统。其技术优势在于它集地理（地球）数据采集、存储、管理、分析、三维可视化显示与输入于一体的数据流程，在于它具有独特的空间数据分析能力，并可以进行数据综合和地理模拟，且可靠性高、适应性强，能够满足辅助决策管理系统涉及多领域、多学科、多种高新技术、数据量大等复杂性的要求。

地理信息技术是在计算机硬件、软件系统支持下，对整个或部分地球表层（包括大气层）空间中的有关地理分布数据进行采集、存储、管理、运算、分析、显示和描述的技术系统。其处理和管理的对象是多种地理空间实体数据及其关系，包括空间定位数据、图形数据、遥感图像数据以及属性数据等，用于分析和处理在一定地理区域内分布的各种现象和过程，解决复杂的规划、决策和管理问题。

地理信息技术的博才取胜和运筹帷幄的优势，使它成为与空间信息有关的各行各业的基本工具，也成为国家宏观决策和区域多目标开发的重要技术工具。地理信息技术已被广泛地应用于防灾抗灾、场地选址、犯罪分析等多种辅助决策系统中。

一般来说，空间决策支持系统（spatial decision support system，SDSS）能帮助

决策者从错综复杂、扑朔迷离的现象中抓住本质、理清头绪、明确自己的主要任务和目标；自主、灵活地生成各种解决问题的方案，研究和比较它们的利弊与矛盾，进而找出切实可行的解决办法，采取相应的措施与行动。

17.5.3 地理信息辅助决策服务的原理、结构和过程

基于地理信息技术的辅助决策服务，以决策主题为重心，以地理信息技术、互联网搜索技术、信息智能处理技术和自然语言处理技术为基础，构建决策主题研究相关知识库、政策分析模型库和情报研究方法库，建设并不断完善辅助决策系统，为决策主题提供全方位、多层次的决策支持和知识服务。为行业研究机构以及政府部门提供决策依据，起到帮助、协助和辅助决策者的目的（图7-26和图7-27）。

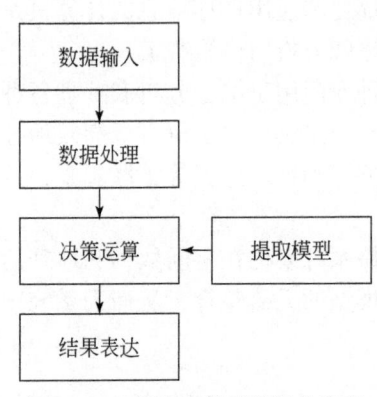

图 17-26 辅助决策系统操作流程

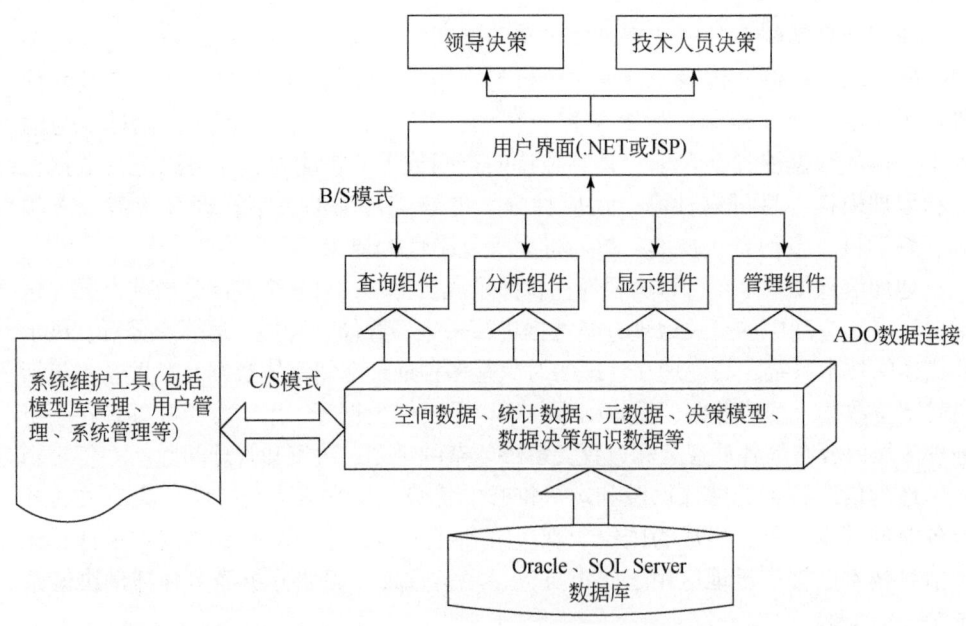

图 17-27 辅助决策系统体系结构

17.5.4　地理信息辅助决策服务的案例

案例：基于（C/S）河北省邯郸市公安局地理信息决策支持系统

1. 系统概述

在公安防务系统中，地理信息系统的应用，给犯罪分析、安全防范、户籍管理、综合指挥等方面带来革命性的变化，大大提高了工作效率，强大的信息处理和直观的显示为决策提供强大的支持，是公安系统信息化管理的得力工具。

在当今社会高速发展，科技水平不断提高的同时，公安系统面临着许多新的课题和问题。例如，人口大量增长以及大量流动带来的问题、高科技犯罪的问题、跨地域协同问题等，急需信息分析、辅助决策全面解决方案。

MIS 系统可以处理数据库中的信息，以表、统计图等形式显示，但是 MIS 系统在数据的可视化方面有其局限性。慧图 TopMap 地理信息系统强大的可视化表现能力可以把各种分析结果以适当的形式，直观地显示在图上，使分析人员对各个方面的情况有一个全面的了解，统筹安排，提高了决策效率，减少了片面性，大大提高了现代化管理水平。

2. 系统结构

（1）决策指挥中心拓扑图

决策指挥中心拓扑图如图 17-28 所示。

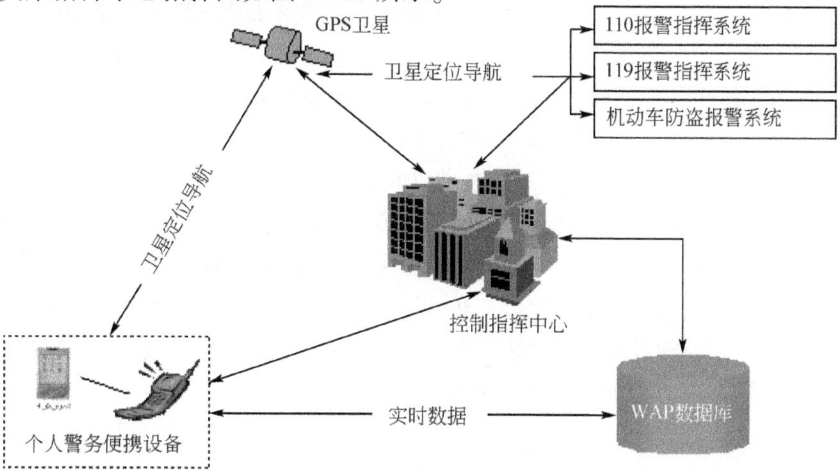

图 17-28　决策指挥中心拓扑图

(2) 系统拓扑图

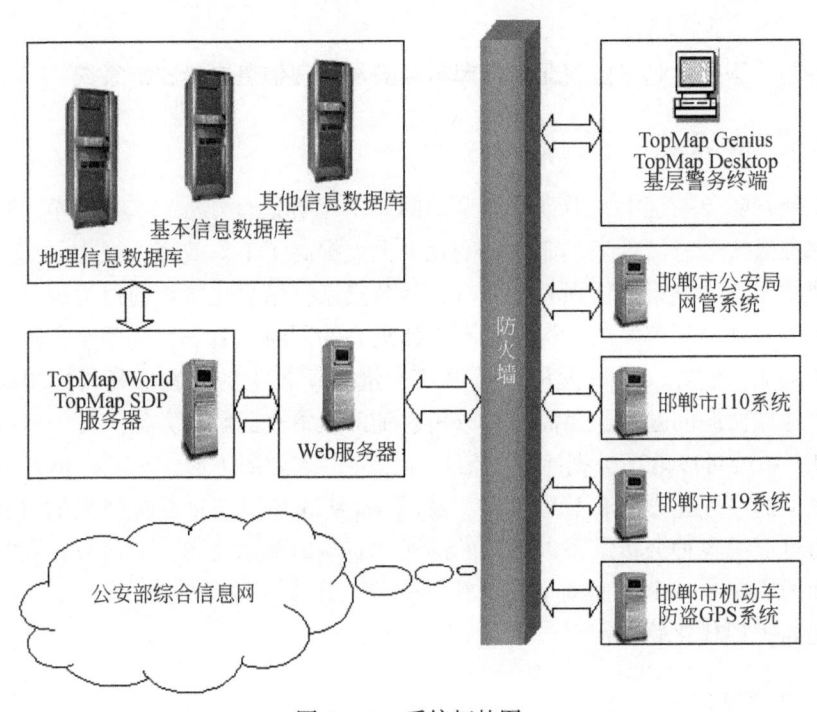

系统拓扑图如图 17-29 所示。

图 17-29 系统拓扑图

(3) 软件技术架构

系统软件由基于 C/S 和 B/S 结合框架实现，技术框架图如图 17-30 所示。

系统分为三个逻辑层次：

1) 数据服务层：主要由警务数据库和电子地图组成，警务数据库使用 MS SQL Server 平台，电子地图使用 TopMap 格式电子地图。

2) 应用服务层：TopMap SDP 提供空间数据访问接口，为 TopMap ActiveX 和 TopMap World 提供电子地图数据的访问通道，TopMap ActiveX 运行在客户机上，提供 GIS 分析功能；TopMap World 运行在 IIS 服务器上，提供 WebGIS 分析服务。

3) 人机交互层：提供两种形式的客户端界面，一种是安装 TopMap ActiveX 的客户端软件，一种是基于 IE 浏览器的 Web 界面，无需安装客户端软件。前者主要处理数据分析和管理，后者主要实现 WebGIS 发布。

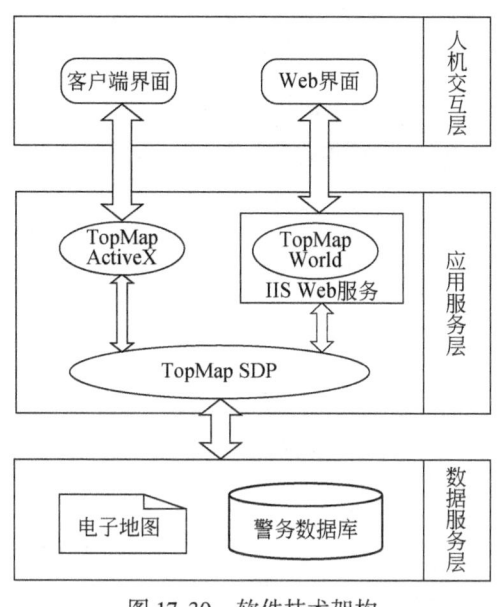

图 17-30　软件技术架构

3. 系统功能

河北省邯郸市公安局地理信息决策支持系统主要提供如下功能：灵活多样的综合信息查询；户籍管理；场所管理；快速、准确警情定位；警力实时联合调度；警员合理分布与管理；犯罪分析；GPS 跟踪与监测；部门间信息共享与实时交换；警务管理；办公一体化；公共信息对外发布。

（1）灵活多样的综合信息查询

可将公安职能所管理控制的社会信息（包括人口、场所、案件、时间等）与地理信息相关联并有机地结合成一体。显示"110"报警点的地理位置；警力分布、商场分布、娱乐场所分布、人口分布、事件分布、警卫路线部署和巡逻点、线、面的覆盖等；可进行分类查询、名称模糊查询、选区查询，以列表和地图标记的方式显示（图 17-31），是公安指挥调度、决策分析的辅助工具。

（2）户籍管理

建立户籍、人口管理的地理信息系统，在警区防务图上显示常住人口、暂住人口、重点人口等基本信息，同时也可将各区各类人口密度、各类人口基本信息的统计分析结果显示在警区防务图上，以便为警事行动、公共设施、医疗机构等的配置提供决策依据，更有效地管理和服务于大众（图 17-32）。

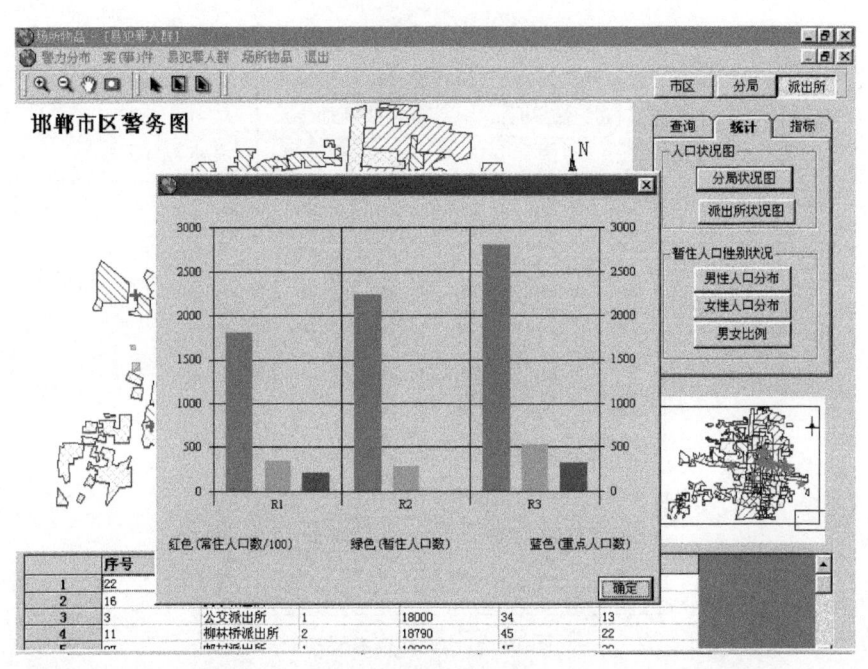

图 17-31 信息查询

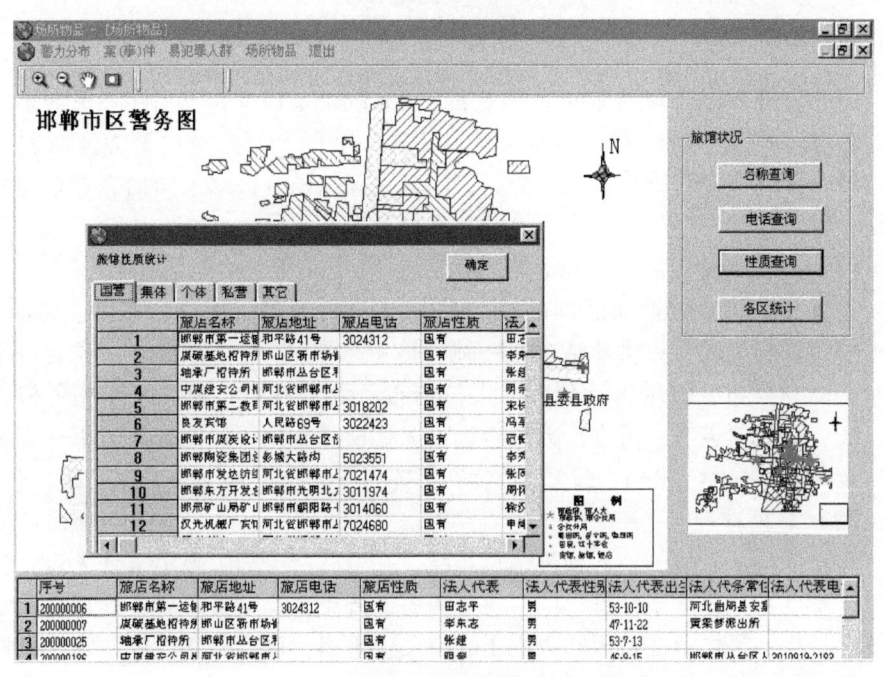

图 17-32 户籍管理

第 17 章 | 地理信息服务技术

（3）场所管理

随着经济的发展，城市外来人口的增加，给房屋出租、旅店、卡拉 OK 厅、饭店、美容美发、洗浴桑拿、车站、银行网点及金库等场所的管理带来了新的要求。这些场所的基本信息利用慧图地理信息系统可以很好地显示在地图上，并可以将场所的三维图像放到电子地图上，供警事调动、管理分析、决策使用（图17-33）。

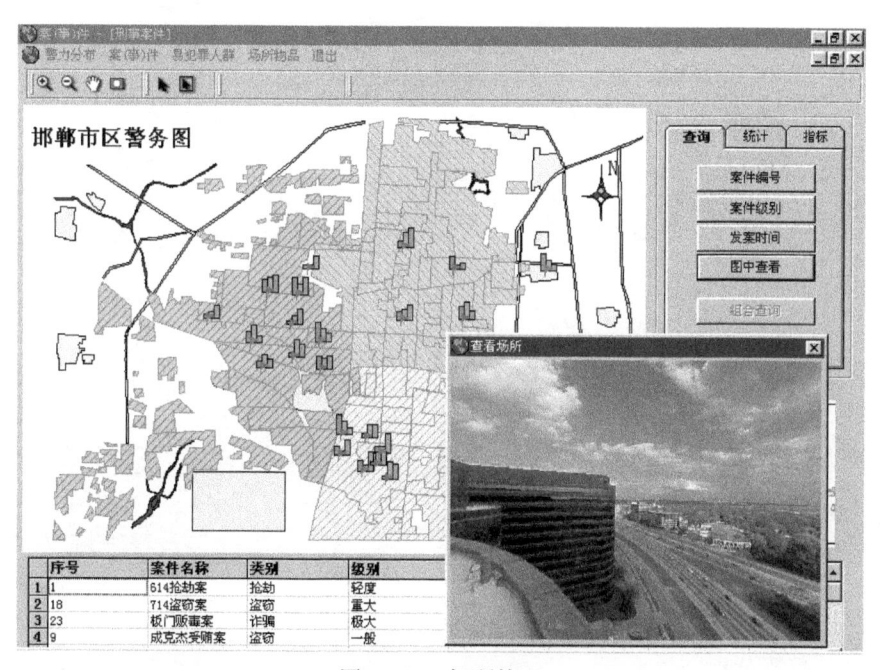

图 17-33　场所管理

（4）快速、准确警情定位

根据报警电话确定案发地点，在一些情况下用户不能提供准确位置，可以在地图上根据附近地物，利用慧图地理信息系统进行联合查询，确定位置。

（5）警力实时联合调度

确定案发地点后，判断辖区和显示附近警力，根据堵截半径显示堵截路口、预案调度等，辅助处警决策，快速下发警情，联合调度附近警力应对案件。

（6）警员合理分布与管理

慧图地理信息系统可以处理一个全方位的视觉和统计分析系统，该系统能够打破区域界限进行调查，突出显示犯罪集中区域。这一功能可以帮助有关部门掌握犯罪事件多发地区的发展变化及其原因。这样新的防范策略，如对犯罪事件集中地区分配额外警员，可以很快被制定并且实施。罪犯不会在意治安管区的界限，利用慧图地理信息系统可以跨越这些人为界限，对整个区域进行调查分析，统计全区域内的不同性质、不同频度的犯罪活动，掌握犯罪活动规律和地区分布，打破各辖区地理分隔，合理安排警员（图17-34）。

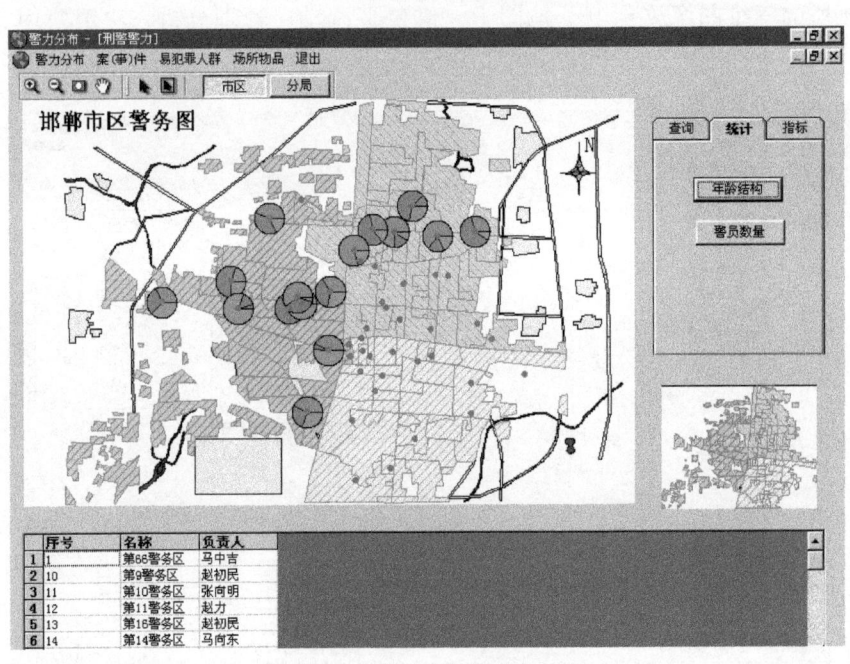

图17-34 警员合理分布与管理

（7）犯罪分析

慧图地理信息系统可以统一管理地图、数据库、多媒体资料（如拘捕报告、伤亡报告、法庭记录、罪犯照片等资料），根据一定条件如作案凶器、作案手法、作案时间等，很快检索出某一类型的罪犯；这在过去，尽管使用了普通地图和主框架结构，要寻找一系列不同犯罪类型的共性如作案工具，即使是最优秀，最有经验的分析人员也难做出决定。普通地图仅仅显示出了犯罪地点，缺乏类似于作案方式、作案时间等犯罪属性的信息。慧图地理信息系统空间信息和属性信息的结合使其可以成为全面的犯罪分析工具。

17.5.5 地理信息辅助决策服务的优点和不足

地理信息的辅助决策服务能够充分发挥GIS的可视化、空间分析和人工智能等强大功能，为决策支持系统提供了有效的技术途径。其中，多模式认知、多模型决策、基于案例推理和规则推理集成是该系统的优势。

地理信息辅助决策服务的不足如下：

1）开发成本较高，开发周期较长；

2）受开发技术限制，系统功能不够灵活；

3）系统占用较多的计算机资源，系统运行效率比较低；

4）知识获取是辅助决策的专家系统的一个"瓶颈"，不能只以人工方式从领域专家和有关技术文献中获取，难度很大。

第 18 章　地理信息网格技术

18.1　地理信息网格技术概要

当今社会信息技术飞速发展，尤其是空间信息获取与处理技术发生着日新月异的变化。但随着空间信息资源以几何级数的速度翻番增加，这些空间信息资源在地理上分布于不同地点，由不同主体所占有的状况出现，信息利用率不高的矛盾越来越突出。同时，空间信息的处理技术（硬件和软件）发展速度极快，能力也越来越强，同样面临着利用率不高的矛盾。针对这种日益突出的矛盾，世界各国都在研究最大限度地挖掘现有空间信息资源的潜力和共享能力，实现空间信息资源共享的新一代的综合集成基础设施——空间信息网格及其相关技术。该技术是当今世界信息技术的研究热点，也是信息技术的前沿课题，世界各国政府和信息领域的软硬件开发商都在投入巨大的人力物力进行开发研究。

"网格"代表了新一代的网络技术发展方向，万维网（world wide web）将升华为网格（great global grid）。网格是一种新兴的基础设施，它将从根本上改变我们思考和使用计算的方式。从技术的演进来看，网格本身是从电力网格（electric power grid）中借鉴过来的一个概念，用于表述在高端科学和工程上分布式计算的一种基础构造形式，原本是希望计算力和计算资源能够像电力一样，"打开电源开关就可以使用"，不用去关心是谁、如何提供的这些服务（图18-1）。早在1969年，Len Kleinrock 就曾提出：我们将看到计算机装置的广泛传播，这种装置就像现在的电器和电话，能在全国的家庭和办公室中即插即用。

早在20世纪60年代，网格的概念就已被详细阐述过，但是直到90年代 Ian Foster 等网格的先驱们才给出了网格的具体形式。在1998年出版的《网格：一种新的计算基础设施蓝图》一书中，Ian Foster 和 Carl Kesselman 就尝试着给网格下定义：一个计算网格是一个硬件和软件基础设施，此基础设施提供对高端计算能力可靠的、一致的、普遍的和不昂贵的接入（Foster and Kesslman, 1998）。在2000年的一篇题为《网格剖析》的文章中，Ian Foster 和 Steve Tuecke 指出，网格计算关心的是：在动态的、多机构的虚拟组织中协调资源共享和协同解决问题。其核心概念是：在一组参与节点（资源提供者和消费者）中协商资源共享管理的能力，利用协商得到的资源池共同解决一些问题。关心的共享主要不在于

第 18 章 | 地理信息网格技术

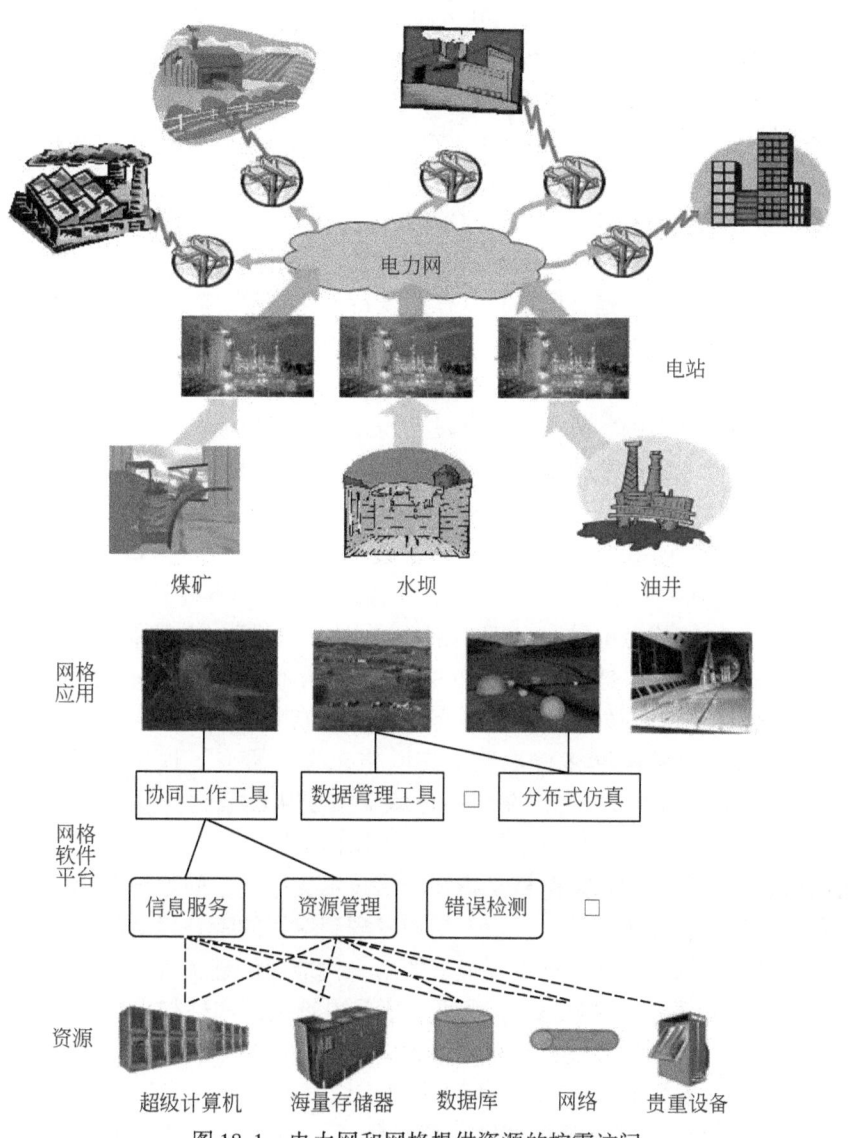

图 18-1 电力网和网格提供资源的按需访问

文件交换，而在于对计算机、软件、数据和其他资源的直接接入使用，这是工业界、科学界、机械界中大量出现的协同解决问题和资源代理策略的需要。这种共享必须被高度控制，资源提供者和消费者要清晰和详细的定义哪些资源可被共享，谁可享用这些资源，以及共享发生的条件。用这样的共享规则定义的一组个人和机构，称之为虚拟组织（Foster，2002）。五层沙漏结构和开放网格服务结构

OGSA 是网格的两种重要的结构。五层沙漏结构最重要的思想就是以"协议"为中心，以服务、API（application programming interface）和 SDK（software development kist）为辅，包括构造层、连接层、资源层、汇聚层、应用层。开放网格服务结构（open grid services architecture，OGSA）是 Global Grid Forum 4 的重要标准建议，是继五层沙漏结构之后最重要、也是目前最新的一种网格体系结构，被称为下一代网格结构。构造 OGSA 包括两大支撑技术，即网格技术（即 Globus 软件包）和网格服务（Web service）技术。

地理信息网格技术是在网格技术体系支持下，构建空间信息网格计算环境和空间信息服务体系的技术系统。网格（grid）GIS 是利用现有的网格技术、空间信息基础设施、空间信息网络协议规范，形成一个虚拟的空间信息管理与处理环境，将空间地理分布的、异构的各种设备与系统进行集成，为用户提供一体化的空间信息应用服务的智能化信息平台。网格 GIS 为空间信息用户对空间数据进行信息获取、共享、访问、分析和处理提供技术支持，为空间信息应用提供一个强大的空间数据管理和信息处理的基础设施，确保任何空间信息请求事件（anyevent）、在任何时候（anytime）、在任何地点（anywhere）、任何有权限的用户（anyone）之间信息的共享，即实现所谓的 4A 目标。空间信息网格（spatial information grid，SIG）是一种汇集和共享地理上分布的海量空间信息资源，对其进行一体化组织与协同处理，从而具有按需服务能力的空间信息基础设施。李德仁院士从近年来兴起的网格技术和信息网格出发，研究了地球空间信息（geo-spatial information）领域中如何在网格环境下实现从数据到信息再到知识的升华以及基于网格的空间信息服务，提出广义空间信息网格和狭义空间信息网格两个层次的概念。广义空间信息网格是指在网格技术支撑下空间数据获取、更新、传输、存储、处理、分析、信息提取、知识发现到应用的新一代空间信息系统。狭义空间信息网格则指在网格计算环境下的新一代地理信息系统，是广义空间信息网格的一个组成部分。"网格式"地理信息系统是利用网格技术将多台地理信息服务器构建成一个网格环境，利用网格中间件提供的基础设施，实现地理信息服务器的网格调度、负载均衡和快速的地理信息服务。地理信息服务的网格化技术，能解决安全性、信息基础架构、资源管理、通信、错误检测和移植性等问题。基于网格服务，用户可以利用不同节点的数据、不同机构的计算程序或软件，在网格中进行管理、存储、分析和输出。

地理信息网格实际上是网格技术在地理信息领域的一种体现形式，地理信息网格将一切与地理位置有关的信息用数字的形式进行描述并存储为丰富的资源，并通过网络进行共享。其具有分布性、基础性、共享性和综合性。地理信息网格是空间信息获取、处理、共享的基本技术框架。建立异构分布式、智能化的空间

第 18 章 | 地理信息网格技术

信息网格计算环境，就是实现异构网络环境下的跨平台计算，支持分布式用户的并发请求并实现最优资源调度，实现网络环境下的多级分布式协同工作机制。地理信息网格可以分为三个基本层次：数据资源层、网格服务层和应用层，如图18-2 所示（任建武，2003）。

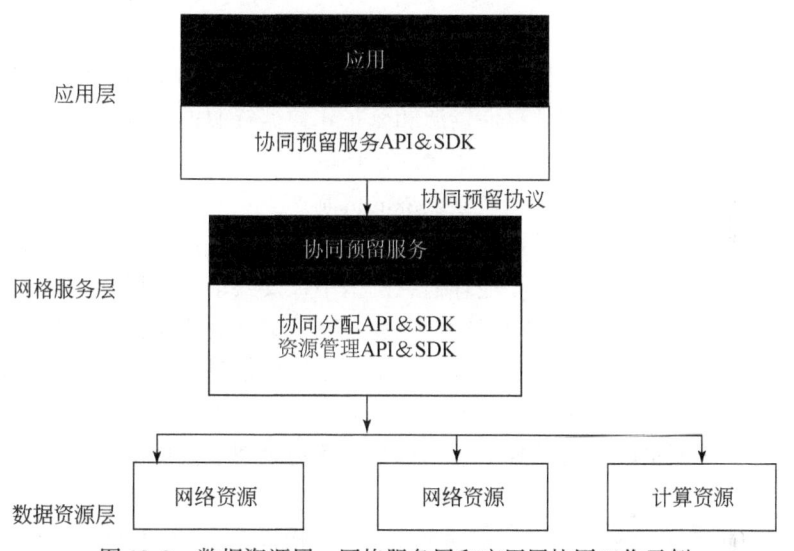

图 18-2　数据资源层、网格服务层和应用层协同工作示例

基于网格技术的地理信息网格应该包括以下三大关键技术：①地理信息网格的资源定位、绑定和调度技术（数据资源层）；②地理信息网格的空间信息在线分析处理技术（网格服务层）；③地理信息网格的智能化信息共享与服务技术（应用层）。

目前，网格技术已经在地学领域得到应用，如美国的地球系统网格项目，这是由阿贡国家实验室（Argonne National Laboratory）等五个国家实验室的科学家联合承担的。主要目标是解决全球地球系统模型分析和发现所面临的巨大挑战，为下一代全球变化研究提供一个无缝的强大的虚拟协同环境。中国国家网格已开始支持科学研究、资源环境、制造业和服务业等 11 个行业应用，具体包括资源环境网格、航空制造网格、气象网格、科学数据网格、新药研发网格、森林资源与林业生态工程网格、生物信息网格、教育网格、城市交通信息服务网格、仿真应用网格、油气地震勘探应用网格等。

18.2 地理信息网格的资源定位、绑定和调度技术

18.2.1 地理信息网格的资源定位、绑定和调度技术的定义和内涵

地理信息网格的资源定位、绑定和调度技术主要针对的是数据资源层,数据网格是网格环境下共享、管理存储资源和分布式数据资源的大规模、可扩展的框架结构,它能够适应数据密集型应用对网格环境下数据共享和处理的需要,并为用户提供了透明访问的远程异构数据资源的机制。

随着地理信息数据采集手段的多元化,每时每刻都能通过天、空、地的各种传感器获取到海量的地理数据,地理信息网格不仅要共享在不同地理位置的异构数据,同时还把各种仪器设备和计算资源通过"虚拟化"也共享起来。因此,地理信息网格的资源定位、绑定和调度技术就是地理信息网格按照统一集成、描述和发现规范去主动发现可用的资源,并注册、绑定、管理这些资源的过程,以及如何充分利用网格收集的计算资源进行高效率地合理地使用调度。

18.2.2 地理信息网格的资源定位、绑定和调度技术的研究意义

地理学是具有综合性、区域性特点的学科,单打独斗是不可能完成对地学现象的全面认识和研究的。基于网格平台,众多的地理相关工作者可以按照一定的标准模式,发布各自的数据。为了更好地便于数据存储、管理和共享,需要提供一种基于网格的资源定位、绑定和调度技术。具体来说包括存储系统及数据管理两大功能。存储系统的功能主要是为存储在存储系统上的数据提供一个基本的访问和管理机制,提供给用户一个统一的数据建立、删除、访问以及修改等操作的抽象,因此用户不必关心存储介质的异构性和它们的物理位置。而数据管理是对所存储的数据进行管理,包括数据的传送、访问和复制等操作。数据网格的内容实际上包括了现有各种数据库及其数据存储、管理的内容,而且包含联邦数据库(federal database)的内容。

18.2.3 地理信息网格的资源定位、绑定和调度技术的原理、结构和过程

地理信息网格的资源定位、绑定和调度技术,简单地说就是把各种地理信息数据、程序、计算机、仪器设备等按照一定标准规范抽象成网格服务,发布到网

第18章 地理信息网格技术

格上，实现互连、互通、互操作。这个标准规范被称为 UDDI，即统一集成、描述和发现规范。UDDI 注册中心是地理信息服务注册、用户集中管理的地方，是联系地理信息服务和地理信息应用的纽带。地理信息服务节点到 UDDI 注册中心进行服务的注册、登记，地理信息用户通过 UDDI 注册中心获取所需求的地理信息服务的基本信息与技术细节信息，再通过对地理信息服务的绑定得到地理信息服务和产品。

图 18-3 示意了资源管理中间件的实现及流程。不同用户可拥有不同的权限。用户在登录网格计算系统后，可以将其资源声明为共享资源（分为局部性共享资源与全局性共享资源），同时在资源中心处进行资源注册，其资源描述语言（resources description language，RDL）是资源查询的重要机制与依据，需要符合一定的语言描述规范，一般采用 XML 格式或其扩展形式。资源注册中心的资源是按层次结构目录组织的资源管理机制与索引服务结合的形式，即二者相结合以管理分布式的任务、计算资源及其他的各种资源，这样可以方便地对任务进行查询和控制，方便不同应用的信息交流，同时为不同地理位置的计算机系统之间的任务迁移、任务调度、负载平衡提供技术支持。

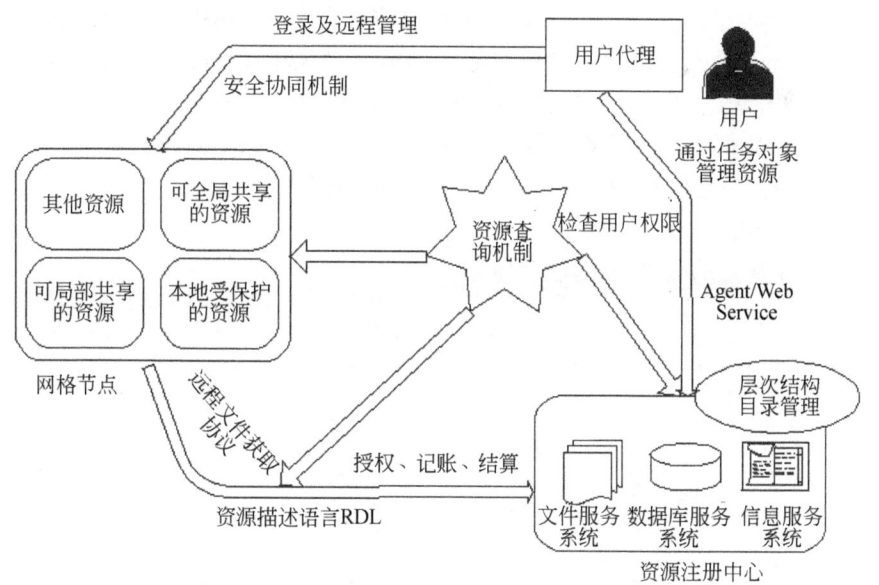

图 18-3　资源管理中间件的实现及流程

网格的任务调度是一个关键技术，GT4 是 Globus 联盟开发的一套 Globus 工具包（Globus Toolkit），符合 WSRF 规范，基于 Web Services，从而便利了网格中间件的开发，如图 18-4 所示。

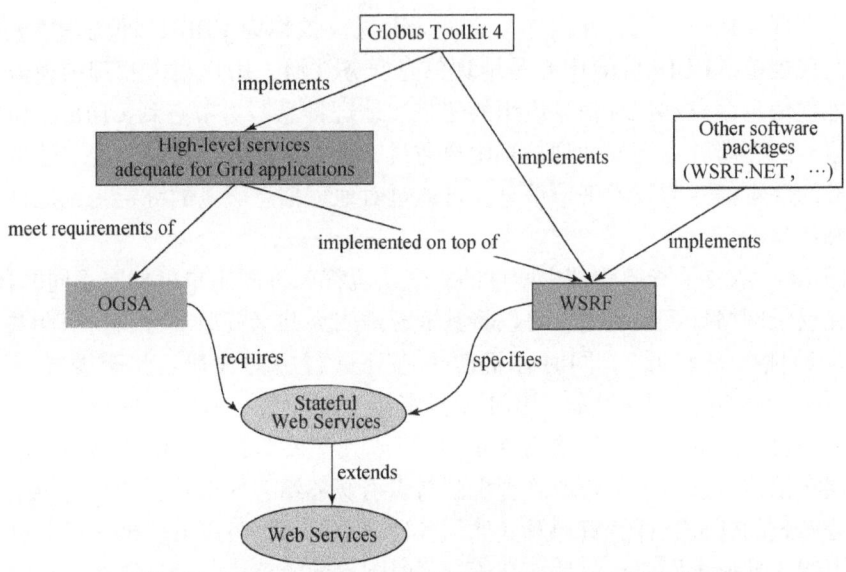

图 18-4 OGSA、GT4、WSRF 和 Web Services 之间的关系

Globus ToolKit 4 还包含一套以简单对象访问协议（SOAP）、轻目录访问协议（LDAP）、统一集成、描述和发现规范（UDDI）为基础的资源管理和发现服务，能够获取动态变化的信息（包括 CPU 状态、内存状态、网络占用情况、磁盘剩余信息等）。我们将这些信息数据生成 XML，以元数据的形式呈现出来，然后用我们设计的算法调用元数据，生成染色体序列。运算完成后按照产生的调度序列对任务进行调度。

图 18-5 描述的是 Web 的服务体系。

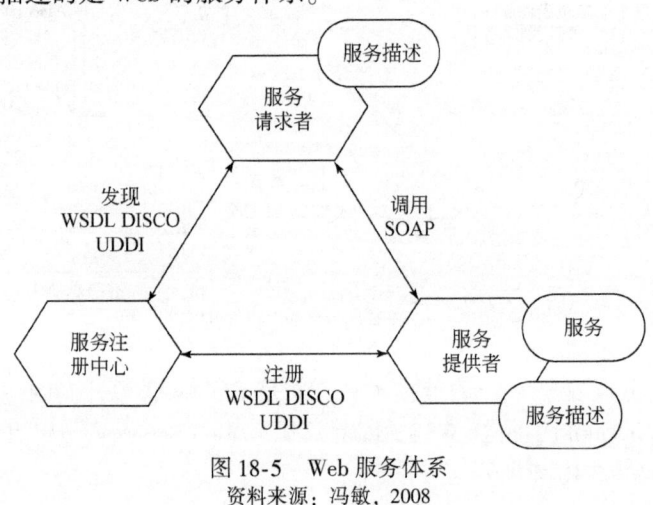

图 18-5 Web 服务体系
资料来源：冯敏，2008

18.2.4　地理信息网格的资源定位、绑定和调度技术的案例

地理信息网格的资源定位、绑定和调度技术的案例为中国科学院地理科学与资源研究所陈荣国领导的团队研发的空间信息网格服务自动生成系统。

目前业内对空间信息服务的性能要求日益增高，利用网格计算最新技术整合 GIS 服务，将空间数据节点构成虚拟组织，能够有效地满足快速膨胀的空间数据分布式存储和访问，真正地实现异构操作和海量数据传输。

1. 空间信息服务网格化

系统利用最新网格框架 WSRF 对 OGC 服务进行改进，为空间信息服务增加状态属性，实现地图操作业务的长效持久机制。系统以网格服务形式实现 OGC 服务接口中的操作（图 18-6）。

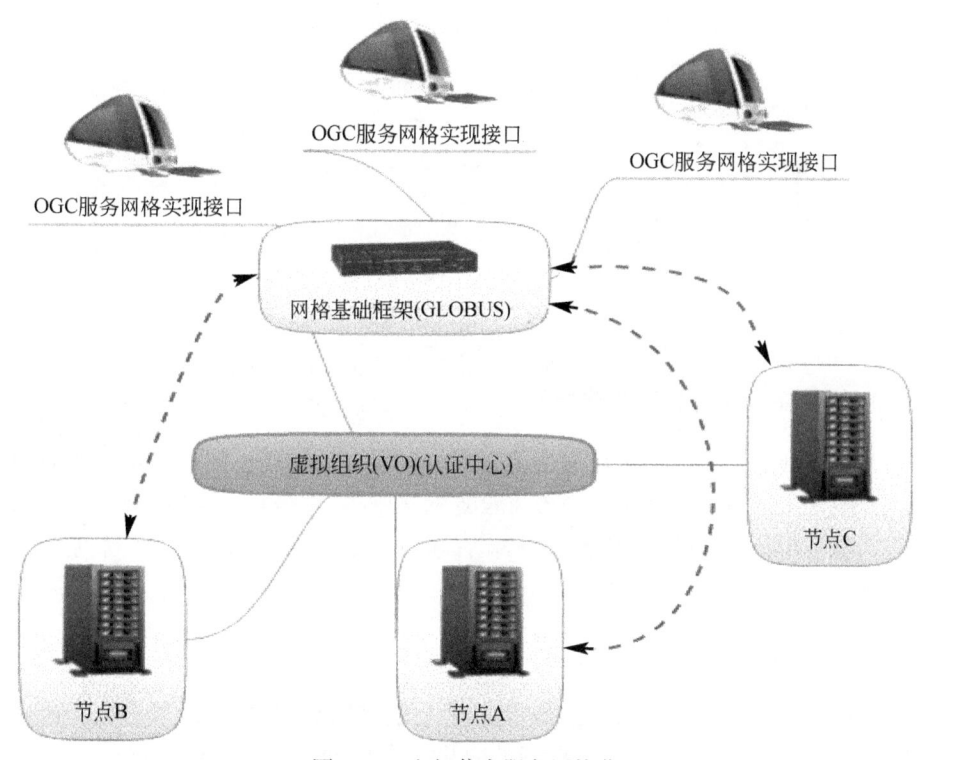

图 18-6　空间信息服务网格化

2. 网格资源监控与发现

系统构建虚拟组织，利用 MDS（monitor and discover system）对服务进行注册管理和资源发现。虚拟组织节点中运行索引服务，将本节点的所有已发布服务进行注册，然后将各节点索引服务注册到 MDS 实现统一的管理和发现（图 18-7）。

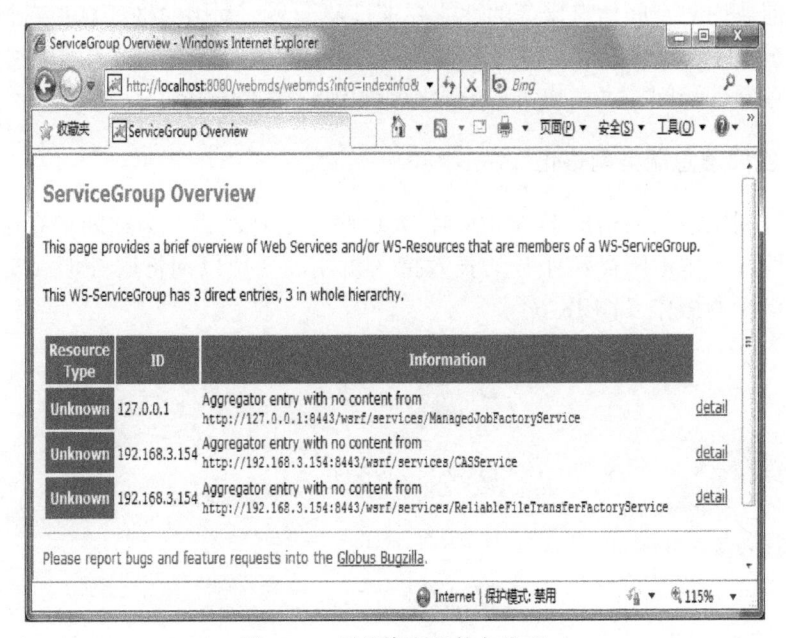

图 18-7　网格资源监控与发现

3. 网格空间服务自动生成框架

为避免底层操作，系统研制服务自动化模块。采用模板到代码相互映射的机制，开发人员通过简单添加参数即可设置网格服务的框架。该模块具有后置修改功能，修改框架会与原框架同步，最后通过部署引擎将服务部署到网格容器（图 18-8）。

4. 试验成果

在网格服务实现机制研究的基础上，利用自动化工具生成部署工具，通过对 OWS 服务的网格改良，收到了良好的效果。客户端用户能够以网格服务的形式调用网络地图、网络覆盖等服务，很好地实现跨平台操作（图 18-9）。

| 第 18 章 | 地理信息网格技术

图 18-8　网格空间服务自动生成框架

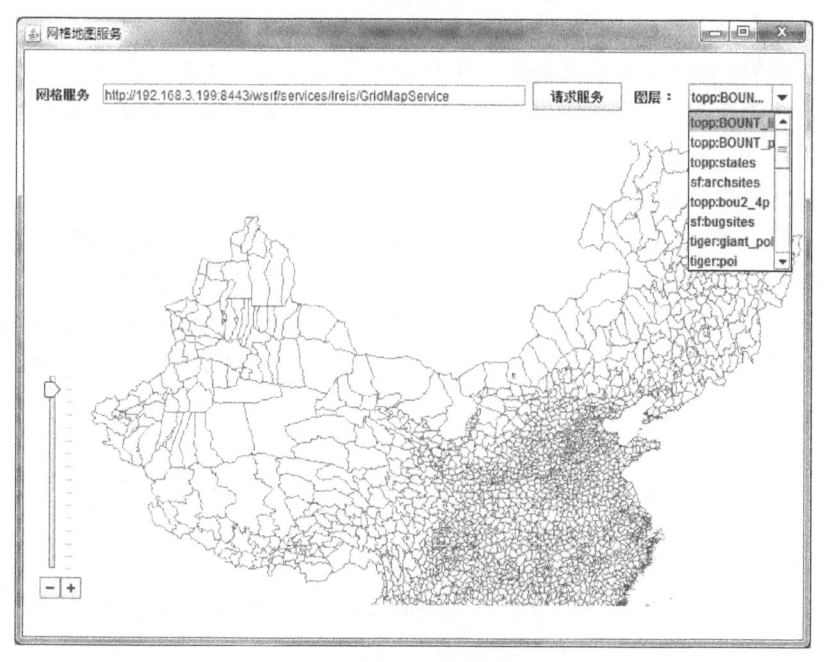

图 18-9　网格空间服务试验结果

18.2.5　地理信息网格的资源定位、绑定和调度技术的优点和不足

网格是一种基础设施，资源共享是它的基本特征，而网格计算是在多个机构组成的动态虚拟组织间实现协作式资源共享和问题求解。地理信息网格的资源定位、绑定和调度技术的优点如下：

1）实现了信息互连、互通、互操作，按需提供资源。目前常规的地理信息系统多是提供大量的可视和不可视的数据和信息供用户自行选择、处理和使用，尚无法实现按需提供服务这一目标。其根源在于目前的系统尚没有完全整合有限的资源，没有实现信息互连、互通、互操作，形成了一个个孤立的"信息孤岛"。大区域空间地理数据的处理，数字城市、数字省（数字区域）的各类数据加工、气象预测等，都是数据密集型问题，网格技术可以在这类问题的求解中发挥无可替代的作用，建立网格可以开展许多以前无法进行的工作和研究。

2）节约人力物力、降低了成本。基于网格，可以调用网格上注册的共享数据，也可以调用计算资源和设备仪器等，大大节约了使用成本。利用网格，可以定位、绑定和调度地理上异构的各种资源，实现资源的共享与协同。

当然，目前来说，地理信息网格的资源定位、绑定和调度技术也有着它的不足，主要表现如下：

1）对使用者的技术要求较高，非专业人员操作还不方便。由于依赖于计算机技术，特别是网格中间件技术，目前地理信息网格的定位、绑定和调度技术操作还较为复杂。如何把目前主流地理信息系统和现有地理信息数据转换注册到网格平台还有待进一步研究和开发相关工具。

2）目前的资源定位、绑定和调度技术还在探索研究中，鲁棒性较差。数据网格的目的是能够共享异地分布的物理资源，如数据资源等。数据量过大、资源分布不集中、计算同步等问题的存在，以及在网格中，随时都会有节点的加入和退出，网格节点的资源状态可能时刻在改变，导致对网格定位、绑定和调度技术需要进一步完善。

18.3　地理信息网格的空间信息在线分析处理技术

18.3.1　地理信息网格的空间信息在线分析处理技术的定义和内涵

地理信息网格的空间信息在线分析处理技术针对的是网格服务层。网格服务

层实现与数据资源和应用无关的功能。网格服务层包括一系列协议和分布式计算软件，其屏蔽网格资源层中计算机的分布、异构特性，向数据网格应用层提供用户编程接口和相应的环境，提供更为专业化的服务和组件用于不同类型的网格数据应用，以支持网格应用的开发。网格计算是一种全新的软件结构，它能有效地组织大量的低成本的模块存储体和服务器创建一个虚拟的计算资源，透明地分布式地有效地利用这些资源，任何一个网格点均能共享存储、计算、数据库、基于位置的应用服务等功能。Web Service 是近年内兴起的技术，由于 Web Service 不依赖具体的实现方式，也不规定具体的运行环境，可以将已存在的软件实体封装成 Web Service，按照规定的标准描述其接口，即可进行服务发布。地理空间信息服务的发展不仅促进了数据共享与互操作的实现，而且为地理空间信息的"按需服务"提供了较大的选择集。地理信息网格的空间信息在线分析处理技术就是一种基于网格平台和符合网格服务规范的，用于空间信息在线分析处理服务发布和调用的技术。它一方面可以利用网格中的计算资源提高空间计算和分析的效率，另一方面可以调用网格上的地理信息数据。

18.3.2　地理信息网格的空间信息在线分析处理技术的研究意义

　　网格计算既包含实际的网络服务，又包括在网格中相互连接的大量的计算设备。早期网格主要集中在对高性能计算的研究，然而现在，许多领域的科学和工程计算，如高能物理、航空航天、地震工程、天体物理、生物信息学等，还需要协同、共享大量地域分布松散、资源异构的数据集，并且满足整体实时性。例如，CMS 物理学家访问他们的试验结果，这些由原子对撞产生的 TB 乃至 PB 的数据被分成不同的层次，分配到网格中的超级计算机。如何调度这些数据资源才能提高运算效率和可靠性呢？这就需要一种优良的调度算法。

　　从地理信息系统学科的发展历史来看，网格计算的思想有着久远的历史渊源。网格在地理学研究中有不同的意义，如网格（格网）地图、城市的网格化管理等。网格地图作为地图多种多样的表达方式之一，由来已久。公元 7 世纪，它起源于中国，18 世纪传播于欧洲，随着 19 世纪学科分化逐步推广应用于许多科学领域，渐成定式。网格计算则是近年来继 Internet II 之后的新浪潮，其方兴未艾，前程似锦。陈述彭院士认为，两者都是基于空间坐标系统来描述、分析虚拟区域地理现象的有效方法之一，如果能够推陈出新，优势互补，对于空间数据库群的建设，提高数据发掘的水平，开拓知识创新思路，不失为重要的技术开发途径之一。网格地图原是一种比较简单的地图类型。将制图区域按平面坐标或按地球经纬线划分网格，以网格为单元，描述或表达其中的属性分类、统计分级以及变化参数和虚拟现实，即在二维空间上表达动态时空变化的规律。其特点主要是人为地划分为大小不同的网格，替代多种多样的自然或行政区划界线。古代的格网地图，原本是为了适应于定位精度不高的粗略的地理分布现象，如裴秀的计里画方、元代的网格地理图等。它把空间的不确定性因素，控制在相应的尺度范围之内。这种特定的功能，如果现在把它延伸到数据融合中，以之作为定位精度、分类等级参差不齐的采样或统计数据的公用平台，可以用在区域综合分析、统计空间制图，以及数据挖掘、环境虚拟等方面。这是基于不同学科或专业，对地观测数据的定位精度缺乏统一的尺度，也是基于 Internet 时代海量数据压缩和地图数据的需求，也是综合科学自身发展的规律，即由低级的简单走向复杂，又由低级的复杂走向高级的简单这一螺旋式前进的进程。古老的网格地图将在今天网格计算的支持下，跃进到了信息时代的新阶段和新水平（陈述彭等，2004）。近年来推行的城市网格化依托统一的城市管理以及数字化的平台，将城市管理辖区按照一定的标准划分成为单元网格。通过加强对单元网格的部件和事件巡查，建立一种监督和处置互相分离的形式。对于政府来说的主要优势是政府能够主动发现，及时处理，加强政府对城市的管理能力和处理速度，将问题解决在居民投诉之前。

网格 GIS 则在地理信息服务中扮演着重要角色。从地理信息系统软件体系结构来看，GIS 系统软件的体系结构历经了单机单用户全封闭结构的时代、多机多用户引入商用数据库管理属性数据的时代和引入 Internet 技术，向以数据为中心过渡、完成组件化技术改造的时代发展，目前正在进入向新一代发展的交替阶段。

地理信息科学中海量的数据和庞大的观测系统，需要大量的计算和模拟来进行分析，地理信息网格技术正是地学工作者提高研究效率和精度的重要手段。地学工作者可以把模型、算法编写成空间信息的在线分析处理服务，一方面可以通过网格平台获得计算能力；另一方面使以往的地理信息共享和异构数据互操作的难题渐渐得以解决。从用户角度来说，不考虑数据和软件，只要考虑服务是否能够得到想要的结果，而且提供应用服务功能的软件都可以由不同的厂商提供。

18.3.3 地理信息网格的空间信息在线分析处理技术的原理、结构和过程

网络服务（Web Services）可以从多个角度来定义。从技术方面讲，一个 Web Services 是可以被 URI 识别的应用软件，其接口和绑定由 XML 描述和发现，并可与其他基于 XML 消息的应用程序交互。从功能角度讲，Web Services 是一种新型的 Web 应用程序，具有自包含、自描述以及模块化的特点，可以通过 Web

发布、查找和调用实现网络调用。具体而言，Web Services 应具有如下特性（杨涛和刘锦德，2004）：①可描述，可以通过一种服务描述语言来描述；②可发布，可以在注册中心注册其描述信息并发布；③可查找，通过向注册服务器发送查询请求可以找到满足查询条件的服务，获取服务的绑定信息；④可绑定，通过服务的描述信息可以生成可调用的服务实例或服务代理；⑤可调用，使用服务描述信息中的绑定细节可以实现服务的远程调用；⑥可组合，可以与其他服务组合在一起形成新的服务。

Web Services 技术是应用程序通过网络发布和利用软件服务的一种标准机制，利用 Web Services 我们可以方便地实现不同系统之间的数据交换和集成（程永星和陈平，2003）。Web Services 模型提供了在可缩放的、松耦合的和非特定的平台的环境下交换信息的能力，信息交换使用如 HTTP、XML、XSD、SOAP、WSDL 之类的标准协议。Web Services 的一个主要优点就是实现了异构平台的互操作性，同时，针对实际的任务，Web Services 模型在服务提供方面以 UDDI 注册中心作为服务发布的中介，不同的服务可以拥有不同的服务提供者，即不同的任务可以由不同的计算机来完成，这样有利于分布式处理时减轻单一模式服务器的负担，增加了系统对大数据量处理及多任务提交并行处理的支持（沈占锋等，2004a）。Web Service 的定义就决定了它的平台无关性，Web Service 平台是一套标准，它定义了应用程序如何在 Web 上实现互操作性。

目前，ISO 和 OGC 对于如何提供地理信息服务都已经有了相应的抽象规范（abstract specification），OGC 已经开始制定相应的实现规范（implement specification），其中有一部分涉及在网络上提供各种服务，这部分的规范目前仍在讨论和发展之中。

国际对地观测卫星委员会（CEOS）于 2001 年开始了在 GRID 的构架下，如何实现卫星数据和地理数据全球范围内的共享的原型研究。国际对地观测卫星委员会的 Bill Johnston 提出了如下基于 OGC Web Service 的 GRID 构架，如图 18-10 所示。

该构架的主要特点是把 OGC Web Service 与 GRID 结合起来，这是指 OGC 所规定的组件同时就是 GRID 的界面组件，如数据发现界面组件、数据获取界面组件、储存资源发现界面组件、数据储存界面组件、计算资源发现界面组件、模型执行界面组件等。OGC Web Service Interface 提供了空间信息服务的统一接口标准，可以通过标准接口实现网格环境下的空间信息服务请求及响应。

OGC 的网络空间处理服务（Web processing service，WPS）定义了一套用于在网络上发布地理空间处理（或方法）的标准接口。地理空间处理可以是操作空间数据的任意计算、算法或模型，它可以是简单的计算如区域属性变化的计

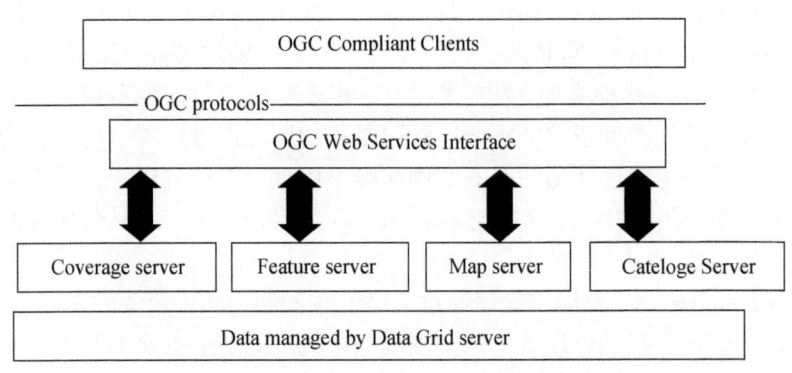

```
┌─────────────────────────────────────┐
│      OGC Compliant Clients          │
└─────────────────────────────────────┘
         ─── OGC protocols ───
┌─────────────────────────────────────┐
│      OGC Web Services Interface     │
└─────────────────────────────────────┘
     ↕        ↕        ↕        ↕
┌────────┐┌────────┐┌────────┐┌──────────────┐
│Coverage││Feature ││  Map   ││  Cateloge    │
│ server ││ server ││ server ││   Server     │
└────────┘└────────┘└────────┘└──────────────┘
┌─────────────────────────────────────┐
│   Data managed by Data Grid server  │
└─────────────────────────────────────┘
```

图 18-10　基于 OGC Web Service 的 GRID 构架

算，可以是常用的空间算法如多边形求交，也可以是十分复杂的模型如全球变化模型。WPS 接口规范主要规范了如下内容：空间处理及其输入和输出的描述方式，用户如何请求执行空间处理，空间处理的输出结果如何管理等。

OGC 定义了三种必选的操作：GetCapabilities、DescribeProcess、Execute。GetCapabilities 操作接受用户的请求并返回一个描述该服务实现的空间处理能力的能力描述文档，该文档包括服务所提供的所有空间处理的名字、关于空间处理的简要说明等信息，同时该操作还支持客户与服务器之间关于版本进行协商。DescribeProcess 操作接受用户的请求并返回关于用户指定的一个或多个地理空间处理的详细描述，包括输入参数、输出参数，以及该服务实现所能支持的输入输出的格式等信息。Execute 操作接受用户的请求并使用用户提供的输入执行一个特定的空间处理服务，并返回产生的结果。用户提供的输入数据可以是具体的数据，也可以是指向某个数据源或数据服务的地址，由 WPS 服务提取数据，进行计算。在 Execute 操作中用户可以指定计算结果的返回方式，可以让服务直接将处理的结果数据直接返回，也可以让服务先将结果数据存放到某个地方而只向用户返回数据的获取方式，由用户事后去提取数据。客户端与 WPS 服务交互过程大致如下：

1）用户发出 GetCapabilities 请求；

2）服务器返回给用户一个服务能力描述文档；

3）用户提交 DescribeFeatureType 请求，请求服务对能力描述文档中出现的一个或多个地理空间处理进行详细描述；

4）服务器返回对用户所指定的空间处理的详细描述；

5）用户根据空间处理及其输入输出的描述，准备输入数据并提交 Execute 请求执行处理服务；

6）服务器解析 Execute 请求，执行空间处理服务，并将结果返回用户。

18.3.4 地理信息网格的空间信息在线分析处理技术的案例

地理信息网格的空间信息在线分析处理技术的案例为冯敏所做的湿地水位模型共享。"集成景观监测"（Integrated Landscape Monitoring，ILM）项目之 Prairie Pilot 子项目，是由美国地质调查局（USGS）从 2006 年开始支持的一个项目，为期 5 年。这个项目的目标是：开发一个可以用于建模和估算生态功能的"区域监测框架"，研究区位于美国的中北部草原地区。

在该研究区，地势平坦、湿地湖泊众多。在 1 万年前，在末次冰期结束时，随着冰川的退缩，留下了许多很浅的低洼地区，继而形成了大量分布的湿地区域。然而随着农业生产的扩张，大量湿地被排干，成为农田，使湿地面积大量减少。美国政府尝试恢复当地生态环境，而 ILM 项目则尝试通过模型分析和模拟湿地的恢复情况。本节介绍的工作是与 USGS EROS 的科学家合作完成的，通过将生态模型专家提供的模型发布为模型服务，实现模型的分布式调用和集成，为社会公众和政府决策提供平台。

1. 模型共享的体系结构

Prairie Pilot 模型共享和应用的体系如图 18-11 所示，在该体系内，包括以下 3 个主要部分：

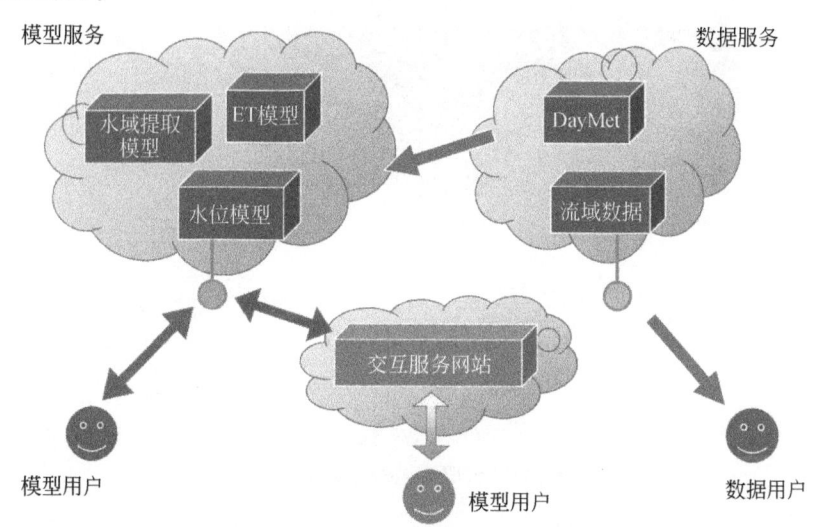

图 18-11　Prairie Pilot 模型共享和应用体系

1）数据服务：代表可以分布式访问和获取的数据源，包括 DayMet 数据源、基于 WFS 的矢量化流域边界等。

2）模型服务：代表在模型共享平台上共享的，可以被分布式加载和调用的模型功能，包括水位模型、水域提取模型、ET（evapotranspiration，土壤水分蒸发蒸腾损失总量）模型。

3）交互服务网站：在分布式共享模型的基础上提供 Web 方式的模拟操作界面，便于动态、快捷、可视化地进行模型水位的模拟。需要说明的是，该界面提供用户操作界面，不提供模型计算功能，而是远程分布式调用模型服务和数据服务，完成模型的计算。

2. 模型共享的应用实例

在 Prairie Pilot 交互界面中，用户首先通过选择工具选择湿地，在地图的右侧是模型参数面板，用户可以修改默认参数，控制模型的计算过程。计算结果以图表方式显示在页面下部，用户可以选择查看任意日期的水位值，而且可以调用"水域提取模型"（Water Calculate），提取水域范围，并在地图中显示（图18-12）。

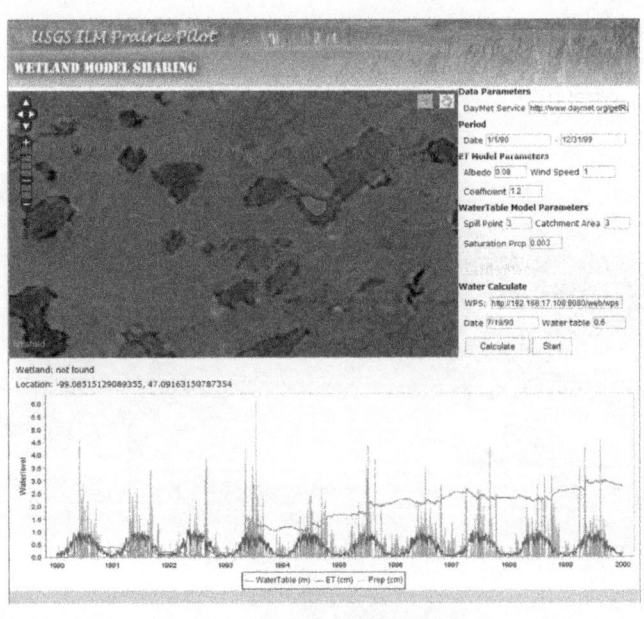

图 18-12　提取水域并在图上显示

18.3.5　地理信息网格的空间信息在线分析处理技术的优点和不足

地理信息网格的空间信息在线分析处理技术的优点如下：

1）实现空间分析模型的共享。地理空间模型多而复杂，面向服务构架的多重分析请求与响应可以把模型以服务的形式在网络上共享，供用户请求，用户可以不必知道模型的具体组成和运算原理，只需要知道模型的参数及类型，这样大大便利了专题模型的分析，同时也降低了模型的使用难度。

2）远程的计算能力的共享。远程的计算能力包括远程的数据调用和远程的模型调用。客户端不需要下载数据，只需要指定数据的位置，甚至在网格平台上可以是分布式的数据。对于模型的计算往往需要大的计算能力，而把模型计算包装成服务以后，我们可以把需要大运算量的服务程序放在高性能的计算机上。

3）带宽和时间的大幅度节省。由于不需要传输计算原始数据，也不需要本地对模型的计算，因此可以节省大量的网络带宽，由此带来的是计算的快速响应和速度的提升，可以大大提高分析的效率。

但是，目前的地理信息网格的空间信息在线分析处理技术还存在不足之处，具体如下：

1）在线分析的发布技术还较为复杂，空间分析模型的发明者还难以方便快捷地发布空间信息在线分析服务。

2）目前大量的空间信息分析技术仍然基于PC的地理信息系统分析软件，如何把现有的这些工具包装改造成符合网格要求的服务还有待研究。

3）空间信息在线分析服务的注册与发现研究还需要深入。

18.4　地理信息网格的智能化信息共享与服务技术

18.4.1　地理信息网格的智能化信息共享与服务技术的定义和内涵

地理信息网格的智能化信息共享与服务技术针对的是应用层。网格应用层是体现用户需求的软件系统。在网格服务层提供的中间件平台的基础上，用户利用提供的接口和服务完成网格应用的开发。应用程序集成层对低层资源的调用不再需要关心访问的实现机制。地理信息网格的智能化信息共享与服务技术则是通过对多源、异构、海量地理信息数据、软硬件资源一体化描述、存储、组织、发现、整合和协同的机制，建立具有一站式、开放性、集成性、可重构性、可重用性、良好的伸缩性、先进性的地理信息化共享与服务平台，实现全方位的地理信息化建设成果（数据资源、计算资源、软件资源）集成与共享。

18.4.2　地理信息网格的智能化信息共享与服务技术的研究意义

目前虽然有着丰富的地理信息数据，但是数据资源开发利用程度低、共享困难，数据管理与综合处理水平低、无法综合应用等突出问题仍然存在。从学科发展和技术演进的两条脉络，我们不难发现，网格不仅实现了数据的共享，而且实现了软硬件资源和信息的共享。网格技术在地理信息系统方法论体系中属于技术方法，是运用地理信息科学方法研究地理信息及其机理的工具。地理信息科学中海量的数据和庞大的观测系统，需要大量的计算和模拟来进行分析，地理信息网格技术正是地学工作者提高研究效率和精度的重要手段。

18.4.3　地理信息网格的智能化信息共享与服务技术的原理、结构和过程

地理信息网格的智能化信息共享与服务技术的研究重点是如何消除信息孤岛和知识孤岛，实现信息资源和知识资源的智能共享。要解决的数据共享不是一般的文件交换与信息浏览，而是要把所有个人与单位连接成一个虚拟的社会组织（virtual organization），实现在动态变化环境中有灵活控制的协作式信息资源共享。数据服务网格与 Web 最大的区别是一体化，即用户看到的不是数不清的门类繁多的网站，而是单一的入口和单一系统映像。例如，一个用户需要某一方面的地学数据，他不必知道有哪些数据供应商或数据生产者，他只需通过数据网格提供的元数据库进行最简单的查询，即可找到他所需要的地学数据。同时他不需要知道数据处于何处以及数据的存储方式，只要查询到的数据符合研究要求，经过网格计算，他即可从数据网格中轻松获取所需要的数据和数据格式（孙九林和李爽，2002）。

地学数据资源共享网格体系结构（图 18-13）主要分为以下几个部分：

1）数据网格结构（grid fabric）层。它是一个本地控制的接口，提供与资源相关的基本功能，便于高层分布式网格服务的实现。它提供共享获取的各种资源的入口，它们是物理或逻辑实体，包括计算资源、存储系统、目录、物理网络资源等；这里的资源可以是一个逻辑实体，如一个分布式的文件系统、分布式集群计算机。实现资源的共享，需要使用 Internet 网络协议。基于结构层，高层协议可以如同操作本地资源一样操作其他主机的共享资源。实现这层协议至少需要实

现一个允许外界发现和查询资源结构和状态的机制及一个能控制服务质量的资源管理机制。

2）数据网格服务（grid service）层。实现与数据资源无关和应用无关的功能，网格服务的实现涉及地域和机构的分布，为高层协议提供了简单而且安全的通信方式。安全协议主要是为了解决安全问题的复杂性，并提供一个有效的解决方案。这个问题来源于不同系统安全策略的不同和用户数据对安全需求的不同。从基础的用户登录与权限认证到用户程序的权限赋予，从本地资源的安全策略到异地主机基于账号的信任机制，要解决这些不同的安全策略，并提供可靠的、统一的接口，是网格技术要解决的一个重要问题。

3）数据网格应用工具（grid application toolkit）层。提供更为专业化的服务和组件用于不同类型的网格数据应用。

4）应用（application）层。位于数据网格体系的最顶层，是由用户开发的应用系统组成，它为应用程序提供统一的接口和服务。数据网格用户可以使用其他层次的接口和服务完成网格应用的开发。应用程序集成应用层定义的语言框架，通过应用层的协议，对底层的资源进行访问，而不再需要关心访问的复杂繁琐的实现机制。

可再生资源学科数据应用	气象学科数据应用	海洋学科数据应用	地震学科数据应用	……	网格应用层
远程计算/分布计算	远程数据/数据密集	远程可视化	数据共享	远程仪器	应用工具层
资源无关及应用无关的服务：如密钥验证、授权、资源定位和分配、远程数据访问等					网格服务层
资源相关及功能的实现：传输协议、服务识别、CPU调度、站点账号、数据库服务					网格结构层

图 18-13　地学资源共享网格体系结构模型

OGSA 是按照网格服务的方式定义的（在 OGSI 1.0 版中）。网格服务与 Web 服务的结合方式是使用 Web 服务的技术。OGSA 定义的资源管理服务代表了计算资源。网格服务技术的基础是面向服务的架构（service oriented architecture，SOA），这是一项来自 World Wide Web Consortium（W3C）的 Internet 标准。SOA 定义了由称为服务的相互独立且协作的组件组成应用程序的架构方法。这些服务是一些组装块，它们利用组件对象模型创建开放的分布式系统，使得公司和个人能够快速将自己的数字化资产发布给全世界。Web 服务可以用于构建应用程序，而这些程序由统一资源标识符（URI）标识，其接口及绑定可通过 XML 代码实现定义、描述和发现。采用这些技术，再加上基于 XML 的消息机制，并通过基于 Internet 的协议，软件应用程序就可以实现直接交互。从 2002 年开始，Web 服务规范发生了很大的变化。网格服务的需求目前大部分已经嵌入到新发布和刚刚提出的 Web 服务规范中。

在 OGSA 刚提出不久，GGF（全球网格论坛）及时推出了 OGSI（open grid services infrastructure，开放网格服务基础架构）草案，并成立了 OGSI 工作组，负责该草案的进一步完善和规范化。OGSI 是作为 OGSA 核心规范提出的，其 1.0 版于 2003 年 7 月正式发布。OGSI 规范通过扩展 Web 服务定义语言 WSDL 和 XML Schema 的使用，来解决具有状态属性的 Web 服务问题。它提出了网格服务的概念，并针对网格服务定义了一套标准化的接口，主要包括：服务实例的创建、命名和生命期管理、服务状态数据的声明和查看、服务数据的异步通知、服务实例集合的表达和管理，以及一般的服务调用错误的处理等。OGSI 通过封装资源的状态，将具有状态的资源建模为 Web 服务，这种做法引起了"Web 服务没有状态和实例"的争议，同时某些 Web 服务的实现不能满足网格服务的动态创建和销毁的需求。OGSI 单个规范中的内容太多，所有接口和操作都与服务数据有关，缺乏通用性，而且 OGSI 规范没有对资源和服务进行区分。OGSI 使用目前的 Web 服务和 XML 工具不能良好地工作，因为它过多地采用了 XML 模式，如 xsd：any 基本用法、属性等，这可能带来移植性差的问题。另外，由于 OGSI 过分强调网格服务和 Web 服务的差别，导致了两者之间不能更好地融合在一起。上述原因促使了 WSRF（Web service resource framework，Web 服务资源框架）的出现。

WSRF 采用了与网格服务完全不同的定义：资源是有状态的，服务是无状态的。为了充分兼容现有的 Web 服务，WSRF 使用 WSDL 1.1 定义 OGSI 中的各项能力，避免对扩展工具的要求，原有的网格服务已经演变成了 Web 服务和资源文档两部分。WSRF 推出的目的在于，定义出一个通用且开放的架构，利用 Web 服务对具有状态属性的资源进行存取，并包含描述状态属性的机制，另外也包含如何将机制延伸至 Web 服务中的方式。WSRF 结构是表示有状态资源和 Web 服务之间关系的一种新方法，是网格技术与 Web 服务相结合的具体体现，也是网格技术发展史上的一座里程碑。WSRF 提出了提供持久数据的方式。一个从 WSRF 观点来看的资源可以被理解为任何具有扩展生命周期的设备或者应用程序模块，而不只是一个简单的请求或者响应。这种设备或者应用程序模块是通过 Web Service 来提供的。WSRF 结构的提出对网格体系结构的发展产生了非常重要

第 18 章 | 地理信息网格技术

的影响，以前的网格体系结构是以 OGSA/OGSI 为基础的，现在 WSRF 取代了 OGSI，并融合在 Web 服务中，给予 Web 服务以新的描述和定义，此时的 Web Service 已经和 Grid Service 实现了统一，具体描述可以参见图 18-14 所示的演化过程。

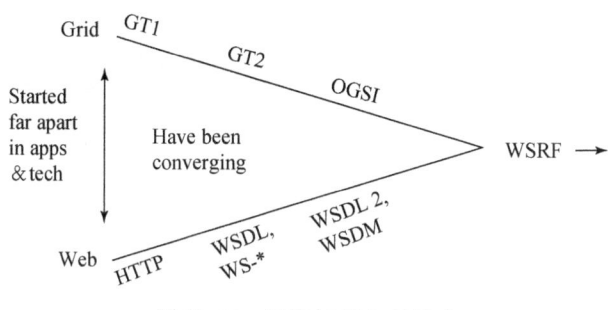

图 18-14　网格与 Web 的融合

18.4.4　地理信息网格的智能化信息共享与服务技术的案例

地理信息网格的智能化信息共享与服务技术的案例以地质信息共享网为例。

"十五"期间，中国地质调查局和国防科技大学、北京航空航天大学、中国科学院计算技术研究所、武汉中地数码科技有限公司合作，在地下水资源网格计算、应用 SIG 技术实现矿产资源区域评价、大型 GIS 软件应用三方面开展应用示范，取得了初步成果，初步建立了平台框架和空间信息网格服务机制的雏形，获得了 "863" 主题专家组的肯定（图 18-15）。

中国地质调查信息网格实现了以下功能：

1）数据共享服务：地质工作的研究对象是地球，地质工作者通过各种勘查技术获取空中、地面、地下数据，我们通常所说的遥感、物探、化探、区调、矿产等各种各样的数据，这些数据有以下基本特点：第一，地质调查数据都是空间数据。第二，地球是一个整体，只有通过各方面的数据共享和整合才能避免由于信息不对称而造成判断错误。第三，这些数据由于通过不同方法手段获取，因此具有异构特征。第四，这些数据的采集主体分布于全国及世界各地，因此实时数据都是分布式的。真正实现地质调查数据共享，必须解决三方面的问题：一是法律法规问题，目前主要通过向政府汇交纸介质为主的资料后实现共享，其过程很长，无法做到实时共享。二是解决技术手段，通过 SIG 及其相关技术实现实时共享与整合。三是建立空间信息资源共享机制，实现所有权和使用权分开。

图 18-15　中国地质调查信息网格节点网页

例如，西南"三江"成矿带地跨云南、四川、西藏、青海四省（自治区），地质调查数据由四省（自治区）采集，无论哪一个省份开展矿产资源区域评价工作，在同一成矿带上都需要应用其他各省份的数据资源进行对比分析，才能正确地对本地区的找矿信息加以判别。如果按现行办法只有等到各省份将资料汇交以后才能相互查阅利用，既不能及时获得实时数据，而且大量原始数据无法获取，如果应用空间信息网格及其相关技术则完全可以实现数据的实时共享与整合，尤其是可以便捷地实时共享大量原始数据。

2）硬件资源共享服务：硬件资源服务是多方面的，如服务器动态均衡负载的实现，体现了硬件资源共享服务的理念。动态均衡负载是指面对大量数据服务

第 18 章 | 地理信息网格技术

请求时，在网络环境下的各个结点上可以根据内部服务的状态，是否处于繁忙状态或繁忙程度，通过智能判别，自动将数据送到空闲的服务器上，实现硬件资源共享。又如，当我们开展华北平原地下水资源计算以及全国矿产资源区域评价时，都需要进行大规模的计算，必须使用超大型计算机，但是超大型计算装备价格昂贵，我们又不是经常使用，这就为我们的工作带来了不可逾越的障碍；如果应用空间信息网格计算技术，通过 Internet 及智能服务搜索向拥有超大型计算装备的单位发出服务请求，很快能够解决大规模计算问题。

3）软件资源共享服务：一般情况下，除了社会上通用的商业应用软件以外，各行业都针对自身行业的特点，花费了大量人力物力开发了一系列应用软件。因此对于用户而言根据保护知识产权有关法律规定，不可能无偿占有此类软件，如果应用网格技术通过 Internet 服务智能搜索，可以很容易发现需要的软件。通过服务请求，实现软件资源有偿服务。

2008 年上半年，按照中国地质调查局总体部署，汶川地震发生后，在极短的时间内，在平台中成功实现了灾害专题数据（包括地物化遥数据，比例尺涉及 1：2.5 万、1：5 万、1：20 万、1：50 万数据）的统一描述、组织、发现与集成（数据超过 200GB），并部署在封闭的局域网上（图 18-16）。该数据的集成为抗震救灾工作提供了快速的信息服务。

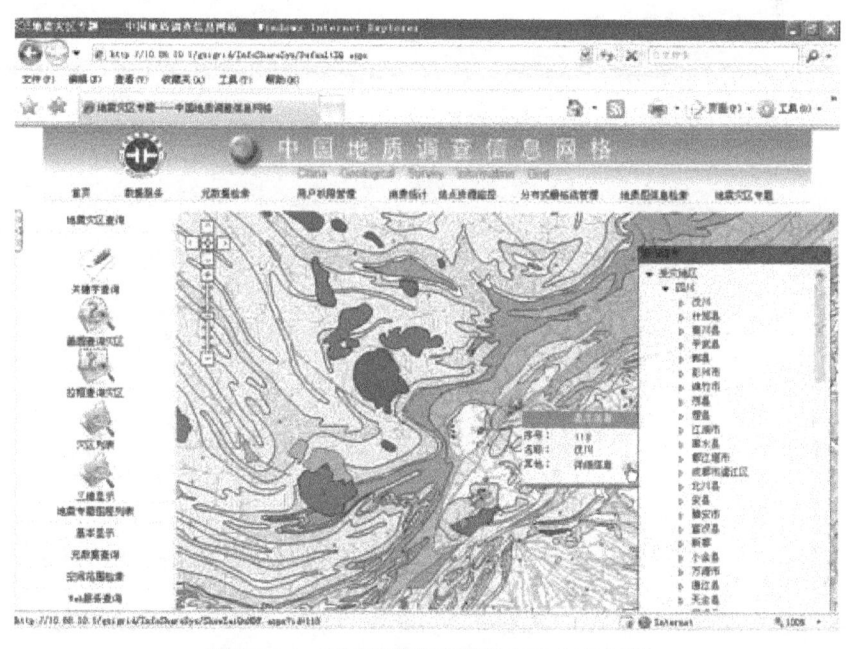

图 18-16　中国地质调查信息网格灾害专题

灾害专题主要分为以下五大块：①三维地球叠加灾区数字高程、地质、灾害等专题数据整合显示（可飞行显示）（图18-17）。②灾害专题图服务：把中国地质调查局5月下旬制作的成果数据全部纳入平台管理，实现按专题独立查询与分发。专题图分为地质图、地球化学图、遥感影像图、地质灾害图等，各种专题图按县组织，对专题矢量地图可以进行浏览、查询、数据下载、遥感关联浏览等。③1：50万灾区多媒体地质图服务：可查询灾区相邻94个县的行政区划图、部分灾后遥感图，并提供多种查询方式（可按关键字检索，按拉框、画圆等图形操作方式检索，按列表检索等）。④14个重点县综合信息服务（以县为单位）：涉及1：20万地质图、1：2.5万正射影像、1：5万数字高程模型、地质灾害图、1：20万水文地质图、地理地图、部分遥感图、航空照片等数据，在统一坐标系统下，按照资源聚合器标准规范，进行统一的数据描述与组织，可提供统一的发现、集成整合与发布。用户可任意按单县或多县与多专题图组合显示，并可显示局部滑坡、崩塌航空航天解释照片。用户可同时打开四个窗口，对同一目标进行连动定位，为震前震后或多源数据进行对比研究提供环境。该模块在以县为单位的数字高程模型、灾害数据与其他专题整合信息是首次提供服务的。⑤按国际分幅、不同比例尺、不同专业分别进行数据组织，涉及标准图幅不同比例尺的数据有1：2.5万、1：5万、1：20万、1：25万、1：50万。通过平台的各种数据服务功能可以提供各种高精度的数据与专题服务。

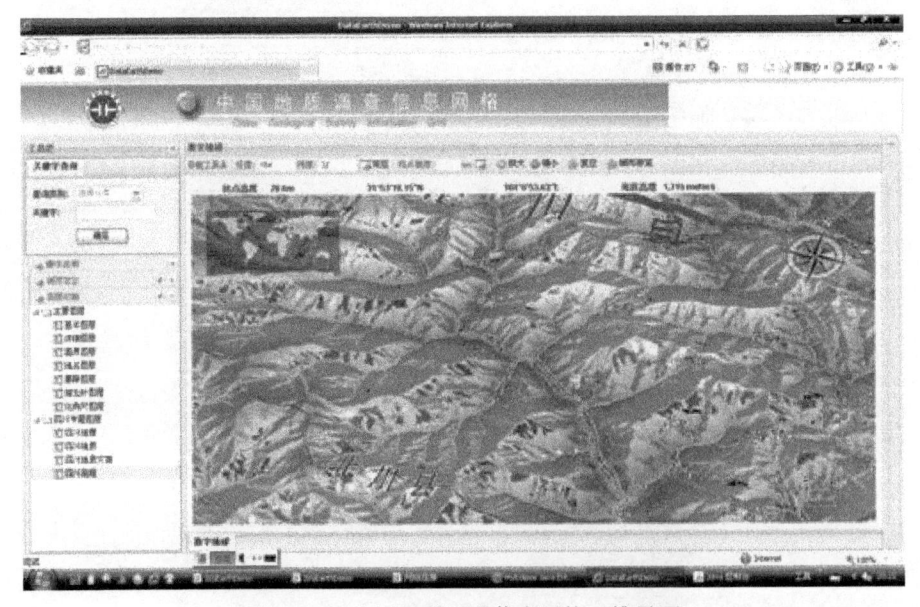

图18-17 中国地质调查信息网格三维界面

18.4.5　地理信息网格的智能化信息共享与服务技术的优点和不足

地理信息网格的智能化信息共享与服务技术的优点如下：

1）通过网格信息门户打破了"信息孤岛"的壁垒，实现了信息共享。从本质上说，大规模的网格是分布、异构和动态变化的。不用考虑地理位置不同所带来的影响，网格可以高效地提供几乎是无限的计算能力、存储能力，还可以访问各种工具器械、可视化设备等各种资源。为了充分地利用这些能力，必须开发复杂的软件和服务系统，甚至可以支持全球化资源共享与协作。

2）Web Service 已经和 Grid Service 实现了统一。"服务"成为实现网络环境中进行资源封装与整合的焦点概念，新的网格体系结构——Web 服务资源框架的推出，使得网格服务与 Web 服务趋于融合，实现二者的标准与规范全面兼容与统一，使用网格服务将复杂的地理空间信息处理过程进行封装，按照统一标准描述服务接口，部署在网络/网格环境中，通过访问网格服务获得所需的地理空间信息。

但是目前的地理信息网格的智能化信息共享与服务技术还存在不足之处，具体如下：

1）目前已经有大量地学科学数据共享平台，但是真正发布在地理信息网格平台上的地理信息智能化信息资源还不够丰富，使用还不方便。真正意义上的地理信息互连、互通、互操作还有很长的路要走。

2）网格的特点是按需提供服务，信息共享和服务还难以做到智能化，这也是在网格操作系统上设计开发各种工具、应用软件需要解决的关键问题。

第19章 地理信息"5S"集成技术方法

19.1 地理信息"5S"集成技术方法概要

GIS 是一门技术引导的多技术交叉的信息空间科学,它是对地理信息数据(包括图形和非图形数据、几何数据与属性数据)进行采集、存储、加工和再现,并能回答一系列问题的计算机系统,所以它必然是技术导向的。GIS 不断地用新的技术和方法来装备和发展自己,它在技术上所关注的是:数据采集、数据建模、数据的精度和系统回答问题的可信度、数据量、数据存取与保密、数据分析、用户接口、成本与效益、GIS 系统的寿命、GIS 系统工作的组织问题。这些技术问题,将会随着相关学科和软件、硬件手段的不断进步而日趋完善。同时,GIS 是一门以应用为目的的信息技术,是应用导向的,即它除了具有基础性和公益性的特点,服务于科学研究和造福人类外,它还具有实际应用并创造价值的广阔市场。GIS 的应用可以深入到各个领域、各个机构,形成诸如资源 GIS、灾害监测和防治 GIS、农林牧副渔 GIS 等。然而,在这些领域中,除了 GIS 在发挥其作用外,其他的许多技术也起到了重要的作用,如决策支持系统(DSS)、专家系统(expert system, ES)等,而且它们有着自己的历史起源和发展历程,大多数并不仅仅服务于地学领域。由于 GIS 接近人们认识地理空间世界的习惯,几十年来,GIS 获得了很好的发展,在许多行业领域中都有不同程度的应用,然而在进一步的发展中,仅仅依靠 GIS 或单独某个系统似乎在一些高级的应用中不能满足需求,因此便有了各系统之间集成的概念或者说有相关人员把目光转向系统集成的技术方法以寻求解决方案。目前被人熟知的系统集成概念有"3S"集成(GIS、RS、GPS),而测绘学界的一些测量系统有时也称为"4S"或"5S"等,请读者注意区分,此处篇幅有限,不作一一介绍,本章虽名为"5S"集成,实际上仅是多种系统集成的概要说法,读者勿过多追究。

本章内容包括多源空间数据集成方法、跨平台的 GIS 系统集成方法、应用分析模型与 GIS 系统集成方法、分布式集成方法、"5S"之间的集成方法。多源空间数据集成方法、跨平台的 GIS 系统集成方法、应用分析模型与 GIS 系统集成方法、分布式集成方法各有侧重,均是"5S"集成方法中的重要组成部分。多源空间数据集成是较为基础的工作,许多工程项目需要集成多种来源的数据以便后续的分析，一般将数据准备的阶段冠以"多源空间数据集成"的称谓，实际上其工作中已经可以见到"5S"的影子。跨平台的 GIS 系统集成则是对具体的 GIS 软件进行集成已达到单一 GIS 软件功能上的扩充。应用分析模型与 GIS 系统集成则是为了提高专业应用分析模型与 GIS 各自的应用效果，弥补各自存在的不足而进行的工作。分布式集成则强调的是一种应用模式，使得应用的灵活性大大提高，并且逐渐发展为（地理）信息服务的概念，获得了广泛的关注和认可。地理信息系统（GIS）、遥感/遥测（RS）、卫星定位系统（GPS）、决策支持系统（DSS）、专家系统（ES）之间的系统集成是地理信息应用更加深入的体现，决策支持系统、专家系统和专业应用模型关系紧密，地理信息系统一般作为系统集成的框架，而遥感/遥测主要作为一种具有很大优势的量测手段为科学研究、行业应用或社会服务提供重要的支持手段，它本身也是一门交叉学科。地理信息"5S"集成是一项复杂的工作，它是单一的系统在帮助人们量测地理空间环境、分析解决地学问题时难以满足实际需求而自然产生的，是需求驱动的技术"发明"。虽然真正做好地理信息"5S"的集成应用并不容易，但很多成功的应用案例应该使我们感到鼓舞，更加深入的应用及效益值得我们在这一方面继续努力探索。

19.2　多源空间数据集成方法

19.2.1　多源空间数据集成方法的定义和内涵

　　从广义上讲，多源空间数据可以包括多来源、多格式、多时空、多比例尺、多语义性几个层次。从狭义上讲，多源空间数据主要是指数据格式的多样性，包括不同数据源的不同格式及不同数据结构导致的数据存储格式的差异。多源空间数据集成是把不同来源、格式、特点、性质的地理空间数据进行逻辑上或物理上的有机集中，在这个过程中充分考虑到数据的属性、时间和空间特征、数据自身及其表达的地理特征和过程的准确性。其目标是通过对数据形式特征（如格式、单位、比例尺等）和内部特征（属性等）进行全部或者部分调整、转换、分解、合成等操作，使其形成充分兼容的多源空间数据集。多源空间数据集成只需面向应用领域，解决应用领域内所需的多源空间数据的集成就达到目的了。而本节的写作目的，是希望对在实践中采用本方法的读者就多源空间数据集成作一些简要的介绍。

19.2.2 多源空间数据集成方法的研究意义

在地学领域的研究中，需要综合考虑各种地学参数以更好地解决应用问题，而由于这些地学参数的量测是由不同的量测系统提供的，如遥感手段（不同遥感卫星、航空量测、航天量测、地面遥测等）、传统测绘手段（基础地理数据采集）、野外量测手段（专业数据采集）等，这些量测系统量测的目标、属性不同，采用的坐标体系不同、数据存储格式不同，量测原理更是不同，因此，实际应用中自然会将多源空间数据集成提上日程。空泛的讲多源空间数据集成，仿佛是一种理论方法，因为隔行如隔山，做到将不同数据源的空间数据充分集成是一件不容易的事情，然而顺应市场需求的软件厂商在这方面做了大量的工作，如GIS软件可以读取多种格式的数据并进行分析，RS软件可以读取多种遥感卫星影像并进行处理。这样，我们就可以轻松地利用合适的软件达到多源空间数据集成的目的。回到刚开始提出的问题，就明白了软件厂商做这些有助于多源空间数据集成的努力，在追求其自身利益的同时，为其用户即研究人员或工程项目人员解决了大量的麻烦，使他们能够专注于专业领域问题的解决和研究。

19.2.3 多源空间数据集成方法的原理、结构和过程

多源空间数据集成在GIS领域经常是指多种数据格式、坐标系统的转换，而在遥感领域则通常指多种遥感卫星影像的融合。显然多源遥感卫星影像的数据融合在层次上高于集成，一般来讲，多源空间数据的集成只需做到能够将多源空间数据的坐标体系转换到一致，并且都能够被应用软件读取且进行进一步的应用分析即可。在这种程度上，以GIS为例，许多GIS软件可以读取多种格式的数据并进行一定的分析，然而GIS软件并不能总是满足应用分析的需求，而是提供了格式转换的功能，在进行格式转换的过程中，对于数据的精度控制，可能有不同的策略和效果。而遥感卫星的影像，根据应用需求可能会进行精校正，如果获取的不是原始的卫星影像而是已经添加了不同坐标系统的"二手"数据，则需要进行坐标系的转换，所有的商业遥感软件都提供了这一功能。进行不同格式的遥感卫星数据的集成，有时需要进行格式转换以使数据格式一致以方便应用。进一步地，遥感应用侧重对地学参数的提取，使用多种卫星影像可以做到优势互补，因此多数遥感图像处理软件都提供了数据融合模块。

第 19 章 | 地理信息 "5S" 集成技术方法

1. 多源遥感数据融合

现代遥感技术为对地观测提供了多分辨率、多波段、多时相的多种遥感影像数据。然而各种单一的遥感手段获取的影像数据在几何、光谱、空间分辨率等方面存在一定的局限性和差异性。因此，需要融合多传感器影像所含的信息，将多源遥感数据融合在同一地理坐标系中，采用一定的算法生成一组新的信息或合成图像。多源遥感信息数据融合有利于抑制或减少单一信息源对被感知对象或环境解译中可能存在的不确定性、不完全性或误差，最大限度地利用各种数据包含的信息做出决策。

多源遥感数据融合被分成三个层次（图 19-1），即像素层、特征层和决策层。融合的层次决定了对多源原始数据进行何种程度的预处理，以及在信息处理的哪一个层次上实施融合。其中，像素级融合是将空间配准的多源遥感信息数据根据某种算法生成融合影像，而后对融合的影像进行特征提取和属性说明；特征级融合是利用从各个数据源中提取特征信息进行综合分析和处理的过程；决策级融合是对不同类型的传感器观测同一目标获得的数据在本地完成预处理、特征抽取、识别或判断，以建立对所观察目标的初步结论；然后通过相关处理、决策级融合判决，最终获得联合推断结合，从而直接为决策提供依据。

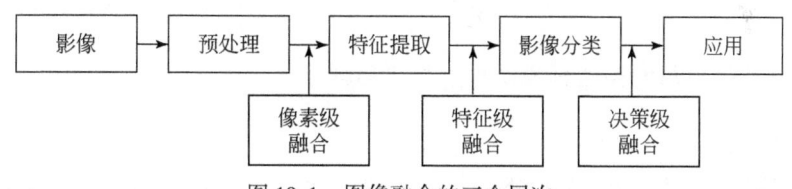

图 19-1 图像融合的三个层次

像素级的多源遥感信息融合首先必须根据实际应用目的、融合方法和相关技术从现有信息数据中选取合适的信息数据，并进行预处理。预处理主要包括影像辐射校正、影像几何校正、高精度空间配准和重采样。其关键技术在于：

1）根据实际应用目的选择合适的影像数据。
2）对影像数据有效地进行预处理，尤其是要高精度空间配准。

遥感影像配准的方法目前主要有基于数字地面模型（DTM）的精纠正、多项式纠正、基于三角网（大面元）的纠正和小面元微分纠正等（张祖勋等，1998）。

3）寻求合适的融合方法。

目前多源遥感影像像素级的融合方法很多，可将其分为空间域和变换域融合两类，对现有方法分类归纳如图 19-2 所示。

图 19-2　影像像素级融合方法

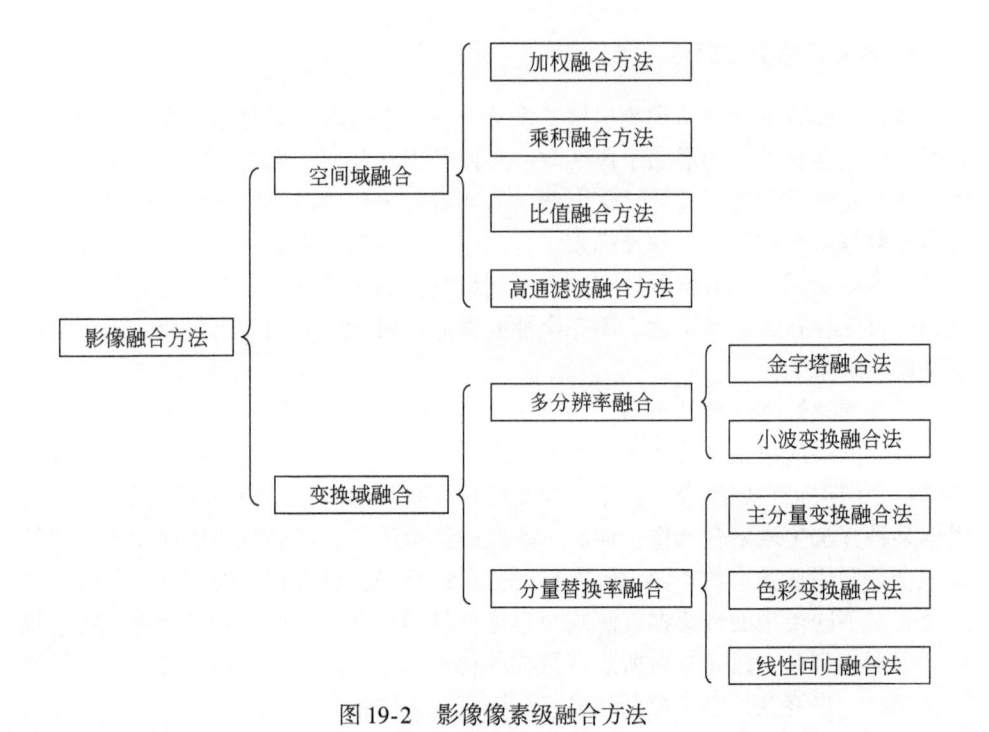

2. 遥感信息与非遥感地学信息的集成和融合

遥感信息与非遥感地学信息的集成和融合是一个很困难的课题。因为目前还无法在图像处理中自动把非图像空间数据加入进去。遥感应用中的 GIS 数据集，通常都是人工建立模型，设置各种参数，力图在图像处理中更好地应用空间数据来提高分类精度，增加遥感信息量。GIS 信息与遥感信息集成的方法如下：

1）在遥感分类前，GIS 数据用于影像分区；
2）在分类中作为一个数据层辅助分区；
3）辅助进行分类后处理。

例如，GIS 数据中最常见的是地形信息，包括坡度、坡向和高程等。在实际分类中，如果发现坡度大于 35°的地区极少种植水稻，就可以把地形数据层中坡度大于 35°的地区作为非水稻区而不予考虑。但在一些丘陵地区坡度大于 35°的地区也种植水稻，因此对于这些地区大于 35°坡度线就不适用。此外，丘陵梯田分布高度大多在 200m 以下，所以还可以利用高度信息来剔除非水稻像元，提高影像处理速度和精度。

通常在实际工作中，遥感信息与 GIS 信息相集成和融合的最常用的地方是制作遥感影像地图。而在数据共享层面，为了解决基于地理元数据的共享方式可视化不理想的问题，刘慧婷等采用 ArcIMS/HTML/JavaScript 实现了网络环境下多源空间数据的统一集成显示、矢量和栅格数据之间图形交互查询与提取等功能。实现了空间信息"所见即所得"的查询、浏览和下载等具体的信息服务功能。

3. GIS 中多源数据集成

随着 GIS 的社会化进一步深入，以及网络特别是互联网的广泛应用，空间数据共享（spatial data sharing）已经成为一种必然的要求，然而地理信息要真正实现共享，必须解决地理信息数据多格式集成这一瓶颈。传统的集成方式主要有数据格式转换、数据互操作和直接数据访问三种。

数据格式转换，是集成多格式数据的一种通用方法。GIS 软件通常提供与多种格式交换数据的能力。数据交换一般通过文本的（非二进制的）交换格式进行，为了促进数据交换，美国国家空间数据协会制定了统一的空间数据格式规范 SDTS（Spatial Data Transfer Standard）；我国也制定了地球空间数据交换格式的国家标准 CNSTDF（Chinese Spatial Data Transfer Format）。业界还流行着一些著名软件厂商制定的交换格式，如 AutoDesk 的 DXF、ESRI 的 E00、MapInfo 的 MIF 等，由于广为大众所接受，成为事实上的标准（facto-standard）。

由于缺乏对空间对象统一的描述方法，不同格式用以描述空间数据的模型不尽相同，以至于数据格式转换总会导致或多或少的信息损失。DXF 着重描述空间对象的图形表达（如颜色、线型等），而忽略了属性数据和空间对象之间的拓扑关系；E00 侧重于描述空间对象的关系（如拓扑关系）而忽略了其图形表达能力。因此，CAD 数据输出为 E00 格式将丢失颜色、线型等信息；而 ArcInfo 数据输出到 DXF 时则会损失拓扑关系和属性数据等有价值的信息。另外，通过交换格式转换数据的过程较为复杂，需要首先使用软件 A 输出为某种交换格式，然后再使用软件 B 从该交换格式输入。一些单位同时运行着多个使用不同 GIS 软件建立的应用系统。如果数据需要不断更新，为保证不同系统之间数据的一致性，需要频繁进行数据格式转换。

数据互操作模式是 OGC 制定的数据共享规范。GIS 互操作是指在异构数据库和分布计算的情况下，GIS 用户在相互理解的基础上，能透明地获取所需的信息。OGC 为数据互操作制定了统一的规范，从而使得一个系统同时支持不同的空间数据格式成为可能。根据 OGC 颁布的规范，可以把提供数据源的软件称为数据服务器（data servers），把使用数据的软件称为数据客户（data clients），数据客户使用某种数据的过程就是发出数据请求，由数据服务器提供服务的过程，其最终目的是使数据客户能读取任意数据服务器提供的空间数据。OGC 规范基于 OMG 的 CORBA、Microsoft 的 OLE COM 以及 SQL 等，为实现不同平台间服务器和客户端之间数据请求和服务提供了统一的协议。OGC 规范正得到 OMG 和 ISO TC211 的承认，从而逐渐成为一种国际标准，将被越来越多的 GIS 软件以及研究者所接受和采纳。目前，还没有商业化 GIS 软件完全支持这一规范。且在应用中仍存在一定局限性：为真正实现各种格式数据之间的互操作，需要每种格式的宿主软件都按照统一的规范实现数据访问接口，这在一定时期内还不现实。

多源空间数据无缝集成（seamless integration of multi-source spatial-data, SIMS）可以在一个软件中实现对多种数据格式的直接访问。它具有多格式数据直接访问、格式无关数据集成、位置无关数据集成、多源数据复合分析等特点，其对每一种数据格式的访问，最终通过空间数据引擎（spatial data engine）实现。一般而言，空间数据引擎只提供存储、读取、检索、管理数据和对数据的基本处理等功能，不负责进行空间分析和复杂处理。但是基于第三方 API（如 Oracle Spatial 和 ESRI SDE）开发的引擎可以提供更多功能。

19.2.4 多源空间数据集成方法的案例

多源空间数据包括的内容很多，包括遥感数据、GIS 数据、CAD 数据等。其中，GIS 数据又包括栅格数据和矢量数据；遥感数据集成的几何校正、辐射校正等虽然是主要的方法，然而是较为基础的工作，不再举例；这里仅列举几个不太恰当的案例予以简单说明。

案例1：多源遥感信息融合案例

示例为使用 ENVI 软件对 SPOT 多光谱传感器的图像和全彩色图像进行像素级融合的结果（图 19-3）。

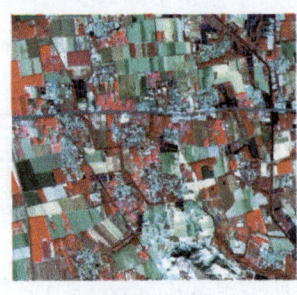

(a)SPOT 1,2,3波段　　(b)SPOT 全色波段　　(c)融合后的影像

图 19-3　遥感图像融合案例

案例 2：遥感数据与 GIS 数据集成案例

图 19-4 是利用遥感数据和 GIS 数据制作遥感影像地图。

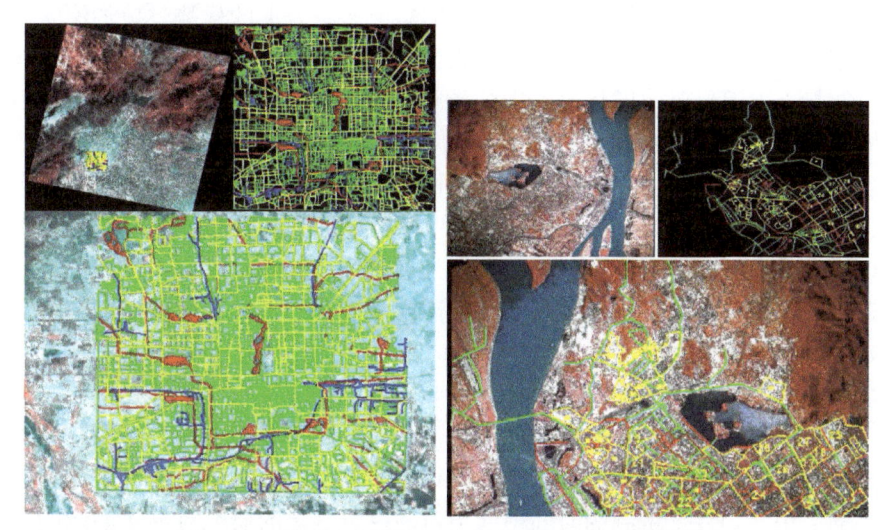

图 19-4　利用遥感数据和 GIS 数据制作遥感影像地图

案例 3：将 CAD 格式的规划图转换成 Shape 格式

可供选择的软件有很多，如国内的北京吉威数源信息技术有限公司，国外的 Safe 公司等都有这样的产品，另外许多商业 GIS 软件也支持 CAD 格式的数据。这里采用 Safe 公司的软件 FME Desktop 2010 SP3（试用 14 天授权，请参见 http：//www.safe.com）进行转换，并在 ArcView 3.2 中显示（FME 也可以显示 shp 格式的文件）（图 19-5）。

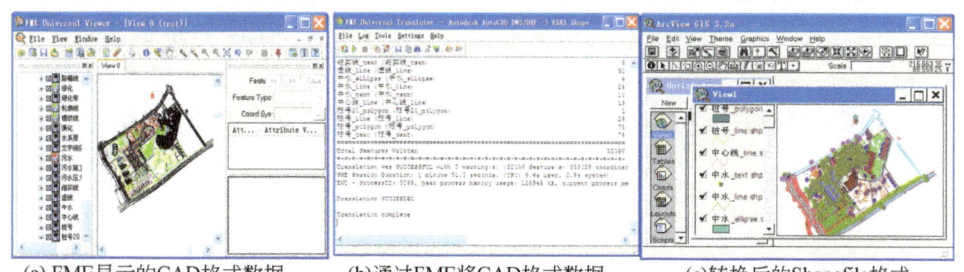

(a) FME 显示的 CAD 格式数据　　(b) 通过 FME 将 CAD 格式数据转换成 ESRI shapefile 格式　　(c) 转换后的 Shapefile 格式在 ArcView GIS 中显示

图 19-5　将 CAD 格式的规划图转换成 Shape 格式案例

19.2.5　多源空间数据集成方法的优点和不足

多源空间数据集成方法的优点在于能够集成多种数据的优势，更加深入、全面地掌握解决问题所需要的参数。采用该方法亦可以避免在一种平台下进行多种数据的测量，如卫星遥感的传感器搭载受重量的限制，因此一般赋予不同的卫星以不同的任务，避免臃肿，此外对于各种数据的处理相比于传统的数据格式转换，现在有了通用的模块来做这件事情，可以使得其他的软件厂商集中精力做更为擅长的工作，如 ESRI 公司最近的产品，对多种数据格式的读取显然是与其他软件厂商达成协议或者采用第三方的数据处理软件。而对于研究人员和工程项目人员来说，多源空间数据集成虽然有时会需要做大量的工作，然而对于解决问题来说是值得这样做的。

多源空间数据集成方法的不足在于需要进行大量的投影、坐标转换、几何校正等工作，工作量比较大，数据的精度也是令人关注的一个方面。多源空间数据集成显而易见的缺点是来源于多源空间数据的本质，即它的多源性已经限制了越来越多的应用，如数据量测的时间不同会对一些定量化的研究有显著的影响，如地表过程研究越来越关注数据同化的研究即是一个典型的例子，当然可以把它看作是对其缺点的一种修正或者看成是集成技术的又一发展。

19.3　跨平台的 GIS 系统集成方法

19.3.1　跨平台的 GIS 系统集成方法的定义和内涵

根据张犁（1996）的定义，GIS 系统集成实际上是以数据为中心的，把应用模型和 GIS 软件系统协调统一的信息系统工程。他在探讨 GIS 系统集成时从数据、模型及 GIS 三个方面进行考虑。而本节跨平台的 GIS 系统集成仅指不同 GIS 软件的集成，涉及数据和模型的部分请阅读 19.2 节和 19.4 节的相关内容。

19.3.2　跨平台的 GIS 系统集成方法的研究意义

随着 GIS 理论的不断完善和地球空间信息科学的发展，GIS 软件平台迅速跨越了从 GIS 软件包到 OpenGIS、WebGIS 的发展历程。由于 GIS 数据模型和数据结构的多样性与异构性，使得不同商业 GIS 软件之间互不兼容；由于 GIS 软件市场需求的推动，各知名软件公司不断推出各种功能的模块，使得用户开发的模型与商业软件之间、不同的商业软件之间、同一商业软件不同模型之间的集成问题日渐突出，成为使用 GIS 和地理信息工程建设的一种桎梏。如果在研究中遇到的问题采用一种 GIS 软件不能满足需求，换言之，需要多种 GIS 软件才能完成，那么与采用单一 GIS 软件进行二次开发拓展功能相比，采用多个 GIS 平台进行集成一般会省时省力。除非是软件难以获取或者二次开发容易实现，可以进行 GIS 的二次开发以完成任务。这取决于研究（或工程项目）本身的特点。

19.3.3 跨平台的 GIS 系统集成方法的原理、结构和过程

地理信息具有区域性、层次性、分布性、动态性和综合性等特征，随着网络技术的发展，空间信息的管理与服务已经跨出地理学界，走入政府部门和企业。在 GIS 系统软件的支持下，按用户需求进行系统开发和系统集成，已成为 GIS 应用的主流。GIS 的软件集成可分为数据集成和功能集成（开发）两个方面。分布式数据库系统和开放数据库互联（ODBC）为关系型属性数据的集成提供了有效的技术途径；对于空间数据，在同一 GIS 不同模块之间的数据交换及不同系统软件之间的数据集成，则采用数据格式转换后文件的输入/输出形式。面向对象技术和部件对象模型（component object model，COM）为 GIS 软件功能集成（开发）奠定了技术基础。

部件对象模型（COM）是一种客户机/服务器方式的对象模型，它是各种软件部件与应用程序之间进行交互的一种标准方式。按照 COM，可以将若干部件组合起来，建立更大的、更复杂的系统。COM 标准一半是规范，另一半是实现。规范部分定义了对象创建和对象间通信的机制；实现部分是提供核心服务的 COM 库。对象之间通过接口进行通信，COM 接口是逻辑上和语义上相关联的函数集。软件对象既可以作客户对象也可以作服务器对象，甚至可以同时既是客户对象又是服务器对象。COM 提供了一种面向对象的设计模型，能够建立复杂的软件部件，并能与其他系统的软件部件协调运作，实现软件的功能集成。

对象链接与嵌入技术（OLE）创建时的目的是使来自多种应用程序（软件）的数据能够方便地集成，协调客户程序与服务器程序同时运行时的用户界面。OLE 2.0 的编程自动化允许应用程序完全由脚本或宏驱动，超脱了标准的宏语言。OLE 的本质就是部件式软件，部件（即他人开发的项目、控件或应用程序）不必重新开发，即可用于应用程序之中。微软公司把 OLE 和 OLE 控制（OCX）技术结合在一起，统称为 ActiveX 技术。基于分布式 COM 的 ActiveX 是一套可使软件部件在网络环境中进行互操作而不管该部件是用何种编程语言创建的构件技

术。它是一个开放技术的集合，提供了一个标准的框架，用来创建、管理和访问基于对象的控件，通过事件、方法和属性等接口与应用程序进行交互。ActiveX部件就像操作系统的扩展部分，提供给能访问这些部件的任何应用程序。因此，通过 ActiveX 技术，可以方便地运用可视化开发工具将各种 GIS 控件以及其他非 GIS 控件集成起来，构成应用系统。组件化技术已经成为 GIS 软件发展的潮流。ESRI 推出的 Map Objects 提供 35 个 OLE 对象；Intergraph 公司的 Geomedia 提供 11 类 30 个控件作为可编程对象；武汉吉奥信息工程技术有限公司的 Geo Map 提供一个 OLE 控件和近 20 个 OLE 自动化对象，可应用于 Windows 开发环境。组件化技术为基于 OLE/ActiveX 控件的软件集成方法的实现开创了良好条件。

GIS 软件的突出特点在于图形与图像处理功能、空间数据与相应属性数据的关联及其空间分析功能。因此，GIS 软件集成需要可视化开发环境的支持。可供选用的部件式应用集成开发工具有：Visual Basic、Visual C++、Visual FoxPro 以及 Delphi、Power Builder 等。将可视化开发环境提供的控件与商用 GIS 软件提供的控件和 OLE 自动化对象依集成目标进行组合，即"部件组合集成"模式是实现集成的重要途径。在"部件组合集成"的实现过程中，必须把握"事件驱动机制"。图形用户界面的应用软件及其工作方式都采用事件驱动机制。可视化开发环境为图形界面上的各种控件预置了不同的事件，如窗口事件、鼠标事件、获得焦点、失去焦点等事件。对不同对象的每个事件，系统都会产生相应的消息并传递给消息响应函数或过程。由于事件驱动机制将控制权交给用户、交给系统，使开发者无需判别用户的操作、无需关心程序流程的控制，而致力于系统功能的实现。GIS 软件集成的技术过程可包括：界面设计、类模块创建和基于 API 函数的功能开发。多媒体界面设计主要是 MDI 技术的运用和菜单、工具条的设计与组织。多级菜单既是集成系统功能优化组织的体现，亦是可视化集成环境中事件驱动机制的用户界面。菜单设计不仅体现出系统集成者的技术风格，也反映了集成者对用户操作习惯的理解深度。创建类模块的主要目的是用来封装程序段，使其更易重用。类模块既可以是功能模块，也可以是集成系统中多次调用的程序段；同时，亦可使用类来创建 ActiveX 部件，类是 ActiveX 部件的定义，对象是类的实例。类模块的创建包括：设置、定义类的属性；为类编写出其过程来创建方法和编写处理事件的代码。实际上，类是可重用对象属性、方法、事件的封装，通过创建一个由类定义的对象实例来实现特定的功能。然而，可视化集成开发环境和商用 GIS 软件所提供的控件未必能够满足功能集成的全部需求。以 Visual Basic 为例，其图形功能相对比较薄弱。在这种情况下，则需要调用 API 的功能。Windows API 包含了窗口管理、图形设备接口、系统服务和多媒体四个功能类别。API 函数作为动态链接库（DLL）可以在任何语言中调用。因此，基于

API 函数的功能开发，可作为"部件组合集成"模式的后备技术支持，实现软件集成的既定目标。

19.3.4　跨平台的 GIS 系统集成方法的案例

案例：基于特定商用 GIS 软件的集成

三峡库区地质灾害空间管理信息系统建设的目标是：三峡库区地质灾害空间信息管理系统将以 GIS 技术为基础，应用信息技术和 GIS 的理论和技术，结合库区地质灾害的预测及防治的工作性质和要求，建立三峡库区地质灾害空间数据库并开发适用于地质灾害预测和综合评价的空间信息管理系统，显示并能查询三峡库区地质灾害的类型、地质环境、空间分布、特征、成因、分析评价危害程序、诱发因素，从空间分布、类型、特征上认识和研究三峡库区地质灾害和防治对策，实现多源数据的复合分析、多层次的模型分析和多种形式的结果输出，为防灾、减灾的宏观决策服务。因此，系统建设具有数据量大且数据类型多样、遥感信息处理与识别的任务繁重、应用模型与决策支持模型较多的特点。据此设计了如图 19-6 所示的系统集成概念模型。

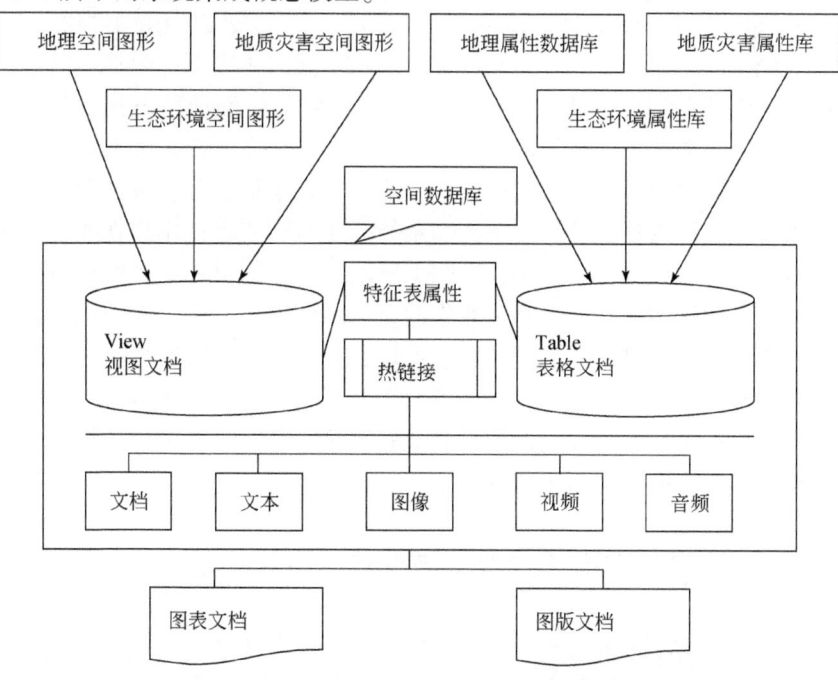

图 19-6　三峡库区地质灾害空间信息管理系统集成概念模式

(1) 部件组合集成

依照系统建设目标，以具有较强的图形编辑功能、系统查询功能和空间分析功能并支持 OLE 自动化的模块化商用 GIS 软件作后台支撑，以其提供的控件和可编程对象作为基础部件，按系统集成的概念模式，创建用户界面。用户界面的菜单体系是集成系统全部功能的逻辑组织。菜单体系的层次设计，不仅要考虑功能之间的逻辑关系，更重要的是控件和可编程对象之间的逻辑关系。后者似乎仅是一个编程问题，然而，实践表明它是影响集成系统可靠性的因素之一。用户界面的另一个重要部分是工具条，它是系统常用工具桌面展示的图示化快捷方式。鉴于选用的商用软件具有模块化特征，并提供了像 Tool Bar 这样的集合对象，可将各模块中的 Tool Bar Button 组织到用户界面之中，使集成系统体现出较好的灵活性。众所周知，数字图像处理功能尚无可用的控件和可编程对象。对此，采用 OLE 技术，将图像处理模块调入集成系统，则可运行其全部功能。同时，对图像处理模块作"适度"汉化，使集成系统界面具有较好的一致性。

(2) 类模块创建

一般来说，用户界面是部件组合集成的构架过程，创建类模块则是系统集成的实施过程。在 Visual Basic 可视化集成环境下，类是不含有控件的程序段（组）。通常类模块由若干个公用程序过程和函数组成，它们创建类模块的方法在方法的执行过程中调用含有控件的"容器"——表单以及表单中的控件，来完成某项操作或获取用户响应信息并按照用户不同的响应事件驱动不同的事件进程。用户响应信息实际上是"消息"，通过对指定变量赋值的方式，将消息传送给类模块，以完成类模块承担的"任务"。例如，数据记录集合类模块是集成系统频繁调用的模块之一，它含有创建记录集合和记录集合分类统计两个方法。创建记录集合方法调用选择特征表单，显示数据库名和表名让用户选择。当用户选定后，本模块的"任务"是驱动打开数据库的操作，如果相应的图形没有在图形窗口上显示，则调用图形显示类模块中的显示图例输入方法，完成图形显示。又如，缓冲带分析模块是一个典型的功能模块，它含有创建缓冲带、缓冲带距离选择以及获取坐标系统信息 3 个方法。通过调用弧段–结点拓扑结构确定缓冲带中心的位置，根据坐标系统提供的投影方式和比例尺等信息按用户选择的实际距离进行计算，完成缓冲带空间位置的显示。

19.3.5 跨平台的 GIS 系统集成方法的优点和不足

优点：可以借鉴不同 GIS 软件的优势，且集成尤其是"松散"集成，难度远远低于需要大量编程工作的集成。由于省时省力，研究人员或项目工作人员可以避免把精力过多地放在软件上面。如果各 GIS 软件之间在数据格式上存在沟通的问题，则会在格式转换时造成数据精度的丢失等，因此，在采用这种方法时应按照业务流程或数据流程等方面进行充分的考虑，并进行严格的控制。

缺点：需要对不同的 GIS 软件作充分的了解，在组织人员培训等方面较有难度。另外，采用多种 GIS 软件显然会增加应用成本，一般来说，大型的商用 GIS 软件价格不菲，而在这种集成应用中显然只是利用其一小块功能，造成大大的浪费，如果有合适的开源软件能够替代，那么就会大大地节约应用成本。如非特别需要，一般不会花费昂贵的价格采购大型通用的商业 GIS 软件。

19.4 应用分析模型与 GIS 系统集成方法

19.4.1 应用分析模型与 GIS 系统集成方法的定义和内涵

应用分析模型与 GIS 系统集成是指将地学应用领域的分析模型与 GIS 系统有机的集成并更好地解决应用问题。其基本的出发点是传统的应用分析模型在界面可视化与人机交互方面与 GIS 相比有较大的差距，而 GIS 则在空间分析功能方面缺少解决领域问题的分析模型，因此可以将二者结合起来，消除各自的缺陷，集成二者的优点。

19.4.2 应用分析模型与 GIS 系统集成方法的研究意义

当前大多数 GIS 系统主要以数据库软件系统为驱动核心，模型在系统中处于从属地位。GIS 提供的主要是原始数据和有限的低层生成信息，在辅助决策过程中 GIS 只能提供数据级支持，而不能提供实质性的决策方案，难以满足诸多 GIS 应用领域的结构化较差的空间决策问题。同时，GIS 应用的相关领域都已有了许多具有实用价值的应用分析模型，这些模型为空间辅助管理决策提供了强有力的支持。然而，这些模型一般都缺乏友好的交互界面，模型的分析结果不形象、不直观。相反，GIS 在人机交互、可视化等方面则具备强大的功能。鉴于此，将专业应用模型集成到 GIS 系统中不仅能增强 GIS 的分析功能，同时也能提高已有模型的重用率。实现 GIS 与应用模型的集成，挖掘 GIS 在各领域的应用已受到诸多学者专家的密切关注。

19.4.3 应用分析模型与 GIS 系统集成方法的原理、结构和过程

1. 现有应用模型与 GIS 系统集成方式

现有应用模型的主要存在形式有四种：源码、函数库、可执行程序与模型库。其中，前三种是常见的形式，模型库是一种仍在探索中的形式。

源码方式是利用 GIS 系统的二次开发语言或其他编程语言，将已开发好的专业模型的源码进行改写，使其从语言到数据结构与 GIS 系统完全兼容，成为 GIS 系统整体的一部分。这种集成方式非常多见，并且将会一直存在，它可以保证 GIS 系统与模型在数据结构、数据处理等方面的一致性。但这种方式只能算是最低级的集成方式，其缺点非常明显：一是 GIS 开发者必须下很大工夫读懂模型的源代码；二是在改写重用过程中常常会出错。

函数库方式是将开发好的模型以库函数的形式保存在函数库中，GIS 开发者通过调用库函数将模型集成到 GIS 系统中。函数库包括静态连接库和动态连接库两种，二者的区别在于，动态连接库不是在连接生成可执行文件时把库函数链入应用程序，而是在程序运行中需要的时候才连接。函数库方式的优点是：GIS 系统与应用模型能实现高度无缝的集成；函数库一般都有清晰的接口，GIS 开发者不必费力去研究代码，使用方便；而且函数库经过编译，不会发生因开发者错误地改动源代码，而使模型运行结果不正确的情况。

函数库方式的缺点在于：库函数无法与 GIS 数据有效结合，因而不能用于复杂模型与 GIS 的集成；由于开发者不能对库函数进行修改，降低了集成的灵活性；函数的可扩充性差；此外，静态函数的使用还在一定程度上受限于语言，必须依赖于其开发语言。

独立可执行程序方式是 GIS 系统与应用分析模型均以可执行应用程序的方式独立存在，二者的内部和外部结构不变，相互之间可以切换。二者之间的数据交换通过对共同的统一格式的中间数据文件（如 ASCII 码文件或通用数据库文件等）的操作实现，GIS 系统进一步将中间数据转换为空间数据，以实现 GIS 本身的空间数据操作功能。这种集成方式的优点在于简便，所需编程工作极少。缺点在于：一是系统效率较低，且使用不很方便；二是界面往往不一致，视觉效果不好。

内嵌可执行程序方式本质上与独立可执行程序方式一样，以 GIS 系统命令驱动应用模型程序，GIS 系统与模型之间的集成通过对共同数据文件的读写操作实现，GIS 系统则进一步通过进行中间数据与空间数据的转换来实现空间数据的

GIS 操作功能。与独立可执行程序集成方式不同的是，尽管 GIS 系统与模型可能是由不同的编程语言实现，但是集成系统有基本统一的界面，具有一个无缝集成的操作环境。内嵌可执行程序的优点在于：对于开发者，这种集成方式符合软件工程学要求的模块化开发原则，便于开发工作的组织管理，并且系统的运行性能比独立可执行程序方式好；对于用户，这种方式开发出来的集成系统具有基本统一的界面环境，便于操作。这种集成方式的缺点在于开发人员必须理解模型运行的全部过程并对复杂的模型进行正确合理的结构分解，以实现模型与 GIS 系统本身之间的数据相互转换及模型对 GIS 功能的调用，相应地产生的问题是，在分解原模型时可能产生错误，此外，如果需要同时集成多个模型，要进行模型的组合很困难。

模型库方式：模型库指在计算机中按一定组织结构形式存储的各个模型的集合体。模型库系统可以有效地生成、管理和使用模型，它可以支持两种粒度的模型（可执行文件与函数子程序），具有完整的模型管理功能，能够提供单元模型（指不需调用其他模型的模型）和组合模型（指通过调用其他单元模型或组合模型来构成的模型），同时还支持模型的动态调用和静态链接，使系统具有良好的可扩充性。模型库系统尤其符合 C/S 模式的系统的运行方式要求。在 C/S 模式的 GIS 系统中，模型从模型库中被动态地调入内存执行。尽管模型库研究随着决策支持系统的发展在近十年来取得了很大的进展，但是，在模型的操作方面，目前并没有形成完整的理论体系，特别是模型的自动生成、半自动生成方面离真正实用化尚有一段距离。

Leavesley 和 Restrepo（1996）开发的模块化模型系统（modular modeling system）就是一个将 GIS 与模块库（实质上是一个单元模型库）集成而成的模型开发系统。其模块库包含了各种模拟水、能、生物过程等的相互兼容的模块，这些模块可用于组成更为复杂的环境模拟模型，而由 GIS 工具软件 GRASS 开发的 GIS 界面则提供模型生成前期的图形数据显示、空间数据前期处理、输入参数文件的生成以及模型生成后的模型模拟结果显示和分析。

2. 组件模型及其与 GIS 的集成

组件（或称构件）是指那些具有某些特定功能，独立于应用程序，但能够容易地组装起来，以高效地创建应用程序的可重用软件"零件"。组件化是软件发展的趋势，它体现了完全面向对象的思想，具备面向对象程序设计所要求的封装性、多态性、继承性和动态链接等特性。开发者只需利用已有组件，再加上专业技术便可以高效地开发出应用软件。

目前，组件技术分为两大类：由 Microsoft 推出的 ActiveX，以及由 Javasoft 推出的 JavaBean。ActiveX 是基于 Microsoft 制定的组件对象模型（COM）规范的一种组件开发技术，是对象链接与嵌入（OLE）2.0 技术的发展，它独立于语言，但完全依赖于 Windows 开发。JavaBean 则是基于 Java 技术的（Java 能够提供可重用对象，但却没有管理这些对象之间相互作用的规则或标准），它依赖于 Java 语言，但独立于平台，可运行在任何支持 Java 的平台上。

组件模型指以组件形式存在的应用模型。当前，GIS 软件已经或正在发生着革命性的变化，由过去厂家提供全部系统或者有部分二次开发功能的软件，过渡到提供组件由用户自己再开发的方向上来。组件模型符合了这种组件式 GIS 发展潮流的需要，它的出现将给应用 GIS 系统开发带来深刻的影响。

随着 GIS 应用领域的扩展，许多地理信息的发布、处理与应用要求能够在网络上（特别是在 Internet 上）运行，因此网络 GIS，尤其是 WebGIS 已成为 GIS 界研究的热点之一。开放式地理信息系统（OpenGIS）是未来网络环境下 GIS 技术发展的趋势，而实现 OpenGIS 的一个主要技术之一分布式对象技术是建立在组件（component）的概念之上的。组件技术很好地满足了开放 GIS 系统的可移植、可伸缩、可扩展等需要。因此，传统的 GIS 工具软件最终将会走向组件化，而模型的组件化也将相应成为应用模型开发的主要方式。在组件模型的基础上，还可以进一步制作可重用模型组件库，这将是软件重用技术今后的一个重要发展方向，也将为 GIS 与应用模型的集成提供一种新的技术手段。

应用模型的组件化，将极大地促进 GIS 与应用模型的集成应用。Ungerer 和 Goodchild（2002）提出了使用空间分析软件和 GIS 的 COM 组件而将空间分析与 GIS 紧密耦合的方法。开发出一套软件工具（以 COM 组件库的形式）为地理学或其他依赖 GIS 空间分析的学科提供与 GIS 集成功能是可能的（Ungerer and Goodchild，2002）。

19.4.4　应用分析模型与 GIS 系统集成方法的案例

案例 1：地表灾害过程模型与 GIS 的集成

兰恒星等的地表灾害过程模型研究创建了典型地表灾害物理力学过程模型与 GIS 集成的理论和技术方法。并且根据大量实例研究，建立了考虑复杂环境效应的典型地表灾害类型的本构模型，并与 GIS 系统进行了有机的耦合，使模型的实用性得到显著提高，为地表灾害分析预测提供了包括本构模型、参数、数值方法选取的科学依据，减小了模型实际应用的难度，有利于合理的地表灾害控制和决策。在研究中提出了基于物理力学过程的三维分布式滚石地表灾害危险性分析模型并在 GIS 系统中进行了实现，即 Rockfall Analyst（RA）。RA 是在 ArcGIS 桌面软件开发环境中采用 Visual Studio.net（C#）和 ArcObjects 开发的一个 GIS 扩展。RA 包括两个主要部分：①3D 滚石路径模拟；②滚石空间分布栅格建模。RA 以工具条的形式与 GIS 的建模环境紧密地结合。如 19-7（a）所示，RA 的工具条包括了一系列容易使用的 3D 滚石危险评价的工具。而图 19-7（b）则显示了滚石三维路径的模拟效果。图 19-7（c）则显示了 RA 模型分析的结果。

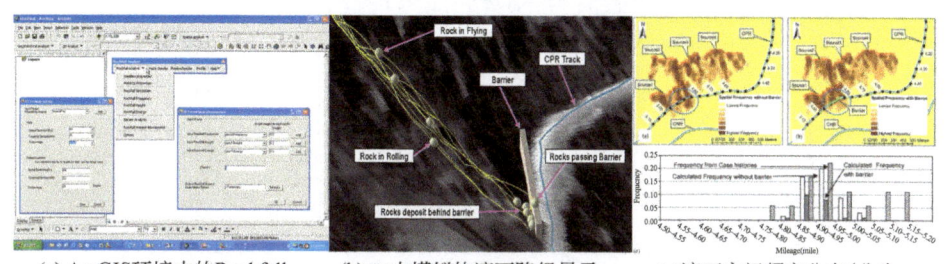

(a) ArcGIS环境中的Rockfall Analyst扩展工具条　　(b) RA中模拟的滚石路径显示了三维环境中的障碍的效果　　(c) 滚石空间频率分布（分为有障碍和无障碍两种情况）

图 19-7　地表灾害过程模型与 GIS 的集成案例

图（a）左侧的窗体显示了表面物质属性的输入接口；右侧的窗体显示了滚石风险评价的用户接口

资料来源：Lan et al., 2007, 2008, 2010

案例 2：资源环境模型库与 GIS 的集成

范泽孟和岳天祥（2004）建立了资源环境数学模型库，实现和完成了 3055 组资源环境模型的学科分类和编码；完成了资源环境模型字典、资源环境模型库管理系统、资源环境模型库系统与 GIS 集成方案等方面的理论设计和系统分析（图 19-8）。

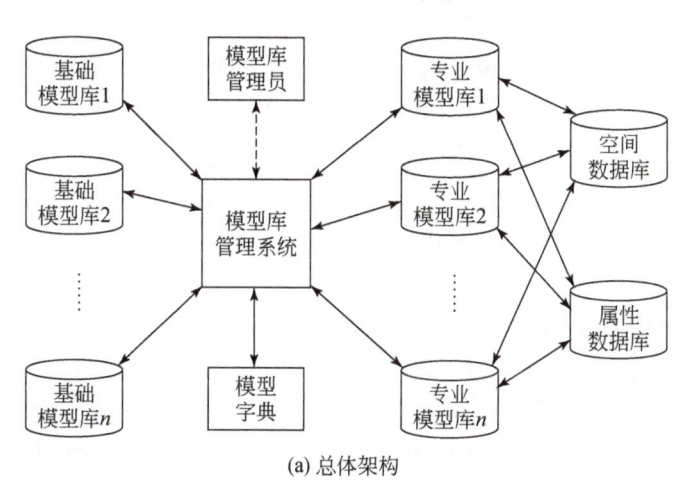

(a) 总体架构

(b) 功能结构

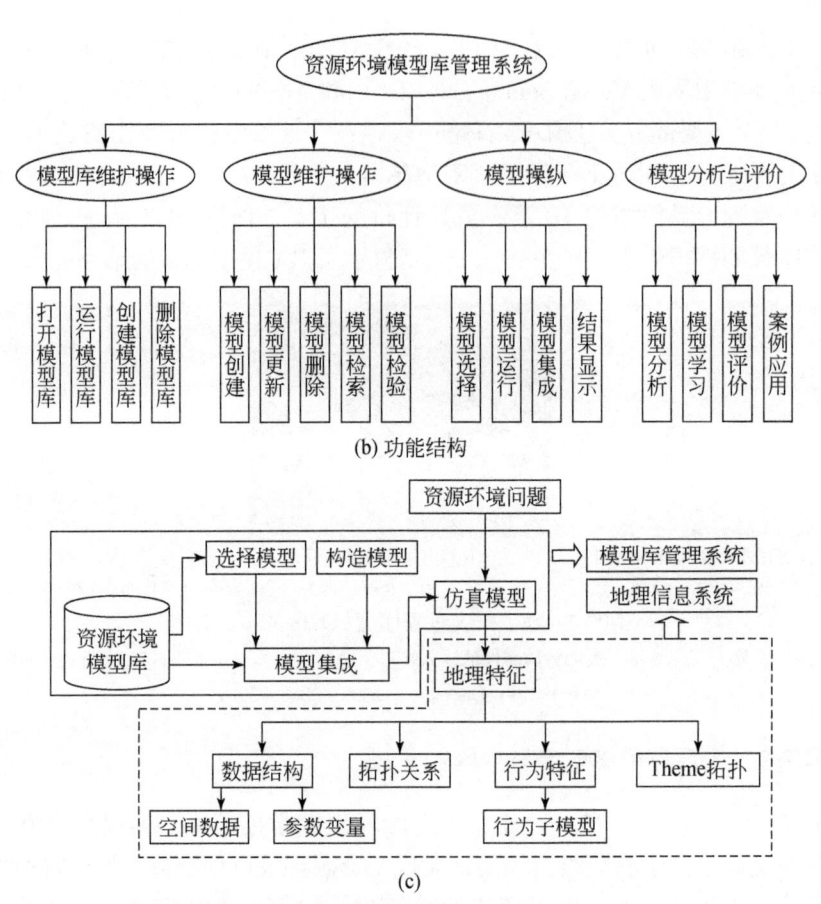

(c)

图 19-8　资源环境模型库系统及其与 GIS 集成框架
资料来源：范泽孟和岳天祥，2004

并且基于资源环境数学模型的专业分类体系的研究模型标准分类、模型粒度分级，基于工作流引擎实现原子模型、基础模型到资源环境领域模型的动态聚合，构建了支持随需应变、可扩展的模型集成共享环境和直接建模系统（图 19-9）。

19.4.5　应用分析模型与 GIS 系统集成方法的优点和不足

应用分析模型与 GIS 系统集成方法的主要目标是将现有的比较成熟的应用分析模型与 GIS 强大的数据处理、展示的功能结合起来，其优点是明显的，且随着 GIS 厂商更加关注对应用分析模型的整合，越来越多的应用分析模型可以在较新版本的 GIS 软件中找到，而且利用 GIS 软件进行建模在操作层面也变得相对简

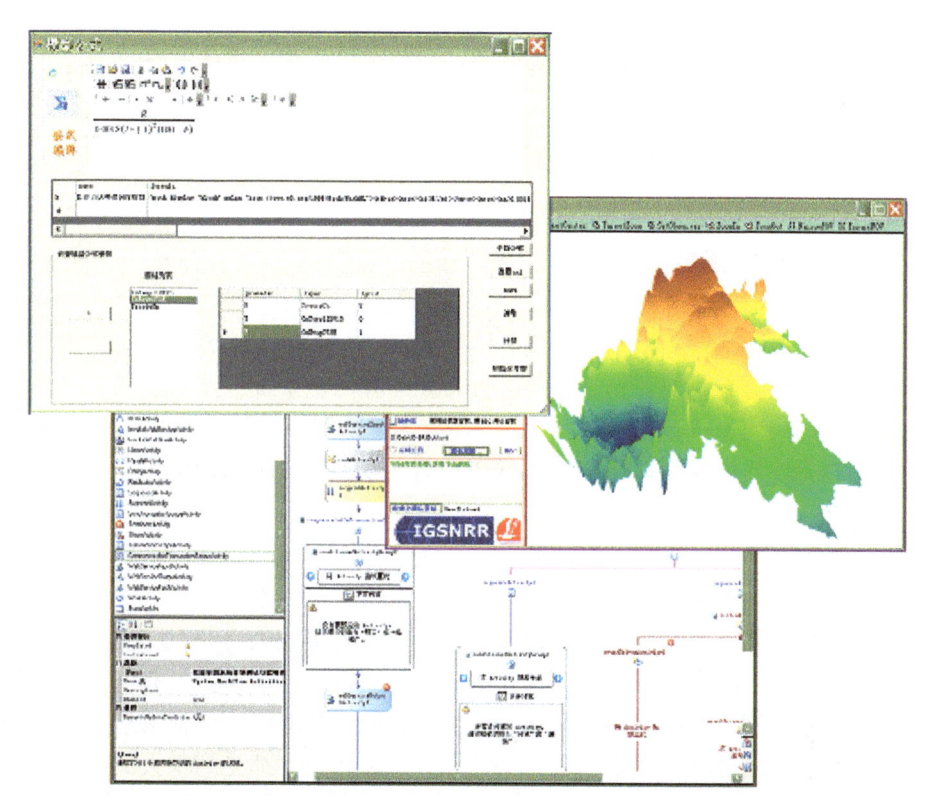

图 19-9 资源环境模型的集成共享与直接建模系统（范泽孟和岳天祥，2004）

单。然而，显然的是通用 GIS 软件不可能集成所有的应用分析模型，而且面临更加专业化的应用时，GIS 软件提供的建模工具未必适用，特别是一些领域的模型不适于集成到 GIS 中来，这并不是因为 GIS 厂商或者领域人员不想这样做，而是两者（GIS 和专业领域）的理论基础和认识、表达、解决问题的立足点不同。所以，更好地理解 GIS 和专业领域，对于是否选择 GIS 与专业的应用分析模型进行集成会有所帮助。而且，对于较为容易使用 GIS 自带功能实现的模型，使用者尤其应更关注专业应用分析模型的性能，这样才会使问题更容易得到解决。

对于需要编写程序或借助其他免费或商业应用模型与 GIS 集成的做法，可能会遇到各种问题，这是因为，应用分析模型程序的编译环境可能与 GIS 的环境不同，操作系统可能不同。很多开源的程序包可能会提供一些适用不同操作系统的版本，如果没有找到合适的版本，在使用起来可能就有问题，这说明实践是检验真理的唯一标准，而不能说集成的想法不合理。

对于模型库，同样的道理，建立模型库是研究者对领域内诸多独立的应用模型集成在一起以方便同行应用而做的一项实践。显然，如果专业领域内有类似的模型库，作为参考可能减少很多查找资料的时间，在实现上可能也会得到帮助。

19.5　分布式集成方法

19.5.1　分布式集成方法的定义和内涵

分布式集成在这里指网络化集成，不作区分。GIS 网络化集成的实质是形成一个物理上分散分布，但逻辑上集中的分布式地理信息系统，使 GIS 从单机集成到局域内、部门内集成，再到互连网络集成。虽然说分布式集成除了 Internet 网络之外还有无线通信网络等手段，如基于位置的服务（请阅读 15.3 节）等，此处不多作介绍。

网络化的 GIS 集成是 GIS 集成化的必然趋势。早期基于主机/终端模式的分时多用户地理信息系统允许远程用户通过通信网络连接到本地主机，实现一定程度上的地理信息和分析模型的共享。20 世纪 80 年代出现的客户/服务器（C/S）体系的局域网络 GIS 则允许地理信息在局域网内的共享，已初步具有网络 GIS 的特点。但此时的网络 GIS 是面向科学研究或特定的政府部门，地理信息共享只是在一定领域、一定范围、一定时间内进行，其广度和深度都受到很大的影响。技术的进步和社会需求的结合导致网络 GIS 的产生和飞速发展。互联网的出现，使 GIS 的网络化集成发展进入了一个新阶段。

在互联网提供的物理通信线路和信息服务机制的基础上，一些大学和研究机构基于合作研究和信息共享的原则，开始在全球网上建立主页（home page），提供相关地学信息的浏览和查询。政府部门在扩大宣传影响、提高服务效率的考虑下，也开始建立部门网络 GIS 系统。与 Internet 功能向 Intranet 移植的趋势相适应，企业级网络 GIS 的概念也被政府部门和公司企业所采用。建立企业级网络 GIS 的单位都是经济实体，目标和服务对象都很明确，并能产生较大的经济效益。Intranet GIS 不仅仅提供信息共享服务，而且直接面向信息生产过程本身，要求解决并发的读写控制，对空间数据库更新提供保障，并能实现与具有较强功能的分析模型的有效连接。Intranet GIS 实质上是对传统的单机 GIS 和基于主机/终端型 GIS 的改造，通过网关和防火墙实现与 Internet 的连接，构成统一的 WebGIS。分布式是 Intranet/Internet 的根本特点之一，这也正是地理信息的特点。

19.5.2 分布式集成方法的研究意义

分布式集成方法或者说网络化集成方法，使得地理信息的采集、处理、分析可以在物理上分散分布的地方执行，可大大节约 GIS 系统的运行成本，对于数据生产部门来说可以将采集的数据近乎实时地上传到网络上，供全部用户使用。这种能力的具备可以大大提高全球变化、灾害监测预报预警等研究的数据获取能力。而且地理信息数据存储备份分散在多个节点，较好地提高了地理信息数据备份抵抗风险的能力。另外，随着互联网服务理念逐渐深入人心，GIS 以网络 GIS 的形式加入到服务大众的队伍中来，使公众更易接触了解 GIS 并且方便地享受到地理信息服务。

19.5.3 分布式集成方法的原理、结构和过程

1. 基于分布式对象技术的 GIS

谭靖等（2009）提出了一种基于分布式组件的网络 GIS 开发模型——DIDC 模型。在 Visual Basic 及 Visual C++环境下，开发了若干网络 GIS 基本组件，包括用户登录及权限管理组件、数据访问组件、地图编辑组件、地图浏览组件、地图目录组件（TOC）、地图符号化组件、空间查询组件、空间量算组件等。基于这些组件及部分通用组件，构建了一个原型系统——FreeXGIS。FreeXGIS 包含两个子系统，即位于服务器端的空间数据管理系统（spatial data management systems，SDMS）以及 C/S 模式客户端 FreeXGIS-client。数据存储采用最简单的实现方式——以原生格式文件（ESRI shape）存储。其 SDMS 与 ArcCatalog 类似，定位于为服务器端提供一个数据管理和空间数据浏览、查询、编辑、更新等基本操作的轻量级桌面 GIS 平台。而 FreeXGIS-client 实质是一个集成了部分基本 GIS 功能的胖客户端，其用户界面较 B/S 模式下的通用浏览器更为复杂，功能也更为强大，适用于企业内部办公网。

2. 基于 Web Services 的 GIS 集成

在 Internet 开放复杂的运算环境中，对 Internet GIS 应用来讲，跨平台性、可配置性、可伸缩性、可维护性等结构性因素则显得尤为重要。研究 Internet GIS 作为软件本身的体系结构，对于提高 Internet GIS 应用的访问效率、安全性、可用性至关重要，关系到系统建设的成败。

传统的 Internet GIS 大多包括客户端浏览器、客户端插件、Web 服务器、应用服务器、应用服务构件和数据库服务器等组成部分。按照计算模型的不同，传统 Internet GIS 的体系结构可以分为瘦客户端、中客户端、胖客户端三种。瘦客户端的 Internet GIS 所有运算任务都在服务端，服务端把图形运算的结果以影像的形式传回客户端。中客户端的 Internet GIS 则平衡了客户和服务端之间的运算负载，服务端处理复杂的空间分析任务，一些简单的图形处理任务如放大、缩小等则交给客户端进行。胖客户端的 Internet GIS 服务器端只负责空间数据请求的处理，客户端完成一切的空间操作任务。这三种结构的 Internet GIS 都存在各自的缺点，瘦客户端服务器的负载过重、交互性差，中客户端需要下载对本机不安全的代码，胖客户端对客户端要求太高，响应速度也比较慢。Internet GIS 的发展趋势是分布式计算，没有明显的客户端和服务端之分。

分布式的 Internet GIS 要求分布于网络上的每个 GIS 节点，对外提供用户接口、数据接口和功能接口。用户接口提供 Internet GIS 功能给最终用户使用，数据接口为网络上的其他 Internet GIS 应用提供数据请求服务，功能接口为网络上的其他 Internet GIS 应用提供功能调用服务。Web Service 正是实现分布式 Internet GIS 的理想技术，在基于 Web Service 技术实现的分布式 Internet GIS 中，每个节点都同时是服务提供者和服务消费者，都以 Web 服务的形式对外暴露其所能提供的数据和功能服务，同时通过 SOAP（简单对象访问协议）访问其他节点提供的数据和功能服务，基于 Web Service 的 Internet GIS 体系结构如图 19-10 所示。这种体系结构中，每个节点可以根据需要调整系统规模和服务，具备很强的可伸缩性，节点之间的数据和功能互访基于 Web Service，采用标准的通信协议如

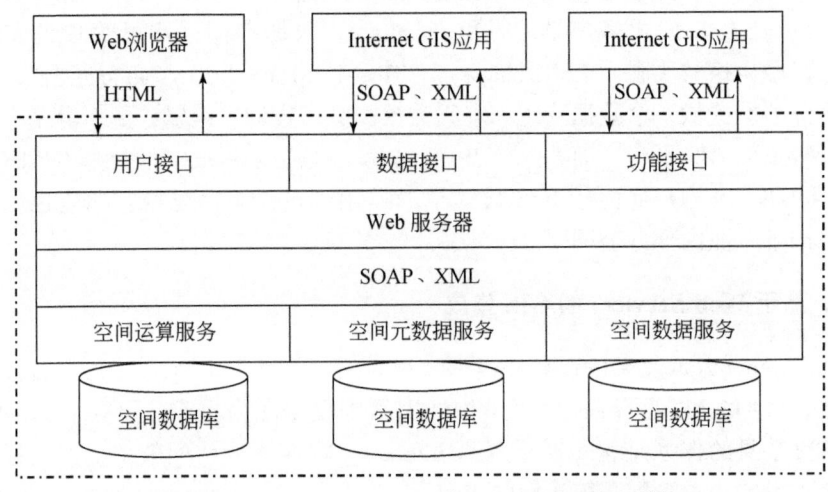

图 19-10 基于 Web Service 的 Internet GIS 体系结构

XML、SOAP，具备很强的跨平台性。Web 服务层的实现采用基于软件构件的设计和开发模式，具备很强的可配置性、可维护性。如图 19-10 所示，基于 Web Service 技术的 Internet GIS 的核心是要对网络上的其他节点，提供空间数据和元数据服务。因为网络的复杂性和空间数据的多源性，Internet GIS 应用必须解决网络环境下多源异构空间数据的互操作和空间元数据服务系统的实现。

基于数据格式转换的方式无法解决不同语义模型的空间数据的共享，由于底层语义模型的不统一，一种数据格式转换为另一种格式，将丢失大量信息，所以只能实现"空间数据有限的共享"。基于空间数据互操作的方式，只能共享符合 OGIS 互操作规范的数据，无法共享大量的、历史遗留的、不符合互操作规范的数据，也就是只能实现"有限的空间数据共享"。基于空间数据直接访问的方式看似先进，但实际陷入了无限循环的怪圈，随着其他 GIS 软件的升级必须添加新的数据访问接口去适应它，造成了软件体系结构的庞大和臃肿，使用难度也会上升，最终将无法满足空间数据共享的要求，这种方式只能实现"有限时间内空间数据的共享"。

1）要想彻底解决多源异构空间数据的集成，必须转变思维，那种只想依靠空间数据互操作规范或者无所不能的多源空间数据读取技术，去实现空间数据完全共享的想法是不符合客观规律的。Web Service 技术在更高的层次上解决了多源异构空间数据的集成问题，通过在 Internet 上注册 Web Service，将不再存在异构系统问题，同时远程调用协议采用 SOAP，不受局域网防火墙的限制。基于 Web Service 技术，以松散耦合的方式实现多源空间数据的集成，将成为未来空间数据共享的主流，同时这种数据共享方式也是"无缝"的，因为用户不必关心数据的格式和来源，只关心是否满足需要。基于 Web Service 的多源空间数据集成的实现模型如图 19-11 所示。

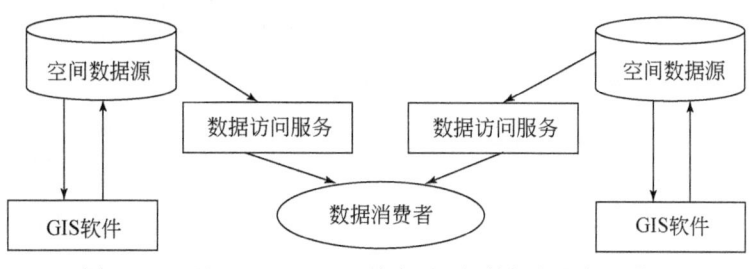

图 19-11　基于 Web Service 的多源空间数据集成实现模型

2）如何快速高效地在浩如烟海的 Internet 中发现、定位、获取需要的空间数据是 Internet GIS 应用必须面对的一个重大挑战。由于空间数据的非结构化特点，对空间数据的查询、检索要难于一般结构化的属性数据。地理空间元数据是描述地理空间数据的元数据，包括数据名称、数据质量、比例尺、组织方式等，它是帮助发现所需空间数据的有力武器。在网络环境中，空间数据元数据显得更加重要，贯穿空间数据生产、管理、发布、检索和共享的整个过程。由于空间元数据的重要性，国际和国内很多组织机构对空间元数据标准、空间元数据表达、空间元数据管理、空间元数据发布进行了大量研究，制定了相应的空间元数据标准和元数据表达规范，但是这些研究都停留在元数据本身的表达模型和标准制定上，而对空间元数据服务作为一个系统在整个 Internet GIS 体系中的地位、实现方式和与其他应用集成方式的研究则比较薄弱。实际上，在 Internet GIS 系统中，空间元数据服务系统处于核心位置，数据的生产、发布、发现和消费都需要空间元数据服务系统的支撑，这种关系可用图 19-12 来表达，从图 19-12 中可以看出，空间元数据服务系统在整个 Internet GIS 体系中所处的位置。

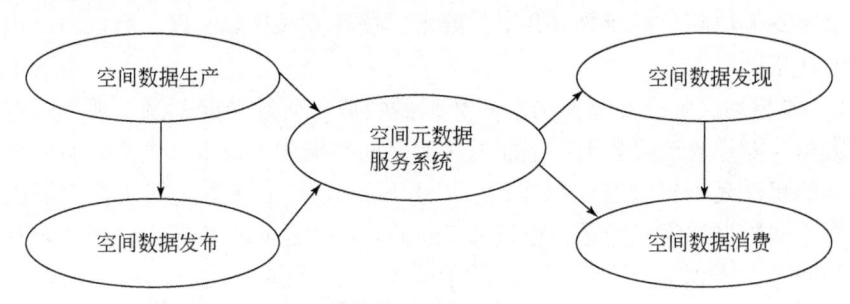

图 19-12　空间元数据管理系统在 Internet GIS 中的位置

在空间元数据的表达模型上，人们已经基本达成共识，认为基于 XML 或 GML 表达的空间元数据是理想的方案。XML 也是 Web Service 技术的基础，Web Service 的数据表达、传输、转换完全基于 XML，因而具备良好的开放性和扩展性。因此，建立基于 Web Service 技术的空间元数据服务系统不仅是必要的，而且是可行的，其实现模型如图 19-13 所示。

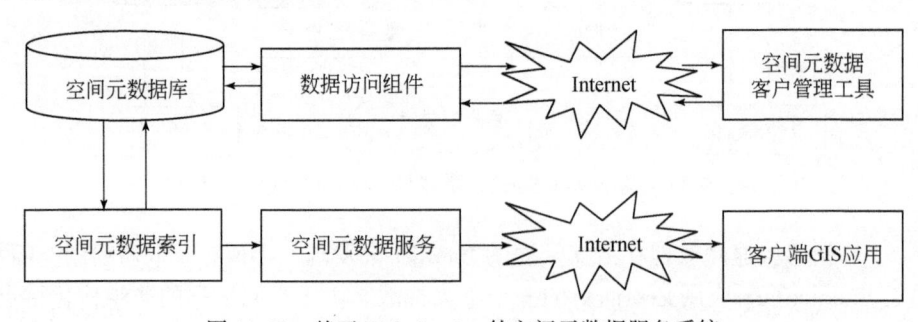

图 19-13　基于 Web Service 的空间元数据服务系统

空间元数据服务系统的目标就是要像网络上的搜索引擎一样，提供便捷、快速的方法支持空间元数据的查询检索，也就是提供空间元数据查询检索服务。基于 Web Service 的元数据服务系统，提供与平台无关的空间数据检索服务，Internet GIS 应用可以轻松地将网络上丰富的空间数据资源纳入自身的应用中。

19.5.4　分布式集成方法的案例

案例：澜沧江（湄公河）综合开发和协调管理地理信息系统的研究和建设项目中的综合决策支持系统的网络集成

该综合网络系统由局域网（内网）与广域网（外网）两部分构成（图19-14）。其中内容是系统的核心，实现数据服务、图形服务以及决策支持服务等多项内容的网上操作和集成。外网主要是全国科技信息服务网云南节点，是面向大众的科技信息网络，它一端联结云南省地理研究所信息网（内网），另一端则通过 Internet 联结广大用户（网外业务用户）。

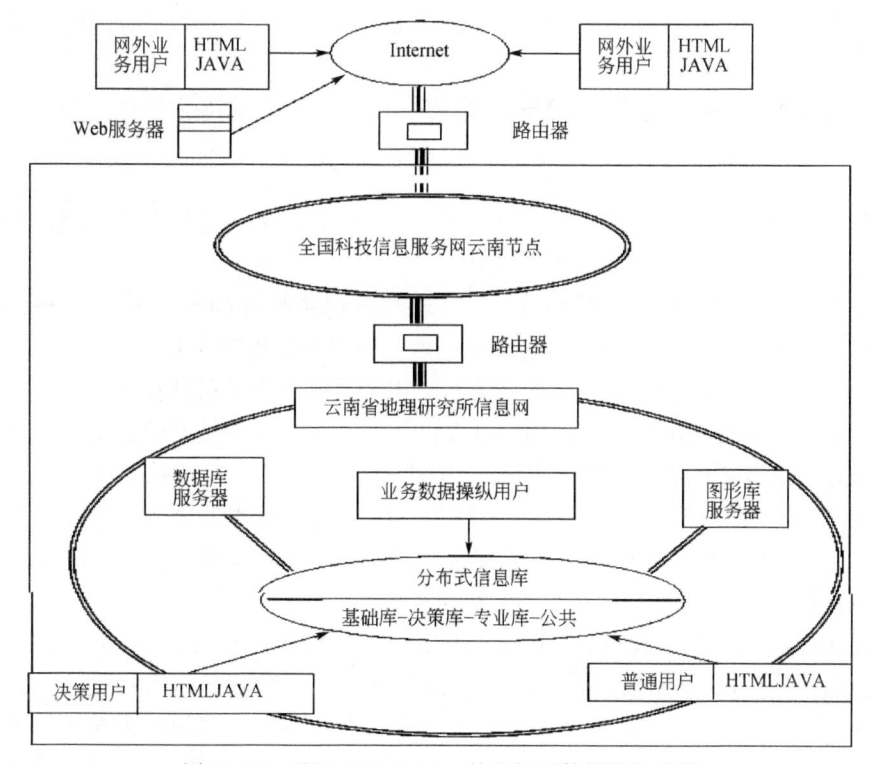

图 19-14　基于 Web Service 的空间元数据服务系统

19.5.5 分布式集成方法的优点和不足

显然分布式集成的优势是十分明显的，可以让用户很容易地获取到在远处存放的地理信息数据和服务，而在一些如基于位置的服务等应用中，用户通过简单的移动设备便可方便地获取相应的服务。对于科学研究来说，最大的受益即是增强了对地观测等观测数据或者其他数据的实时获取、分发等业务需求。而对于一般工程项目来说，如企业级 GIS，则可以充分合理地设计相应的系统以使企业与空间地理信息有关的生产或管理等更加高效和快捷，并且能在一定程度上节约系统部署的成本。而政府部门则一般采用政府网站的形式对公众提供地理信息服务。

然而，采用分布式集成方法（这里主要指网络 GIS）仍有不可避免的缺点，这是因为其交互性困难、通信的带宽以及可靠性限制等，虽然这本身是互联网、无线网等技术本身的问题，然而仍然是在进行相关工作时不得不考虑的因素。我们在选取应用模式或策略时要采取谨慎的态度，如以数据业务为主的应用中采用分布式部署时在考虑其优点的同时还要顾及维护管理以及安全性等方面的问题。

19.6 GIS、RS、GPS、DSS、ES 之间系统集成方法

19.6.1 GIS、RS、GPS、DSS、ES 之间系统集成方法的定义和内涵

地理信息系统（GIS）、遥感（RS）、全球定位系统（GPS）、决策支持系统（DSS）、专家系统（ES）之间的集成在地理信息服务思想深入人心的当今时代显得尤为重要。这是因为，社会需求不关心采用的是哪一个学科的技术，只关心能不能更好地满足社会的需求。而随着社会的发展，采用单一技术建立的系统逐渐不能满足更加务实的社会需求，因而"集成"便成了各学科在社会中得到认可的必经之路。西方有句谚语"需求乃发明之母"，各种技术发明的产生正是有了（社会）需求的驱动，而如今的系统集成正是应运而生。在集成中，GIS 似乎起到了基础框架的作用，这是因为 GIS 表达世界的点、线、面以及地理空间等的概念更易于被接受，除了 RS 可以单独进行相关成果的整理和输出外，GPS、DSS、ES 似乎都需要 GIS 作为显示的界面以增强结果显示的功能，而实际上这也正是 GIS 相对于 GPS、DSS、ES 的优势。因此，本节中虽称为"之间"的集成，实际上只包括 GIS 与 RS、GIS 与 RS 与 GPS、GIS 与 DSS、GIS 与 ES 的集成，虽然有

些领域如汽车导航会关心 GIS 和 GPS 的集成，实际上很多这方面的业务是采用具有一定 GIS 功能的导航软件（或者可以称之为导航电子地图）。另外，本节中所介绍的"集成"，也不可能面面俱到，只能举几个不太恰当的例子略加说明。

19.6.2　GIS、RS、GPS、DSS、ES 之间系统集成方法的研究意义

GIS、RS、GPS、ES 的集成无非是运用多个学科的知识和技能更好地解决应用领域的问题。行业应用、公共服务以及公共服务中的决策日益成为人们关注的焦点，无论作为领域研究人员还是项目工程人员，无不希望自己的研究成果更好地服务公众，得到认可或者利益上的回报。然而，这是一个非常大的话题，单一的领域很难独自发挥作用，相反，只有融入到大的服务体系下才有更好的发展空间。以 DSS 为例，本身起源于信息管理系统（MIS），对于地理空间的概念非常陌生，然而当地学领域的应用中把决策支持提上日程之后有了 DSS 与 GIS 集成的可能，而集成应用的成功无疑使两者都得到了更广泛的认可。现如今看到的多数以 GIS 命名的系统中都包含了决策支持的模块，许多 GIS 厂商更是不遗余力地将各种应用模型嵌入通用 GIS 软件中（请阅读 19.4 节），无疑更加方便了空间决策中对于应用分析模型或者相关函数的使用。

19.6.3　GIS、RS、GPS、DSS、ES 之间系统集成方法的原理、结构和过程

1. GIS 与 RS 的集成

GIS 与 RS 集成的历史是较长的。最初 GIS 学者的思路是如何用 GIS 数据去帮助航空相片上专题信息的解译。然而由于绝大多数的 GIS 都是基于矢量数据格式的，尽管有些 GIS 中带有栅格数据的存储和显示功能，但它们却没有把图像处理功能添加到系统中。因此，要想使 GIS 数据加入到遥感图像的"处理链"中，必须把矢量数据转换为栅格数据。反之，把遥感信息集成到 GIS 中，也使栅格 GIS 集成较容易。当然集成到矢量 GIS 中目前也可行，但多数只是把遥感图像作为矢量数据编辑时的背景。

1987 年产生了一个"图像分析与 GIS 的集成系统"的概念框架，其中带有数据转换功能。然而其作者 Archibald 指出，建造这么一个带有友好界面的系统，目的并不是简单地把遥感数据从图像分析转换到 GIS 中，集成是为了充分利用 GIS 能够带来的相关数据和强大功能，使从图像中的信息提取达到优化。总之，把 GIS 功能越来越多地与 RS 相结合，一方面缘于遥感信息源的空间和时间分辨

率的提高，另一方面也在于计算机软硬件性能价格比的提高。随着全球环境问题的日益加剧，越来越多的大规模数据库以不同比例尺的形式出现。只有集成，才能减少数据采集的成本和所花费的时间，提高信息的精度。

GIS 与 RS 的集成可在三个层次上进行：

层次一：数据库管理和制图等 GIS 工具与遥感图像处理系统分开，但数据能够相互转换。这是最低层次的集成。

层次二：GIS 和遥感图像处理模块通过一个公共的界面集成在一起，二者共用显示设备和窗口。这种集成的系统在 20 世纪 80 年代末就出现了，如 Intergraph 的 GIS Office 软件包（MGE），其特点是矢量与栅格数据的混合编辑、联合操作，在图像处理中加入了矢量数据的辅助。

层次三：这是最终的目标，即将 GIS 与 RS 进行完全的集成，其中 GIS 空间分析与遥感图像处理功能融在一个软件模块中。

在上述三个层次的集成中，用得最多的是层次二。但其也有局限性，主要的缺陷是数据格式的转换和矢量、栅格数据的同时存储。解决办法是建立"多数据格式 GIS"，创建一种"多数据格式数据库"，能够被多种系统使用。这里需要解决的关键技术问题是矢量数据所带来的属性值向栅格数据库的传递。由于从一种格式向另一种格式转换必然造成一定程度的制图综合，损失一定的精度，因而矢量数据的点、线、面与栅格数据光栅块之间往往是不对应的。因此，必须在设计和建立多数据库格式 GIS（或称矢量-栅格一体化 GIS）时严格定义，精密确定解决方案。

GIS 与 RS 集成后，两者在功能上能够实现互补：

首先，RS 用作 GIS 数据集的工具，即通过 RS 生成 GIS 专题数据主要有分类和空间信息概括两个关键技术。我们可以把遥感图像分类功能放在 GIS 系统中，从而分类处理后的数据结果直接进入了 GIS 数据库中；当然，作为地面景物的模型，遥感图像对于地面的模拟不一定准确，当用自动分类方法判读出地物景观时，分类结果可能往往比地面实景破碎得多，因此进行空间信息概括，也叫"制图综合"，一是剔除"噪声"干扰，即削去分类时的误判；二是降低图像上的总体信息熵，使处理后的图像既减少了容量，又提高了对用户的可观性。

其次，GIS 数据可用作辅助信息来提高遥感信息的提取效果。这是利用已有的 GIS 数据库来帮助遥感数据的解译。有以下几种方法：一是使用 GIS 数据作为遥感图像分层分区，原理是根据 GIS 数据把图像上的景象按照一定的标准（如地形、地质条件、气候、生物气候等）划分为不同的区域带，目的是针对不同的区或带采用不同的图像处理方法和指标，如以海拔高度作为分层标准，可把全中国的卫星分为不同的高度带区，然后在不同的地带内用自动分类方法对图像信息加以解译。二是不同数据层之间的布尔（代数）运算，如为预测中国黄土高原的水土流失，可选取坡度、坡向、土壤类型等因子进行代数运算，运算是在图像数据即栅格数据上进行，计算后的结果可直接与前述的分层分区数据相融合。三是把 GIS 数据加入到神经网络分类工具中，如把地形数据加入到 MSS 数据中以获取地表状况数据，把 DTM 数据作为多层感知神经网络分析中的外部输入数据，这样就能提高地面状况分类的精度。四是使用地理环境推断法帮助提取信息，即对于数据不全或现象不确定的地区，可采用专家系统和基于知识的地理环境推断法来帮助提取信息，这种方法往往能够解决其他方法解决不了的问题。此外，当证据很多且有些证据之间相互矛盾时，就可以用推理方法处理。这时也有可能不同尺度证据的适宜性不同，因此可分层、分情况解决。五是 GIS 数据可作为遥感图像几何纠正的依据。

最后，RS 与 GIS 联合使用，可作为环境模拟和空间分析的强大工具。在建立数字地球的工具平台体系中，RS 和 GIS 均不可少。其中，RS 技术提供了图像的基本增强和分类处理的工具，同时遥感图像也可为数字地球的三维数据粘贴纹理，产生地理景观的真实感；GIS 工具则可用于空间分析、环境模拟与预测，以及进行虚拟现实操作。"虚拟地理环境"可以把 RS 和 GIS 工具融为一体，成为环境模拟、仿真和虚拟的强大工具。

2. GIS 与 DSS 的集成

GIS 虽然在空间数据采集、编辑、管理、分析、制图、显示与输出等方面具有强大的功能，但目前市场上流行的 GIS 软件难以很好地描述空间信息的时空分布模式，缺乏空间模拟和模型分析功能以及交互式问答的能力。因而 GIS 只能提供辅助决策过程中的数据支持，不能提供实质性的决策方案，难以求解比较复杂的、结构化程度较差的空间问题（如选址、资源配置、动态规划等问题），不能为各级管理和决策人员提供直接的决策支持。

决策问题按其结构化程度，可以分为结构化决策、半结构化决策和非结构化决策三类。传统的系统分析方法、运筹学方法能够比较好地解决结构化决策问题，但难以解决半结构化和非结构化的复杂问题。最近几年发展起来的空间决策支持系统（SDSS）能够解决结构化较差的空间决策问题。它是 GIS 深入到实际应用，特别是深入到现代管理与决策的应用以后的新发展。SDSS 与 GIS 最主要的区别在于 GIS 的研究对象是地理信息的获取、组织与管理；SDSS 的研究对象则是决策支持，即空间问题的求解。因此，将 GIS 与 SDSS 进行集成是势在必行的。

GIS 与 SDSS 的集成有松散式和紧密式两种集成方案。集成后的系统从功能上看分为数据部件（数据库管理系统）、模型部件（模型支撑系统）、人机交互部件（人机交互系统）三部分（图19-15）。

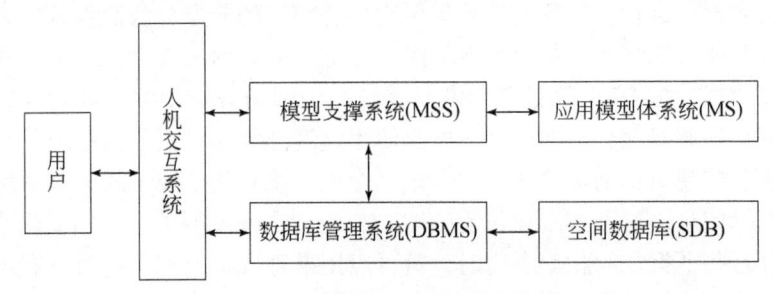

图 19-15　GIS 与 SDSS 集成后的功能分配

数据部件由空间数据库和空间数据库管理系统组成，主要完成空间数据采集、编辑、管理、分析、制图、显示与输出等任务，是传统 GIS 的功能。目前的 GIS 软件包并不能完全满足 SDSS 的需要，如 GIS 对空间数据的描述是静态的，难以描述时空数据。这是因为现有 GIS 的数据库设计采用的几乎都是关系数据模型。近几年发展起来的面向对象设计技术（OOP）、基于多维数据库的联机处理技术（OLAP）和属性与图形一体化数据模型在数据库设计中的运用，以及动态数据交换技术的发展（如 COM 技术）将改变这种状况。

模型部件是 SDSS 的核心，由模型支撑系统和应用模型体系统组成。前者以模型管理（静态管理）和驱动（动态控制）为内容，把空间数据探索分析、专业模型的建立与检验以及空间模型分析功能有机地集成于一体，使用户按照决策分析的流程，在计算机系统上实现辅助决策；后者则由一系列按规定存放的应用模型构成。它不同于数据，其实现必须有模型输入（数据与控制参数）、模型体（程序）运算和模型输出等几部分。

人机交互部件具备以下功能：提供各种显示和对话形式（如菜单、视窗、多媒体、命令语言、自然语言和人工智能技术等）。

GIS 与 SDSS 集成系统中的模型库管理与数据库管理相类似，作用是存储、操作和恢复各种模型。它能减少模型的冗余，增加模型的一致性。模型库管理系统具有描述适应不同环境模型的知识（元数据，metadata）。模型库具备通用性和多视图性，能够包容各种不同类型的模型和同一模型的不同视图。当同一模型的不同视图能够迅速地被重建时，适合于不同情况的具体模型的构造就十分容易了。

本书提出了结构化的模型管理框架，它由元素结构、总类结构和模块化结构三部分组成：

1）元素结构：描述各种原始元素、复合元素、属性元素、函数元素和测试元素之间的关系。
2）总类结构：控制各种元素之间的组合体状态。
3）模块化结构：按照层次性来组织和管理总类结构，使之达到实用的目的。
模型管理框架中的元素类型如下：
1）原始实体元素：没有任何附加值，被假定为原子型单元。
2）复合实体元素：本身也没有附加值，代表其他物体或概念的集合。
3）属性元素：有固定的取值，表达事物或概念的特征。
4）函数元素：有确定的取值，其值代表地物的某个可计算特征，并且依赖于它所调用的元素的值。
5）测试元素：与函数元素相似，但返回的是"TRUE"或"FALSE"值。
模型库在整个数据流中所占的地位如图 19-16 所示。

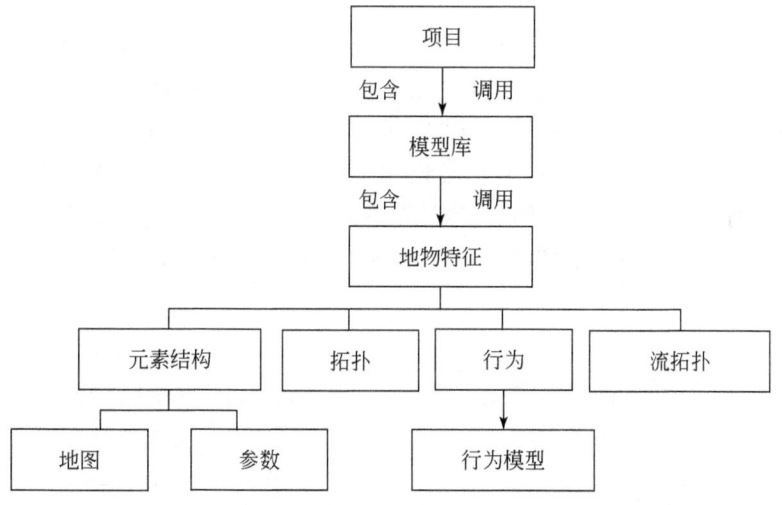

图 19-16　GIS 和 SDSS 集成系统中的模型库地位

3. GIS 与 ES 的集成

GIS 寻求与 ES 的结合主要源于两方面的原因：其一是 GIS 还存在许多局限，如不能表示知识，不能处理规则（rule），不能进行启发式推理等；其二许多空间问题不仅涉及大量图形计算和处理，也涉及经验、知识的表示和处理，单靠 GIS 无法解决这些问题。GIS 和 ES 各自的特点见表 19-1。

表 19-1 GIS 和 ES 各自的特点

指标	GIS	ES
输入	图形与属性数据	事实（fact）和知识
处理	编辑、叠加、网络分析等	推理
输出	图表与表格	方案或建议
	存储和管理空间数据	处理非精确数据
优点	空间分析	解释分析结果
	提供多种显示手段	正向与反向推理
缺点	只能处理精确数据，不能提供各种可选方案	数学计算能力不强
		不能处理大量数据，推理速度较慢
适用范围	结构化问题	半、非结构化问题

GIS 与 ES 各有许多优势，也存在许多问题，两者具有一定的互补性。它们的结合将有助于扬长避短，从而增强整体的功能。

GIS 与 ES 集成的方法很多，但概括起来，主要有紧耦合和松耦合两种形式。

紧耦合指利用 ES 知识表示和推理机制等改造 GIS 内在的数据模型和数据结构，创造一真正智能型的 GIS。在这种 GIS 中，不存在 GIS 与 ES 的界面分割，而提供统一的智能界面。这是一种理想化的 GIS 与 ES 集成方法。Smith 等在 VAX 机上探索并开发了这样的 GIS 系统，但空间管理和推理效率等问题已导致这种系统的失败。

松耦合也可称为平行的集成，是指 GIS 与 ES 外在的集成（图 19-17）。两者

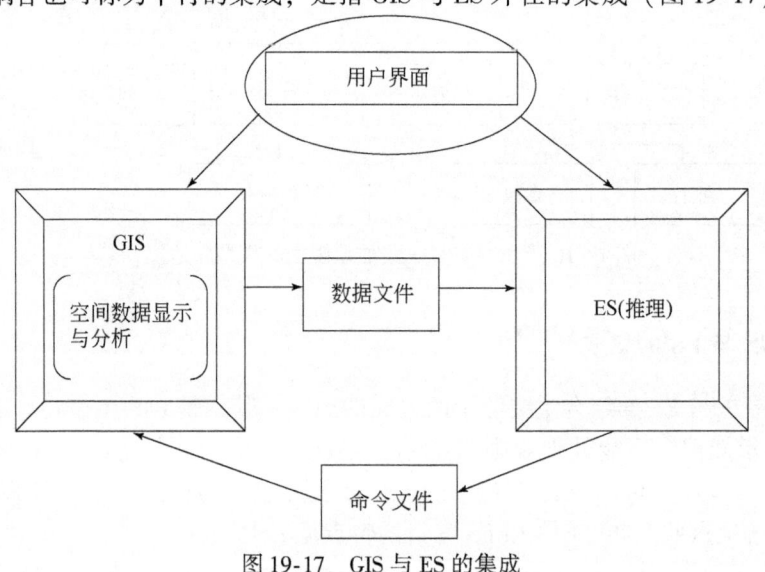

图 19-17 GIS 与 ES 的集成
资料来源：黄波等，1996

有一共同的界面，并通过中间文件联结起来。在这种结合中，GIS 被用来产生空间数据库并作为空间分析和显示的工具，而 ES 则被用来产生面向应用领域的知识库，并用其推理机进行启发式推理。同时，ES 也可用来产生命令文件，以驱动 GIS 的操作，这对于不熟悉 GIS 操作的用户来说是非常有利的。松耦合也可看作 GIS 的外围包了一层 ES 外壳，该外壳使 GIS 增加了知识表示和逻辑推理能力。相对于紧耦合，松耦合由于方法简单、易于开发而被广泛使用。

19.6.4　GIS、RS、GPS、DSS、ES 之间系统集成方法的案例

案例："3S"集成示例——精准种植业集成系统

精准种植业集成系统的目标是在基础农业数据库、农情速报系统、田间作物诊断系统和专家对策系统的基础上，将 GIS、RS、GPS 等现代高新技术有机地结合在一起，设计、开发和研制有空间型农田信息系统和对地定位系统的智能型的现代化农业自动控制设备，使其能够自动、精确、智能化地完成施肥、喷药、灌溉、播种等田间作业。

开发上述系统是从传统农业向现代化精细农业发展的必然结果。其意义体现在三个方面：一是减少浪费，降低成本。它将彻底改变目前普遍存在的田间作业如灌溉、施肥、杀虫等的粗放和盲目性，达到节约资源、降低成本的目的。二是大大提高生产效率和经济效益。本系统研究目标的实现将不但提高农业生产的自动化、现代化和科学化水平，而且必将使农户在减少投入的同时获得农作物的增产和净收入的提高。三是减少污染，保护环境。本系统的实现将会有效地避免化肥、农药的过量使用，从而减少农业对环境的不良影响，使我国农业逐渐向清洁型农业发展。

本系统定名为"基于'3S'的精准种植业集成系统"。其总体框架如图 19-18 所示，它由共享资源、网络与信息服务体系、运行系统三部分组成。其中，共享资源是系统的基础，包括数据库、遥感图像库、模型库、知识库和方法库；网络与信息服务体系是系统与外部的联系窗口，包括农情速报、技术推广、用户查询、决策支持；运行系统则又分为三个模块，分别是农业动态监测与诊断功能块（包括农业资源遥感动态监测系统、农业灾害监测分析系统、作物遥感监测与诊断系统、全球主要农作物遥感估产系统）、农情综合分析与宏观决策支持功能块（包括农情综合分析专家系统、农业可持续发展决策支持系统）、精准农业决策与实施功能块（包括精准农业专家系统、农田设施设备智能化系统），三者分别从动态监测与诊断、综合分析与决策、精准实施三个方面构成有机的整体。

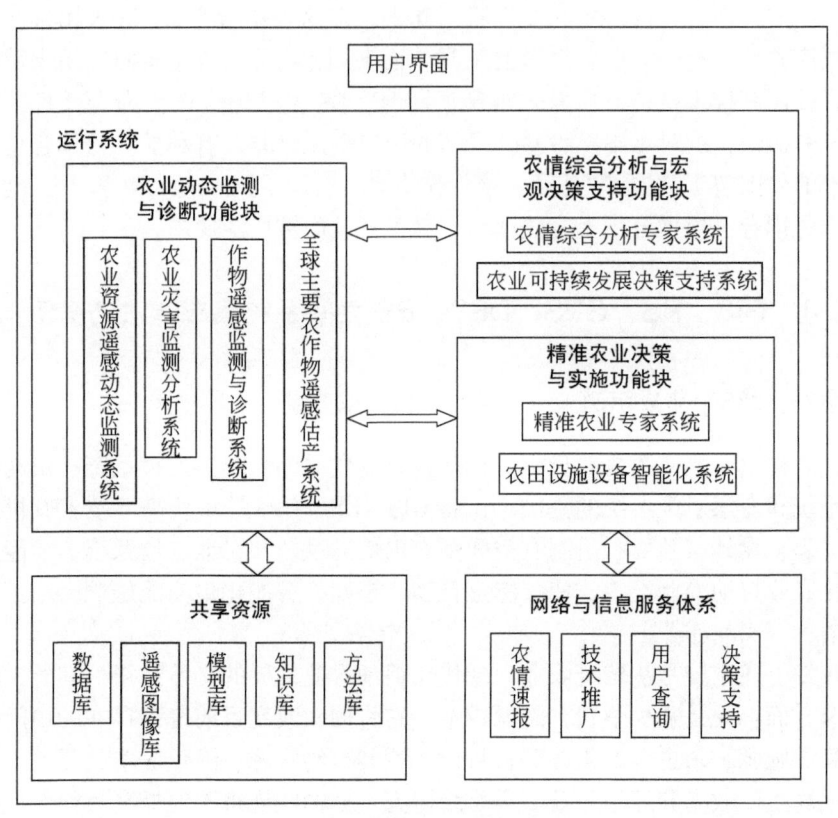

图 19-18　精准农业总体框架图

精准农业的总体信息流程由图 19-19 反映。从图中可看出，精准农业系统采用的是一条从宏观到微观，从整体到局部，先获取和监测信息，再分析与估算，再到决策支持，最后指导田间作业管理的信息输入—模型和知识驱动—决策指导与实施—新信息反馈到数据库的循环往复反馈式信息流程。

就农田设施设备智能系统而言，根据我国农田的管理现状，可采取两种作业模式，一是实地固定设施模式；二是移动设备模式。两种模式在设施设备开发和管理上相互独立，各具特点，分别适应不同地区农业现代化的要求。

基于农田固定设施的智能型农作系统适用于田块分割较细、水网密布、农业集约化水平较高的我国东部、东南部平原地区，以及地势崎岖不平、大型机械化农机具无法使用的我国东南和西南后陵、高原、盆地区。上述地区均属于精耕细作型农业区。其基本框架如图 19-20 所示。

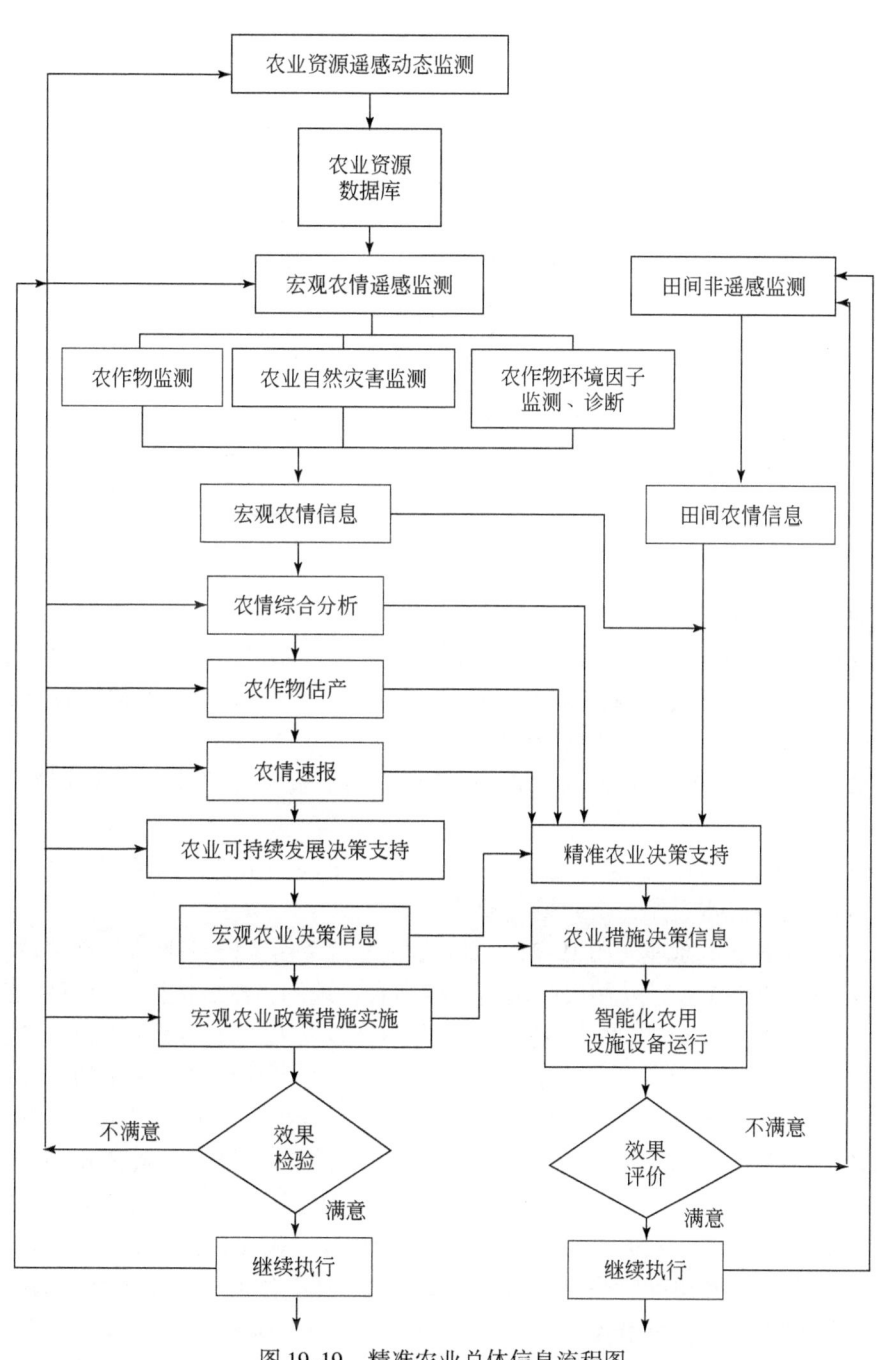

第 19 章 | 地理信息 "5S" 集成技术方法

图 19-19　精准农业总体信息流程图

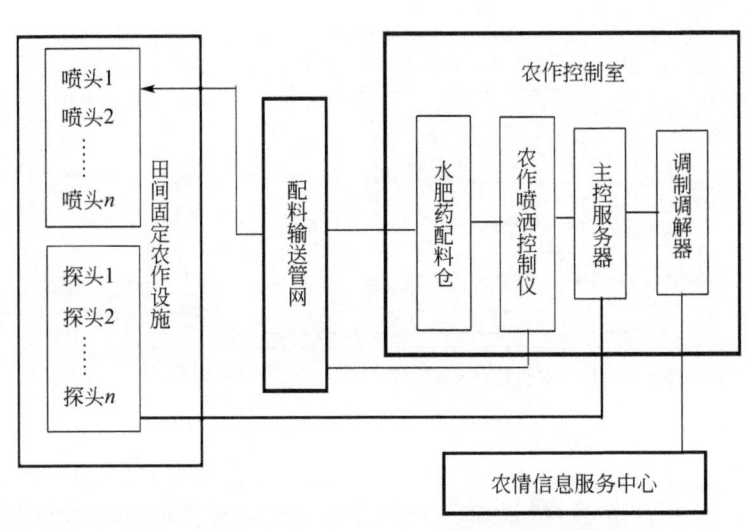

图 19-20 基于田间固定设施的智能农作系统框架

系统可分为如下三个部分：

1) 农作控制室：装备有主控服务器（进行数据库管理和 GIS、RS 和 GPS 等软件的操作）、水肥药配料仓、农作喷洒控制仪（包含时间管理器），以及用于同农情信息服务中心交换信息的调制解调器。

2) 田间固定农作设施：包括水肥药喷头和土壤状态/作物产量监测器（探头）两种。

3) 配料输送管网：包括连接水井与控制室之间的水管、连接控制室与各喷头之间的配料（水、肥、药）输送管道等。

本系统的基本原理（图 19-21）是：首先依靠差分 GPS 接收机精确定位，测出土壤取样点的位置，并用实时制图仪绘出农田地图，然后使用"土壤状态/作物产量监测器（探头）"测定各种土壤数据（土壤类型和土壤肥力即氮、磷、钾含量等土壤营养元素）、病虫害数据、苗情数据和产量数据（前一年的单株产量和本年度的产量指标）。这些数据与已有的基础农业数据库和从卫星遥感资料提取的作物面积、布局、长势、水旱灾情等数据融合在一起，形成农田 GIS。GIS 系统在模型库、方法库和专家知识库的支持下，对上述数据进行分析处理，得出农情诊断结论，继而根据农情诊断做出知识推理和决策（包括产量预测、各因子配方、耕作强度及田间管理的时间调度等），形成适合于某一样区喷头的配方。这时主控服务器给"农作喷洒控制仪"发指令。该控制仪根据配方指令准备配料，或改变配方比例和输出量。根据具体情况，配料向农田的传输和农作实施可

第 19 章 | 地理信息"5S"集成技术方法

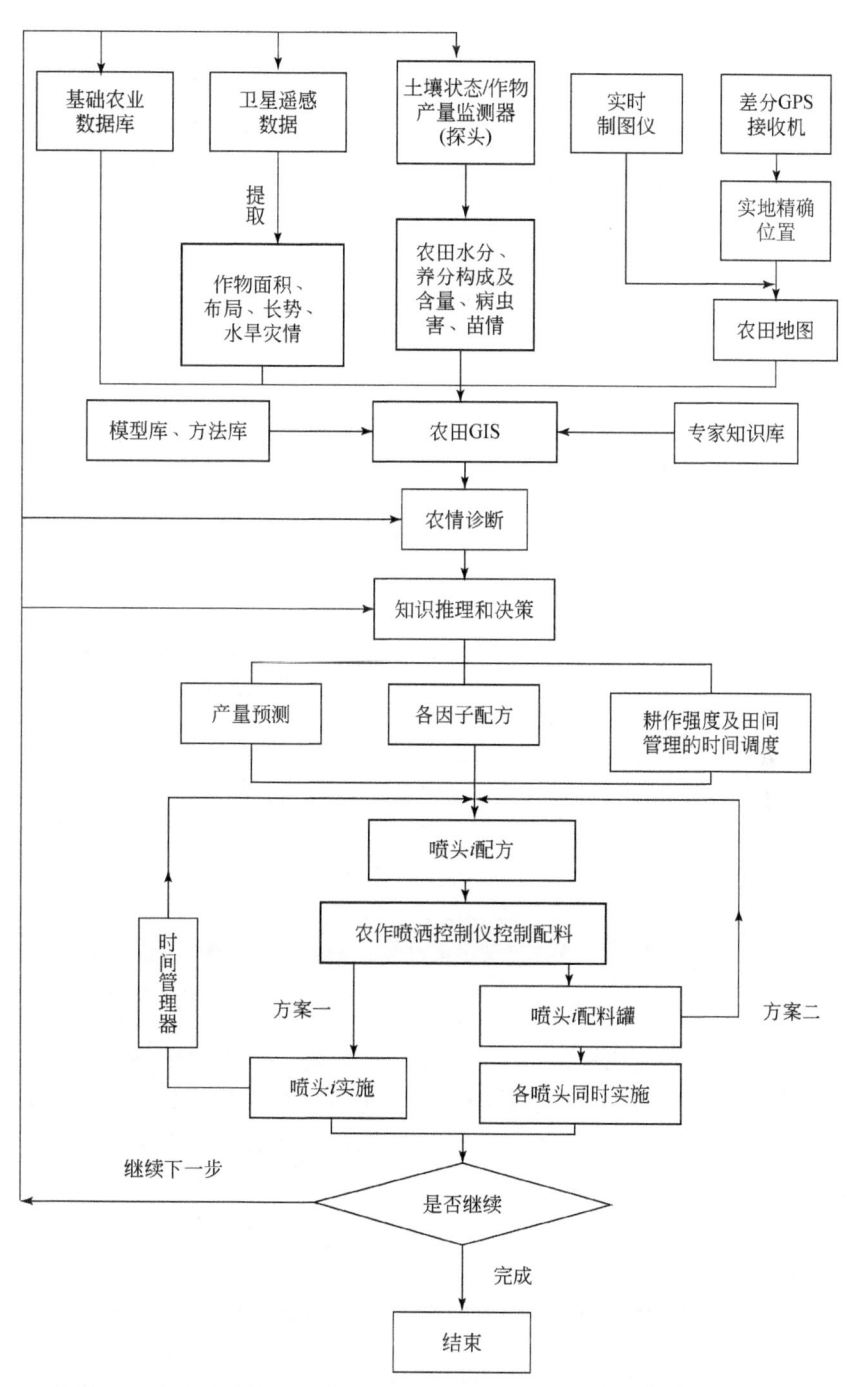

图 19-21　基于田间固定设施的智能型农作系统基本流程

有两种方案：一是每准备一个样区便立即实施，因而各喷头的作业是在时间管理器的控制下按一定先后顺序进行的；二是各样区的配料先储存在自己的配料罐中，待所有样区的配料罐中均准备好后，各喷头便可同时作业。两种方案各有优缺点，前者造价较低，但不能保证各样区在同样的环境条件下实施；后者造价虽高，但可实现各喷头的并发操作。

基于移动设备的智能型农作系统适合于地势平坦，农田大块连片，便于拖拉机、康拜因等机械化农机具操作的我国西北和东北农业基地。其基本框架如图19-22 所示。

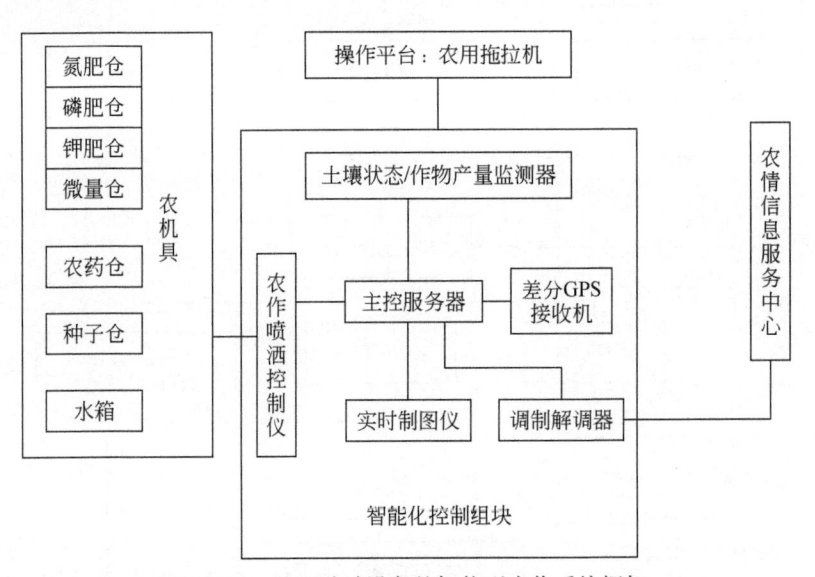

图 19-22　基于移动设备的智能型农作系统框架

系统可分为如下三个部分：

1）操作平台：即农用拖拉机，具有牵引、装载、操纵功能。

2）智能化控制组块：包括主控服务器（进行数据库管理和 GIS、RS 和 GPS 软件操作）、土壤状态/作物产量监测器、差分 GPS 接收机、实时制图仪、农作喷洒控制仪等。

3）农机具：包括肥仓（又细分为氮、磷、钾、微量元素等子仓）、种子仓、农药仓、水箱等。

此外，本系统编印还可通过标准调制解调器与农情信息服务中心进行数据交换。

本系统的基本原理（图 19-23）是：首先依靠差分 GPS 接收机精确定位，按

第 19 章 | 地理信息"5S"集成技术方法

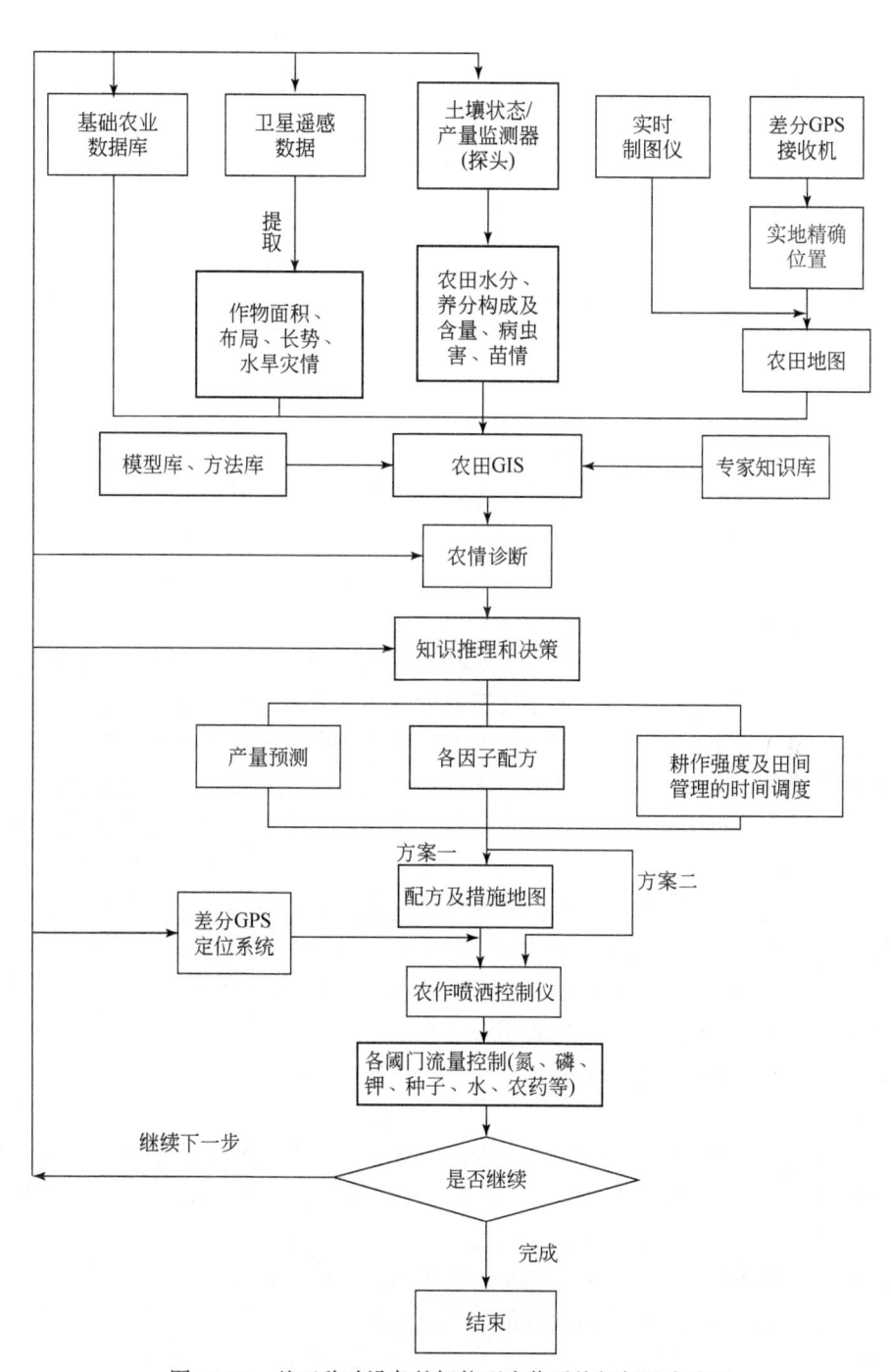

图 19-23　基于移动设备的智能型农作系统框架基本流程

一定规模的标准取样，使用"土壤状态/作物产量监测器"测定各种土壤数据（土壤类型和土壤肥力即氮、磷、钾含量等土壤营养元素）、病虫害数据、苗情数据和产量数据（前一年的单株产量和本年度的产量指标）。这些数据与已有的基础农业数据库和从卫星遥感资料提取的作物面积、布局、长势、水旱灾情等数据融合在一起，形成农田GIS。GIS系统在模型库、方法库和专家知识库的支持下，对上述数据进行分析和处理，得出农情诊断结论，继而根据农情诊断做出知识推理和决策（包括产量预测、各因子配方、耕作强度及田间管理的时间调度等），形成"配方及措施地图"。这种地图是可显示的数字地图，既可存入软盘，也可刻入光盘。在使用时将软件盘或光盘插入专用的系统即可。当拖拉机牵引着本系统在农田中喷洒水、肥、药、种子时，所装载的差分GPS定位系统把实地位置与上述配方地图上的位置进行匹配。这样，主控服务器（计算机）就可以根据所在位置对应的土壤信息以及养分信息自动判定当前位置应该喷洒的肥料数据量及其配方，并随时给"农作喷洒控制仪"发指令。该控制仪根据配方指令调节各配料仓的出料阀门，从而改变配方比例和输出量。这样便可以真正做到以数十株为基础的因苗、因土的精确施肥、喷药。

中国科学院地理科学与资源研究所联合遥感应用研究所、合肥智能机械研究所等单位，在中国科学院与沈阳军区签署的《现代农业示范工程科技合作框架协议》和中国科学院科技系统网络（STS）项目"精准农业技术体系研发及先进设备完善和升级"资助下，经过数年的努力，已经在沈阳军区双山农副业基地建立了一套比较完整的精准种植业集成与示范系统。该系统由卫星农业遥感、航空农业遥感、近地面视频监控、小型气象站、农田信息采集、农业综合数据库、农作物空间分析、生产计划管理、变量作业决策、生产进程管理、农业专家系统、农业信息服务十二个模块组成（图19-24）。

图19-25是应用卫星遥感技术在双山农场获取的2011年5月31日的大豆生物量图片的案例。该系统还能够对农田作物的实时长势、播种顺序、总氮含量、成熟时间、干旱状况等进行监测和识别，为该农场的精准种植业提供了快速的信息保障。

图19-26是双山农场的农田近地面固定和移动云台视频监控的案例。这两种云台分别采用75cm和200mm长焦距镜头，实现对农田连续的、实时的视频监控，在指挥中心的GIS平台上远程控制云台方位角、俯仰角、镜头焦距、视域范围和视点，分别对半径3.5km和200m范围内的田间耕作情况、作物长势、病虫害等农田情况和突发事件进行全面的可视化掌控。

| 第 19 章 | 地理信息 "5S" 集成技术方法

图 19-24　沈阳军区双山农副业基地新型精准农业技术集成示范系统界面

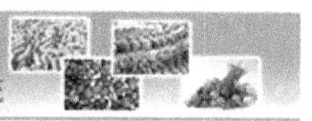

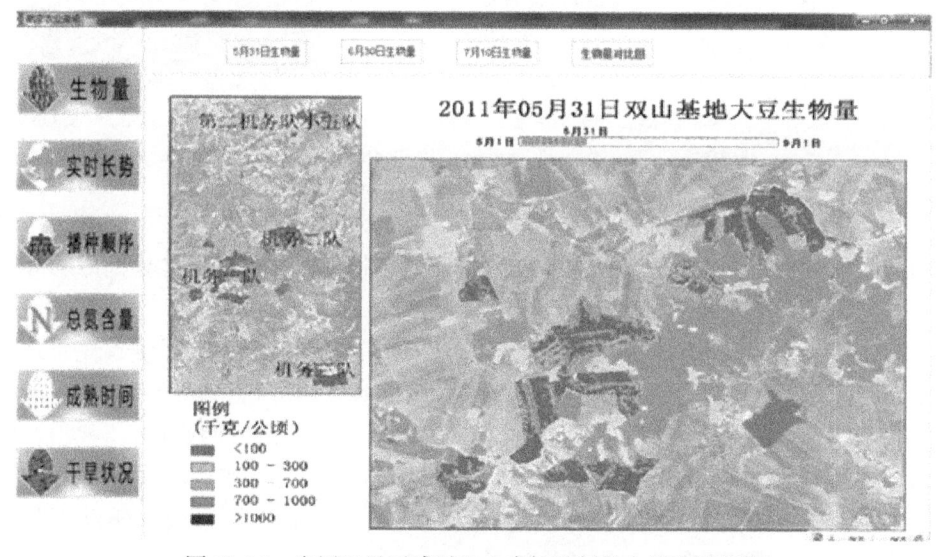

图 19-25　应用卫星遥感对双山农场进行的农情监测案例

图 19-26 双山农场农田近地面固定和移动云台视频监控

图 19-27 是双山农场的精准农业综合数据库的展示。该系统依次建立了农场基础地理数据库、农场遥感影像库、农业专题数据库、1 秒级网格数据库和农场三维立体景观数据库。

图 19-28 是双山农场的精准农业分析与预测系统的展示。该系统首先实现了依据系列中小比例尺专题地图进行区域农业的宏观背景分析，分析其有利条件和不利因素，找出区域农业的发展道路；其次，进行种植业的现状分析，找出其限制因素，分析农场常量作业模式的弊端，从而呈现出变量作业的发展空间；最后，进行种植业的产量预测，分别进行单因子（氮、磷、钾含量）驱动下的产量预测和多因子综合驱动下的产量预测。

| 第 19 章 | 地理信息 "5S" 集成技术方法

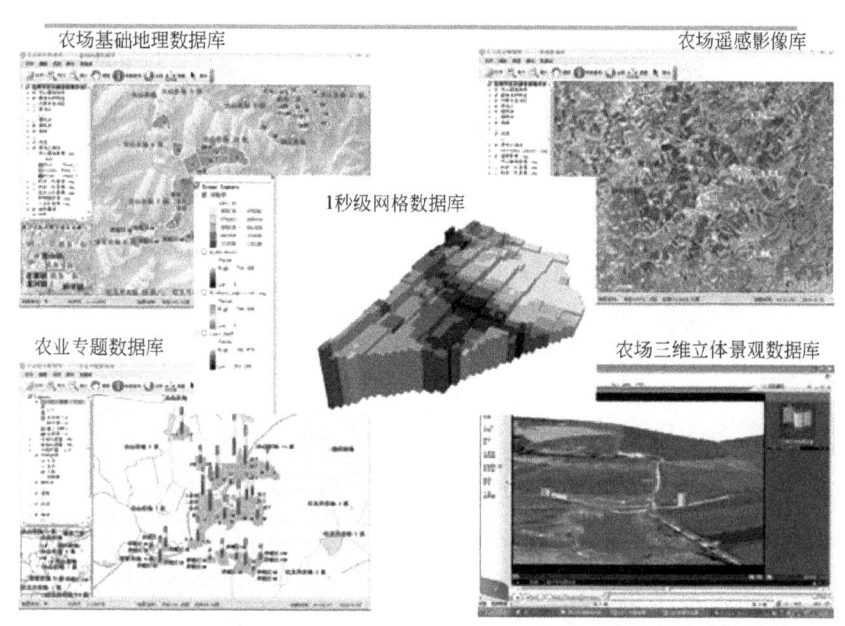

图 19-27　双山农场精准农业综合数据库

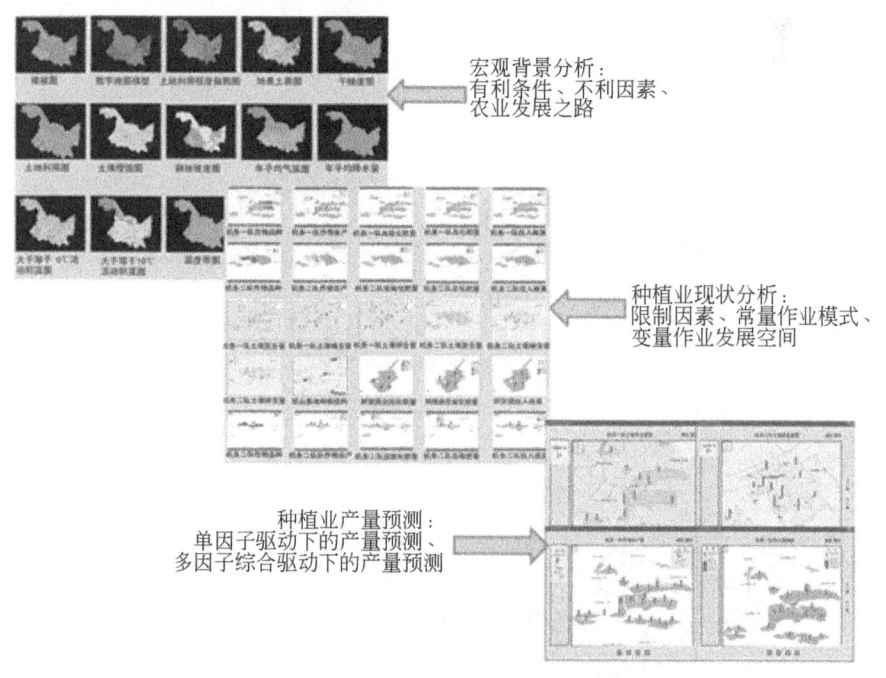

图 19-28　双山农场精准农业分析与预测平台

图 19-29 是在双山农场实现的基于网格单元的精准种植业的变量处方图实施系统。根据卫星遥感和近地面视频监控状况，针对农田土壤中的本底肥力情况，应用种植业数学模型，计算出每个网格内要达到目标产量所需要施用的氮、磷、钾等肥料的数量，以此为依据来控制播种机和施肥机的阀门流量，从而实现精准施肥的目标。

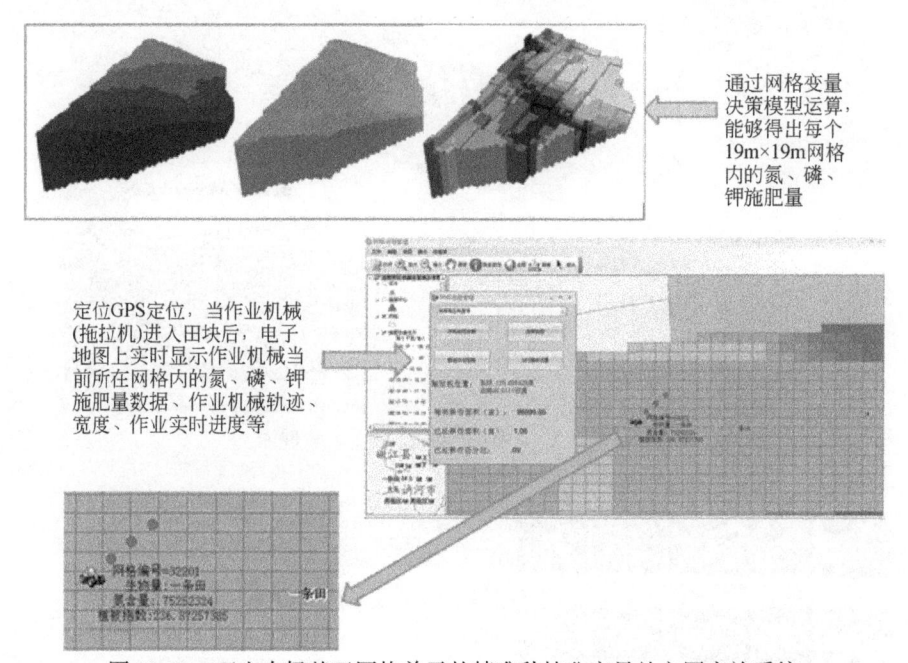

图 19-29 双山农场基于网格单元的精准种植业变量处方图实施系统

19.6.5 GIS、RS、GPS、DSS、ES 之间系统集成方法的优点和不足

GIS、RS、GPS、DSS、ES 之间系统集成相对于单一的系统来说无疑有很大的优点，这是因为系统之间的集成使得各系统都能充分发挥其优势，从而更好地解决应用问题。当然系统集成的工作如果十分复杂，那么就可能会因为对相关行业的了解欠缺而使失败的风险增加，这或许可以算是系统集成时的不足或需要注意的地方。而各个系统在行业应用中可能都有一定的模式，在集成时一般会考虑以 GIS 为框架进行集成。另外，这项工作本身是学科"交叉"的，这是因为"5S"集成的目的很可能是行业应用，除了"5S"之外还有相关行业的专业知识或基础实践，如果对各个学科能有更好的了解，相信集成对于解决行业问题或具体实践问题会有很好的帮助。

第五篇 地理信息科学方法和技术展望

· 地理信息科学方法和技术前沿与展望

第 20 章 地理信息科学方法和技术前沿与展望

地理信息科学主要研究在应用计算机技术对地理信息进行处理、存储、提取以及管理和分析过程中提出的一系列基本问题。由此可见,地理信息科学的发展和计算机技术和网络的发展密切相关。人类自身认识客观世界的思维方法的进步以及计算机技术和网络技术的发展必将推动地理信息科学的发展。

20.1 地理信息科学方法展望

这里的地理信息科学方法展望指的是一些看不清的,很玄的方法。以想象为主。

20.1.1 想象方法的概念

想象是在大脑意识控制下,对感官感知并储存于大脑中的信息进行分解与重组的思维运动。想象方法是对感知过的对象在头脑中进行改造加工,揭示对象的本质和规律,从而创造新形象的方法。运用想象方法的结果就是产生新的形象。想象是一种创造性的形象思维。

想象方法可以分为再现性的想象方法与创造性的想象方法。一般人在日常生活中运用的想象是前者,科技工作者从事的发明创造和文艺工作者创作时所运用的想象方法则属于后者。可以说,想象是一切创造发明活动不可或缺的具体思维形式。

运用想象方法的技巧有:①分想。指大脑将储存在内部的各种经验、信息分理出若干种后再加以创造的方法。②联想。联想是信息提取的一种重要方式,可以分为简单联想和复杂联想。③串想。即按照一定思路将若干片断串联组合形成有层次和动态的思维过程。还应注意:①身心放松,闭目尽情想象,但仍受逻辑因素的制约;②想象因为是对已有经验的改组,所以应该多学些知识,不可盲目地胡思乱想;③可以借助于外界某种图形,以增强想象力。

科学研究中的想象方法,实际上就是一种把概念与形象、具体与抽象巧妙结合起来的科学方法,运用于不能用直观感觉观测的研究对象。

20.1.2 想象方法在科学认识中的作用

首先,想象方法有利于科学模型的构建。例如,对于原子结构的描述,英国物理学家汤姆生(Joseph John Thomson,1856~1940年)提出了第一个模型(图20-1)。他认为原子是一个实心的球体,像一个大西瓜,其中瓜子相当于带负电的电子,瓜瓢代表带正电的物体,电子排列在各个同心圆上,且有一定周期,有时还称为葡萄干蛋糕模型,即相当于葡萄干的电子嵌在带正电的蛋糕中,蛋糕中葡萄干是均匀分布的。后来,汤姆生的学生卢瑟福又提出了原子结构的"小太阳系"模型。

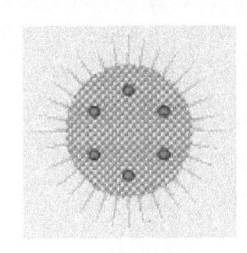

图 20-1 汤姆生电子原型图

其次,想象方法可以使抽象的问题直观化。例如,苏格兰数学家和物理学家麦克斯韦(James Clerk Maxwell,1831~1879年)假设,把一个封闭容器分为两个部分,中间有一道小门隔开。容器中充满了"温度均匀"的气体。按照熵定律,在均匀的温度下,气体是不能做功的。麦克斯韦设想,在小门旁边有一个小妖把守,且能识别分子;只让高于常速运动的分子从左边进入右边部分,又让低于常速运动的分子从右边进入左边部分。这样容器左边温度将会渐低而右边的温度将会渐高。如此,麦克斯韦就能使高熵变成低熵,使热力学第二定律失效。

最后,想象方法可使不能在实验室中进行的实验在研究者的头脑中进行。例如,牛顿曾经想象,从高山抛出物体,初始速度越大,路程越长;物理学家爱因斯坦在创立相对论时就曾想象,当乘坐与光速一样快的飞船前行时将会发生什么,将看到什么样的情景。

20.1.3 想象方法在地理研究中的应用

例如,克里斯塔勒的中心地模型(图20-2),如果看看克里斯塔勒所调查的德国南部的中心地实际情况,没有想象是很难发现六边形结构的。

其一,区域经济结构的象棋-围棋模型。

象棋模式:有中心存在的早期工业化时代;传统产业以象棋模式为主;城市快速发展期有核心城市、极核式经济结构等。

围棋模式:高新技术产业区基本上是围棋模式的,北京中关村即是(图20-3);庄园经济亦是围棋式的;世界和平演变之后的世界各国经济;实现城市化之后的情况;网络式经济结构;中国浙江经济的"一村一品/一镇一品"等。

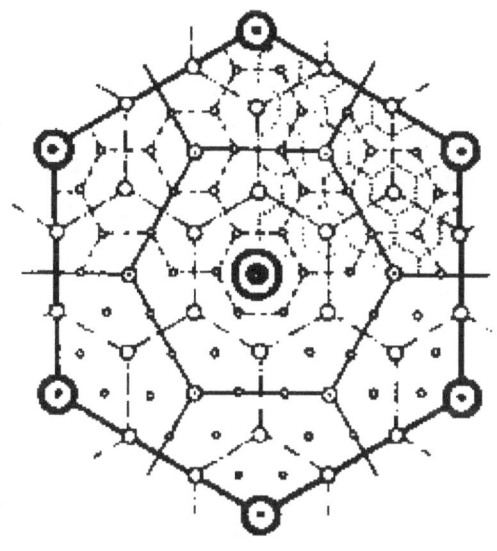

图 20-2　克里斯塔勒的中心地模型

图 20-3　围棋模式的区域经济结构

象棋-围棋模式可将中心-外围理论、作用-相互作用理论、单极-多极理论、中心地理论和造极说等归并于一起。

区域经济中的上下级/隶属关系为象棋式结构（如省-县-乡-村等），平级/并列关系为围棋式结构（中国各省、诸省各县、诸县各乡等）。欧盟内部经济为围棋式，东亚中日韩经济关系为围棋式等。在世界级水平上：围棋式为主；在国际水平上：围棋式为主；在一国之内：象棋/围棋式均有。

其二，贝纳德对流与三圈环流。

贝纳德对流现象（图20-4）是法国科学家贝纳德于1900年发现的，从垂直剖面上看，一部分为左旋，另一部分为右旋。贝纳德对流是一种稳定结构，即耗散结构-体系在远离平衡态的平衡条件下，通过与外界进行能力交换和物质交换而形成的一种新型的有序组织状态。与此相类似的是地球上的三圈环流（图20-5）。

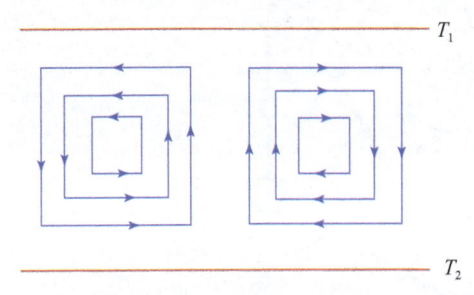

图20-4 贝纳德对流现象

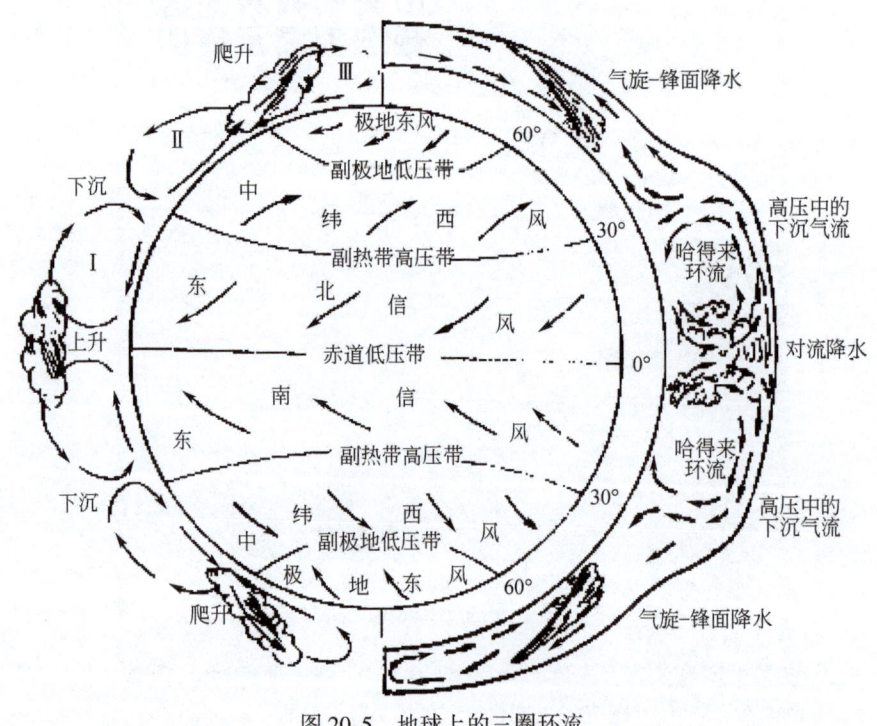

图20-5 地球上的三圈环流

第 20 章 | 地理信息科学方法和技术前沿与展望

20.2 地理信息科学技术前沿展望

Goodchild 讨论了地理信息科学需要解决的问题，提出地理信息科学有三大部分：个人、系统以及社会。其中，个人部分包括认知科学、环境心理学、语言学等；系统部分包括计算机科学、信息科学等；社会部分包括经济学、社会学、社会心理学、地理学、政治学等。Goodchild 提出 GIS 发展的三个阶段：第一个阶段是 GIS 作为地理学者的研究助手；第二个阶段是 GIS 作为交流工具；第三个阶段是 GIS 作为扩展人类感觉地理现实的手段，这个阶段才刚刚浮现。

林珲说 GIS 包括空间数据库、空间分析、可视化三大功能，后来把模型库和虚拟环境加进来，还包括一个网络支撑环境。从地图到地理信息系统与虚拟地理环境，是地理学语言的演变，这是从虚拟现实这个角度看 GIS 的发展。

朱庆总结了 GIS 技术的发展动态，认为 GIS 向多维、动态、一体化方向发展；GIS 系统体系结构向开放式、网络化、信息栅格发展；软件实现向组件化、中间件、智能体方向发展；空间信息技术和通信进一步融合；数据获取向"3S 集成"方向发展，尤其是 Sensor Web 的发展；数据存储管理向分布式存储及其互操作方向发展；数据处理向移动计算、普适计算和语义网方向发展；人机交互向自然的虚拟环境方向发展等。

20.2.1 三维 GIS 和四维 GIS

GIS 处理的空间数据，从本质上说是三维连续分布的。但是，目前 GIS 的主要应用还停留在处理地球表面的数据上，大多数 GIS 平台都支持点、线、面三类空间物体，不能很好地支持曲面（体），这主要是因为三维 GIS 在数据的采集、管理、分析、显示和系统设计等方面要比二维 GIS 复杂得多。尽管有些 GIS 软件还采用建立数字高程模型的方法来处理和表达地形的起伏，但涉及地下和地上三维的自然和人工景观就显得无能为力，只能把它们先投影到地表，再进行处理，这种方式实际上还是以二维的形式来处理数据的。这种试图用二维系统来描述三维空间的方法，必然存在不能精确地反映、分析和显示三维信息的问题。

三维 GIS 目前的研究重点集中在三维数据结构（如数字表面模型、断面、柱状实体等）的设计、优化与实现，以及可视化技术的运用、三维系统的功能和模块设计等方面。

同时，GIS 所描述的地理对象往往具有时间属性，即时态。随着时间的推移，地理对象的特征会发生变化，而这种变化可能是很大的，但目前大多数 GIS

都不能很好地支持地理对象和组合事件时间维的处理。许多 GIS 应用领域的要求都是基于时间特征的，如区域人口的变化、平均年龄的变化、洪水最高水位的变化等。对这样的应用背景，仅采取作为属性数据库中的一个属性不能很好地解决问题，因此，如何设计并运用四维 GIS 来描述、处理地理对象的时态特征也是 GIS 的一个重要研究领域。

20.2.2　CyberGIS

赛博空间（CyberSpace）目前在媒体中较多出现，它以计算机技术、现代通信、网络技术、虚拟现实技术的综合应用为基础，构造出一种人们进行社会交往和交流的新型空间，是一个人工世界。科学家预言未来的人们将在赛博空间里的信息海洋中生活，从一个节点到另一个节点，从一个信息源到另一个信息源进行信息交流和信息创造。世界各地的人们在全新的赛博空间中漫游，实现相互之间的通信、贸易和科教活动。

作为软件智能体的一种，空间智能体处于分布式网络计算环境中，感知并作用于这一环境，以各种不同的形式出现，实现空间数据的智能获取、处理、存储、搜索、表现以及决策支持。这种空间智能体拥有两种非常重要的能力：一是利用空间知识进行推理；二是可进化。

在赛博空间中以这种空间智能体作为构成模块的 GIS 系统就是 CyberGIS，它自动地接受用户以高级语言描述的指令，利用它能够感知并作用于所处的赛博空间的"本领"。通过与其他空间智能体的交互，为用户找到赛博空间中所需要的信息。

目前，网络上已经出现了一些基于 Internet 的三维虚拟城市。例如，图 20-6 中的虚拟东京。图中的建筑物是由一个 3D 的立方体贴上纹理而构成的，物体缺

图 20-6　虚拟东京

乏地理位置的准确性。另外，还有一些基于准确地理坐标之上的真实 3D 城市模型，如图 20-7 中的虚拟洛杉矶。不管是哪种虚拟城市，人们都可以在虚拟的城市中行走和飞行，并且可以进行简单的查询。虽然如此，这些虚拟城市的模型数据大多数都不是基于 GIS 空间数据库之上的，因此距离 GIS 应用还有差距。

图 20-7　洛杉矶 3D 数字模型的一部分

20.2.3　信息网络推动下的地理信息科学技术前沿

1. 物联网技术

物联网（the Internet of things）的定义是：通过射频识别（RFID）、红外感应器、全球定位系统、激光扫描器等信息传感设备，按约定的协议，把任何物品与互联网连接起来，进行信息交换和通信，以实现智能化识别、定位、跟踪、监控和管理的一种网络。物联网简言之就是"物物相连的互联网"。这有两层意思：第一，物联网的核心和基础仍然是互联网，是在互联网基础上的延伸和扩展的网络；第二，其用户端延伸和扩展到了任何物品与物品之间，进行信息交换和通信。物联网把新一代 IT 技术充分运用在各行各业之中，具体地说，就是把感应器嵌入和装备到电网、铁路、桥梁、隧道、公路、建筑、供水系统、大坝、油气管道等各种物体中，然后将"物联网"与现有的互联网整合起来，实现人类社会与物理系统的整合，在这个整合的网络当中，存在能力超级强大的中心计算机群，能够对整合网络内的人员、机器、设备和基础设施实施实时的管理和控制。在此基础上，人类可以以更加精细和动态的方式管理生产和生活，达到"智慧"状态，提高资源利用率和生产力水平，改善人与自然间的关系。

物联网强调物物相连，是一个无所不在的网络。而 GIS 在其中可以发生非常重要的作用，因为无论是什么东西连到网上，都需要有空间位置，都需要探究位置和位置的关系。伴随物联网的发展，地理信息科学也会诞生新的学科生长点。

2. 天地人机信息一体化网络

过去，人们直接研究地球表面现象，称为人地关系，现在通过卫星遥感地球表面，该遥感影像信息传输到计算机系统，成为数字地球，人可以在计算机前对计算机内的数字地球影像进行处理、提取、操作甚至于把地球影像从计算机中拉出来在空间成像，成为虚拟地球，因此称为天地人机关系（图 20-8）。

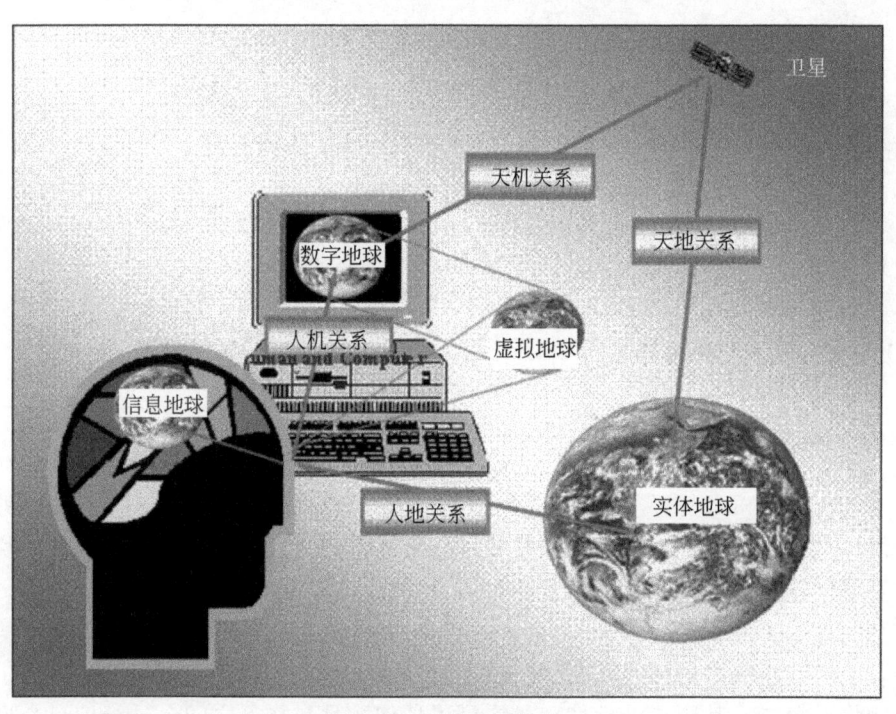

图 20-8　天地人机关系

马蔼乃认为天地信息一体化网络系统（图 20-9）是地理信息科学的核心。天地人机信息一体化网络系统中包括天基与地基两部分。民用的天基部分又包括遥感卫星系统、遥测卫星系统、定位卫星系统和通信系统；地基部分包括地面实测统计信息、遥感与地理信息系统、专家推理信息系统、管理信息网络系统、人机辅助决策系统和虚拟地理现象系统。实际上天基网络与地基网络之间还有信息通信系统，构成一个完整的"天罗地网"的信息网络系统。在天地人机信息一体化网络系统中遥感信息模型与地理信息编码模型起到了将整个系统连接起来的作用。

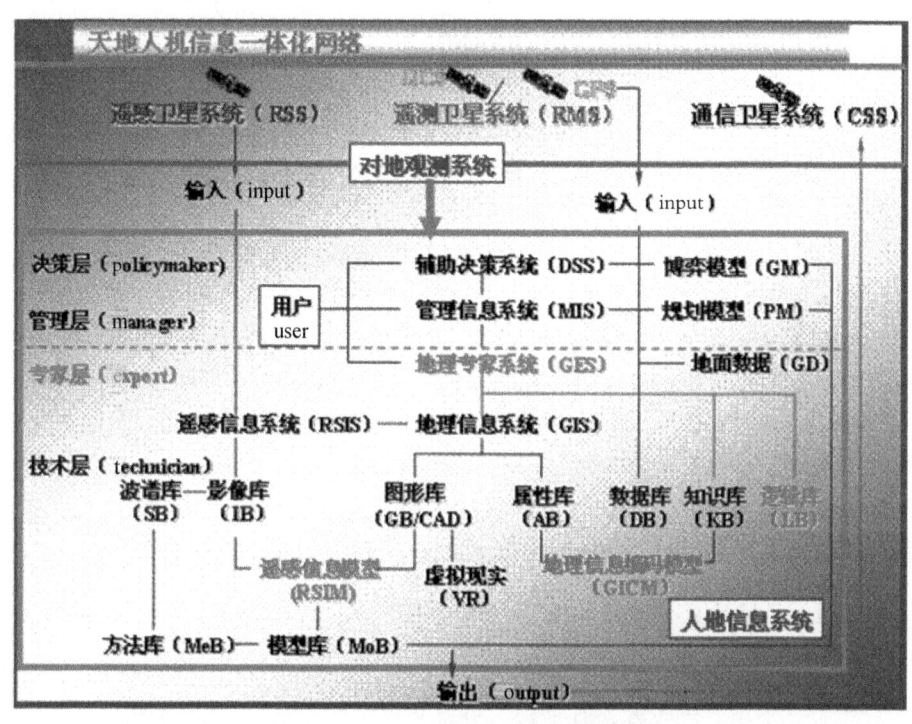

图 20-9　天地人机信息一体化网络系统

虚线以下部分为自然科学与技术；虚线以上部分为社会科学与应用。由此可见，天地人机信息一体化网络系统是一个介于自然科学与社会科学之间的桥梁信息系统。

3. 地球系统模拟网络平台

地球系统模拟网络平台是一个先进的大型计算机网络系统，可以高效、快速地模拟地球上大气、海洋、地球物理、地球化学、生态、环境等诸多领域的动态变化过程，随时发现生态环境条件的异常和突变，监测某些地区灾害发生的性质、范围和规模，定位定量地预测灾害的发生时段，事先制订出应急反应的预案，评估可能的损失以及恢复重建的规划，未雨绸缪，防患于未然。它模拟的是整个地球系统，而不是人为地划分行业、学科或领域来研究，否则将坐井观天，难窥全貌。

地球系统模拟网络平台整体框架大概可以描述如下：

1) 地球系统模拟网络平台应拥有多学科、各行业、遍布全球的全国监测台站网络接口。它随时可以采集大气、海洋、陆地各圈层动态变化的数据，以及人类社会的经济活动（包括人流、物质流、资金流、信息流和交通通信运输设施）的能力。它既包括自然、生态、环境方面的长期记录，也包括人文、社会、经济、文化、历史方面的空间统计。

2) 地球系统模拟网络平台应是一个分布式地理空间数据库，具备采集、存储、分发海量数据资源和检索查询功能，比现在的 Google、World Wind 更加全面而且强大得多。

3) 地球系统模拟网络平台应具备高速高效的传输和交换能力，由光纤光缆、卫星通信分层次连通，既能分层与国家中心串联，又能随时切换使几个区域之间并联。根据需求，它既能实现行业内的纵向连通，又能跨省市跨流域横向连接，达到数据库资源和格网计算（grid computing）能力共享。

4) 地球系统模拟网络平台在管理体制上必须由国家统一领导，按公司治理结构组织实施。要做到统筹兼顾、分工协调、集中管理、有偿服务；必须克服部门各自为政、地方和部门分割的现象。先进的科学技术系统，如果没有人与自然协调、社会和谐的保证，只能成为实验样品，最终将不能形成社会产品。

4. Neogeography GIS 借助互联网的新发展

Neogeography，即 New Geography（新地理）。Neogeography 是指非 GIS 和制图专业人员基于公共平台或者私有平台，分享和提供各类信息，采用地理信息技术和工具制作地图和地理信息，为个人和团体服务，而不是规范的处理和分析。大众不仅是地理信息的受用者，也是地理信息服务中的信息提供者。简言之，即大众结合已经存在的工具要素，用自己的术语来应用和创作他们自己的地图，满足自己的应用，然后分享。Neogeography 的推出改变了地理信息服务模式。过去地理信息服务基本是这样的模式：建立数据库，然后跟大家分享。Neogeography 兴起以后这种模式改变了，使用者都是信息提供者，人人都可以提供信息（图 20-10）。

首先，新地理强调了用户是非 GIS 和制图专业人员，即普通民众，只要他能够使用电脑、PDA、手机等终端设备，他就是新地理学的用户。其次，这里的"用户"(user)，不仅仅是像传统 GIS 应用中纯粹的地理信息消费者（consumer），更有可能也是地理信息的提供者（provider），如 OpenStreetMap 的 VGI 模式，用户之间有着良好的信息共享和相互补充校正。最后，新地理处理信息的工具和方式都是简易的，是普通民众可以接受和使用的，如最为常见的 Mashup，Google 地图服务中"我的地图"等，而非传统 GIS 那种让外行望而生畏的复杂处理与分析。

第 20 章 | 地理信息科学方法和技术前沿与展望

(a)传统的地理信息分发模式　　　　(b)新型的地理信息分发模式

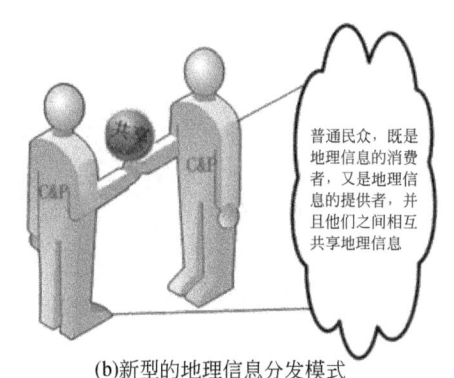

图 20-10　传统与新型的地理信息分发模式
P 为 provider，C 为 customers，C&P 指信息消费者与信息提供者一体化

总的来说，新地理极大地降低了普通民众获取、分享和处理地理信息的门槛，让更广泛的群体懂得利用地理思考和空间思维来为自己服务。它促进了 GIS 在更大范围的受欢迎程度，尤其是增加了人们对空间的想象，使之愿意去挖掘地理信息使用的方式，从而为 GIS 的发展创造新的机遇。

当然，也有部分学者担忧，新地理概念的普及也可能使人们对 GIS 的理解有所偏差。地理信息科学有自己相应的科学概念和定律（地理信息的属性、不确定性等），而新地理可能更关注可视化，对地理建模、空间分析等不予考虑，甚至对基本的 GIS 概念如投影、分辨率等置之不理。此外，他们也质疑个人提供的地理信息的准确性与精度，是否可靠以便利用等。

不过我们相信，随着时间的推移以及相关技术标准的发展，如元数据，VGI 的数据质量将进一步得到提升。也有学者论证，由于个人对长期所处的地理空间的熟悉，因而所采集的信息，甚至比制图专家采集的更为精确和准确。

同时随着技术的进步，新地理虽然无法提供太过专业的功能，但已可以逐步提供简单的数据计算和容易的空间分析功能。例如，Geo-commons 网站，由 Finder 和 Marker 两个部分组成，Finder 主要负责人们发布和共享地理数据，而 Marker 则可以通过简单的几步（普通用户可以直接操作）即可制作出一幅简单的专题图。

随着互联网技术的快速发展，GIS 的大众服务形式发生着巨大的变化，Neogeography 也正改变着地理信息服务的模式，我们要敢于应对挑战，并从中抓住机遇，掌握技术，努力发展，满足用户需求，为地理信息服务大众做出更多的努力。

图 20-11 展示的就是传统 GIS 与 Neogeography 的区别。

图 20-11 传统 GIS 与 Neogeography 的区别

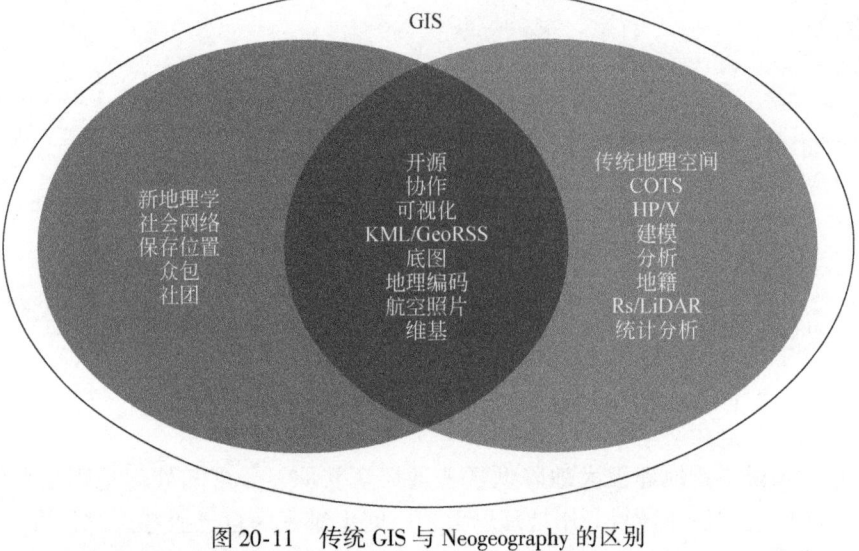

KML 是一种基于开放地理信息联盟标准的编码规范，GeoRSS 是一种描述和查明互联网内容所在物理位置的方法，COTS 指商用现成产品，HP/V 指惠普的背光液晶显示器，Rs/LiDAR 指遥感和激光探测与测量

20.3　地理信息科学方法和技术创新机制和策略

20.3.1　地理信息科学方法的创新机制和策略

地理信息科学方法论的创新机制遵循的是一条"地理信息应用和服务→经验总结和理论升华→地理信息理论和方法的研究与创新→地理信息技术研发和创新→信息产品开发和产业化→地理信息科学发展→新的需求产生→新的一轮理论方法创新和知识增长"的模式（图 20-12）。其中，涉及地理信息科学的五个环节，它们互相联系、相互作用和相互渗透构成了从"地理信息科学方法和技术创新"到"地理信息科学实际应用"再到"地理信息科学方法和技术创新"螺旋式增长和升华过程，也反映了从科学技术与生产力之间的辩证转换过程，即地理信息科学理论、方法和技术的创新是地理信息科学 GI-Science 的科学价值增值的过程，从它向地理信息应用、服务、产品开发和产业化发展体现了科学技术向生产力的转化；而地理信息科学的实际应用则实现了它的社会功能及其功能增强，从

第 20 章 | 地理信息科学方法和技术前沿与展望

它再向地理信息科学理论、方法和技术创新阶段发展，反映了地理信息实践经验总结向科学理论升华的再次理论提高甚至飞跃。其中，地理-方法研究和创新对技术研发和创新提供了理论指导，后者则向前者提供了技术总结；理论-方法研究和创新向地理信息应用和服务提供理论指导和成果展示，后者则向前者提供经验总结和理论升华；理论-方法研究和创新对地理信息科学的发展提供理论和方法的总结和归纳，后者则对前者提供研究内容的学科指导；技术研发和创新向地理信息科学的发展提供技术和工具手段的总结，后者则对前者提供理论向技术物化的需求；地理信息应用和服务向地理信息科学的发展提供应用案例总结，后者则对前者提供学科的社会应用需求；地理信息产品开发和产业化向地理信息科学的发展提供产品模式总结，后者则对前者提供科研和市场产品的需求；地理信息应用和服务向地理信息产品开发和产业化提供应用和服务中的产品需求，后者则对前者提供产品在应用中的推广；技术研发和创新向地理信息产品开发和产业化提供技术指导和技术推广，后者则对前者提供产品验证和技术改造需求。

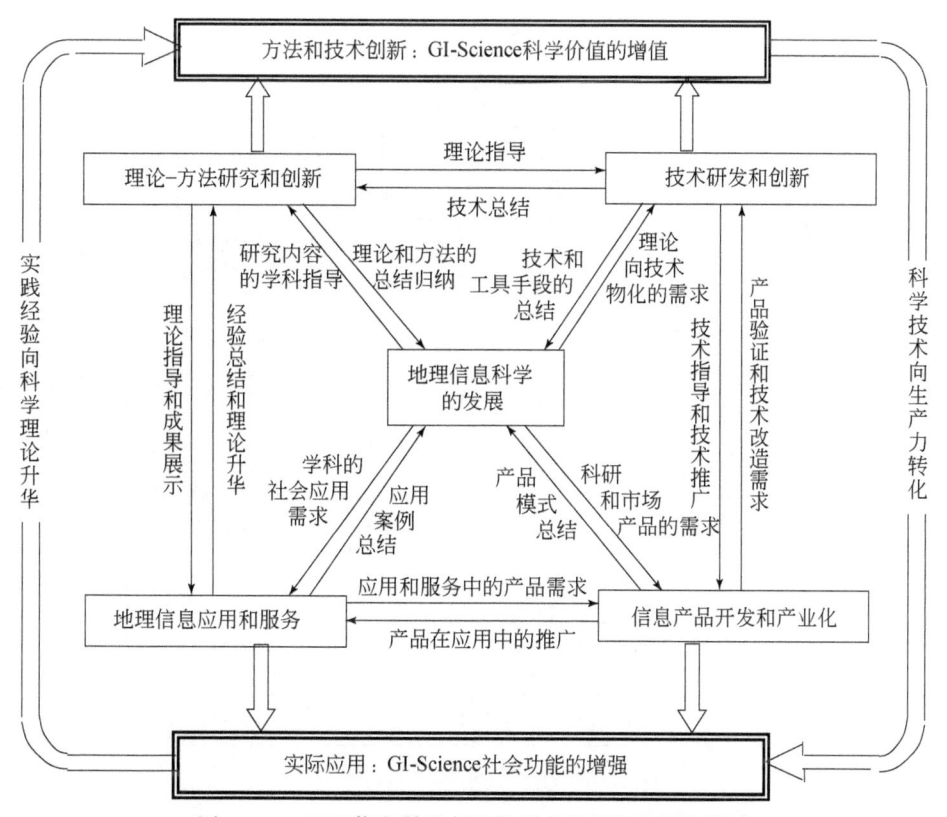

图 20-12　地理信息科学方法和技术的创新机制和模式

在地理信息科学方法论创新机制的引导下，本书建立了如图20-13所示的地理信息科学方法论创新整体方案体系。该方案由五个方面的内容组成，即一个核心、四项因子。核心是创新流程和机理；四项因子分别是学科发展目标和内在逻辑方向的引导、社会经济应用需求的拉动、创新机制的保障、技术进步和产业化

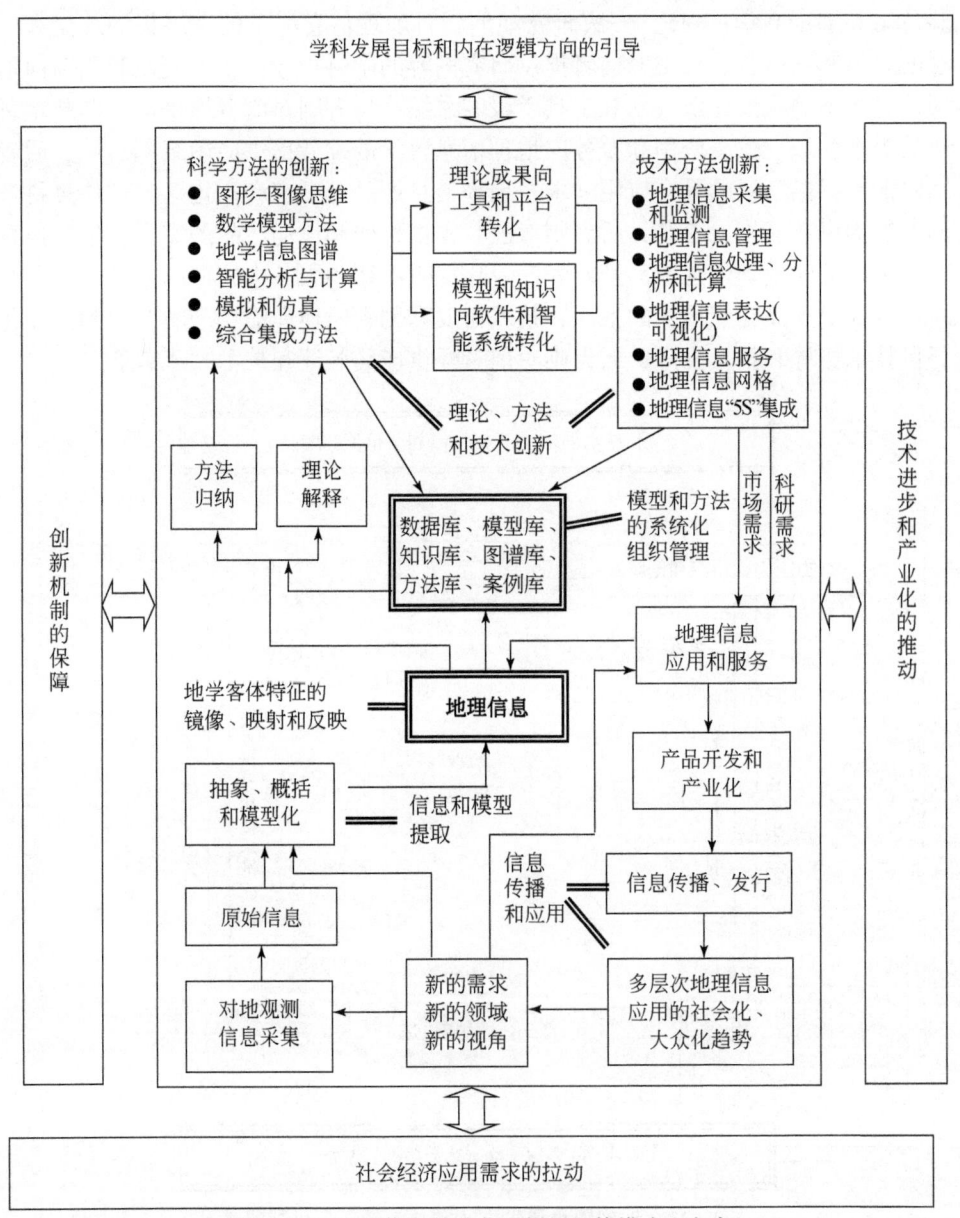

图 20-13 地理信息科学方法创新整体模式和方案

的推动。创新流程和机理的第一个环节是信息和模型提取,通过对地观测和信息采集产生原始地理信息,之后再经过抽象、概括和模型化,产生直观、再生和全息等不同层次的地理信息,它是地学客体特征的镜像、映射和反映。第二个环节是模型和方法的系统化组织管理,形成数据库、模型库、知识库、图谱库、方法库和案例库等。第三个环节是最关键的部分,即理论、方法和技术创新,总结和归纳了六个科学方法和七个技术方法。第四个环节是信息传播和应用,由此产生了多层次地理信息应用的社会化和大众化趋势。新一轮的创新又是源自新的需求、新的领域和新的视角。该研究方案涵盖了从基础理论到应用基础,到技术创新,再到产品开发,最后形成产业这样一个大型的产学研体系。

20.3.2 地理信息科学方法和技术发展对地理信息科学体系的贡献

地理信息科学对其研究方法和技术起着理论指导、规范化限定和基础支撑的作用。同时,地理信息科学的方法和技术的研究和进展也对地理信息科学的体系有着不可估量的贡献。这是因为科学方法在科学研究中的重要地位决定了它在科学体系建立中的导引、促进和规范作用。

首先,科学方法和技术是导致科学发现的有效手段。地理信息科学方法和技术的进步极大地提高了地理信息科学的研究手段的功能,使地理信息科学从研究的深度和广度上都发生了进展,从而导致一系列科学成果的出现。在地图学领域,计算机手段的不断进步和更新换代、网络的不断发展,导致了制图自动化的实现和地图信息网络化共享和服务的诞生和发展;数学模型方法的发展使地理信息分析和计算呈现出越来越强大的功能,能够解决的问题也呈多样化趋势;地理信息模拟、仿真方法和虚拟地理环境技术的发展,推动了地理信息科学中将原本野外的实验室搬进了计算机,导致地理信息科学理论和技术体系中"实验性"、"虚拟性"、"仿真性"等领域的诞生和发展。

其次,科学方法和技术是科学研究程序规范化和最优化的指南。地理信息科学的方法和技术的研究和发展进一步促进了该学科的理论、方法和技术体系的规范化和理性化。对地理信息科学方法论的研究,促进我们思考地理信息本体论在整体理论体系中的位置和作用,促使我们对地理信息的各种数据模型、数学模型、知识和工具进行梳理和规范,更深刻地理解数据、信息、模型、知识、决策方案在地理信息科学体系中的地位、作用、适用范围和限定条件,从而推动该学科的理性评价。

再次,科学方法和技术是促进学科理论形成与发展的强力催化剂。地理信息科学方法和技术的发展推动了地理信息科学从分化走向综合。本书所分析的六种科学方法和七种技术方法，都是将地理信息科学各个分支学科的相关问题打散，不是以地图学、GIS、遥感或 GPS 为依据来划分方法，而是按对象、功能和环节来划分研究方法，实质上是将地理信息科学整合为一个整体，从而推动地理信息科学研究方法的移植方式的综合。例如，既可用地图方法进行图形分析，也可用遥感方法进行图形分析；既可用遥感技术采集和监测动态变化，也可用 GPS 技术来实现相关内容；还有 GIS、遥感和地图制图等分支学科杂交方式的技术方法综合，出现相关学科相互渗透、相互融合的局面。

最后，科学方法和技术加速了学科理论和研究成果的转化和应用。地理信息科学的方法论研究扩大了该学科研究成果的应用范围。本书中的大量案例不但向人们展示了该学科研究方向的强大功能，还显示了其广泛的适用范围、问题和领域，从而会大大提高地理信息科学的社会功能。相信随着研究的不断深入，地理信息科学的应用范围会从传统的地理学研究范畴向生态环境、全球变化、精准农业、能源、减灾防灾、应急反应等各个领域施展其强大的方法和技术能力。

参 考 文 献

阿瑟·H. 鲁宾逊. 2012. 地图一瞥——对地图设计的思考. 李响, 华一新, 吕晓华译. 北京: 测绘出版社.
白光润. 1993. 地理学导论. 北京: 高等教育出版社.
鲍健强, 叶瑞克. 2011. 科学方法论. 杭州: 浙江人民出版社.
鲍远律, 刘振安. 2006. 卫星定位、交通监控与数字地图. 北京: 国防工业出版社.
贲进, 童晓冲, 张永生, 等. 2007. 球面等积网格系统生成算法与软件模型研究. 测绘学报, 36 (2): 187-191.
毕建涛, 王雷, 池天河, 等. 2004. 基于 Web Service 的地理信息服务研究. 计算机科学, 3 (1): 69-71.
毕润成. 2008. 科学研究方法与论文写作. 北京: 科学出版社.
边馥苓. 1996. 地理信息系统原理和方法. 北京: 测绘出版社.
别尔良特 A M. 1991. 地图——地理学的第二语言. 北京: 中国地图出版社.
蔡少华, 骆剑承, 陈秋晓, 等. 2003. 网格 GIS 中的 GML 语言技术与设计框架. 地球信息科学, 03: 47-50, 55.
蔡运龙, 陈彦光, 阙维民, 等. 2012. 地理学: 科学地位与社会功能. 北京: 科学出版社.
查德·皮特. 2007. 现代地理学思想. 周尚意等译. 上海: 商务印书馆.
昌家立. 2004. 关于知识的本体论研究: 本质、结构、形态. 成都: 巴蜀书社.
陈爱群. 2008. 国内外遥感最新技术及其发展趋势. 测绘科技情报, 1: 12-15.
陈长林, 魏海平, 毛彪, 等. 2009. 基于 Agent 和地理信息服务的空间数据集成. 测绘科学, (S1): 50, 115-116.
陈光. 2003. 科学技术哲学——理论与方法. 西安: 西安交通大学出版社.
陈国华. 2007. 现代地理信息服务框架体系研究. 西安: 长安大学硕士学位论文.
陈桦, 李小兵, 徐光辉. 2009. 基于 SuperMap GIS 的地理信息服务系统的设计与实现. 计算机工程与设计, 08: 2030-2033.
陈健飞. 2006. 地理信息系统导论（中文导读）. 北京: 科学出版社.
陈军. 2003. 论中国地理信息系统的发展方向. 地理信息世界, 1: 6-11.
陈军, 丁明柱, 蒋捷, 等. 2009. 从离线数据提供到在线地理信息服务. 地理信息世界, 02: 6-9.
陈兰兰, 肖海平, 彭涛. 2010. 城市公众地理信息服务系统的开发应用. 测绘标准化, (2): 20-22.
陈楠. 2005. 多源空间数据集成的技术难点分析和解决策略. 计算机应用研究与应用, 10: 206-208.
陈寿灿. 2007. 方法论导论. 大连: 东北财经大学出版社.
陈述彭, 岳天祥, 励惠国. 2000. 地学信息图谱研究及其应用. 地理研究, 19 (4): 337-343.
陈述彭, 周成虎, 陈秋晓. 2004. 格网地图的新一代. 测绘科学, 04: 1-4, 83.

陈述彭.1990a.地学的探索（第一卷　地理学）.北京：科学出版社.
陈述彭.1990b.地学的探索（第二卷　地图学）.北京：科学出版社.
陈述彭.1990c.地学的探索（第三卷　遥感应用）.北京：科学出版社.
陈述彭.1992.信息学与地图学.地学的探索（第四卷　地理信息系统）.北京：科学出版社.
陈述彭.1995.地球信息科学与区域可持续发展.北京：测绘出版社.
陈述彭.1999a.地理信息系统导论.北京：科学出版社.
陈述彭.1999b.城市化与城市地理信息系统.北京：科学出版社.
陈述彭.2001.地学信息图谱探索研究.上海：商务印书馆.
陈述彭.2003a.地学的探索（第五卷　城市化·区域发展）.北京：科学出版社.
陈述彭.2003b.地学的探索（第六卷　地球信息科学）.北京：科学出版社.
陈述彭.2005.推广网格系统.地球信息科学,7（3）：3,4.
陈述彭.2007a.地球信息科学.北京：高等教育出版社.
陈述彭.2007b.石坚文存.北京：人民教育出版社.
陈述彭,陈秋晓,周成虎.2002.网格地图与网格计算.测绘科学,04：1-6,2.
陈述彭,鲁学军,周成虎.1999.地理信息系统导论.北京：科学出版社.
陈先达,杨耕.2010.马克思主义哲学原理.北京：中国人民大学出版社.
陈燕,齐清文,汤国安.2004.黄土高原坡度转换图谱研究.干旱地区农业研究,22（3）：180-185.
陈燕,齐清文,杨桂山.2006a.地学信息图谱的基础理论探讨.地理科学,26（3）：306-310.
陈燕,齐清文,杨桂山.2006b.地学信息图谱时空维的诠释与应用.地球科学进展,21（1）：10-13.
陈燕,齐清文,杨桂山.2006c.基于遥感图像处理的图谱单元提取与分析.水土保持学报,20（2）：193-196.
陈燕,汤国安.2004.不同空间尺度DEM坡度转换图谱研究.华侨大学学报（自然科学版）,25（1）：30-32.
成中英.2006.易学本体论.北京：北京大学出版社.
程传周,杨小焕,李月娇,等.2010.2005-2008年中国耕地变化对区域生产潜力的影响.地球信息科学学报,12（5）：620-627.
程永星,陈平.2003.Web服务在信用信息工程中的应用.计算机工程与应用,39（29）：202-204.
崔铁军,等.2009.地理信息服务导论.北京：科学出版社.
崔巍,李德仁.2005a.地理本体与LDAP目录服务.武汉理工大学学报（交通科学与工程版）,04：491-494.
崔巍,李德仁.2005b.基于本体与LDAP的空间信息网格资源管理机制.武汉大学学报（信息科学版）,06：549-552.
崔伟宏.1995.空间数据结构研究.北京：中国科学技术出版社.

戴立玲, 卢章平, 袁浩. 2006. 基于图形思维的信息图形化基础课程体系的研究与实践. 工程图学学报, 26: 151-155.

戴起勋, 赵玉涛. 2004. 科技创新与论文写作. 北京: 机械工业出版社.

邓超. 2005. 面向 Agent 的智能化分布式计算及其应用研究. 杭州: 浙江大学博士学位论文.

邸凯昌. 1999. 空间数据发掘和知识发现的理论和方法. 武汉: 武汉测绘科技大学博士学位论文.

邸凯昌, 李德仁. 1996. KDD 技术及其在 GIS 中的应用和发展. 北京: 中国 GIS 协会第二届年会.

邸凯昌, 李德仁, 李德毅. 1997. 空间数据挖掘和知识发现的框架. 武汉测绘科技大学学报, 22 (1): 328-332.

邸凯昌, 李德仁, 李德毅. 1999. Rough 集理论及其在 GIS 属性分析和知识发现中的应用. 武汉测绘科技大学学报, 24 (1): 6-10.

都志辉, 陈渝, 刘鹏. 2002. 网格计算. 北京: 清华大学出版社.

杜培军, 李京, 张海荣, 等. 2007. 从 UCGIS 地理信息科学技术知识体系谈地理信息系统专业教育. 地理信息世界, 4: 54-61.

杜云艳, 冯文娟, 何亚文, 等, 2010. 网络环境下的地理信息服务集成研究. 武汉大学学报（信息科学版）, 03: 347-349, 364.

范泽孟, 岳天祥. 2004. 资源环境模型库系统集成分析. 地球信息科学, 6 (2): 17-22.

方金云, 何建邦. 2002. 网格 GIS 体系结构及其实现技术. 地球信息科学, 04: 36-42.

方金云, 何建邦. 2004. 并行栅格数据处理网格服务节点软件的关键技术. 地球信息科学, 6 (1): 17-21.

方裕, 周成虎, 景贵飞, 等. 2001. 第四代 GIS 软件研究. 中国图象图形学报, 09: 5-11.

冯敏. 2008. 地理空间模型的开放分布式共享研究及初步集成. 北京: 中国科学院地理科学与资源研究所博士学位论文.

冯志勇, 李文杰, 李晓红. 2007. 本体论工程及其应用. 北京: 清华大学出版社.

傅世侠. 1999. 关于视觉思维问题. 北京大学学报（哲学社会科学版）, 02: 62-67.

高岸起. 2010. 认识论模式. 北京: 人民出版社.

高刚毅, 金勤, 陈海波. 2005. 基于多 Agent 结构的地理信息服务研究. 计算机应用与软件, 08: 60-61, 79.

宫鹏. 1996. 城市地理信息系统: 方法与应用. 北京: 中国海外地理信息系统协会.

龚建华, 林珲. 2001. 虚拟地理环境. 北京: 高等教育出版社.

龚健雅. 2001. 地理信息系统基础. 北京: 科学出版社.

龚敏霞, 间国年, 张书亮, 等. 2003. 智能化空间决策支持模型库及其支持下 GIS 与应用分析模型的集成. 地球信息科学, 01: 91-97.

龚泽仪, 齐清文, 夏小琳. 2014. 基于中国近代地图的城镇体系演变信息图谱. 测绘科学, 39 (8): 103-110.

谷风云, 崔希民, 谢传节, 等. 2004. 虚拟地理环境中时态信息可视化表达方法研究. 现代测绘, 27 (1): 11-13.
顾基发, 王浣尘, 唐锡晋. 2007. 综合集成方法体系与系统学研究. 北京: 科学出版社.
顾叶芳. 2012. 运用地图培养学生的思维能力. 学园 (教育科研), 18: 94, 95.
关美宝, Richardson D, 王冬根, 等. 2015. 地理学与地理信息科学的时空一体化——中美两国的前沿研究. 马晓熠, 易嘉伟, 沈恬译. 北京: 中国水利水电出版社.
郭朝辉, 齐清文, 邹秀萍, 等. 2007. 基于ArcSDE的云南沿边境地带生态环境数据库建设研究. 测绘通报, 03: 53-56.
郭婧, 张立朝, 王科伟. 2007. 基于ArcGIS Server构建地理信息服务. 测绘科学, 03: 91-93, 195.
郭瑛琦, 齐清文, 姜莉莉, 等. 2011. 城市形态信息图谱的理论框架与案例分析. 地球信息科学学报, 13 (6): 781-787.
国家遥感中心. 2009. 地球空间信息科学技术进展. 北京: 电子工业出版社.
韩玲. 2005. 多源遥感信息融合技术及多源信息. 西安: 西北大学博士学位论文.
何大明, 吴绍洪, 彭华, 等. 2005. 纵向岭谷区生态系统变化及西南跨境生态安全研究, 地球科学进展, 20 (3): 338-244.
胡鹏, 游涟, 杨传勇, 等. 2002. 地图代数. 武汉: 武汉大学出版社.
华亮春. 2005. WebGIS与地理信息服务. 长沙: 湖南地图出版社.
黄波, 王英杰. 1996. GIS与ES的结合及其应用初探. 环境遥感, 03: 234-239.
黄茂军. 2006. 地理本体的关键问题研究. 合肥: 中国科学技术大学出版社.
黄欣荣. 2006. 复杂性科学的方法论研究. 重庆: 重庆大学出版社.
黄震春, 李国庆. 2006. thGridJob: 面向空间信息网格的SOA结构任务框架 (英文). 微电子学与计算机, S1: 236-238.
霍金. 2006a. 时间简史. 许明贤, 吴忠超译. 长沙: 湖南科学技术出版社.
霍金. 2006b. 果壳中的宇宙. 吴忠超译. 长沙: 湖南科学技术出版社.
纪翠玲, 池天河, 齐清文. 2005. 黄土高原地貌形态分形算法三维表达应用. 地球信息科学, 7 (4): 127-130, 143.
贾连兴. 2006. 仿真技术与软件. 北京: 国防工业出版社.
贾文毓. 2008. 地理学研究方法引论: 一般科学方法论层次的衍绎. 北京: 气象出版社.
江斌, 胡毓钜. 1995. 地图视觉化——现代地图学的核心. 地图, 02: 3-7.
江东, 付晶莹, 黄耀欢, 等. 2011. 地表环境参数时间序列重构的方法与应用分析. 地球信息科学学报, 13 (4): 439-446.
江东, 王乃斌, 杨小唤, 等. 2001. 植被指数-地面温度特征空间的生态学内涵及其应用. 地理科学进展, 20 (2): 146-152.
江天骥. 1984. 当代西方科学哲学. 北京: 中国社会科学出版社.
江天骥. 2009. 逻辑经验主义的认识论 当代西方科学哲学. 武汉: 武汉大学出版社.
姜井水. 2003. 现代科学辩证法与现代科学认识论. 北京: 学术出版社.
姜莉莉, 齐清文, 张岸, 等. 2011. 基于网格的精准农业数据库及示范应用——以黑龙江农场双山基地为例. 地球信息科学学报, 13（6）: 804-810.
姜莉莉, 齐清文, 邹秀萍. 2007. "4D"数据在生态环境监测与评价中的应用. 地球信息科学, 9（3）: 123-127.
姜露. 2011. 钱学森论系统科学（讲话篇）. 北京: 科学出版社.
姜永发, 闾国年. 2005. 网格计算与Grid GIS体系结构与关键技术探讨. 测绘科学, 04: 3, 16-19.
焦健, 曾琪明. 2005. 地图学. 北京: 北京大学出版社.
金泽敬, 尹贡白. 1986. 霍乱流行的罪魁祸首是谁？——斯诺博士的分布图. 地图, 02: 50.
靳军, 王沫, 王东. 2006. 交通地理网络分析模型的实现. 海洋测绘, 26（6）: 28-30, 61.
景贵飞. 2003. 新一代地理信息系统对地球信息科学研究的意义浅析. 地理信息世界, 2: 1-6.
黎土旺. 2006. 阿恩海姆"抽象"的"视觉思维"理论. 南通大学学报（社会科学版）, 22: 34-38.
黎夏, 叶嘉安. 2002. 基于神经网络的单元自动机CA及真实和优化的城市模拟. 地理学报, 02: 159-166.
黎夏, 叶嘉安. 2004. 遗传算法和GIS结合进行空间优化决策. 地理学报, 59（5）: 745-753.
李炳燮, 马张宝, 齐清文, 等. 2010. Landsat TM遥感影像中厚云和阴影去除方法. 遥感学报, 14（3）: 534-545.
李博. 2010. 地理信息服务在电子政务中的应用及发展趋势. 黑龙江科技信息, 19: 87.
李德仁. 2004. 地球空间信息学的机遇. 武汉大学学报（信息科学版）, 29（9）: 29-31.
李德仁. 2005. 论广义空间信息网格和狭义空间信息网格. 遥感学报, 05: 513-520.
李德仁, 程涛. 1995. 从GIS数据库中发现知识. 测绘学报, 22（4）: 37-43.
李德仁, 崔巍. 2004. 空间信息语义网格. 武汉大学学报（信息科学版）, 10: 847-851.
李德仁, 崔巍. 2006. 地理本体与空间信息多级网格. 测绘学报, 02: 143-148.
李德仁, 关泽群. 2000. 空间信息系统的集成与实现. 武汉: 武汉测绘科技大学出版社.
李德仁, 邵振峰, 朱欣焰. 2004. 论空间信息多级格网及其典型应用. 武汉大学学报（信息科学版）, 29（11）: 945-950.
李德仁, 王树良, 史文中, 等. 2001. 论空间数据挖掘和知识发现. 武汉大学学报（信息科学版）, 26（6）: 491-499.
李德仁, 肖志峰, 朱欣焰, 等. 2006. 空间信息多级网格的划分方法及编码研究. 测绘学报, 01: 52-56, 70.
李德仁, 易华蓉, 江志军. 2005. 论网格技术及其与空间信息技术的集成. 武汉大学学报（信息科学版）, 09: 757-761.
李德仁, 朱欣焰, 龚健雅. 2003. 从数字地图到空间信息网格——空间信息多级网格理论思考. 武汉大学学报（信息科学版）, 28（6）: 642-650.
李飞雪, 李满春, 梁健. 2006. 网络地理信息服务构建初步研究. 遥感信息, 01: 46-49, 63.
李国杰. 2001. 信息服务网格——第三代Internet. 国际技术贸易市场信息,（4）: 150-152.
李国庆. 2004. 空间信息应用网格技术研究. 北京: 中国科学院地理科学与资源研究所.

李宏伟,成毅,李勤超.2008.地理本体与地理信息服务.西安:西安地图出版社.
李建,任朱美,正李欣.2004.基于WebServices的空间地理信息服务.计算机工程与应用,30:172-174,204.
李钜章.1994.现代地学数学模拟,北京:气象出版社.
李军.2006.地理空间信息与区域多目标规划研究.北京:电子工业出版社.
李军虎.2005.基于网络的基础地理信息服务系统的内容和关键技术.测绘技术装备,04:32,38.
李科.2008.网格环境下地理信息服务关键技术研究.郑州:解放军信息工程大学博士学位论文.
李霖,吴凡.2005.空间数据多尺度表达模型及其可视化.北京:科学出版社.
李霖,许铭,尹章才,等.2006.基于地图的地理信息可视化现状与发展.测绘工程,15:11-14.
李鹏.2009.存在与实践:马克思的本体论思想研究.北京:中国社会科学出版社.
李琦,黄晓斌.2002.基于GeoAgent的地理信息服务.测绘通报,06:44-47.
李维武.1991.20世纪中国哲学本体论问题.长沙:湖南教育出版社.
李喜先.1995.科学系统论.北京:科学出版社.
李岩,迟国彬,廖其芳,等.1999.地理信息系统软件集成方法与实践.地球科学进展,06:619-623.
李赵祥.2010.地图的色和理论.北京:中央民族大学出版社.
梁雅娟,齐清文,陈燕,等.2005.地学信息图谱的基础平台设计与开发.地球信息科学,7(2):30-35.
林定夷.2009.科学哲学:以问题为导向的科学方法论导论.广州:中山大学出版社.
林珲,冯通,孙以义,等.1996.城市地理信息系统研究与实践.上海:上海科学技术出版社.
刘冬岩.2010.视觉思维对教学的启示.中国教育学刊,02:67-69.
刘高焕,叶庆华,刘庆生.2004.黄河三角洲环境动态监测与数字模拟.北京:科学出版社.
刘慧婷,杜云艳,苏奋振,等.2009.基于ArcIMS的海岸带多源空间数据集成及其信息服务.中国图象图形学报,01:169-175.
刘妙龙,黄佩蓓,杨冰.2001.地理信息科学新界说——M F.古特柴尔德(Goodchild)的论述.地球信息科学,2:4-46.
刘盛佳.1990.地理学思想史.武汉:华中师范大学出版社.
刘湘南,黄方,王平.2008.GIS空间分析原理与方法.北京:科学出版社.
刘晓艳,林珲,张宏.2003.虚拟城市建设原理与方法.北京:科学出版社.
刘兴堂,梁炳成,刘力,等.2008.复杂系统建模理论、方法与技术.北京:科学出版社.
刘学,王兴奎.1999.基于GIS的空间过程模拟建模方法研究.中国图象图形学报;A辑,4(6):476-480.
刘彦佩.2006.地图代数原理.北京:高等教育出版社.

刘勇，李成名，印洁.2010.语义地理信息服务集成框架研究.测绘科学，05：74-76.
刘岳峰.2004.地理信息服务概述.地理信息世界，06：26-29，43.
龙毅，温永宁，盛业华.2006.电子地图学.北京：科学出版社．
Longley P A, Goodchild M F, Maguire D J, et al.2004a.地理信息系统——原理与技术（第二版）（上卷）.唐中实等译.北京：电子工业出版社．
Longley P A, Goodchild M F, Maguire D J, et al.2004b.地理信息系统——原理与技术（第二版）（下卷）.唐中实等译.北京：电子工业出版社．
鲁学军，励惠国.1999.数字地球与地球信息科学.地球信息科学，1：42-49.
鲁学军，周成虎，龚建华.1999.论地理空间形象思维.地理学报，54：401-409.
阎国华.1999.地理信息科学导论.北京：中国科学技术出版社．
阎国年.1998.地理信息科学——兼论相关学科.地球信息，（1）：36-39.
阎国年，吴平生，周晓波.1999.地理信息科学导论，北京：中国科学技术出版社．
栾绍鹏.2007.基于RIA的地理信息服务研究与实践.郑州：解放军信息工程大学硕士学位论文．
罗平，何素芳，黄耀丽，等.2002.基于SD-GIS模型的兰州市住宅价格时空模拟研究.兰州大学学报（自然科学版），38（4）：125-130.
骆剑承.2000.遥感影像智能图解及其地学认知问题探索.地理科学进展，19：289-296.
骆剑承，周成虎，蔡少华，等.2002.基于中间件技术的网格GIS体系结构.地球信息科学，03：17-25.
马蔼乃.2001.思维科学与地理思维研究.地理学报，56：232-238.
马蔼乃.2005.地理科学导论：自然科学与社会科学的桥梁科学.北京：高等教育出版社．
马蔼乃.2006.地理信息科学天地人机信息一体化网络系统.北京：高等教育出版社．
马蔼乃.2007.理论地理科学与哲学：复杂性科学理论.北京：高等教育出版社．
马蔼乃，邬伦，陈秀万，等.2002.论地理信息科学的发展.地理学与国土研究，1：1-5.
马千里，吴健.2010.基于SOA的地理信息服务研究.今日科苑，（18）：249.
马伟锋，岑岗，李君.2006.高性能遥感图像处理与空间信息网格建模.计算机工程，05：283-285.
马伟锋，王卫红，蔡家楣，等.2004.基于网格的遥感图象处理原型系统设计和实现.计算机工程与应用，24：108-110.
马耀峰，胡文亮，张安定，等.2004.地图学原理.北京：科学出版社．
马照亭，潘懋，林晨，等.2002.多源空间数据的共享与集成模式研究.计算机工程与应用，（24）：31-34.
梅安新，彭望禄，秦其明，等.2001.遥感导论.北京：高等教育出版社．
蒙吉军.2013.自然地理学方法.北京：高等教育出版社．
苗蕾，李霖.2004.动态地理现象的地图表示.测绘信息与工程，29：20-22.
那晓东，张树清，于欢，等.2009.三江平原典型淡水沼泽湿地景观格局变化研究——以三江自然保护区为例.干旱区资源与环境，23（4）：69-74.

牛顿-史密斯 W H. 2006. 科学哲学指南. 成素梅, 殷杰译. 上海：上海科技教育出版社.
牛文元. 1984. 自然地理新论. 北京：科学出版社.
牛文元. 1992. 理论地理学. 上海：商务印书馆.
欧阳康. 2012. 马克思主义认识论研究. 北京：北京师范大学出版社.
潘玉君, 武友德. 2009. 地理科学导论. 北京：科学出版社.
彭春华, 刘建业, 刘岳峰, 等. 2007. 分布式移动地理信息服务架构及关键技术研究. 武汉大学学报（工学版）, 02：133-138.
彭盛华, 赵俊琳, 翁立达. 2002. GIS 网络分析技术在河流水污染追踪中的应用. 水科学进展, 13（4）：461-466.
彭涛. 2010. 基于 ArcGIS Server 的城市公众地理信息服务系统研究. 赣州：江西理工大学硕士学位论文.
戚进勤, 王淼洋. 1990. 科学哲学手册. 上海：上海科学技术出版社.
齐力, 金海. 2006. 基于服务网格的地理信息协同标注系统研究与实现. 计算机工程与科学, 02：137-139.
齐清文. 1998. 论地图学的知识创新体系. 地球信息, Z1：6-13.
齐清文. 2000. 现代地图学的前沿问题. 地球信息科学, 2（1）：80-86.
齐清文. 2002. 地球信息科学中的集成化与信息产品开发. 乌鲁木齐：新疆科技卫生出版社.
齐清文. 2004. 地球信息科学中的集成化与信息产品开发. 乌鲁木齐：新疆科技卫生出版社.
齐清文. 2004. 地学信息图谱的最新进展. 测绘科学, 29（6）：15-23.
齐清文. 2011. 地理信息科学方法论研究进展. 中国科学院院刊, 26（4）：436-442.
齐清文, 成夕芳, 纪翠玲, 等. 2001. 黄土高原地貌形态信息图谱研究. 地理学报, 56（增刊）：32-37.
齐清文, 池天河. 2001. 地学信息图谱的理论与方法研究. 地理学报, 56（增刊）：8-18.
齐清文, 池天河, 陈华斌, 等. 2002. 地学信息产品的理论与技术研究——以中科院资源环境数据库中的若干信息产品为例. 地理学报, 57（增刊）：60-69.
齐清文, 姜莉莉, 张岸, 等. 2010a. 地理信息科学方法论的理论体系研究. 测绘科学, 35（4）：5-9.
齐清文, 邹秀萍, 徐莉, 等. 2010b. 地理信息科学方法论案例研究. 测绘科学, 35（5）：11-17.
齐清文, 梁雅娟, 何晶, 等. 2005. 数字地图的理论, 方法和技术体系探讨. 测绘科学, 30：15-18.
齐清文, 廖克, 刘岳, 等. 2001. 知识创新工程中地图学学科规划若干问题. 地球信息科学, 3（1）：71-76.
齐清文, 张安定. 1999. 论地图学知识创新体系的构建. 地理科学进展, 18（1）：3-13.
钱学森, 等. 1994. 论地理科学. 杭州：浙江教育出版社.
秦耀辰, 钱乐祥, 千怀遂, 等. 2004. 地球信息科学引论. 北京：科学出版社.
任建武. 2003. GRID GIS 关键技术研究. 南京：南京师范大学博士学位论文.

邵全琴. 2001. 海洋渔业地理信息系统研究与应用. 北京：科学出版社.

邵振峰，李德仁. 2005. 基于网格计算环境下的空间信息多级格网研究. 地理信息世界, 02：31-35.

沈占锋，骆剑承，蔡少华，等. 2003. 网格 GIS 的应用架构及关键技术. 地球信息科学, 04：57-62.

沈占锋，骆剑承，马伟锋，等. 2004a. 用 Web Services 实现遥感图像分布式处理. 计算机工程与应用, 40（23）：185-187.

沈占锋，骆剑承，陈秋晓，等. 2004b. 网格 GIS 系统设计及其在遥感图像处理上的应用. 计算机应用研究, 21（8）：122-125.

沈占锋，骆剑承，黄光玉，等. 2004c. 数字油田解决方案浅析. 西安石油大学学报（自然科学版），19（6）：77-80.

沈占锋，骆剑承，黄光玉，等. 2004d. 网格 GIS 及其在数字油田中的应用探讨. 地理与地理信息科学, 20（3）：45-48.

沈占锋，骆剑承，马伟锋，等. 2005. 网格计算在遥感图像地学处理中的应用. 计算机工程, 07：37-39.

施仁杰. 1992. 马尔科夫链基础及其应用. 西安：西安电子科技大学出版社.

石里克德 M. 2005. 普通认识论. 李步楼译. 北京：商务印书馆.

史文中，吴立新，李清泉，等. 2007. 三维空间信息系统模型与算法. 北京：电子工业出版社.

宋关福，钟耳顺，刘纪远，等. 2000. 多源空间数据无缝集成研究. 地理科学进展, 02：110-115.

宋国大. 2009. 基于 ArcGIS Server 地理信息服务的研究与实践. 海洋测绘, 02：63-66.

宋亚超，闾国年，张宏. 2004. 基于 Web Service 的 Internet GIS 集成与应用. 地球信息科学, 01：44-48.

宋宜全，杨荔阳. 2009. 地理信息服务的数据安全机制研究. 地理与地理信息科学, 06：13-16.

孙红春. 2002. 提高城市空间基础地理信息服务水平. 中国测绘, 04：23-25, 3.

孙剑桥. 2010. 地理信息系统（GIS）的技术分析. 中国新技术新产品, 19：42.

孙九林，李爽. 2002. 地球科学数据共享与数据网格技术. 中国地质大学学报：地球科学, 27（5）：539-543.

孙晓生，何凤良. 2006. 地理信息服务网格及其技术构架的探讨. 测绘与空间地理信息, 06：28-30.

孙莹，潘正运. 2006. 基于 GIS 的旅游地理信息服务系统的研究与实现. 微计算机信息, 22：156-158, 168.

塔尔斯基. 1963. 逻辑与演绎科学方法导论. 周礼全，吴允曾，晏成书译. 北京：商务印书馆.

谭靖，张百平，姚永慧，等. 2009. 基于分布式组件动态集成的网络 GIS 设计模式及其实现.

计算机应用研究,07：2617-2619,2658.

汤国安,刘学军,间国年.2005.数字高程模型及地学分析的原理与方法.北京：科学出版社.

唐冬梅,叶修松.2008.地理信息服务的思索与探讨.测绘与空间地理信息,31（4）：140-143.

唐桂文.2008.基于数字地球平台的地理信息服务.北京：首都师范大学博士学位论文.

唐锡仁,杨文衡.2000.中国科学技术史（地学卷）.北京：科学出版社.

童秉枢.2010.图学思维的研究与训练.工程图学学报,31：1-5.

万波,方芳,杜小平.2006.服务网格及其在地质调查空间数据服务中的应用.地球科学,05：645-648.

万庆.1999.洪水灾害系统分析与评估.北京：科学出版社.

汪光和,王乃昂,胡双熙,等.2008.自然地理学（第四版）.北京：高等教育出版社.

汪闽,周成虎.2001.空间数据挖掘方法的研究进展.成都：中国地理信息系统协会2001年年会.

汪信砚,肖新发.1998.科学真理的困惑与解读.武汉：湖北人民出版社.

汪振城.2005.视觉思维中的意象及其功能——鲁道夫·阿恩海姆视觉思维理论解读.学术论坛,2：129-133.

王海龙,苏旭明,翁慧慧.2009.地理信息服务的思考与探索.北京测绘,02：69-72.

王家耀.2006.中国地图学年鉴.

王家耀.2011.地图制图学与地理信息工程学科进展与成就.北京：测绘出版社.

王家耀,孙群,王光霞,等.2006.地图学原理与方法.北京：科学出版社.

王建涛.2005.基于Web的地理信息服务的研究与实践.郑州：中国人民解放军信息工程大学博士学位论文.

王劲峰,李连发,葛咏,等.2000.地理信息空间分析的理论体系探讨.地理学报,55（3）：318-328.

王劲峰,等.2006.空间分析.北京：科学出版社.

王晋桃,朱欣焰.2004.基于Java手机的地理信息服务探索.测绘通报,03：51-54.

王娟.2008.视觉思维与言语思维的比较研究.软件导刊（教育技术）,02：8-9.

王鹏.2002.基于WebGIS的地理信息服务体系的设计与实现.郑州：解放军信息工程大学硕士学位论文.

王其藩.1995.高级系统动力学.北京：清华大学出版社.

王文,李红.1999.GIS与应用分析模型集成方式探讨.中国地理信息系统协会年会论文集（上）：483-486.

王小燕.2006.科学思维与科学方法论.广州：华南理工大学出版社.

王旭红,周明全,陈燕.2004.基于Oracel和ArcSDE分布式空间数据库的设计与建立.西北大学学报（自然科学版）,34（2）：151-154.

王英杰,陈毓芬,余卓渊,等.2012.自适应地图可视化原理与方法.北京：科学出版社.

王英杰，袁勘省，余卓渊．2003．多维动态地学信息可视化．北京：科学出版社．
王玉海．2008．地理信息服务中数据传输的策略研究．郑州：解放军信息工程大学博士学位
　　论文．
王悦，张勤，张劲．2003．科学思想与创新素质．上海：上海科学技术出版社．
王泽根．2000．海量空间数据组织及分布式解决方案．地球信息科学学报，01：67-70．
王占刚，庄大方，邱冬生．2007．可视化技术在空间数据挖掘中的应用．计算机工程，
　　33（18）：67-69．
王铮，乐群，吴静，等．2015．理论地理学（第二版）．北京：科学出版社．
王铮，吴必虎，等．1993．地理科学导论．北京：高等教育出版社．
王铮，吴兵．2003．GridGIS——基于网格计算的地理信息系统．计算机工程，04：38-40．
王铮，夏海斌，吴静．2010．普通地理学．北京：科学出版社．
王子启，宋春凤，贾华峰．2010．公众地理信息服务系统的设计与实现．科技信息，（11）：
　　34，35．
温颖文．2006．基于 WMS 的 GIS 网格服务的设计与实现．中山大学研究生学刊（自然科学医
　　学版），01：109-120．
邬焜，霍有光，陈九龙．2003．自然辩证法新编．西安：西安交通大学出版社．
邬伦，刘瑜，张晶，等．2001．地理信息系统——原理、方法和应用．北京：科学出版社．
吴功和．2006．分布式地理信息服务研究与实践．郑州：解放军信息工程大学博士学位论文．
吴升，肖桂荣，励惠国．2005．基于 Web 服务的物流地理信息服务平台的研究与开发//中国测
　　绘学会．中国测绘学会第八次全国代表大会暨 2005 年综合性学术年会论文集．中国测绘学
　　会：6．
萧昆焘．2004．科学认识论．南京：江苏人民出版社．
谢储晖．2009．地理信息服务组合技术研究．苏州市职业大学学报，20（1）：48-55．
谢维营．2009．本体论批判．北京：人民出版社．
辛少华．2012．中国西部人文地图集．西安：西安地图出版社．
熊利亚．1996．中国农作物遥感动态监测与估产集成系统．北京：中国科学技术出版社．
熊启才．2005．数学模型方法及应用．重庆：重庆大学出版社．
徐果明．2003．反演理论及其应用．北京：地震出版社．
徐建华．2002．现代地理学中的数学方法．北京：高等教育出版社．
徐建华．2006．计量地理学（第二版）．北京：高等教育出版社．
徐坤．2007a．基于空间数据框架的地理信息服务可持续研究．西安：长安大学硕士学位论文．
徐坤．2007b．可持续地理信息服务．新西部（下半月），06：255，185．
徐志伟，冯百明，等．2004．网格计算技术．北京：电子工业出版社．
徐治利．1983．数学方法论选讲．武汉：华中工学院出版社．
许世虎，宋方．2011．基于视觉思维的信息可视化设计．包装工程，32：11-14．
薛勇，罗瑛，王岩广，等．2003．远程通讯地学处理遥感，地理信息系统，全球定位系统和远
　　程通讯的集成．世界科技研究与成展，06：55-64．

薛勇,王剑秦,郭华东.2004.数字地球网格计算雏议.遥感学报,01:89-96.

严光生,李超龄,杨东来.2011.基于SIG地质空间信息共享与服务体系建设.北京:国土资源信息化建设研讨会论文集.

杨春时.1987.系统论信息论控制论浅说.北京:中国广播电视出版社.

杨国清,祝国瑞,喻国荣.2004.可视化与现代地图学的发展.测绘通报,06:40-42.

杨建军.2006.科学研究方法概论.北京:国防工业出版社.

杨建宇.2005.基于组件的分布式地理信息服务研究.北京:中国科学院研究生院(遥感应用研究所)博士学位论文.

杨靖宇,谢超,柯希林,等.2009.地理信息服务的思考与探索.测绘工程,(1):34-37.

杨开忠,沈体雁.1998.论地理信息科学.地球信息科学,1(1):21-28.

杨开忠,沈体雁.1999.试论地理信息科学.地理研究,18(3):260-266.

杨涛,刘锦德.2004.Web Services技术综述——一种面向服务的分布式计算模式.计算机应用,24(8):1-4.

杨铁利,许惠平.2006.网格技术在地理信息服务的应用研究.微电子学与计算机,10:141-143,149.

杨肇夏.1999.计算机模拟及其应用.北京:中国铁道出版社.

杨志平,齐清文,黄仁涛.2003.数学形态学在空间格局图像骨架提取中的应用.地球信息科学,5(2):79-83,87.

叶嘉安,宋小冬,钮心毅,等.2006.地理信息与规划支持系统.北京:科学出版社.

叶圣涛,张新长.2005.分布式空间数据库的体系结构研究.地理信息世界,03:47-51.

叶向平,陈毓芬.1996.论地图设计中的形象思维问题.解放军测绘学院学报,13:292-295.

俞宣孟.1999.本体论研究.上海:上海人民出版社.

袁戡省.2007.现代地图学教程.北京:科学出版社.

岳天祥,杜正平.2005.高精度曲面建模:新一代GIS与CAD的核心模块.自然科学进展,15(4):423-432.

岳天祥,刘纪远.2003.生态地理建模中的多尺度问题.第四纪研究,23(3):256-261.

张超.1991.计量地理学基础(第二版).北京:高等教育出版社.

张超.1995.地理信息系统.北京:高等教育出版社.

张登辉,狄黎平,俞乐.2006a.基于NWGISS的空间信息网格节点.计算机工程与应用,23:121-123,126.

张登辉,俞乐,狄黎平.2006b.基于NWGISS的空间信息网格节点结构及实现.计算机应用,05:1155-1157.

张法瑞.2005.自然辩证法概论.北京:中国农业大学出版社.

张汉松,方金云.2003.网格GIS在大型灌区信息化建设中的应用.中国农村水利水电,08:23-26.

张健挺,邱友良.1998.人工智能和专家系统在地学中的应用综述.地理科学进展,01:44-51.

张军红. 2012. 博阳数据库管理系统完成新产品升级. 经济, 10: 168.

张犁. 1996. GIS 系统集成的理论与实践. 地理学报, 51 (4): 306-314.

张琳琳, 孔繁花, 尹海伟. 2010. 基于高分辨率遥感及马尔科夫链的济南市土地利用变化研究. 山东师范大学学报 (自然科学版), (2): 88-91, 96.

张瑞林, 肖桂荣. 2007. AJAX 技术在地理信息服务中应用研究. 测绘科学, 06: 150-151, 209.

张望. 2009. 基于 ArcGIS Server 的网络地理信息服务研究与实践. 长沙: 中南大学硕士学位论文.

张霞. 2004. 地理信息服务组合与空间分析服务研究. 武汉: 武汉大学博士学位论文.

张宪魁, 李晓林, 阴瑞华. 2007. 物理学方法论. 杭州: 浙江教育出版社.

张新长, 唐力明, 等. 2009. 地籍管理数据库信息系统研究. 北京: 科学出版社.

张新长, 曾广鸿, 张青年. 2001. 城市地理信息系统. 北京: 科学出版社.

张永生, 戴晨光, 张云彬, 等. 2005. 天基多源遥感信息融合——理论、算法与应用系统. 北京: 科学出版社.

张祖勋, 张剑清, 廖明生, 等. 1998. 遥感影像的高精度自动配准. 武汉测绘科技大学学报, 23 (4): 320-323.

赵士鹏, 周成虎, 谢又予, 等. 1996. 泥石流危险度评价的 GIS 与专家系统集成方法研究. 环境遥感, 03: 122, 123, 214-219.

郑冬子, 郑慧子. 2010. 区域的观念——时空秩序与伦理. 北京: 科学出版社.

中国测绘学会. 2010. 中国测绘学科发展蓝皮书 (2009 卷). 北京: 测绘出版社.

中国测绘学会. 2012. 中国测绘学科发展蓝皮书 (2010-11 卷). 北京: 测绘出版社.

中国测绘学会. 2014. 中国测绘学科发展蓝皮书 (2012-13 卷). 北京: 测绘出版社.

中国地理学会. 2014. 地理学科发展报告 (地图学与地理信息系统) 2012—2013. 北京: 中国科学技术出版社.

中国科学技术协会学会学术部. 2007. 仿真——认识和改造世界的第三种方法吗? 北京: 中国科学技术出版社.

钟洛加. 2001. 地理信息系统软件集成方法与实践. 湖北地矿, 04: 67-71.

钟业勋. 2007. 数理地图学——地图学及其数学原理. 北京: 测绘出版社.

周成虎. 1999. 地理元胞自动机研究. 北京: 科学出版社.

周成虎, 鲁学军. 1998. 对地球信息科学的思考. 地理学报, 4: 372-380.

周洞汝, 胡宏斌. 2000. 视频数据库管理系统导论. 北京: 科学出版社.

周莎, 宋华伟, 朱岩, 等. 2007. 基于 ArcIMS 的网络地理信息服务. 中国地理信息系统协会会员代表大会暨年会文集.

周永章, 王正海, 侯卫生. 2012. 数学地球科学. 广州: 中山大学出版社.

祝国瑞. 2004. 地图学. 武汉: 武汉大学出版社.

祝国瑞, 张根寿. 1994. 地图分析. 北京: 测绘出版社.

Arnheim R. 1969. Visual Thinking. California: Univ of California Press.

Bossler J D. Campbell J B, McMaster R B, et al. 2010. Manual of Geospatial Science and Technology

(Second Edition). Boca Raton: CRC Press.

Buzen T, Buzen B. 1993. The Mind Map Book: How to Use Radiant Thinking to Maximize Your Brain's Untapped Potential. New York: Plume.

Card S K, Mackinlay J D, Shneiderman B. 1999. Readings in Information Visualization: using Vision to Think. San Francisco: Morgan Kaufmann.

Chen Z T. 2001. A Way in GIS. New York: Science Press.

Czajkowski K, Ferguson D, Foster I, et al. 2004. From Open Grid Services Infrastructure to WS-Resource Framework: Refactoring & Evolution. IBM Developerworks.

Dykes J, Maceachren A M, Kraak M J. 2005. Exploring Geo-visualization. Kidlington: Elsevier.

Eastman J R. 1985. Cognitive models and cartographic design research. The Cartographic Journal, 22: 95-101.

Feng D, Zeng L, Wang F, et al. 2005. Geographic information systems grid. Advances in Grid Computing-Egc 2005, Springer Berlin Heidelberg: 823-830.

Foster I. 2002. What is the Grid? A Three Point Checklist. Grid Today, (1): 32-36.

Foster I, Kesselman C. 1998. The Grid: Blueprint for a New Computing Infrastructure. San Francisco: Morgan Kaufmann.

Foster I, Kesselman C, Nick J, et al. 2002. The Physiology of the Grid: An Open Grid Services Architecture for Distributed Systems Integration. Grid Computing Making the Global Infrastructure. A Reality, 34 (2): 105-136.

Foster I, Kesselman C, Tuecke S. 2001. The anatomy of the grid: enabling scalable virtual organizations. International Journal of Supercomputer Applications, 15 (3): 200-222.

Fu J, Jiang D, Huang Y, et al. 2013. A Kalman Filter-Based Method for Reconstructing GMS-5 Global Solar Radiation by Introduction of In Situ Data. Energies, 6: 2804-2818.

Garcıa R, Castro J, Verdú M J, et al. 2011. A descriptive model based on the mining of web map server logs for tile prefetching in a web map cache. International Journal of Systems Applications, Engineering and Development, 5: 469-476.

Geoffery G R, Roi E S. 1996. Citylife: A Study of Cellular Automata in Urban Dynamics A. FIS//Cher M, Henk J S, Unwin D. Spatial Analytical Perspectives of GIS. New York: Taylor and Francis: 213-228.

Goodchild M F. 1992. Geographical information science. International Journal of Geographical Information Systems, 6 (1): 31-45.

Goodchild M F. 1999. Future directions in geographic information science. Geographic Information Sciences, 5 (1): 1-8.

Goodchild M F. 2009. Geographic information systems and science: today and tomorrow. Annals of GIS, 15 (1): 3-9.

Han J, Kamber M. 2001. Data Mining: Concepts and Techniques. San Francisco: Academic Press.

Hanf M B. 1971. Mapping: a technique for translating reading into thinking. Journal of reading, 14:

225-270.

Harrower M, MacEachren A, Griffin A L. 2000. Developing a geographic visualization tool to support earth science learning. Cartography and Geographic Information Science, 27: 279-293.

Hu Y, Xue Y, Tang J, et al. 2005. Data-parallel method for georeferencing of MODIS level 1B data using grid computing. Computational Science-Iccs 2005, Springer-Verlag Berlin: 883-886.

Hu Y, Xue Y, Wang J, et al. 2004. Feasibility Study of Geo-spatial Analysis Using Grid Computing. Computational Science-ICCS 2004, Springer Berlin Heidelberg: 956-963.

Huff A S. 1990. Mapping Strategic Thought. New York: John Wiley & Sons.

Jiang L, Qi Q, Zhang A. 2008. Study on GIS Visualization on Internet. IEEE.

Jiang L L, Qi Q W, Zhang A, et al. 2010. Improving the accuracy of image-based forest fire recognition and spatial positioning. Science China Technological Sciences, 53 (suppl I): 184-190.

Knight W. 2005. The new pioneers of map making. New Scientist, 185: 26.

Koperski K, Adhikary J, Han J. 1996. Spatial Data Mining: Process and Challenges Survey Paper. Montreal: Proc. ACM SIGMOD Workshop on Research Issues on Data Mining and Knowledge Discovery.

Lan H X, Martin C D, Lim C H. 2007. Rockfall analyst: a GIS extension for three-dimensional and spatially distributed rockfall hazard modeling. Computers & Geosciences, 33 (2): 262-279.

Lan H X, Martin C D, Zhou C H. 2008. Estimating the size and travel distance of Klapperhorn Mountain debris flows for risk analysis along railway, Canada. International Journal of Sediment Research, 23 (3): 275-282.

Lan H X, Martin C D, Zhou C, et al. 2010. Rockfall hazard analysis using LiDAR and spatial modeling. Geomorphology, 118 (1-2): 213-223.

Leavesley G H, Restrepo P J. 1996. The Modular Modeling System (Mms). User's Manual: USGS Open-file Report, 96-151.

Lee J C, Angelier J. 1994. Paleostress trajectory maps based on the results of local determinations: the "Lissage" program. Computers & Geosciences, 20 (2): 161-191.

Li D R, Cheng T. 1994. KDG——Knowledge Discovery from GIS. Ottawa: Proc. of the Canadian Conference of GIS.

Li H, Wang Q X, Lam K Y. 2004. Development of a novel meshless Local Kriging (LoKriging) method for structural dynamic analysis. Computer Methods in Applied Mechanics and Engineering, 193: 2599-2619.

Li J, Qi Q W, Zou X P, et al. 2005. Technique for automatic forest fire surveillance using visible light image. IEEE, 3135-3138.

Li W, Li Y, Liang Z, et al. 2005. The design and implementation of GIS grid services. Grid and Cooperative Computing-Gcc 2005, Springer Berlin Heidelberg: 220-225.

Liu M L, Qi Q W, Liu J F, et al. 2005. Monitoring Land Cover Changes with Remote Sensing in Transboundary Area of Southwest China. Geoscience and Remote Sensing Symposium, Proceedings of IGARSS'05: 1534-1537.

Luo Y, Xue Y, Wu C, et al. 2006. Inter Condor: a Prototype High Throughput Computing Middleware for Geocomputation. Computer Science-ICCS 2008, 630-637.

Murray A T, Estivill-castro V. 1998. Clustering discovery techniques for exploratory spatial data analysis. International Journal of Geographical Information Science, 12 (5): 431-443.

Nielson G, Hagen H, Muller H. 1997. Scientific visualization. Institute of Electrical & Electronics Engineers.

Olea R A. 1999. Geostatistics for Engineers and Earth Scientists. Boston: Kluwer Academic Publishers.

Pei T, Zhou C H, Zhu A X, et al. 2010. Windowed nearest neighbour method for mining spatio-temporal clusters in the presence of noise. International Journal of Geographical Information Science, 24 (6): 925-948.

Pritchard M E, Simons M. 2002. A satellite geodetic survey of large-scale deformation of volcanic centers in the central Andes. Nature, 418: 167-171.

Qi Q W, He D M, Jiang L L, et al. 2006. 3S based method of Eco-environment monitoring, evaluation and adjustment for China's land border area. Geoscience and Remote Sensing Symposium, Proceedings of IGARSS'06: 2153-2157.

Qi Q W, Liang Y J. 2008. Research and Development of Visualization-Analysis Oriented Digital Map Data Model. Proceedings of Geo-informatics 2008, 7143: 71433M.

Qi Q W, Zhang A, Jiang L L, et al. 2010. Optimization of mathematical models for thematic maps. Science China Technological Sciences, 53 (suppl I): 15-24.

Robinson A H. 1960. Elements of cartography. Soil Science, 90 (2): 147.

Robinson A H. 1986. The look of maps: an examination of cartographic design. The American Cartographer, 13: 280.

Shen Z, Luo J, Zhou C, et al. 2004. Architecture design of grid GIS and its applications on image processing based on LAN. Information Sciences, 166 (1-4): 1-17.

Shen Z, Luo J, Zhou C, et al. 2005. System design and implementation of digital-image processing using computational grids. Computers & Geosciences, 31 (5): 619-630.

Sinowski W, Scheinost A C, Auerswald K. 1997. Regionalization of soil water retention curves in a highly variable soilscape: II. Comparison of regionalization procedures using a pedotransfer function. Geoderma, 78: 145-159.

Slocum T A, Blok C, Jiang B, et al. 2001. Cognitive and usability issues in geovisualization. Cartography and Geographic Information Science, 28: 61-75.

Tse R O C, Gold C. 2004. TIN meets CAD-extending the TIN concept in GIS. Future Generation Computer Systems, 20 (7): 1171-1184.

Tucker G E, Lancaster S T, Gasparini N M, et al. 2001. An objected framework for distributed hydrologic and geomorphic modeling using triangulated irregular networks. Computers & Geosciences, 27: 959-973.

Ungerer M J, Goodchild M F. 2002. Integrating spatial data analysis and GIS: a new implementation using the Component Object Model (COM). International Journal of Geographical Information Science, 16 (1): 41-53.

Wang S R. 2004. The "Image Thought" in the View of Comparison between the Western and the Oriental——Return to the Primitive Thinking. Journal of Literature, history and Philosophy, 6: 017.

Ware C. 2010. Visual Thinking: for Design. San Francisco: Morgan Kaufmann.

Wood D. 2003. Cartography is dead (thank God!). Cartographic Perspectives, 45: 4-7.

Wu F, Webster C J. 1998. Simulation of land development through the integration of cellular automata and multi-criteria evaluation. Environment and Planning B, 25: 103-126.

Xue Y, Cracknell A P, Guo H D. 2002. Telegeoprocessing: The integration of remote sensing, Geographic Information System (GIS), Global Positioning System (GPS) and telecommunication. International Journal of Remote Sensing, 23 (9): 1851-1893.

Zhan H G, Lee Z P, Shi P, et al. 2003. Retrieval of water optical properties for optically deep waters using genetic algorithms. IEEE Transactions on Geoscience and Remote Sensing, 41 (5): 1123-1128.

Zhang A, Qi Q W. 2008. Symbology in the Forest Fire Emergency Map. The International Archives of the Photogrammetry, Remote Sensing and Spatial Information Sciences, XXXVII: 457.

Zhang A, Qi Q W, Jiang L L. 2007a. GeoRSS Based Emergency Response Information Sharing and Visualization. Proceedings of the 3rd International Conference on Semantics, Knowledge and Grid, OCT.

Zhang A, Qi Q W, Jiang L L. 2007b. Study on Emergency Mapping Technology in Rapid Response. Proceedings of First International Conference on Risk Analysis and Crisis Response, SPIE, IE pending.

Zhang A, Qi Q W, Jiang L L. 2007c. Research about the Location Technologies of Forest Fire Detection Based on GIS. Proceedings of SPIE-Vol. 6754 Geo-informatics 2007: Geospatial Information Technology and Applications.

Zhang A, Qi Q W, Jiang L L, et al. 2013. Population exposure to PM2.5 in the urban area of Beijing. PLoS ONE, 10: 1371.

Zhang A, Zhou F, Jiang L L, et al. 2015. Spatiotemporal analysis of ambient air pollution exposure and respiratory infections cases in Beijing. Central European journal of public health (Impact Factor: 0.53), 23 (1): 73-76.

Zou X P, Qi Q W, Jiang L L. 2008. Research on Monitoring, Evaluation and Adjustment Models about Regional Ecological Security. Proceedings of IGARSS 2008.